Der gleislose Erdbau

Der gleislose Erdbau

Anwendung und Einsatz der Geräte
Organisation und Kalkulation
des Förderbetriebes

Von

Dr.-Ing. Günter Kühn
Hamburg-Blankenese

Mit 161 Abbildungen

Springer-Verlag

Berlin / Göttingen / Heidelberg

1956

ISBN-13: 978-3-642-49006-4   e-ISBN-13: 978-3-642-92676-1

DOI: 10.1007/978-3-642-92676-1

Zum Geleit.

Der gleislose Erdbau, von Amerika ausgehend, beherrscht heute nicht nur bei Auslandsarbeiten, sondern auch in steigendem Maße im innerdeutschen Baubetrieb das Feld. Es steht zu erwarten, daß er wie im amerikanischen Erz- und Kohlentagebau auch beim Tiefergehen des deutschen Braunkohlentagebaues für diesen an Bedeutung gewinnen wird.

Nachdem es nicht gelungen ist, das klassische Werk von GABAY oder das Buch von NICHOLS in deutscher Sprache herauszubringen, muß es als dankenswerte Aufgabe betrachtet werden, wenn nun Herr Dr. KÜHN die ausländischen und eigenen Erfahrungen sowie wissenschaftliche Untersuchungsergebnisse, die er im Rahmen einer Doktorarbeit bei mir zusammengetragen hat, der Fachwelt in einem Buch zur Verfügung stellt.

Der Verfasser beschränkt sich dabei nicht darauf, dem Maschineningenieur über den konstruktiven Aufbau der Geräte und dem Bauingenieur Anleitungen über den Einsatz und die Kostenberechnung zu geben, sondern er versucht auch, durch die von ihm ermittelten wissenschaftlichen Grundlagen Erzeugern und Verbrauchern die Möglichkeit zu geben, die Grenzen der Verwendbarkeit und die Möglichkeiten für die Weiterentwicklung aufzuzeigen.

Ich kann dem Buch nur eine recht weite Verbreitung in den Fachkreisen wünschen.

Aachen, im Herbst 1955.

Prof. Dr. G. Garbotz.

Vorwort.

Charakteristisch für die Erdbauliteratur der Gegenwart ist, daß ein gewisser Mangel an Beiträgen besteht, die aus dem unmittelbaren Erleben des Baubetriebes und aus der *eigenen* Auseinandersetzung mit den Dingen auf der Baustelle geboren sind. Das Sammeln und Ordnen fremder Untersuchungsergebnisse steht im Vordergrund; die eigene schöpferische Arbeit dringt immer seltener auf direktem Wege an die Öffentlichkeit, weil der betreffende Personenkreis meist in der praktischen Arbeit steht und für zusätzliche technisch-publizistische Tätigkeit wenig Zeit hat. Gerade dieser Kreis aber ist es, der der Fachwelt besonders viel zu sagen wüßte, und es ist unendlich schade, daß manche wertvolle Erfahrung aus der Praxis auf eine kleine Anzahl von Personen beschränkt bleibt.

Das vorliegende Buch will dazu beitragen, diesen Mangel zu beseitigen. Dabei ist der Schwerpunkt weder auf die praktische noch auf die wissenschaftliche Seite allein gelegt; wesentlich erscheint die praktisch-wissenschaftliche Synthese.

Der Zufall wollte es, daß ich vor $1^1/_2$ Jahrzehnten in Nordafrika zum erstenmal mit Flachbaggergeräten in Berührung kam. Sie sind seitdem zu meinen stillen Begleitern geworden, und die Probleme ihres Einsatzes haben mich nicht mehr losgelassen. Wenn ich hier die eigene „historische" Entwicklung der Aufgabe streife, so nur, um die grundlegenden Gedanken und Motive herauszustellen, die zur Behandlung des Stoffes in der vorliegenden Form führten:

Wenn man plötzlich vor der Aufgabe steht, einen umfangreichen gleislosen Förderbetrieb verantwortlich zu leiten, ohne nennenswerte Unterlagen über Leistungen und Kosten der Geräte zu besitzen, so ist der erste Schritt im allgemeinen der, daß man die Leistungen der Geräte ermittelt und feststellt, wie ihre Leistungsbereiche und wo ihre Leistungsgrenzen liegen. Mit der Erkenntnis, daß die Flachbaggerleistungen eine sehr labile Struktur aufweisen und hauptsächlich durch starke Schwankungen der Kübelfüllung und der Fahrbewegung bedingt sind, begannen die Arbeiten, die schließlich zur Herausgabe dieses Buches führten. Die Bemühungen, ein einigermaßen brauchbares Ordnungssystem für die Geräteleistungen zu finden, machten eine Klärung der Beziehungen zwischen Boden und Gerät erforderlich.

Die auf statischen Beanspruchungen fußenden Erdstoffkennziffern des Grundbaues paßten nur noch bedingt zur Arbeitsweise der Flachbagger. Es mußten Kennziffern entwickelt werden, die den dynamischen Vorgängen beim Schürfen und insbesondere beim Füllen des Bodens in die Schürfgefäße gerecht werden. Es mußten die Beziehungen zwischen Fahrwerk und Boden untersucht werden, um den Einsatz, vor allem der Reifengeräte, auf rationellere Füße zu stellen.

Neben dem Boden ist das Wetter der zweite große Unsicherheitsfaktor. Jahrelange Beobachtungen der Witterungsschwankungen und ihres Einflusses auf die Flachbaggerarbeit haben zu einer Klärung der Wechselbeziehungen geführt, die noch immer den Flachbaggerbetrieb als größte und unangenehmste Hypothek belasten.

Auch der Mensch ist mehr als bei anderen Förderarten an der endgültigen Geräteleistung beteiligt. Das gilt für den einzelnen Maschinisten wie für das bauleitende Personal. Nur wenn man selbst einmal tagaus tagein 8, 10 oder 12 Stunden in Staub und Hitze oder Schlamm und Morast Planierraupen, Schürfwagen oder Reifengeräte im Einsatz gefahren hat, kann man sich ungefähre Vorstellungen von der Größe dieses Einflusses machen.

Die Aufgabe, die sich mir stellte, war die, mit wissenschaftlichen Mitteln den Problemen der Praxis zu Leibe zu rücken. Die Leser, insbesondere die, die aus dem Lager der Baustellenpraktiker kommen, werden vielleicht finden, daß an manchen Stellen die Wissenschaft zuviel und die Praxis zuwenig zu Wort gekommen ist. Das mag richtig sein. Und doch mag ihnen erwidert werden, daß *nicht ein* Problem behandelt worden ist, das nicht von der praktischen Seite des gleislosen Betriebes nach einer Klärung verlangt hätte. Wenn auch die Praxis nicht im Vordergrund erscheint, so steht sie doch als Hauptperson im Hintergrund, wenn auf dem „Operationstisch" die Scheinwerfer der wissenschaftlichen Arbeitsmethode auf die Kernprobleme des Flachbaggerbetriebes gerichtet sind.

Für normale Einsätze reichen allgemeine Angaben und bisherige Erfahrungswerte aus. Anders liegen die Dinge, wenn unter abnormalen Verhältnissen gearbeitet werden soll, wenn Einsätze in wettergefährdeten Böden, in unbekannten Boden- und Klimaverhältnissen des Auslandes oder unter Bedingungen gefahren werden sollen, die mit ihren Imponderabilien jeden Planer, Organisator und Kalkulator zu einer scharfen Analyse der Einsatzverhältnisse zwingen. Hierfür ist das Buch in erster Linie gedacht.

Es ist mir ein besonderes Bedürfnis, an dieser Stelle Herrn Professor Dr. GARBOTZ für manchen Hinweis aus dem reichen Schatz seiner Erfahrungen in allen Fragen des bautechnischen Einsatzes wie für die wissenschaftliche Betreuung meiner diesem Buch zugrunde liegenden

Dissertation zu danken. Dieser Dank gilt auch Herrn Professor Dr. W. MÜLLER, dessen Gedankengänge in seinem Buch „Erdbau" mir manchen wertvollen Anhalt für die fahrdynamische und betriebswissenschaftliche Behandlung des Stoffes gegeben haben, sowie den Herren Professor Dr. E. SCHULTZE und Professor Dr. H. LEUSSING für ihre Kritik an den bodenmechanischen Ausführungen. Schließlich möchte ich meinen besonderen Dank dem Springer-Verlag, durch dessen Entgegenkommen die Veröffentlichung im vorliegenden Rahmen möglich wurde, sagen.

Hamburg-Blankenese, im Herbst 1955.

Günter Kühn.

Inhaltsverzeichnis.

Einleitung: Problematik und Zielsetzung.

1 Notwendigkeit und Aufgaben betriebswissenschaftlicher Untersuchungen.

Seit dem Vordringen des gleislosen Erdbaus nach Europa steht die Frage „Gleisgebunden oder Gleislos" im Brennpunkt aller am Erdbau und seinen Grenzgebieten interessierten Kreise. Solange die geländegängige Erdbewegung bekannt ist, diskutiert man ihre Vor- und Nachteile, ihre Anwendungsmöglichkeiten und -grenzen, ihre Leistungen und Kosten und alle sonst irgendwie damit zusammenhängenden betriebs- und einsatztechnischen Probleme. Während sich in den Jahren nach dem Kriege die gleislose Erdbewegung auf den Baustellen unserer Nachbarländer, insbesondere in Schweden, England, Holland, Belgien und Frankreich mehr und mehr durchsetzen konnte und heute in zunehmendem Maße den Straßen-, Erd- und Tiefbau beherrscht, stehen weite Kreise der deutschen Bauindustrie dem gleislosen Förderbetrieb noch immer ablehnend und abwartend gegenüber.

Zwei Gesichtspunkte sind für die Beurteilung dieser Situation von Bedeutung. Während die gleisgebundene Erdförderung durch ausgedehnte Untersuchungen in ihrem betrieblichen Ablauf, ihrer Leistungsfähigkeit und Wirtschaftlichkeit gesetz- und zahlenmäßig erschöpfend fundiert ist, weist der gleislose Betrieb auf diesem Gebiet noch empfindliche Lücken auf, so daß eindeutige Vergleiche über die Leistungen und Kosten beider Förderarten erschwert sind. Diese Tatsache schlägt sich in einem gewissen Mißtrauen des Unternehmers nieder: Solange keine Möglichkeit besteht, den gleislosen Betrieb einsatzmäßig und betriebstechnisch mit der vom Gleisbetrieb gewohnten Sicherheit zu erfassen, bleibt das nötige wirtschaftliche Vertrauen in die neue Form der Erdbewegung aus.

Wenn auch inzwischen über den Einsatz aller Typen der gleislosen Erdbaugeräte von den verschiedensten Seiten Untersuchungen angestellt und Unterlagen gesammelt worden sind, so erstreckt sich das, was bisher veröffentlicht wurde, entweder nur auf einzelne spezielle Fälle oder ist so allgemein gehalten, daß sich seine Anwendung bei größeren Genauigkeitsansprüchen von selbst verbietet. Umfassendere Ergebnisse liegen ohne Zweifel bei einigen größeren Baufirmen vor, die meist ihre eigenen betriebstechnischen Untersuchungen durchführen und auf jeder neuen Baustelle ergänzen. Sie stehen der Allgemeinheit jedoch nicht zur Verfügung. Groß ist auch die Zahl der Prospekte und Kataloge ausländischer Baumaschinenfirmen, die Angaben über den Geräteeinsatz enthalten. Diese im Zug der Werbung und des Konkurrenzkampfes veröffentlichten Werte können jedoch kaum als exakte Unterlagen verwendet werden; ihre Leistungs- und Kostenangaben weisen für gleiche Gerätegrößen nicht selten Unterschiede von 200 bis 300% auf.

Unzertrennbar mit der Frage nach dem wirtschaftlichen Vorteil der gleislosen Erdbewegung ist die Forderung verbunden, daß für den Einsatz der einzelnen Geräte wie für den gesamten Betriebsablauf eine präzise betriebstechnische und eine sichere kalkulatorische Grundlage vorhanden ist.

Das andere Problem sieht so aus: Jeder Beobachter amerikanischer Erdbaustellen ist beeindruckt von dem Tempo der Bauausführungen und den im Vergleich zu den hohen Löhnen niedrigen Gesamtkosten. Er sucht seine Erklärung in der mit großem Aufwand durchgeführten Mechanisierung des Baubetriebes und der Verwendung riesiger Maschinenparks. Beschränkt er sich nicht auf das reine Beobachten, sondern findet er Gelegenheit, in die Probleme der Bauvorbereitung und -durchführung Einblick zu nehmen, so wird er sehr bald den wirklichen Grund des rationellen amerikanischen Baubetriebes finden: Bei den Amerikanern liegt der Schwerpunkt des Bauens in der *Planung.* Die Planung und Vorbereitung einer Erdbewegungsarbeit wird mit einer Intensität und Gründlichkeit durchgeführt, die für Europäer immer wieder verblüffend wirkt. Mit äußerster Präzision werden die Phasen des Bauablaufes in allen Einzelheiten festgelegt, wobei zahlreiche eigene betriebstechnische Untersuchungen wie Angaben der Einsatzabteilungen der Baumaschinenfirmen als Grundlage dienen. Auch gibt es keine größere Baustelle, auf der nicht laufend neue Untersuchungen durchgeführt werden, um die zur Verfügung stehenden Unterlagen weiter zu vervollständigen.

Auf unserem Kontinent sind geländegängige Erdbaugeräte seit langem bekannt. Aber wer ihren Einsatz mit dem in USA vergleicht, wird feststellen müssen, daß wir noch weit von seinem wirtschaftlichen Optimum entfernt sind. Jedes Gespräch mit amerikanischen oder englischen Experten gipfelt in der Feststellung: Die Vorteile der gleislosen Förderung können nur dann voll ausgenutzt werden, wenn ihr betrieblicher Ablauf mit äußerster Intensität beobachtet und untersucht und der Einsatz der Geräte in exakte Bahnen gelenkt und mit straffen Zügeln gehandhabt wird. Im Vordergrund aller diesbezüglicher Bemühungen steht die Erkenntnis:

Die Wirtschaftlichkeit der gleislosen Erdbewegung steht und fällt mit dem Vorhandensein ausreichender Unterlagen für die präzise Einsatzplanung, d. h. für die Festlegung jeder Phase des Bauablaufes bis in letzte Einzelheiten hinein.

Die gegenwärtige Situation im gleislosen Erdbau ist bei uns gekennzeichnet durch mangelndes Vertrauen in die neuen Methoden und Geräte wie durch eine gewisse Unsicherheit im Meistern ihrer einsatzmäßigen, betriebstechnischen und kalkulatorischen Probleme. Wirtschaftliches Vertrauen in die gleislose Erdbewegung und optimale Ausnutzung der technischen Möglichkeiten lassen sich nur dann erreichen, wenn die zentrale Frage: Die Schaffung ausreichender betriebswirtschaftlicher Unterlagen — in zufriedenstellender Weise gelöst wird.

Hieraus erwächst die Aufgabenstellung des vorliegenden Buches. Es stellt die Probleme von Auswahl, Anwendung, Leistungsfähigkeit und Wirtschaftlichkeit der gleislosen Geräte sowie die Planung, Organisation und Leitung gleisloser Erdbaustellen in den Mittelpunkt und will dazu beitragen, für den geländegängigen Förderbetrieb in seiner Gesamtheit eine präzise betriebstechnische und kalkulatorische Grundlage zu schaffen.

2 Wesen der Untersuchungen und Auswertung der Ergebnisse.

Der Einsatz der gleislosen Geräte schwankt mit den ständig wechselnden Boden- und Witterungsverhältnissen und trägt labilen Charakter. Praktisch bringt jeder neue Fördertakt andere Verhältnisse, auf die die Maschinen unterschiedlich reagieren. So gibt es keine Erdförderbahn mit konstantem Rollwiderstand; jedes Darüberfahren verändert die Oberfläche. Oder: Selbst wenn die abgetragenen Erdschichten nur wenige Zentimeter dick sind, ist bei jedem neuen Schnitt Zusammensetzung und Zustand des Bodens anders, sei es infolge Veränderung des Wassergehaltes, des Korngerüstes oder des Binders.

Aus diesen Gründen lassen sich Angaben über die Wirtschaftlichkeit des Geräteeinsatzes, die allen beeinflussenden Elementen gerecht werden, in allgemeiner Form nicht machen. Zum Ziel kann man nur kommen, wenn man Leistungen und Kosten in ihre Einflußfaktoren zerlegt und ihre größenmäßige Abhängigkeit von den jeweiligen Einsatzverhältnissen untersucht.

Erforderlich hierzu ist das Vorhandensein einer möglichst breiten Betrachtungs- und Versuchsbasis. Nur wenn eine genügend große Zahl von Menschen und Geräten sowie möglichst unterschiedliche Einsatzbedingungen mit schwankenden klimatischen und geologischen Verhältnissen zur Verfügung stehen, lassen sich die betriebswissenschaftlichen Probleme des Flachbaggereinsatzes einigermaßen erschöpfend darstellen.

Auch die Organisation des Förderverkehrs ist von Bedeutung. Es ist nicht so, daß der gleislose Betrieb, wenn er einmal angelaufen ist, von sich aus in Bewegung bleibt. Es fehlt das Rückgrat des festen Schienenstranges, das die Förderung verhältnismäßig sicher über alle Wetter- und Geländeschwierigkeiten bringt; es ist nicht so, daß sich die geländegängige Erdbewegung *von selbst* trägt, wenn sie in Wetterschwierigkeiten zu versinken droht. Der rettende Balken in Gestalt des Gleises ist nicht da, aber es kann viel getan werden, um sie dennoch über Wasser zu halten.

Man kann die einsatztechnischen Details der einzelnen Geräte nur dann ergründen, wenn man die Maschinen selbst im Einsatz fährt und ihre Schwierigkeiten und Nöte aus *unmittelbarer* Anschauung und Erfahrung kennt; man kann umgekehrt die aktuellen Probleme der gleislosen Erdbewegung nur dann erschöpfend überblicken, wenn man sie *mit genügend Abstand* und aus der richtigen Perspektive sieht. Jede einsatztechnische und betriebswirtschaftliche Darstellung birgt die Gefahr der Einseitigkeit in sich. Man wird den gleislosen Erdbau schwer verstehen, wenn man ihn nur auf innerdeutscher Ebene betrachtet, wo das Objekt aus einigen bescheidenen Flachbaggereinsätzen mit wenigen Geräten besteht. Um die Probleme richtig darzustellen, muß man das gesamte Einsatzpanorama zugrunde legen: beginnend bei den Großbaustellen in den USA über die Einsätze in den Schlechtwettergebieten Mittel- und Nordeuropas, den Einsatz in den Sandwüsten oder im Dschungel Afrikas und in den Monsungebieten Indiens bis hin zu den Gebirgen Australiens und Kanadas.

Aus dieser Perspektive soll das Thema gesehen werden. Die Einordnung der Eindrücke, Feststellungen und Ergebnisse in das umfassende Gesamtbild haben bei den folgenden Ausführungen stets im Vordergrund gestanden. Die mehr als 10jährige Beschäftigung des Verfassers mit der gleislosen Erdbewegung auf europäischen und außereuropäischen Baustellen dürfte auch rein zeitlich eine genügend breite Basis geben.

Die Untersuchungen haben auf zahlreiche Faktoren und Größen geführt, die den Ablauf des gleislosen Förderbetriebes regeln. Sie sind die Hilfsmittel der exakten Einsatzplanung und spiegeln sich in einer Reihe von Diagrammen und Tabellen wie in den verbindenden Formeln wider. Im Rahmen des gesteckten Zieles kam es genauso auf die Ermittlung von Einzelwerten wie auf ihre Darstellung in größeren Zusammenhängen und auf die Schaffung des ordnenden und zusammenfassenden gedanklichen Systems an. Die Richtigkeit der Meßwerte, Leistungsfaktoren und Kostenelemente wie die Übereinstimmung der Gesetze für das Zusammenspiel der Faktoren mit der Wirklichkeit wurde an Einsätzen überprüft, die nach vorliegenden Versuchsergebnissen geplant und kalkuliert worden waren. Die gewählten Methoden mögen manchmal für den praktischen Gebrauch etwas ausführlich sein und daher nur begrenzten Wert haben. Sie wurden aber aus der Forderung der Praxis geboren, für *jede* Einsatzbedingung eine sichere Vorausberechnung des Geräteeinsatzes zu ermöglichen. Die Bedeutung der Darstellungen ist mehr in der Breite, in der Erfassung möglichst vieler

Einflüsse und in dem Bereich nahe den Einsatz*grenzen* zu suchen als auf dem Gebiet normaler Verhältnisse. — Für durchschnittliche Einsatzbedingungen sind detaillierte Leistungs- und Kostenangaben nicht erforderlich; der erfahrene Kalkulator oder Planungstechniker wird die betriebstechnischen und leistungsmäßigen Zusammenhänge in ihrer wirtschaftlichen Auswirkung meist instinktiv erfassen, ohne große Berechnungen anzustellen; der Schwerpunkt der Ausführungen liegt in der Darstellung der Verhältnisse unter *abnormalen* Einsätzen, also in der Behandlung spezieller Fälle und ihrer rechnerischen und kalkulatorischen Erfassung. Dann wird die Leistungs- und Kostenrechnung schwieriger; dann setzt die Kunst des Kalkulierens ein, die alle Einflüsse, alle Möglichkeiten und alle Risiken erfassen muß, um den richtigen Angebotspreis zu finden. Dann beginnt die „Generalstabsarbeit" der Planungsabteilung und dann kommt es darauf an, die Eventualitäten des Geräteeinsatzes abzuwägen und in klaren Zahlen größenmäßig niederzulegen. — Hierfür will das Buch das Rüstzeug liefern. So wird es zu dem, was es sein soll: Zu einem Handbuch für den in der Praxis des gleislosen Erdbaues tätigen Ingenieur und Techniker.

I. Aufbau und Anwendung der Geräte.

A. Geräteüberblick.

1 Abgrenzung des Stoffes.

Bevor auf die Geräte selbst eingegangen wird, erscheint es notwendig, den Umfang des maschinentechnischen Teiles durch einen Hinweis auf die behandelten Geräte abzugrenzen.

Wie aus dem Titel des Buches hervorgeht, sollen die Geräte beschrieben werden, die im Rahmen des gleislosen Erdbaus zum Einsatz kommen. Kennzeichen der geländegängigen Erdbewegung ist die *Bewegung*. Die Engländer unterscheiden zwischen stationary und mobile machinery, also zwischen stehenden und fahrenden Geräten, und ziehen damit eine eindeutige und klare Grenze.

Die umfassende Behandlung des Stoffes setzt voraus, daß diese Grenze entsprechend weitläufig gezogen wird. Spricht man vom gleislosen Erdbau, so gehören auch die gleislosen Transportgeräte dazu. Dann müßten aber auch die Bagger erwähnt werden, denn Transport ist noch kein Erdbau. Das würde zu weit führen. Zudem ist das Thema „Bagger" sehr umfangreich und schon in zahlreichen Veröffentlichungen behandelt worden. So soll nur von *den* Geräten die Rede sein, die wirklich „beweglich" im Sinne der obigen Auslegung sind. Der klassische Bagger arbeitet mit stillstehendem Unterwagen. Er paßt in die Definition nicht mehr

hinein. Das gleiche gilt für alle langsam beweglichen Geräte wie Kreis-
und Eimerkettenbagger. Auch sie sind praktisch stationär und haben
mit dem Wesen der gleislosen Erdbewegung nichts zu tun.

2 Geräteübersicht.

Der Baumaschinenmarkt bietet im In- und Ausland für den gleislosen Erdbau eine Fülle von Maschinen an. Angesichts der Vielzahl der
Typen und Herstellerfirmen ist es nicht immer leicht, einen eindeutigen
Überblick über das zu erhalten, was für den Unternehmer zur Durchführung seiner Bauaufgaben wichtig ist. Erst dann kann man Klarheit
finden, wenn man die Geräte von allen Anpreisungen, Werbeschlag-
worten und Typenbezeichnungen befreit und nur das, was wirklich als
Substanz übrigbleibt, vergleicht.

Baumaschinen interessieren vom maschinentechnischen wie vom
bautechnischen Standpunkt. Letzten Endes müssen sie auf der Baustelle Arbeit leisten. Der bautechnische Wert eines Gerätes mit Arbeitsleistung, Einsatzmöglichkeiten und Anwendung steht daher im Vordergrund. Nicht weniger interessant sind die Wege, die die Maschinenbauer
mit ihren konstruktiven Mitteln beschreiten, um den Baustellen leistungsfähige Geräte in die Hand zu geben.

Aus diesem Grund werden zwei Ordnungsprinzipien nebeneinander
verwendet: das maschinentechnische und das bautechnische. Um die
Vielzahl der Typen nach ihren konstruktiven Besonderheiten zu unterteilen und zu ordnen, steht die maschinentechnische Sicht im Vordergrund. Um umgekehrt die Ausstrahlungen des maschinentechnischen
Produktes auf die Baustellenpraxis zu erfassen, wird das bautechnische
Prinzip gewählt und die Baumaschine nicht mehr als Konstruktion,
sondern als Arbeitsgerät gesehen.

2.1 Maschinentechnische Einteilung.

Am Anfang des maschinellen Erdbaues stand der Löffelbagger.
Maschinenmäßig wie konstruktiv waren Grundbagger und Arbeitsgerät eine Einheit. Es gab keine Möglichkeit, sie voneinander zu trennen
und jeden Teil für sich zu verwenden. Mit dem Auftreten weiterer
Baggergeräte setzte langsam eine Trennung zwischen Grundbagger und
Arbeitsgerät, zwischen Antriebsmaschine und Werkzeug ein. Heute ist
diese Trennung konsequent zu Ende geführt. Die Universalbagger haben
einen Grundbagger mit der Antriebsmaschine und den Getriebeteilen
für die eigene Bewegung und die Bewegung des Grabwerkzeuges; die
Trennung zwischen Antriebsmaschine und Arbeitsgerät beherrscht heute
jede gerätetechnische Vorstellung. Wie man etwa bei einem Preßluft-
aggregat an den Kompressor als eigentliches Grundgerät wahlweise verschiedene Hämmer, Bohrer, Meißel und Spaten anschließt, um die

Maschine auszunutzen, so wechselt man am Grundbagger Hoch-, Tief-, Planier-, Eimerseil und Greifereinrichtung gegeneinander aus.

Auch bei den Flachbaggergeräten hat sich die Auffassung von der Trennung zwischen Grundgerät und Arbeitswerkzeug durchgesetzt. Es liegt im mobilen Charakter der gleislosen Geräte begründet, daß das Grundgerät hier als Trägerfahrzeug bezeichnet wird.

An dieses Gerät mit verschiedener Motorleistung, verschiedenem Fahrwerk und verschiedener Fahrgeschwindigkeit wird eine Reihe Arbeitswerkzeuge ein- und aufgebaut, aufgesattelt oder angehängt.

Damit sind die Grundzüge der maschinentechnischen Gliederung gegeben, wie sie in der folgenden Übersicht (Ü 1)[1] dargestellt ist. Praktisch sind alle Kombinationen zwischen Arbeitsgerät und Trägerfahrzeug möglich. Aufgabe der Geräteplaner ist es, entsprechend den Einsatzbedingungen auf der Baustelle die zweckmäßigsten Kombinationen zusammenzustellen und ihrer Eigenart entsprechend einzusetzen.

Übersicht 1. *Maschinentechnische Einteilung.*

Gruppe A. Selbstfahrende Geräte.

1. *Raupenfahrwerk*
Raupenschlepper
Schubraupe
Planierraupe mit Querschild
    „   mit Schwenkschild
Schürfkübelraupe
Greifraupe
Schaufellader, vor Kopf
    „ , über Kopf
    „ , vor- und über Kopf

2. *Reifenfahrwerk*
Reifenschlepper
Reifenschubgerät
Reifenplaniergerät mit Querschild
    „   mit Schwenkschild
Motorschürfwagen, zweiachsig, mit Frontantrieb
    „   , „ , mit Heckantrieb
    „   , dreiachsig, mit Frontantrieb
    „   , „ , mit Front- und Heckantrieb
Erdhobel, zweiachsig, 1 Triebachse, Frontlenkung
   „ ,   „ , 2 Triebachsen, Allradlenkung
   „ , dreiachsig, 2   „   , Frontlenkung
   „ , „ , 3   „   , Frontlenkung
Hinterkipper, geländegängig. LKW, zweiachsig, 1 Triebachse
   „   ,   „   , „ , 2 Triebachsen
   „   ,   „   , dreiachsig, 3 Triebachsen
   „   , Erdbaufahrzeug, zweiachsig, 2 Triebachsen
   „   ,   „   , dreiachsig, 3 Triebachsen

---

[1] Im weiteren Text statt „Übersicht 2" (usw.) stets „Ü 2" (usw.).

Vorderkipper, zweiachsig, 1 Triebachse
Seitenkipper, wie Hinterkipper
Bodenschütter, zweiachsig, 1 Triebachse
      ,,   , dreiachsig, 1   ,,
      ,,   ,   ,,   , 2 Triebachsen
Pflugbagger, selbstfahrend

Gruppe B. Angehängte Geräte.

1. Raupenfahrwerk
Raupentransportwagen, Bodenschütter
Raupentransportwagen, Seitenkipper
Pflugbagger
Baumkran

2. Reifenfahrwerk
Schürfwagenanhänger
Erdhobel (kaum noch gebraucht)
Tiefreißer
Baumkran

Gruppe C. Angebaute Geräte.

1. Für Raupenschlepper:

Steinharke	Tiefreißer
Wurzelschneider	Greifzange
Wurzelpflug	Hochlöffel
Stubbenroder	Tieflöffel
Gestrüppharke	Eimerseileinrichtung
Sägeschild	Greifereinrichtung
Baumfäller	Zugschild
Rohrlegekran	Gabelstapler

2. Für Reifenschlepper:

Steinharke	Gestrüppharke
Stubbenroder	Baumfäller

2.2 Bautechnische Einteilung.

Jede Erdbewegung besteht ihrem Wesen nach aus dem Ausgleichen oder Umlagern von Bodenmassen. Um den Boden, der an einer Stelle der Erdoberfläche aus seinem Zusammenhang herausgelöst wird, an anderer Stelle sachgemäß wieder einzubauen, sind die folgenden sieben fundamentalen Arbeitsstufen durchzuführen:

Lösen. — Laden. — Transportieren. — Entladen. — Verteilen. — Einebnen. — Verdichten.

Die Geräte, die bisher zur maschinellen Durchführung der Erdarbeiten entwickelt wurden, sind zum größten Teil einzeln nicht in der Lage, sämtliche Arbeitsstufen zu bewältigen, sondern müssen sich je nach ihrer konstruktiven Gestaltung auf einen mehr oder weniger großen speziellen Arbeitsbereich beschränken. Je nachdem, wie viele und welche Arbeitsstufen von den verschiedenen Gerätetypen durchgeführt werden können, lassen sich die einzelnen Erdbaugeräte in verschiedene Gruppen unterteilen. Die Systematik einer solchen, im Hinblick auf arbeitstechnische Funktion und Verwendungsmöglichkeit vorgenommene Einteilung geht aus Ü 2 hervor.

Übersicht 2. *Bautechnische Geräteeinteilung.*

Gruppe F. Flachbaggergeräte.

(Sämtliche Stufen der Erdbewegung).

Abkürzung *

1. bodengebundener Transport . . . .   F 1
Planierraupe — Reifenplaniergerät — Erdhobel
2. bodenfreier Transport . . . .   F 2
Schürfkübelanhänger — Schürfkübelraupe —
Greifraupe — Motorschürfwagen — Schaufellader
(bedingt)

Gruppe L. Ladegeräte.

1. Grundgerät steht still, nur Grabgefäß bewegt sich   L 1
Alle stationären Bagger — Schaufelradbagger —
Eimerkettenbagger
2. Grundgerät und Grabgefäß bewegen sich gemeinsam   L 2
Pflugbagger — Schaufellader

Gruppe T. Transportgeräte.

1. Hinterkipper . . . .   T 1
2. Vorderkipper . . . .   T 2
3. Seitenkipper . . . .   T 3
4. Bodenschütter . . . .   T 4

Gruppe P. Planiergeräte.

1. Schild vorn . . . .   P 1
Planierraupe — Reifenplaniergerät
2. Schild in der Mitte . . . .   P 2
Erdhobel

Gruppe V. Verdichtungsgeräte.

1. Glattwalze . . . .   V 1
2. Gummiradwalze . . . .   V 2
3. Schaffußwalze . . . .   V 3
4. Gitterwalze . . . .   V 4
5. Schwingungsverdichter . . . .   V 5
6. Stampfgeräte . . . .   V 6

Gruppe A. Auflockerungsgeräte.

1. Tiefreißer . . . .   A 1
2. Pflüge . . . .   A 2
3. Harken . . . .   A 3

Gruppe K. Kultivierungsgeräte.

1. Entfernen von Bäumen: . . . .   K 1
Baumfäller — Sägeschilde
2. Entfernen von Gestrüpp: . . . .   K 2
Gestrüppschneider — Gestrüpppflüge
3. Entfernen von Wurzeln: . . . .   K 3
Wurzelschneider — Wurzelharken — Wurzelspal-
ter — Wurzelhacken
4. Entfernen von Steinen: . . . .   K 4
Steinharken

* Bautechnische Abkürzung für Geräte-Kurzzeichen (Ü 3).

Während die Geräte der Gruppe L (Ladegeräte) zur Durchführung der Erdbewegung auf Transportgeräte angewiesen und daher in ihrer Leistungsfähigkeit weitgehend von der Organisation des Fahrzeugverkehrs abhängig sind, lösen die Geräte der Gruppe F (Flachbaggergeräte) sämtliche Arbeitsstufen der Erdbewegung unabhängig und operieren als selbständige Einheiten. Sie sind als die eigentlichen Träger der gleislosen Erdbewegung zu betrachten. Die Gerätegruppe T (Transportgeräte) arbeitet mit Gruppe L zusammen. Da das Einebnen aus einer Reihe kleiner und kleinster Massenausgleiche besteht, kann es gut von Gerätegruppe F 1 durchgeführt werden. Diese Geräte werden jedoch vielfach zum Lösen von gewachsenem Boden benötigt. Daher sind besondere Einebnungsgeräte entwickelt worden, die im Hinblick auf die Verteilung lockerer Massen in ihrem konstruktiven Aufbau leichter gehalten sind. Die Verdichtungsarbeit wird meist von den Geräten der Gruppe F und T nebenbei durchgeführt. Für höhere Ansprüche kommen die speziellen Geräte der Gruppe V (Verdichtungsgeräte) zum Einsatz. Alle zur Auflockerung des Bodens eingesetzten Geräte sind in Gruppe A (Auflockerungsgeräte) zusammengefaßt. Sie können nur im Zusammenhang mit Schleppern Arbeit leisten und sind angehängt oder angebaut. Gruppe K schließlich enthält die Geräte für Urbarmachung und Kultivierung des bewachsenen Geländes. Sie dienen vorwiegend zur Entfernung der Vegetation.

3 Gerätekurzzeichen.

Für den innerbetrieblichen Verkehr ist es zweckmäßig, die Bauart eines bestimmten Gerätes und seine baubetriebliche Verwendung an Stelle ausführlicher Beschreibungen durch Gerätekurzzeichen zum Ausdruck zu bringen — ähnlich wie es etwa bei der Eisenbahn üblich ist, einen bestimmten Wagentyp oder ein bestimmtes Lokomotivfahrwerk durch ein Gattungszeichen mit wenigen Zahlen und Buchstaben zu kennzeichnen.

Dieses Kurzzeichen darf nicht zu umfangreich werden, denn es soll der Vereinfachung dienen. Es soll andererseits alle die Punkte enthalten, die den baubetrieblichen und wirtschaftlichen Wert eines Gerätes ausmachen.

Welche Daten und Kennzeichen werden benötigt, um Wert und Eigenart eines Erdbaugerätes mit kurzen Angaben zu skizzieren und wie lassen sich die Begriffe und Zahlenangaben in einem Kurzzeichen unterbringen? Es liegt im Wesen dieser Darstellung, daß beide Seiten, die bautechnische wie die maschinentechnische, zum Ausdruck kommen müssen. Das Kurzzeichen muß Baugerät *und* Maschinenkonstruktion erfassen. Man muß auch, um die praktische Handhabung so einfach wie möglich zu gestalten, sich auf *die* Kennzeichen beschränken, die fundamentale Bedeutung haben und als unabhängige Werte nicht mehr von anderen Begriffen oder Daten abgeleitet werden können; dabei soll der technische Aufbau eines Gerätes dennoch so ausführlich beschrieben sein, daß sich erschöpfende Rückschlüsse auf Einsatz und Anwendung machen lassen.

Die diesbezüglichen Überlegungen haben zu folgendem Ergebnis geführt: Das Gerätekurzzeichen wird aus einer Gruppe von Buchstaben und Zahlen gebildet, die angeben:

1. Bautechnische Anwendung des Gerätes　.　.　.　(Buchstabe)
2. Fahrwerksart . . . . (Buchstabe)
3. Zahl der Achsen . . . . (arab. Zahl)
4. Zahl der Triebachsen . . . . (arab. Zahl)
5. Bodendruck unter dem Fahrwerk . . . . . . (röm. Zahl)
6. Arbeitswerkzeug . . . . (2 große Buchstaben)
7. Anbringung des Arbeitswerkzeuges . . . . . . (1 kleiner Buchstabe)
8. Motorleistung . . . . [PS]
9. Kapazität des Transportgefäßes:
    Beim Planierschild: Schildbreite . . . . . . [m]
    Beim Schürfkübel: Kübelinhalt (gestr.) . . . [m]
    Beim Pflugbagger: Breite des Förderbandes. . [m]
    Bei Ladeschaufel: Schaufelinhalt . . . . . . [m]
    Bei Kippern usw.: Kübelinhalt gestr. . . . . [m]
10. Höchstgeschwindigkeit . . . . [km/h]

Die Abkürzungen für die Angaben Nr. 1—7 sind in Ü 3 zusammengestellt.

Übersicht 3. *Angaben für Gerätekurzzeichen.*

1. Bautechnische Anwendung des Gerätes:
    Abkürzungen siehe Ü 2.
2. Fahrwerksart:　　K　Ketten } dazu Index aus Nr. 3—5
　　　　　　　　　　R　Reifen
3. Zahl der Achsen: 1. Indexzahl für R (Reifen)
4. Zahl der Triebachsen: 2. Indexzahl für R (Reifen)
5. Bodendruck des Fahrwerks: 1. Indexzahl für K (Ketten)
　　　　　　　　　　　　　　3. Indexzahl für R (Reifen)

I	$< 0,5$ kg/cm²	IV	$1,5 - 3,0$ kg/cm²
II	$0,5 - 1,0$,,	V	$3,0 - 5,0$,,
III	$1,0 - 1,5$,,	VI	$> 5,0$,,

6. Arbeitsgerät.

ZG	Zughaken	VL	Ladeschaufel, vor Kopf
SP	Schubplatte	ÜL	Ladeschaufel, über Kopf
BD	Planierschild, starr	PF	Pflugbagger-Einrichtung
AD	Planierschild, schwenkbar	HL	Hochlöffel
HS	Hobelschild, allseitig drehbar	TL	Tieflöffel
SK	Schürfkübel (Flachbagger)	PL	Planierlöffel
ES	Eimerseilkübel (Bagger)	VK	Vorderkipper
GR	Greiferkorb	SS	Seitenkipper
HK	Hinterkipper	BS	Bodenschütter

7. Anbringung des Arbeitsgerätes:
    e　eingebaut　　　s　aufgesattelt
    a　angebaut　　　h　angehängt

8. Motorleistung: Angabe in PS
9. Transportgröße: Inhalt [m³] für Schürfkübel, Löffel, Ladeschaufel, Kipper,
                    Schütter;
                    Schildbreite [m] für Planierschild, Hobelschild;
                    Bandbreite [m] für Förderbänder, Pflugbagger.
10. Max. Fahrgeschwindigkeit: Angabe in km/h.

Der Aufbau des Kurzzeichens ist unter Bezugnahme der obigen
Numerierung an folgendem Beispiel (Motorschürfwagen) erläutert:

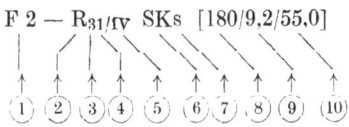

— Die Ziffern entsprechen der Numerierung in Ü 3 —

Durch Weglassen der Angaben für 1, 3—5 und 8—10 läßt sich die Abkürzung noch weiter vereinfachen und mit den Zeichen für 2, 6 und 7
eine Kurzform bilden.

Das obige Gerät würde dann

$$R\ S\ K\ s$$

heißen. Allerdings sind dann wesentliche Angaben weggelassen, und das
Kurzzeichen hat zugunsten der Vereinfachung seine Ausführlichkeit
eingebüßt. Welche Buchstaben und Zahlen im Zuge einer weiteren Vereinfachung weggelassen werden, ist letzten Endes abhängig von der Anzahl der in Frage kommenden Geräte und der Notwendigkeit, die einzelnen Typen voneinander zu unterscheiden.

Die Erfahrungen in großen Geräteparks mit einer Vielzahl von
Typen und dem ständigen Zwang, bei jeder Aussage über ein bestimmtes
Gerät auf das Wesen der Maschine näher einzugehen, haben zu diesen
Kurzzeichen geführt. Bei dem täglichen Umgang mit Geräten hat sich
das Kurzzeichen zu einer zweckmäßigen Ausdrucksweise in der allgemeinen Gerätesprache entwickelt. Statt langer, umständlicher Beschreibungen in Listen, Tabellen und Maschinenaufstellungen wird nun die
Eigenart eines Gerätetyps durch ein paar Zahlen und Buchstaben zum
Ausdruck gebracht. Der Umgang mit dem Gerätekurzzeichen erfordert
eine gewisse Übung. Ist es in Fleisch und Blut übergegangen, so wird
man feststellen, daß das Jonglieren mit einigen Zahlen und Buchstaben
einer klaren und präzisen Gerätebeschreibung bessere Dienste leistet
als die Beschreibung durch eine Vielzahl von Fachausdrücken. Die
Symbole des Gerätekurzzeichens sind der Inhalt der Gerätesprache,
der gerätetechnischen Ausdrucksweise im gleislosen Erdbau.

Als weitere Beispiele für das Kurzzeichen seien angeführt:

Schürfkübelraupe   F 1 — K_{II} SKe [120/6,5/10,5]
Erdhobel   P 2 — $R_{32/V}$ HSe [90/3,40/42,6]
Hinterkipper   T 1 — $R_{22/VI}$ HKe [150/10,0/45,0]

B. Allgemeiner Anwendungsbereich des gleislosen Erdbaus.

1 Charakteristische Merkmale des Flachbaggereinsatzes.

Hauptgeräte und somit Rückgrat der geländegängigen Erdbewegung sind die Flachbagger. Ihre Arbeitsweise ist allen Gerätetypen oder -kombinationen gemeinsam: Bei der Bewegung der Schürfwerkzeuge gegen den Boden mit einer Geschwindigkeit von 2—5 km/h wird das zu fördernde Material in 10—20 cm dicken Schichten abgegrabenen, durch Schilde oder Kübel transportiert, in ebenfalls dünnen Schichten aufgetragen und anschließend verdichtet. Die Auftragsschichten sollen im allgemeinen etwa 20 cm hoch und anschließend auf 10—12 cm verdichtet werden.

Charakteristisch für die Arbeitstechnik der Flachbagger sind die sog. Schalenschnitte und Schalenschüttungen, deren richtige Anwendung Voraussetzung für einen leistungsfähigen Flachbaggereinsatz ist. Gerade auf der Kippe kann man häufig feststellen, daß der Gedanke, den Boden schichtförmig aufzuschütten und dadurch besonders günstige Voraussetzungen für das Verdichten zu schaffen, keineswegs Allgemeingut ist. Meist erstreckt sich die Berücksichtigung der Eigenart des Flachbaggereinsatzes nur auf den Boden*abtrag*. An der Auftragstelle werden die Geräte, um die Entladezeit kurz zu halten, stoßartig entladen, so daß zusätzlich Planierraupen und Verdichtungsgeräte für den Einbau des Bodens erforderlich sind.

Wesentlich für die Verwendbarkeit der Geräte ist das Verhalten in der ersten Arbeitsstufe, dem Lösen und Laden. Hier treten die größten Arbeitswiderstände auf. Auch die Art der Bewegung, mit der die Fördergefäße gefüllt werden, der Raum, der für das Laden nötig ist, die Zugkräfte, die zum Beladen zur Verfügung stehen, und die Anpassung an die besonderen Verhältnisse des Einsatzortes bestimmen die Eignung der Geräte für die Durchführung einer bestimmten Erdbauarbeit.

Der Flachbaggereinsatz weist folgende charakteristische Merkmale auf:

1. Die Geräte werden meist von einem einzigen Maschinisten bedient, dessen Fähigkeiten die Geräteleistung entscheidend beeinflussen.

2. Die meisten Flachbagger sind selbstladende Transportgeräte und somit in ihrem Einsatz von Ladegeräten abhängig. Beim Ausfall eines Gerätes wird der Förderbetrieb in seiner Gesamtheit nicht unterbrochen.

3. Die selbstladenden Transportgeräte werden über jede Förderweite voll ausgenutzt.

4. Gegenüber dem Gleisbetrieb sind die gleislosen Geräte beweglicher. Sie können in vielen Fällen selbst von einer Baustelle zur anderen fahren und verursachen geringe Transportkosten.

5. Alle Geräte sind in der Lage, beträchtliche Steigungen zu überwinden. (Raupenschlepper bis 100%, Reifengeräte bis 40%).

6. Die große Boden- und Wetterempfindlichkeit erfordert eine besondere Organisation des ganzen Baustellenbetriebes.

2 Einfluß der Baustelle auf den Geräteeinsatz.

Als Faktoren, die die geländegängige Erdbewegung baustellenseitig bestimmen und begrenzen, sind anzuführen:

Art der Bauaufgabe. — Art der Erdbewegung. — Umfang der zu bewegenden Massen. — Zeitliche Begrenzung. — Förderweiten. — Anlage der Förderwege. — Einebnung und Verdichtung. — Art und Zustand des Bodens. — Wetter.

2.1 Art der Bauaufgabe.

Aus der Art der Bauaufgabe ergibt sich die Anwendung der gleislosen Geräte allgemein durch

die Flächenausdehnung der Baustelle,

das Verhältnis der Längs- zur Querförderung in bezug auf die Bauachse und

die Größe der zur Verfügung stehenden Arbeitsräume.

Die Bedeutung der einzelnen Gerätearten für die verschiedenen Bauvorhaben ergibt sich aus der folgenden Ü 4. Im einzelnen ist zu sagen:

Flugplatzbauten sind ausgesprochene Flächenbaustellen und infolge der geringen Auf- und Abtragshöhen ein ideales Anwendungsgebiet für Flachbagger. Sehr oft besteht die Erdbewegung nur aus dem Ausgleich von Bodenunebenheiten mit relativ geringen Förderweiten. Ist Massenausgleich größeren Stils erforderlich, so erstreckt er sich über große Flächen bei verhältnismäßig flachen Neigungen. Die Durchführung der Erdarbeiten mit Gleisbetrieb ist heute unrentabel, da die ständige Gleisrückarbeit in keinem Verhältnis zu den tatsächlich bewegten Erdmassen steht.

Autobahnen stehen zwischen Flächen- und Linienbaustellen. Die Tendenz, die Bahnlinie immer mehr in das Landschaftsbild einzufügen und Böschungen und Fahrbahnneigungen flacher zu gestalten, hat eine ständige Ausweitung der Linienbaustelle in die Breite gebracht. In den USA rechnet man für die modernen, mit äußerst flachen Böschungen und Gefälle gebauten Autobahnen im Durchschnitt mit einer Erdbewegung von 50000—70000 m³/km. Diese Zahl zeigt deutlich, wie stark sich die Linienbaustelle, die für den Straßenbau bis vor kurzer Zeit noch typisch war, ausgeweitet hat und immer umfangreichere Querförderungen erforderlich macht. Der moderne Straßenbau muß zur Durchführung der Erdbewegungen mehr und mehr auf den gleislosen Betrieb übergehen.

Eisenbahnbauten sind Linienbaustellen mit geringer Querförderung. Wegen der flachen Steigungen treten umfangreiche Erdbewegungen in der Längsrichtung auf, die dem gleislosen Betrieb wenig Vorteile bieten. Je mehr sich auch hier die Tendenz durchsetzt, Einschnitte und Aufschüttungen der Landschaftsform anzupassen, um so mehr wird der Eisenbahnbau auf Flachbaggerbetrieb zurückgreifen müssen.

Landstraßen sind ausgesprochene Linienbaustellen ohne wesentliche Querförderung. Im Flachland, wo der Umfang der Erdbewegung gering ist und im wesentlichen darauf hinausläuft, das Straßenbett auszuheben,

Übersicht 4. *Die Eignung der gleislosen Geräte für verschiedene Bauaufgaben.*

	Flugplätze	Autobahn	Eisenbahn-Unterbau	Straßen	Wege	Kanäle	Gräben, Flüsse	Deiche	Staudämme	Kohlen- u Erz-Tagebau	Verkehrs- u. Industriebauten	Rennbahnen, Sportplätze	Steinbrüche	Kiesgruben	Aushub von Baugruben	Ver-Füllen von Baugruben	Pionier- u. Kolonialeinsatz	Abraumabtrag
Planierraupe + Querschild	X	X	X	X	X	X	X	X	X	X	X				X	X		X
Planierraupe + Schwenkschild	X	X	X	X	X	X	X	X	X	X	X				X	X		X
Reifenplaniergerät	X	X	X	X	X	X	X	X	X	X	X				X	X		X
Schürfwagen-Anhänger		X	X	X	X			X	X	X	X				X	X		X
Schürfkübelraupe		X	X	X	X			X	X	X	X				X	X		X
Greifraupe		X	X	X	X				X	X	X				X	X		X
Motorschürfwagen		X	X	X	X				X	X	X				X	X		X
Schaufellader					X								X		X	X		
Pflugbagger		X	X				X		X									X
Hinterkipper								X		X			X		X			
Vorderkipper				X	X				X		X		X		X			
Seitenkipper					X	X	X	X		X	X		X		X			
Bodenschütter		X	X	X					X		X		X		X			
Erdhobel		X	X	X	X			X					X					
Tiefreißer															X			X

vereinzelte Kuppen abzutragen oder Vertiefungen auszufüllen, stehen die Kosten für den An- und Abtransport des Gleisbetriebes in keinem Verhältnis zu der notwendigen Erdbewegung. Hier sind Straßenhobel und Planierraupen mit Schwenkschild gut geeignet. Bei größeren Projekten kommen auch Pflugbagger in Frage. Eine Verwendung von Schürfkübeln ist nur möglich, wenn die nötigen Arbeitsräume zum Wenden zur Verfügung stehen, es sei denn, daß Schürfkübelraupen oder Greifraupen zum Einsatz kommen. Im Hügelland oder Gebirge, wo die zu überwindenden Steigungen die Möglichkeiten des Gleisbetriebes überschreiten, steht der Vorteil der gleislosen Geräte außer Zweifel.

Kanalbauten sind Linienbaustellen mit Querförderung, d. h. mit normalerweise kurzen Förderweiten, die, falls nicht überhaupt Eimerkettenbagger verwendet werden, besonders für Planierraupen und Schürfkübelgeräte geeignet sind. Die erforderliche Verdichtung der Dämme spricht für den Einsatz der Flachbagger. Sie bauen die Massen in dünnen Schichten ein und können mit dem Fahrwerk (besonders Schürfkübelraupen und Reifengeräte) gut verdichten.

Im *Grabenbau* ist zu unterscheiden zwischen Gräben mit flachen Böschungen (Flußbett) und Entwässerungs- oder Rohrleitungsgräben mit steilen Seitenwänden. Für letztere kommen besondere Grabenbagger zum Einsatz. Oft müssen Arbeiten unter Wasser durchgeführt werden. Hier sind Flachbagger ungeeignet und nur Eimerseil- und Greifbagger zu verwenden. Beim Zuschieben von Gräben sind Schwenkschilde besonders geeignet.

Für *Deichbauten* muß der Boden oft weit hergeholt werden, da es sich um reine Aufschüttungen ohne Massenausgleich handelt. Die Erdbewegung ist hier vor allem ein Transportproblem, der Masseneinbau ein Problem der Verdichtung. Reifengeräte sind in beiden Fällen besonders geeignet. — Kann der Boden an Ort und Stelle neben dem Deich entnommen werden, so sind Pflugbagger sehr wirtschaftlich, wobei allerdings für genügende Verdichtung der Schüttung gesorgt werden muß.

Beim *Staudammbau* treten meist besonders große Förderweiten auf, da besondere Böden für den Dammkörper nötig sind. Das spricht für den Einsatz von Hinterkippern, Bodenschüttern und Motorschürfwagen. Der Einbau der Massen und die Verdichtung des Dammkörpers erfordern Erdhobel, Stampfer, Walzen, Planierraupen und Steinharken.

Die Erdbewegungsarbeiten im *Braunkohlen-, Steinbruch-* und *Erzbergbau* haben den gleislosen Geräten einen großen Anwendungsbereich erschlossen. In vielen Ländern ist man wegen des für die Überwindung der Höhenunterschiede recht umfangreichen Schienennetzes von der Gleisförderung abgegangen und setzt Schürfwagen mit Raupenfahrwerk ein, die z. T. in der Lage sind, Böschungen bis zu 30° in vollbeladenem Zustand hochzuklettern. Reifenplaniergeräte erfreuen sich wegen ihrer großen Beweglichkeit und damit der Möglichkeit, sie auf weit auseinanderliegenden Gruben für kleinere Einebnungsarbeiten schnell von einer Einsatzstelle zur anderen zu fahren, großer Beliebtheit. Vielfach führt man auch, wo die Bodenverhältnisse eine feste Fahrbahn garantieren, die Massenbewegung mit stationären Baggern und Reifentransportfahrzeugen durch, um das gute Steigvermögen der gleislosen Geräte auszunutzen und mit kürzeren Förderwegen auszukommen.

Bahnhofs- und Industrieanlagen erfordern oft Aushub und Aufschüttungen in beträchtlichem Umfang, wobei das Material über große Förderweiten an- oder abgefahren werden muß. Dann sind schnelle Langstreckengeräte vorteilhaft.

Rennbahnen, Sportplätze, Parkplätze usw. sind Flächenbaustellen mit meist geringem Massenausgleich, aber höchsten Anforderungen an die Güte des Planums, und erfordern Schürfkübelgeräte und Erdhobel. Raupenfahrzeuge kommen wegen der den Boden aufwühlenden Ketten und der geringen Verdichtungswirkung weniger in Frage.

In *Steinbrüchen und Kiesgruben* werden gleislose Geräte zum Abraumabtrag, zum Verschieben des Materials im Schwenkbereich des Baggers sowie zum reinen Transport benutzt. Die oft großen Entfernungen zwischen Grube und Aufbereitungsanlage, Lagerplätzen usw. erfordern Geräte mit hoher Förderleistung, die der besonderen Eigenart des Betriebes angepaßt sein müssen.

Beim *Kolonialeinsatz* müssen die Geräte entweder in freiem, offenem Gelände in lockeren Böden (Wüste) arbeiten oder sie kommen im Dickicht des Dschungels zur Urbarmachung von Kolonisationsgebieten zum Einsatz. Hier werden Geräte mit großer Zugleistung und stromlinienförmiger Umkleidung benötigt, wobei der Kampf mit Schlingpflanzen, vermoderten Baumriesen usw. den Geräten wie dem Geräteeinsatz ein besonderes Gepräge gibt.

2.2 Art der Erdbewegung.

Diese ist zunächst gekennzeichnet durch die Lage und Entfernung der zu bewegenden Massen im Hinblick auf den eigentlichen Bauschwerpunkt oder die Bauachse. Die Entfernung der Plätze für die Ablagerung des überflüssigen Materials bzw. für die Entnahme von fehlendem Boden beeinflußt die Wahl der Geräte erheblich, da vielfach neben der eigentlichen Erdbewegung zusätzliche Förderlinien mit entsprechenden Geräten für die An- und Abfuhr der Bodenmassen erforderlich sind.

Die verbreitete Ansicht, wonach sich Flachbagger nur für den Massenausgleich mit verhältnismäßig geringen Ab- und Auftragshöhen eignen, wird *nicht* geteilt. Es ist grundsätzlich möglich, jede Erdbewegung, auch wenn die Einschnitt- und Dammhöhen noch so hoch sind, mit gleislosen Geräten durchzuführen, und zwar ohne Beeinträchtigung ihrer Leistungsfähigkeit. In den Ländern, die fast ausschließlich gleislos fördern, sind genügend Methoden entwickelt worden, um durch die Planung und Anlage der Förderwege auch von der Ab- und Auftragshöhe unabhängig zu sein. Ein Einschnitt, der vom stationären Bagger durch das Arbeiten vor Kopf in horizontaler Richtung vorangetrieben wird, kann in gleicher Weise vertikal von oben nach unten fortschreitend mit Flachbaggern ausgehoben werden. Die Böschungen werden hierbei in etwa 1 m hohen Stufen fortlaufend mit dem Aushub hergestellt, so daß Einschnitte beliebiger Tiefe einwandfrei abgeböscht werden können.

Auch die Auftragshöhe begrenzt die Einsatzmöglichkeiten nicht. Der Gefahr, über die Böschungen abzurutschen, wird durch erhöhte

Aufschüttungen der Kanten vorgebeugt. Das Versacken der Geräte auf der Kippe kann durch sorgfältige Planung der Schüttungen und Überwachung der Verdichtung vermieden werden.

2.3 Umfang der Erdbewegung.

Der Umfang der Erdbewegung setzt dem Geräteeinsatz wirtschaftliche Grenzen nach unten. Bei Raupenfahrzeugen erfordert die Notwendigkeit, Spezialfahrzeuge für den Transport nach der Baustelle einzusetzen, einen gewissen Mindestumfang der Erdbewegung, damit die reinen Transportkosten die eigentlichen Kosten für die Erdbewegung nicht zu stark belasten. Reifengeräte können vielfach selbst von Baustelle zu Baustelle fahren, aber ihre Hilfsgeräte (Schubraupen, Tiefreißer), die für ihren wirtschaftlichen Einsatz in mittlerem und schwerem Boden erforderlich sind, lassen auch hier beträchtliche Transportkosten entstehen. Der Einsatz der Hilfsgeräte ist, soll er wirtschaftlich vertretbar sein, wieder an eine gewisse Mindestzahl von Hauptgeräten gebunden. So erfordert z. B. eine Schubraupe 2—4 Motorschürfwagen, um voll ausgelastet zu sein.

Diese Mindestzahl der eingesetzten Geräte wird allein durch wirtschaftliche Gesichtspunkte festgelegt. Prinzipiell kann jede, selbst die kleinste Erdbewegung, mit einzelnen Flachbaggergeräten durchgeführt werden. Gerade für Arbeiten kleineren Ausmaßes stehen Raupenschlepper unter 50 PS Motorstärke zur Verfügung, die speziell für ein schnelles Verladen auf leichte LKW gebaut, überall dann mit Erfolg eingesetzt werden können, wenn die Erdbewegung für Handarbeit zu umfangreich, für den Einsatz größerer Maschinen aber wegen der hohen Transportkosten zu kostspielig ist.

Nach oben sind dem Ausmaß der Erdbewegung keine Grenzen gesetzt. Geräte mit Fassungsvermögen bis zu 35 cbm, mit bis zu 400 PS Motorleistung und 60 t Tragfähigkeit stehen zur Verfügung, um Erdarbeiten größten Stils durchzuführen. Die Erdbewegungen in USA, Afrika und Australien beim Bau von Staudämmen, Straßen und Kanälen erreichen oft einen derartigen Umfang, daß der Einsatz von Spezialgeräten, die unter den besonderen Baustellenbedingungen mit hohen Leistungen und geringen Kosten arbeiten, gerechtfertigt ist.

Die Tendenz, flachere Böschungswinkel und Steigungen zu wählen, bringt eine Ausweitung des Umfanges der Erdbewegung mit sich, so daß die Unternehmer immer größere Geräte fordern. Damit wird eine Aufgabenteilung unter den größeren Bauunternehmen zweckmäßig. Während sich die eine Gruppe mit Spezialgeräten auf Projekte größeren Ausmaßes einstellt, verwendet die andere handelsübliche Geräte, um Bauaufgaben geringeren Umfanges auf universellerer Basis durchzuführen.

Da die großen Geräte billiger arbeiten als die kleinen, sollen die Gerätedimensionen so groß wie möglich gewählt werden. Je größer der Umfang
der Erdbewegung ist, um so mehr muß der Gedanke „wenige, aber große
Geräte" im Vordergrund stehen.

2.4 Zeitliche Begrenzung.

Die Frist für die Fertigstellung eines Bauwerkes ist der primäre
Faktor jeder Planung. Kurzfristige Termine bergen stets die Gefahr
in sich, daß zu viele Geräte zum Einsatz kommen, die sich auf der Baustelle gegenseitig behindern. Die Schlechtwetterperioden, die in manchen Gegenden mit wetterempfindlichen Böden zu einer Zusammen-
drängung der Bauarbeiten auf die trockene Jahreszeit und damit zu
einer Konzentration des Geräteeinsatzes und zu einer besonders sorgfältigen Auswahl der Maschinen zwingen, müssen ebenfalls berücksichtigt werden.

Eine unmittelbare Auswirkung des Zeitfaktors auf die Geräte-
anwendung ist sowohl für die gleislosen Flachbagger wie für die stationären Bagger mit gleisgebundener Förderung gegeben, wenn Erdbauten
aus zwingenden Gründen zeitlich mit Schlechtwetterperioden zusammen-
fallen oder in diese hineinreichen. Je nach der Bodenbeschaffenheit kann
diese Tatsache zu einem Verzicht auf jede Art der Erdbewegung führen
oder zumindest den Einsatz der Geräte einschränken, so daß es wirtschaftlicher erscheint, weniger wetter- und damit zeitabhängige Fördermethoden (Einsatz von Raupen- statt Reifenfahrzeugen, Gleisbetrieb,
Förderbänder, Seilbahnen) zu wählen.

2.5 Förderweiten.

Die Förderweiten diktieren den gleislosen Geräten die Grenzen ihres
wirtschaftlichen Einsatzes. Heute stehen für sämtliche Entfernungen
Geräte zur Verfügung, die die Wirtschaftlichkeit der Erdbewegung über
jede Förderweite sicherstellen. Die Transportentfernung kann nur dann
zu einer bedeutsamen Frage werden, wenn in dem verfügbaren Gerätepark keine geeigneten Geräte vertreten sind.

Nähere Ausführungen über die wirtschaftlichen Förderweiten sind
weiter unten gemacht. An dieser Stelle sei lediglich ein großer Überblick gegeben, aus dem die vielseitigen Möglichkeiten, für jede Förderweite ein besonders wirtschaftliches Gerät einzusetzen, erkennbar sind
(Ü 5, S. 20).

Hingewiesen sei besonders auf die Tatsache, daß die Flachbagger
gerade im Hinblick auf die Förderweiten in sehr starker Konkurrenz
mit den stationären Baggern stehen. Vielfach ist es so, daß z. B. die
Eimerseilbagger bei der Erdbewegung über kurze Entfernungen billiger
fördern als die entsprechenden Flachbaggergeräte: die Planierraupen.

Dabei kann die „Förderweite" der Eimerseilbagger durch Verwendung langer Ausleger erheblich erweitert werden. Ähnlich liegen die Verhältnisse im Bereich der mittleren und großen Förderweiten, die sich — sieht man von der gleisgebundenen Zugförderung ab — mit stationären Baggern (vorwiegend Eimerseilbagger) und LKWs ebenfalls oft billiger überbrücken lassen als mit Motorschürfwagen.

Die Abgrenzung der einzelnen Wirtschaftlichkeitsbereiche bedarf einer eingehenden Berechnung. Die Grenzen selbst sind für jeden Gerätetyp und jede Baustelle verschieden und werden vielfach durch die

Übersicht 5. *Günstigste Förderweiten der gleislosen Geräte.*

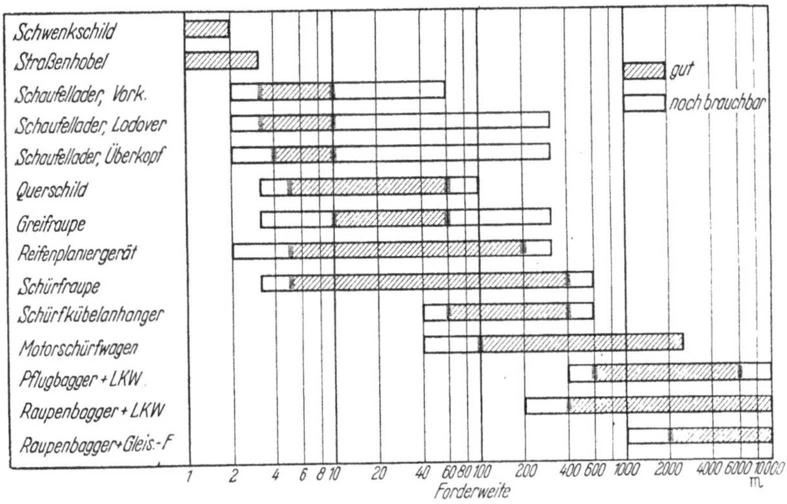

Förderkosten der anderen, für die betreffende Bauarbeit noch zur Verfügung stehenden Geräte gezogen. Auf diese Frage wird im Abschnitt „Kostenermittlung" ausführlich eingegangen.

2.6 Anlage und Beschaffenheit der Förderwege.

Während der Gleisbetrieb bei der Anlage der Förderwege an die Einhaltung von Mindestkurvenbögen und die Vermeidung von größeren Steigungen gebunden ist, steht dem gleislosen Betrieb ein ausgedehnter Bereich der Baustellenfläche zur Verfügung, innerhalb deren die Förderwege beliebig gewählt werden können. Ihre Projektierung muß sich nach der zulässigen Steigung, den Bodenhindernissen und Bodenunebenheiten sowie der Bodenbeschaffenheit richten.

Der Kalkulation wird als Länge der Förderwege die kürzeste Entfernung der Massenschwerpunkte zugrunde gelegt. Daher müssen die Förderwege auch in der Praxis möglichst kurz gehalten werden. Dieser Forderung wirkt oft, abgesehen von der inneren bodenmechanischen

Beschaffenheit der Fahrbahndecke (Tragfähigkeit), die äußere Gestaltung der Geländeoberfläche (Unebenheiten und Steigungen) entgegen.

Für die Grenzsteigung lassen sich keine allgemein gültigen Werte angeben. Die Grenzsteigung, mit Rollwiderstand und Kraftschluß gekoppelt, ist eine fahrdynamische Größe, die als Steigungswiderstand die freie Zugkraft des Schleppers herabsetzt. Raupenschlepper sind weniger empfindlich gegen Steilstrecken als Reifengeräte. Als Grenzsteigung für normale Raupenschlepper läßt sich ein Winkel von 35° angeben, den die Schlepper ohne Zuglasten bei guter Fahrbahnbeschaffenheit überwinden können. Mit vollbeladenem Schürfkübel nehmen sie noch Steigungen bis zu etwa 25°. Darüber hinaus sind Raupenschlepper auf Steilhängen mit über 60° Steigung eingesetzt worden, wobei sie allerdings angeseilt waren. Für Reifengeräte liegt die Grenzsteigung bei etwa 20°, wobei die beladenen Fahrzeuge wegen des höheren Adhäsionsgewichtes größere Steigungen überwinden als die unbeladenen.

Während natürliche Hindernisse geologischer Art (z. B. Felsbänke und Steilhänge) den Einsatz von Zusatzgeräten zu ihrer Beseitigung erforderlich machen, können solche topographischen Charakters (Flußläufe, Moore) den Förderverkehr zu beträchtlichen Umwegen zwingen. Künstliche Hindernisse machen oft eine Aufteilung der Gesamtbaustelle in mehrere Bauplätze mit dem Einsatz entsprechend kleinerer Geräte erforderlich.

Die meisten Bodenunebenheiten werden von Raupenfahrzeugen ohne große Leistungsverluste überwunden. Dagegen stellen sie für Reifengeräte im Hinblick auf die Ausnutzung höherer Fahrgeschwindigkeiten Hindernisse dar, welche deren wirtschaftlichen Einsatz u. U. unmöglich machen. Hier muß durch Einsatz von Erdhobeln, Planierraupen und dergleichen Abhilfe geschaffen werden. Auf größeren Baustellen sind Straßenpflegetrupps, ausgerüstet mit Straßenhobeln, Tournadozern und Sprengwagen eingesetzt, die jeweils vor Aufnahme des Förderbetriebes Bodenunebenheiten beseitigen, für möglichst glatte Fahrbahnen sorgen und laufend etwaige Fahrgleise und Schlaglöcher ausbessern. Schon geringfügige Bodenunebenheiten zwingen bei Reifengeräten zum Herunterschalten auf niedrigere Gänge. Hierfür ist nicht so sehr die mechanische Stoßeinwirkung, sondern die Unmöglichkeit für den Fahrer, bei den Erschütterungen einigermaßen fest auf seinem Sitz zu bleiben, ausschlaggebend. Das Einebnen der Fahrbahnen mit Straßenhobeln bringt Leistungssteigerungen von 40—70 %.

2.7 Einebnung und Verdichtung.

Während für grobe Planierarbeiten Planierraupen mit Schwenkschild ausreichen, sind schon bei mittlerer Planumgüte dicht vor dem Schlepper liegende Querschilde notwendig. Auch können Reifenplaniergeräte (Tournadozer usw.) zur Verwendung kommen. Für Feinplanum müssen Erdhobel oder Schürfkübelgeräte mit offener Kübelklappe und vorgezogenem Schieber eingesetzt werden.

Wird keine besondere Verdichtung der Schüttungen verlangt, so genügen Raupengeräte. Reifenfahrzeuge haben höhere Flächenpressungen und sind in der Lage — vor allem, wenn sie so über die Auftragsstellen dirigiert werden, daß ihre Fahrspuren gleichmäßig verteilt sind — die Verdichtungsanforderungen der meisten Erdbauarbeiten zu erfüllen. Für höhere Verdichtungsgrade sind Schaffußwalzen, in weichen Böden Reifenwalzen, für höchste Verdichtungen Gitterwalzen und evtl. Rüttelwalzen erforderlich. An Bauwerke angeschütteter Boden muß allerdings durch Stampf- und Rüttelgeräte gesondert verdichtet werden.

2.8 Art und Zustand des Bodens.

Das Charakteristikum des Flachbaggereinsatzes besteht darin, daß bei jedem Arbeitsspiel stets das ganze Gerät unmittelbar über die Stelle fahren muß, an der das Grabgefäß (Schürfkübel oder Planierschild) graben soll. Aus dieser Tatsache ergeben sich einige wesentliche Gesichtspunkte für die Verwendungsmöglichkeiten der Geräte:

1. Die effektiv an der Schneide zur Auswirkung kommende Schürfkraft ist nicht allein abhängig von dem *mechanisch erzeugten Vortrieb* des Trägerfahrzeuges, sondern darüber hinaus von dem *Grad der Verzahnung* zwischen Fahrwerk und Boden, d. h. vom Kraftschluß und damit im Endergebnis

a) vom Adhäsionsgewicht des Fahrzeuges, b) von der Profilierung der Raupen oder Reifen, c) von der Scherfestigkeit des Bodens.

Daraus ergibt sich, daß — im Gegensatz zu den stationären Baggern — die zur praktischen Auswirkung kommende Schürfkraft eines Flachbaggergerätes bei jedem Einsatz und darüber hinaus bei jedem Arbeitsspiel verschieden sein muß.

2. Da der Flachbagger seinem Wesen nach ein selbstfahrendes Grabgefäß ist, hängt der Einsatz des Gerätes von der *Tragfähigkeit des Bodens* ab, den das Grabgefäß baggern muß. Es ist also hier nicht möglich — wie etwa bei einem Eimerseilbagger — von einem festen Standpunkt aus morastigen Boden abzutragen oder unter Wasser zu arbeiten, sondern der ganze Flachbagger muß zusammen mit dem Grabgefäß über die Schürfstelle fahren.

3. Lediglich die *Gewinnungsfestigkeit* des Bodens wirkt sich auf beide Gerätegruppen, die stationären wie die beweglichen (Flach-)Bagger, gleich aus. Aus der Größenabstufung der Geräte ist zu ersehen, daß Motorleistung und Inhalt des Grabgefäßes die Gerätegröße bestimmen. Diese beiden Kennwerte sind in ihrem An- und Abstieg etwa gleichlaufend. Da die Motorleistungen der Geräte linear, die Dimensionen der

Gefäße aber nur mit der 3. Wurzel des Inhalts wachsen, ergibt sich ganz zwangsläufig, daß mit wachsender Größe der Grabgefäße die spezifische Schürfkraft immer günstiger wird, d. h. daß größere Geräte um so vorteilhafter sind, je größer die Gewinnungsfestigkeit des Bodens ist.

Die gleislosen Geräte sind hinsichtlich ihrer Einsatzmöglichkeiten und ihrer Leistungen weit stärker vom Boden, den sie beladen und über den sie fahren, abhängig als die stationären Bagger mit Gleisförderung, bei denen konstantere Verhältnisse vorliegen. Da die gleislosen Geräte während des ganzen Förderkreislaufes ständig mit der Erdoberfläche in Berührung stehen, reagieren sie schon auf geringfügige Unterschiede in Zustand und Beschaffenheit des Bodens mit verhältnismäßig großen Leistungsschwankungen, so daß der Faktor „Boden" in vielen Fällen in der Frage der Rentabilität des Flachbaggereinsatzes den Ausschlag gibt.

Eine ausgesprochene *Begrenzung* der Einsatzmöglichkeiten von der Bodenseite her tritt nur in bindigen Böden auf und ist gegeben durch die Konsistenz der Fahrbahndecke und die Kohäsion des zu schürfenden Materials. Der Konsistenzgrad einer bindigen Fahrbahndecke, bei dem die Tragfähigkeit des Bodens überschritten wird, liegt für Reifengeräte im steifplastischen, für Raupengeräte im weichplastischen Bereich. Diese Feststellung besitzt zunächst noch keine größere praktische Bedeutung, da die Konsistenz einer Geländefahrbahn meist mit der Tiefe zunimmt. Liegt die Konsistenz der Fahrbahndecke unterhalb der Tragfähigkeitsgrenze, so bedeutet das noch nicht, daß der Geräteeinsatz unmöglich werden muß. Vielmehr dringt das Fahrwerk durch die obere Decke in tiefere Bodenschichten ein und findet dort meist günstigere Verhältnisse vor.

Die Gefahr bindiger Böden liegt, wenn sie naß sind, in viel stärkerem Maße darin, daß die Feuchtigkeit durch das ständige Befahren der Fahrbahndecke in den Boden eingeknetet und die obere Bodenschicht bis in solche Tiefe aufgeweicht wird, daß der aus dem Einsinken resultierende Fahrwiderstand von der Zugkraft des Schleppers nicht mehr überwunden werden kann.

In rolligen Böden können ebenfalls sehr hohe Fahrwiderstände auftreten, die zusammen mit dem meist geringen Kraftschluß die freien Zugkräfte der Schlepper aufbrauchen. Ihr Einfluß führt jedoch auch unter ungünstigen Bedingungen selten zu einem völligen Erliegen des Betriebes. Durch Anfeuchten der Fahrbahndecke mit Sprengwagen (Verfestigung durch scheinbare Kohäsion) kann wirksame Abhilfe geschaffen werden.

Eindeutig ist nur die Grenze, die durch die Kohäsion bzw. Gewinnungsfestigkeit des zu baggernden Materials gezogen wird. Sie ist in ihrer praktischen Auswirkung noch beeinflußt vom technischen Aufbau der Geräte. Hier sind von Bedeutung:

Konstruktive Gestaltung. Wichtig ist die Befestigung der Schneide am Grabgefäß. Da die Planierschildschneide im allgemeinen einen Anstellwinkel von 55—65°, die Schürfkübelschneide einen solchen von nur 40—45° gegenüber der Horizontalen aufweist, läßt sich die erstere kräftiger mit dem Gefäßkörper verbinden. Hinzu kommt, daß die Planierschildschneide als Teil des eigentlichen Schildes fest in die Schildwölbung eingefügt ist, während die Schneide des Schürfkübels aus dem Kübelboden nach unten herausragt. Die Schildschneide kann daher im allgemeinen größere Schürfkräfte aufnehmen als die Schneide des Schürfkübels.

Bei Planierschilden und Schaufelladern ist auch die Anlenkung des Schildes an das Trägerfahrzeug von Bedeutung. Während bei den Schilden und einigen Überkopfladern der Schubrahmen beim Graben horizontal liegt und den Schlepper in Richtung der Schubkräfte umfaßt, stehen die Schaufelarme vieler Vorkopflader während der Grabstellung schräg nach oben zum hochliegenden Drehpunkt. Dadurch geht ein Teil der Schubkraft als Abwärtsdruck (vertikale Komponente) der Schürfkraft an der Schneide verloren.

Kraftschluß. Maßgebend ist neben der Schubfestigkeit des Bodens die Ausbildung der Kettenrippen bzw. Reifenprofile sowie der Widerstand, den der Boden dem Eindringen der Profilstollen entgegensetzt. Da mit steigender Gewinnungsfestigkeit (und immer fester werdendem Boden) die Raupen- oder Reifenrippen immer schlechter in den Boden eindringen, fällt die entgegengesetzte Tendenz von Gewinnungsfestigkeit und Kraftschluß in der Praxis besonders ins Gewicht.

Schürfkraft. Wie schon erwähnt, wächst die Schneidenbreite eines Kübels oder Schildes nicht proportional der Motorleistung. Wie die technischen Daten der verschiedenen Typen zeigen, hat eine Verdoppelung der Motorleistung nur eine Verbreiterung der Schneide auf das etwa 1,3fache zur Folge. Daher haben die Geräte eine im Verhältnis um so höhere spezifische Schürfkraft, je größer und stärker sie sind.

Die einzelnen Gerätearten weisen in dieser Hinsicht Unterschiede auf. So sind die Schneiden der Schürfkübel im Verhältnis schmaler als die der Planierschilde, und unter den Planierschilden haben die Querschilde wieder eine geringere Schneidenbreite als die Schwenkschilde.

Stellung des Schildes. Planierraupen mit Schwenkschilden können um 25—30° geschwenkt und mit der einen Schneidenkante tiefer gestellt werden. Im ersten Falle (horizontal gesehen) kann die ganze *Schubkraft* des Schleppers auf die vorspringende Schildkante, im zweiten Fall (vertikal betrachtet) das ganze *Gewicht* des Schleppers auf die nach unten vorstehende Schneidenecke des Schildes konzentriert werden. Beide Maßnahmen, einzeln oder gemeinsam angewendet, steigern die Anwendungsmöglichkeiten der Planierraupen im Hinblick auf die Bodenfestigkeit.

Das gleiche gilt prinzipiell auch für die Erdhobel, deren Schilde ähnliche Verstellmöglichkeiten haben. Sie sind allerdings nicht für höhere Beanspruchung gebaut.

Alle erwähnten Faktoren sprechen bei der Frage, bis zu welcher Gewinnungsfestigkeit ein Gerät eingesetzt werden kann, mit, und es ist hier nicht immer leicht, eindeutige Grenzen anzugeben. Legt man die Bodeneinteilung von Kögler (Anhang 1) zugrunde, so ergeben sich folgende Einsatzbereiche (Ü 6):

Übersicht 6.
Einsatzbereiche der Flachbagger in Abhängigkeit von der Lösefestigkeit des Bodens.

	Gewinnungstechnischer Einsatzbereich					
	Gewinnungs-Klasse					
	1	2	3	4	5	6
	loser Boden	Stichboden		Hackboden		Hackfels
	Schaufel	normal Schaufel Spaten	schwer Spaten Hacke	normal Breit- od Spitzhacke	schwer Spitz- od Kreuzhacke	Spitzhacke Keile Preßluft
Planierraupe, Querschild						
Planierraupe, Schwenkschild, quer						
Planierraupe, Schwenkschild, schräg						
Planierraupe, Querschild + Reißzähne						
Schürfwagen + Raupenschlepper						
Schürfwagen + Reifenschlepper						
Schürfkübelraupe						
Motorschürfwagen						
Motorschürfwagen mit Schub						
Schaufellader						
Reifenplaniergerät						
Pflugbagger + Raupenschlepper						
Pflugbagger + Reifenschlepper						
Erdhobel						

Von Interesse sind in diesem Zusammenhang die Einsatzgrenzen der stationären Bagger. Sie liegen für

Greifbagger bei Gew.-Kl. 3,
Eimerseilbagger bei Gew.-Kl. 4,
Hoch- und Tieflöffel bei Gew.-Kl. 6 (ohne Sprengung).

Bei den letzten beiden Gerätetypen wird diese Grenze jedoch nur von großen Baggern erreicht, während kleinere Geräte (bis etwa 1½ cbm) eine Klasse darunter liegen.

Die Überlegenheit der stationären Bagger im Hinblick auf die Lösefestigkeit des Materials steht außer Zweifel, wenngleich die Flachbagger in gewissen Fällen, z. B. bei horizontaler Lagerung von Schichtgestein, durch Verwendung von Tiefreißern den Vorsprung der Löffelbagger weitgehend aufholen können. In der Mehrzahl aller Fälle begrenzt jedoch die bereits oben erwähnte Kraftschlußschwierigkeit, die mit zunehmender Gewinnungsfestigkeit schnell wächst, ihren Einsatz in härteren Böden. Der stationäre Bagger kennt Schwierigkeiten dieser Art nicht. Dies sowie die Tatsache, daß sein Grabgefäß meist wesentlich kleiner und damit die Grabkraft höher ist, sichern ihm auch weiterhin eine Überlegenheit in harten Böden und allen Sprenggesteinen.

Beim Füllen des Kübels spielen Korngröße, Lagerdichte und Verdichtungsfähigkeit, Feuchtigkeitsgehalt, Feuchtigkeitsverteilung und Bodentragfähigkeit eine gewichtige Rolle. Jedoch wird im Bereich der vorkommenden Bodenarten und -zustände dem Förderbetrieb durch die Beschaffenheit des zu verfüllenden Materials niemals eine Grenze gesetzt. Selbst breiigen Schlamm können die Geräte noch laden und dabei einen wirtschaftlich gerechtfertigten Förderbetrieb durchführen. Am besten eignen sich für die Planierschilde, Schürfkübel, Ladeschaufeln und Transportbänder Böden mittlerer Kohäsion in erdfeuchtem Zustand. Sandiges, lockeres Fördergut neigt dazu, dem Einfülldruck an der Schneide auszuweichen und sich ähnlich wie bindige Böden breiiger Konsistenz in Stauwellen vor Kübel oder Schild herzuschieben. Bindige Böden im Bereich der klebenden Zustandsform lassen sich zwar ohne Schwierigkeiten laden, kleben aber an den Kübelwänden und sind nur durch Zwangsentladung (Schieber) wieder zu entfernen.

2.9 Der Wettereinfluß.

Das Wetter ist der größte Feind jeder Erdbauarbeit. Sein Einfluß ist indirekter Natur und wirkt sich über die Veränderung der Bodenkonsistenz aus. Feuchte Witterung hat schon immer zur Leistungsminderung geführt, aber trockenes Wetter, das den Boden ausdörrt und unter der ständigen Sonneneinstrahlung hart und fest macht, wirkt sich auf den gleislosen Betrieb nicht weniger nachteilig aus. Mit Einführung der gleislosen Geräte (vor allem der Reifengeräte), die sich über den ganzen Bereich der Ab- und Auftragsstellen frei bewegen können, ist der Förderbetrieb wetterabhängiger geworden als es vom Gleisbetrieb her bekannt war. Die große Beweglichkeit der gleislosen Geräte und ihre Unabhängigkeit von Schienenwegen ist unter normalen Wetterbedingungen ein unbestreitbarer Vorteil, denn die Geräte können meist auf kürzestem Wege zwischen Schürf- und Schüttstelle hin- und herpendeln. Im schlechten Wetter wird ihr Einsatz jedoch verhängnisvoll, wenn nicht Mittel und Wege gefunden werden, um den Einsatzschwierigkeiten rechtzeitig zu begegnen.

Die Wetterempfindlichkeit der gleislosen Geräte wird allerdings stellenweise auch übertrieben dargestellt. Die Praxis hat gezeigt, daß, wenn die wetterunempfindlichsten unter den Geländefahrzeugen, die Raupenschlepper, so weit versacken, daß ihr Einsatz unrentabel wird, meist auch der Gleisbetrieb eingestellt werden muß, da die Schwellen der Schienenwege dann keinem Halt mehr finden. Auf vielen Baustellen wird heute jede Erdarbeit mit gleislosen Geräten zwischen November und März eingestellt und dafür bei günstiger Witterung im 24-Stunden-Betrieb gearbeitet. Solche Maßnahmen brauchen nicht verallgemeinert zu werden. Sie haben sich aber bei Arbeiten in gut bindigen Ton- und Lehmböden bisher als wirksamste Methode zur Überwindung der Wetterschwierigkeiten erwiesen.

C. Die gleislosen Geräte und ihre Anwendung.

1 Eignung der Geräte für verschiedene Erdarbeiten.

Den Betrachtungen über die einzelnen Anwendungsbereiche der Geräte soll ein Gesamtüberblick über die technischen Möglichkeiten der geländegängigen Erdbewegung vorangestellt werden. Dazu muß der von der Maschinenindustrie hergestellte Gerätepark den auf dem Erdbausektor durchzuführenden Arbeiten gegenübergestellt und verglichen werden, wie weit der maschinelle Bereich das bautechnische Einsatzgebiet überdeckt — in welchem Ausmaß also der Tätigkeitsbereich des Erdbaus mit den Geräten der geländegängigen Erdbewegung auszufüllen ist.

Einen solchen Überblick gibt Ü 7. Dort sind die verschiedenen Gerätetypen mit ihren charakteristischen Arbeitsbereichen aufgezeigt. Bei der Zusammenstellung wurden als Hauptanwendungsgebiete zugrunde gelegt:

Abräumen des Baugeländes. — Freimachen der Baustelle. — Massenumlagerung. — Massenaushub. — Masseneinbau. — Bodenbearbeitung.

Die Übersicht gewinnt besondere Bedeutung für die Zusammenstellung von Geräteparks und die Auswahl geeigneter Gerätetypen.

2 Eignung der Geräte für bestimmte Einsatzverhältnisse.

Während im vorigen Abschnitt die auszuführenden Erdarbeiten als leitender Gesichtspunkt für die Darstellung der Anwendungsmöglichkeiten der Geräte gewählt wurden, sollen nun die besonderen Einsatzbedingungen im Vordergrund stehen. Die einzelnen Geräte werden in verschiedenen Ausführungsformen hergestellt — Motorschürfwagen z. B. treten als zwei- oder dreiachsige Geräte mit 1 oder 2 Triebachsen

Übersicht 7. *Eignung der gleislosen Geräte*

	Entfernen der Vegetation					Vorarbeiten auf dem Baugelände											Entfernen der Humusdecke			
	Gebüsch, kleine Bäume	Wurzelstöcke, Stubben	Gestrüpp, Dickicht	Bäume bis 40 cm ⌀	Bäume über 40 cm ⌀	Einebnen von Gräben	Einebnen von Dellen, Hügeln	Einebnen von Hanganschnitten	Beseitigen großer Steine	Beseitigen von Baumstümpfen	Beseitigen von Wällen, Zäunen	Anlage von Mauern	Anlage von Dämmen	Anlage von Fahrbahnen	Anlage von Entwässerungs-Gräben	Anlage von Zufahrtsrampen	Grasnarbe, Heide	Moor, Torf	Mutterboden	Schlick, Kleiboden
Planierraupe + Querschild																				
Planierraupe + Schwenkschild																				
Reifenplaniergerät																				
Schürfwagen-Anhänger																				
Schürfkübelraupe																				
Greifraupe																				
Motorschürfwagen																				
Schaufellader																				
Pflugbagger, a. Raupen																				
Pflugbagger, a. Reifen																				
Hinterkipper																				
Vorderkipper																				
Seitenkipper, Reifen																				
Seitenkipper, Raupen																				
Bodenschütter, Reifen																				
Bodenschütter, Raupen																				
Erdhobel																				
Tiefreißer																				
Pflug																				
Reißzähne am Schild																				

und Front-, Allrad- oder Heckantrieb in Erscheinung und lassen sich auch in der verschiedensten Zusammenstellung — Schürfwagenanhänger z. B. mit Raupen- oder Reifenschlepper, mit oder ohne Schubraupe — einsetzen. Diese Unterschiede in den technischen Ausführungsformen sind in erster Linie mit Rücksicht auf die Unterschiedlichkeit der Einsatzverhältnisse auf den Baustellen gewählt worden. Wesentlich ist nicht allein die Art der Erdarbeit, die verrichtet werden soll, sondern auch die Eigenart der Baustelle mit den Bedingungen, unter denen diese Arbeit geleistet werden muß. So kommt es bei der Wahl der richtigen Geräte mehr denn je darauf an, unter den verschiedensten Ausführungsformen diejenigen herauszusuchen, die den Einsatzverhältnissen am besten gerecht werden.

Die Übersichten 8—10 geben einen Überblick über die Brauchbarkeit der wichtigsten Flachbaggergeräte unter den verschiedenen Baustellen- und Einsatzbedingungen. Diese ist nicht nur abhängig von den *für verschiedene Erd- und Tiefbauarbeiten.*

Auflockern des Bodens			Lösen und Laden des Bodens									Transport des Materials						Einbau der Massen				nur Aushub						nur Einbau			Hang-arbeit	
			Gewinnungs-Klassen (s Anhang 1)									Förderweiten m											Gräben			Gruben							
Aufbrechen der Bodenkruste	Aufreißen der Bodenschicht	Lockern für Austrocknen	1	2	3	4	5	gesprengt 6	7	8		1 bis 3	3 bis 30	30 bis 75	75 bis 300	300 bis 2000	über 2000	Verteilen	Einebnen	Verdichten	Böschen	Bearbeiten der Oberfläche	flache Böschung	steile Böschung	senkrechte Böschung	große Grundfläche	kleine Grundfläche	Hinterfüllen von Bauwerken	Verfüllen von Fundamenten	Aufschütten von Rampen	Anschneiden der Hänge	Planieren

einzelnen Gerätetypen (Erdhobel, Planierraupe, Motorschürfwagen usw.), sondern in weitem Umfang auch von der technischen Ausführungsform einer bestimmten Konstruktion.

3 Die Geräte und ihre Anwendungsbereiche.

3.01 Planierraupe.

Die Planierraupe ist heute als „Mädchen für alles" von keiner Erdbaustelle mehr wegzudenken. Sie ist aber, ohne daß sich an ihrer Bedeutung etwas geändert hat, in der modernen Erdbewegung mehr in die Rolle des Hilfsgerätes gedrängt worden; der eigentliche Massentransport wird von Schürfkübeln durchgeführt.

Die Planierraupe ist mit starrem Schild (Querschild) oder beweglichem Schild (Schwenkschild) ausgerüstet.

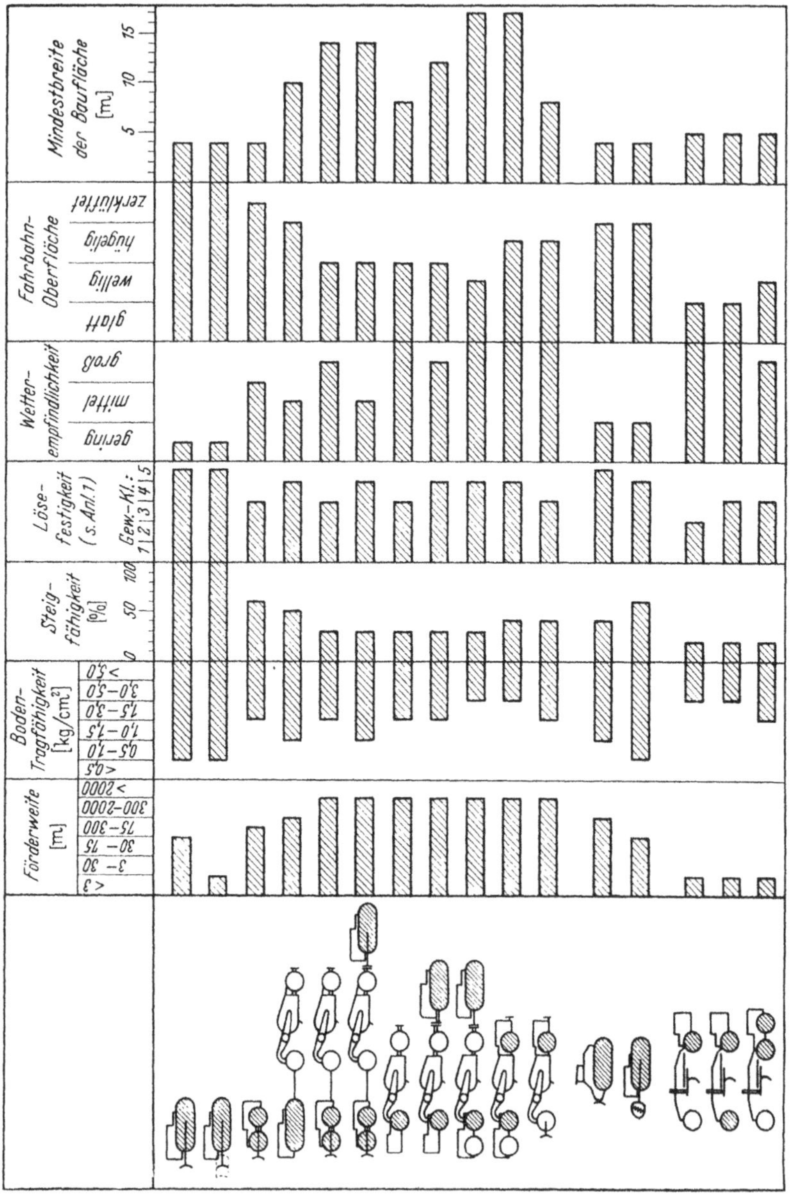

Übersicht 8. Eignung der Flachbagger für verschiedene Einsatzverhältnisse.

Mindestbreite der Baufläche [m]: 5 10 15

Fahrbahn-Oberfläche: zerklüftet, hügelig, wellig, glatt

Wetter-empfindlichkeit: grob, mittel, gering

Löse-festigkeit (s. Anl. 1) Gew.-Kl.: 1 2 3 4 5

Steig-fähigkeit [%]: 0 50 100

Boden-Tragfähigkeit [kg/cm²]: >5,0 · 3,0–5,0 · 1,5–3,0 · 1,0–1,5 · 0,5–1,0 · >0,5

Förderweite [m]: >2000 · 300–2000 · 75–300 · 30–75 · 3–30 · <3

3.011 Planierraupe mit Querschild. Das *Querschild* findet Verwendung
dung

a) für grobe Arbeiten, bei denen hohe Schubkräfte erforderlich sind: Zum Zerreißen, Zerstören oder Beseitigen von natürlichen oder künstlichen Hindernissen (Pflanzenwuchs, Bauten),

Übersicht 9. *Eignung der Ladegeräte für verschiedene Einsatzverhältnisse.*

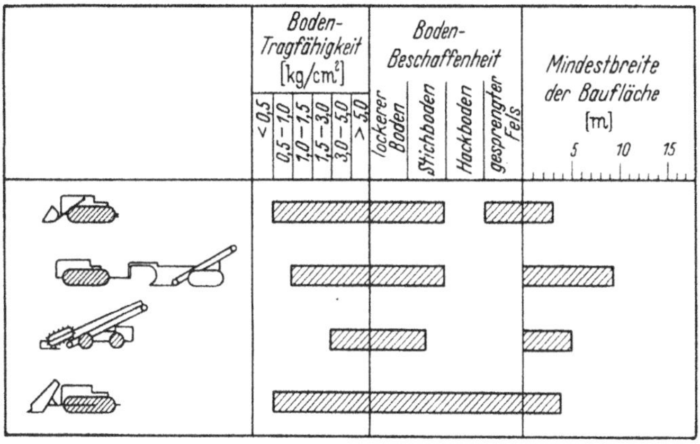

Übersicht 10. *Eignung der Transportgeräte für verschiedene Einsatzverhältnisse.*

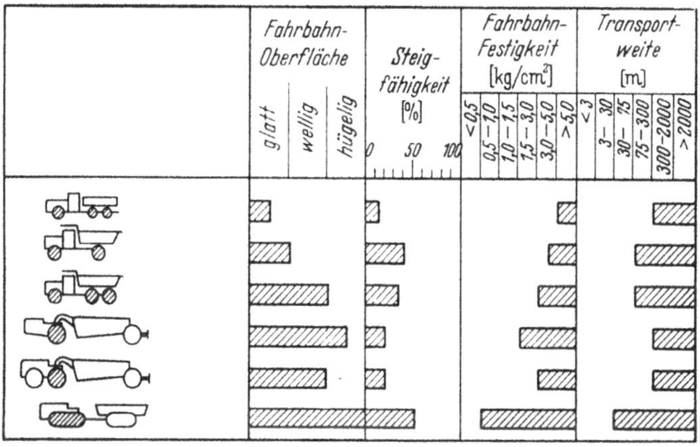

b) zum schnellen Erdaushub, Ausgleich oder Transport über kurze Entfernungen.

Im einzelnen ergeben sich folgende Anwendungsmöglichkeiten:

Beim *Abräumen und Freilegen der Baustelle* wird die Vegetation (Bäume, Büsche, Sträucher und Grasnarbe) entfernt und die Baustelle für den Beginn der eigentlichen Erdbewegung mit dem Einsatz der Hauptgeräte vorbereitet. Je dichter der Bewuchs ist, um so größer und stärker muß die Raupe sein. Raupen mit 130 und mehr PS sind in der Lage, Bäume bis zu 75 cm Stammdurchmesser umzulegen.

Wie alle Flachbagger eignet sich die Planierraupe besonders für den *Abtrag von Mutterboden*, Grasnarben, Heide, Torf usw., d. h. für die Beseitigung der organischen Bodenschichten. Sie kommt jedoch nur für kurze Förderweiten in Frage.

Besonders nützlich sind Planierraupen für den *Pioniereinsatz,* d. h. für Arbeiten in unwegsamen Gebieten (Urwald) und bei Katastropheneinsätzen. Ihre kurze Baulänge und die große Zug- bzw. Schubkraft sind hier besonders vorteilhaft.

Für *Erdbewegungen über kurze Entfernungen* gilt als wirtschaftliche Grenze eine Förderweite von 50—80 m. Hierunter fällt auch der Grabenaushub quer zur Grabenrichtung, der sich, wenn keine allzu große Genauigkeit verlangt wird, fast doppelt so schnell mit dem Querschild wie mit dem Schwenkschild ausführen läßt. Beim Verfüllen von Bauwerken, beim Aushub von Fundamenten, beim Hinterfüllen von Bauten usw. zeichnet sich die Planierraupe durch Beweglichkeit, Wendigkeit und große Förderleistung aus.

Sehr nützlich ist das Gerät *auf der Kippe* zum Verteilen der Schüttungen. Die Bodenverdichtung der Raupen ist allerdings verhältnismäßig gering, wenn auch in lockeren Böden durch das Gewicht des Schleppers und das Vibrieren des Fahrwerkes Verdichtungswirkungen bis zu 60 cm Tiefe festgestellt wurden. Durch häufiges Darüberfahren über dem geschütteten Boden (im allgemeinen etwa 15 Fahrten erforderlich) läßt sich unter normalen Verhältnissen eine ausreichende Verdichtung erzielen. Durch das heruntergelassene, auf der Erde schleifende Schild kann der Schlepper auf der Rückfahrt zum Einebnen benutzt werden (sog. „black blading").

Für das *Planieren* ist das Gerät um so besser geeignet, je länger die Ketten sind und je dichter das Schild vor dem Kühler liegt. — Für Feinplanum ist in den meisten Fällen der Erdhobel erforderlich.

Besonders die kleineren Raupen eignen sich ausgezeichnet für den *Böschungsbau.* Sie können mühelos Böschungen bis 1 : 1,5 bearbeiten.

Anwendungsbeispiele für den Planierraupeneinsatz sind in Ü 11 zusammengestellt.

Übersicht 11. *Anwendungsbeispiele für Planierraupeneinsatz.*

a) *Flugplatzbau:*
Mutterbodenumlagerung. — Aushub des Rollbahnbettes. — Anlage von Abstellplätzen, Schutzwällen. — Rollbahnverbreiterung, Wegebau. — Beseitigung von Landehindernissen. — Einebnen, Verdichten und Planieren. — Schleppen von Zusatzgeräten, wie Schaffußwalzen usw.

b) *Straßenbau:*
Erdbewegung, Massenausgleich. — Abtrag organischer Bodenschichten. — Herstellen des Straßenbettes. — Planieren des Unterbaus zum Einbau der Packlage. — Herstellen des Planums für Betondecken. — Verteilen der Packlage. — Arbeit in der Kiesgrube. — Böschungsbau. — Anschneiden von Hängen. — Abräumen alter Straßenbeläge.

c) *Eisenbahnbau:*
Erdbewegung, Massenausgleich. — Abtrag organischer Bodenschichten. — Planieren der Bahnsohle. — Verteilen des Schotters vor der Gleisverlegung. — Verfüllen der Schwellen mit Schotter nach der Gleisverlegung.

d) *Kanal-, Graben- und Flußbau:*
   Aushub und Planieren des Grabenbettes. — Verteilen der Packlagen. —
   Verdichten von Deckschichten. — Aufschütten, Einebnen und Planieren der
   Dämme. — Säubern von Gräben. — Bau von Wällen und Gräben für Land-
   bewässerung und Bodenüberflutung.

e) *Staudamm- und Deichbau:*
   Heranschieben, Verteilen und Verdichten der Dammschüttungen. — Verteilen von Packlagen. — Verteilen und Verdichten von Einbau- und Deckschichten. — Böschungsgestaltung der Dämme. — Planierarbeiten.

f) *Bau von Rennbahnen und Sportplätzen:*
   Einebnen, Verteilen und Verdichten von Aufschüttungen. — Bau von
   Decken und Rampen.

g) *Industrieanlagen:*
   Aushub von Baugruben, Lagerplätzen und Müllabfuhrstellen. — Einebnen
   und Planieren von Wegen, Straßen und Gleisanlagen. — Hinterfüllen von
   Bauwerken, Fundamenten und Rohrleitungen. Verteilen von Schüttgut auf
   Lager- und Umschlagplätzen, Halden usw.

h) *Sand- und Kiesgruben:*
   Einebnen der Fahrbahn für Transportgeräte. — Beladen der Fahrzeuge
   über Rampen. — Schieben und Abschleppen von Reifenfahrzeugen.

Auf eine interessante Konstruktion sei noch hingewiesen: Durch
Verbindung von 2 Caterpillar D 8-Raupenschleppern wurde ein besonders großer Schlepper geschaffen (Bild 1), der die Bezeichnung „*Siamesen*

Bild 1. Siamesen-Planierraupe. — Zwei Raupenschlepper Caterpillar D 8 zu einem Gerät vereinigt
(270 PS Motorleistung) (Caterpillar-Tractor Co.).

Cat" führt. Seine Zughakenleistung beträgt 270 PS und liegt damit
etwas über derjenigen von zwei einzelnen D 8 mit zusammen 260 PS.
Jeder Motor treibt eine Kette an und sichert durch seine unabhängige
Betätigung dem Gerät eine größere Wendigkeit: Dadurch, daß die eine
Kette vorwärts, die andere rückwärts laufen kann, ist praktisch ein

Wenden auf der Stelle möglich. Mit Ausnahme der Steuer- und Gas-
hebel sind alle sonstigen Bedienungshebel der beiden Einzelschlepper
miteinander gekuppelt, so daß zu der Bedienung ein Maschinist genügt.
Zum Verladen auf Eisenbahnwagen können beide Schlepper ausein-
andergekuppelt werden. An Stelle der dann fehlenden Kette erhalten sie
eine Schlittenkufe, die zum Fortbewegen auf kurzen Strecken genügt.
Als Planierraupe eingesetzt, erhält der Siamesen-Cat ein Schild von
4,9 m Breite und 1,5 m Höhe und kann damit etwa 7 cbm Boden auf
einmal verschieben. Zum Ziehen von Schürfkübeln verwendet, ist er in
der Lage, einen 17,7 cbm Kübel ohne Mitwirken einer Schubraupe
innerhalb der wirtschaftlichen Grenze von einer Minute Schürfzeit zu
füllen. — Infolge des Wegfalls von zwei kompletten Ketten kostet das
Gerät 27% weniger als zwei einzelne D 8-Schlepper.

3.012 Planierraupe mit Schwenkschild. Über die Anwendungsmöglichkeiten des *Schwenkschildes* bestehen in der Praxis oft irrige Ansichten.
In Querstellung zur normalen Bodenförderung in Längsrichtung eingesetzt, ist es, da die Schwenkschilde durchweg breiter und dafür nicht
so hoch sind, dem starren Querschild hinsichtlich der Förderleistung
in lockerem Boden leicht überlegen, in mittlerem und harten Boden
dagegen wegen des geringeren spezifischen Schneidendruckes unterlegen.

Prinzipiell ergeben sich für das schräggestellte Schwenkschild folgende Hauptanwendungsgebiete:

1. Wenn der Boden nicht längs, sondern quer zur Fahrtrichtung gefördert werden soll (sog. Querförderung).

2. Wenn kurze Förderweiten (2—3 m) zu überbrücken sind. Dann
ist das Schwenkschild in Schrägstellung das wirtschaftlichste Flachbaggergerät.

3. Wenn der Boden schnell und zügig nach der Seite gefördert werden soll.

4. Wenn lockeres Schüttgut zu planieren ist, bei dem es weniger
auf das Einebnen längs als quer zur Fahrtrichtung ankommt.

5. Wenn besonderer Wert darauf gelegt wird, die ganze Vortriebskraft des Schleppers auf eine vorspringende Kante zu vereinen (horizontaler Druck).

6. Wenn es erforderlich wird, möglichst viel Gewicht auf eine Spitze
des Schildes zu konzentrieren (vertikaler Druck).

Der Schwerpunkt in der Anwendung des Schwenkschildes liegt in
der Querförderung (Bild 2). Es gibt eine ganze Reihe Bauarbeiten, bei
denen es wünschenswert ist, durch Fahren entlang der Bauachse eine
Querbewegung des Bodens hervorzurufen. Typisches Beispiel ist das
Zuschieben ausgehobener Gräben. Mit dem Querschild müßte die
Planierraupe ständig hin- und herfahren. Das ist bei größerem Aushub
angebracht. Bei Kabel-, Drainagegräben usw. sind die umzulagernden

Bodenmassen jedoch verhältnismäßig gering. Beim Einsatz des Querschildes entstehen unnötig hohe Zeitverluste, während man mit dem
Schwenkschild (schräg) am Graben entlangfährt und in einem Zuge
den ausgehobenen Boden zurücktransportieren kann.

Typisch für die Querförderung ist auch der Aushub flacher, V-förmi-
ger Gräben. Das Schwenkschild wird auf 25 bis 30° geschwenkt und mit
dem vorspringenden Schildende tiefer gestellt. Grabenaushub mit dem
Schwenkschild (schräg) ist jedoch nur bei Gräben bis etwa 5 m Breite
und geringer Tiefe zweckmäßig. Breitere Gräben (z. B. Fluß- oder
Kanalbett) empfehlen die Verwendung eines Querschildes mit der
Förderung quer zur
Bauachse.

Auch beim Bau von
Wegen und Straßen
an Abhängen ist das
Schwenkschild (schräg)
— quer zur Hangnei-
gung arbeitend — gut
zu verwenden. Die Nei-
gung soll jedoch den
Wert 1 : 3 nicht über-
schreiten. Steilere
Hänge erfordern den
Einsatz des *Querschil-
des* in Hangrichtung.
Wird der Hangwinkel

Bild 2. Planierraupe Hanomag K 90 EM mit Menck-Schwenk-
schild bei der Querförderung.

zu groß, so müssen die Raupen angeseilt werden. Ist der Boden locker
und kann die Arbeit von einer waagerechten Fläche her begonnen
werden, so läßt sich das Schwenkschild (schräg) noch für Böschungen
bis 1 : 1 verwenden. Typische Anwendungsbeispiele hierfür sind der
Bau von Rampen für den Förderverkehr in Braunkohlengruben und
auf Abraumhalden, die Anlage von Bewässerungsterrassen (Bild 3)
sowie der Bau von Waldwegen in hügeligem Gelände.

Aushübe für den Straßen- oder Gleisunterbau werden vorwiegend
mit dem Schwenkschild (schräg) durchgeführt. Hier sind die Dimensionen
der Baugrube und die Richtung der Bodenförderung charakteristisch
für seine Anwendung: Lange schmale Aushubflächen mit seitlicher Ablagerung des ausgehobenen Materials. — Bedeutung hat der Einsatz
jedoch nur in flachem Gelände. In hügeligem Terrain, bei dem entlang
der Bauachse Aushub und Auftrag in schneller Folge abwechseln, muß
in Längsrichtung gefördert und das Querschild verwendet werden.

Andere Anwendungsmöglichkeiten sind gegeben, wenn (z. B. beim
Eisenbahnbau) Schotter, Kies u. dgl. aus Wagen unmittelbar neben dem

Gleis entladen und dann vom Gleis weg breit geschoben werden soll.
Auch für das Ausladen von Trümmerschutt an Eisenbahnrampen, beim
Auskippen des Fördergutes aus Bodenschüttern, das über den Abhang
von Seitenrampen geschoben werden soll, sind Schwenkschilde (schräg)
besonders geeignet. In allen diesen Fällen lautet die grundsätzliche Frage:
Ist es besser, die zu bewegenden Massen im Quer- oder Längstransport
zu fördern? Sie ist nur auf Grund der Ausdehnung der Baugrube und
der Lage der vorgesehenen Schütt- zur Aushubstelle zu beantworten.

Bild 3. Bewässerungsterrassen an einem Hügel in Belgisch-Kongo — von Planierraupe mit Schwenkschild in Querförderung angelegt.

Schließlich sei das Freilegen von Fundamenten, großen Steinen
u. dgl. erwähnt: Mit dem Querschild ist hier wenig anzufangen; während
das Schwenkschild (schräg) dadurch, daß es um das freizulegende Objekt herum bzw. seitlich daran vorbeifährt, den Boden vom Fundament
gut wegschieben kann.

Auch das Schneeräumen auf Straßen spricht für das Schwenkschild
(schräg). Die vorstehende Schildkante des Schwenkschildes (schräg)
wird vorzugsweise benutzt, um Pfade durch Dickicht zu bahnen, Baum-
wurzeln auszureißen oder Mauern durchzubrechen. Als Pioniergerät
ist es unentbehrlich.

Durch Neigen der vorstehenden Schildkante nach unten kann ein
großer Teil des Schleppergewichtes auf einen Punkt konzentriert werden.
Mit der hochbelasteten unteren Schneidenspitze werden harte oder ge-
frorene Böden aufgerissen und zur Bearbeitung hergerichtet. Zum Abtrag muß das Schild dann allerdings quergestellt werden.

3.013 Quer- oder Schwenkschild? Die Praxis hat gezeigt, daß die
konstruktiven Unterschiede der beiden Planiereinrichtungen, ihre ein-

satztechnischen Vor- und Nachteile und die Möglichkeiten ihrer An-
wendungen vielfach nicht scharf genug erkannt und daher Fehlent-
scheidungen getroffen werden. Man geht im allgemeinen von der Ansicht
aus, daß sich mit dem Schwenkschild grundsätzlich „mehr" erreichen
läßt als mit dem starren Querschild: Das Querschild kann nur längs,
das Schwenkschild längs *und* quer zur Fahrtrichtung fördern. Der Vorteil
des Schwenkschildes ist zunächst offensichtlich. Daß für die schräge
Stellung meist jedoch nur geringe Verwendungsmöglichkeiten bestehen
und daß mit der Schwenkarbeit des Schildes einige erhebliche Nachteile in Kauf genommen werden müssen, zeigt sich erst später im Betrieb.

Zunächst seien die wesentlichen Eigenschaften beider Schilde gegenübergestellt:

Querschild	*Schwenkschild*
Nur Längsförderung,	Längs- *und* Querförderung,
gutes Längsplanum, aber:	gutes Querplanum, dafür:
weniger gutes Querplanum,	weniger gutes Längsplanum,
leichte Bedienung,	erschwerte Bedienung,
größerer Schürfdruck,	geringer Schürfdruck,
ausgeglichenes Gewicht,	z. T. kopflastig,
hält Fahrtrichtung ein,	bricht aus der Bahn, wenn
Graben nur mit gesamter	Schild schräg steht
Schneide möglich	Graben mit Schildspitze möglich.

Zahlreiche Untersuchungen über die Verwendung der Schwenkschilde in Quer- und Schrägstellung haben ergeben, daß im allgemeinen
nur 10% der Einsatzzeit in Schrägstellung, die restlichen 90% in Querstellung gefahren werden.

Eine prozentuale Aufschlüsselung über die Anwendungsmöglichkeiten von Quer- und Schwenkschild in den verschiedenen Baugebieten
enthält Ü 12.

Übersicht 12. *Die Anwendung von Quer- und Schwenkschild in den verschiedenen*
Zweigen des Baubetriebes.

	Planierraupe mit	
	Querschild %	Schwenkschild %
Flugplatzbau	90	10
Autobahnbau	85	15
Eisenbahnbau	80	20
Straßen- und Wegebau	60	40
Graben- und Flußbau	40	60
Braunkohlen- und Erzbergbau	50	50
Gebäude- und Industrieanlagen	60	40
Kanal- und Deichbau	70	30
Staudammbau	75	25
Rennbahnen und Sportplätze	90	10
Einsatz in der Wald- und Forstwirtschaft	50	50
Meliorationsarbeiten	35	65
Kulturbau	35	65

Im einzelnen ist zu sagen:

Erdbewegungs- und Planierarbeiten im *Flugplatzbau* werden, wenn nicht andere Geräte wie Schürfkübel oder Erdhobel Verwendung finden, mit dem Querschild vorgenommen. In leichtem Boden kann für Planierarbeiten auch das Schwenkschild (quer) gut eingesetzt werden. Der Aushub des Start- und Rollbahnbettes wird heute weitgehend mit Schürfkübeln vorgenommen. Stehen sie nicht zur Verfügung, so sind hierfür, wenn die ausgehobenen Massen nicht weit transportiert werden müssen, Quer- und Schwenkschilde geeignet: Schmale Straßen (Rollbahnen) werden mit dem schrägen, die breiten Start- und Landebahnen mit dem geraden Schild ausgehoben.

Im *Autobahnbau* wird für den Massenausgleich und die Anlage des Bahnkörpers das Querschild verwendet, sofern die Trasse nicht am Hang entlangführt. Packlage und Schüttungen, die mit Gleisgerät herangebracht werden, werden zweckmäßig mit dem schrägen Schwenkschild verteilt. Das Einfügen der Autobahn in das Landschaftsbild, die Anlage von Böschungen, Übergängen usw. ist meist eine Arbeit für Querschilde — ebenso wie der Aushub von flachen Baugruben für Brückenpfeiler und das Hinterfüllen von Fundamenten. Zur Freilegung von Mauerresten, Baumstümpfen u. dgl. wird das Schwenkschild (schräg) verwendet.

Auch im *Eisenbahnbau* fällt die Bodenbewegung vornehmlich dem Querschild zu. Auf Gebirgsstrecken und Bahnlinien im hügeligen Gelände kann jedoch das Schwenkschild (schräg) dominieren, insbesondere wenn harter Boden vorliegt oder die Strecke am Hang entlanggeführt wird. Das Verteilen von Gleisschotter und seine Vorbereitung zur Aufnahme des Gleisoberbaues wird je nach den Anfuhrverhältnissen mit dem Querschild oder dem Schwenkschild (schräg) durchgeführt. Verschiedene Arbeiten im Bahnbereich (Hinterfüllen von Brückenwiderlagern, Herstellen von Übergangswegen) sprechen für das Quer-, andere wieder (Aufreißen und Wundhalten der Feuerschutzstreifen) für das Schwenkschild.

Für den *Straßen- und Wegebau* gilt Ähnliches wie für den Eisenbahnbau. Die stärkere Angleichung der Fahrbahn an die Geländeform begünstigt jedoch die Verwendung des Schwenkschildes.

Unentbehrlich ist das Schwenkschild für *Grabenbauten*, teilweise auch für *Flußbauten*. Ausheben und Zuschieben von Gräben sind hier charakteristisch für seinen Einsatz.

Im *Kohlen- und Erztagebau* ist das Verhältnis ebenfalls günstig für Schwenkschilde. Anlegen von Gleisrampen wie Wegschieben gekippten Materials vom Gleisstrang sind hier die wichtigsten Anwendungsgebiete.

Bei Errichtung und Unterhaltung von *Gebäuden und Industrieanlagen* steht das Querschild im Vordergrund. Das Schwenkschild (schräg) kommt meist nur für Arbeiten rund um Fundamente in Frage.

Kanal- und Deichbauten mit ihren relativ breiten Einschnitten erfordern ein Querschild. Zum Säubern der Baustelle von Gestrüpp u. dgl. findet auch das Schwenkschild (schräg) begrenzte Verwendung.

Staudammbauten verlangen fast immer den Einsatz von Schwenkschilden. Die großen Bodenmassen, die geschüttet und eingeebnet werden müssen, und die Anlage und Unterhaltung von Transportwegen für die Fahrzeuge erfordern zwar in erster Linie das Querschild; da aber Staudämme vielfach in gebirgigem Gelände entstehen, ist das Schwenkschild (schräg) zweckmäßig.

Bild 4. Planierraupe Hanomag K 55 EM mit Querschild beim Verteilen des im Gleistransport herangefahrenen seitlich abgekippten Materials.

Rennbahnen und Sportplätze sprechen für das Querschild. Auch das Schwenkschild (quer) kann wegen seiner Breite in leichtem Boden zum Planieren gut verwendet werden.

Die *Wald- und Forstwirtschaft* benötigt eindeutig das Schwenkschild. Wegebauten an Abhängen (für Langholzabfuhr), Roden von Baumstubben und Zerreißen von Dickicht und Gestrüpp sprechen immer für das Schwenkschild (schräg).

Obige Aufstellung trägt nur *allgemeinen* Charakter und ist auf spezielle Fälle nicht anzuwenden. Die Bedeutung des einen oder anderen Schildes soll nicht geschmälert werden. Es soll nur von der *Über*bewertung seiner Verwendungsmöglichkeiten gewarnt und darauf hingewiesen werden, daß mit den Vorteilen stets Nachteile erkauft werden müssen. In vielen Fällen kann zur Durchführung einer bestimmten Bauaufgabe das eine Schild ohne Schwierigkeiten durch das andere ersetzt werden, wenn auch die Wirtschaftlichkeit der Erdbewegung darunter leidet. Daß alle Querschildarbeiten auch mit dem quergestellten Schwenkschild durchgeführt werden können, bedarf keiner weiteren Erwähnung, andererseits lassen sich aber auch viele Einsätze, die für das Schwenkschild (schräg) sprechen, mit dem geraden Querschild durchführen. So kann z. B. Kies, Sand, Schotter u. dgl., der im Gleistransport herangebracht und seitlich neben das Gleis gekippt wird, auch mit dem Querschild verteilt werden (Bild 4). Dabei wird die Förderung vom Gleis weg nach der Seite durch gekrümmte Fahrbahnen der Raupe erzielt. Die Spieldauer der einzelnen Fördertakte beträgt dabei im Durchschnitt 0,8 min. Leistungsvergleiche haben allerdings gezeigt, daß bei Verwendung des Schwenkschildes (schräg) die 1,4fache Bodenmenge verteilt werden kann.

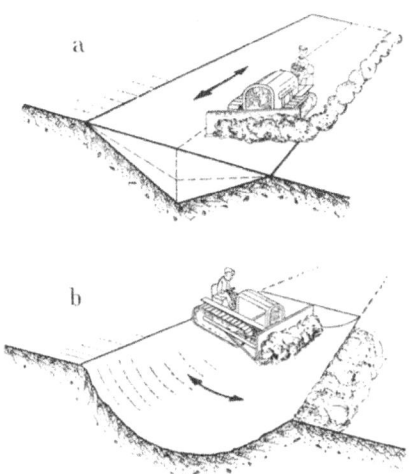

Der Baugrubenaushub wird oft mit dem Schwenkschild durchgeführt, um die Grubenecken gut herausarbeiten zu können. Auch diese Aufgabe läßt sich mit dem Querschild lösen. — Schließlich sei ein Beispiel aus dem Grabenbau angeführt. Bereits oben wurde erwähnt, daß flache *schmale* Gräben für das Schwenkschild, breite

Bild 5 a u. b. Einsatz der Planierraupe zum Grabenaushub. a) V-Graben, ausgehoben mit dem Schwenkschild in Querförderung. b) U-Graben, ausgehoben mit dem Querschild in Längsförderung.

Gräben dagegen für das Querschild sprechen. Der in Bild 5 veranschaulichte Vergleichseinsatz, bei dem ein 6 m breiter und 1 m tiefer Graben zunächst mit dem Schwenkschild in Querförderung und später mit dem Querschild ausgehoben wurde, hat ergeben, daß bei der letzteren Methode eine Steigerung der Aushubleistung um 80% erzielt wird. Bei breiteren Gräben steigt dieser Wert auf über 100% an.

Der Standpunkt: Es kann auf keinen Fall schaden, eine Verstellmöglichkeit *mehr* am Schild zu haben, ist falsch. Die richtige Antwort auf die Frage „Quer- oder Schwenkschild" ist nur dadurch zu finden, daß der Unternehmer durch scharfe Analyse seiner eigenen Betriebsverhältnisse den Bedarf an Quer- und Schwenkschildarbeiten abschätzt und die Bodenbeschaffenheit des Einsatzraumes wie den Ausbildungsstand des Maschinisten gebührend berücksichtigt.

3.02 Reifenplaniergerät (Tournadozer).

Mit den Planierraupen verwandt ist der Tournadozer (Bild 6), dessen Einsatzmöglichkeiten jedoch wegen des geringeren Kraftschlusses der Reifen auf leichte und mittlere Böden begrenzt bleiben. Er ist sehr beweglich und kann auf eigener Achse von Baustelle zu Baustelle fahren. Die hohen Fahrgeschwindigkeiten machen ihn besonders geeignet für die Instandhaltung der Förderwege. Große, weiche Luftreifen befähigen ihn zu Fahrten über Gleise und auf Kohlenhalden, wo die Raupen oft Schaden anrichten. Deswegen findet er mit Vorliebe Verwendung auf räumlich weit auseinander liegenden Einsatzstellen, wo der Umfang der an den einzelnen Stellen zu bewegenden Massen gering, die Häufigkeit des Stellungswechsels aber um so größer ist. Tournadozer sind eine Art ,,Feuerwehr" auf großflächigen Erdbaustellen wie Flugplätzen, Braunkohlengruben u. dgl.

Bild 6. Tournadozer 186 PS mit Planierschild beim Einsatz im Eisenbahnbau. Die weichen Niederdruck-Geländereifen ermöglichen bequemes Fahren über die Geleise ohne Beschädigung (Le Tourneau-Westinghouse Co.).

Der Tournadozer bietet zwei wesentliche Vorteile gegenüber den Raupenschleppern: Höhere Fahrgeschwindigkeit und das praktisch verzugslose Schalten des Getriebes. Gelenkt wird das starre Reifenfahrwerk wie das des Raupenschleppers durch Kupplungsbremsen. Um gut wenden zu können, ist der Radstand klein gehalten. Hervorzuheben ist das unter dem Namen Tournamatic-Transmission bekannt gewordene Schaltgetriebe: Die Gänge werden nicht durch Klauen oder Zähne, sondern über preßluftbetätigte Reibkupplungen eingelegt. Der Maschinist kann bei Erreichen der Drehzahlgrenze den einen Gang aus- und den nächsthöheren Gang ohne Unterbrechung einkuppeln. Das Getriebe arbeitet beim Herauf- wie beim Herunterschalten gleich gut. Während beim Raupenschlepper mit herkömmlichen Getriebe für einen Gangwechsel vier verschiedene Arbeitsstufen (Auskuppeln der Hauptkupplung — Abbremsen des Schleppers — Schalten — Wiedereinkuppeln) nötig sind, besteht das Schalten des Tournadozers aus einer einzigen Bewegung eines kleinen Handhebels. Neuerdings wird das Tournamatic-Getriebe auch mit Druckknopfbetätigung geliefert.

3.03 Schürfkübelanhänger.

Das Hauptgerät aller selbstladenden gleislosen Geräte ist der Schürfkübel, der mit Reifenfahrwerk ausgerüstet, sowohl angehängt (Bild 7)
wie aufgesattelt Verwendung findet. Der Gleisbetrieb mit seiner festen
Schienenfahrbahn läßt ein Beladen der Transportgefäße nur von oben
zu. Erst mit Einführung der geländegängigen Erdbaugeräte und Fortfall der Gleise wurde der Weg für das Beladen *von unten*, durch Schürfen
des unter dem Gerät befindlichen Erdbodens, frei. Damit begann die
Ausbreitung des Schürfkübels.

Das Ladeprinzip des Schürfkübels bringt es mit sich, daß der Boden,
der von unten in den Kübel hineingedrückt und in ihm hochgepreßt

Bild 7. Schürfkübelzug, bestehend aus Hanomag-Kettenschlepper K 90 und Frisch-Schürfwagen-
anhänger Typ M 4,5 in einer Seitenentnahmestelle (Eisenwerk Gebr. Frisch K G.).

wird, eine gewisse Steife haben muß, damit er den Bewegungen des
Füllprozesses folgen kann. Ist das nicht der Fall (z. B. bei lockerem
Sandboden), so läuft das geschürfte Material, anstatt in den Kübel einzudringen, als Stauwelle vor der Kübelöffnung her. Umgekehrt darf das
Material nicht zu hart oder sperrig sein (z. B grobkörniges Haufwerk);
denn dann folgt es dem Füllprozeß nicht mehr genügend, quillt nicht
im Kübel hoch und gibt geringe Füllungen. Am besten ist plastisch an-
stehender Boden, also feuchter lehmiger Sand oder sandiger Lehm geeignet. Für das Aufnehmen trockener Sande ist eine besondere Taktik,
das sog. Pumpen des Kübels (ständiges Anheben und Niederfallenlassen
während der Vorwärtsbewegung zum besseren Eindringen) erforderlich.
Grobkörniges Material erfordert höhere Zugkräfte und beansprucht die
Konstruktion sehr stark.

Der Anhängeschürfwagen ist luftbereift und wird von einem Raupen-
oder Reifenschlepper gezogen — von ersterem, wenn Material in hoher

Gewinnungsfestigkeit zu baggern ist, von letzterem, wenn Wert auf hohe Fahrgeschwindigkeit und große Förderweiten gelegt wird.

Da Schlepper und Schürfwagen in beliebiger Größenordnung zusammengestellt werden können, ist die Möglichkeit gegeben, das Verhältnis Motorleistung: Kübelinhalt weitgehend zu variieren. So werden bei kleinen Fahrwiderständen (glatte Fahrbahn, Talförderung) große Kübel hinter kleine Schlepper gehängt und umgekehrt bei großen Schürf- oder Fahrwiderständen (schwerer Boden, Bergfahrt) kleine Schürfkübel mit großen Schleppern verbunden. Die normale größen- und kräftemäßige Abstimmung von Schlepper und Kübel schwankt zwischen

14 PS/m³ für 50-PS-Schlepper
12 PS/m³ für 100-PS-   ,,
11 PS/m³ für 150-PS-   ,,

wobei die PS-Angaben auf die Leistung am Zughaken, die m³-Angaben auf die gestrichenen Kübelgrößen bezogen sind. Für innerdeutsche Betriebsverhältnisse mit mittleren Schleppergrößen (70—80 PS am Zughaken = 90—100 PS am Motor) hat sich als guter Durchschnittswert das Verhältnis von 13—14 PS/m³ herausgebildet. Liegen die Verhältnisse günstig (geringe Fahrwiderstände), so kann man mit dem Wert auf 8 PS/m³ herabgehen, während man ihn unter ungünstigen Bedingungen auf 18—20 PS/m³ erhöhen sollte.

Schürfkübel müssen eine gewisse Mindestgröße haben, damit sich ihr Einsatz lohnt. Sie liegt bei etwa 3,5—4 m³ (gestr.). Noch kleinere Kübel haben wenigstens im Baubetrieb keine praktische Bedeutung, da dann die Förderkosten im Handbetrieb meist niedriger liegen. Nach oben sind der Schürfkübelgröße sehr weite Grenzen gesetzt. Mit steigender Schlepperstärke wächst auch die Gerätegröße ständig. Abgesehen davon ist die Verwendung von 2—3 Raupenschleppern vor einem großen Schürfwagen heute keine Seltenheit mehr.

Daneben werden Schürfwagen, auch die von Raupenschleppern gezogenen, gern mit Schubraupenunterstützung beladen. Man dimensioniert dann den eigentlichen Schlepper nur so stark, daß er für die reine Fahrbewegung des Gerätes reicht. Da die Schürf- und Ladekraft im allgemeinen höher liegt, muß — will man keine geringeren Kübelfüllungen in Kauf nehmen — ein zusätzlicher Raupenschlepper als Schubraupe eingesetzt werden (Bild 8).

Diese Schubraupenunterstützung wird oft als Nachteil des Schürfkübels hingestellt, weil man einen 2. Schlepper bereithaben muß. Wirtschaftlich und vom Standpunkt der rationellen Geräteausnutzung gesehen ist die Schubraupenunterstützung jedoch mehr ein Vor- als ein Nachteil. Wie man in Fachkreisen über den Nutzen der Schubraupe denkt, geht schon daraus hervor, daß man Schubraupen unter normalen

Bodenverhältnissen oft ansetzt, nur um Füllzeit und Schürfstrecke abzukürzen und den Umlauf zu beschleunigen.

Schürfwagenanhänger haben Reifenfahrwerk und sind mit großen,
leicht verformbaren Niederdruckreifen ausgerüstet. Normalerweise beträgt die Bodenpressung unter den Reifen $2-3$ kg/cm². Sie kann aber
durch Luftdruckabsenkung im Reifen auf $1,5-1$ kg/cm² reduziert
werden. Eine weitere Methode wird mit Erfolg angewendet, um die
Bodenbelastung zu verringern: Die normalerweise einfache Bereifung
wird verdoppelt. Beides: doppelte Reifen und reduzierter Luftdruck
geben Bodenpressungen von $0,3-0,4$ kg/cm² — also Werte, die noch
unter denen des Raupenschleppers liegen. Der Schürfwagen wird im

Bild 8. Raupenschlepper D 8 mit Schürfwagenanhänger Caterpillar Nr. 80 (10,3 m³ gestr.; 13,7 m³
gehäuft) beim Schürfen, unterstützt von einer Schubraupe D 8 (145 PS) (Caterpillar-Tractor Co.).

allgemeinen nur für mittlere und feste Fahrbahnverhältnisse empfohlen.
Die Praxis hat aber gezeigt, daß er bei richtiger Handhabung von Reifen-
auswahl und -anpassung in weniger tragfähigen Böden genauso gut eingesetzt werden kann wie Raupenfahrzeuge. Das beweisen zahlreiche
Einsätze besonders in Holland, wo mit niedrigsten Bodendrücken über
sumpfiges und weiches Gelände gefahren wird.

Der Schürfkübelanhänger kann nur vorwärts fahren; zum Wenden
müssen jeweils Schleifen von 180° ausgefahren werden, die Zeit und
Raum erfordern. Trotzdem ist der Schürfkübelanhänger in Verbindung
mit den Raupen- oder Reifenschleppern das — in der Anschaffung wie
im Betrieb — billigste Flachbaggergerät und sehr vielseitig einzusetzen.
So kann man mit ihm sehr gut noch Baugruben ausheben, deren Mindest-
grundfläche 5×30 m ist.

Die aus Raupenschlepper und Schürfkübelanhänger bestehende Gerätekombination ist weitgehend unabhängig von den Boden- und Geländeverhältnissen. Unter normalen Einsatzbedingungen wird nur beim Beladen die volle Schlepperzugkraft ausgenutzt, während für die Fahrt weit geringere Zugkräfte erforderlich sind, so daß der Raupenschlepper nicht voll ausgelastet ist. Die Raupenschlepper-Schürfwagen-Kombination wird daher besonders dann eingesetzt, wenn auf der Fahrt (hoher Roll- oder Steigwiderstand) große Zugleistungen gefordert werden.

Das Heben und Senken des Kübels, das Öffnen der Vorderklappe und die Bewegung des Entladeschiebers oder das Anheben des Kübelhinterteils wird entweder mit (mechanisch oder elektrisch betriebener) Seilwinde oder hydraulisch durchgeführt. Der Kübel wird durch einen Schieber (Zwangsentladung) bzw. durch Auskippen (Freifallentladung) entleert.

Die Brauchbarkeit des Kübels ist wesentlich von der Größe der Entladeöffnung abhängig, die besonders bei Arbeiten in klebendem Boden oder beim Transport großer Steine oder Lehmklumpen von Bedeutung ist. Um die Vorderklappe möglichst weit hochheben zu können, wurden Ausführungen entwickelt, die die Klappe nicht nur um einen festen Drehpunkt nach oben heben, sondern gleichzeitig auch nach vorn schieben. Auf diese Weise werden Entladeöffnungen bis zu 2,66 m lichter Höhe erreicht.

Die heutigen Schürfkübel werden fast alle so gebaut, daß der Kübel von oben ungehindert durch Bagger usw. beladen werden kann. Die früher über der Kübelöffnung angebrachte Rückholfeder ist zusammen mit dem Flaschenzug für die Vorwärtsbewegung des Schiebers an das rückwärtige Ende des Kübels verlegt worden, während sich der Flaschenzug für das Heben des Kübels jetzt vor der Klappe befindet.

Als weitere Merkmale moderner Schürfwagenanhänger sind zu erwähnen:

a) Die Hinterräder sind in der Höhe verstellbar, damit auch bei ungleichmäßiger Abnutzung der Reifenprofile die Schneide eine horizontale Querlage hat;

b) um den Rollwiderstand so gering wie möglich zu halten, werden besonders große Reifen mit geringen Luftdrücken verwendet;

c) um ein besseres Schürfen in hartem, festem Boden zu erreichen, ist entweder die Schneide über ihre ganze Länge nach unten gewölbt, so daß die Schneidenmitte tiefer liegt als die Enden und der Schneidendruck der Gewinnungsfestigkeit des Bodens angepaßt werden kann, oder der Mittelteil der meist dreiteiligen Schneide steht nach unten vor.

Eine bemerkenswerte Ausführung von Bucyrus Erie, die mit *einem* Seil auszukommen suchte, wird heute nicht mehr hergestellt. Das gleiche gilt für den „Schluck"-Schürfwagen von Menck & Hambrock.

Interessant ist ein von Le Tourneau gebauter Schürfkübeltyp, der sog. Carryall U 20, der einen zweiteiligen, ineinanderschiebbaren Tele-

skopkübel besitzt. Die beiden Kübelhälften liegen bei Beginn des Schürfens ineinander und werden durch den einströmenden Boden auf ihre
volle Länge auseinandergezogen. Dadurch läßt sich fast die doppelte
Kübelfüllung erzielen. Bei Beginn des Ladens wird zunächst die eine
Hälfte gefüllt und danach die ausgezogene zweite Hälfte beladen.

Bei einem Vergleichsversuch lud der U 20-Scraper, gezogen und zusätzlich geschoben von je einem D 8, einen durch Tiefreißer aufgelockerten schweren Lehmboden in durchschnittlich 0,95—1,0 min und förderte
über eine Förderweite von 260 m 89 cbm/h bei einer Nutzladung von
durchschnittlich 11,5 cbm. Ein unter den gleichen Bodenbedingungen
arbeitender Schürfkübel mit der normalen, starren Kübelausführung
leistete nur 47 cbm/h. Das sind 53% der Leistung des U-Scrapers. Auf
langen Förderstrecken kommt der Vorteil dieser Bauart stets zur
Geltung.

Über die Anwendungsmöglichkeiten des Schürfkübelanhängers ist
zu sagen:

Für das *Freimachen der Baustelle* eignen sich Schürfkübel nur bedingt. Sie kommen nur in Frage, wenn die Förderweiten die wirtschaftliche Grenze des Planierraupeneinsatzes übersteigen. Trotz der starken
Raupenschlepper sind den Geräten im Einsatz durch die Dichte und
Stärke des Pflanzenwuchses Grenzen gesetzt: Büsche, Bäume, Wurzeln,
starke Grasnarbe usw. können mit ihnen nicht mehr abgetragen werden.

Für *Mutterbodenabtrag* bzw. Abtrag von feinkörnigen oder fein-
gewebigen Bodenschichten sind Schürfkübel ideal verwendbar. Hier
bringt die Eigenart ihrer Arbeitsweise (dünne Ab- und Auftragschichten)
besondere Vorteile.

Für die vorübergehende seitliche *Ablagerung des Mutterbodens* während einer Erdbewegungsarbeit sowie für das Wiederaufschütten auf die
umgestaltete Oberfläche eignet sich der Schürfkübel vorzüglich, da er
den Boden über mittlere Förderweiten transportieren und wie kein
anderes Gerät in gleichmäßigen, dünnen Schichten wieder auftragen
kann.

Gern wird er für das Ziehen von Entwässerungsgräben und für die
Erweiterung von Hanganschnitten eingesetzt. Seine Vorteile liegen in
der Fähigkeit, breite Gräben mit senkrechten Wänden oder solche mit
flachen Böschungen auszuheben. Selbst zum Aushub von breiteren
Straßengräben (Bild 9) greift man auf Schürfwagenanhänger zurück,
wobei die 1 : 1-Böschungen durch Erdhobel vor- und nachgearbeitet
werden. Schürfwagen können lange Förderstrecken mit großen Steigungen überwinden. Im hügeligen Gelände müssen allerdings größere
Unebenheiten durch Planierraupen ausgeglichen werden.

Für den reinen *Erdtransport* kommt die Schlepper–Schürfwagen-
Kombination für mittlere Förderweiten zwischen 100 und 400 m in

Frage. Die meisten Schürfkübel haben ein erheblich größeres Fassungsvermögen als die sonst üblichen LKWs, so daß die größere Fahrgeschwindigkeit der letzteren vielfach durch das höhere Fassungsvermögen der
ersteren wieder ausgeglichen wird.

Böschungen bis 2 : 1 lassen sich gut mit dem Schürfkübel herstellen,
wobei der Kübel mit vorgezogenem Entladeschieber als Erdhobel verwendet wird.

Ideal geeignet ist er für das *Verteilen* geschütteten Bodens. Die
Schütthöhe kann genau reguliert und dadurch den Verdichtungsvor-
schriften bei Erddammbauten angepaßt werden. Beim Ausschütten und

Bild 9. Raupenschlepper D 8 mit Nr. 80 — Schürfwagen und Schubraupe D 8 beim Aushub eines
breiten Straßengrabens (Caterpillar-Tractor Co.).

Verteilen hinterläßt das Gerät keine seitlichen Wälle, wie das meist bei
Planierraupen der Fall ist.

Ungeeignet ist der Schürfkübel für das *Zuschütten von Gruben* oder
das *Verfüllen von Fundamenten*. Jedoch sind gerade für das Zufüllen
von Gräben Methoden entwickelt worden, die — wenn auch nur als Not-
behelf — den Einsatz der Schürfkübel ermöglichen.

Das Ausschütten des Bodens in dünnen Schichten und die im Vergleich zur Planierraupe höhere Flächenpressung der Luftreifen machen
den Schürfkübel besonders geeignet für die *Verdichtung* des Bodens auf
der Kippe. Während Raupenschlepper einen Bodendruck von etwa
0,5 kg/cm² erzeugen, geben Schürfkübel mit Geländereifen einen solchen
von 1,5—3 kg/cm². Die Verdichtungsarbeit der Reifen kann noch da-

durch erhöht werden, daß die Geräte so auf der Kippe geleitet werden, daß ihre Fahrspuren die ganze Kippfläche gleichmäßig überdecken.

Nur dort, wo die Manöverierbarkeit durch Fundamente, Rohre, Gebäude, Pfähle od. dgl. behindert wird, ist der Einsatz der Schürfkübelanhänger nicht mehr mit voller Leistungsfähigkeit durchzuführen. Hier macht sich der verhältnismäßig lange Anhänger zusammen mit dem Raupenschlepper nachteilig bemerkbar, ebenso wie auch für ein zügiges Arbeiten oft große Rundungen in den Fahrwegen erforderlich sind.

Der Schürfkübel ist das Hauptgerät der gleislosen Erdbewegung und wird bis jetzt in seiner universellen Anwendbarkeit von keinem anderen Gerät übertroffen. Seine Hauptvorzüge gegenüber anderen Gerätearten sind:

1. Die größenmäßige Kombination zwischen Schlepper und Anhänger kann beliebig gewechselt werden. Wird auf Gefällstrecken oder Strecken mit geringem Fahrwiderstand gefördert, so kann der gleiche Raupenschlepper mit einem größeren Schürfwagen versehen werden; umgekehrt wird der Einsatzbereich in hügeligem Gelände durch Verwendung kleinerer Schürfwagen erweitert.

2. Der Transport von Baustelle zu Baustelle ist relativ einfach: Durch die Teilung der Gerätegruppe in Raupenschlepper und luftbereiften Schürfwagen braucht man nur den Raupenschlepper auf den Anhänger zu laden, während der Schürfwagen hinter dem Schlepper auf eigener Achse mitgeführt werden kann.

3. Die Anschaffungskosten liegen verhältnismäßig niedrig.

4. Der Raupenschlepper kann, vom Schürfwagen abgekuppelt, jederzeit als Planierraupe oder für andere Zwecke allein verwendet werden.

3.04 Schürfkübelraupe.

Unter den zahlreichen Gerätetypen der gleislosen Erdbewegung stellt die Schürfkübelraupe den einzigen deutschen Entwicklungsbeitrag dar, wenn man von den Nachbauten amerikanischer Geräte absieht. Hier hat man versucht, für die Probleme der gleislosen Erdbewegung eine auf unsere heimischen Klima-, Boden- und Baustellenverhältnisse besonders zugeschnittene Lösung zu finden.

Im Prinzip ist die Schürfkübelraupe ein Raupenschlepper, der zwischen den Raupenketten einen Schürfkübel trägt (Bild 10) und somit als selbstfahrender Schürfkübel mit Raupenfahrwerk anzusprechen ist. Zusätzlich ist ein Planierschild angebracht.

Die charakteristischen Merkmale des Gerätes sind Raupenfahrwerk und Schürfkübel. Das erstere ermöglicht den Einsatz auch in weniger tragfähigem Boden (Bodenpressung beträgt maximal nur $0{,}87\ \mathrm{kg/cm^2}$ und kann durch Verbreiterung der Ketten auf $0{,}67\ \mathrm{kg/cm^2}$ gesenkt

werden). Die Art der Unterbringung des Schürfkübels verschafft dem
Gerät einige wesentliche leistungs- und anwendungsmäßige Vorteile:

1. Die Raupe kann — ähnlich wie die Planierraupe — im Pendelverkehr fördern. Sie braucht nicht nach jedem Ausschütten und vor
jedem Schürfen eine Wendeschleife zu fahren (Zeitbedarf je Schleife
etwa 10—15 sek), son-
dern kann, da sie vor-
wie rückwärts gleich
gut zu lenken ist, den
Kübel in sich trägt
und nicht hinter sich
herschleppen muß,
ohne Wendungen auf
der gleichen Strecke
hin- und zurückfahren
(Bild 11). Die Zeitein-
sparung im Geräteum-
lauf bedeutet z. B. bei
100 m Förderweite eine
Leistungserhöhung von
etwa 13%.

Bild 10. Menck-Schürfkübelraupe SR 53 bei der Fahrt an einer
Kanalböschung 1:2.

2. Da vor der Kübel-
öffnung weder ein Reifenpaar noch ein Raupenschlepper läuft, ist die
Öffnung frei. Die Raupe kann zum Entladen bis unmittelbar an die
Böschung heranfahren und das Material über die Böschungskante ab-
kippen. Dadurch wird nicht nur der Einsatz einer zusätzlichen Planierraupe eingespart; das Gerät kann auch Dämme mit schmaler Krone
durch Kopfschüttung vortreiben.

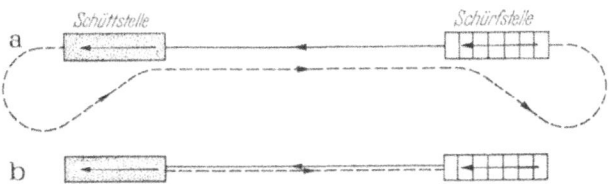

Bild 11 a u. b. Die Förderwege der Flachbagger. a) Kreisverkehr (Schürfwagenanhänger; Motorschürfwagen); b) Pendelverkehr (Planierraupe; Schürfkübelraupe).

3. Da das Gerät den Kübelinhalt *vor* dem Fahrwerk entleert, kann
sich die Schürfkübelraupe in unwegsamem Gelände ihre Fahrbahn selbst
schütten bzw. Löcher und weiche Stellen in der Fahrbahn ausfüllen, ehe
sie den festen Untergrund verläßt.

4. Wenn die Raupe in unwegsamem Gelände versinkt, besitzt sie
die Möglichkeit, sich selbst wieder freizuarbeiten. Der Kübel wird ab-

gelassen und auf den Boden gedrückt. Dadurch heben sich die Raupenketten an. Man kann in die Fahrspuren Holzstämme werfen oder Sand
einschütten und unter der Raupenauflage einen festen Untergrund
schaffen. Dann werden die Ketten wieder abgelassen und das Gerät
kann auf der befestigten Fahrspur ohne Schwierigkeiten herausfahren.

5. Obwohl es Hauptaufgabe des Kübels ist, die geschürfte Erde
angehoben mit geringem Widerstand über die Geländeoberfläche zu
transportieren, kann er auch wie ein Planierschild zum bodengebundenen
Transport, d. h. zum Schieben des Materials auf der Geländeoberfläche
eingesetzt werden, nur mit dem Unterschied, daß 4- bis 5mal soviel
Erde im Kübel Platz hat wie vor dem Schild. Diese Einsatzart, auf
kurzen Förderstrecken (zwischen 5 und 10 m) angewandt, gibt der
Schürfkübelraupe sehr hohe Leistungen.

Bild 12. Schürfkübelraupe SR 53 bei der Fahrt auf einer aufgeweichten Kanalsohle.

Mit 120-PS-Motor ausgerüstet hat die Schürfkübelraupe als Raupenfahrzeug eine verhältnismäßig hohe Fahrgeschwindigkeit (bis 10 km/h),
die bei Rückwärtsfahrt etwas höher liegt als bei Vorwärtsfahrt. Die
Betätigung der Arbeitswerkzeuge wie auch der Lenkkupplungen erfolgt
voll hydraulisch. Der Fahrersitz ist über dem Kübel angeordnet, so daß
die Füllvorgänge an Schild und Kübel gut beobachtet werden können.
Der Fahrer selbst sitzt nicht in, sondern quer zur Fahrtrichtung, da er
wegen des Hin- und Herfahrens beim Förderprozeß nach vorn wie hinten
gleich gute Sicht haben muß. Die Konstruktion der Raupenrahmen
weicht von der bekannten Bauweise ab; unorthodox ist auch die Form
der Raupenglieder: das einzelne Glied besteht aus einem einzigen Guß-
teil; die üblichen Greifrippen sind durch Greifwülste ersetzt, wodurch
die Beschädigung von Straßendecken vermieden wird. Der Kübel ist
mit Schieber ausgerüstet. Bemerkenswert ist auch der Klappenmecha-
nismus: Die Klappe wird nicht, wie bei den übrigen Schürfkübeln, zum
Schließen einfach herabgelassen, sondern sie macht hier noch eine zangen-

artige Greifbewegung, wobei sie die vor der Schneide laufende Stauwelle mit erfaßt.

Da die Schürfkübelraupe sowohl mit Schürfkübel wie mit Planierschild ausgerüstet ist, gelten für sie anwendungsmäßig die gleichen Gesichtspunkte wie für Planierraupen und Schürfwagenanhänger. Sie ist
jederzeit in der Lage, die Arbeiten jedes dieser Gerätetypen auszuführen
und Planierraupe wie Schürfwagen zu ersetzen. Was in den vorhergehenden Abschnitten von jedem dieser Geräte über die Anwendung
gesagt wurde, gilt auch für sie.

Bild 13. Schürfkübelraupe SR 53 treibt einen Behelfsdamm durch Kopfschüttung in einen Fluß vor.

Darüber hinaus ist sie durch ihre konstruktive Gestaltung für gewisse Spezialaufgaben besonders geeignet. Als Einsatzschwerpunkte
lassen sich anführen:

1. *Abtrag härterer Bodenschichten*, zurückzuführen auf den schmalen,
zwischen den Raupenketten liegenden Kübel in Verbindung mit dem
hohen Kraftschluß der Raupenketten.

2. *Schütten vor Kopf* — zurückzuführen auf die Anordnung des
Fahrwerks an den Kübelseiten und die somit nach vorn freie Öffnung
des Kübels.

3. *Einsatz in weichem Boden* — bedingt durch die geringe Bodenpressung des Raupenfahrwerks.

4. Kein Kreis-, sondern *Pendelverkehr*: Die Wendungen nach jedem
Entladen und vor jedem Schürfen fallen weg, wodurch der Einsatz auf
schmalen Bauflächen möglich ist.

Die Verwendung der Schürfkübelraupe unter normalen Einsatzverhältnissen und im Rahmen der üblichen Erdarbeiten stellt nichts

Neues dar. Die besondere Bauart des Gerätes erschließt aber eine Reihe von Anwendungsmöglichkeiten, die bisher mit anderen Schürfgeräten nicht gegeben waren. So seien erwähnt:

a) Einsatz bei Flußregulierungs- und Wasserbauarbeiten in wenig tragfähigen Böden oder in teilweise überschwemmten bzw. unter Wasser stehendem Gelände (Bild 12);

b) Abtrag harter, verkrusteter Tonschichten;

c) Das Schürfen von schieferigen oder geschichteten harten Böden;

d) Vortreiben von Absperr- oder Behelfsdämmen in Flüsse, Seen und Sümpfe (Bild 13);

Bild 14. Schürfkübelraupe SR 53 hebt eine enge Baugrube von 8 × 9 m Grundfläche und 1,5 m Tiefe aus und lagert den Boden zwischen Bäumen ab.

e) Einsatz in engsten Baugruben zum Ab- und Auftrag von Boden. Mit dem Gerät wurden bisher Baugruben mit einem Grundriß bis herab auf 8 × 9 m durchaus wirtschaftlich ausgehoben (Bild 14);

f) Ausreißen von Baumstümpfen, Wurzeln und dgl. (vertikal durch Anheben mit der Schneide).

3.05 Greifraupe.

Als weiteres selbstladendes Transportgerät ist die sog. Greifraupe (Bullclam Shovel) zu nennen (Bild 15). Die Greifraupe ist technisch gesehen lediglich eine Weiterentwicklung der Planierraupe. Das Schild erhält zur Begrenzung seines Laderaumes nach vorn eine Klappe, die es gestattet, die Schildfüllung — statt sie wie bisher üblich über den Erdboden zu schieben — anzuheben und mit wesentlich geringerem Widerstand auch über größere Strecken zu transportieren. Die Arbeit des Gerätes beim Schürfen gewachsenen Bodens wird durch das Greifschild nicht beeinträchtigt, da bei hochgehobener Vorderklappe die Rückwand des Fördergefäßes als vollwertiges Planierschild zur Ver-

fügung steht. Für Planieraufgaben ist das Gerät gut geeignet, da der mit
Erde gefüllte Kübel über den Boden geschleppt wird und infolge seines
größeren Gewichts Unebenheiten besser ausgleicht als das zur Erzielung
eines feinen Planums im sog. „back blading" eingesetzte Brustschild.

Mit Ausnahme der typischen Schwenkschildarbeiten (Grabenaushub,
Hanganschnitt) kann die Greifraupe sämtliche Erdarbeiten ausführen,
die auf einer Baustelle anfallen, und ist als Planierraupe wie als Transportgerät verwendbar.
Sie schürft den Boden
mit dem Schild. Durch
die greiferartig ausge-
bildete Klappe hebt sie
den Erdhaufen vor dem
Schild hoch und trägt
ihn gleich dem Schau-
fellader über den Bo-
den. Als Greifer ist die
Raupe ideal zum Trans-
port von unhandlichen
Gegenständen (Baum-
stämmen, Pfählen, Ma-
sten) geeignet. Brauch-
bar erweist sie sich auch

Bild 15. Raupenschlepper International (TD 14 A mit Drott-
Greifschild (Bullclam Shovel) 1,5 m³ als Greifraupe.

für den Transport sperrigen Materials, wie es auf Schrott- oder Müll-
abladeplätzen zu finden ist.

Prinzipiell besteht gewisse Ähnlichkeit zwischen Greifraupe und
Schürfkübelraupe. Allerdings ist zu bedenken, daß das Transportgefäß
bei der Schürfkübelraupe wesentlich günstiger nach der Gerätemitte
hin angeordnet ist als bei der Greifraupe, wo es vor dem Schlepper liegt
und eine gewisse Vorderlastigkeit mit allen ihren Folgeerscheinungen
(höherer Fahrwerksverschleiß, schlechtes Manövrieren) bedingt.

3.06 Reifenschlepper.

Da die Reifenschlepper in zunehmendem Maße als Grundgeräte für
die verschiedensten Fahrzeugarten im gleislosen Erdbau Verwendung
finden und dementsprechend in ihrem konstruktiven Aufbau größere
Unterschiede aufweisen, sei auf sie hier gesondert eingegangen. Soweit
sie für den Erdbau Bedeutung haben, sind drei Ausführungsformen zu
unterscheiden:

zweiachsige Schlepper mit Tandemfahrwerk und Bremslenkung,
zweiachsige Schlepper mit LKW-Fahrwerk und Lenkrädern,
einachsige Schlepper, als Sattelschlepper verwendet.

3.061 Zweiachsige Schlepper mit Tandemfahrwerk. Bereits vor längerer Zeit wurde in USA ein 300-PS-Reifenschlepper — gleichzeitig als Planiergerät verwendbar — herausgebracht, der aber wegen seiner Größe damals keine wesentliche Bedeutung erlangen konnte und heute nicht mehr gebaut wird. Vor einigen Jahren ist von der Firma Le Tourneau die Herstellung derartiger Reifenschlepper auf breiterer Basis wieder aufgenommen worden. Die unter dem Namen „Tournadozer" bekanntgewordenen Geräte werden in vier Ausführungen A, B, C und D gebaut, von denen besonders die kleineren Modelle C und D große Ver-

Bild 16. Motorschürfwagen Le Tourneau Roadster C (186 PS; 10,3 m³) wird beim Schürfen von einem Tournadozer B (300 PS) unterstützt (Le Tourneau-Westinghouse Co.).

breitung gefunden haben (Bild 16). Auf sie wurde schon in Abschn. C 3.02 eingegangen.

Der Tournadozer ist meist mit Planierschild ausgerüstet. Daneben können andere Zusatzgeräte wie Wurzelrechen, Baumfäller, Kran, Winde, Stampfgerät usw. angebaut werden.

Die Betätigung der Arbeitsgeräte erfolgt mittels Seilzug und elektrisch betriebenen Seilwinden. Sie werden von einem mit dem Dieselmotor gekuppelten Generator mit 240 Volt Wechselstrom 120 Hz gespeist.

3.062 Reifenschlepper mit dieselelektrischem Antrieb. Vor einiger Zeit wurde von Le Tourneau ein neuartiger Reifenschlepper mit dieselelektrischem Antrieb und Allradsteuerung herausgebracht. Die Kraftübertragung ist in ihren wesentlichen Zügen aus Bild 17 zu erkennen. Ein 186-PS-Dieselmotor treibt einen Drehstrom- und einen Gleichstromgenerator an, die beide mit ihm auf gleicher Welle sitzen. Die Zweiteilung der elektrischen Anlage in Drehstrom und Gleichstrom ergab sich aus dem Bestreben, die Vorteile beider Stromarten bei ihrer Umwandlung in mechanische Energie weitgehend auszunutzen. So wurde *Drehstrom* zur Speisung der Motoren gewählt, für die eine weitgehende Unabhängigkeit der Drehzahl von der Belastung, also eine gleichförmige Drehbewegung, erwünscht ist (Steuermotor zur Lenkung des Fahrzeugs; Motor für die Seilwinde), während für den Fahrwerkantrieb das hohe Anzugsmoment der *Gleichstrom*-Motoren im Vordergrund stand.

Die Motoren für den Antrieb des Schleppers sitzen unmittelbar in den Radnaben. Neben dem hohen Anzugsmoment hat der Gleichstrommotor auch den Vorteil, daß er eine über einen weiten Geschwindigkeitsbereich stufenlose Drehzahlregelung ermöglicht. Dadurch fällt das vom Kraftfahrzeug her gewohnte Getriebe mit verschiedenen Geschwindigkeitsstufen und der Notwendigkeit von Hebelschaltungen bzw. ein stufenloses Getriebe weg. Auch gegen plötzliche Belastungsschwankungen sind die verwendeten Motoren ziemlich unempfindlich.

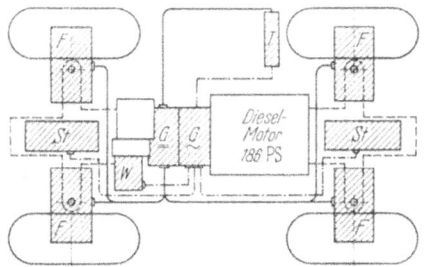

Bild 17. Die Kraftübertragung des dieselelektrischen Reifenschleppers Tournatow von Le Tourneau. *T* Schalttafel im Führerstand; *G* Generatoren für Gleich- und Wechselstrom; *F* Fahrmotore (Gleichstrom); *St* Steuermotoren für die Allradlenkung (Wechselstrom); *W* Motor für die Seilwinde (Wechselstrom).

Ein weiterer Vorteil des Gleichstrommotors liegt in der ausgezeichneten Bremskennlinie bei induktiver Bremsschaltung. Die Fahrmotoren regeln selbsttätig die Geschwindigkeit des Fahrzeugs, insbesondere auf Gefällstrecken, wo der Anhänger auf den Schlepper drückt.

Bild 18. Zweiachs-Sattelschlepper DW 20 (225 PS) als Zugmaschine für einen Nr. 20 Sattelschürfwagen (Caterpillar-Tractor Co.).

3.063 Zweiachsige Schlepper mit LKW-Fahrwerk. Vorwiegend als Sattelschlepper (Bild 18) finden starke, in der Bauart den herkömmlichen Straßenzugmaschinen ähnelnde Reifenschlepper mit großen An-

triebs- und kleinen Lenkrädern Verwendung. Sie sind im Gelände dem
Schlepper nach Art des Tournadozers wegen des höheren Rollwiderstandes der schmalen Vorderräder unterlegen und eignen sich nur für
mittlere bis gute Fahrbahnverhältnisse. Verwendet werden sie vor allem
für aufgesattelte Transportwagen mit Boden- oder Seitenentleerung sowie für aufgesattelte Schürfkübelanhänger.

3.064 Einachsige Schlepper. Sie waren ursprünglich ausschließlicher Bestandteil der unter dem Namen „Tournapull" bekanntgewordenen Motorschürfwagen. Inzwischen haben sie jedoch als einachsige
Sattelschlepper eine gewisse Selbständigkeit erlangt. Jetzt finden sie in
universeller Form bei Le Tourneau zum Schleppen der verschiedensten
Ausführungsformen von aufgesattelten Anhängern Verwendung, und
zwar für:

Schürfwagen . . . . (Tournapull)
Kran . . . . (Tournacrane)
Felstransportwagen . . . . (Tournarocker)
Kranlastwagen . . . . (Tournahauler)
Transportwagen mit Bodenentleerung (Tournahopper)
Betonmischer . . . . (Tournamixer)

Heute verwenden auch andere Firmen Einachssattelschlepper für
ihre Erdbaugeräte.

3.07 Motorschürfwagen.

Nachdem man erkannt hatte, daß für die wirtschaftliche Erdbewegung über größere Entfernungen Geschwindigkeit wichtiger ist
als Kraft, ging man zur Entwicklung von Motorschürfwagen über, die
unter dem Namen Tournapull allgemein bekanntgeworden sind.

Bild 19. Zweiachs-Motorschürfwagen Tournapull B (240 PS; 23 m³) wendet nach dem Ausschütten
auf einer 10 m breiten Dammkrone (Le Tourneau-Westinghouse Co.).

Der Motorschürfwagen (Bild 19) ist heute das Hauptgerät jeder
größeren Erdbaustelle mit Förderweiten über 300 m. Während er früher
in Größen bis zu 32 cbm Fassungsvermögen und 400 PS Motorleistung

gebaut wurde, liegt heute die maximale Gerätegröße in der Serienherstellung bei 23 cbm (gestrichen).

Motorschürfwagen haben einen wesentlichen Nachteil. Sie können den Kübel aus eigener Kraft meist nicht viel mehr als bis zur Hälfte des Fassungsvermögens füllen. Dadurch war ihre Wirtschaftlichkeit in früheren Jahren oft beträchtlich eingeschränkt. Erst die Schubraupe als Ladehilfe beseitigte diesen Nachteil, und heute werden Motorschürfwagen fast ausschließlich mit Schubraupen zusammen eingesetzt, wobei eine Schubraupe durch die Bedienung von etwa drei Motorschürfwagen voll ausgelastet ist.

Vor einigen Jahren ist ein Motorschürfwagen (Roadster) entwickelt worden, der im Gegensatz zu den bisherigen Modellen unabhängiger von der Schubraupe ist und unter normalen Bedingungen Kübelfüllungen

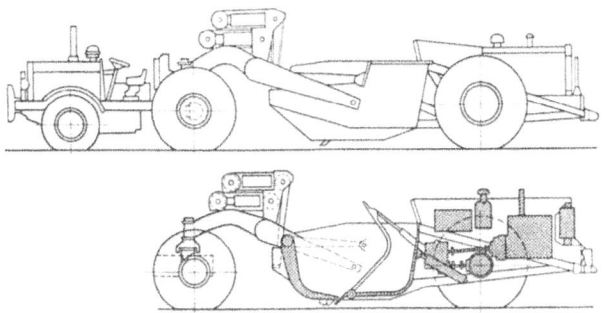

Bild 20. Euclid-Motorschürfwagen (Twin Power Scraper) mit Front- und Heckantrieb.

Motor vorn	. . . .	190 PS	Triebreifen vorn. .	24,00 × 25
Motor hinten	. . .	190 PS	Triebreifen hinten .	27,00 × 33
	Kübelinhalt	. . . 18,3 m³		

von etwa ¾ seines Fassungsvermögens erzielt. Das wird durch größere Belastung der Antriebsräder erreicht. Die heutigen Motorschürfwagen besitzen bis auf eine Ausnahme nur angetriebene *Vorder*räder, und das Laden aus eigener Kraft wird weitgehend beeinflußt durch den Kraftschluß dieser Vorderräder. Abgesehen davon, daß nur ein Teil (50—60%) des Fahrzeuggewichtes für den Kraftschluß nutzbar gemacht werden kann, ist nachteilig, daß die Vorderräder gerade beim Schürfen, also dann, wenn Zugkraft und Kraftschluß Maximalwerte erfordern, über unebenes oder aufgeweichtes Gelände fahren. Dagegen finden die nicht angetriebenen Hinterräder weit bessere Verhältnisse vor, da die Bodenunebenheiten oder aufgeweichte Bodenschichten durch die vorauslaufende Schneide bereits weitgehend abgetragen sind.

Es muß Ziel jeder konstruktiven Weiterentwicklung sein, entweder statt der Vorderräder die Hinterräder anzutreiben oder überhaupt zum Vierradantrieb überzugehen. Frühere Versuche, die Hinterräder durch einen besonderen Heckmotor anzutreiben, wurden wieder eingestellt. Erst in jüngster Zeit ist dieser Gedanke erneut aufgegriffen worden. Die Firma Euclid hat einen zweimotorigen Schürfwagen mit Front- und Heckantrieb entwickelt (Bild 20). Der eine Motor treibt den Sattel-schlepper, der andere die Hinterräder des Schürfkübels. Jeder Motor ist mit den Antriebsrädern über Drehmomentwandler, hydraulisch be-tätigtes Schaltgetriebe und Untersetzungsgetriebe in den Radnaben verbunden. Das Schaltgetriebe kuppelt über hydraulisch betätigte Kupp-lungen jeden Getriebegang gesondert ein. Dadurch können Getriebe-wechsel bei jeder beliebigen Geschwindigkeit und unter voller Antriebs-kraft vorgenommen werden. Die Bewegungen des Schürfkübels werden über hydraulisch betätigte Seilzüge gesteuert. Die hinteren Antriebsräder sind größer als die vorderen, damit die Nutzlast des Kübels noch für den Kraftschluß ausgenutzt werden kann. — Das Gerät kann sich in leich-

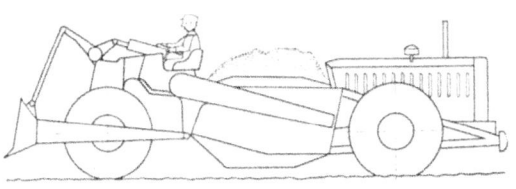

Bild 21. Euclid-Motorschürfwagen (Neuentwicklung) mit Heck-motor und Allradantrieb (300 PS; 13,7 m³).

ten und mittleren Bö-den selbständig füllen und braucht nur in besonders harten Bö-den eine Schubraupe als Ladehilfe.

Als Weiterentwick-lung des Motorschürf-wagens mit zusätz-lichem Heckmotor hat Euclid in jüngster Zeit das in Bild 21 gezeigte Gerät herausgebracht. In Verfolg des mit dem Twin Power Scraper ein-geschlagenen Weges ist die als Übergangslösung gedachte Ausrüstung mit zwei Motoren fallengelassen und nur der Heckmotor beibehalten worden. Das Antriebsorgan ist also im Verlauf der Entwicklung von vorn nach hinten gewandert.

Der Kübel hat einen Inhalt von 13,7 m³ (gestrichen). Alle vier Räder werden von einem einzigen Motor mit 300 PS angetrieben, der sich im Heck des Fahrzeugs befindet. Das Problem dieser Entwicklung: die Kraftübertragung auf die schwenkbaren Vorderräder, ist durch eine seitlich am Kübel vorbeigeführte Antriebswelle mit einer Reihe von Kardangelenken gelöst. — Der Fahrer sitzt vorn über der Vorderachse. Zusätzlich ist vor den Vorderrädern ein Planierschild angebracht. Die Betätigung der Arbeitsbewegungen erfolgt hydraulisch. Das Gerät ist in der Lage, sich in vielen Bodenarten selbst zu beladen. Es benötigt noch weniger als der Euclid Twin Power Scraper eine Schubraupe als Ladehilfe.

Darüber hinaus zeigt der bereits beim Tournatow erwähnte diesel-elektrische Antrieb mit seinen in den Radnaben eingebauten Antriebs-motoren und der Möglichkeit, die elektrische Antriebskraft durch bieg-

same Kabel an jede beliebige Stelle zu leiten, den Weg, um den Motorschürfwagen zu einem auch ohne Schubraupe voll brauchbaren Flachbagger zu machen.

Pionierarbeit für die Motorschürfwagen hat vor allem die Firma
Le Tourneau geleistet, die ihre Tournapulls in vier Größen herstellt. Für
den Antrieb der Seiltrommeln zur Betätigung der Schürfwerkzeuge verwendet Le Tourneau Elektromotoren, während andere Hersteller (Allis
Chalmers, Heil, Wooldridge, Caterpillar) die Seilbewegungen über
mechanische Anbauwinden vornehmen. Die von Euclid gebauten Motorschürfwagen bewerkstelligen die Seilbewegung durch Flaschenzüge,
deren Umlenkrollen hydraulisch gegeneinander bewegt werden. Die
Steuerung der Antriebsräder — bei anderen Geräten durch Kupplungsbremsen oder hydraulisch durchgeführt — erfolgt bei Le Tourneau ebenfalls elektrisch.

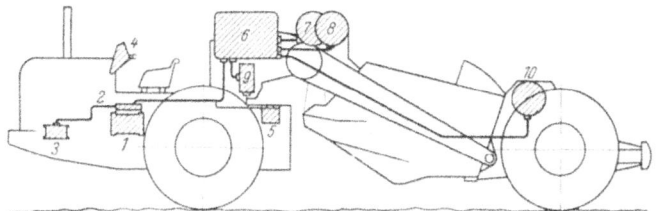

Bild 22. Die elektrische Anlage eines Tournapull-Motorschürfwagens:
1 Wechselstrom-Generator, 2 Transformator, 3 Gleichrichter, 4 Bedienungsschaltbrett, 5 Batterien,
6 Hauptschaltkasten, 7 Motor zum Heben des Kübels, 8 Motor zum Heben der Klappe, 9 Motor
zum Lenken des Schleppers, 10 Motor zur Betätigung des Schiebers.

Folgende Einzelheiten der Tournapulls seien hervorgehoben: Zwischen Schwungrad und Hauptkupplung ist ein Drehstromgenerator
gelegt, der 240 V/120 Perioden-Drehstrom für den Antrieb der Elektromotoren liefert (Bild 22). — Als Schaltgetriebe wird ebenfalls — wie
beim Tournadozer — die sog. Tournamatic-Transmission verwendet,
die ein nahezu verzugsloses Schalten ermöglicht. Als Differential
kommt das Tournatorque-Getriebe zur Anwendung. Dieses überträgt
automatisch bis zu 80% der Antriebskraft des Rades, das zu rutschen
beginnt, auf das andere, mit dem Boden noch fest in Eingriff stehende
Rad. Dadurch wird die Verwendbarkeit der Geräte in weichem Boden
erheblich gesteigert. Besonders auffallend ist die große Bremsfläche der
Vielscheiben-Luftdruckbremse, die dem Gerät auch ein gutes Arbeiten
an Hängen, in hügeligem Gelände usw. ermöglicht. Innerhalb von wenigen Stunden — erforderlich ist nur das Lösen von vier Bolzen, einem
Luftdruckschlauch und dem elektrischen Kabel — kann der einachsige
Sattelschlepper abgekuppelt und mit einer Reihe anderer Anhänger
zusammengebaut werden. Die vertikale Verstellung des Schürfkübels
(Schürftiefe und Schütthöhe) und die Bewegung von Entladeschieber

und Vorderklappe geschieht durch je einen Elektromotor, der vom Führerstand aus durch Druckknöpfe eingeschaltet wird. Der Schwenkbereich des Schleppers gegenüber dem Schürfkübel beträgt nach beiden Seiten je 96°, wodurch im Gegensatz zur hydraulischen Steuerung anderer Motorschürfwagen kleinere Wendekreisdurchmesser erzielt werden.

Motorschürfwagen werden zwei- und dreiachsig ausgeführt. Die zweiachsigen Geräte bieten folgende Vorteile gegenüber den dreiachsigen Modellen:

a) Bessere Manövrierbarkeit;
b) größeres Zugvermögen der Triebräder;
c) geringeren Rollwiderstand infolge Vermeidung der kleinen Vorderräder;
d) Zickzackkurs-Steuerung (Bild 23) zum Freiarbeiten, wenn festgefahren.

Zum letzteren Punkt ist zu sagen: Hat sich der Schlepper z. B. mit einem Triebrad festgefahren, so kann an der (mit Differentialsteuerung

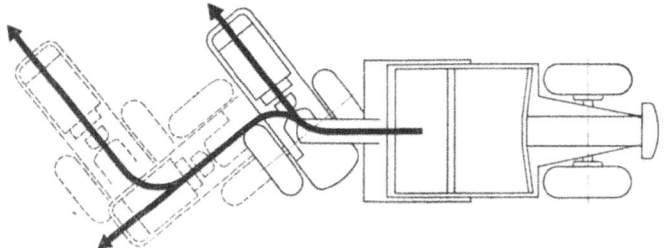

Bild 23. Zickzackkurs der Motorschürfwagen mit Einachsschlepper zum Freiarbeiten aus festgefahrener Position in weichem Gelände.

ausgerüsteten) Triebachse das noch freie Rad abgebremst und das ganze Triebmoment zur Überwindung des hohen Rollwiderstandes an das festsitzende Rad geleitet werden. Der gleiche Vorgang läßt sich dann umgekehrt wiederholen, so daß sich der Schlepper in einer schlangenartigen Fortbewegung aus der festgefahrenen Position herauswühlen kann.

Im allgemeinen gelten für den Einsatz der Motorschürfwagen und der an den Reifenschleppern gehängten Schürfkübel ähnliche Gesichtspunkte wie für die Raupenschlepper-Schürfwagenkombination. Unterschiede bestehen auf fahrdynamischen Gebiet.

Wegen des geringeren Kraftschlusses ist der Motorschürfwagen für grobe Arbeiten, wie sie beim *Freimachen der Baustelle* auftreten, kaum noch verwendbar. Soll er dennoch für derartige Zwecke eingesetzt werden, etwa weil für den Abtransport des Materials große Förderweiten zu überwinden sind, so ist eine Schubraupe erforderlich.

Bei allen Arbeiten ist es zweckmäßig, dem Motorschürfwagen von vornherein Schubraupen beizugeben (Bild 24). Dadurch lassen sich beim Laden die Vorteile der Raupenschlepper-Schürfkübelkombination erzielen, während für den Transport hohe Fahrgeschwindigkeiten und günstige wirtschaftliche Verhältnisse über große Förderweiten gegeben sind. Für die Ausnutzung der schnellen Fortbewegungsmöglichkeit sind gute Fahrbahnen erforderlich, die oft den zusätzlichen Einsatz von Erdhobeln bedingen, wenn man wirtschaftlich fördern will.

Zum *Mutterbodenabtrag* wird der Motorschürfwagen dann eingesetzt, wenn der Boden an entfernten Stellen abgelagert werden soll. Im *Pioniereinsatz* ist er meist nicht in der Lage, eine Baustelle von sich aus zu öffnen und Abtragsstellen anzuschneiden. Für Erdbewegungen über

Bild 24. Motorschürfwagen Caterpillar DW 20 mit Schürfwagen Nr. 20 und D 8-Planierraupe als Schubraupe beim Schürfen (Caterpillar-Tractor Co.).

kurze Förderweiten (Grabenaushub, kleine Deich- und Dammbauten) ist er wegen seiner Verdichtungswirkung brauchbar, ermöglicht aber über kurze Strecken nicht die Ausnutzung seines Hauptvorteils: der hohen Fahrgeschwindigkeit. Für das *Hinterfüllen* von Fundamenten ist er mitunter gut geeignet, da die weichen Reifen ein Fahren über Fundamentmauern u. ä. ermöglichen. Im *Böschungsbau* kann er für Steigungen bis 1 : 3 verwendet werden. Selbst beim Wegebau an Abhängen läßt er sich gut verwenden (Bild 25). Für das Verfüllen von Gräben und das Anfüllen von Boden an Mauerwerk eignet er sich schlecht, da er nicht nach der Seite entleeren kann. Die gleichen Gesichtspunkte lassen sich für das Reifenschlepper-Schürfkübelaggregat anführen. Allerdings ist dieses hinsichtlich der Verdichtungswirkung und der Beweglichkeit im Gelände dem Motorschürfwagen unterlegen.

Der Motorschürfwagen wird mehr und mehr zum Hauptgerät der gleislosen Erdbewegung. Wenn er auch ursprünglich nur für die reine Massenbewegung gebaut war, so hat man doch heute eine Reihe von speziellen Einsatzmethoden und Zusatzgeräten entwickelt, die dem Motorschürfwagen eine sehr universelle Anwendung ermöglichen. Seine Hauptvorteile liegen neben der hohen Fahrgeschwindigkeit in den verhältnismäßig geringen Reparaturkosten, die dem Reifengerät in vielen Fällen eine gewisse wirtschaftliche Überlegenheit sichern, selbst wenn

Bild 25. Motorschürfwagen DW 20 beim Bau einer Hangstraße (Caterpillar-Tractor Co.).

andere Nachteile dafür in Kauf genommen werden müssen. Auf sie wird weiter unten noch eingegangen. Sie wiegen aber im allgemeinen nicht so schwer wie die Vorteile und lassen sich durch geschickte Planung des Geräteeinsatzes weitgehend vermeiden.

3.08 Schaufellader.

Schaufellader können als selbstladende Transportgeräte verwendet werden, sind aber in der Hauptsache schnell bewegliche Ladegeräte, die mit ihrem Kübel lockeren Boden schaufelartig und gewachsenen Boden spatenartig aufnehmen.

Schaufellader werden gebaut als *Vorkopf-, Überkopf-* oder *kombinierte Vor- und Überkopflader* und mit *Raupen- oder Reifenfahrwerk.*

Die *Vorkopflader* (Bild 26) laden vor Kopf und können auch nur vor Kopf entladen. Hierzu muß das ganze Gerät meist eine Wendung von 90°, vielfach sogar eine Spitzkehre von 180° fahren. Das wirkt sich nachteilig

auf die Leistung (Erhöhung der Ladezeit) und

auf die Reparaturkosten (starke Beanspruchung des Fahrwerks) aus.

Daher wurde der *Über-kopflader* (Bild 27) entwik-kelt, der zwar auch vor Kopf lädt, aber nach hinten entlädt und dadurch die verzögernden und für die Raupen schädlichen Wendungen vermeidet.

Für den Erdbau werden Schaufellader auf Raupen bevorzugt. Schaufellader mit Reifenfahrwerk sind hier von untergeordneter Bedeutung, da sich ihr Einsatz auf das Laden lockerer Schüttgüter und auf feste Fahrbahnverhältnisse beschränkt.

Vorkopflader auf Raupen sind seit 25 Jahren unter dem Namen Traxcavator bekannt. Sie tragen vor dem Kühler einen Kübel, der durch Seilzug über

Bild 26. Vorkopflader Frisch D 60 L am Deutz-Kettenschlepper D 60 (Eisenwerk Gebr. Frisch KG.).

eine senkrechte Gleitführung hochgezogen wird. Diese Ausführungsform wurde inzwischen verbessert: Der Kübel wird jetzt über Tragarme in Schleppermitte drehbar gelagert und durch hydraulische Preßzylinder hochgehoben. Am Kübel selbst ist ein zweites Preßzylinderpaar angebracht, das die Aufgabe hat:

a) den Kübel zum Einstechen der Schneide in den Boden nach unten zu drehen,

b) nach dem Füllen den Kübel zurückzukippen, um Streuverluste des Grabgutes zu vermeiden,

c) den Kübel zum Entleeren nach vorn auszukippen.

Folgende *Anbaugeräte* werden zum Austausch gegen den Kübel hergestellt:

Planierschild, Balkengabel, Schneepflug, Strohgabel, Kran.

Der *Kübel* selbst wird in *verschiedenen Ausführungsformen* hergestellt:

a) Normaler Kübel für Erdarbeiten;

b) verstärkter Kübel mit Zähnen für Kies- und Steinbrüche;

c) Kübel, nur aus einem Stahlgerippe bestehend, für grobe Steinbrucharbeiten;

d) besonders leichter Kübel für Schnee und Kohle;

e) Kübel mit langen, horizontal liegenden Zähnen für die Arbeit in der Landwirtschaft (Verladen von Strohballen usw.).

Bild 27. Überkopflader Frisch Typ 90 KH 2 am Hanomag-Kettenschlepper K 90 EF (Eisenwerk Gebr. Frisch KG.).

Der Kübel des *Überkopfladers* wird durch Seilzug oder hydraulisch betätigt. Die Seilwinde ist mechanisch oder hydraulisch angetrieben. Der Überkopflader benötigt wegen der Bewegung des Kübels über den Kopf des Schleppers eine größere lichte Höhe als der Vorkopflader, so daß er in geschlossenen Räumen oder unter Tage schlecht eingesetzt werden kann.

Der sog. *Lodover* (Bild 28) vereinigt verschiedene Vorteile der beiden eben beschriebenen Gerätearten. Er kann sowohl nach vorn wie nach hinten entladen. Muß der Kübel über Kopf in die rückwärtige Entladestellung geschwenkt werden, so ist auch hier eine große lichte Höhe erforderlich. Eine Sonderform mit verkürzten Kübelarmen ist für den Bergbau unter Tage entwickelt worden.

Die Schaufellader benutzen als *Trägerfahrzeug* handelsübliche Raupenschlepper, die allerdings umgebaut werden müssen. Um den Schleppern größere Standfestigkeit in Fahrtrichtung zu geben, die

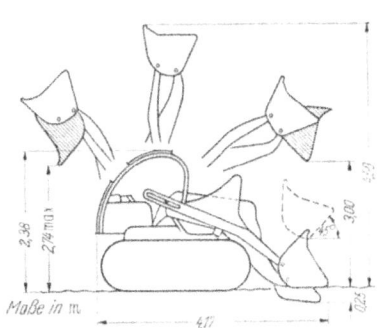

Bild 28. Kombinierter Vor- und Überkopflader (Lodover) der Fa. Service Supply.

wegen des beweglichen, weit ausladenden Kübels für sauberes Arbeiten von besonderer Wichtigkeit ist, werden die Raupenketten meist um eine

Laufrolle verlängert und ungefähr bis Kühlervorderkante vorgezogen. Außerdem werden größere Leit- und eventuell auch Kettenantriebsräder eingebaut, um eine Verlängerung der Kettenauflagefläche zu erreichen. Manche Schlepper sind auch dann noch nicht längsstabil genug und machen ein Gegengewicht am rückwärtigen Ende des Schleppers erforderlich. Da der Gesamtschwerpunkt des Laders bei beladenem und hochgehobenem Kübel verhältnismäßig hoch liegt und das Gerät dadurch sehr kippempfindlich ist, sind einige Firmen dazu übergegangen, die Pendelung der Ketten ganz auszuschalten. Das Beispiel der Traxcavator, die mehr als 25 Jahre mit starren Ketten fahren, beweist, daß man in diesem Fall beim Raupenschlepper sehr wohl auf die Pendelung verzichten kann.

Besonders wichtig für Schaufellader ist die Fähigkeit, den Kübel spatenartig in den Boden einzustechen und durch Drehen des Kübels den Boden aus seinem gewachsenen Zusammenhang herauszubrechen. Um das Herausbrechen besonders wirksam durchführen zu können, werden an den vorderen Enden der Kübelarme große Gegendruckplatten angebracht, auf die sich die Arme bei der Grabbewegung gegen den Boden abstützen.

Bild 29. Schaufellader (Vorkopf) auf Reifen mit Heckmotor
(The Frank G. Hough Co.).

Damit das Fahrwerk der Vorkopflader durch das häufige Wenden nicht zu stark beansprucht und der Boden nicht unnötig aufgewühlt wird, werden die Raupenplatten mit Winkelgreifern meist durch flache Platten ersetzt.

Die *Vorkopflader auf Reifen* ähneln denen auf Raupen. Während die kleineren Ladeeinrichtungen meist an normale Reifenschlepper angebaut werden, sind größere Lader einschließlich der Schlepper für diesen besonderen Zweck konstruiert. Um möglichst längsstabil zu sein, wird der Motor als Gegengewicht für den ausladenden Kübel benutzt und an das rückwärtige Ende des Schleppers verlegt (Bild 29). Neuerdings wird diese Form der Ausführung auch mit Raupen geliefert.

Schaufellader sind schnell bewegliche Ladegeräte und können innerhalb der Baustelle schnell an jeden beliebigen Einsatzort fahren. Sie sind voll geländegängig und weitgehend wetterunabhängig. Hinsichtlich ihrer Beweglichkeit stehen sie als Ladegeräte etwa zwischen Raupenbagger und Autobagger.

66   C. Die gleislosen Geräte und ihre Anwendung.

Die Schaufellader werden zum Laden von lockerem Material und mitunter auch zum Graben und Transportieren von Bodenmassen eingesetzt. Ihre Anwendung liegt vor allem auf folgenden Gebieten:

Aushub von Baugruben. — Verfüllen von Fundamenten. — Mutterbodenabtrag. — Tunnel- und Stollenbau. — Untertage-Bergbau. — Grabenbau. — Flußbau. — Straßenbau. — Planieren von leichtem Boden.

3.09 Pflugbagger.

Bei selbstladenden Transportgefäßen (Schürfkübel usw.) ist der Schlepper unter normalen Bodenverhältnissen nur während des Ladens voll beansprucht; beim Transport kommt er mit geringeren Zugkräften aus. Daher ist es in vielen Fällen berechtigt, eine Trennung von Lade- und

Bild 30. Selbstfahrender luftbereifter Pflugbagger (PMCO) mit Heckentladung und Schaufelkette beim Aufladen des durch den Erdhobel seitlich abgelagerten Bodenwalles (Pettibone Mulliken Co.).

Transportgerät vorzunehmen und jedes Gerät für seinen bestimmten Verwendungszweck auszubilden. Unter den Flachbaggern gibt es ein sehr leistungsfähiges reines Ladegerät, das aus der Bewegung heraus baggert: den Pflugbagger. Im Gegensatz zur klassischen Form der Erdbewegung mit stationären Baggern und Transportgeräten wurde hier eine Fördermethode entwickelt, die neben der guten Eignung für ausgedehnte Flächenbaustellen mit geringen Abtragshöhen eine bessere Geräteausnutzung ermöglicht und den Vorzug besitzt, daß das Beladen der Fahrzeuge mit minimaler Verzögerung durchgeführt werden kann.

Pflugbagger wurden ursprünglich als Anhänger für Raupenschlepper gebaut, die mittels einer rotierenden, diskusartigen Scheibe den Boden lösten und über ein Förderband rechtwinklig zur Fahrtrichtung in die nebenherfahrenden Transportgeräte entluden. Diese Geräte sind inzwischen veraltet. Heute existieren zwei moderne Ausführungsformen, von denen die eine selbstfahrend ist und die Transportgeräte über ein in Fahrtrichtung liegendes Förderband nach *rückwärts* belädt, während die andere von einem Raupenschlepper gezogen wird und den Boden über ein diagonal gestelltes Förderband in *nebenher* fahrende Fahrzeuge fördert.

Beim selbstfahrenden Pflugbagger (Bild 30) müssen die Transportgeräte mit Ausnahme der Vorderkipper rückwärts unter das Förderband fahren und nach dem Beladen zurücksetzen. Dafür kann das Gerät auf schmalem Raum arbeiten und läßt sich auch in engen Einschnitten

Bild 31. Angehängter Pflugbagger Euclid BV 9 mit Raupenfahrwerk und seitlich entladendem Förderband, von einem 150-PS-Raupenschlepper gezogen, beim Beladen eines Euclid-Bodenschütters 38 FDT (Euclid Road Machinery Co.).

gut verwenden. Seiner ganzen Bauweise nach ist es nur für leichte oder aufgelockerte Böden geeignet. Um dem lockeren Material den Übergang auf die Steigung des Förderbandes zu erleichtern, wird eine besondere Schaufelvorrichtung verwendet, die Fels- und Grasstücke, gebrochenen Beton und anderes schlecht zu ladendes Material auf das Förderband zieht. Zur Anpassung an die verschiedenen Schürfwiderstände ist die Breite der Schneide verstellbar.

Das *Anhängegerät* (Bild 31) ermöglicht ein zügigeres Laden, weil die Fahrzeuge seitlich neben das Ladegerät fahren und im Fahren beladen werden können, erfordert aber zur Ausnutzung dieses Vorteils einen sorgfältig organisierten Fahrzeugumlauf. Der Lader braucht wegen des seitlichen Beladens eine Arbeitsbreite von mindestens 9 m und eignet sich nicht für Arbeiten in schmäleren Einschnitten. Er besitzt sowohl eine

horizontale wie eine vertikale Schneide und kamm den Boden nicht nur
waagerecht, sondern auch senkrecht schürfen. Die Breite der horizon-
talen Schneide kann von 2,9 m bis auf 0,9 m reduziert werden, um den
Schneidendruck dem jeweiligen Schürfwiderstand anzupassen. Die
Schürftiefe reicht bis 0,6 m, kann jedoch meist nur bei entsprechender
Vorlockerung des Bodens durch Tiefreißer ausgenutzt werden.

In neuerer Zeit ist ein Gerät entwickelt worden, das im wesentlichen
aus einem Förderband und einem entsprechend geformten Ladetrichter
besteht, der unmittelbar an das hintere Ende des schräggestellten Schildes eines Erdhobels gebaut wird und so den Erdwall, der sich an der
Seite bildet, über ein quer zur Fahrtrichtung arbeitendes Förderband
in die danebenfahrenden LKWs lädt. Durch dieses Zusatzgerät kann

Bild 32. Caterpillar-Erdhobel Nr. 12 mit Pflugbagger-Zusatzeinrichtung von Do-Mor beim Aushub
eines schmalen Straßengrabens (Caterpillar-Tractor Co.).

der normale Erdhobel in kürzester Zeit in einen Pflugbagger verwandelt
werden (Bild 32).

Der Pflugbagger gewinnt den Boden gleich dem Schürfkübel in
Schalenschnitten. Er kann seine Leistungsfähigkeit nur dann voll ent-
falten, wenn die Schürfbahnen genügend lang sind. Das Wenden des
Gerätes nimmt sonst zuviel Zeit in Anspruch.

Pflugbagger sind auf die Zusammenarbeit mit Bodenschüttern abgestimmt. Die längliche Form der Transportgefäße ist besonders günstig
für das Beladen durch Pflugbagger. Zum Füllen eines 10-m³-Boden-
schütters sind in mittlerem Boden etwa 20 m Schürfweg, zum Beladen
eines 20-m³-Gerätes 35 m Schürfweg erforderlich. Die Längenausdeh-
nung der Schürffläche soll wenigstens so groß sein, daß fünf Wagen beladen werden können, ohne daß der Pflugbagger wenden muß. Die Min-
destlänge der Schürffläche ergibt sich also zu etwa 100—150 m. Der
Wendekreisdurchmesser der Geräte beträgt 8—14 m; für den Einsatz
in hügeligem Gelände sind sie nicht geeignet.

Der Pflugbagger wird vor allem im Flugplatzbau, zur Abraumbaggerung im Kohlentagebau, zur Baggerung aus langgestreckten Seitenentnahmen, für den Straßenbau und zum Aufschütten von Dämmen, bei denen er das Baggergut unmittelbar neben dem Dammfuß entnehmen und dann sofort auf die Dammkrone entladen kann, eingesetzt.

Die beiden derzeitigen Ausführungsformen, der von einem oder mehreren großen Raupenschleppern *gezogene* und der *selbstfahrende* Lader, unterscheiden sich in ihrer Anwendung dadurch, daß der erstere für den Einsatz in leichtem bis mittlerem gewachsenen Boden, der letztere nur für lockeres Material verwendbar ist.

Von großer Bedeutung für die Leistungsfähigkeit des Pflugbaggers ist die Beschaffenheit des zu ladenden Materials. Es muß weich genug sein damit der Pflug eindringen kann, und es muß auch für den anschließenden Transport über das Förderband geeignet sein. Am besten arbeitet das Gerät in gut schnittfähigen, pflügbaren Böden. Große Steine führen zu einer schnellen Beschädigung des Transportbandes und zerkratzen den Gummi; loser rolliger Sand oder Kies läßt sich nicht über die Steigung des Förderbandes transportieren, er rollt herunter. Feuchter Lehm ist ungeeignet, weil er zwischen den Rollen des Bandes aufwächst und zu verstärkter Abnutzung führt. — Der Anwendungsbereich des Pflugbaggers ist durch die besonderen Anforderungen an das Bodenmaterial und die Einsatzstelle beschränkt. Wo aber die Verhältnisse günstig liegen, gibt es kein Ladegerät, das leistungsfähiger und wirtschaftlicher arbeitet.

3.10 Transportfahrzeuge.

3.101 Überblick. Die zahlreichen Ausführungsformen der Transportfahrzeuge lassen sich unterteilen

a) Nach der *Art der Fortbewegung* in angehängte Geräte, selbstfahrende Geräte;

b) nach der *Art des Fahrwerks* in Geräte mit Raupenfahrwerk, Reifenfahrwerk und hierbei wieder in geländegängige Straßen-LKWs, Geländefahrzeuge mit hohem Bodendruck, Geländefahrzeuge mit niedrigem Bodendruck;

c) nach der *Entladerichtung* in Hinterkipper, Vorderkipper, Seitenkipper, Bodenschütter.

Dieser Einteilung entsprechend sind heute vor allem folgende Fahrzeugarten im Erdbau eingesetzt (s. u. a. Ü 10, S. 31):

Hinter- bzw. Vorderkipper:

Gruppe I: Geländegängige Straßen-LKWs.
Gruppe II: Spezialtransportfahrzeuge über 25 t Tragfähigkeit;
Gruppe III: Spezialtransportfahrzeuge unter 25 t Tragfähigkeit.
Gruppe IV: Motorkipper (Dumper).
Gruppe V: Spezialtransportfahrzeuge mit niedrigem Bodendruck.

Bodenschütter:
Gruppe VI: 3 achsige Geräte
Gruppe VII: 2 achsige Geräte.

Raupenwagen:
Gruppe VIII: Als Bodenschütter oder Seitenkipper.

Die Reihenfolge der Aufstellung gibt gleichzeitig einen Anhalt über die Bodenpressung unter dem Fahrwerk und damit für die Geländebrauchbarkeit. Die Bodendrücke betragen im allgemeinen:

In Gruppe	I	7—8 kg/cm²	Gruppe	V	3—4 kg/cm²
„	II	5—6 „	„	VI	3—4 „
„	III	4—5 „	„	VII	2—3 „
„	IV	3—4 „	„	VIII	0,5—1 „

3.102 Geländegängige Straßen-LKWs. Diese Fahrzeuge, deren typischer Vertreter der GMC-Dreiachs-LKW geworden ist, haben gegenüber den normalen Straßen-LKWs ein verstärktes, besonders gegen Verwindung gesichertes Chassis, meist dreiachsiges Fahrwerk mit Doppelbereifung, Allradantrieb und zusätzlichem Getriebe für Geländefahrt. Die Achsen sind gefedert, und das normale Schnellganggetriebe ermöglicht ihren Einsatz auf öffentlichen Straßen mit hohen Geschwin-

Bild 33. Euclid-Hinterkipper mit 15 t Tragfähigkeit (150 PS; Zweiachsfahrwerk) beim Beladen durch einen Menck EN (Euclid Road Machinery Co.).

digkeiten. In den äußeren Abmessungen und Raddrücken sind sie den Vorschriften des öffentlichen Verkehrs angepaßt. Das Verhältnis von Konstruktionsgewicht zu Nutzlast liegt bei 1 : 5 bis 1 : 8. Diese Fahrzeuge werden im allgemeinen dann eingesetzt, wenn der Massentransport auf öffentlichen Straßen durchgeführt werden soll und nur kurze Geländefahrten zur Verbindung der Straße mit Ab- und Auftragstelle erforderlich sind.

3.103 Hinterkipper bis 25 t Tragfähigkeit. Diese Geräte (Bild 33) werden speziell für Bau- und Steinbruchbetriebe angefertigt. Von den üblichen LKWs unterscheiden sie sich durch die Konstruktion von Chassis, Federung, Achsausbildung, Steuerung und Getriebe. In ihren Abmessungen und Raddrücken überschreiten sie die Vorschriften für den öffentlichen Straßenverkehr. So sind sie im allgemeinen 3,00 m bis 3,50 m breit und haben Achslasten von 25—40 t. Auch das Verhältnis des Konstruktionsgewichtes zur Nutzlast ist anders. Während es bei Straßen-LKWs in den Grenzen von 1 : 5 bis 1 : 9 schwankt, beträgt es hier im allgemeinen 1 : 1. Die antriebsmäßige Dimensionierung ist auf hohe Fahr- und Steigwiderstände ausgerichtet. Für jede t Gesamtgewicht (Konstruktionsgewicht + Nutzlast) werden 6 bis 8 PS vorgesehen. Der Nutzlastbereich von 10 bis 25 t entspricht einem Motorleistungsbereich von 125 bis 350 PS.

Je nach Nutzlast und Reifengröße werden die Geräte mit zwei oder drei Achsen und einfacher oder doppelter Bereifung gebaut. Wesentlich ist die konstruktive Ausbildung der Hinterachsen: Außer der normalen Untersetzung im Differential erfolgt eine weitere Reduzierung der Drehzahl durch ein in die Radnaben eingebautes Endgetriebe. Dieses

Bild 34. Euclid-Hinterkipper mit 50 t Tragfähigkeit, Doppelmotor 400 PS und Dreiachsfahrwerk (Euclid Road Machinery Co.).

Endgetriebe (als Planetengetriebe ausgeführt) bietet den Vorteil, daß die Antriebsachsen nur den 4. bis 6. Teil des sonst üblichen Antriebsmomentes an die Endgetriebe leiten müssen, während das endgültige hohe Drehmoment erst im Endgetriebe selbst erzeugt und dann über die Zahnräder des Planetengetriebes unmittelbar an die Radnaben weitergeleitet wird.

Die Hinterkipper sind so gebaut, daß sich 70—80% der Gesamtlast des Fahrzeugs auf die Hinterachse absetzen. Dadurch ergibt sich ein hohes Adhäsionsgewicht, daß auf Steigungen durch Gewichtsverlagerung nach hinten noch erhöht wird. Hinterkipper eignen sich daher besonders für größere Steilstrecken. Wegen der verhältnismäßig kleinen Raddurchmesser und der hohen Bodenpressung der Reifen ist ihre Geländegängigkeit begrenzt. Bei ihrem Einsatz ist stets die Anlage fester und ebener Fahrbahnen zu empfehlen.

Da der Schwerpunkt des Hinterkippereinsatzes auf der Überwindung größerer Steigungen liegt, ist zur Ausnutzung des hohen Adhäsionsgewichtes eine entsprechend große Untersetzung vorgesehen und die Fahrgeschwindigkeit nach oben auf 40—50 km/h begrenzt. Die günstigste Förderweite der Hinterkipper liegt im Baubetrieb bei 300 m bis 3 km; im Steinbruch mit festen Straßen kann sie bis auf 6—7 km ausgedehnt werden.

3.104 Hinterkipper über 25 t Tragfähigkeit. Alles, was im vorigen Abschnitt über die Fahrzeuge *bis* 25 t Tragfähigkeit gesagt wurde, gilt auch hier. Diese Geräte, die im allgemeinen für 30, 34, 40 und 50 t Nutzlast gebaut werden, sind heute meist mit zwei Motoren über Dreh-

Bild 35. Zettelmeier-Motorkipper 2 m³ mit luftgekühltem Deutzmotor (Hubert Zettelmeier KG.).

momentwandler und automatisches Getriebe angetrieben, wobei jeder Motor mit getrenntem Triebwerk auf eine Antriebsachse wirkt (Bild 34). Wegen der hohen Achslasten ist ihr Einsatz an feste Fahrbahnen mit hoher Tragfähigkeit gebunden. Hier müssen in den meisten Fällen eigene Förderwege (vermörtelte Kiesschüttungen) angelegt werden.

3.105 Motorkipper (Bild 35). Sie sind bekannt unter dem Namen „Dumper". Ihre Entwicklung ist unmittelbar auf den Gleisbetrieb zurückzuführen. In dem Bestreben, die beiden Hauptnachteile der Zugförderung: Die Bindung an die Gleise mit dem Zwang zum Verlegen der Schienen und die große Empfindlichkeit gegen Steigungen zu überwinden, wurden zunächst normale LKWs mit Kipperaufbau hergestellt. Diese erwiesen sich jedoch wegen ihres wenig verdrehungsfesten Fahrgestellrahmens und der schmalen, kleinen Reifen für Geländefahrten als nicht geeignet. Auch dauerte oft das hydraulische Kippen zu lange. Daher wurden Geräte entwickelt, die den besonderen Anforderungen der Geländefahrt gewachsen sind.

Während Amerika sich für größere Transportfahrzeuge entschied, muß als eigentliche Heimat der Dumper England angesehen werden, wo die beiden Firmen Muirhill und Chaseside den Hauptanteil an der Entwicklung tragen.

Die Urform der Dumper, die auch heute noch weitgehend beibehalten ist, besteht aus einem Fahrgestell mit großen Antriebs- und kleinen Lenkrädern, das — verglichen mit dem Chassis der gebräuchlichen Motorfahrzeuge — rückwärts fährt. Der Kübel wird in Transportstellung durch eine einfache Sperrklinge festgehalten und entlädt durch sein Schwergewicht, wobei er durch besonders ausgebildete Kufen über eine

Bild 36. Le Tourneau-Hinterkipper (Tournarocker) Mod. B beim Auskippen der Mulde durch Anziehen der Vorderräder (Le Tourneau-Westinghouse Co.).

Rollbahn bis in nahezu senkrechte Stellung nach vorn kippt. — Zur Erhöhung des Kraftschlusses können die großen Geländereifen mit Wasser statt mit Luft gefüllt werden.

Dumper werden in England in Größen zwischen 0,25—4,6 cbm Fassungsvermögen gebaut. In USA wird nur noch ein einziges, in die Größenordnung der Dumper passendes Gerät, der Koehring-Dumptor hergestellt. In Deutschland haben die Firmen Zettelmeyer, O & K, und Jung ihre Entwicklung aufgegriffen. Die heutigen Dumper sind entweder durch schwenkbaren Führersitz (einschließlich Steuersäule) oder durch zwei getrennte Sitze mit eigenen Steuerrädern für Vor- und Rückwärtsfahrt gleich gut geeignet.

Die Tragfähigkeit der Motorkipper reicht bis zu 10 t. Ihr besonderer Vorteil liegt in dem kurzen Radstand und der damit verbundenen guten Manövrierbarkeit in engen Baugruben und in scharfen Kurven. Nachteilig ist, daß sich bei Steigfahrten der Schwerpunkt der Nutzlast von den vorderen (angetriebenen) Rädern nach den hinteren Steuerrädern

hin verlagert und den Kraftschluß der Triebräder verringert. Dieser
Nachteil läßt sich jedoch bei einer Reihe von Geräten durch Rückwärtsfahrt (Führersitz voraus) wieder ausgleichen.

3.106 Hinterkipper für niedrige Bodendrücke. Diese Geräte werden
im Gegensatz zu den oben erwähnten Fahrzeugen mit Niederdruck-
geländereifen ausgerüstet und geben nur 3—4 kg/cm² Bodenpressung.
Der große Reifenradius setzt außerdem ihren Rollwiderstand bei Geländefahrt herab und macht sie dadurch geländegängiger.

Die Fahrzeuge sind bekannt unter dem Namen Tournarocker
(Bild 36). Sie bestehen aus Einachs-Reifenschleppern mit aufgesattelten
Transportanhängern und werden elektrisch gesteuert und auch über
elektrische Seilwinden betätigt.

Bild 37. Dreiachs-Bodenschütter (Caterpillar) mit 225-PS-Schlepper DW 20 und 19-m³-Transport-
gefäß (Caterpillar-Tractor Co.).

Der Vorteil der Tournarocker liegt in der kurzen Bauart und dem
im Vergleich zu anderen Geräten geringen Wendekreisdurchmesser. Das
Entladen geschieht in der Weise, daß die Hinterachse abgebremst und
das Vorderteil des Schleppers an die Hinterachse herangezogen wird.
Dadurch bäumt sich der Kübel auf. In dieser zusammengezogenen Stellung kann der Tournarocker auch fahren, und der zum Wenden erforderliche Raum ist dann noch etwa 22% kleiner. So kann das Gerät auch
auf schmalen Dammkronen wenden.

3.107 Bodenschütter. Sie bestehen aus ein- oder zweiachsigen Sattel-
schleppern mit aufgesattelten Transportwagen (Bild 37). Sie werden von
oben beladen (meist durch Pflugbagger) und entleeren das Material
durch Öffnen von Bodenklappen oder -schiebern nach unten. Das Öffnen
der Klappen geschieht bei Euclid unter dem Druck des darüber lastenden
Materials, wobei Druckluft-Ausgleichzylinder für einen gleichmäßigen
Öffnungsvorgang sorgen. Für das Schließen der Klappen findet eine
besondere Konstruktion Verwendung: Das Antriebsrad einer Seilwinde
wird mit einem der Hinterräder in Berührung gebracht und die Fahr-

bewegung zum Hochwinden der Klappen benutzt. — Caterpillar und Allis Chalmers betätigen die Bodenklappen hydraulisch, während Le Tourneau elektrischen Seilzug verwendet.

Der Tournahopper (Bild 38) als Bodenschütter hat an Stelle der üblichen zwei über Scharniere aufklappbaren Bodenhälften solche, die sich nach dem Greiferprinzip öffnen und schließen. Dadurch hängen die Bodenklappen in geöffnetem Zustand nicht mehr nach unten, sondern sind seitlich weggeschoben und ermöglichen eine tiefere Lage des Fördergefäßes und geringere Ladehöhe.

Der als Motorschürfwagen bekannte Heiliner kann ebenfalls in einen Bodenschütter umgewandelt werden. Die Bodentüren sind wie bei Le Tourneau als Greifer ausgebildet und werden über eine mechanisch angetriebene Seilwinde betätigt. Die Steuerung des Gerätes erfolgt hydraulisch.

Bodenschütter werden mit Fassungsvermögen zwischen 10 m³ und 20 m³ (190—300 PS) gebaut. Die antriebsmäßige Dimensionierung bewegt sich im Bereich zwischen 5,5 PS/t für die kleineren und 4,5 PS/t für die größeren Geräte. Ihr konstruktiver Aufbau ist gekennzeichnet durch einfache Bauart des Anhängers (Zuver-

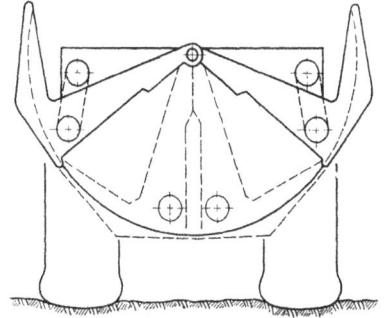

Bild 38. Öffnungsbewegung der greiferartigen Bodenklappen des Le Tourneau-Bodenschütters (Tournahopper).

lässigkeit) und die Verwendung großer Niederdruck-Geländereifen. Hinsichtlich der Bodenpressung stehen die Bodenschütter zwischen dem normalen Straßen-LKW auf der einen und dem Raupenanhänger auf der anderen Seite.

Verwendung finden wahlweise ein- oder zweiachsige Sattelschlepper als Zugmaschinen. Der Zweiachsschlepper hat mit seinen kleinen Steuerrädern größeren Rollwiderstand im Gelände. Er ist besser für Fahrten auf festerem Untergrund mit höheren Geschwindigkeiten (leichteres Steuern) geeignet. Die Geräte mit Einachsschlepper haben höhere Geländegängigkeit. Sie sind besser geeignet sowohl auf nassen und zerfahrenen Schürf- und Schüttstellen wie auf weichen trockenen Sandschüttungen und können sich, wenn sie festgefahren sind, durch Zickzackkurs (s. Bild 23, S. 60) besser freiarbeiten.

Bodenschütter kommen dann zum Einsatz, wenn Fahrbahnen mit geringerer Tragfähigkeit oder unebenes Gelände vorliegen. Je geringer der Luftdruck in den Reifen ist, um so geringer ist die Bodenpressung unter den Reifen und um so besser „schwimmt" das Fahrwerk über unebene Fahrbahnen. Aus dem Vergleich der Luftdrücke im Hinterkipperreifen (4,0—5,5 atü) mit dem in den Reifen der Bodenschütter (2,0 bis 3,0 atü) geht hervor, welche Unterschiede hier zwischen beiden Fahrzeugarten bestehen.

Während die niedrigere Bodenpressung der Bodenschütter für gute Geländebrauchbarkeit spricht, ist beim Hinterkipper die Steigfähigkeit größer. Beim Bodenschütter entfallen günstigenfalls etwa 50% des Gesamtgewichts auf die (vorn liegende) Antriebsachse, während es beim Hinterkipper 75—85% sind. Das geringere Adhäsionsgewicht bedingt bei gleichem Kraftschluß eine geringere nutzbare Zugkraft und damit auch geringere Steigfähigkeit. In der Praxis soll man Bodenschütter nur auf Steigungen bis 10% einsetzen. Die Durchschnittswerte liegen bei nur 5%.

Hinsichtlich der Steigfähigkeit sind Zweiachsschlepper günstiger als Einachszugmaschinen. Bei den ersteren tritt auf Steigfahrten eine Gewichtsverlagerung nach der Antriebsachse ein, die das Adhäsionsgewicht und damit die Steigfähigkeit erhöht. Bei Geräten mit Einachsschleppern ist das gerade umgekehrt.

Der Wendekreisdurchmesser ist bei Bodenschüttern etwa 20% kleiner als bei Hinterkippern. Allerdings müssen Bodenschütter stets in Wendeschleifen drehen, da sie praktisch nur vorwärts fahren können. Hinterkipper können zurücksetzen und in Spitzkehren wenden.

Anwendungsgrenzen sind auch durch die Beschaffenheit des Transportmaterials gezogen. Am besten eignen sich rolliger Sand oder Kies sowie andere Bodenarten von geringem Zusammenhang. Größere Steine oder Fels scheiden aus, da die Bodenschüttergefäße sich im Querschnitt nach unten verjüngen. Größere Steine würden sich verkeilen und nicht herausfallen. Das gleiche gilt für festere Böden, die in großen Brocken (Baggerlöffelgröße) geladen werden bzw. für plastisches Material, das sich im Gefäß nicht genügend verformen kann, um frei herauszufallen.

3.11 Erdhobel.

Erdhobel (Grader) gehören zu den am universellsten verwendbaren, aber auch am schwersten zu bedienenden Geräten. Wenn sie auch für die eigentliche Bodenförderung ausscheiden, so können sie doch eine Vielzahl von sonstigen Erdarbeiten durchführen, so daß sie auf keiner größeren Baustelle mehr fehlen.

Der amerikanische Grader wird vielfach mit „Straßenhobel" übersetzt. Diese Bezeichnung trifft nur einen Teil seines Anwendungsgebietes. Er ist nicht an Straßenbaustellen gebunden, sondern kann vielseitig für alle Einebnungs- und Planierarbeiten auch auf Flächenbaustellen verwendet werden.

Während die Erdhobel in früheren Zeiten meist Anhängegeräte waren, sind sie heute fast ausschließlich motorisiert. Der Anhänge-

erdhobel hat nur noch geringe Bedeutung. Die selbstfahrenden Erdhobel sehen sich äußerlich ziemlich ähnlich, weisen jedoch in den technischen Details zahlreiche Unterschiede auf. Hier ist zu erwähnen:

1. Zahl der Achsen. Erdhobel werden zwei- oder dreiachsig gebaut.
Bei der letzteren Ausführung sind die Hinterräder in Tandemform an-
geordnet (Bild 39). Dreiachsige Erdhobel haben gegenüber zweiachsigen
Geräten den Vorteil, daß sie durch die in einer Schwinge gelagerten
Hinterräder bei Geländefahrt ruhiger liegen und somit ein besseres
Planum erzielen. Auch haben sie durch das Tandemfahrwerk im Heck
eine geringere Bodenpressung, da sich im allgemeinen 60—70% des
Erdhobelgewichtes auf die Hinterachsen abstützen.

2. Antriebsräder. Hier ist zu unterscheiden:
Zweiachsgeräte: Hinterachse angetrieben,
    ,,   Vorder- *und* Hinterachse angetrieben.
Dreiachsgeräte: Heckantrieb (Tandem),
    ,,   Front- und Heckantrieb.

Während die erste Aus-
führungsform nur für
kleine Geräte in Frage
kommt, ist das zwei-
achsige Gerät mit
Front- und Heckan-
trieb stärker verbrei-
tet. Die Masse der Erd-
hobel (Dreiachsgeräte)
hat angetriebenes Tan-
demfahrwerk und nicht
angetriebene Lenkrä-
der.

Bild 39. Frisch-Erdhobel Typ 90 H mit 90-PS-Motor und Tandem-
Heckantrieb (Eisenwerk Gebr. Frisch K G.).

Der zusätzliche Frontantrieb bringt dem Gerät größere Manövrierfähigkeit im Gelände. Bei dem großen Radstand der Erdhobel und einer
guten Längsstabilität durch das Tandemfahrwerk bereitet es bei hohen
Geschwindigkeiten auf der Straße oder bei Fahrt in aufgeweichtem
Gelände stets gewisse Schwierigkeiten, die Fahrtrichtung zu ändern, da
die Vorderräder *ohne* eigenen Antrieb beim Einschlagen meist seitlich
wegschieben. Allerdings hat der Vorderradantrieb den Nachteil, daß
sich der Sturz der Räder nicht verstellen läßt.

3. Lenkung. Die zweiachsigen Geräte werden teils nur vorn, teils
vorn und hinten gelenkt. Im letzteren Falle ergeben sich besonders
kleine Wenderadien wie auch eine größere Manövrierfähigkeit im Gelände. Besonders erwähnenswert ist eine Ausführung, bei der das Chassis
des Erdhobels schräg zur eigentlichen Fahrtrichtung stehen kann, so
daß die Vorder- gegen die Hinterräder seitlich versetzt sind (Bild 40).

Das hat den Vorteil, daß ein Radpaar in festeren Geländeverhältnissen (z. B. auf dem Straßen- oder Böschungsrand) fahren und somit größere Zugkräfte entwickeln kann.

Dreiachsige Geräte können nur vorn gelenkt werden. Bei den Geräten mit freier Lenkachse läßt sich der Sturz der Räder verstellen.

4. Bedienung. Hier werden Geräte mit hydraulischer, mechanischer oder kombinierter hydraulisch-mechanischer Bedienung (insbesondere Lenkung) hergestellt. Die hydraulische Bedienung arbeitet feiner als die mechanische, ist aber schwieriger zu warten. Manche Firmen, die normalerweise hydraulische Betätigung einbauen, rüsten bei Lieferungen in tropische Gegenden auf Mechanik um. Wesentlich ist die kombinierte hydraulisch-mechanische Lenkung. Für Straßenfahrt (hohe Geschwindigkeiten) wird die (in diesem Fall über Schneckengetriebe arbeitende) feinere mechanische Verstellung der Vorderräder vorgezogen, während bei Langsamfahrten im Gelände oft starke Ausschläge der Steuerräder nötig sind, um trotz langsamer Fahrgeschwindigkeiten noch eine gewisse Beweglichkeit zu erreichen.

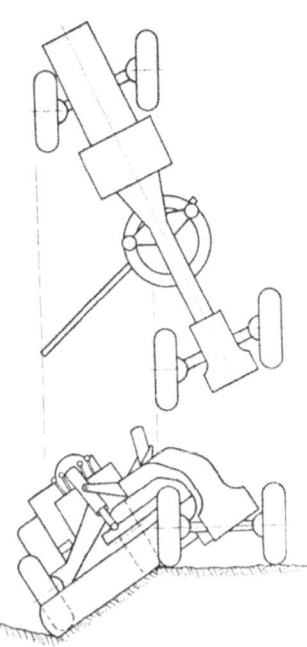

Bild 40. Austin-Western-Erdhobel mit Allradantrieb und Allradlenkung beim Planieren einer Grabenböschung. Um möglichst günstige Fahreigenschaften zu erzielen, wird die Geräteachse mit Hilfe der Allradlenkung schräg zur Fahrtrichtung gestellt. Dadurch laufen 3 Räder auf der festen Geländeoberfläche und nur 1 Rad auf der weichen Grabensohle.

5. Arbeitsgeräte. Der Erdhobel hat sich mehr und mehr zum Geräteträger herausgebildet. Ursprünglich nur mit Hobelschild und Tiefreißer ausgerüstet, sind inzwischen hinzugekommen

Schaufellader (am Heck des Fahrzeuges angebracht),

Planierschild (vorn),

Schneepflug (vorn),

Pflugbaggereinrichtung, entweder am Heck des Fahrzeuges oder seitlich am Hobelschild angebracht.

6. Schildverstellung. Das Hauptarbeitswerkzeug ist das Hobelschild. Es läßt sich sehr weitgehend verstellen und den jeweiligen Arbeitsbedingungen anpassen. Das Schild ist an einem Drehkranz befestigt. Sowohl der Drehkranz wie das Schild lassen sich gesondert verstellen, wobei das Schild der jeweiligen Drehkranzverstellung folgen muß. Der Drehkranz kann vertikal (Heben und Senken), horizontal (seitlich herausschieben) und axial (Gerätelängsachse) zwischen der horizontalen und der beiderseitigen vertikalen Endlage verstellt werden. Das Schild für sich kann innerhalb des Drehkranzes um 360° geschwenkt, seitlich heraus-geschoben (hydraulisch oder mechanisch) und zur Anpassung des Schildwinkels nach vorn oder hinten geneigt werden.

Auch die übrigen Arbeitswerkzeuge sind verstellbar angebracht, so daß der Erdhobel in der Vielseitigkeit seiner Einsatzmöglichkeiten kaum zu überbieten ist. Seine Anwendungsgrenzen findet er in der Gewinnungsfestigkeit des Bodens und der Tragfähigkeit des Geländes (Reifenfahrwerk). Seine Hauptaufgabe besteht im Verteilen lockeren Bodens oder geschütteten Haufwerks und damit in Arbeiten, bei denen der Schwerpunkt auf der Güte des Planums liegt.

Erdhobel sind Vielzwecke-Planiergeräte und nicht für Längs-, son-dern für Querförderung gebaut. Sie werden ähnlich universell verwendet wie die Planierraupen. Ihre große Beweglichkeit ermöglicht den Ein-satz an allen Brennpunkten der Baustelle innerhalb kürzester Zeit. Äußerst brauchbar sind sie für alle abschließenden Arbeiten auf einer Erdbaustelle (Verteilen, Einebnen, Glätten, Bodenvermischung und Anlegen von Böschungen). Sie können für die Herstellung flacher Gräben und zum Mutterbodenabtrag verwendet werden. Wesentliche Bedeutung kommt ihnen bei der Instandhaltung der Förderwege zu, so daß sie auf größeren gleislosen Baustellen unentbehrlich sind.

Sie bewegen leichten und mittleren Boden, der frei von Wurzeln, Klumpen und Geröll ist. Unverdichtete Böden, wie loser Sand oder Kies, sind ideal für Erdhobel. Schwere oder verdichtete Böden machen den Einsatz von Tiefreißern erforderlich. Sehr feuchter und schlammiger Boden führt zum Rutschen der Räder, während trockener Sand die Eigenschaft hat, sich vor dem schrägen Schild zu stauen (anstatt abzu-rollen) und über dieses hinwegzufließen.

Auf Straßen fahren die Geräte bis zu 45 km/h; bei 4 km/h liegt die durchschnittliche Arbeitsgeschwindigkeit.

Die Verwendungsmöglichkeiten sind weitgehend durch die Verstell-barkeit des Hobelschildes festgelegt. Hieraus ergibt sich ein großer An-wendungsbereich für alle Arten des Graben- und Böschungsbaues. An-gefangen vom Ziehen von Entwässerungsfurchen und dem Aushub flacher Gräben läßt sich der Erdhobel für Vertiefungen und Verbreite-rungen von Gräben bis zum Aushub größerer Gräben mit steilen und senkrechten Böschungen einsetzen. Auch Hangterrassen für die Boden-konservierung lassen sich gut mit ihm herstellen. Stellenweise wird er zum Säubern von Gräben eingesetzt.

Von großer Bedeutung ist die Wahl der richtigen Arbeitsgeschwin-digkeit. Während für die Straßenfahrt Geschwindigkeiten bis 45 km/h möglich sind, müssen die Einsatzgeschwindigkeiten wesentlich niedriger liegen. Hier gelten folgende Richtwerte:

Erdaushub (Grabenaushub) . . . . 2 km/h
Planieren . . . . 3 „
Lockeren Boden umlagern . . . . 6 „
Bodenvermischung . . . . 8 „
Schneeräumen . . . . 12 „

Die meisten Erdhobel sind mit Aufreißkämmen zur Auflockerung
von Boden, der für die Schneide zu hart ist, ausgerüstet. Mit dem
V-förmigen Schneepflug und Schneeflügel können mäßig dichte Schnee-
schichten beiseite geschoben und bis zu 25—30 cm Schneehöhe auf der
Straße schnell entfernt werden.

Der Erdhobel ist das ideale Gerät für alle Straßenbaustellen. Er ist
geeignet für Instandhaltungsarbeiten an Erd- und Kiesstraßen wie für
die Reparatur von Schwarzdecken, die aufgerissen und wieder neu verlegt werden sollen. Kiesstraßen sind am besten mit 6—10 km/h zu bearbeiten, höhere Geschwindigkeiten verursachen oft Wellenbildung im
Planum. Häufig verwendet wird er zur Bodenvermörtelung oder -ver-
mischung mit Lehm oder Schwarzdecken-Bindemitteln. Diese Art der
Wegebefestigung ist bei uns nicht üblich. Sie ist weniger dauerhaft und
muß in gewissen Abständen erneuert werden. Dafür ist ihre Herstellung
einfach und billig. Hingewiesen sei auf die bituminierten Kiesstraßen
in USA und die lehmgebundenen Erdstraßen in Schweden. Dank seines
langen Radstandes und des in Fahrzeugmitte angebrachten Hobelschildes stellt er ein vorzügliches Straßenplanum her, arbeitet jedoch
nicht zufriedenstellend auf engen oder abgesteckten Baustellen sowie
an steilen Hängen.

Alle unnötigen Wendungen während der Arbeit müssen vermieden
werden. Beträgt die Förderlänge weniger als 300 m, so ist es besser, das
Schild jeweils um 180° zu schwenken und im Rückwärtsgang zu arbeiten,
als das ganze Gerät zu wenden.

Die Wirkung des Schildwinkels auf den Boden muß stets überprüft
werden. Die Schneidenstellung ist äußerst wichtig, da schürftechnisch
kaum eine Bodenart der anderen ähnelt. Die Böden selbst verhalten sich
wieder unterschiedlich je nach ihrem Feuchtigkeitsgehalt. Die Schneide
muß spitz genug stehen, um ein einwandfreies Rollen des Bodens zu gewährleisten.

Für Einebnen, Bodenmischen und Verteilen können mehrere Erdhobel hintereinander eingesetzt werden.

3.12 Tiefreißer.

Tiefreißer sind in allen Böden größerer Gewinnungsfestigkeiten für
den Einsatz der Flachbagger unentbehrlich geworden. Gegenwärtig kommen zwei Ausführungsformen zur Anwendung: Angehängte oder angebaute Geräte.

Für die angehängte Form wird die Seilbetätigung, für das an den Schlepper angebaute Gerät (Bild 41) die Hydraulik verwendet. Ursprünglich war der Tiefreißer nur als Anhängegerät vertreten. Erst nach und nach setzte sich — hier insbesondere in Deutschland — die an das Heck des Schleppers angebaute Form durch, und heute verlagert sich auch in Amerika das Schwergewicht mehr und mehr von der angehängten auf die angebaute Ausführung.

Der Anbautiefreißer hat verschiedene Vorteile:

1. Während der Anhängetiefreißer schwer ausgeführt sein und evtl. noch zusätzliche Gewichte haben muß, um ein genügend wirksames Eindringen der Zähne in den Boden zu erreichen, kann bei der Anbauform das Gewicht des Raupenschleppers ausgenutzt werden, wenn die Betätigung hydraulisch erfolgt.

2. Mit dem angebauten Tiefreißer kann auch rückwärts gefahren werden. Dadurch ist er auch in beengten Räumen und nahe an Bauwerken und Gräben verwendbar.

Bild 41. Menck-Tiefreißer, angebaut an das Heck eines Deutz-Kettenschleppers D 60 und hydraulisch betätigt, beim Aufreißen eines harten, festen Weges (Menck & Hambrock GmbH.).

3. Der (bei Eisenrädern meist sehr hohe) Rollwiderstand des Anhängegerätes fällt fort. Die volle Zugkraft des Schleppers kommt an den Zahnspitzen zur Auswirkung.

4. Das Gerät kann mit angehobenen Reißzähnen auf der Stelle wenden; mit dem Anhänger muß ein Kreis gefahren werden. Die Wendezeiten sind kurz, der Raumbedarf zum Wenden ist gering.

5. Da das Anbaugerät kein Fahrwerk benötigt und leichter ausgeführt werden kann, ist es entsprechend billiger in der Anschaffung.

Tiefreißer werden mit 1—5 Zähnen geliefert. Die Zahl der Zähne richtet sich vor allem nach der gewünschten Eindringtiefe und nach der Festigkeit des aufzulockernden Bodens. — Bei einigen Anbaugeräten können die Reißzähne gegen Zugschild, Grabenpflug, Steinharke und dergleichen ausgetauscht werden. Damit wird eine sehr vielseitige Ausnutzung des Trägerfahrzeuges erreicht.

Beim Freimachen der Baustelle wird das Gerät zum Entfernen von Wurzeln eingesetzt, wobei der Boden normalerweise mit 5 Zähnen durchkämmt wird.

Seine Hauptanwendung liegt in der Aufbereitung des Bodens, wenn die Schürfkübel nicht mehr tief genug eindringen. Je härter der Boden ist, um so weniger Zähne sind zu verwenden. Nützlich ist er für die Auflockerung des Bodens zum Zweck der besseren Durchfeuchtung, wie sie oft für Dammbauten angestrebt wird. Die bis zu 75 cm langen Zähne durchfurchen den Boden und lassen das Wasser gut eindringen.

Auch Beton- oder Schwarzdecken können, wenn sie nicht zu dick sind, aufgerissen werden. Dann muß die Reißkraft nicht in horizontaler, sondern in vertikaler Richtung angesetzt werden.

3.13 Verdichtungsgeräte.

Hier sind zu nennen: Schaffußwalzen, Reifenwalzen, Gitterwalzen, Vibrationswalzen. Die Schaffußwalze wird mit verschiedenen Fußformen hergestellt. Neben dem eigentlichen Schaffuß gibt es Klump-, konische und Zapfenfüße. Eine einheitliche Meinung über die beste Fuß-

Bild 42. Caterpillar-Reifenschlepper DW 10 (115 PS) mit Hyster-Gitterwalze (Grid Roller) (Caterpillar-Tractor Co.).

form existiert noch nicht. Hervorzuheben ist eine Walze mit verstellbaren Füßen, die den Fußdruck durch Veränderung der Fußlage variieren kann.

Wie die Schaffußwalze wird auch die Reifenwalze in den verschiedensten Ausführungen gebaut. Die Unterschiede liegen hier in Größe und Anzahl der Reifen sowie in der Ausbildung der Reifenaufhängung bzw. -lagerung. Für höchste Verdichtungsansprüche kommen Gitterwalzen (Bild 42) zum Einsatz. Die Gittertrommeln bestehen aus 30 bis 50 mm starken ineinander verflochtenen Stäben. Die Gittermaschen werden durch kleine Stachelwalzen, die an der Innenseite der Lauftrommeln angebracht sind, ständig vom Erdboden gesäubert. Jede Öffnung der Maschen wird von einem Stachel durchstochen.

Wesentlich für den Einsatz dieser Geräte ist der erzielbare Verdichtungsdruck unter den Füßen, Reifen oder Gitterstäben. Er beträgt im allgemeinen

bei Reifenwalzen   4— 6 kg/cm², max. z. Z. bis 10 kg/cm²
bei Schaffußwalzen 15— 50   ,,   , max. z. Z. bis 80   ,,
bei Gitterwalzen   40—115   ,,   , max. z. Z. bis 130   ,,

Vibrationswalzen werden in zwei Ausführungen gebaut; bei der einen Bauart handelt es sich um ein Gerät mit zwei Riesenluftreifen (24.00 × 33), deren Achse durch einen Vibrator in Schwingungen versetzt wird. Die Frequenz ist zwischen 600 und 1400 Hz. variierbar. Im zweiten Fall handelt es sich im Prinzip um Glattwalzen (normale Walzentrommel mit Eisenmantel), die zusätzlich mit einem Vibrator ausgerüstet sind (Frequenz zwischen 2500 und 4500 Schwingungen).

Außer diesen Verdichtungsgeräten, die als Anhänger gebaut sind, kommen zwei Ausführungsformen zur Anwendung, bei denen der Schlepper selbst zur Walze wird:

a) Auf die Kettenglieder des Raupenschleppers werden Platten aufgeschraubt, die die von den Schaffußwalzen her bekannten Füße tragen;

b) Beim Reifenschlepper DW 10 werden die Hinterräder gegen zwei breite Gitterwalzen ausgetauscht. Das Gerät wiegt 6,6 t und kann durch Zusatzgewichte auf 18 t gebracht werden, wodurch ein maximaler Bodendruck von 115 kg/cm² unter den Gitterstäben erreicht wird.

3.14 Zusatzgeräte.

Sowohl die Raupen- wie auch die Reifenschlepper können mit einer Reihe von Zusatzgeräten versehen werden, die nicht mehr mit der Erdbewegung unmittelbar im Zusammenhang stehen, jedoch in vielen Fällen erst die Voraussetzungen für ihre Durchführung schaffen. Hier sind zu nennen:

a) Der *Baumfäller* (Treedozer) (Bild 43) besitzt eine weitvorragende, die Bäume in 2—3 m Höhe angreifende, hydraulisch oder durch Seil regulierbare Schubstange und gibt dem Schlepper zum Lockern der Bäume einen günstigen Hebelarm. Nachdem mit dieser Stange die Wurzeln gelockert und zerrissen sind, wird der Baum mit dem tiefer angreifenden Brustschild umgelegt und mit der Wurzel ausgehoben;

b) *Wurzelpflüge* (Root Cutter) (Bild 44) bestehen aus einer an einen Tragbügel montierten flachen Schneide, die hinter dem Schlepper angebracht ist und in der Tiefe verstellt werden kann. Sie schneidet unter der Erdoberfläche die Wurzeln durch, ohne die Oberfläche selbst wesentlich zu beschädigen. Dadurch können z. B. Sträucher zum Absterben

gebracht werden, ohne daß die Grasnarbe in Mitleidenschaft gezogen
wird. Die Pflüge werden

> mit 3,0 m breiter Schneide für 38 cm Tiefgang,
> mit 2,65 m breiter Schneide für 45 cm Tiefgang,
> mit 1,8 cm breiter Schneide für 55 cm Tiefgang

geliefert.

Bild 43. Siamesen-Cat mit vorgebauter Stoßstange zum Anwippen und Umstoßen von Bäumen
(Treedozer) (Caterpillar-Tractor Co.).

c) *Gestrüpppflüge* (Brush Cutter) (Bild 45) bestehen aus einem hohen,
V-förmigen Pflug, der an seiner Unterkante eine sägezahnartige Schneide
trägt. Das Gerät, das für Raupenschlepper über 100 PS gebaut wird,

Bild 44. Siamesen-Cat mit Baumfäller (Treedozer) vorn und Wurzelpflug (Root plow) hinten
(Caterpillar-Tractor Co.).

sägt Bäume während des Fahrens bis zu 10 cm Dicke durch und legt
solche bis zu 20 cm Dicke um. Durch den V-förmigen Pflug wird das
Gestrüpp gleichzeitig zur Seite geschoben. Solche Geräte werden vor
allem im Kolonialeinsatz angewandt.

Bild 45. D 6-Raupenschlepper mit Sägeschild (tree cutter) zum Entfernen von Gestrüpp, Gebüsch und kleineren Bäumen (Caterpillar-Tractor Co.).

Bild 46. D 7-Raupenschlepper mit Sägenase (Saw nose dozer) zum Absägen stärkerer Bäume. Die Bäume (Baumwollbäume z. B. können bis 30 cm ⌀ mit einem einzigen Schub gefällt werden) werden mit der Sägenase angesägt und dann mit der Schubstange über dem Schild umgestoßen.

d) *Baumsäger* (Saw nose Dozer) (Bild 46) bestehen aus einem Raupenschlepper von mehr als 100 PS Stärke und besitzen eine große sägezahnartige Nase, die vor das Brustschild gebaut ist. An einer flachen, dreieckigen Tragrippe sind die Sägeblätter angebracht, die sich in Form, Anzahl und Größe der Zähne unterscheiden. Die Planierraupe wird so an die Bäume herangefahren, daß die vorstehende Säge diese streift. In einem Zug können Bäume bis zu 60 cm Durchmesser abgesägt werden. Dadurch, daß die Sägeblätter auch in Planumhöhe schneiden können, wird eine Einebnung des Geländes stark erleichtert. Eine einzige Maschine kann eine dicht bewachsene Waldfläche von 2 ha Größe in 8 Std. abholzen und fällt rund ebensoviel Bäume in der gleichen Zeit wie fünf der üblichen Kettensägen;

Bild 47. Planierraupe K 90 EM mit Menck-Steinharke (Menck & Hambrock GmbH.).

e) *Gestrüppharken* (Brush rakes) bestehen aus stabilen, zahnartigen Harken, die vor dem Schlepper — ebenfalls in der Höhe regulierbar — angebracht sind. Sie werden für Raupen- und Radschlepper gebaut und dienen dazu, Wurzeln, Gestrüpp oder kleine Bäume auf Haufen zum Verbrennen zusammenzuschieben;

f) *Steinharken* (Rock rakes) (Bild 47) ähneln im Aufbau den Gestrüppharken, sind jedoch wesentlich kräftiger gebaut. Sie werden verwendet, um im Steinbruch das Haufwerk in den Schwenkbereich des Baggers zu schieben und so allzu häufigen Stellungswechsel des Baggers zu vermeiden. Verbreitete Anwendung finden sie auch im Straßenbau, um große Steine oder Lehmklumpen auszukämmen und die Materialtrennung zu erleichtern.

3.15 Sonderausführungen.

Vereinzelt werden die Grundgeräte für Sonderzwecke umgebaut oder zur Aufnahme anderer Geräte herangezogen. Folgende Ausführungsformen sollen kurz erwähnt werden:

a) Zum *Verteilen von Schwarzdeckenmischungen* im Straßenbau wird das Brustschild zum oben und unten offenen Kasten erweitert, in den die Kipper das Fördergut entleeren. Die Raupe schiebt dann den Kasten über den Unterbau. Dadurch wird die Mischung gleichmäßig verteilt und von den Raupenketten anschließend eingewalzt;

b) zum *Herstellen von Kanalböschungen* wird das Brustschild durch schräg aufsteigende Seitenflügel zum Kanalprofil erweitert, wodurch ein zügiger Aushub des Kanalquerschnittes möglich ist;

Bild 48. Planierraupe K 55 EM mit Menck-Planiereinrichtung beim Einsatz unter Tage in einem Kalibergwerk (Menck & Hambrock GmbH.).

c) zum *Verlegen von Rohrleitungen* werden die Raupenschlepper mit seitlichen Kranauslegern versehen. Um große Querstabilität zu erhalten, wird auf der lastabgewandten Schlepperseite ein — meist hydraulisch ausgefahrenes — Gegengewicht angebracht und die zur Last hin liegende Raupenkette zur Verkürzung des Lasthebelarmes weiter nach außen gelegt;

d) wenn man *Erdbohrer* benötigt, die *im Gelände* gut beweglich sein sollen, wird das Bohraggregat an die Rückseite eines Raupenschleppers montiert;

e) für *Arbeiten unter Tage* werden die Verbrennungsmotoren der Schlepper durch Elektromotoren ersetzt. Der Strom wird entweder durch bewegliche Kabel oder durch Fahrleitungsdrähte zugeführt. Bei guter Entlüftung der unterirdischen Stollen ist aber auch der Einsatz von Dieselmotoren möglich. Bild 48 zeigt als Beispiel eine Planierraupe im Einsatz in einer 800 m tiefen Kaligrube.

II. Planung, Kalkulation und Organisation des Förderbetriebes.

D. Planung und Vorbereitung gleisloser Erdbaustellen.

1 Bedeutung der Planung.

Die heutige Technik steht im Zeichen der Rationalisierung. Der Ruf nach besserer Anwendung der technischen Möglichkeiten, nach stärkerer Ausnutzung der Maschinen und Verfeinerung der Arbeitsmethoden beherrscht unser Denken. Schon an anderer Stelle wurde darauf hingewiesen, daß in den USA die Planung und Vorbereitung einer Erdbauarbeit mit einer Intensität und Gründlichkeit vorgenommen wird, die jeden Europäer immer wieder staunen läßt. Das hat seinen Grund zum großen Teil im Umfang der Erdbaustellen diesseits und jenseits des Ozeans. Der Autobahnbau hat in den Jahren vor dem Kriege auch bei uns Ansätze einer intensiven Bauplanung erkennen lassen. Aber unsere heutigen Erdbaustellen sind vielfach noch zu klein, um einen größeren planungstechnischen Aufwand zu rechtfertigen.

Und doch: Mit den neuen Flachbaggergeräten sind auch neue Planungsmethoden in Europa eingezogen. Die Länder, die maschinentechnisch seit jeher stärkeren Kontakt mit dem amerikanischen Kontinent hatten, wie England, Schweden, Belgien, Schweiz usw., haben sehr bald erkannt, daß die intensive Vorbereitung einer Erdbauarbeit nicht an große Bauvorhaben gebunden sein muß und daß nicht unbedingt erst 500 000 oder 1 Million m³ Boden bewegt werden müssen, um gründliche vorbereitende Studien zu rechtfertigen. Die Modernisierung der Arbeit und die Modernisierung der Geräte bringt von selbst eine Intensivierung des Projektierens mit, und die fortschreitende technische Entwicklung verlagert den Schwerpunkt des Bauens immer mehr von der ausführenden auf die *vorbereitende* Seite. So ist es heute nicht mehr ungewöhnlich, wenn die einzelnen Bauprojekte nach allen Richtungen hin gründlich untersucht und Leistungs- und Kostenvergleiche aufgestellt und Kostenvergleichsrechnungen durchgeführt werden, um die rationellste Lösung herauszufinden. So ist es keine Seltenheit, daß die Phasen des Bauablaufes vor Baubeginn in allen Einzelheiten festgelegt werden und daß jede Planungsarbeit mit der Auswertung der Untersuchungen an früheren Objekten beginnt. Schon gibt es keine größere Baustelle mehr, auf der nicht laufend neue Untersuchungen durchgeführt werden, um die verfügbaren Unterlagen zu vervollständigen. Jede größere Baufirma hat ihre eigene betriebstechnische Abteilung; ein Stab von Ingenieuren ist ständig unterwegs, um auf den Baustellen für die richtige Anwendung und Ausnutzung der Maschinen und die betriebswissenschaftliche Fixierung ihres Einsatzes zu sorgen.

Das moderne Bauen entwickelt sich mehr und mehr zu einem Prozeß, bei dem die maschinelle Baustelleneinrichtung immer stärker in den Vordergrund tritt und die Geräteausrüstung der Baustelle immer mehr zum primären Faktor des ganzen Baugeschehens wird. Je weiter die technische Entwicklung fortschreitet und je teuerer die menschliche Arbeitskraft wird, um so wertvoller werden insbesondere die Geräte für die Bodenbewegung, um so mehr werden sie zum Grundstock eines jeden Geräteparks schlechthin.

So ist es unumgänglich, daß im Rahmen dieser Ausführungen der Planung, Organisation und Durchführung von Erdbauten mit gleislosen Geräten *der* Raum eingeräumt wird, der diesem Thema seiner wachsenden Bedeutung entsprechend zukommt.

2 Praxis der Bauvorbereitung und -durchführung.

Jedes größere Bauprojekt beginnt mit der Ausschreibung, mit der präzisen Formulierung der gestellten Aufgabe und des zu erreichenden Zieles. Bis zur Angebotsabgabe bleibt meist wenig Zeit, und diese Zeit ist erfüllt von intensiver Planungsarbeit; kommt es doch nicht nur darauf an, den Auftrag zu erhalten, sondern ihn auch so auszuführen, daß ein Gewinn erzielt wird. In Zeiten wirtschaftlicher Konjunktur ist das nicht weiter schwierig. Anders in angespannten Krisenzeiten, in denen der Wettbewerb oft schärfste Formen annehmen kann und zu größter Sorgfalt bei der Ausarbeitung des Angebotes zwingt.

Sorgfältigste Planung ist nicht nur eine Begleiterscheinung moderner technischer Entwicklung, sondern auch ein wichtiges Instrument für die *erfolgreiche* Angebotsabgabe.

Die Planung beginnt mit dem Studium der geologischen, topographischen und klimatischen Verhältnisse. Sind die Bedingungen, unter denen gebaut werden muß, klar formuliert und ist die Bauaufgabe eindeutig umrissen, so kommt es zur Beurteilung der Lage, in der den Einsatzverhältnissen der Baustelle die eigenen Möglichkeiten der Baudurchführung gegenübergestellt werden. Hat man eine feste Vorstellung gewonnen, wie die Arbeit anzupacken ist, so folgt die Auswahl der Geräte nach Typ, Größe, Zahl usw. Hier aber liegt der Schlüssel zum erfolgreichen Angebot. Eine amerikanische Zeitschrift hat dies sehr treffend formuliert:

„Einige Unternehmer führen eine Bauaufgabe nur einmal durch und stellen erst an Hand der Schlußabrechnung fest, ob sie ein erfolgreiches Angebot abgegeben hatten oder nicht. Erfolgreiche Unternehmer aber beschreiten einen anderen Weg: Sie denken die Arbeit im voraus durch und führen sie zunächst auf dem Papier aus. Sie kalkulieren den Auftrag auf verschiedenen Wegen durch, ehe sie sich auf den einen, besten Weg festlegen und auf die Kosten, die dabei entstehen. Bleistift und Papier sind eine geringe Investierung, die nicht viel Geld kostet, aber hilft, erfolgreiche Angebote abzugeben."

Immer mehr werden heute Erfahrungswerte durch exakte Unterlagen und präzise Formeln ersetzt. Immer mehr treten Rechenschieber, Tabellen und graphische Darstellungen an die Stelle des Kalkulierens „über den Daumen". Und immer mehr ist man bemüht, die unvorhersehbaren Ereignisse im Baustellenbetrieb mit den Mitteln der Wahrscheinlichkeitsrechnung auf statistischem Wege irgendwie in die Rechnung einzubauen und die „unerwarteten" mit den „vorausgesehenen" Einflüssen in Deckung zu bringen. So wird die exakte Einsatzplanung zu einem immer einflußreicheren, immer schwierigeren, aber auch immer nützlicheren Instrument, ohne das die moderne Baustelle, insbesondere aber die moderne Flachbaggerbaustelle, nicht mehr zu denken ist.

Mit Recht weist eine amerikanische Veröffentlichung darauf hin, daß es für den Unternehmer zwei kritische Phasen bei jeder Bauausführung gibt: Die erste, wenn er sich entscheidet, ein Angebot abzugeben, und den Preis für seine Arbeit nennt, und die zweite, wenn er nach Auftragserteilung daran geht, den Geräteeinsatz zu organisieren und die wichtigsten Bauabschnitte festzulegen.

Ist der Auftrag erteilt, so läuft die organisatorische Bearbeitung der Baustelle an. Es sind nicht nur die unmittelbar am Einsatz beteiligten Geräte bereitzustellen; auch die Zahl der Reservegeräte ist festzulegen. Es müssen die Wetterabwehrmaßnahmen eingeleitet werden. Die Frage der Geräteinstandhaltung ist zu klären und die Organisation der Reparaturbetriebe ist aufzubauen.

Mit Baubeginn schieben sich die Probleme der Leitung gleisloser Baustellen in den Vordergrund. Hierher gehören die Fragen der Verkehrsregelung, die Kontrolle von Schürftiefen und Schütthöhen, die zeitliche Überwachung der Geräteumläufe hinsichtlich ihrer Wirtschaftlichkeit, der Einsatz von Hilfsgeräten, die Einleitung von Schlechtwettermaßnahmen, der Einsatz taktischer und operativer Gerätereserven und vieles andere mehr. Mehr denn je kommt es bei der Leitung von Flachbaggerbaustellen auf die persönliche Initiative des Bauleiters an; mehr denn je ist der Erfolg von seinen Entschlüssen, seinen Wagnissen und seiner Umsicht abhängig. Daher ist die Leitung von solchen Baustellen trotz aller Mechanisierung, trotz des ganzen Aufmarsches von hochkomplizierten Geräten und Werkzeugen mehr denn je ein rein menschliches Problem und wird es auch bleiben.

Die folgenden Ausführungen gelten in erster Linie für große Bauprojekte und sind im Hinblick auf Geräteeinsätze großen Stils aufgestellt. Die Praxis hat aber zur Genüge gezeigt, daß das, was für das Bauen im großen gilt, auch für die Arbeit im kleinen seine Berechtigung hat. Große Baustellen setzen sich in der Mehrzahl der Fälle aus einer Reihe kleinerer Projekte zusammen bzw. müssen oft genug in solche aufgegliedert werden. Das ist durch die Art der Bauaufgabe wie durch die heute übliche Arbeitsgemeinschaft mehrerer Firmen bedingt. Die folgenden Ausführungen gehen zunächst davon aus, daß der ganze „gleislose Gerätepark" zur Verfügung steht und daß mit voller Ausrüstung gearbeitet werden kann. Die Gesetze für das Zusammenspiel im großen gelten aber sinngemäß auch für die Arbeit im kleinen, und ihre sorgfältige Abstimmung auf Einsätze kleinen oder kleinsten Ausmaßes ist letzten Endes nur eine Frage des Beurteilungs- und Anpassungsvermögens. Die Ausrichtung der Darstellung auf Großeinsätze hat den Vorteil, daß die Zusammenhänge klarer dargestellt und die wirtschaftlichen Leitsätze besser herausgestellt werden können als das im Rahmen von Einzeleinsätzen möglich ist.

3 Erkundung der Einsatzverhältnisse.

3.1 Geländeform und -beschaffenheit.

Die Erkundung des Baustellengeländes erstreckt sich auf die Feststellung aller den Geräteeinsätzen günstig oder ungünstig beeinflussenden Faktoren. Man beginnt mit Vorstudien an Hand von Meßtischblättern 1 : 25 000 und verschafft sich einen ersten groben Überblick über das Baugelände. Danach sind örtliche Besichtigungen durchzuführen und folgende allgemeine Fragen zu klären:

1. Wie können die Geräte an die Baustelle herangeschafft werden?
2. Macht die Geländeform zusätzliche Erdbewegungen erforderlich?
3. Ist durch die Geländeform eine Verteuerung der Erdbewegung bedingt?
4. Ist das Gelände hochwasserfrei?
5. In welchen Grenzen schwankt der Grundwasserspiegel?
6. Lassen sich für die Anlage der Förderwege natürliche Gefällestrecken ausnutzen?
7. Sind Rutschungen zu befürchten (in tonigen Böden)?
8. Tritt steiniger Untergrund oder Fels auf?
9. Im Gebirge: Ist mit Lawinen oder Steinschlag zu rechnen?
10. Welche Gefahren ergeben sich durch Wildbäche?

Von weiterem Interesse sind die *natürlichen Hindernisse*:

1. Wie ist die Tragfähigkeit des Geländes?
2. Sind Sumpf- oder Moorgebiete zu umfahren?
3. Wo sind wetterempfindliche, wo wetterunempfindliche Böden?
4. Sind Steig- und Gefällestrecken zu überwinden (Täler, Einschnitte)?
5. In welcher Weise behindert der natürliche Bodenbewuchs den Geräteeinsatz?
6. Welche Geländeflächen sind durch Hoch- bzw. Grundwasser nicht gefährdet?
7. Wieweit behindert hügeliges Gelände das Ausfahren höherer Geschwindigkeiten?
8. Lassen sich vorhandene Wege zur Förderung benutzen, oder ist im Gelände zu fahren?

9. Inwieweit ist die Anlage von behelfsmäßigen Förderstraßen erforderlich?
10. Wie wirkt sich die Gelände- und Fahrbahnform auf die Abnutzung der Geräte aus?
11. Zwingen natürliche Hindernisse (Bach, Seen, Wäldeı u. dgl.) zur Aufteilung des Geländes in kleinere Einzelbaustellen?

Schließlich sind auch die *künstlichen Hindernisse* zu berücksichtigen. Hier sind zu nennen:

1. Gräben. — 2. Zäune. — 3. Fundamente. — 4. Gebäude. — 5. Brücken (Tragfähigkeit). — 6. Freileitungen. — 7. Kanäle. — 8. Straßen (wenn sie nicht befahren werden dürfen!).

3.2 Bodenbeschaffenheit.

3.21 Rückschlüsse aus der Vegetation. Sind Form und Beschaffenheit der Gelände*oberfläche* untersucht, so geht es an die Klärung der Baustellenverhältnisse *unter* Planum, also um die Bodenbeschaffenheit. Gewisse Rückschlüsse auf die in geringerer Tiefe anzutreffenden Bodenverhältnisse läßt schon der Oberflächenbewuchs zu — allerdings nur, wenn es sich um verhältnismäßig trockene Gegenden handelt. In Gebieten mit gleichmäßig verteilten Niederschlägen wird diese Form der Bodenbeurteilung schwieriger. Ausgeschlossen ist sie meist in Gebieten mit vorwiegend feuchter oder nasser Witterung.

In der Mehrzahl der Fälle gibt jedoch die Vegetation wertvolle Anhaltspunkte über den anzutreffenden Untergrund, und man sollte auf dieses Mittel der Bodenerkundung nicht verzichten. So läßt z. B. der Anbau von Weizen auf darunter liegende magere Tonschichten schließen. Brachliegendes Land inmitten bebauter und kultivierter Geländeteile spricht für undurchlässige Tonschichten oder zeitweise Überschwemmung. Heidekraut und Ginsterbüsche deuten auf gut wasserdurchlässigen Boden hin. Binsengras und Weiden dagegen sprechen für hohen Grundwasserstand. Ausgedehnte flache Landstriche mit spärlichem Grasbewuchs weisen entweder auf sehr magere oder sehr schwere bindige Böden, nicht aber auf das Vorhandensein sandiger Lehme hin. Apfel- und Pflaumenplantagen sind gewöhnlich auf fetten bindigen Böden angelegt und nur selten in durchlässigen Sandböden. Wein- und Olivenpflanzungen findet man selten auf Sand, kaum in bindigen Böden. Dagegen werden sie viel auf kalkhaltigen oder felsigen Grund gepflanzt, wo eine relativ schwache Humusschicht vorhanden ist. In trockenen südlicheren Ländern (Italien, Spanien usw.) wird Getreide niemals in sandigen Böden angesät, sondern nur dort wo der Untergrund das spärliche Niederschlagswasser festhält. Gestrüpp und Buschwerk wächst in der Wüste auf feinsandigen Böden. Baumwollpflanzungen sprechen für schlechtentwässerte schluffige Tonböden. Reisfelder haben in geringer Tiefe eine wasserundurchlässige Ton- oder Schieferschicht.

3.22 Luftbilderkundung. Bei den Vorarbeiten für die Planung größerer Projekte wird heute mehr und mehr die Luftaufklärung des Geländes herangezogen. Diese Art der Bauvorbereitung ist bei uns noch neu. Sicher wird sie sich aber im Lauf der Zeit durchsetzen. — Luftbildaufnahmen sind nicht erst für die Planung und Organisation der Baustelle, sondern schon für die erste grobe Einsatzbeurteilung äußerst wertvoll. Was sagt das Luftbild aus?

Da sind zunächst die Geländeschattierungen und die Wechsel der Bodenfärbung. Oft sind klare Grenzen erkennbar, die sowohl auf unterschiedliche *Bodenfeuchtigkeit* wie auf verschiedene Bodenbeschaffenheit schließen lassen. Im allgemeinen kann man einen guten Überblick über den Wasserabfluß im Gelände erhalten, wenn man in bestimmten Zeitabständen nach größeren Regenfällen Luftbildaufnahmen macht. Dabei lassen sich frühzeitig wichtige Erkenntnisse über die später zu treffenden Wetterabwehrmaßnahmen sammeln.

Sandböden sind allgemein durch ihre helle Färbung zu erkennen. Von den (im Luftbild) ähnlich hellen *kalkhaltigen Böden* unterscheiden sie sich durch die meist nicht so starken Farbkontraste. Kalkböden sind mehr gestreift, während Sandböden eher fleckiges Aussehen haben. Feine trockene Sande lassen sich daran erkennen, daß sie Dünen oder dünenähnliche Verwehungen bilden. Die Erosion läßt Sand und Löß unterscheiden. In Sandböden entsprechen die Formen der erosiven Ablagerung denen geschütteter Sande und bilden Böschungen aus. Löß dagegen ist erkenntlich an tiefen steilen Einschnitten, zerfurchter oder zerklüfteter Oberfläche und einem sehr unruhigen Anblick.

Lehm- und Tonböden kann man nur an Hand der Vegetation voneinander unterscheiden. Stellenweise hilft das Entwässerungsbild. Fehlen nennenswerte Bäche und Flüsse, so wird das Niederschlagswasser meist vom Boden aufgesaugt, und der Abfluß an der Oberfläche unterbleibt. Hier kann es sich nur um sandige oder schwache bis mittlere Lehmböden handeln. Tonböden führen das Niederschlagswasser an der Oberfläche ab und sind von Gräben und Bächen durchzogen. Überhaupt gibt das *Entwässerungsnetz* manches Geheimnis des Bodens preis. Mäanderartige Bachläufe sprechen für flaches oder nur schwach hügeliges Land. Der Boden ist mitteldicht bis dicht und kaum wasserdurchlässig. Der Wasserabfluß an der Oberfläche beherrscht das Flußbild und prägt zahlreiche Verästelungen. Fehlen solche Bach- und Grabennetze im Flachland, so deutet das auf porösen, gut wasserdurchlässigen Boden hin, der das Niederschlagswasser unmittelbar in die unterirdischen Grundwasserströme abführt.

Muß auf die Luftaufklärung verzichtet werden, so läßt sich behelfsmäßig ein Teil der obigen Punkte auch an Hand einigermaßen genauer Karten klären. Wenn verfügbar, helfen auch geologische Querschnittskarten weiter, sofern es sich um erste grobe Informationen über die Bodenbeschaffenheit handelt. Immer aber ist anzustreben, daß diese Bodenerkundung möglichst genau und unter Berücksichtigung aller in Frage kommenden Gesichtspunkte durchgeführt wird. Das Funktionieren des Flachbaggereinsatzes ist im entscheidenden Maße davon abhängig, wie weit man bei der Einsatzplanung den Geländeverhältnissen Rechnung getragen hat, — und zwar in weit stärkerem Maße, als das vom Gleisbetrieb her bekannt ist.

3.23 Erdbautechnische Bodenuntersuchung. Während die oben erwähnten Untersuchungen dazu dienen, Unterlagen für die Einsatzplanung zu schaffen, die Arbeit der Geräte im Rahmen der Gesamtbauaufgabe auf die Gelände- und Bodenverhältnisse abzustimmen und einen ungefähren Überblick über die zweckmäßige Anlage der Förderwege zu gewinnen, ist nun die genauere Bodenuntersuchung an der Reihe mit dem Ziel, alle für die fahrdynamische und arbeitstechnische Behandlung der Förderprobleme wichtigen Kennziffern des Bodens zusammenzustellen und neben der exakten Einsatzplanung auch die präzise Durchkalkulation der Bauaufgabe zu ermöglichen.

Auf die Wichtigkeit genauer Bodenuntersuchungen ist in diesem Zusammenhang wiederholt hingewiesen worden. Nur schrittweise gelingt es den Ingenieurgeologen und Geotechnikern, die zuständigen Stellen von der Notwendigkeit und Wichtigkeit exakter Bodenuntersuchungen zu überzeugen. Aber Bodenmechanik und Geotechnik sind im Kommen. Sie werden sich um so stärker in den Vordergrund schieben, je fortschrittlicher gebaut wird.

Es ist noch gar nicht lange her, daß *ohne* die Erkenntnisse der Bodenmechanik gebaut wurde und daß unsachgemäße Gründungen von Ingenieurbauten zu unvorhergesehenen Senkungen der Bauwerke führten. Es kommt sogar noch in der Gegenwart vor, daß Hangdämme seitlich wegrutschen, daß Straßendämme versinken und daß durch ungleichmäßige Setzung ganze Brücken unbrauchbar werden. Das alles würde nicht eintreten, wenn man den Baugrund vorher intensiv genug untersucht und sich bei den Bodenuntersuchungen mehr auf exakte Proben oder Bohrergebnisse statt auf weniger zuverlässige Angaben verlassen hätte.

Sinngemäß liegen die Verhältnisse im gleislosen Erdbau: Hier ist der Gedanke, den Einsatz der Geräte von den exakten Bodenkennziffern her zu planen, noch weitgehend fremd. Wohl werden für die eigentlichen Bauwerksfundamente, Dammfüße usw. Untersuchungen des Untergrundes vorgenommen. Aber all das ist auf das Bauwerk selbst und eine weitgehend statische Belastung ausgerichtet. Kaum berücksichtigt wird, daß der „Boden" für die Erdbaugeräte ja eine ganz andere Bedeutung hat und daß nicht nur die zulässige Bodenpressung

oder die Tragfähigkeit des Baugrundes, sondern ebenso die Beschaffenheit des Bodens im löse- und fülltechnischen Sinne sowie als Fahrbahn
und Förderweg von Interesse ist. Hier ist die eingehende bodenmechanische Untersuchung unerläßlich. Man kann eine präzise Planung des
gleislosen Förderverkehrs nur vornehmen, wenn man sich mit den löse-,
füll- und fahrtechnischen Problemen des Bodens so auseinandersetzt
wie mit der Gründung von Bauwerken und deren Setzungsverlauf.

In den Abschn. F 1 bis F 3 wird noch geschildert werden, auf welchem
Wege und aus welchen Kennwerten man zu einer präzisen Leistungsberechnung kommen kann und damit, wie die Arbeits- und Förder-
technik der gleislosen Geräte im Licht der Ingenieurgeologie und Geotechnik aussieht. Hier sei das Problem dahingehend erweitert, daß zusammengestellt wird, welche bodenmechanischen Kennwerte für eine
exakte Einsatzplanung erforderlich sind und wie man die Einsatzvorbereitung von der erdbautechnischen Seite anpackt.

Die genauere Bodenuntersuchung nimmt ihren Anfang auf der
Schürfstelle. Diese wie auch die Schüttstelle liegen von vornherein bei
jedem Bauauftrag fest. Dabei liefert die noch unberührte Baustelle
vorerst nur Unterlagen über die Beschaffenheit des Bodens in gewachsenem Zustand. Die abzutragenden Massen müssen in ihrem vollen Ausmaß untersucht werden. Es genügt nicht, daß man nur Bodenproben
an der Oberfläche entnimmt. Die Untersuchungen müssen bis in die
volle Abtragstiefe und darüber hinaus durchgeführt werden. Dabei soll
das Netz der Untersuchungspunkte je nach den Schwankungen der
Bodenverhältnisse dicht genug angelegt werden, damit ein erschöpfen-
der Überblick über den Boden und seine Veränderung mit fortschrei-
tendem Abtrag gewonnen wird.

Im Hinblick auf die präzise Kalkulation interessieren auf der Schürfstelle vor allem: Tragfähigkeit des Bodens, Schürfwiderstand, kinetische
Zähigkeit und Kraftschluß. Die Untersuchungen können mit den üblichen Methoden der erdbautechnischen Bodenuntersuchung durchgeführt werden.

Über das Verhalten des Bodens auf der *Schüttstelle* lassen sich zunächst nur Vermutungen anstellen, die sich auf Untersuchungen des
Bodens auf der *Schürf*stelle stützen. Man hat früher oft genug die
Schüttstelle bzw. Kippe als den schwierigsten Teil der Geräteumlauf-
strecke betrachtet. In gewissem Sinne trifft das natürlich auch für
gleislose Geräte zu, wenngleich der Schrecken der Kippe vom Gleisbetrieb herrührt und dort unter ganz anderen Voraussetzungen bestand.
Beim gleislosen Betrieb gibt es — sieht man von Hinter- und Seiten-
kippern ab — keine eigentliche „Kippe" mehr. Einer der Hauptvorteile
der Flachbaggergeräte besteht ja gerade darin, daß eine Dammschüt-
tung oder ein sonstiger Massenauftrag in gleichmäßigen 10—20 cm

dicken horizontal verlaufenden Schichten von unten nach oben aufgebaut und durch planvolles Verteilen der Gerätefahrspuren über die
ganze Auftragsfläche auch eine hervorragende Verdichtung erzielt werden kann. Werden die Schichten dünn genug gewählt, so genügt schon
das ständige Darüberfahren der Raupengeräte, um eine ausreichende
Verdichtung zu erzielen. Die Reifengeräte liegen mit ihren höheren
Reifendrücken günstiger. Wird eine solche Schüttstelle planmäßig
von unten nach oben aufgebaut, so ist mit keinen nennenswerten
Schwierigkeiten für den Geräteeinsatz zu rechnen.

Weit umfangreicher können die Bodenuntersuchungen der *Fahrbahn*
sein. Liegt ihr Verlauf schon von vornherein fest (Benutzung von Wegen,
Straßen) so ist die Tragfähigkeit im allgemeinen groß genug und braucht
nur durch Stichproben kontrolliert zu werden. Anders liegen die Verhältnisse, wenn man das Gelände zwischen Abtrag- und Auftragstelle auf
der Suche nach den günstigsten Fahrbahnverhältnissen regelrecht abtasten muß. Hier führen die kleinen handlichen Prüfgeräte wie Federwaagenkegel, Proctor-Nadel u. dgl. schnell zum Ziel, wenngleich solche
Untersuchungen je nach der Ausdehnung der Baustelle sehr viel Zeit in
Anspruch nehmen können. Diese Art der Fahrbahnauswahl ist für den
Geräteeinsatz in seiner Gesamtheit weit wirtschaftlicher als wenn man
das Problem auf einfachem Wege löst und nur die kürzeste Verbindung
zwischen Schürf- und Schüttstelle aussucht. Die Wahl der Fahrbahn
ist keine geometrische, sondern eine im höchsten Grade bodenmechanische Aufgabe. Ja, man kann sagen, sie ist die wichtigste Aufgabe bei
der ganzen Einsatzvorbereitung, und daher kann man sie nicht sorgfältig genug lösen.

Bei der Fahrbahnuntersuchung kommt es außer auf die Tragfähigkeit auch auf die Schubfestigkeit des Bodens an. Wenn auch beide Faktoren ihren gemeinsamen Ursprung in der Scherfestigkeit des Bodens
haben, so besteht in der Praxis doch ein erheblicher Unterschied: Ist
das Gelände aufgeweicht und die Tragfähigkeit an der Oberfläche entsprechend gering, so sinkt das Fahrwerk ein, bis es festere Bodenschichten und damit wieder einen Halt findet. Anders beim Kraftschluß. Wenn
das Fahrwerk in vertikaler Richtung Halt findet, so ist noch nicht
gesagt, daß auch die horizontal wirkenden Greifrippen oder Profilstollen einen entsprechenden Halt finden und den nötigen Vorschub
erzielen.

Die Untersuchungen des Bodens haben der möglichen Aufweichung
des Bodens Rechnung zu tragen. Tragfähigkeit und Kraftschluß sind
auf ihre Änderung bei abnehmender Bodenkonsistenz zu untersuchen.
Im Zuge dieser Untersuchungen ist auch zu klären, bei welchem Konsistenzgrad der Förderbetrieb einzustellen ist. Auf diese Weise wird
vermieden, daß sich die Geräte später nach Einsetzen der Regenfälle

mühsam durch immer stärker aufweichenden Boden quälen, tiefe Furchen zurücklassen und die Wiederaufnahme des Förderverkehrs nach Beendigung des Regens unnötig erschweren.

Welche Kennwerte bei dieser eingehenden Untersuchung und Prüfung der Bodenverhältnisse auf der Baustelle ermittelt werden sollen und auf welchem Weg man sie erhalten kann, wird noch in Abschn. F 1 geschildert werden. Ausführliche Hinweise über die Durchführung von Bodenuntersuchungen geben die Lehrbücher der Bodenmechanik und Ingenieurgeologie.

3.3 Witterung und Klima.

Angaben über Witterung und Klima interessieren hier im Hinblick auf die Beeinflussung der Bodenkonsistenz. Da sich der gesamte gleislose Verkehr auf einer meist gegen jeden Witterungseinfluß ungeschützten Bodendecke abspielt, ist die Änderung der Festigkeit dieser Bodendecke von großer Bedeutung.

In Abschn. B 2.9 ist schon auf den starken Einfluß des Wetters auf Leistungen und Förderkosten hingewiesen worden. Weiter unten werden Hinweise über die auf der Baustelle zu treffenden Wetterabwehrmaßnahmen gegeben. Schon im Stadium der Einsatzplanung muß man sich einen ausreichenden Überblick über den Verlauf der Witterung in den einzelnen Jahreszeiten verschaffen. Wenn auch das Wetter in jedem Jahr — wenigstens in unseren Breiten — anders verläuft, so gibt es doch für jeden Ort und jedes Land gewisse Mittelwerte von den hauptsächlichen klimatischen und Witterungsdaten, so daß es im Interesse einer präziseren Kalkulation auf jeden Fall besser ist, die Einsatzplanung auf diese Durchschnittswerte aufzubauen als den Witterungseinfluß überhaupt nicht zu berücksichtigen.

An Unterlagen interessieren insbesondere:

Monatliche Niederschlagsmenge. — Luftfeuchtigkeit. — Temperatur. — Frostperioden. — Regenzeiten.

Anhaltswerte über die Größe dieser Werte und ihre jahreszeitlich bedingten Schwankungen sind heute bei allen Wetterwarten, meteorologischen Dienststellen u. dgl. zu erhalten. Notfalls hilft eine eingehende Befragung der Landbewohner und sonstiger ortskundiger Leute weiter. Nach Möglichkeit ist der Witterungsverlauf in den letzten 10—15 Jahren zu untersuchen. Je mehr Jahre für die Bildung der Durchschnittswerte herangezogen werden, um so größer ist die Wahrscheinlichkeit, daß die Annahmen bei der Planung den späteren Ergebnissen im praktischen Einsatz entsprechen.

4 Einsatzplanung.

4.1 Analysierung der Bauaufgabe.

Nachdem die Einsatzverhältnisse so weit erkundet sind, daß man eine klare Vorstellung hat, unter welchen Bedingungen die Arbeit durchgeführt werden muß, entsteht aus der Beurteilung der Einsatzlage der Einsatzplan. Hier ist vor allem zu überlegen:

Welche Möglichkeiten bestehen für die Durchführung der Arbeit.

Mit welchen Gefahrenmomenten ist zu rechnen.

Wo entstehen Engpässe im Förderverkehr.

In welchen Jahreszeiten ist mit Wetterschwierigkeiten zu rechnen.

In welche Monate ist der Einsatzschwerpunkt zu legen.

Welche Förderwege sind zu wählen.

Ist mit erhöhten Kosten zu rechnen.

Wie groß sind die wetter- und bodenbedingten Risiken.

Aus der Analysierung der Bauaufgabe formt sich die klare Vorstellung über den zweckmäßigsten Weg zur Durchführung der Erdbewegung. Dabei geht es zunächst um die Festlegung der Förderabschnitte, Förderwege und Förderzeiten, also um die örtliche, streckenmäßige und zeitliche Fixierung des Projektes. Daran schließt sich die zweckmäßige Auswahl der Geräte an.

4.2 Aufstellung von Streckenplänen.

Liegt die Bauaufgabe in ihren Einzelheiten fest, so ist es zweckmäßig, die Ergebnisse der vorbereitenden Untersuchungen in sog. Streckenplänen niederzulegen. Ein solcher Streckenplan ist in Bild 49 als Beispiel wiedergegeben.

Der Streckenplan enthält alles, was für den späteren Ansatz der Geräte wesentlich ist. Er läßt sich nur für eine bestimmte Förderlinie aufstellen und kommt vor allem für alle Linienbaustellen (Straßen, Autobahnen, Eisenbahnen) in Frage. Aber auch für Flächenbaustellen kann er in vielen Fällen Anwendung finden, da ja eine solche Baustelle, z. B. ein Flugplatz, erdbautechnisch sowieso meist in eine Anzahl von Linienbaustellen zerfällt. Ist diese Untergliederung nicht schon von vornherein (z. B. durch die verschiedenen Startbahnen usw.) klar gegeben, so kann die Flächenbaustelle in bestimmte Hauptförderbahnen zerschnitten werden. Das ist etwa dann der Fall, wenn ein größeres Hügelgelände eingeebnet werden soll, wenn Kanalhäfen u. dgl. anzulegen sind usw. Bei allen diesen großflächigen Projekten wird sich der Erdbau immer auf bestimmte Stoßlinien konzentrieren und bei größerem Umfang der Massenbewegung ist es sogar üblich, diese „Stoßlinien" des Massenausgleiches als feste Förderwege mit vorübergehendem oder dauerndem Charakter auszubauen.

Der Streckenplan für eine Förderstrecke enthält in seinem oberen Abschnitt eine Darstellung des Oberflächenbewuchses. Sie ist wesent-

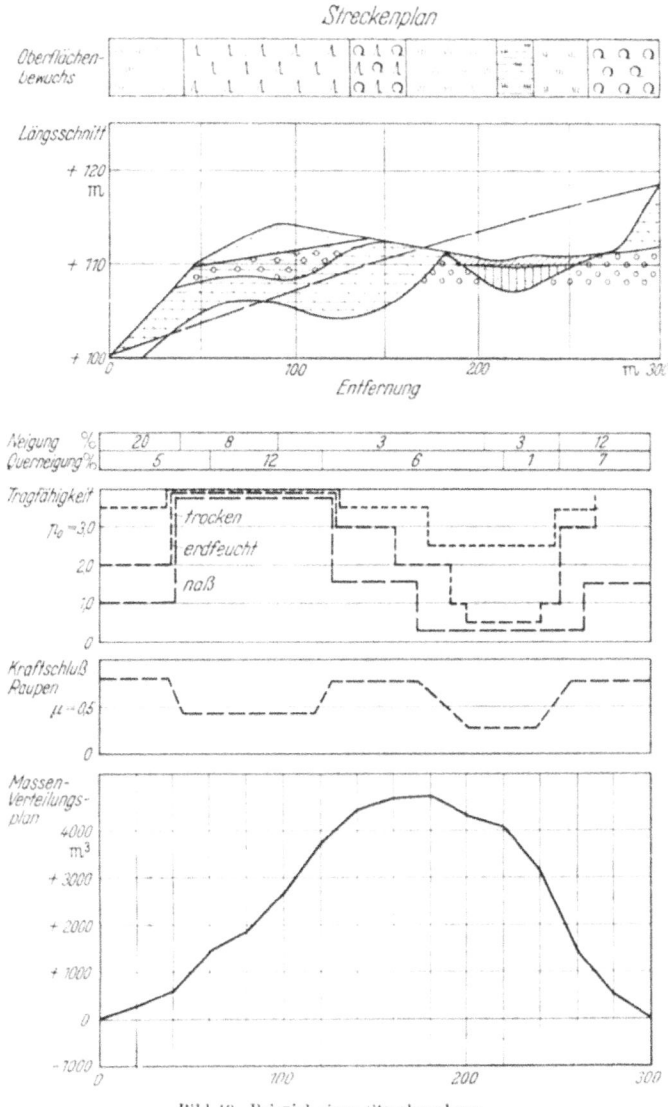

Bild 49. Beispiel eines Streckenplanes.

lich für Auswahl und Dimensionierung der Geräte für das Freimachen der Baustelle und die anschließende grobe Einebnung der Ab- und Auftragsflächen als Vorbereitung für den Einsatz der Hauptgeräte.

7*

Die nächste Spalte enthält das Längsprofil der Baustelle. Im allgemeinen wird eine zehnfache Überhöhung ausreichend sein. Evtl. ist es zweckmäßig, auf zwanzigfache Überhöhung zu gehen. — Wesentlich bei diesem Längsprofil sind die Eintragungen über Ergebnisse der Bodenuntersuchungen, also der bodenmechanische Querschnitt der Massen, die für den Einsatz der gleislosen Geräte von Interesse sind.

Darunter befinden sich Angaben über die Längs- und Querneigung der Baustelle. Besonders die Längsneigung ist für die weiteren fahrdynamischen Berechnungen erforderlich. Die Querneigung läßt erkennen, ob (z. B. bei Hangstrecken) der Einsatz der Hauptgeräte von vornherein möglich ist oder ob nicht erst durch Planierraupen mit schräggestelltem Schwenkschild eine Vorbereitung des Einsatzplanums erforderlich wird.

Ferner sind Angaben über die Bodentragfähigkeit und den Kraftschluß enthalten, und zwar jeweils für die Bodenfeuchtigkeitsgrade: trocken (besonders bei Sandboden) — erdfeucht — naß. Damit verschafft man sich einen Überblick über die eventuelle Behinderung oder Begünstigung des Einsatzes durch die Witterung.

Abschließend ist das Massenprofil (Massenverteilungsplan) gezeichnet. Auf seine Ermittlung soll hier nicht eingegangen werden. Sie ist in vielen Erdbaulehrbüchern zu finden.

4.3 Bedeutung des Streckenplanes.

Angesichts der recht umfangreichen Arbeiten bei der Aufstellung des Streckenplanes tritt die Frage auf, ob sich dieser Aufwand im Rahmen der Bauvorbereitung überhaupt lohnt. Gewiß können kleine und kleinste Erdbewegungsarbeiten nicht an Hand solcher Pläne vorbereitet werden, und doch gilt für sie sinngemäß das gleiche wie für größere Projekte: Die hohe Abhängigkeit der gleislosen Geräte von Boden, Witterung und Gelände macht es bei präziseren Vorarbeiten *immer* erforderlich, sich mit einzelnen Punkten des Bauplanes auseinanderzusetzen. Man kann keinen genauen Einsatz planen, wenn keine Klarheit darüber besteht, welche Bodenarten im Einschnitt anzutreffen sind. Man kann auch keine Umlaufleistung kalkulieren, solange man nicht weiß, welche Tragfähigkeit die Fahrbahn besitzt und wie sich dieser Wert bei Regen oder Trockenheit verändert. Und man braucht schließlich einen Überblick über die Größe der zu verteilenden Massen sowie über die einzelnen Massenschwerpunkte und ihre Entfernungen, wenn man die Geräte richtig ansetzen will.

Vielleicht hat der Streckenplan im Rahmen der Einsatzplanung überhaupt mehr psychologische als einsatztechnische Bedeutung: Er *zwingt* dazu, sich mit den einzelnen Einsatzproblemen auseinanderzusetzen; er zwingt dazu, daß man sich an Hand des Bodenquerschnittes

fragt: Wie wird sich der Einsatz während des Baufortschrittes verändern, welche schwierigen Bodenschichten sind abzutragen und wie
sieht es mit der Gefährdung der Kippe durch Regen aus? Er zwingt
dazu, daß man sich fragt: Was wird mit der Fahrbahn, wenn es längere
Zeit regnet, wie verändern sich Tragfähigkeit und Kraftschluß, welche
Hilfsgeräte sind einzusetzen und welche Steigungen können bei Regen
nicht mehr befahren werden?

Diese Fragen kreisen um jede Einsatzplanung gleisloser Betriebe.
Stets sind es Boden und Witterung, die hier zahlenmäßig in die Überlegungen eingebaut werden müssen. Der Streckenplan führt dem Planer
vor Augen, daß dort, wo Angaben fehlen, auch keine präzise Planung
vorgenommen werden kann und daß die Sicherheit der Kalkulation
erst dann gegeben ist, wenn der Plan als solcher ein lückenloses Bild
von den Einsatzverhältnissen der Baustelle gibt.

4.4 Nutzanwendung des Massenprofils.

Über die Bedeutung des Massenprofils für die Planung des gleislosen
Geräteeinsatzes ist folgendes zu sagen:

1. Das Massenprofil gibt einen Überblick über die jeweils zu bewegenden Erdmassen. Es macht die zweckmäßigste Unterteilung der
gesamten Erdbewegung in entsprechende Einsatzabschnitte deutlich
und dient zur Ermittlung der Transportweiten und der erforderlichen
Arbeitsgeräte.

2. Aus dem Massendiagramm ist die Entfernung der Massenschwerpunkte von Ab- und Auftragstelle zu entnehmen, die für die Abrech-
nung der Förderkosten wesentlich ist.

3. Das Massendiagramm ermöglicht einen Überblick über die zweckmäßigste wirtschaftliche Aufteilung der Erdbewegung in Längs- und
Querförderung.

Der letzte Punkt sei an Bild 50 erläutert. Dort ist das Massenprofil
für eine bestimmte Erdbewegungsarbeit aufgetragen. Bei der Ver-
gebung der Erdarbeit wurde der Festpreis für den cbm für eine Förderweite von z. B. bis zu 500 m vereinbart und vorgesehen, daß jede 100 m
Förderweite, die darüber hinausgehen, durch einen bestimmten Mehr-
preis entgolten werden. Die 500 m Grundentfernung sind in das Massendiagramm eingezeichnet und in das Längsprofil hochgelotet. Es zeigt
sich, daß ein wirtschaftlicher Massenausgleich nur zwischen Station
0,2 und 0,7 gerechtfertigt ist. Geprüft werden muß, ob der Boden aus
dem Abtrag zwischen Station 0,0 und 0,2 im Längstransport über eine
durchschnittliche Förderweite von 700 m transportiert und zwischen
Station 0,7 und 1,0 eingebaut werden soll, oder ob es nicht zweckmäßiger
ist, Längstransport nur für alle Massen zwischen Station 0,2 und 0,7
durchzuführen und die zwischen Station 0,0 und 0,2 lagernde Erde im

Quertransport auf Seitenkippen abzusetzen und sinngemäß ebenfalls in Quertransport den Boden für die Auffüllung zwischen Station 0,7 und 1,0 aus einer Seitenentnahme zu holen.

Wenn die Arbeit so vergeben ist, daß der cbm-Grundpreis nur bis zu einer bestimmten Entfernung gilt und darüber hinaus Entfernungszuschläge gezahlt werden, so interessiert die Frage, bis zu welcher Ent-

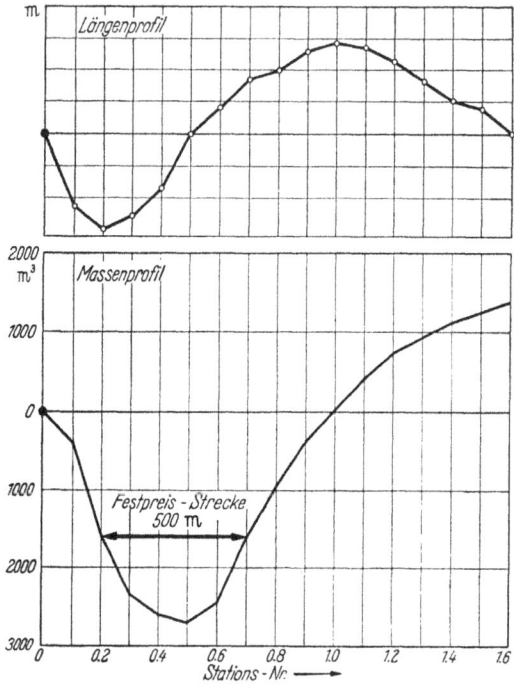

Bild 50. Das Massenprofil und seine graphische Auswertung bei der Aufgliederung des Förderprozesses in Längs- und Querförderung.

fernung überhaupt eine Förderstrecke ausgedehnt werden kann, damit sie noch Gewinn abwirft. Die Antwort ist: Gewinnbringende Förderung ist solange vorhanden, wie der Entfernungszuschlag unter dem cbm-Festpreis für die Grundentfernung bleibt, oder in einer Formel ausgedrückt:

$$l = \frac{100 \cdot K + l_0}{K'} \ [\mathrm{m}],$$

wobei:

l = größte Förderweite, über die noch ein Gewinn zu erzielen ist [m],
l_0 = Länge der Grundentfernung [m],
K = Festpreis pro cbm innerhalb der Grundentfernung,
K' = Entfernungszuschlag je 100 m.

Beispiel:

Ist die Länge der Grundentfernung . . . $l_0 = 500$ m
der Festpreis pro cbm innerhalb 500 m . . $K = 5,-$ DM
der Entfernungszuschlag je 100 m . . . . $K' = 1,-$ DM

so ergibt sich als größte gewinnbringende Förderweite

$$l = \frac{100 \cdot 5 + 500}{1} = 1000 \text{ m}.$$

Unter den obigen Kontraktbedingungen hat es also keinen Sinn, Längs-förderungen über 1000 m Entfernung durchzuführen. Dann ist es zweck-mäßiger, evtl. auf Querförderung überzugehen und Seitenentnahmen oder Seitenkippen anzulegen.

E. Geräteauswahl.

1 Wahl der Fördermethode (Allgemeine Geräteauswahl).

1.1 Problematik.

Wenn die Einsatzlage in allen Einzelheiten geklärt ist, geht es an das große und für maschinell betriebene Baustellen entscheidende Pro-blem: Die Auswahl der Geräte, und damit an die Untersuchung der Frage: Welche Geräte sind am zweckmäßigsten?

Bei der Fülle der Möglichkeiten und der Vielzahl der Gerätearten und Gerätetypen ist es nicht immer leicht, eine klare Antwort zu finden. Man geht am besten so vor, daß man das Problem durch eine Reihe von Einzelfragen einkreist und sich so Schritt für Schritt immer näher an die wirklich beste Lösung herantastet. Dabei wird man sehr bald feststellen, daß die Auswahl des richtigen Gerätes gar nicht so schwierig ist, wie es zunächst scheint. Man wird feststellen, daß die Methode der Einkreisung des Problems mit jeder neuen, enger gezogenen und zen-traler gestellten Frage systematisch auch den Kreis der in Frage kom-menden Geräte kleiner und kleiner werden läßt, aus dem sich dann schließlich am Ende die optimale Geräteausrüstung herauskristallisiert.

Die folgenden Überlegungen werden beherrscht von der Grundfrage jeder Geräteauswahl: *Was soll gemacht und wie soll gefördert werden?* Da es sich bei jeder Erdbewegung letzten Endes immer um eine Massen-umlagerung mit allen ihren Stufen, also um Lösen und Laden, Trans-portieren, Entladen, Verteilen, Einebnen und Verdichten handelt, ist stets anzustreben, diese Massenumlagerung mit möglichst wenig Geräte-typen und möglichst wenig Personal durchzuführen, also vor allem *die* Geräte zu verwenden, die universell verwendbar sind und alle einzelnen Stufen der Erdbewegung vom Lösen bis zum fertigen Einbau der Massen selbst durchführen können. Das aber können nur Flachbaggergeräte, die ein Planierschild oder einen Schürfkübel haben, also die kombi-

nierten Lade- und Transportgeräte, zu denen Planierraupe, Schürfwagenanhänger, Schürfkübelraupe und Motorschürfwagen gehören. Damit stößt man auf die für den weiteren Verlauf der Auswahl wesentliche
Frage: *Was können Flachbagger machen und was können sie nicht?* Sind
sie im betrachteten Fall überhaupt einsetzbar?

1.2 Kombinierter Aushub, Transport und Einbau.

1.21 Anwendungsgrenzen der Flachbagger. Die Eigenart der Flachbaggerarbeit ist durch folgende Punkte gekennzeichnet:

1. Flachbagger schürfen den Boden aus der Bewegung heraus. Sie
müssen in die Schürfstelle selbst hinein- und über den zu schürfenden
Boden hinwegfahren.

2. Die Abtragsrichtung ist horizontal gerichtet. Der Arbeitsfortschritt auf der Schürfstelle geht von oben nach unten; Einschnitte und
Baugruben werden durch *horizontales* Schürfen ausgehoben.

3. Die Grabkraft der Flachbagger ist begrenzt. Zum Schürfen
müssen sie sich zusammen mit dem Grabgefäß gegen das zu baggernde
Material vorschieben. Der Grabwiderstand ist abhängig von der Lösefestigkeit des Bodens. Die effektive Vorschubkraft hängt vom Kraftschluß zwischen Fahrwerk und Boden ab. Beide Faktoren werden mit
zunehmender Festigkeit immer ungünstiger für die Geräte: Je fester
der Boden ist, um so größer ist nicht nur der Grabwiderstand, um so
kleiner wird auch der effektive Vorschub, da die Fahrwerkstollen in den
harten Boden nicht mehr genügend eindringen können. Der Flachbaggereinsatz bleibt auf leichte und mittlere Böden beschränkt.

4. Zur Erzielung großer Kübel- und Schildfüllungen muß das zu
baggernde Material in gelöstem Zustand eine gewisse innere Steife
haben, damit es sich dem Füllprozeß anpassen kann.

5. Jeder Flachbaggereinsatz setzt voraus, daß die in Frage kommende Fahrbahn eine ausreichende Tragfähigkeit besitzt. Gelände-
fahrbahnen verändern ihre Tragfähigkeit bei Regenfällen. Sie sind um so
empfindlicher, je mehr bindige Bestandteile sie haben. Der Flachbaggereinsatz in Lehm- und Tonböden muß daher auf Zeiten mit geringen
Niederschlägen beschränkt bleiben.

Daraus ergibt sich: Flachbagger sind ungeeignet, wenn

a) in weichen Böden gebaggert und gefördert werden muß;
b) in festeren Böden (oder Fels) zu baggern ist;
c) vor Kopf gebaggert werden soll;
d) an Kopf- oder Seitenrampen ausgeschüttet werden soll;
e) Wetterschwierigkeiten in bindigen Böden zu erwarten sind.

Die Einsatzgrenzen der einzelnen Flachbaggertypen sind verschieden.
Am universellsten ist die Schürfkübelraupe einzusetzen, wenigstens so-

weit es die Punkte a, b und e betrifft. Punkt d macht ihr als einzigem Flachbagger keine Schwierigkeiten. Dagegen ist auch sie nicht in der Lage, vor Kopf zu baggern (Punkt c).

Haben die obigen Überlegungen zu dem Ergebnis geführt, daß der Flachbaggereinsatz *möglich* ist, so sollte man ihm wegen seiner wirtschaftlichen Vorteile (universellste Arbeitsgeräte mit Ein-Mann-Bedienung) den unbedingten Vorrang geben. Dann ergibt sich als nächste Frage:

Welcher der vier Flachbagger-Gerätetypen ist am geeignetsten?

1.22 Flachbaggerauswahl. Die Auswahl des richtigen Flachbaggers ist in erster Linie ein wirtschaftliches Problem und zunächst eine Frage der Transportentfernung oder Förderweite. Die gleislose Erdbewegung

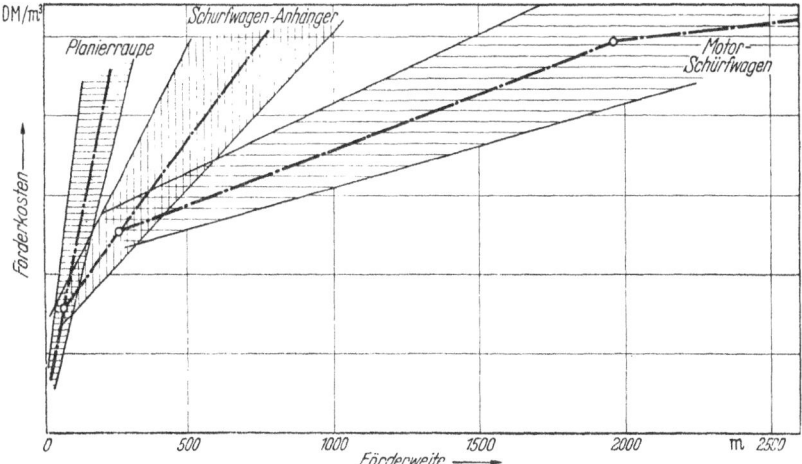

Bild 51. Schematische Darstellung der Förderkosten von Kurz-, Mittel- und Langstreckengeräten im gleislosen Erdbau.

im Bereich von 1—3000 m wurde, soweit Flachbagger und nicht getrennte Lade- und Transportgeräte zum Einsatz kamen, bisher im wesentlichen von den drei Gerätegruppen Planierraupe, Raupenschlepper mit Schürfwagenanhänger und Motorschürfwagen getragen. In jüngster Zeit ist als 4. Gerät die Schürfkübelraupe hinzugekommen.

Betrachtet man den wirtschaftlichen Wert der gleislosen Förderung an Hand der Kubikmeterkosten, so ergibt sich die in Bild 51 wiedergegebene Situation mit einer klar ausgeprägten Unterscheidung der drei Geräotearten hinsichtlich ihres Förderkostenverlaufs: Während im Bereich der kurzen Förderweiten (0—75 m) die Kostenkurve der Planierraupe steil ansteigt und jeder Meter mehr an Förderweite sofort einen erheblichen Zuwachs der Kubikmeterkosten bedingt, liegen die Verhältnisse im Langstreckenbereich zwischen 300 und 3000 m umgekehrt und die Kostenkurve verläuft dort verhältnismäßig flach. *Zwischen* den beiden Extremen — sowohl kosten- wie entfernungsmäßig — liegt die Förderung mit Schürfwagenanhängern.

Das Bild veranschaulicht die Grundtendenz des Kostenverlaufs: Schneller Kostenanstieg auf kurzen Strecken und immer geringer werdender Kostenzuwachs mit zunehmender Förderweite. Diese Situation spiegelt sich in den Wirtschaftlichkeitsbereichen der drei Gerätearten wieder. Da steiler Kostenanstieg einen kleinen Wirtschaftlichkeitsbereich und geringer Kostenanstieg einen großen Wirtschaftlichkeitsbereich bedingt, bleibt der Einsatz der Planierraupe als Fördermittel im Erdbau auf einen relativ kurzen Bereich beschränkt, während der Einsatzbereich der Motorschürfwagen entfernungsmäßig rund 30 mal größer ist.

Wodurch erklärt sich der Verlauf des Wirtschaftlichkeitsdiagrammes in Bild 51 und damit die Kostenstruktur der gegenwärtigen Flachbaggergeräte? Vergleichen wir die drei Haupttypen mit ihren wesentlichen Unterscheidungsmerkmalen:

	Fahrwerk	Grabgefäß
Planierraupe	Raupe	Schild
Schürfwagenanhänger	Raupe	Kübel
Motorschürfwagen	Reifen	Kübel

Hinsichtlich des Fahrwerks wird zwischen Raupen und Reifen und hinsichtlich des Fördergefäßes zwischen Schild und Kübel unterschieden.

Diese Unterschiede, die zunächst rein technisch-konstruktiver Natur sind, haben weitgreifende wirtschaftliche Folgen: Das Raupenfahrwerk bedingt langsame Fahrgeschwindigkeit (bis etwa 10 km/h), aber auch geringere Bodenpressung (etwa bis 0,5 kg/cm^2). Das Reifenfahrwerk ermöglicht höhere Geschwindigkeiten, hat aber eine Bodenpressung von 2—3 kg/cm^2. Gekoppelt mit der Fahrgeschwindigkeit ist der Bereich der günstigsten Transportentfernung. Es liegt auf der Hand, daß ein Gerät mit geringer Geschwindigkeit und schnellem Anfahrvermögen nur auf kurzen Strecken, ein solches mit hoher Geschwindigkeit und längerem Beschleunigungsweg nur auf größeren Förderstrecken einsetzbar ist. Demzufolge wird die Planierraupe ganz automatisch an den unteren Rand der Förderweitenskala gedrängt, während dem luftbereiften Motorschürfwagen der Bereich der längsten Strecken vorbehalten ist.

Der zweite wesentliche Punkt ist das Grabgefäß bzw. besser gesagt die Art, wie der Boden transportiert wird. Das Planierschild, nur noch bedingt als „Gefäß" anzusprechen, schiebt beim Fördern den Boden als Haufen vor sich her. Der Erdhaufen gleitet über die Geländeoberfläche und erzeugt einen hohen Reibungswiderstand. Anders der Schürfkübel: Dort wird das Fördergut in ein Gefäß gefüllt und dieses wird nach dem Schürfen angehoben und, im Fahrgestell hängend, über den

Erdboden gefahren. Mit anderen Worten: Das Planierschild fördert *bodengebunden* und mit hohem Fahrwiderstand, der Schürfkübel fördert *bodenfrei* und widerstandsarm.

Sinngemäß benötigt das Planierschild als Trägerfahrzeug ein Gerät mit hoher Zug- bzw. Schubkraft, was eine große Getriebeuntersetzung und langsame Fahrgeschwindigkeit zur Folge hat. Für den bodenfreien Transport der Schürfkübel kommt man mit kleineren Zugkräften aus. Die Motorleistung kann statt in hohe Zugkraft mehr in hohe Geschwindigkeit umgesetzt werden.

Aus der obigen Darstellung ist zu ersehen, daß die Kombination von Raupenschlepper und Planierschild (Planierraupe) auf der einen und von Reifenschlepper und aufgesatteltem Schürfkübel (Motorschürfwagen) auf der anderen Seite des Förderbereiches wirtschaftlich wie energetisch gerechtfertigt ist. Schwieriger wird es beim Schürfwagenanhänger, der für sich betrachtet als Schürfkübel mit dem Reifenfahrwerk zwar ebenfalls richtig liegt, andererseits aber durch den vorgespannten Raupenschlepper mit hoher Zugkraft und langsamer Fahrgeschwindigkeit aus der Reihe fällt.

Hinzu kommt, daß das Planierschild bei gleicher Motorleistung der Schlepper nur etwa $1/3$ bis $1/5$ der Bodenmenge befördern kann, die ein gleich starkes Gerät mit dem *Schürfkübel* transportiert — eben bedingt durch den hohen Widerstand, der beim Schieben des Erdhaufens über den Boden zu überwinden ist.

Im Hinblick auf Bild 51 erklären sich die unterschiedlichen Kostenkurven so: Die Planierraupe hat langsame Fahrgeschwindigkeit und eine geringe Fördermenge. Die beiden wirtschaftlichen Hauptfaktoren haben negative Tendenz und die Kosten steigen schnell an. Der Motorschürfwagen hat umgekehrt eine hohe Fahrgeschwindigkeit und große Nutzladung. Beide Faktoren sind positiv, und der Kostenanstieg geht entsprechend langsam vor sich. Der Schürfwagenanhänger hat von beiden etwas. Er hat den Nachteil des Raupenfahrwerks: die langsame Fahrgeschwindigkeit, und den Vorteil des Schürfkübels: die große Kübelfüllung. Dadurch liegt er kostenmäßig in der Mitte. — Soweit die Darstellung der Erdbewegung als reines *Transportproblem*. Sie spricht eindeutig für den Motorschürfwagen.

Nun geht es aber nicht nur um das Transportieren, sondern auch um das Graben und Schürfen, also um das Lösen des Bodens und das Füllen des Kübels. Hier sind hohe Schürfkräfte erforderlich, besonders wenn es sich um Böden mit mittlerer und hoher Lösefestigkeit handelt. Das effektive Zugvermögen der Reifengeräte ist geringer als das der Raupen, da sie wegen der höheren Geschwindigkeiten und des kleineren Kraftschlusses des Reifenfahrwerks eine geringere Vorschubkraft entwickeln. Zur Überwindung des Löse- und Füllwiderstandes ist in der

Mehrzahl der Fälle der Einsatz von Schubraupen erforderlich, die die Schürfkraft des Reifenschürfkübels auf das erforderliche Maß erhöhen. — *Gewinnungstechnisch* sprechen die Verhältnisse für das Raupenfahrwerk. Mit der ihm eigenen geringen Fahrgeschwindigkeit und dem hohen Kraftschluß der Raupenketten entwickelt der Kettenschlepper einen höheren Vorschub und dadurch größere Kräfte an der Schneide des Kübels bzw. Schildes. Um in härteren Böden noch wirksam graben zu können, ist ein Raupenfahrzeug unentbehrlich, und sei es nur zur Schubunterstützung für die Dauer des Schürfens.

Einsatztechnisch schließlich ist zu sagen, daß die Verwendung des Reifenfahrwerks an festere Fahrbahnen gebunden ist. Die höhere Flächenpressung unter den Reifen erfordert Boden mit ausreichender Tragfähigkeit; sonst sinkt das Fahrwerk zu stark ein, der Rollwiderstand wird zu hoch und höhere Fahrgeschwindigkeiten werden illusorisch. Sie bleiben es auch, wenn das Gelände bzw. die Fahrbahn uneben und hügelig oder wellig ist. Zum Ausfahren höherer Geschwindigkeit sind glatte Fahrwege erforderlich, auf denen Gerät und Maschinist einigermaßen erschütterungs- und schwingungsfrei fahren können. Ausreichend lange Beschleunigungsstrecken sind ebenfalls Voraussetzung dafür, daß die Vorteile des Reifenfahrwerks zum Tragen kommen können.

Andererseits zeigt das Reifenfahrwerk eindeutige Überlegenheit in *reparaturtechnischer Hinsicht*: Das Reifenfahrwerk ist betriebssicherer und kostet weniger in der Instandhaltung als das Raupenfahrwerk. Wenn auch die Reifen selbst nicht gerade billig sind, so fallen doch — abgesehen von dem gelegentlichen Ausbessern von Rissen in den Reifendecken — alle Reparaturen, die das Raupenfahrwerk so unwirtschaftlich werden lassen, weg. Und die Lebensdauer des Reifenfahrwerks ist mindestens genauso groß wie die des Raupenfahrwerks.

So ist die Auswahl des zweckmäßigsten Flachbaggers von transport-, einsatz- und reparaturtechnischen Gesichtspunkten abhängig, und es ist schon schwieriger, die rationellsten Geräte herauszufinden. Darauf wird in der speziellen Geräteauswahl im nächsten Abschnitt (E 2) näher eingegangen.

1.3 Getrennter Aushub, Transport und Einbau.

Läßt sich der Einsatz der selbstladenden gleislosen Geräte, obwohl er in jedem Falle aus wirtschaftlichen und betriebstechnischen Gründen anzustreben ist, nicht durchführen, so bleibt nur die Möglichkeit, *getrennte* Geräte für Gewinnung, Transport und Einbau der Massen zu verwenden. Dann müssen die Geräte für die einzelnen Arbeitsstufen gesondert ausgewählt werden:

1.31 Welches Ladegerät? Hier stehen stationäre und bewegliche Bagger zur Verfügung, d. h. Geräte, die beim Baggern entweder mit dem

Grundgerät stillstehen und nur das Grabwerkzeug bewegen, oder Bagger, bei denen während des Grabens die Bewegung des Grabgefäßes mit der des Grundgerätes gekoppelt ist, die also aus der Fahrbewegung heraus baggern.

Als *bewegliche Bagger* oder Ladegeräte kommen in Frage:

Pflugbagger: Zum Einsatz auf großflächigen Baustellen mit lang ausgedehnten Schürfbahnen, mindestens 1 m Abtragshöhe und leichtem bis mittelbindigem Boden.

Schaufellader: Zum Laden von lockerem Schüttgut oder schwach bindigem Material.

Als *stationäre Bagger* sind zu nennen:

Löffelbagger: Wenn vor Kopf, vor einer Wand oder festeres Material bzw. gesprengtes Haufwerk gebaggert werden soll.

Eimerseil- oder Greifbagger: Wenn größere Reichweiten erforderlich sind und weiches Material von einem festen Standort aus abzutragen ist.

1.32 Welche Transportmöglichkeiten? Werden bewegliche Bagger (Pflugbagger, Schaufellader) verwendet, so kommen zur Abfuhr des Materials nur gleislose Geräte in Frage. Anders bei den stationären Baggern: Hier ist gleislose wie gleisgebundene Förderung möglich und auch üblich. Daraus ergeben sich folgende Fragen:

1.321 Gleisgebundener oder gleisloser Transport? Die Frage wird im allgemeinen weitgehend durch die schon vorhandene Geräteausrüstung beantwortet. Kann man aber zwischen gleisgebundenem und gleislosem Förderverkehr in voller Freiheit wählen, so ist folgendes zu bedenken:

Wenn auch der gleislose Transport eine Reihe gewichtiger Vorteile wie große Beweglichkeit und Unabhängigkeit von jedem Schienennetz hat, so sollte man doch die altbewährte Feldbahnförderung in keinem Fall von vornherein ablehnen. Der Feldbahnbetrieb hat auch im Zeitalter der geländegängigen Erdbewegung unter bestimmten Bedingungen seine Vorteile. Was ihn der gleislosen Förderung gegenüber ins Hintertreffen geraten läßt, ist die Tatsache, daß er nur dann leistungsfähig arbeiten kann, wenn Lade- und Transportkapazität aufeinander abgestimmt sind. Das gilt jedoch auch für die gleislose Abfuhr bei Verwendung getrennter Lade- und Transportgeräte und ist kein echter Nachteil der Gleisförderung.

Die besondere Lage der Feldbahn im modernen Baubetrieb läßt sich auf folgende Gründe zurückführen:

1. Der Kraftschluß zwischen Rad und Schiene beträgt nur etwa $\mu = 0,25$, der eines Raupenschleppers dagegen $\mu = 0,8-0,9$ und der eines Reifengerätes $0,4-0,5$. Die nutzbare Zugkraft einer Feldbahnlok ist also wesentlich kleiner als die eines gleich schweren Raupenschleppers. Dementsprechend ist auch die Steigfähigkeit geringer.

2. Da sich mit fortschreitender Arbeit Abtrag- wie Auftragstelle ständig in ihrer Lage und gegenseitigen Entfernung ändern, muß der Gleisweg laufend neu verlegt, verlängert oder verkürzt werden. Anders liegen die Verhältnisse in stationären Betrieben, in denen die Entladestelle im allgemeinen festliegt und auch die Beladestelle nur sehr langsam vorrückt.

3. Das Verlegen der Gleise erfordert stets eine Anzahl Leute, die jedoch keine qualifizierten Fachleute sein müssen. Das wenige Spezialpersonal befindet sich auf dem Bagger und den Lokomotiven. Demgegenüber kommt der gleislose Betrieb mit weniger Personal aus, braucht aber durchweg Fachleute, die jedes einzelne Gerät bedienen müssen.

Dem gleislosen Betrieb gegenüber hat die Feldbahnförderung folgende Vorteile:

a) Bei guter Gleisplanung und ebener glatter Gleisverlegung (das ist allerdings meist selten der Fall) kann sie *in der Ebene* mit einem Minimum an Zugkraft beträchtliche Lasten bewegen, da der Rollwiderstand der Schienenfahrzeuge wesentlich geringer ist als der von Reifen- und Raupenfahrzeugen.

b) Wenn auch der gleislose Transport den Vorteil einer gewissen Geländegängigkeit hat, so trifft das voll und ganz nur für Raupen- und spezielle Radfahrzeuge zu. Für die Masse der gleislosen Transportgeräte müssen feste Wege und Straßen angelegt werden. Diese sind, selbst wenn sie nur aus vermörtelten Kiesschüttungen bestehen, teurer als Gleisanlagen.

c) Der Feldbahnbetrieb ist bei kurzen Förderweiten im m³-Preis sehr teuer, bei großen Entfernungen (über 2 km) dafür um so billiger.

Der Gleisbetrieb erfordert verhältnismäßig viele Arbeitskräfte und damit einen hohen Lohnaufwand. Er wird durch den gleislosen Betrieb um so weniger verdrängt, je billiger die menschliche Arbeitskraft in den einzelnen Ländern ist. Abgesehen von dem Kapitalaufwand für die Anschaffung der Gleisgeräteparks sind die Unterhaltungs- und Betriebskosten verhältnismäßig gering und die Lebensdauer der Geräte ist groß. Hinzu kommt, daß er in seiner Wirtschaftlichkeit von der jeweiligen Förderweite ziemlich unabhängig ist. Umgekehrt liegen die Verhältnisse beim gleislosen Betrieb. Seine Domänen sind die Länder mit hohen Löhnen. So ist auch der entfernungsmäßige Wechselpunkt zwischen gleisgebundenem und gleislosem Betrieb regional verschieden. Für unsere Verhältnisse liegt die Grenze bei etwa 2 km Förderweite. Unter 1500 m ist kaum noch Gleistransport anzutreffen. In Italien z. B. geht man bereits zwischen 1 und 1,5 km auf Schienentransport über, in England erst bei 3 km, in der Schweiz im Durchschnitt bei 4,5 km. In den USA schließlich liegt die Grenze zwischen 6 und 8 km.

Löhne und Transportentfernungen sind heute die ausschlaggebenden Faktoren für die Anwendung des Gleisbetriebes. Die Ansicht, daß der gleislose Verkehr nur bei trockenem Wetter durchführbar ist, der Gleisbetrieb dagegen bei schlechtem regnerischem Wetter und in empfindlichen Böden seine Vorzüge hat, ist auch heute noch nicht ganz von der Hand zu weisen, solange es sich um den reinen Transport handelt. Sieht man davon ab, daß auch der Gleisbetrieb seine Grenze hat, wenn Schwellen und Schienen in aufgeweichtem Boden versinken, so bleibt immer noch die höhere Wetterempfindlichkeit der Geräte auf der Abtragstelle und auf der Kippe, die den Förderverkehr so weit hemmt, daß auch die noch funktionierende gleisgebundene Abfuhr nichts mehr retten kann. Die geringere Wetterempfindlichkeit ist wohl noch immer ein berechtigtes, heute aber nur noch ein sehr schwaches Argument, das *für* den Gleisbetrieb spricht.

1.322 Raupen- oder Reifenfahrzeuge? Hat man sich für die *gleislose* Abfuhr entschieden, so bleibt die Frage offen, ob Raupen- oder Reifenfahrwerk vorgezogen werden soll.

Wegen der größeren Betriebssicherheit und der geringen Unterhaltskosten sollte man dem Reifenfahrwerk stets den Vorrang geben und es, wenn immer die Voraussetzungen einigermaßen günstig sind, anwenden. Allerdings liegt in der Natur der Reifen begründet, daß der Bodendruck höher und der Kraftschluß geringer als beim Raupenfahrwerk ist. Muß in *wenig tragfähigen Böden* gearbeitet werden, so ist das Raupenfahrzeug dem mit normalem Erdbaufahrwerk ausgerüsteten Reifengerät überlegen, es sei denn, man wendet die verschiedenen (weiter unten beschriebenen) Möglichkeiten für die Anpassung des Reifenfahrwerks an die Geländeverhältnisse an. Auch kommt das Raupenfahrwerk immer dann in Frage, wenn *hohe Schubkräfte* benötigt werden (z. B. für Schub- und Planierraupen).

In allen anderen Fällen ist das Reifenfahrwerk vorzuziehen. Auf nähere Einzelheiten wird weiter unten eingegangen (Abschn. E 2.3).

Soweit die allgemeinen Gesichtspunkte für erste grundlegende Überlegungen über die zweckmäßige Fördermethode und ihre Geräte.

2 Spezielle Geräteauswahl.

2.1 Überblick.

In der Mehrzahl der Fälle wird man bei der praktischen Geräteauswahl nicht die Optimallösung anstreben können, sondern nur zu oft gezwungen sein, unter den *vorhandenen* Typen des Geräteparks diejenigen auszusuchen, die am geeignetsten erscheinen. Dennoch soll in diesem Zusammenhang bei der speziellen Geräteauswahl davon ausgegangen werden, daß man alle auf dem Markt erhältlichen Typen zur

Verfügung hat und in voller Freiheit allein nach zweckmäßigen und wirtschaftlichen Gesichtspunkten auswählen kann. Die Rücksichtnahme auf schon vorhandene Geräte zwingt zu gewissen Einschränkungen; die Grundsätze der Geräteauswahl behalten aber auch hier ihre Gültigkeit.

In Teil I dieses Buches (Abschn. C) ist bereits eine ausführliche Darstellung über die Anwendungs- und Einsatzmöglichkeiten jedes Gerätetyps gegeben worden. Dabei stand das *Gerät* im Vordergrund, und es wurde geschildert, wie es sich im Rahmen des Baubetriebes verwenden läßt. Die dortigen Ausführungen haben auch für die Geräteauswahl ihre Bedeutung. Dennoch soll das Problem hier von anderer Seite angepackt werden und — dem Auswahlvorgang entsprechend — die *Baustelle* im Vordergrund stehen, für deren Einsatz- und Betriebsverhältnisse die geeignete Gerätekombination auszusuchen ist. Der Weg führt hier — im Gegensatz zu Abschn. C — von der Prüfung der Einsatzverhältnisse hin zur maschinellen Ausrüstung. Ist sie gefunden, so mag es ratsam sein, die Ausführungen über die betreffenden Geräte in Abschn. C nachzulesen und sich zu vergewissern, daß die *maschinentechnische* Konsequenz aus der betriebs- und einsatztechnischen Analyse mit der *bautechnischen* Konsequenz der Gerätebetrachtungen übereinstimmt.

In Abschn. A war schon gesagt worden, daß sich die Geräte in erster Linie durch die Arbeitswerkzeuge und das Fahrwerk unterscheiden. Gerätegröße, Motorleistung und Fahrgeschwindigkeiten sind erst von sekundärer Bedeutung. Es wurde auch gesagt, daß heute praktisch eine Kombination jedes beliebigen Arbeitswerkzeuges mit jedem gewünschten Fahrwerk möglich ist und daß damit die gleislosen Geräte wie keine andere Gerätegruppe den Einsatzbedingungen auf der Baustelle angepaßt werden können. Von der Wahl der richtigen Kombination von Arbeitswerkzeug und Fahrwerk soll jetzt die Rede sein:

2.2 Wahl der Arbeitswerkzeuge.

2.21 Allgemeines. Jede Erdbewegung ist eine Massenumlagerung bei der das Material an der Abtragstelle gelöst und geladen und an der Auftragstelle wieder eingebaut und verdichtet wird. Dabei fällt die Haupttätigkeit der Arbeitswerkzeuge in den Bereich des Lösens und Ladens. Das Transportieren ist von sekundärer Bedeutung. Einbau und Verdichtung werden entweder von besonderen Geräten oder bei Geräten mit Schürfkübel oder Planierschild von dem Flachbagger selbst übernommen. Die Eignung für das Lösen und Laden steht daher im Vordergrund.

Da der gleislose Erdbau sowohl mit selbstladenden Transportgeräten wie mit getrennten Lade- und Transportfahrzeugen durchgeführt werden kann, müssen auch die Arbeitswerkzeuge der reinen

Ladegeräte berücksichtigt werden, sofern sie zum Beladen für gleislose Transportwagen in Frage kommen. Als Arbeitswerkzeuge sind zu nennen:

Hochlöffel ⎫
Planierlöffel ⎪
Tieflöffel ⎬ (stationäre Bagger)
Eimerseilkübel ⎪
Greiferkorb ⎭
Ladeschaufel (Schaufellader)
Pflugschar mit Transportband
(Pflugbagger)

Schürfkübel (Schürfwagen)
Planierschild (Planierraupe)
Hobelschild (Erdhobel)
Hinterkipper
Vorderkipper
Seitenkipper
Bodenschütter

Die Auswahl der zweckmäßigsten Arbeitseinrichtung hängt von zahlreichen einsatz- und betriebstechnischen Faktoren ab. Insbesondere sind zu nennen:

Auszubaggerndes Profil. — Arbeitsrichtung. — Lösefestigkeit des Bodens. — Grabwiderstand des Haufwerks. — Zustand des Baggergutes. — Ausdehnung der Schürffläche. — Beschaffenheit der Schürffläche.

Wie sich die Einflüsse der Baustelle auf das Arbeitsgerät beim Laden auswirken, zeigt Ü 13 auf S. 114.

Wenn sich auch die für das Laden und Transportieren maßgebenden Gesichtspunkte vielfach überlagern und ineinander übergehen, so läßt sich doch von der löse- und ladetechnischen Seite für die Auswahl des Arbeitswerkzeuges folgendes sagen:

2.22 Geräte zum Laden. Als reine Ladegeräte stehen Eimerseilbagger, Löffelbagger, Pflugbagger und Schaufellader zur Verfügung. Alle Nur-Ladegeräte können ihre Leistung nur dann voll entfalten, wenn genügend Transportgeräte zur Verfügung stehen. Für ihren Transport von Baustelle zu Baustelle werden Spezialgeräte benötigt, die die Gerätekosten erheblich belasten.

Eimerseilbagger eignen sich vorzüglich zum Bodenaushub unter Wasserspiegel, zum Grabenbau und für den Einsatz auf wenig tragfähigen Böden, wo die Geräte infolge der großen Auslegerlänge so aufgestellt werden können, daß sie den weichen Boden von einem festen Punkt aus schürfen und die Fahrzeuge auf festen Fahrbahnen beladen.

Löffelbagger sind für tiefere Einschnitte zu verwenden. Sie erfordern eine steile Wand, gegen die sie arbeiten können. Schalenschnitte, wie sie bei allen Flächenbaustellen, vor allem beim Einebnen von Flugplätzen, erforderlich sind, lassen sich nicht mit ihnen durchführen. Dafür haben sie den Vorteil, daß sie praktisch in allen Boden- und Gesteinsarten leistungsfähig sind.

Pflugbagger sind trotz ihres hohen Anschaffungspreises im Betrieb die billigsten Ladegeräte, die für Erdbewegungsarbeiten zur Verfügung stehen. Sie können aber ihre Leistungsfähigkeit nur dann voll entfalten,

Übersicht 13. *Auswahl der Arbeitswerkzeuge.*
Lösen + Laden.

+ gut geeignet / O geeignet / — noch brauchbar — Einsatzverhältnisse	Reine Ladegeräte						Lade- und Transportgeräte			Transportgeräte		
	Hochlöffel	Tieflöffel	Eimerseilkübel	Greiferkorb	Ladeschaufel	Pflugbagger	Schürfkübel	Planierschild	Hobelschild	Vorder- und Hinterkipper	Seitenkipper	Bodenschütter
Baggerprofil												
↘ · · · · · · ·	+											
↘ · · · · · · ·	O				O							
← · · · · · · ·		—	+	—	+	+	+	+	+			
↗ · · · · · · ·		O	+					O	—			
↑ · · · · · · ·				+								
Lösefestigkeit												
Lockerer Boden Gew.-Kl. I	+	O	+	+	+	+	—	—	+			
leichter Stichboden II	+	O	+	+	+	+	+	+	+			
schwerer Stichboden III	+	+	+	O	O	+	+	+	—			
leichter Hackboden IV	+	+	O			—	O	+				
schwerer Hackboden V	+	+					—	+				
Hackfels VI	+	+						O				
leichter Sprengfels VII	+	O						+				
schwerer Sprengfels VIII	+	—						+				
Zustand des Baggergutes												
breiig			+	+								
plastisch	+		+	+	—	+	+	+	O			+
krümelig	+	+	O		+	+	+	+	O	O	O	+
fest	+	+	O				O	O		O	O	
schieferig	+	+					O	O		O	+	
Sand	+	O	+	+	+	—	O	O		O	O	+
Kies	+	O	—	+	+		O	O		O	O	+
Geröll bis 20 cm ⌀	+	O	—	—	+		—	+		+	+	
Geröll 20—50 cm ⌀	+	—			+		—	+		+	+	
Geröll über 50 cm ⌀	+				O		—	+		+	+	
Ausdehnung der Schürffläche												
Flächenbaustelle, klein	+	+	—	+	+		O	+				
Flächenbaustelle, groß	+	+	+	+		+	+	—	+			
Linienbaustelle, kurz	+	+	+	+	+		O	+				
Linienbaustelle, lang	+	+	+	+		+	+	—	+			
Punktbaustelle				+								
Baugrube, eng	+	+	O	O	+		—					
Baugrube, großflächig	+	+	+				—	+				
enger Raum	O	O		+	+							
Oberflächenform												
eben					+	+	+	+	+	+	+	+
wellig							+	+	O	O	O	+
hügelig							O	+		+	+	+
steinig												
zerklüftet							O					

wenn lange Schürfstrecken vorhanden sind. Auch arbeiten sie nur erfolgreich, wenn der Boden leicht pflügbar und doch ausreichend kohäsiv ist und in mindestens steifplastischem Zustand ansteht. Sand und Kies wie alle krümeligen Böden lassen sich schwer auf das Förderband schieben. (Diesem Übelstand wird bei den zwangsbeladenen Förderbändern durch ein besonderes Schaufelrad abgeholfen.) Sofern der Pflugbagger nicht in Transportgeräte zu entladen braucht, sondern — wie etwa beim Grabenaushub — den Boden *frei* entladen kann, ist er in seiner Wirtschaftlichkeit bisher unerreicht.

Pflugbagger können nur in ebenem bzw. leicht hügeligem Gelände eingesetzt werden. Die längenmäßige Ausdehnung der Schürfstelle soll mindestens so groß sein, daß der Pflugbagger 8—10 Wagen beladen kann, ehe er wenden muß. Auch hat der Einsatz nur dann Sinn, wenn die Massenbewegung so umfangreich ist, daß der Antransport des Laders und der Transportfahrzeuge nach der Baustelle gerechtfertigt ist. Je nach der Festigkeit des zu lösenden Bodens sind als Ladehilfe 1—2 Zugraupen erforderlich. Als geeignete Transportfahrzeuge sind Bodenschütter zu wählen.

Schaufellader sind von Bedeutung, wenn in begrenzten Räumen, engen Baugruben, zwischen Fundamentmauern u. dgl. gearbeitet werden muß. Die Geräte, die praktisch nicht viel größer sind als Raupenschlepper, zeichnen sich durch geringe Abmessungen aus. Zu bedenken ist, daß die Ladeleistungen nicht allzu hoch sind, daß ihr Einsatz auf das Schaufeln von lockerem oder leicht lösbarem Material beschränkt bleibt und daß weitere Einsatzgrenzen durch die Ladehöhe gezogen sind. Wiederholt hat man Schaufellader in enge tiefe Baugruben, Keller, Senkkästen usw. herabgelassen, hat sie in Fabrikhallen, Sälen und Wohnhäusern zum Wegräumen von Mauerresten verwendet und zum Ausbaggern von Fundamenten eingesetzt.

2.23 Geräte zum Laden und Transportieren. Der Einsatz des *Schürfwagens* ist an schnittfähigen Boden, einigermaßen ebenes Gelände und Schürfstrecken von 20—30 m gebunden. Er kommt weder in lockerem Sandboden noch in festem Material auf hohe Leistungen. Da er sich durch Schürfen des Bodens füllen muß, ist seine Leistung davon abhängig, wie weit sich der Boden dem Füllprozeß des Kübels unterwirft und im Kübel hochquillt, statt vor der Schneide herzurollen. Auch die Schubkraft ist in gewissem Sinne von Bedeutung, wenn es auch heute keine Schwierigkeiten bereitet, durch Verwendung einer oder mehrerer Schubraupen zu den gewünschten Leistungen zu kommen. — Zu bedenken ist, daß Schürfkübel in jedem Fall *selbst* über die Schürfstelle fahren müssen um laden zu können. Der Boden, der in den Kübel gelangen soll, muß also in gewachsenem Zustand so fest sein, daß er die Geräte tragen kann.

Schürfwagen sind besonders nützlich, wenn schichtartig abgetragen und ebenso in dünnen Schichten aufgeschüttet werden muß, also vor allem bei Dammbauten, die eine gute Verdichtung erfordern. Unterschiede in der Eignung bestehen hinsichtlich des Ausschüttens über Kopf- und Seitenrampen. Während der zwischen den Raupenketten angeordnete Schürfkübel (Schürfkübelraupe) hierfür besonders brauchbar ist, kommen Schürfkübel mit vorn und hinten liegendem Reifenfahrwerk nicht in Frage.

Die Verwendung von Schürfwagengeräten ist, wenn irgend möglich, bei jeder Erdbauarbeit anzustreben. Sie allein sind in der Lage, den gesamten Prozeß der Massenbewegung, angefangen vom Lösen und Laden über das Transportieren und Verteilen bis zum Verdichten und Einebnen der eingebauten Massen, unabhängig von anderen Geräten und mit einem einzigen Maschinisten durchzuführen. Ihre wirtschaftliche Bedeutung ist so groß, daß auf jeden Fall am Anfang aller Überlegungen über die zweckmäßige Form der Bodenbewegung der Schürfkübeleinsatz stehen sollte. Erst wenn sein Einsatz unter den gegebenen Umständen keinen Erfolg verspricht, sollte man andere Geräte in Betracht ziehen.

Das gilt in gewissem Sinne auch für die *Planierschilde* mit den zugehörenden Trägerfahrzeugen, wenngleich deren Aktionsradius durch den steilen Anstieg der Förderkosten auf kurze Entfernungen beschränkt bleibt. Während sich der Schürfwagen für gröberes Material nicht mehr verwenden läßt, wird das Planierschild vorzugsweise dann eingesetzt, wenn schweres Geröll oder gesprengter Fels transportiert werden muß. Praktisch sind der Größe der Steine durch das Schild keine Grenzen gesetzt. Die Konstruktion ist kräftig genug, um enorme Schubkräfte durch das Schild zu übertragen. Rein räumlich gesehen, ist die Planierraupe auch auf kleinen Baustellen mit geringen Förderweiten und schwierigeren Manövriermöglichkeiten einzusetzen. Ebenso kann sie in hügeligem, ja selbst in gebirgigem Gelände eingesetzt werden und in Fels arbeiten.

Das Gegenteil zum Planierschild stellt das *Hobelschild* des Erdhobels dar. Es ist breit gebaut und nur zum Planieren vom locker geschütteten Böden geeignet. Festere Bodenschichten kann es nur abkratzen, wenn nicht Tiefreißer u. dgl. zu Hilfe genommen werden. Auch ist der Einsatz an größere Flächen- und Linienbaustellen gebunden, und das Gelände selbst muß entsprechend eben sein.

2.24 Geräte zum reinen Transport. Zur Verfügung stehen außer Schürfkübel und Planierschild (kombiniertes Laden und Transportieren) die Hinterkipper, Vorderkipper, Seitenkipper und Bodenschütter der reinen Transportfahrzeuge. Das zweckmäßigste Gefäß für den Bodentransport richtet sich nach den Forderungen sowohl des Be- wie des Entladens. So kommen *Schürfkübel* zur Verwendung, wenn

a) gut schnitt- und quellfähiger Boden, also vor allem schwach bis mittelbindiges Material, vorliegt und kein Sprengfels oder Schichtgestein gefördert werden muß,

b) Schürf- und Schüttstelle nicht zu klein, aber auch nicht zu groß sind,

c) der Umfang der jeweils auszugleichenden Massen nicht zu groß ist und sich bei großen Projekten die Erdbewegung auf mehrere Einzelbaustellen verteilt, wie das bei allen Flächen- und Linienbaustellen mit wechselnden Ab- und Auftragstellen üblich ist,

d) in dünnen Schichten mit kontrollierbarer Schütthöhe geschüttet werden muß (für gute Verdichtung),

e) keine Bodenvermischung erforderlich ist (dann ist evtl. der Hochlöffel- oder Eimerseilbagger zu verwenden),

f) alle Stufen des Förderprozesses von selbständig operierenden Geräten mit wenigen Maschinisten bei stets gleichbleibender Ausnutzung der Maschinen durchgeführt werden soll.

Ähnliche Gesichtspunkte ergeben sich für den Bodentransport mit *Planierschild*. Nur ist dort die geringere wirtschaftliche Reichweite zu bedenken.

Wird das Laden und Transportieren mit *getrennten* Geräten durchgeführt, so ergeben sich für die reinen Transportgeräte folgende Einsatzschwerpunkte:

Hinterkipper (und auch Vorderkipper) werden verwendet, wenn

1. beim Beladen durch Bagger größere Stöße durch das herunterfallende Material auf das Fahrzeug einwirken und ein besonders solides Chassis erforderlich ist,

2. das Transportmaterial aus größeren Felsstücken und Geröll besteht, wenn also schweres Haufwerk, Erz, Schichtgestein oder Moränenschutt gebaggert wird,

3. die Kippstelle räumlich sehr begrenzt ist und von anderen Geräten schlecht zu erreichen ist,

4. in kleinere Entladetrichter geschüttet werden muß,

5. über Kopframpen geschüttet werden muß,

6. auf kleinsten Flächen gewendet werden muß,

7. große Schwankungen in der Beschaffenheit des Bodens auftreten,

8. große Steigungen gefahren werden müssen (Gewichtsverlagerung auf Antriebachse).

Hinterkipper haben den Nachteil, daß sie nicht in dünnen Schichten schütten können. Dadurch sind zusätzliche Planierraupen zum Verteilen des Materials bei Dammbauten usw. erforderlich.

Ähnliche Gesichtspunkte wie für den Hinterkipper gelten für die *Seitenkipper*. Nur eignen sie sich nicht für Schüttungen vor Kopf, dafür aber um so besser zum Ausschütten an Seitenrampen.

Bodenschütter kommen zum Einsatz, wenn

1. rolliges oder schwach bindiges, leicht herausfließendes Material zu transportieren ist,

2. größere Geländegängigkeit erforderlich ist als Hinterkipper im allgemeinen mit ihrem Fahrwerk haben,

3. das Material in Streifen, d. h. über eine längere Strecke verteilt, geschüttet werden soll.

Bodenschütter haben folgende Nachteile:

1. Sie können wegen ihrer leichten Konstruktion keine größeren Stöße beim Beladen vertragen.

2. Ihre Steigfähigkeit ist geringer als die der Hinterkipper. Sind längere Steigstrecken mit mehr als 5% Steigung zu fahren, so sollte man sie nicht mehr einsetzen.

3. Schichtartiges Schütten bzw. genaues Einhalten einer bestimmten Schütthöhe ist nicht möglich.

Sie sind das ideale Transportgerät für Pflugbagger und wie diese vorwiegend auf die Arbeit in ebenem Gelände mit hohen Förderleistungen abgestimmt. — Einen Überblick über die Verwendungsmöglichkeiten der Transportgeräte bei den verschiedenen Einsatzverhältnissen gibt Ü 14.

2.25 Geräte zum Einebnen und Verteilen. Jedes Einebnen und Verteilen des Bodens beim Einbau der Massen ist nichts anderes als ein Massenausgleich über kürzeste Förderweiten. Hierfür kommen alle Geräte in Frage, die für kombiniertes Laden und Transportieren eingerichtet sind, also in erster Linie Planierschilde, Hobelschilde und Schürfkübel. Hingewiesen sei auf die Tatsache, daß sich auch mit Schürfkübeln ausgezeichnet planieren läßt, wenn man den Entladeschieber in seine vordere Stellung unmittelbar über der Schneide bringt und dadurch aus dem Kübel praktisch ein Planierschild macht. Für grobes Planum kommen Planierraupen mit Quer- oder Schwenkschild, für Feinplanum Erdhobel oder Schürfkübel in Frage.

2.26 Geräte zum Verdichten. Die Zweckmäßigkeit der einzelnen Verdichtungsgeräte ist noch immer sehr umstritten. Während man auf der einen Seite für die Schaffußwalze eintritt, werden von anderer Stelle die Schwingungsverdichter als die wirksamsten Verdichtungsgeräte angesehen. Ebenso liegen die Dinge mit der Glattwalze und dem Einstampfen durch Stampfbagger oder Explosionsgeräte. Bei allen Auseinandersetzungen über das Für und Wider der einzelnen Verdichtungsgeräte wird meist die Bodenstruktur zu wenig berücksichtigt. Jede Verdichtungsmethode und jedes Verdichtungsgerät hat seine Vorteile; optimale Verdichtungswirkungen sind aber immer von der Struktur des Bodens abhängig, der verdichtet werden soll, so daß sich auch die Wahl der Geräte in erster Linie danach richten muß. Die praktischen Erfahrungen mit den verschiedenen Verdichtungsgeräten haben folgende Anwendungsbereiche erkennen lassen:

Schaffußwalze. Sie ist mit dem gleislosen Erdbau groß geworden und in ihrer ganzen Verdichtungstechnik auf die Arbeit der Schürfkübel abgestimmt. Die Schürfkübel tragen den Boden in dünnen Schichten auf, und die Schaffußwalze verdichtet diese Schichten durch systematisches Durchkneten des Bodens. Als Faustregel hat sich herausgebildet,

Übersicht 14. *Auswahl der Arbeitswerkzeuge: Transport — Entladen.*

+ gut geeignet / O noch brauchbar — Einsatzverhältnisse ↓	Hinterkipper Straße ⊕ ⊕⊕	Hinterkipper Gelände ⊕ ⊕	Hinterkipper Gelände ⊕ ⊕⊕	Vorder-kipper ⊕ ⊕	Boden-schütter ⊕ ⊕ ⊕	Seiten-kipper ⊕ ⊕ ⊕	Raupen-wagen ⊏⊏⊐⊐	Schürf-wagen ⊕ ⊕
Tragfähigkeit der Fahrbahn								
< 0,5 kg/cm²								O
0,5 — 1,0 ,,							+	O
1,0 — 1,5 ,,							+	+
1,5 — 3,0 ,,					+	+	+	+
3,0 — 5,0 ,,	O		+	+	+	+	+	+
> 5,0 ,,	+	+	+	+	+	+	+	+
Oberfläche der Fahrbahn								
zerfurcht					+	+	+	
aufgewühlt					+	+	+	
bewachsen				+	+	+	+	
hügelig	+		+	+	+	+	+	+
eben	+	+	+	+	+	+	+	+
glatt	+	+	+	+	+	+·	+	+
Steigungen								
5 %	+	+	+	+	+	+	+	+
10 %		+	+	+	+	+	+	+
20 %		+	+	+	O	+	O	O
30 %		+	+				O	
40 %		+	+				O	
> 40 %		+	+				O	
Kraftschluß der Fahrbahn								
schmierig		O					O	
weich		O					O	
plastisch	+	+	+	+	+	+	+	+
fest	+	+	+	+	+	+	O	+
hart	+	+	+	+	+	+		+
Entladeart								
punktförmig	+	+	+	+				
strichförmig	O	O	O	O	+	O	+	
flächenartig					O		O	+
schichtartig					O		O	+
Kippstelle								
Kopframpe	+	+	+	+				
Seitenrampe	O	O	O	+		+		
Böschung	+	+	+	+		+		
Trichter	+	+	+	+				
Entladeort								
eng begrenzt		O		+				
niedrig				+	+	O	+	+
kein Platz zum Wenden	+	+	+	+				
Material								
Sand	+	+	+	+	+	+	+	+
Kies	+	+	+	+	+	+	+	+
Lehm	+	+	+	+	O	+	O	+
Schotter	+	+	+	+	O	+	O	O
Fels bis 20 cm ø	+	+	+	+		+		
Fels 20—50 cm ø	+	+	+	+		+		
Fels über 50 cm ø	+	+	+	+		+		

daß die Schichthöhe etwa gleich der Höhe der Walzenfüße sein soll. Im
allgemeinen sind etwa 15 Walzenfahrten für die ausreichende Verdichtung von Dammschüttungen erforderlich, jedoch schwankt diese Zahl
mit dem geforderten Verdichtungsgrad und der Bodenbeschaffenheit.
Die Schaffußwalze liegt mit dem günstigsten Feuchtigkeitsgrad für
die optimale Verdichtung am niedrigsten von allen Walzgeräten, benötigt also die geringste Wassermenge. Ihr Hauptanwendungsbereich liegt
im Gebiet der schwach- bis mittelbindigen Böden. Nicht geeignet ist
sie für Sand, wenig geeignet für Boden mit größeren Steinen. In harten
Tonböden kann der zusätzliche Einsatz von Scheibenwalzen zur Zerkleinerung der Bodenkruste erforderlich werden.

Reifenwalzen kommen vor allem für nicht bindige, rollige Böden mit
gröberer Körnung in Frage, also im wesentlichen für Sand- und Kiesschüttungen. Infolge der größeren Auflagefläche der Reifen verdichten
sich die gröberen Bodenbestandteile besser als unter den einzelnen
Druckstempeln der Schaffußwalze, die in rolligen Böden eher auflockert
als verdichtet. Zur Erzielung hoher Verdichtungswirkungen sind entsprechend große Luftdrücke in den Reifen erforderlich. Durch Zusatz-
belastungen und weitere Luftdruckerhöhung kann der Druck unter
den Reifen noch gesteigert werden.

Sollten feinkörnige Böden (Sand, Feinsand, Mehlsand) verdichtet
werden, so sind die *Vibrationswalzen* am geeignetsten. Dabei muß die
Rüttelfrequenz auf die Größe der Bodenkörnung abgestimmt sein, um
optimale Verdichtungswirkungen zu erzielen. Vibrationswalzen können
sowohl als glatte Trommel- wie als Reifenwalzen ausgebildet sein.

Die klassischen *Trommelwalzen* sind vor allem für groben Kies und
Schotter zu verwenden. Ebenso werden sie mit Erfolg zum Verdichten
gut bindiger, schwerer Ton- und Lehmböden eingesetzt, wo Schaffußwalzen nicht mehr einzusetzen sind.

Grobkörnige Schüttungen (Grobkies und Schotter) lassen sich auch
mit *Explosions-Stampfgeräten* gut verdichten. Allerdings wird diese
Methode nur noch bei Verdichtungen in der Nähe von Fundamenten
und sonstigen Bauwerken oder auf Schüttstellen mit geringer Flächenausdehnung angewandt.

Für gröbste Körnungen, wie sie vor allem bei Erdstaudämmen anzutreffen sind (Korngröße von 20 cm ⌀ und darüber) kann man auf
Stampfbagger und ähnlich wirkende Geräte nicht verzichten. Alle Versuche, diese heute verhältnismäßig unbequeme Methode durch bessere
Verfahren abzulösen, haben bisher zu keinem Erfolg geführt. Das haben
die in den letzten Jahren geschütteten Staudämme zur Genüge bewiesen. Neuerdings werden auch Tauchvibratoren verwendet.

Verhältnismäßig neu in ihrer Art ist die *Gitterwalze*. Sie vereinigt
gewisse Vorteile der Schaffuß- und der Reifenwalze und kommt be-

sonders dann zum Einsatz, wenn Boden verdichtet werden soll, der durch Tiefreißer vorgelockert wurde und in groben Schollen auf die Schüttstelle kommt, also fester Lehm- und Tonboden. Auch zur Zerkleinerung aufgerissener Schwarzdecken ist die Gitterwalze gut zu verwenden. Das gleiche gilt für harten, klumpig oder schollig anfallenden aufgerissenen Tonboden. Die Gitterwalze ist ein Verdichtungsgerät, das gut zum Einsatz des Tiefreißers paßt.

Im allgemeinen ist die Verdichtungswirkung der gleislosen Erdbaugeräte schon verhältnismäßig groß, so daß in vielen Fällen auf den Einsatz zusätzlicher Verdichtungsgeräte verzichtet werden kann. Das trifft besonders dann zu, wenn die Fahrspuren der Geräte gut über die ganze Schüttstelle verteilt werden und das Aufbringen der einzelnen Schüttungen mit einer gewissen Systematik und unter ständiger Kontrolle vorgenommen wird. Die Erfahrungen haben gezeigt, daß die Verdichtungswirkung der Fahrzeuge in bindigen Böden als ausreichend angesehen werden kann. Anders liegen die Verhältnisse in Sandböden, besonders in verhältnismäßig trockenem Material. Hier ist eine zusätzliche Verdichtung in gewissen Fällen nicht zu umgehen, wenngleich zu berücksichtigen ist, daß die Vibration gerade der Gleiskettenfahrzeuge einen sehr günstigen Einfluß ausübt. Dadurch ist auch zu erklären, daß die Verdichtungswirkung von Raupenfahrzeugen in rolligen Böden trotz geringerer Flächenpressung unter dem Fahrwerk größer ist als bei den Reifengeräten, insbesondere bei denen, die das Reifenfahrwerk auch zum Vortrieb benutzen. In sandigen Böden ist es meist nicht zu vermeiden, daß sich die Triebräder ab und zu durchdrehen und dann in den Sand einwühlen, wobei jede Verdichtung sofort wieder zerstört wird.

2.3 Wahl des Fahrwerks.

2.31 Raupen- oder Reifenfahrwerk? Diese Frage gehört zu den meist diskutierten Problemen im gleislosen Erdbau. Sie wird in Teil III (Abschn. 6) dieses Buches in ihrer wirtschaftlichen Bedeutung noch gesondert behandelt werden. Was hier für die Geräteauswahl interessiert, ist zunächst mehr die technische Seite der Frage, und so kommt es vorerst darauf an, die einsatz- und betriebstechnischen Vorteile gegeneinander abzuwägen.

Das *Raupenfahrwerk* hat geringe Bodenpressung, guten Kraftschluß im Gelände, außerdem aber hohe Laufwerksabnutzung und geringe Fahrgeschwindigkeit.

Was das *Reifenfahrwerk* betriebstechnisch interessant macht, ist die Umkehr der Vor- und Nachteile des Raupenfahrwerks. Es bietet also hohe Fahrgeschwindigkeiten mit geringer Fahrwerksabnutzung (und entsprechend hoher Betriebszuverlässigkeit) und hat als Nachteil die höhere Bodenpressung mit dem geringeren Kraftschluß im Gelände zur Folge.

Damit ist im wesentlichen schon gesagt, wann das eine und wann das andere Fahrwerk in Frage kommt: Liegt der Schwerpunkt des Einsatzes auf der Fahrt in wenig tragfähigem Gelände, so ist das Raupenfahrwerk vorteilhaft, wenngleich man auch hier durch Anpassung der Reifen (Luftdruckabsenkung, doppelte Bereifung usw.) sehr viel tun und (wenigstens bei den Geräten mit Niederdruckreifen) dicht an die Flächendrücke des Raupenfahrwerks herankommen kann. Darauf wird in Abschn. F 3.45 näher eingegangen.

Machen größere Förderweiten entsprechend höhere Geschwindigkeiten erforderlich, die sich nur auf einigermaßen glatten und festen Straßen oder Wegen ausfahren lassen, so fällt die Wahl eindeutig auf das Reifenfahrwerk. Noch ist es den Raupenkonstrukteuren nicht gelungen, schnelllaufende Raupenfahrzeuge zu einigermaßen tragbaren Preisen herzustellen. Die größte Fahrgeschwindigkeit unter den Raupenschleppern erzielt z. Z. der VR 180, eine Konstruktion jüngsten Datums, mit 17 km/h.

Zwischen den beiden Extremen: Geringe Bodenpressung — hohe Fahrgeschwindigkeit liegt die große Masse der Einsätze, in denen sowohl auf Raupen wie auf Reifen gefördert werden kann. Hier spricht im allgemeinen die Tragfähigkeit der Fahrbahn das letzte Wort. Grundsätzlich sollte man den Reifen — hier insbesondere den großen Niederdruckgeländereifen — den Vorzug geben, wenn die Fahrbahn fest genug und für den Reifeneinsatz geeignet ist. Erst wenn diese Voraussetzungen nicht mehr zutreffen, ist das Raupenfahrwerk zu verwenden. Der Reifen schiebt sich mehr und mehr in den Vordergrund, und seine Vorteile sind es wert, daß man ihm die gebührende Beachtung schenkt.

2.32 Straßen- oder Geländefahrzeuge. Ist man sich darüber klar, daß Reifenfahrzeuge verwendet werden können, so ist (bei Förderweiten über 300 m) zu klären, ob der Transport über schlechte Wegstrecken im Gelände durchgeführt werden muß oder auf festen Fahrbahnen erfolgen kann. Wenn irgend möglich ist der letztere Weg anzustreben. Der leistungs- und kostenmäßige Vorteil einer festen Fahrbahndecke fällt bei größeren Bauprojekten und entsprechender Transportweite so ins Gewicht, daß stets zu überlegen ist, ob nicht der Bau besonderer Erdstraßen für den Förderverkehr zweckmäßig ist. Der Leistungsgewinn durch höhere Fahrgeschwindigkeiten ist im allgemeinen so groß, daß jede Anlage einer festen Fahrbahn wirtschaftlich gerechtfertigt ist. Kommt als Förderweg die übliche Straße in Frage, so können normale LKWs mit Hinterkipper und sonstige leichtere straßengängige Ausführungsformen gewählt werden. Ist dagegen nur eine feste Erdfahrbahn vorhanden, die meist erst im Hinblick auf den Förderverkehr angelegt wird und im allgemeinen aus lehmvermörtelten Kiesschüttungen besteht, so müssen die schwereren Konstruktionen der Spezial-Erdtransportfahrzeuge herangezogen werden.

Praktisch liegen die Dinge so:

Verstärktes LKW-Straßenfahrwerk. Für feste Fahrbahnverhältnisse. Geländefahrten kommen nur über kurze Zubringerstrecken zwischen Be- oder Entladestelle und feste Fahrbahnen in Frage.

Spezial-LKW-Fahrwerk für Erdtransport. Prototyp dieser Fahrzeugklasse ist der Euclid-Hinterkipper. In seinen konstruktiven Grundzügen entspricht das Chassis noch dem LKW-Fahrwerk, ist jedoch wesentlich robuster und im Hinblick auf die großen Nutzlasten stärker ausgeführt. Die Achsen sind kaum oder gar nicht gefedert, die Getriebe haben entsprechend dichtere Stufenunterteilung und die Motoren sind stärker. Doch auch diese Geräte sind für ausgesprochene Geländefahrten nicht geeignet. Ihr Einsatz ist im großen und ganzen ebenfalls an festere Fahrbahnen gebunden. Sie haben allerdings den Vorteil, daß sie dank der großen Belastung der Antriebsachse eine Steigfähigkeit von 50 bis 80% erreichen können.

Spezialfahrwerk für Erdtransport im Gelände. Hierher gehören vor allem die Bodenschütter. Auch die Motorschürfwagen sind dazu zu rechnen, ebenfalls die Hinterkipper von LeTourneau. Die Geländegängigkeit wird durch große Niederdruckreifen erreicht, die geringeren Rollwiderstand und geringere Bodenpressung haben als die Reifen der beiden anderen Fahrzeuggruppen. Wenn auch ihre Steigfähigkeit nicht so groß wie die der Hinterkipper ist (infolge geringerer Belastung der Antriebsachse), so liegt der Vorteil der Spezial-Geländetransportfahrzeuge in der Geländegängigkeit und damit in der Unabhängigkeit von festen Wegen. Strenggenommen sind nur *sie* zu den Geräten der ,,geländegängigen'' Erdbewegung zu rechnen.

2.33 Zwei -oder dreiachsige Hinterkipper. Die Meinungen gehen hier auseinander. Fest steht, daß der Vorteil des Dreiachsfahrwerks um so klarer in Erscheinung tritt, je schlechter die Fahrbahnverhältnisse werden. Kann man mit dem Fahrzeug auf der festen Straße bleiben, so sind zweiachsige Geräte ausreichend. Muß dagegen stellenweise auch im Gelände gefahren werden, so ist das Dreiachsfahrzeug (doppelte Hinterachse) vorzuziehen.

Von den Befürwortern des Zweiachsfahrwerks wird ins Feld geführt, daß die Kosten für den Unterhalt des Fahrwerks mit der geringeren Reifenzahl entsprechend kleiner sind. Die Untersuchungen haben aber ergeben, daß beim Vergleich der Gesamtkosten *keine* Unterschiede zwischen Zwei- und Dreiachsfahrwerk bestehen. Wohl sind die Anschaffungskosten für die vier oder sechs Reifen des Zweiachsfahrwerks geringer als für die sechs oder zehn Reifen des Dreiachschassis, dafür liegen Verschleiß und Lebensdauer im letzteren Falle günstiger. So gleichen sich die Kosten etwa aus, und übrig bleibt die Festigkeit der Fahrbahn-

decke bzw. die Frage, in welchem Umfang Geländefahrten durchzuführen sind, als ausschlaggebender Gesichtspunkt.

2.34 Einfache oder doppelte Bereifung. Jahrzehntelang haben
zwillingsbereifte Hinterachsen des Hinter- oder Seitenkippers hohen
Reifenverschleiß gehabt, weil man nicht verhindern konnte, daß sich
Steine zwischen die Reifen klemmten, die während der Fahrt die (an
sich schon empfindlichen) Reifenseitenwände aufrieben. Heute ist auch
dieses Problem technisch gelöst, und die Beschädigung der Reifenseitenwände ist bei Zwillingsreifen kaum größer als bei Einfachreifen.

Wann Zwillingsreifen zu verwenden sind, hängt vor allem von der
Bodenpressung des Fahrwerks und von der Tragfähigkeit der Fahrbahndecke ab. Die reinen Transportfahrzeuge mit LKW-Fahrgestell haben
heute ausschließlich Zwillingsreifen und scheiden für die weitere Erörterung aus. Bedeutung hat die Frage besonders für die Schürfwagenanhänger, die sich in der Bodenpressung stark von der Zugmaschine,
dem Raupenschlepper, unterscheiden. Um Schürfwagenanhänger auch
in weniger tragfähigen Böden einsetzen zu können, muß der Bodendruck
unter den Reifen auf die Flächenpressung der Raupenketten reduziert
werden, also auf etwa $0,5 \text{ kg/cm}^2$. Das ist u. a. durch Zwillingsbereifung
möglich. Doppelte Bereifung wird vor allem in Holland angewendet,
wo vielfach in aufgeweichtem Boden gefahren werden muß. Die dortigen
Schürfkübel haben mit Zwillingsbereifung eine Bodenpressung von nicht
mehr als $0,35-0,4 \text{ kg/cm}^2$.

2.35 Ein- oder zweiachsige Sattelschlepper? Bekanntlich werden
die Sattelschlepper für Motorschürfwagen, Bodenschütter usw. sowohl
in ein- wie in zweiachsiger Ausführung hergestellt. Während einige
Firmen für die gleichen Arbeitsgeräte sowohl ein- wie zweiachsige Schlepper anbieten (z. B. Caterpillar), haben sich andere Hersteller (z. B.
Euclid) nach reiflichen Erprobungen der verschiedenen Ausführungsformen für die eine oder andere von ihnen entschieden.

Fahrzeuge mit *einachsigem Sattelschlepper* haben im allgemeinen
folgende Vorteile:

1. Durch die einzige Achse des Schleppers ist die Beweglichkeit und Manövrierfähigkeit des Gerätes erhöht. Der Schlepper kann durch Abbremsen eines Rades
ohne nennenswerte Verzögerung auf 90° einschlagen.

2. Die große Beweglichkeit des Schleppers gegenüber dem aufgesattelten Anhänger ermöglicht die Anwendung der Zickzackkurssteuerung (s. Bild 23) als
Manöver zum Freiarbeiten mit eigener Kraft bei Steckenbleiben oder Festfahren
im Gelände.

3. Da sich das aufgesattelte Gerät etwa zur Hälfte auf den Sattelschlepper
abstützt, kann dieser Gewichtsanteil voll und ganz auf die Triebradachse wirken
und damit Adhäsionsgewicht und Kraftschluß günstig beeinflussen. Beim Zweiachsschlepper verteilt sich der auf den Schlepper entfallende Gewichtsanteil zu
einem gewissen Grade auch auf die vorderen Lenkräder und geht dem Kraftschluß

der Triebräder verloren. Während bei Einachsschleppern etwa 50—60 % des Gesamtgewichts auf die Antriebsachse entfallen, sind es bei Zweiachsschleppern nur etwa 40 %. Die restlichen 10—20 % des vorderen Gewichtsanteils stützen sich auf die Lenkachse.

4. Bei zweiachsigen Schleppern haben die vorderen Lenkräder im allgemeinen einen kleineren Durchmesser als die hinteren Triebräder, und der Rollwiderstand wird umso größer, je kleiner der Raddurchmesser ist. Einachsschlepper liegen in dieser Hinsicht günstiger.

Für den Zweiachsschlepper sind folgende Gesichtspunkte ins Feld zu führen:

1. Daß beim Einachsschlepper ein größerer statischer Gewichtsanteil auf die Triebachse entfällt, muß nicht unbedingt bedeuten, daß die effektive Zugkraft

größer ist. Beim Zweiachsschlepper entsteht durch das Anfahrmoment ein Aufbäumen des Schleppervorderteils und damit ein Anheben der Vorderachse. Das Anzugsmoment der Triebachse hat eine gewisse Gewichtsverlagerung von vorn nach hinten zur Folge. Beim Zweiachsschlepper bedeutet das eine Erhöhung des Adhäsionsgewichtes der Triebräder (Bild 52), beim Einachsschlepper dagegen eine Verlagerung des Gewichtes von der vorderen Triebachse auf die hintere leerlaufende Anhängerachse und damit eine Reduzierung des Adhäsionsgewichtes. Diese Erscheinung tritt nicht nur im Augenblick des Anfahrens auf. Immer wenn der Schlepper schwer ziehen muß (und besonders hohes Adhäsionsgewicht erwünscht

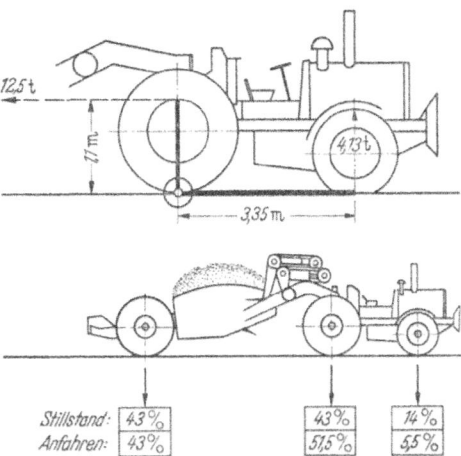

Bild 52. Gewichtsverlagerung beim Anfahren eines Motorschürfwagens mit Zweiachsschlepper. Durch das Anzugsmoment der Triebräder entsteht ein Aufbäumen des Schleppers um die Triebachse. Dadurch erhöht sich das Adhäsionsgewicht der Triebräder von 43% (im Stillstand) auf 51,5%.

ist), wird durch die Rückwirkung des Antriebmomentes der Triebräder auf den Schlepper ein Anheben der vorderen Lenkräder und somit sowohl eine Reduzierung ihres Fahrwiderstandes wie eine zusätzliche Belastung der Triebräder (dynamische Gewichtsverlagerung) erreicht. Dieses Aufbäumen mit dem Abheben der Vorderräder vom Boden ist beim Auftreten höherer Fahrwiderstände (Einsatz in wenig tragfähigen Böden) gut zu beobachten.

2. Bei Zweiachsschleppern muß ein gewisser Prozentsatz der Motorkraft für die Überwindung des Rollwiderstandes der vorderen Lenkräder aufgewendet werden. Das fällt beim Einachsschlepper weg. Dafür benötigt er einen Teil der Motorkraft für die Betätigung der hydraulischen Lenkvorrichtung der Triebräder, während das Lenken des Zweiachsschleppers mechanisch von Hand geschieht.

3. Beim Zweiachsschlepper sind Steuerungs- und Antriebsmechanismus getrennt auf verschiedenen Achsen untergebracht. Das bedeutet eine gewisse Vereinfachung der Konstruktion und damit leichtere Instandhaltung.

4. Fällt bei Einachsschleppern die Hydraulikanlage aus, so läßt sich das Gerät nicht mehr steuern. Die mechanische Lenkung des Zweiachsschleppers ist betriebssicherer.

5. Die Zweiachsschlepper können in der Praxis schneller fahren. Durch die separaten Lenkräder läßt sich jedes Fahrzeug bei größeren Geschwindigkeiten besser und feinfühliger steuern. Auch kann das insgesamt dreiachsige Gerät beim Fahren über Bodenunebenheiten nicht so sehr in Fahrschwingungen geraten wie das nur zweiachsige Gerät mit dem Einachsschlepper.

3 Betriebstechnische Gesichtspunkte.

3.1 Antriebsleistung.

Sie ist ausschlaggebend für die Bestimmung der zweckmäßigen Schleppergröße. Bei gleichem Kübel- oder Gefäßinhalt variieren die Antriebsleistungen der einzelnen Gerätetypen erheblich. Ähnlich steht es mit den Unterschieden hinsichtlich der Kraft zum Laden und der „Lebendigkeit" bei Geländefahrten. Während das Verhältnis Konstruktionsgewicht : Nutzlast bei gewöhnlichen LKWs 1 : 7 bis 1 : 9 beträgt, hat es bei Erdbauhinterkippern etwa die Größe 1 : 1. Motorschürfwagen liegen zwischen 1 : 0,9 bis 1 : 1,3, Bodenschütter zwischen 1 : 3 bis 1 : 5. Ausschlaggebend für die Wahl der Antriebsleistung sind Lösefestigkeit bzw. Gewicht des zu transportierenden Materials, Rollwiderstand, Steigungen und Unebenheit des Geländes.

3.2 Gerätegröße.

Betrachtet man die zweckmäßige Gerätegröße allein von der wirtschaftlichen Seite, so sollten die Geräte grundsätzlich so groß wie möglich gewählt werden, denn je größer sie sind, um so billiger arbeiten sie, um so weniger kostet der m³ Bodenbewegung. Diesem „So groß wie möglich" stehen andere betriebstechnische und auch finanzielle Gesichtspunkte entgegen. Auch die Frage der Zuverlässigkeit des Maschineneinsatzes spielt hinein. So richtig es auf der einen Seite ist, eine Bodenförderung mit wenigen, aber großen Geräten durchzuführen, so richtig ist es im Interesse möglichst gleichmäßiger Förderleistungen, mit recht vielen, aber kleinen Geräten zu arbeiten. Fällt ein großes Gerät aus, so kann der ganze Förderbetrieb mit allen seinen Hilfseinrichtungen zusammenbrechen, während der Ausfall eines kleinen Gerätes bei der Masse der eingesetzten Maschinen gar nicht ins Gewicht zu fallen braucht. Die Frage wird letzten Endes von der betrieblichen Zuverlässigkeit der verwendeten Konstruktionen und von den Beanspruchungen während des Einsatzes abhängen.

Die Größe der Fahrzeuge richtet sich weitgehend nach dem Umfang der Erdbewegung. Bei getrennten Lade- und Transportgeräten ist auf die richtige Abstimmung beider Gerätegrößen zu achten. Die allgemeine Tendenz geht dahin, immer größere Geräte einzusetzen. So nehmen die Kübelgrößen der neuentwickelten Schürfwagentypen ständig zu. Auch die Spezial-Erdtransportfahrzeuge werden immer größer und immer schwerer. Das alles spricht für eine Bevorzugung der großen Geräte in der Praxis und letzten Endes für eine immer stärkere Berücksichtigung der wirtschaftlichen Argumente bei der Festlegung des Geräteparkes.

3.3 Hilfsgeräte.

Hierher gehören vor allem die Schubraupen, Tiefreißer und Erdhobel. Auf ihre Bedeutung und ihren Einsatz ist schon an anderer Stelle hingewiesen worden. Wenn sie nochmals Erwähnung finden, so hauptsächlich wegen des Hinweises, daß man bei der Geräteauswahl mit ihnen nie sparen sollte. Eine Schubraupe muß nicht erst dann eingesetzt werden, wenn es ein Schürfwagen nicht mehr aus eigener Kraft schafft, sich selbst zu beladen. Selbst wenn die Füllung des Kübels auch ohne Schubraupeneinsatz völlig ausreichend ist, sollte dennoch ihre Verwendung erwogen werden, schon um die Ladezeiten abzukürzen und dadurch die Umlaufleistung zu erhöhen. Praktisch sollten alle Reifenfahrzeuge mit Schubraupenunterstützung laden, wenn nicht der Einfluß der Schubraupe durch eine gewisse Neigung der Schürfstrecke ersetzt werden kann. Auch bei Schürfwagen, die von Raupenschleppern gezogen werden, ist die Verwendung von Schubraupen keineswegs als Nachteil für die betreffende Gerätekombination auszulegen. Da Schubraupen erst voll ausgelastet sind, wenn sie mindestens zwei oder drei Schürfwagen beladen können, ist ihr Einsatz an die Größe des Objekts gebunden.

Ähnliche Gesichtspunkte gelten für den Tiefreißer. Auch er soll nicht erst eingesetzt werden, wenn es gar nicht mehr anders geht. Jede Vorlockerung des Bodens beschleunigt die Ladezeit und damit die Umlaufleistung. Meist ist es angebracht, die Schubraupe mit einem Tiefreißer zu kombinieren und die Schubpausen mit Aufreißarbeiten auszunutzen. Anbautiefreißer sind für diese Kombination besonders gut geeignet.

Daß die Wirtschaftlichkeit der Reifengeräte an die Ausnutzung der hohen Fahrgeschwindigkeit und diese wieder an das Vorhandensein glatter ebener Förderwege gebunden ist, wurde schon gesagt. Daher sind Erdhobel für alle Einsätze von Reifengeräten unentbehrlich. Die zusätzlichen Kosten für die Unterhaltung der Förderwege werden mehr als ausgeglichen durch die höheren Förderleistungen, die durch den Einsatz des Erdhobels ermöglicht werden.

F. Füll- und Fahrdynamik der gleislosen Geräte.

1 Bodenuntersuchungen.

1.1 Der Boden im gleislosen Erdbau.

Der Flachbaggereinsatz (und darüber hinaus die gesamte gelände-gängige Erdbewegung) wird wie kaum ein anderer maschineller Bau-vorgang bestimmt durch das Zusammenwirken der drei Faktoren Mensch, Maschine und Boden. Während das menschliche Element in seinem Einfluß weitgehend „regulierbar" ist, liegen die Beziehungen zwischen Maschine und Boden außerhalb jeder günstigen Einflußnahme und müssen als gegeben hingenommen werden. Ihre Einsatzweise bringt es mit sich, daß die Flachbagger beim Schürfen und Füllen der Kübel wie beim Fahren über die Geländeoberfläche stets mit dem Boden in Berührung stehen. Der Zwang, sich aus der Bewegung heraus selbst zu beladen und bei der Fortbewegung gegen ein weitgehend labiles Medium abzustützen, führt zu einer sehr weitgehenden Einflußnahme des Bodens auf die Geräteleistung.

Voraussetzung für jede genauere Leistungsermittlung ist, daß sich die Materie „Boden" in ihrem typischen Verhalten den einzelnen Phasen des Förderprozesses gegenüber genau genug erfassen läßt. Zur Kenn-zeichnung des Bodens stehen bereits viele Zahlen und Begriffe zur Ver-fügung. Sie beziehen sich jedoch meist auf den Boden als Baustoff oder Baugrund und die dort vorliegenden weitgehend statischen Verhältnisse. Sie berücksichtigen Beanspruchungsformen, bei denen die angreifenden Kräfte meist in Richtung und Größe konstant bleiben und „Be-wegungen" nur als verhältnismäßig langsame Änderungen vorkommen.

Die Erdbewegung trägt — im wörtlichen wie im übertragenen Sinne— dynamischen Charakter. Die Geräte stehen während der ganzen Arbeits-zeit mit dem Boden in Berührung und sind ihm gegenüber ständig in Bewegung: Beim Schürfen wird er aus dem gewachsenen Zusammenhang losgetrennt und aufgelockert und beim Füllen in das Fördergefäß hinein-geschoben. Er muß sich schichtweise ablagern, wird zusammengedrückt und gerollt, muß hochquellen und sich häufen. Diese Beanspruchungs-formen machen es erforderlich, daß man den Boden aus einer *anderen* Perspektive betrachtet, einer Perspektive, die dem dynamischen Cha-rakter der Bodenbewegung Rechnung trägt.

Der Boden ist gleichzeitig Fahrbahn. Die Beanspruchungen der Ge-ländefahrbahn durch die fahrenden Geräte sind ebenfalls dynamischer Natur. Die Belastung der Fahrbahn beim Darüberfahren erfolgt kurz-zeitig und ist gekennzeichnet durch zahlreiche Stöße, Erschütterungen und Rüttelbewegungen. Die Bodenbeschaffenheit auf der Schürfstrecke ist anders als auf der Kippe, und auf den Förderwegen wechseln Bodenart und -zustand ständig.

Die Schwierigkeiten bei der Zusammenstellung exakter Leistungsangaben ergeben sich aus der Notwendigkeit, Bodenkennwerte zu finden, die eine eindeutige Zuordnung der Meßergebnisse ermöglichen. Zu diesem Zweck muß untersucht werden, wie der Boden durch den Arbeitsprozeß der Flachbagger beansprucht wird und welche Kennziffern hierbei sein Verhalten charakterisieren.

1.2 Kennzeichnung der Böden.

1.21 Bodenhauptgruppen. Richtungweisend für eine Bodenkennzeichnung im gleislosen Erdbau ist die Frage: Wie verhält sich der Boden a) als Schürfgut, b) als Füllgut, c) als Fahrbahn.

Wie die Untersuchungen zeigten, war in allen Fragen der Wechselbeziehungen zwischen Boden und Gerät der Zusammenhang der Bodenkörnung von vorherrschendem Einfluß. Er wurde daher als maßgebender Gesichtspunkt für die grobe Einteilung der Böden in drei Bodenhauptgruppen als übergeordnete Sammelbegriffe verwendet.

Es wurden unterschieden:

Bodengruppe R: *Rollige Böden:* Zusammenhangloses Korngefüge.

Bodengruppe B: *Bindige Böden:* Körner durch Oberflächenkräfte oder verkittende Bestandteile gebunden.

Bodengruppe G: *Geweboböden:* Korngefüge außer durch kohäsive Kräfte auch durch organisches Wurzelgeflecht zusammengehalten.

Die Einteilung in rollige und bindige Böden ist vom Erdbau her hinreichend bekannt. Die Kennzeichnung und Zusammenfassung der Geweböden in einer besonderen Gruppe war im Hinblick auf eines der Hauptanwendungsgebiete der Flachbagger, den Abtrag von Oberflächenbewuchs und Mutterboden, erforderlich. Die Geweböden — (typische Vertreter: Grasnarbe, Heidekraut, Gestrüpp usw.) verhalten sich den füllmechanischen Beanspruchungen gegenüber unterschiedlich zu den übrigen Böden und müssen besonders charakterisiert werden, wenn man die Geräteleistungen auch für diese Einsatzart genauer erfassen will.

1.22 Arbeitsmechanische Kennzeichnung. Bei der genaueren Leistungskalkulation werden folgende bodenabhängige füll- und fahrdynamische Einflußgrößen benötigt:

Für die Nutzladung:

Schürfwiderstand, Füllwiderstand, Füllungsgrad, Auflockerung.

Für die Fahrbewegung:

Tragfähigkeit, Kraftschluß, Rollwiderstand.

Während sich die Beziehungen zwischen Fahrwerk und Fahrbahn mit weitgehend bekannten Methoden erfassen lassen, mußten für die Darstellung der Zusammenhänge zwischen Fördergefäß und Fördergut

einige neue Bodenkennziffern eingeführt werden. Die Gesichtspunkte
für ihre Aufstellung ergaben sich aus dem Bodengewinnungsprozeß der
Schürfgefäße: Der Ladevorgang eines Flachbaggers zerfällt in das
Schürfen und das Füllen. In beiden Ladephasen wird der gleiche Boden,
jedoch in unterschiedlichem Zustand verarbeitet. Beim *Schürfen* tritt
er in natürlicher Lagerung als „*primäres Korngefüge*" auf. Beim *Füllen*
wird er, durch den vorausgegangenen Schürfprozeß in seinem ursprünglichen Zusammenhang aufgelockert und zerstört, als sog. „*sekundäres
Korngefüge*" in das eigentliche Fördergefäß gefüllt.

Die Überlegungen darüber, welche Bodeneigenschaften im Hinblick
auf den Flachbaggereinsatz besonders charakteristisch sind, führten zu
den in Ü 15 dargestellten Zusammenhängen. Im einzelnen ist zu sagen:

1.221 Der Boden als Schürfgut. Der in ungestörter Lagerung bzw.
in gewachsenem Zustand anstehende Boden tritt während des Schürfvorganges kräftemäßig als Schürfwiderstand in Erscheinung. Der
Schürfwiderstand hängt von der Gewinnungsfestigkeit ab. Die Kennzeichnung der Böden nach der Gewinnungs- bzw. Lösefestigkeit ist nicht
neu. Erwähnt seien nur die (allerdings sehr grobe) Einteilung nach
DIN 1962 und die verfeinerten Einteilungen nach den Vorschlägen von
KÖGLER (s. Anhang 1), RZIHA, KLIEMANN, KRIPNER und anderen. Alle
derartigen Vorschläge laufen auf die Kennzeichnung des Zusammenhanges des Korngefüges hinaus und unterstreichen den Einfluß der
Kohäsion. Ihre Abstufung ist jedoch für die Arbeitsweise der Flachbaggergeräte, die schon auf geringfügige Bodenunterschiede sehr
empfindlich reagieren, zu grob.

Das Schürfen der Flachbaggergeräte ist ein Schnittvorgang. Es lag
nahe, in ähnlichen Vorgängen auf anderen Gebieten Parallelen zu suchen.
Wie z. B. die Untersuchungen von HUCKS gezeigt hatten, ist beim Zer-
spanungsvorgang an Werkzeugmaschinen die Scherfestigkeit des Materials von ausschlaggebender Bedeutung. Ein annähernder Vergleich
der Materialbewegungen während beider Schnittvorgänge trifft allerdings nur dann zu, wenn es sich um nichtbindigen Boden handelt oder
wenn bindiger Boden harter Konsistenz mit geringer Schürftiefe abgegraben wird. Auch der Anstellwinkel der Schneide spielt eine gewisse
Rolle. Die steilen Schneiden der Planierschilde rufen am ehesten Schnittbilder hervor, die denen der Zerspanung ähneln. Bei den Werkzeugmaschinen kann jedoch der Span stets frei nach oben wegfließen, während das beim Planierschild nur anfangs möglich ist. Mit fortschreiten-
dem Schürfvorgang lastet die Nutzladung des Schildes bzw. eine mehr
oder weniger große „Stauwelle" des Kübels auf der Scherfläche und
gibt andere Schnittbilder.

In der Mehrzahl der Fälle wird bindiger Boden plastischer Konsistenz mit Schürftiefen über 10 cm und verhältnismäßig flachem

Schnittwinkel (etwa 45°) abgegraben. Hier kommt es nicht zu einem Bruch des Bodens mit ausgeprägten Scherflächen, sondern zu einer

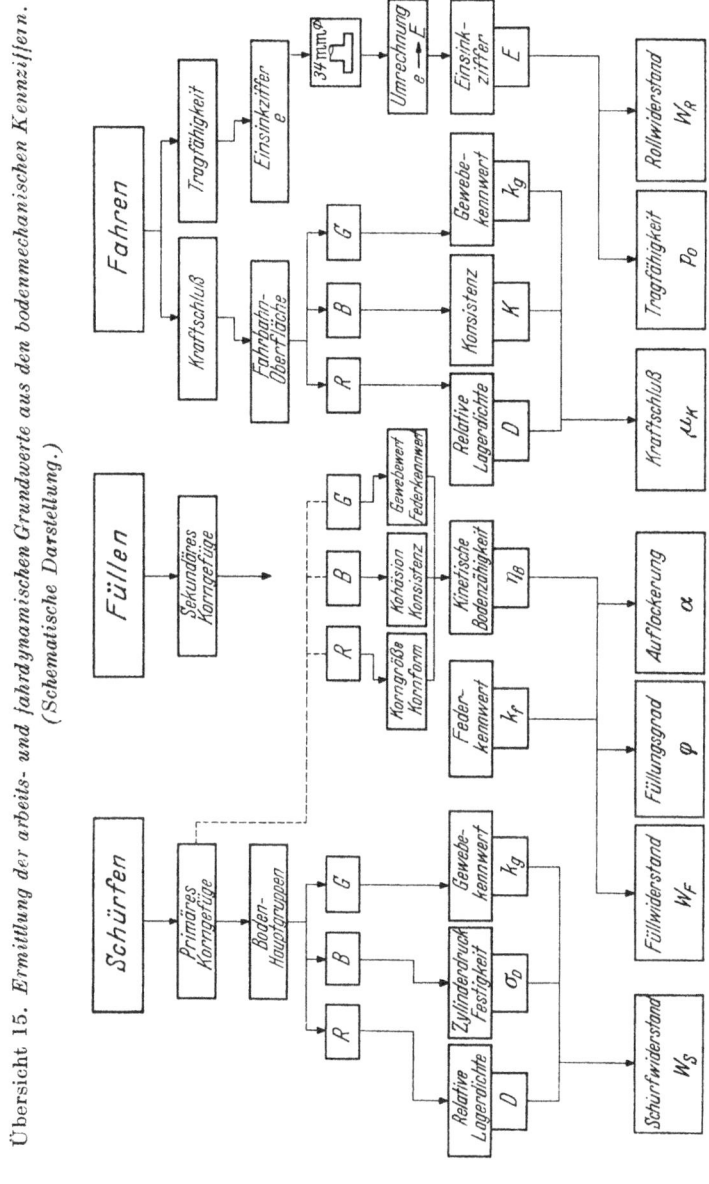

Übersicht 15. *Ermittlung der arbeits- und fahrdynamischen Grundwerte aus den bodenmechanischen Kennziffern.* (Schematische Darstellung.)

plastischen Verformung. Über die Arbeiten von RATJE, DINGLINGER u. a. hinaus werden z. Z. weitere Untersuchungen durchgeführt, um die Beanspruchung des *bindigen* Bodens beim Schürfen zu klären.

Im Rahmen der Schürfwiderstandsermittlung wurden verschiedene Möglichkeiten der Bodenkennzeichnung in Erwägung gezogen und eine Reihe von Bodenkennziffern darauf untersucht, ob und wieweit sie sich als Bezugsgrößen für die Zuordnung der Meßwerte eignen.

Am klarsten lagen die Verhältnisse bei den *rolligen* Böden. Dort ließ sich die Lagerdichte des Korngerüstes als Kennziffer verwenden. Ihre Ermittlung ist bekannt.

Bei den *bindigen* Böden stand die Scherfestigkeit (Reibung + Kohäsion) im Vordergrund. Die Untersuchungen hatten die Kohäsion als maßgebenden Faktor für die Größe des Schürfwiderstandes herausgestellt. Da die bei 10—30 cm Schürftiefe in der Schnittebene auftretenden Normalspannungen verhältnismäßig gering sind, wird die Scherfestigkeit des Bodens hauptsächlich durch den kohäsiven Anteil bestimmt, so daß die Kohäsion als Bezugsgröße ihre Berechtigung hat. Da exakte Schürfwiderstandsversuche mit dem Schergerät nicht einfach durchzuführen sind, und da die Ermittlung der Scherziffer grobkörniger Böden (Geschiebelehm, Boden mit Felstrümmern u. dgl.) mit Baustellenmitteln auf Schwierigkeiten stößt, erschien es zweckmäßig, einfacher zu gewinnende Kennziffern zu wählen. In Betracht kamen die Geräte zur schnellen Prüfung der Festigkeit bindiger Böden, z. B. der Dichtprüfer von KÖGLER, die Proctor-Nadel, der Federwaagenkegel usw., von denen die beiden letzteren für zahlreiche Untersuchungen verwendet wurden. Daneben wurde auch die Zylinderdruckfestigkeit bei unbehinderter Seitenausdehnung (die ja mit der Scherfestigkeit weitgehend identisch ist) herangezogen. Nach Prüfung der verschiedensten Möglichkeiten durch vergleichende Meßreihen stellte sich schließlich die Zylinderdruckprobe (einachsialer Druckversuch) als das für den vorliegenden Zweck am besten geeignete Meßverfahren heraus.

Für die *Gewebeböden* mußte eine besondere Kennziffer, der sog. Gewebebeiwert k_g geschaffen werden. Auf seine Ermittlung wird unten näher eingegangen.

1.222 Der Boden als Füllgut. Bei den Hauptarbeitsgeräten der Flachbagger, dem Planierschild und dem Schürfkübel, wird der Boden als dünne Schicht in das Fördergefäß hineingepreßt und dort bestimmten füllmechanischen Beanspruchungen unterworfen. Die Eigenart der Füllbewegungen bringt es mit sich, daß die Füllung eines Flachbaggergrabgefäßes durch die Beschaffenheit des Bodens in weiten Grenzen variiert wird. Bei dem Versuch, die jeweilige Kübelfüllung mit der Bodenbeschaffenheit in Zusammenhang zu bringen, ergaben sich erhebliche Schwierigkeiten. Sie rührten daher, daß der Boden vor dem Schürfen in seiner Struktur anders geartet ist als beim späteren Füllen. Vor dem Schürfen kann er praktisch in allen Konsistenzformen von flüssig bis hart und in Kornfraktionen von den Tonkolloiden bis zu den

Körnern unendlicher Größe — dem gewachsenen Fels — anstehen. Beim Lostrennen aus dem gewachsenen Zusammenhang durch die Schneide des Kübels, durch Tiefreißer oder durch Sprengen wird das ursprünglich vorhandene primäre Bodengefüge in ein solches sekundärer Natur überführt. Z. B. wird breiiger bis weichplastischer Boden unter weitgehendem Beibehalt des primären Einzelkorngefüges nur aufgelockert, während Boden von steifplastischer bis harter Beschaffenheit in seinem ursprünglichen Zusammenhang zerstört und je nach der Bindigkeit in mehr oder weniger große Klumpen, angefangen vom krümeligen über den bröckeligen, scholligen bis hin zum schiefrigen und Geröllzustand, umgewandelt wird.

Um die füllmechanischen Vorgänge, insbesondere die erzielten Kübelfüllungen, mit dem Boden in Zusammenhang zu bringen, kann nicht die primäre, sondern muß die sekundäre Zustandsform herangezogen werden. Nicht die physikalische Zusammensetzung des ungestörten Bodens, sondern die mechanische Beschaffenheit des sekundären Bodengefüges ist hier von Bedeutung, wobei es vor allem auf Gewicht, Größe und Form der sekundären Teilchen sowie auf die Beschaffenheit und Härte ihrer Oberfläche ankommt.

Es wird hier eine Kennziffer benötigt, die die sekundäre Struktur im Hinblick auf ihr Verhalten während des Füllvorganges genügend scharf charakterisiert und als Grundlage für alle bodenbedingten fülltechnischen Ermittlungen, insbesondere zur Berechnung des Füllungsgrades der Schürfgefäße, dienen kann.

Die umfangreichen Beobachtungen der Füllvorgänge in Schürfkübeln und Planierschilden führten zu der Erkenntnis, daß sich der Boden (entgegen anderen Ansichten) am ehesten wie eine zähe Flüssigkeit verhält. Der Begriff „zähe Flüssigkeit" wird hierbei nicht nur auf tatsächlich flüssige, breiige oder plastische Böden — also auf alle ihrem Charakter nach bindigen Böden — angewandt, sondern auch auf loses, nichtbindiges Korngefüge vom Schluff bis zum Felsgeröll. Die Stauwelle, die sich beim Laden von Schürfkübeln sowohl in breiigen wie auch in trockenen feinsandigen Böden vor der Schneide herschiebt, liefert auch den besten Beweis dafür, daß die hier auftretenden bindigen und nichtbindigen Böden in ihrem strömungstechnischen Verhalten gleichgesetzt werden können.

Gewählt wurde eine Meßgröße, die dem Flüssigkeitscharakter des sekundären Bodengefüges besonders Rechnung trägt. Sie entspricht dem Staudruck der Aero- bzw. Hydrodynamik und wird als „Kinetische Bodenzähigkeit η_B" bezeichnet. Aus der Erkenntnis, daß der Zusammenhang zwischen den Bodenverhältnissen und den Füllvorgängen auf ein rein mechanisches Problem, nämlich die Reaktion des Bodengefüges den füllmechanischen Bewegungsphasen gegenüber, zurückgeführt wer-

den kann, wurde der verschiedenartige Einfluß der bodenphysikalischen
Kennziffern zu einer einzigen Größe zusammengefaßt, die sich speziell
auf die Zähigkeit der in Bewegung befindlichen Strömung „Boden"
während des Füllprozesses bezieht. Die Einführung von η_B ermöglicht
es, die Zusammenhänge zwischen Gerät und Boden wesentlich zu vereinfachen und Messungen über Kübelfüllung und Ladewiderstand dem
Boden klarer zuzuordnen.

1.223 Der Boden als Fahrbahn. Auch die Festigkeit der Fahrbahn
im Gelände kann von großem Einfluß auf die Förderleistungen sein. Bei
der Wahl entsprechender Kennziffern muß berücksichtigt werden, daß
die Fahrbahndecke auf vertikalen Druck wie auf horizontalen Schub
beansprucht wird und somit zwischen vertikaler und horizontaler
Festigkeit unterschieden werden muß. Beide Werte hängen boden-
physikalisch von der Scherfestigkeit ab, können in der Praxis jedoch
erhebliche Unterschiede aufweisen. So kommt es oft genug vor, daß ein
Boden mit aufgeweichter Oberfläche nur geringen Kraftschluß abgibt,
aber trotzdem gute Tragfähigkeit besitzt, weil der Kraftschluß nur von
der Festigkeit der etwa 5 cm dicken Bodenschicht an der Oberfläche abhängt, während bei der Tragfähigkeit auch die tieferen meist festeren
Schichten mitwirken.

Für die Beurteilung der Brauchbarkeit eines Geländestreifens als
Fahrbahn stehen Tragfähigkeit und Kraftschluß im Vordergrund. Die
Tragfähigkeit interessiert nicht nur im Hinblick auf die Frage, ob die
Fahrbahn ein Gerät überhaupt trägt; besonders wichtig ist das Ausmaß
des Einsinkens der Reifen oder Raupen für die Ermittlung des Rollwiderstandes. Grundbautechnisch gesehen sind es die Fragen des Grund-
bruches und der Setzungen, die hier Bedeutung haben.

Der Kraftschluß ist wie die Tragfähigkeit des Bodens von der Scherfestigkeit abhängig, allerdings hier nur von der Scherfestigkeit der
oberen Bodenzone. Als Kennziffer ist die Scherfestigkeit für alle Fahr-
bahnfragen von besonderem Interesse. Aber auch hier gilt, was bereits
beim Schürfwiderstand gesagt wurde, nämlich daß die nicht einfache
Durchführung des normalen Scherversuches seine Anwendung praktisch ausschließt. Zudem ist eine Fahrbahn für exakte Scherversuche
viel zu lang, und Untersuchungen haben nur dann Sinn, wenn sie sich
schnell und in entsprechend großer Anzahl durchführen lassen. Die
Fahrbahn muß — besonders bei unübersichtlichen Bodenverhältnissen — regelrecht abgetastet werden. Das gilt bereits für die Festlegung der Förderwege bei der Einsatzplanung, wo sich die Fahrtrouten
nicht immer nach der kürzesten Entfernung, sondern oft genug nach
dem tragfähigsten Untergrund richten.

Es ist hier zweckmäßiger, die maßgebende Fahrbahnfestigkeit für
Tragfähigkeit und Einsinken durch Stempeldruckversuche und diejenige

für den Kraftschluß bei R-Böden an Hand der Lagerdichte, bei B-Böden an Hand der Konsistenz der oberen Bodenschichten zu ermitteln. Als Kennzeichen der Tragfähigkeit wird die Einsinkziffer E gewählt. Die Ermittlung von E ist ihrer Art nach eine kurzzeitige Probebelastung mit einem glatten Stempel, wobei die Einsinktiefe gemessen wird.

Zur Kennzeichnung eignen sich die Meßwerte des Federwaagenkegels, des Dichteprüfers, der Proctor-Nadel usw. Bei allen diesen Messungen steht die leichte Durchführbarkeit an möglichst vielen Fahrbahnstellen im Vordergrund. Wegen der ständigen Schwankungen der Werte auf den Fahrbahnabschnitten tritt die Genauigkeit hinter der Häufigkeit der Messungen zurück.

Über die Kennziffer für den Kraftschluß ist zu sagen, daß zunächst die Zylinderdruckfestigkeit ins Auge gefaßt wurde. Das wäre wohl auch der exakteste Weg gewesen. Da aber das Kraftschlußproblem gerade dann akut wird, wenn aufgeweichte Fahrbahnen vorliegen, sind Zylinderdruckversuche nur bedingt durchführbar. Zudem haben Untersuchungen von LEUSSINK ergeben, daß die Festigkeit — und damit auch der horizontale Schubwiderstand — feuchter bindiger Böden fast ausschließlich von der Konsistenz des Bodens abhängig ist. Bei Kraftschlußversuchen in zahlreichen Böden hat sich immer wieder ergeben, daß diese Feststellung bei allen Konsistenzgraden des plastischen Bereiches — also gerade dort, wo die Kraftschlußermittlung besondere Bedeutung hat — gilt. Zudem sind die Schwankungen des Kraftschlusses einer Geländefahrbahn bei den wechselnden Bodenverhältnissen so groß, daß es vollauf genügt, bei bindigen Böden den Konsistenzgrad und bei rolligen Böden die Lagerdichte als entsprechende Bodenkennziffern zu verwenden.

1.3 Die Bodenkennziffern und ihre Ermittlung.

1.31 Allgemeines. Die Böden, in denen Flachbaggergeräte normalerweise zum Einsatz kommen, sind im allgemeinen verhältnismäßig feinkörnig. Einsätze von Schürfkübeln in grobem Moränengeröll oder in grobstückigem Haufwerk sind zwar möglich, werden aber kaum vorgenommen, da die Grabwerkzeuge für solche Materialien nicht geeignet sind. Häufiger ist schon der Einsatz von Planierraupen zum Zusammenschieben von Geröll oder gesprengtem Fels im Arbeitsbereich des Löffelbaggers, die Verteilung groben Haufwerkes beim Schütten von Erdstaudämmen u. dgl. Bei solchen Einsätzen handelt es sich aber stets um Arbeiten, die mit der Grabtechnik und Bodenmechanik der Flachbagger nicht mehr oder nur noch lose im Zusammenhang stehen. Die Feinheiten des Ladeprozesses, die durch die Unterschiede in der Bodenbeschaffenheit bedingt sind, treten nur bei feiner und mittlerer Körnung auf, und nur für solche Verhältnisse hat die genauere Ermittlung der arbeitsdynamischen Werte ihren Sinn. Schürfkübelgeräte kommen zu 90% in feinkörnigem Boden zum Einsatz; bei Geräten mit Schilden (Planierraupen, Erdhobel) beträgt diese Zahl ebenfalls rund 80%. Daher können die folgenden Untersuchungs- und Prüfverfahren, die in ihrer Anwendung meist auf Böden mit feinerer Kornstruktur zugeschnitten sind, in der überwiegenden Zahl der Einsatzfälle gut verwendet werden.

1.32 Lagerdichte _D_. Ihre Ermittlung ist in der Fachliteratur über Bodenmechanik und Bodenprüfung eingehend beschrieben. Für die Praxis des gleislosen Erdbaues kommen folgende Methoden in Frage:

a) _Ermittlung im Labor_ an Hand von _Bodenproben_:

Maßgebend ist die Formel

$$D = \frac{n_0 - n}{n_0 - n_d},$$

wobei

$n_0 =$ Hohlraumgehalt für lockerste Lagerung

$n \;=\;$,,   ,, natürliche   ,,

$n_d =$,,   ,, dichteste   ,,

b) _Ermittlung auf der Baustelle_ durch Messen des _Eindringwiderstandes einer Spitzensonde_ (60°-Kegel). Hingewiesen sei besonders auf die leichte Rammsonde nach KÜNZEL, die von Hand betätigt wird (Spitzendurchmesser = 20 mm) und eine schnelle Bodenuntersuchung ermöglicht. Ein ähnliches Gerät, das noch handlicher arbeitet, kann man durch Verwendung der Proctor-Nadel (siehe S. 164) schaffen, indem man an Stelle der üblichen Plattenstempel eine Nadel mit 60°-Kegel und 20 mm Durchmesser einsetzt. Damit lassen sich allerdings nur Drucksondierungen in geringer Tiefe (bis etwa 20 cm) durchführen; sie genügen aber in vielen Fällen, insbesondere bei der Untersuchung der Fahrbahn.

c) _Ermittlung auf der Baustelle_ durch Messen des _Eindringwiderstandes der US-Standard-Sonde_. Sie besteht aus einem Hohlrohr von 5 cm $\varnothing$, das in den Boden gerammt wird und aus der Zahl der Schläge für eine bestimmte Tiefe Rückschlüsse auf die Lagerdichte zuläßt (s. Abschn. 1.91).

Da der Einfluß der Lagerdichte auf den Schürfwiderstand verhältnismäßig gering ist (s. Bild 83) genügt es in vielen Fällen, sie nicht zahlenmäßig, sondern nur an Hand der üblichen Abstufungen (sehr locker, locker, mitteldicht usw.) zu unterscheiden.

1.33 Zylinderdruckfestigkeit σ_D. Sie läßt sich relativ einfach im einaxialen Druckversuch ermitteln. Verwendet wird ein Gerät, wie es z. B. HVORSLEV entwickelt hat, das sich gut für Schnellversuche unmittelbar auf der Baustelle eignet. Bekannt ist auch das Zylinderdruckgerät der Firma Farnell in England (Hatfield). In Deutschland wird ein ähnliches Gerät von der Firma Paul Stenzel, Hamburg, hergestellt

(Bild 53). Die zu untersuchende Bodenprobe kommt als ausgestochener Zylinder in ungestörter Lagerung mit natürlichem Wassergehalt zur Untersuchung und wird in einer Druckvorrichtung bis an die Festigkeitsgrenze belastet. Das Eintreten des Bruches und damit die Größe von σ_D zeigt sich durch Ausbildung einer schrägen Gleitfläche in etwa Zylindermitte mit plötzlichem Abrutschen der Probe nach der Seite oder durch allmählich immer stärker werdendes Aufbauchen. Nach CASAGRANDE kann hier die Bruchlast als gegeben angesehen werden, wenn eine 20%ige Stauchung der Probe eingetreten ist.

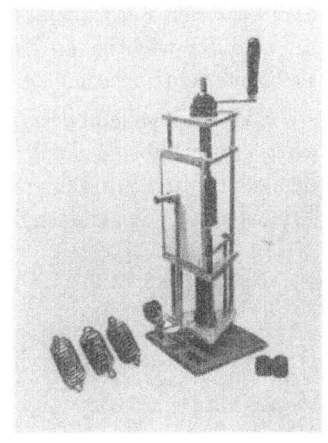

Die Bodenproben sollen so groß gewählt werden, daß der Einfluß gröberer Einschlüsse weitgehend ausgeschaltet wird. Als untere Grenze für die Abmessung des Bodenzylinders können 2,5 cm Durchmesser und 4 cm Höhe angesehen werden. Um vergleichbare Ergebnisse zu erhalten, muß das Verhältnis von Durchmesser zu Höhe (D : h) stets gleich sein.

Bild 53. Zylinderdruckgerät zum Messen von σ_D in einaxialem Druckversuch (Hersteller: Fa. Paul Stenzel, Hamburg-Bahrenfeld).

— Bei den zugrunde liegenden Untersuchungen wurde das Verhältnis $h = 1,5\, D$ gewählt. Hingewiesen sei darauf, daß der Zylinderdruckversuch eine direkte Ermittlung der Werte für Kohäsion und Reibung ermöglicht: Der Winkel ϑ, den die Bruchfläche des Zylinders gegen die Horizontale bildet, ist

$$\vartheta = 45° + \frac{\varrho}{2}.$$

Daraus ergibt sich der Reibungswinkel ϱ und aus diesem läßt sich mit Hilfe des Mohrschen Kreises der Kohäsionsbeiwert c ermitteln (Bild 54).

Dazu wird die Druckspannung σ_D im rechten

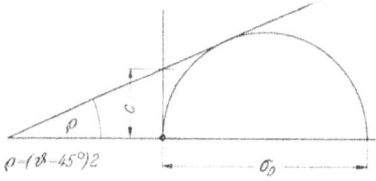

Bild 54. Ermittlung der Beiwerte für Reibung (ϱ) und Kohäsion (c) aus dem Bruchwinkel ϑ des Zylinderdruckversuches.

Teil der Abszisse abgetragen und darüber der Mohrsche Spannungskreis geschlagen. An diesen Kreis wird eine Tangente gelegt, die unter dem (aus dem Bruchwinkel errechneten) Winkel ϱ die Abszisse schneidet. Diese Tangente gibt dann auf der Ordinate den gesuchten Kohäsionsbeiwert c an.

Die Ermittlung wird nicht immer gelingen, da sich besonders in weniger bindigen Böden der Bruchwinkel ϑ nicht einwandfrei feststellen läßt. Aber auch hier kann eine entsprechend große Zahl von Zerdrückungsversuchen zu brauchbaren Ergebnissen führen.

Proben aus schwach bindigen Böden müssen entsprechend vorsichtig behandelt werden, damit sie nicht beim Einbringen in den Zerdrückungsapparat vorzeitig zerfallen. Das erfordert einige Übung. Trotz allem ist der Zerdrückungsversuch so einfach durchzuführen, daß er als eine der wichtigsten Untersuchungsmethoden im gleislosen Erdbau nicht entbehrt werden kann.

1.34 Gewebekennwert k_g. Wie bereits erwähnt, kann das Korngerüst durch Oberflächenkräfte, durch die Verkittungswirkung eines Binders oder durch Verfilzung mit pflanzlichem Gewebe (Wurzeln, zersetzte Pflanzenreste) zusammengehalten werden. Zur Kennzeichnung dieser

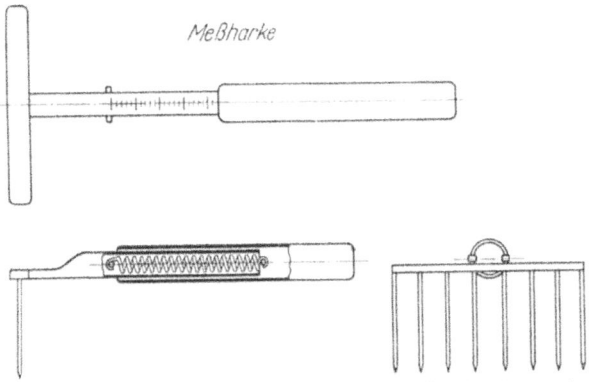

Bild 55. Meßgerät (Meßharke) zur Ermittlung des Gewebebeiwertes k_g.

Verfilzung wird der Gewebekennwert k_g eingeführt. Er wird an Bodenproben mit natürlichem Wassergehalt gemessen. Je nach der Konsistenz der das Gewebe einbettenden Bodenmasse ist die Haftung der Wurzeln verschieden groß und gibt, vergleichbar einem noch nicht erhärteten Stahlbetonbalken, bei der Gewebeprüfung geringere Zugfestigkeit als in ausgetrocknetem Zustand.

Der Gewebebeiwert wird mit der in Bild 55 wiedergegebenen Einrichtung ermittelt: Die Bodenprobe, ein Gewebestück mit der Grundfläche von 10 × 20 cm und in 10 cm Tiefe ausgestochen, wird, um festen Halt zu gewährleisten, in einen Käfig eingespannt (Bild 56) und darin über eine Länge von 15 cm festgehalten. Die Meßharke, in deren Handgriff sich eine Federzugwaage befindet, wird an den beiden, am Käfig angebrachten Anlagekanten in den Boden gedrückt, wodurch die Zähne in 5 cm Entfernung vom freien Rand der Probe in das Gewebe eindringen. (In Bild 56 ist die Lage der Meßharke bei Beginn der Messung eingezeichnet.) Aus dem Bild ist auch der Schieber ersichtlich, der beim

Eindrücken der Harke gegen das freie, 5 cm vorstehende Ende der Probe mit der Hand angedrückt wird und vor allem bei schwacher Gewebeausprägung verhindern soll, daß bereits beim Einstechen der Harkenzähne die Probe zerstört wird. — Danach wird in horizontaler Richtung unter ständiger Beobachtung der Federwaagenskala am Harkengriff gezogen und der Ausschlag festgestellt, bei dem die freien 5 cm der Probe abgerissen werden. Die aufgewandte Zugkraft in Kilogramm bildet den k_g-Wert.

1.35 Kinetische Bodenzähigkeit η_B. η_B dient zur Kennzeichnung des sekundären Bodengefüges. Als Meßgerät findet unter Berücksichtigung hydro- bzw. aerodynamischer Gesichtspunkte ein Staudruck-

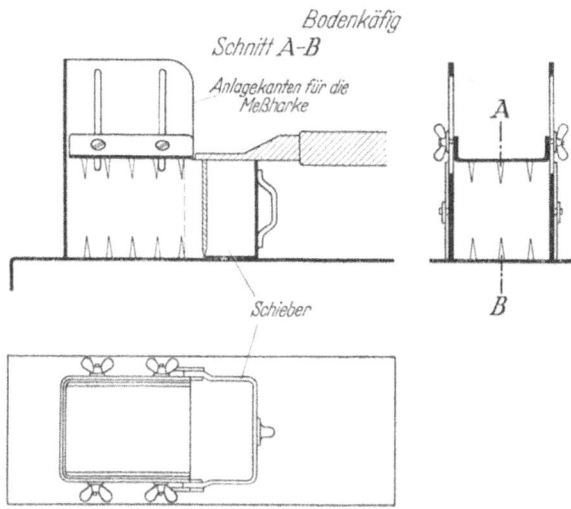

Bild 56. Vorrichtung (Meßkäfig) zur Aufnahme der Bodenprobe und der Meßharke bei der k_g-Ermittlung.

messer Verwendung. Er wird in horizontaler Richtung mit normaler Schürfgeschwindigkeit (2 km/h) durch den Boden geschleppt, welcher durch einen vorausgegangenen Schürfvorgang (Schürfkübelschneide) bereits aufgelockert ist. Der sich am Meßgerät ergebende Staudruck ist die „kinetische Bodenzähigkeit". Um das Gerät möglichst beweglich zu gestalten und eine schnelle Durchführung von Messungen an den verschiedensten Stellen und unter verschiedensten Bedingungen durchführen zu können, wurde als Trägerfahrzeug nicht der Schürfkübel, sondern ein Erdhobel benutzt.

Das η_B-Meßgerät ist in Bild 57 wiedergegeben: Am Drehkranz e eines Straßenhobels wird das übliche Planierschild durch eine Schürfkübelschneide a von 35 cm Höhe und 1,2 m Breite ersetzt. Am anderen Ende des Drehkranzes befindet sich das sog. Staurohr, ein seitlich durch

Rollen geführter, am Gestänge d drehbar gelagerter Träger, der an seiner Vorderkante ein 20 cm hohes Eisenrohr von 3 cm Durchmesser trägt. Im Abstand von 20 cm, gemessen von dem unteren Rohrende, also genau in Hebelmitte, kommt die Hebelrückseite gegen eine Elektromeßdose zur Anlage. Die Durchführung der Messungen erfolgt unter folgenden Bedingungen:

1. Der Boden muß durch die Schneide in 10 cm Schürftiefe abgetrennt werden.

2. Beim Schürfen soll der Boden der gleichen Beanspruchung ausgesetzt sein wie bei der Arbeit mit dem Schürfkübel, d. h. der Schnitt-

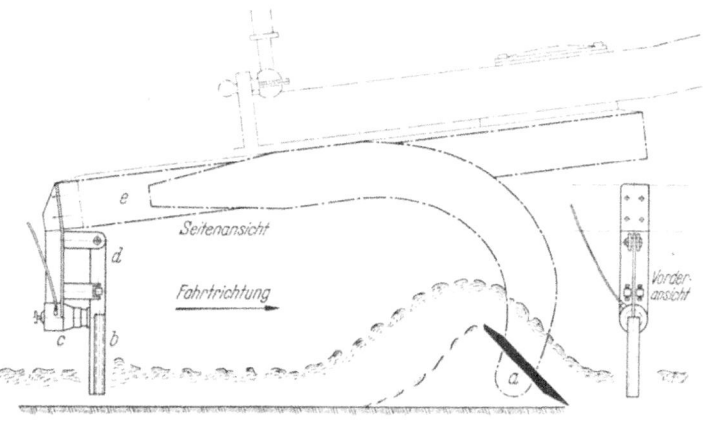

Bild 57. Meßgerät zur Ermittlung der kinetischen Bodenzähigkeit (η_B-Meßgerät), am Drehkranz eines Erdhobels befestigt.

a Schneide zur Umwandlung des Bodens von der primären in sekundäre Struktur; *b* Staurohr zum Messen des Stauwiderstandes bei 6 cm Tauchtiefe; *c* Piezoelektrische Meßdose; *d* Gestänge zur Führung des Staurohres; *e* Drehkranz des Erdhobels.

winkel muß etwa 45° betragen. (Schürfkübelschneiden stehen meist unter einem Winkel von 40° gegenüber dem Kübelboden an. Wird der Kübel in der Schürfstellung gesenkt, so ergibt sich gegenüber der Horizontalen ein Schnittwinkel von etwa 45°).

3. Das Staurohr soll so weit in die gelöste Bodenschicht eintauchen, daß es 4 cm Abstand vom neuen Planum hat.

Um diese Bedingungen zu erfüllen, muß das Gerät entsprechend justiert werden.

1.36 Federkennwert k_f. Das Verhalten der Gewebeböden den füllmechanischen Vorgängen gegenüber wird durch die Federwirkung des überirdischen Pflanzenwuchses beeinflußt, der den Gewebestücken der sekundären Form je nach seiner Dichte und Stärke eine verschieden elastische Oberfläche gibt. Der Füllvorgang wird dadurch begünstigt, daß der Widerstand der Bodenmassen gegenüber der Füllbewegung herabgesetzt und ein Hochquellen der Gewebestücke selbst bei gröb-stem Bodengefüge noch gewährleistet wird. Die Ermittlung des Feder-kennwertes k_f erfolgt, um den Feuchtigkeitseinfluß zu berücksichtigen, der die Pflanzendecke aussteift oder welk macht, an Bodenproben mit natürlicher Feuchtigkeit. Zunächst wird eine Probe des zu untersuchen-den Bodenstückes mit 20 × 20 cm Grundfläche, beliebiger Tiefe und ebener Bodenfläche ausgestochen. Auf die bewachsene Oberseite wird ein ebenfalls 20 × 20 cm großer Holzdeckel im Gewicht von 250 g aufgelegt und die Höhe seiner vier Ecken von der Auflagerfläche der Probe aus gemessen (Bild 58). Anschließend wird der Deckel mit einem Gewicht von 1 kg belastet und die Höhe der Ecken erneut ge-messen. Die Differenz der gemittelten Ecken-höhen beider Messungen ergibt den Feder-beiwert k_f (in cm).

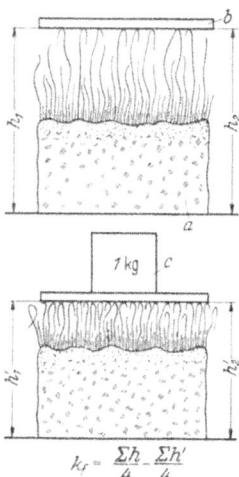

Da eine Grasdecke in jedem Fall einen sehr unterschiedlichen Bewuchs aufweist, müssen stets mehrere Proben an den für den Pflanzenbewuchs charakteristischen Stellen entnommen werden, um den wirklichen Ver-hältnissen gerecht zu werden. Entsprechend der prozentualen Verteilung der verschieden dichten Grasflächen muß dann auch der für die gesamte Grasfläche zu verwendende k_f-Wert aus den einzelnen Meßwerten zusam-mengesetzt werden.

$$k_f = \frac{\Sigma h}{4} - \frac{\Sigma h'}{4}$$

Bild 58. Die Durchführung der k_f-Ermittlung.
a Bodenprobe mit 20 cm × 20 cm Grundfläche; *b* Druckplatte (250 g); *c* Belastungsgewicht 1,0 kg.

1.37 Einsinkziffer *E*. Zur Kennzeichnung der Tragfähigkeit einer Bodenschicht wird die Einsinkziffer *E* gewählt, die sich aus der Ein-sinkttiefe *e* eines Druckstempels von 34 mm Durchmesser und ebener Stempelfläche ergibt. Die Größe von *e* wird mit der Proctor-Nadel er-mittelt, die zu diesem Zweck mit einer 34-mm-Nadel (8,0 cm² Grund-fläche) ausgerüstet ist. Um anzuzeigen, für welchen Sohldruck p_0 der jeweilige Wert von *e* gilt, wird die Größe von p_0 als Index zu *e* bzw. *E* hinzugefügt (z. B. $e_{3,0}$ für $p_0 = 3,0$ kg/cm²).

Da die entsprechenden Messungen bei bindigen Böden durch die Be-lastungszeit beeinflußt werden und diese bei fahrenden Geräten für eine bestimmte Fahrbahnstelle im Durchschnitt nur etwa 1 sek beträgt, wurde als Zeitdauer für jede Messung ein Wert von 5 sek festgelegt, der eine gewisse Sicherheit in die Ermittlung bringt.

Tragfähigkeitsmessungen werden am besten in der Weise durch-geführt, daß man für kritische Punkte der Fahrbahn regelrechte Druck-setzungsdiagramme aufstellt, die angeben, welche Einsinkung bei

einem bestimmten Bodendruck erzielt wird. Darauf wird weiter unten
noch näher eingegangen. Als Druckbereich stehen mit einer 34-mm-
Nadel beim Proctor-Gerät Stempeldrücke bis zu 5 kg/cm² zur Verfügung. Hat man an Hand der Drucksetzungsdiagramme einen Überblick gewonnen, welche Bodenpressung man dem Boden zumuten kann
und welches Fahrwerk man wählen muß, so erfolgt das weitere schnelle
Abtasten des Geländes mit z. B. 0,5 kg/cm²-Drücken (Raupenfahrwerk)
oder 3,0 kg/cm²-Drücken (Reifenfahrwerk), um eine allgemeine Kontrolle über die Tragfähigkeit und auch über die durchschnittliche Einsinktiefe zu gewinnen. Bei jeder Probebelastung mit kleineren Druck-
flächen und damit auch bei der Ermittlung der Einsinkziffer E sind die
gemessenen Werte e nicht ohne weiteres auf die in Wirklichkeit viel
größeren Lastflächen der Reifen oder Raupen zu übertragen. Ermittelt
man mit der Proctor-Nadel 34 mm $\varnothing$ eine Einsinktiefe $e_{3.0} = 10$ cm,
so bedeutet das noch nicht, daß auch die Reifen in Wirklichkeit 10 cm
einsinken. Der Wert e muß auf den Wert E umgerechnet werden. Dies
erfolgt über das Flächenmodellgesetz. Näheres hierüber siehe S. 161.

1.38 Konsistenzzahl K. Für die Kraftschlußermittlung bei bindigen Böden wird die Konsistenzzahl K benötigt. Ihre Ermittlung ist
in allen einschlägigen bodenmechanischen Fachbüchern beschrieben,
so daß sich weitere Erörterungen erübrigen. Da die Kraftschlußermittlung wegen der ständigen Schwankungen entlang der Fahrbahn sowieso
mit einer gewissen Ungenauigkeit behaftet ist, kann man im allgemeinen
auf die genaue Ermittlung des Konsistenzgrades verzichten und sich
nach der Behelfsregel der DIN 1054 richten:

Breiig ist der Boden, der in der geballten Faust gepreßt zwischen den Fingern
durchquillt.
Weich ist der Boden, der sich leicht kneten läßt.
Steif ist ein Boden, der nur schwer knetbar ist, sich aber in der Hand zu 3 mm
dicken Walzen ausrollen läßt, ohne zu reißen.
Halbfest ist ein Boden, der beim Ausrollversuch zwar bröckelt und reißt, aber
doch noch feucht ist und deshalb dunkel aussieht.
Hart ist ein Boden, der ausgetrocknet ist und deshalb hell aussieht und dessen
Schollen in Scherben zerbrechen.

Da das Fahrwerk meist in den Boden einsinkt, könnte man zunächst
annehmen, daß nicht der Konsistenzgrad an der Oberfläche, sondern in
der Einsinktiefe maßgebend ist. Die Praxis hat aber etwas anderes gezeigt: Die einsinkenden Raupen oder Reifen drücken einen dünnen
Film der weicheren Bodenschicht von der Oberfläche auf die tiefere,
tragende Schicht, so daß auch dort für den Kraftschluß ähnlich ungünstige Verhältnisse bestehen bleiben wie an der Oberfläche. Wohl
wird mit zunehmender Einsinktiefe die Tragfähigkeit im allgemeinen
besser — an den für den Kraftschluß maßgebenden Verhältnissen ändert
sich aber meist nichts.

1.4 Richtwerte für die Größe der Kennziffern.

1.41 Allgemeines. Auf die Bedeutung möglichst genauer Bodenuntersuchungen vor Beginn jeder Projektierung größerer Erdbewegungsarbeiten kann nicht eindringlich genug hingewiesen werden. Wenn man
bei der Kalkulation gleisloser Einsätze einigermaßen sicher gehen will,

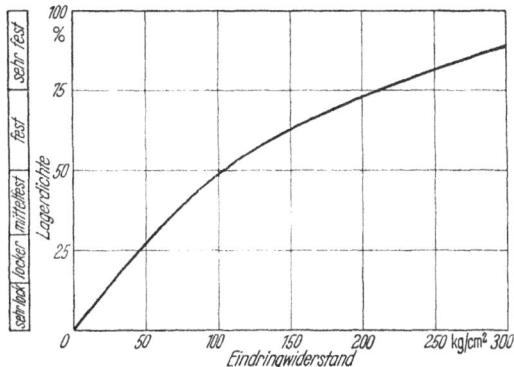

Bild 59. Zusammenhang zwischen dem Eindringwiderstand der Spitzensonde (20 mm ⌀ und 60°
Spitzenwinkel) und der Lagerdichte *D* nichtbindiger Böden.

kommt man um die obigen Bodenuntersuchungen nicht herum. Trotzdem wird es vielfach nicht möglich sein, die Untersuchungen in aller
Ausführlichkeit durchzuführen, sei es, weil das Objekt als solches zu
klein ist, weil aus Zeitmangel darauf verzichtet werden muß oder weil

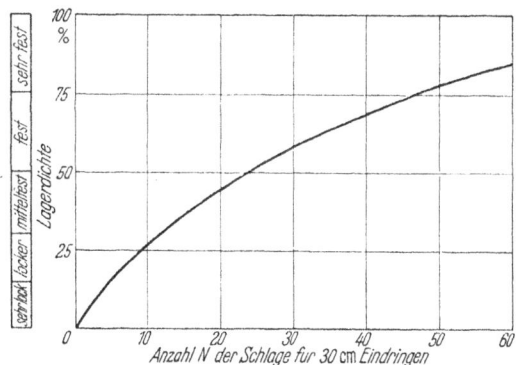

Abb. 60. Zusammenhang zwischen der Schlagzahl *N* der Standardsonde (50-mm-⌀-Rohr) für 30 cm
Eindringen und der Lagerdichte *D* nichtbindiger Böden.

das Baugelände nicht betreten werden kann. Um auch in solchen Fällen
ein einigermaßen sicheres Kalkulieren der Einsätze an Hand der weiter
unten beschriebenen Ermittlungsmethoden zu ermöglichen, werden
Richtwerte für die Größe der einzelnen Kennziffern für bestimmte, in
der Praxis häufiger vorkommende Fälle gegeben. Trotzdem sind möglichst sorgfältige Gelände- und Bodenbesichtigungen zu empfehlen.

1.42 Lagerdichte *D*. Für die Größe von *D* gelten folgende Anhaltswerte:

Sehr lockere Lagerung . . . . $D = <15\%$

Lockere Lagerung . . . . . . $D = 15—30\%$

Mittelfeste Lagerung . . . . . $D = 30—50\%$

Feste Lagerung . . . . $D = 50—75\%$

Sehr feste Lagerung . . . . . $D = 75—100\%$

Ermittelt man die Lagerdichte aus dem Eindringwiderstand einer
Spitzensonde, so ergibt sich folgender Zusammenhang: Bild 59.

Die amerikanische Standardsonde läßt aus der Zahl der Rammstöße
folgende Rückschlüsse auf die Lagerdichte zu: Bild 60, S. 143.

1.43 Zylinderdruckfestigkeit σ_D. Anhaltswerte ergeben sich aus der
Gewinnungsfestigkeit des Bodens, die ja wie der Schürfwiderstand
hauptsächlich von der Kohäsion abhängt. Hier gelten folgende Anhaltswerte: Tab. 1.

Tabelle 1. *Anhaltswerte über die Zylinderdruckfestigkeit
verschiedener Böden.*

Boden lösbar mit:	Gew.-Kl.	σ_D [kg/cm²]
Schaufel, leicht	1	0
„ , schwer	2	0,1— 0,3
Spaten, leicht	2	0,3— 0,6
„ , schwer	3	0,6— 0,9
Breithacke, leicht . . .	3	0,9— 1,4
„ , schwer . . .	4	1,4— 2,0
Spitzhacke, leicht	4	2,0— 3,0
„ , schwer . . .	5	3,0— 5,0
Brechstange	6	5,0—10,0

1.44 Gewebekennwert k_g. Richtwerte gibt Tab. 2.

Tabelle 2. *Richtwerte für den Gewebebeiwert k_g.*

Lockerer Boden mit Stoppelfeld	$k_g = 4$
„ Sandboden mit schwacher Grasnarbe	$k_g = 6$
Sandiger Boden mit Unkraut	$k_g = 8$
Lockerer Boden mit Heidekraut	$k_g = 10$
„ „ mit Heidekraut und Gras	$k_g = 15$
Mäßig fester Boden mit schwacher Grasnarbe	$k_g = 20$
„ „ „ mit dichter Grasnarbe	$k_g = 25$
„ „ „ mit dichtem Gewebe und Heidegras . . .	$k_g = 30$
Fetter, lockerer Mutterboden mit dichtem Grasteppich	$k_g = 30$
„ fester Mutterboden mit Grasteppich	$k_g = 40$
Fester Wiesenweg mit Gras	$k_g = 50$
Sehr fester Boden mit dichtem Wurzelgewebe	$k_g = 60$

Im allgemeinen gilt für k_g:

Sehr lockeres Gewebe . . $k_g = 0—5$

Lockeres Gewebe . . . . $k_g = 5—15$

Mäßig festes Gewebe . . . $k_g = 15—30$

Festes Gewebe . . . . . $k_g = 30—50$

Sehr festes Gewebe . . . $k_g = 50—70$

1.45 Kinetische Bodenzähigkeit η_B. Wegen der damit verbundenen Schwierigkeiten ist es selten möglich, den Baustellenboden im Direktversuch hinsichtlich der η_B zu prüfen. In der Regel muß man aus den bodenphysikalischen Kennziffern, die zur Verfügung stehen und die auch im allgemeinen leichter zu gewinnen sind, versuchen, Anhaltswerte für die vermutliche Größe der η_B zu gewinnen.

Die kinetische Bodenzähigkeit ist auch weniger im Hinblick auf ihre tatsächliche Ermittlung als darauf gewählt worden, daß die vielen beim Füllvorgang mitwirkenden Faktoren zusammengefaßt und möglichst einfache Verhältnisse geschaffen werden können. η_B ist also mehr eine Art Zwischengröße auf dem Ermittlungsweg von den Bodenkennziffern zum Füllungsgrad des Kübels. Als solche hat sie mehr rechnerischen als praktischen Wert, wenngleich ihre theoretische Bedeutung als Schlüsselziffer für die Beziehungen zwischen Boden und Schürfgefäß außer Zweifel steht.

Die Größe der η_B hängt bei R-Böden in erster Linie von Größe und Beschaffenheit der Körnung, bei den B-Böden von Kohäsion und Konsistenz und bei den G-Böden von den beiden Kennwerten k_g und k_f ab.

Tabelle 3. *Richtwerte für die Kinetische Bodenzähigkeit* η_B.

Nichtbindiger Boden:	
Schluff, trocken	$\eta_B =$ 5
„ , feucht	14
Mehlsand, trocken	7
„ , feucht	16
Feinsand, trocken	9
„ , feucht	17
Grobsand, trocken	14
„ , feucht	18
Feinkies	18
Grobkies	25
Geröll bis 10 mm ⌀	35
„ „ 30 mm ⌀	50
Schotter	50
Bindiger Boden:	
Lehm, sandig, steifplastisch	7
„ , „ , halbfest	11
„ , mittelfett, steifplastisch	10
„ , „ , halbfest	16
„ , fett, steifplastisch	15
„ . „ , halbfest	26
Ton, mittelfett, steifplastisch	15
„ , „ , halbfest	28
„ , fett, steifplastisch	18
„ , „ , halbfest	35
„ , „ , hart	55
Geweboden:	
Sehr lockeres Gewebe, spärlicher Bewuchs	12
Lockeres Gewebe, schwacher Grasteppich	20
Mäßig festes Gewebe, dichter Grasteppich	40
Festes Gewebe, dichter Grasteppich	50
Gestrüpp und Unkraut	60

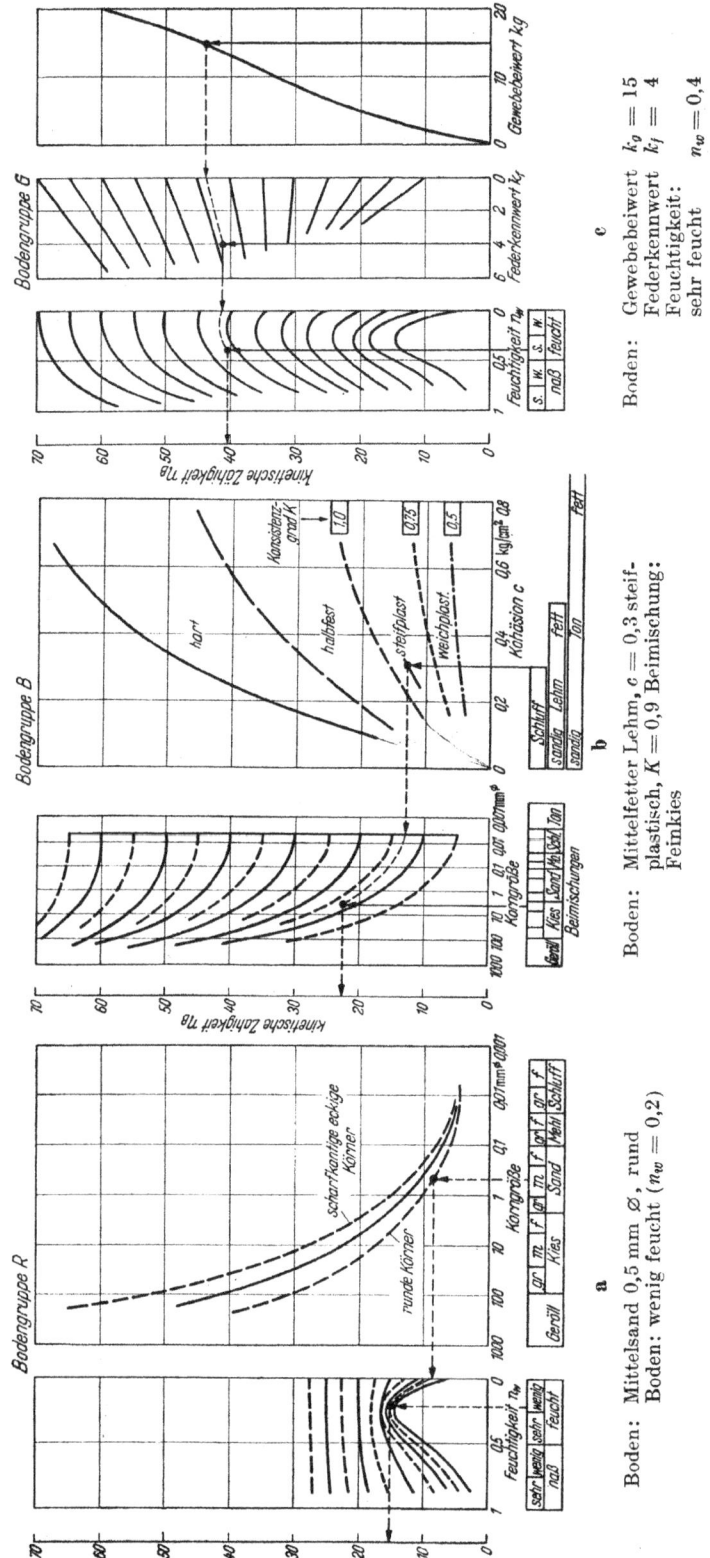

Bild 61a—c. Ermittlung der kinetischen Bodenzähigkeit η_B. a) Bodengruppe R (rollige Böden), b) Bodengruppe B (bindige Böden), c) Bodengruppe G (Gewebeböden). Anwendungsbeispiele (Berechnungsgang in der Abbildung durch Pfeile gekennzeichnet).

a

Boden: Mittelsand 0,5 mm ∅ , rund
Boden: wenig feucht ($n_w = 0,2$)

ergibt: $\eta_B = 15$

b

Boden: Mittelfetter Lehm, $c = 0,3$ steif-plastisch, $K = 0,9$ Beimischung: Feinkies

ergibt: $\eta_B = 23$

c

Boden: Gewebebeiwert $k_g = 15$
         Federkennwert $k_f = 4$
         Feuchtigkeit:
           sehr feucht $n_w = 0,4$

ergibt: $\eta_B = 40$.

In welchem Ausmaß diese Faktoren die kinetische Bodenzähigkeit beeinflussen, ist in der Abb. 61 gezeigt. Die Diagramme sind in Form von Einflußlinien (Linien gleicher Ausgangswerte) aufgebaut. — Über den Gebrauch der Diagramme geben die Anwendungsbeispiele Auskunft. Zur schnellen Ermittlung sind in Tab. 3 Richtwerte für häufig vorkommende Bodenarten zusammengestellt.

1.46 Federkennwert k_f. Folgende Anhaltswerte können bei verschiedenem Geländebewuchs gewählt werden: Tab. 4.

Tabelle 4. *Richtwerte für den Federkennwert k_f.*

Grasboden, spärlicher Halmwuchs	$k_f = 0{,}5$
Wiesenmoos mit kurzen Stengeln	$k_f = 0{,}8$
Gras, langhalmig, dünn	$k_f = 1{,}0$
„ , hart, kurz	$k_f = 2{,}0$
Hartes, kurzes Heidegras	$k_f = 2{,}5$
Sehr dichter Grasteppich, lange Halme (> 10 cm lang)	$k_f = 3{,}0$
„ „ „ , kurze Halme (< 5 cm lang)	$k_f = 4{,}0$
Heidekraut	$k_f = 4{,}5$
Leichtes Gestrüpp und Unkraut	$k_f = 6{,}0$

1.47 Einsinkziffer E. Wie schon erwähnt, ist die Größe der Einsenkung von der Größe der Bodenpressung (Sohldruck p_0) und von der Größe der Lastfläche abhängig. Anhaltswerte, die den in der Wirklichkeit auftretenden Einsinkverhältnissen des Reifenfahrwerks (Niederdruck-Erdbaureifen) entsprechen, sind in Tab. 5 enthalten.

Tabelle 5. *Richtwerte für die Einsinktiefe E.*

Fahrbahnfestigkeit:	$E_{3,0}$ [cm]
1. Harter oberflächenbehandelter Erdweg, kein Eindringen	0
2. Glatter trockener fester Erdweg mit Kies, frei von losen Bestandteilen	0,5
3. Trockener Boden mit Kies vermischt, mittelfest gelagert, wenig lockere Bestandteile	2,0
4. Mittelfester Erdweg, feucht gehalten, geringe Verformung unter der Last	2,5
5. Weicher gewachsener Boden mit härterer tragender Oberfläche (Grasdecke)	4,0
6. Lockerer, häufig befahrener Erdweg	4,5
7. Feuchte schlammige Oberfläche auf festem Untergrund	5,0
8. Durchschnittliche Erdfahrbahn mit mittlerer Festigkeit, zerfahren, wenig Pflege	6,0
9. Mittelfester trockener sandiger Boden	8,0
10. Erdweg, aufgelockert und nachgiebig	10,0
11. Weicher zerfurchter Mutterboden	11,0
12. Boden auf schwach verdichteter Kippe	12,0
13. Erdweg, zerfahren oder schlammig	14,0
14. Feuchter lockerer Sand, sandiger aufgeweichter Lehm	16,0
15. Loser Kies	18,0
16. Sandiger trockener Erdweg	20,0
17. Lockerer trockener Sand	22,0
18. Tief zerfurchter klebender bis schlammiger Boden	28,0
19. Weicher schwammiger Untergrund	35,0

1.5 Die Praxis der Bodenuntersuchungen.

1.51 Überblick. Da die Leistung der gleislosen Erdbaugeräte überaus stark von dem Wechselspiel zwischen Maschine und Boden abhängt, muß neben der maschinentechnischen auch die bodenmechanische Komponente der Geräteleistung mit größtmöglicher Genauigkeit erfaßt und definiert werden. Sind die für bestimmte Einsatz- und Geländeverhältnisse zweckmäßigsten Geräte ausgewählt (das wurde in Abschn. E beschrieben) so folgt als nächster Schritt die Ermittlung der Geräteleistung. Sie aber beginnt mit der Untersuchung des Bodens und der Feststellung seines Verhaltens während der Gerätearbeit.

Über die beiden zentralen Fragen: welche Angaben über den Boden benötigt werden und wie man die Kennziffern erhalten kann, ist oben berichtet worden. Es ist hier zu bedenken, daß es bei der Kennzeichnung des Bodens weniger auf die üblichen physikalischen Kennziffern als vielmehr darauf ankommt, festzustellen, wie sich der Boden unter der jeweiligen Beanspruchung durch das Gerät verhält: Die Kraft zum Lösen des Bodens ist immer unterschiedlich, je nachdem ob mit Schaufel oder Spitzhacke oder mit dem Schürfkübel gelöst wird; die Schubfestigkeit des Bodens ist beim Reifenfahrwerk anders als beim Raupenfahrwerk. Es gilt grundsätzlich, daß die gewünschten Bodenangaben um so genauer zu erhalten sind, je mehr die Versuchsbeanspruchung des Bodens der Wirklichkeit entspricht. Ist Zeit genug vorhanden und das Projekt entsprechend groß, so ist der Probeeinsatz von Geräten zu empfehlen. Er wird stets die besten Resultate bringen.

Ist das nicht möglich, so empfiehlt es sich, einen Raupenschlepper oder Erdhobel einzusetzen, der mit besonderen Meßgeräten ausgerüstet ist, um den Boden unter natürlichen Beanspruchungen zu untersuchen. Voraussetzung ist auch hier, daß das Baugelände vorher befahren werden kann. Ein solches Testgerät liefert in vielen Fällen gute Unterlagen. Wird der Erdhobel verwendet, so kann man größere Entfernungen auf eigner Achse schnell zurücklegen. Seine mangelnde Geländegängigkeit (besonders wenn die Baustelle unberührt ist) zwingt oft zum Einsatz eines Raupenschleppers als Trägerfahrzeug für die Meßanordnung. Er muß mit Tieflader herangebracht werden, kann aber dafür das Gelände kreuz und quer durchfahren und an allen kritischen Punkten Untersuchungen anstellen. Auf die Ausrüstung des Testgerätes wird in Abschn. 1.52 eingegangen (S. 149).

Können weder Probefahrzeuge noch Testgeräte eingesetzt werden, so sollte man versuchen, wenigstens die wichtigsten bodenmechanischen Kennziffern zu ermitteln. Hier kommen ungestörte Bodenproben, die im Labor eingehend untersucht werden, oder Untersuchungen an Ort und Stelle durch Sondierung oder im Bohr- oder Schürfloch in Frage.

Ist auch diese Form der Untersuchung nicht möglich, so bleibt als letztes die Besichtigung des Geländes, die Beobachtung an kleinen Bodenanschnitten und die Auswertung der Aussagen von Ortskundigen, um sich eine Vorstellung von der Art des Bodens und seinem Verhalten beim Flachbaggereinsatz zu machen.

Somit stehen vier Untersuchungsmöglichkeiten zur Verfügung:

1. Einsatz von Probefahrzeugen.
2. Einsatz von Testgeräten.
3. Laboruntersuchungen.
4. Beobachtungen und Informationen.

Die für die füll- und fahrdynamischen Untersuchungen wichtigen Bodenkennwerte lassen sich erhalten durch:

1. Unmittelbares Messen der Werte (Direktmethode).
2. Ableitung aus bodenmechanischen Kennziffern (Labormethode).
3. Verwendung von Tabellen und Diagrammen.

1.52 Unmittelbares Meßverfahren (Direktmethode). In größeren Geräteparks hat es sich als zweckmäßig erwiesen, zur direkten Messung

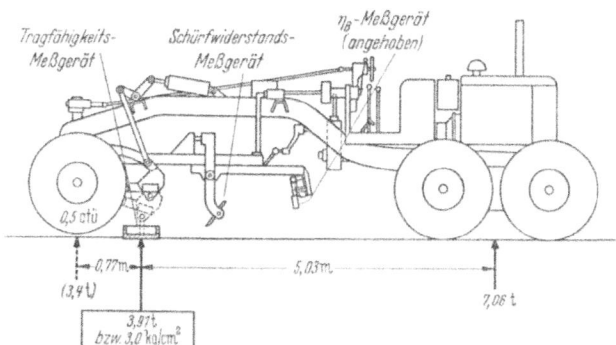

Bild 62. Erdhobel, zum Testgerät umgebaut, mit Schürfwiderstandsmeßgerät, η_B-Meßgerät, Tragfähigkeitsmeßgerät.

der wesentlichsten Werte, insbesondere des Schürfwiderstandes (für das Lösen), der kinetischen Bodenzähigkeit (für das Füllen) und der Tragfähigkeit der Fahrbahn einen Raupenschlepper oder Erdhobel vorübergehend als Testgerät umzubauen und mit ihm systematisch das künftige Baugelände zu untersuchen. Ein solches Testgerät zeigt Bild 62. Dort ist ein Erdhobel mit

a) einem Schürfwiderstandsmeßgerät,
b) einem η_B-Meßgerät,
c) einem Tragfähigkeitsmesser

ausgerüstet. Das *Schürfwiderstandsmeßgerät* ähnelt im technischen Aufbau dem η_B-Meßgerät: Die Kübelschneide ist über zwei seitliche, senkrecht angeordnete Schwingen im Drehgestell gelagert. Die Schneide, die dem Schürfdruck nach hinten ausweichen will, übt über den Verbindungsträger der oberen Schwingenenden einen Druck auf eine piezoelektrische Druckzelle aus. Die Reaktionskraft wird umgerechnet auf die eingetauchte Schneidenfläche und gibt so die Größe des Schürfwiderstandes an. — Das η_B-Meßgerät ist bereits in Abschn. 1.35 beschrieben worden (S. 139).

Der *Tragfähigkeitsmesser* besteht aus einem Druckstempel (kardanisch aufgehängt, kreisrund, eben), der für eine Flächenlast von 3,0 kg/cm² dimensioniert ist (im vorliegenden Fall mit einem Stempeldurchmesser von 408 mm) und am Aufreißkamm des Erdhobels befestigt wird. Die Messungen erfolgen in der Weise, daß der Erdhobel durch Senken des Aufreißkammes mit der Druckplatte die Vorderachse des Gerätes freihebt. Nach 5 sek Belastungszeit wird die Einsinktiefe der Platte abgelesen. — Die Anwendung des Verfahrens setzt voraus, daß das Gelände für den Erdhobel befahrbar ist.

Der Vorteil der Direktmethode bei Verwendung des Testgerätes liegt darin, daß man genaue Untersuchungen über das Verhalten des Bodens im aufgeweichten Zustand und damit an der kritischen Einsatzgrenze anstellen kann.

1.53 Benutzung bodenmechanischer Kennziffern (Labormethode). Dieses Verfahren ist am gebräuchlichsten. Zunächst werden die bodenmechanischen Kennziffern ermittelt und aus diesen dann die jeweiligen fahr- und fülldynamischen Werte abgeleitet. Wenn auch die Genauigkeit der direkten Messung nicht zu erzielen ist, so ergibt sich als Vorteil, daß die Bodenproben im Labor nach allen möglichen Richtungen hin untersucht werden können. Das gilt insbesondere für die Veränderung des Bodens bei Trockenheit oder Nässe. Hier kann im kleinen die Veränderung der Proben durch das Wetter kontrolliert werden, und man sieht sehr gut, wie sich der Boden verhält, wenn Nässe oder Wärme auf ihn einwirken.

Über die Untersuchungen selbst ist zu sagen:

1.531 Meßgeräte.

Es werden benötigt:

a) Für die Untersuchung der Schürfstelle:

1. US-Standardsonde oder Prüfstab Künzel,
2. Zylinderdruckprüfgerät,
3. Gewebemesser,
4. Gerät zur Bestimmung der Fließgrenze.

b) Für die Untersuchung der Fahrbahn:

1. Proctor-Nadel,
a) mit 34-mm-Druckstempel,
b) mit 20-mm-Kegelspitze.

Mit diesen wenigen Geräten ist man praktisch in der Lage, sich einen ausreichenden Überblick über das Verhalten des Bodens bei der Gerätearbeit zu verschaffen.

1.532 Untersuchungen auf der Schürfstelle. Man beginnt mit dem Absondieren der ganzen Schürffläche bis auf die volle Einschnittiefe herab. Bei *nichtbindigem Boden* wird die Lagerdichte gesucht, die man entweder aus dem Eindringwiderstand der Sonde (s. Abschn. 1.42) oder durch die Untersuchung von Bodenproben ermittelt. Besonders zweckmäßig ist die rohrförmige US-Standardsonde, die neben der Ermittlung des Eindringwiderstandes die Entnahme von ungestörten Bodenproben bis 4 m Tiefe gestattet. Festzustellen sind außerdem Körnung (vorherrschende Korngröße und Kornform) und Feuchtigkeit des Materials. Für diese Werte entnimmt man aus Bild 83 den Schürfwiderstandsbeiwert w_S und aus Bild 61 bzw. Tab. 3 die kinetische Bodenzähigkeit η_B.

In *bindigen Böden* werden mit der Standardsonde Bodenproben aus verschiedener Tiefe im ganzen Einschnittbereich entnommen und auf ihre Zylinderdruckfestigkeit untersucht. Außerdem sind die Plastizitätsziffern und die Konsistenzgrade einiger Bodenproben zu ermitteln. — Aus Abb. 83 entnimmt man den Schürfwiderstandsbeiwert und aus Bild 61 bzw. Tab. 3 den η_B-Wert.

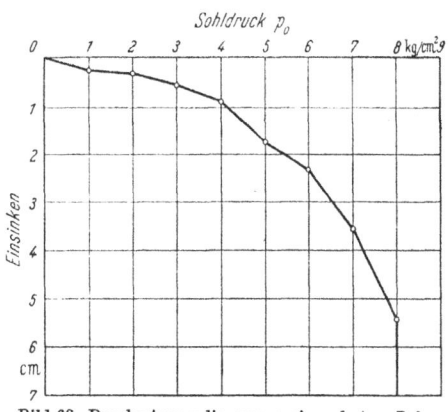

Bild 63. Drucksetzungsdiagramm eines festen Lehmbodens ($Pl = 47$) in steifplastischem Zustand; Lastfläche: ebener runder Stempel 8 cm².

Gewebeböden kommen nur an der Oberfläche vor. Sie werden mit dem Gewebemesser auf den inneren Zusammenhang und mit der auf Seite 140 beschriebenen Einrichtung auf den Federkennwert des Oberflächenbewuchses untersucht. Bilder und Tabellen ergeben die zugehörigen w_S- und η_B-Werte.

1.533 Untersuchungen auf der Fahrbahn. Die Fahrbahn wird an möglichst vielen Stellen mit der Proctor-Nadel abgetastet. Für die Untersuchungen ist die meist lockere Bodenoberfläche in 2—5 cm Höhe vorher abzuräumen. Tragfähigkeit und Kraftschluß sind festzustellen. Für beide Größen liefert die Proctor-Nadel die Ausgangswerte. Im ersten Fall wird die 34-mm-Nadel mit glatter Stempelfläche verwendet, die Eindringtiefe bei 5 sek Belastungszeit ermittelt und dann über Bild 70 (siehe S. 162) der e-Wert in die für die Rollwiderstandsermittlung benötigte E-Ziffer umgerechnet.

Hat man noch keinen Überblick über die Tragfähigkeit des Geländes und weiß man noch nicht von vornherein, ob Raupen- oder Reifengeräte zum Einsatz kommen sollen, so werden für verschiedene kritische Fahrbahnstellen (besonders weich) Drucksetzungsdiagramme aufgestellt. Als Beispiel ist ein solches Diagramm in Bild 63 wiedergegeben. Es liefert einen guten Überblick darüber, wieweit die einzelnen Fahrwerke einsinken und mit welchem Rollwiderstand zu rechnen ist. Auch bietet es die Möglichkeit zu untersuchen, in welchem Maße eine Raupenkettenverbreiterung oder die Absenkung des Reifenluftdruckes zur Vergrößerung der Aufstandsfläche (s. Abschn. F 3.45) günstigere Verhältnisse schafft.

Zur Kraftschlußermittlung wird für R-Böden die Lagerdichte und für B-Böden die Konsistenz der oberen Fahrbahnschicht benötigt. Den ersteren Wert ermittelt man zweckmäßig wieder mit dem Proctor-Gerät (hier mit Kegelspitze 20 mm $\varnothing$). Die Konsistenz wird nach den üblichen Methoden festgestellt.

1.6 Der Einfluß des Wassergehaltes.

1.61 Überblick. Da die Festigkeit der Geländefahrbahn stark von der Witterung abhängt und unter dem Einfluß von Regen oder Sonneneinstrahlung ständig variiert, muß sich jede präzisere Kalkulation mit der Veränderung der Tragfähigkeit der Fahrbahndecke durch den Witterungseinfluß auseinandersetzen. Dieser ist je nach der Bodenzusammensetzung des Förderweges grundverschieden: Bei allen rolligen Böden wirkt sich die Durchfeuchtung günstig, die Austrocknung ungünstig aus; bei bindigen Böden ist es umgekehrt. Der Boden hat normalerweise erdfeuchte Beschaffenheit. Ist er nichtbindig, so gibt die scheinbare Kohäsion dem losen Korngefüge eine gewisse Festigkeit. Ist er bindig, so liegt der Konsistenzgrad dann bei etwa $K = 1$, d. h. der Boden befindet sich im steifplastischen bis halbfesten Bereich; das ist für das Raupenfahrwerk günstig, während für das Reifenfahrwerk halbfeste oder harte Konsistenz zu wünschen ist. Wichtig ist, daß jede Erdfahrbahn bei genauerer Ermittlung von Tragfähigkeit und Kraftschluß nicht nur in erdfeuchtem, sondern möglichst auch in nassem und in trockenem Zustand untersucht wird. Hierfür gibt es folgende Möglichkeiten:

1.62 Untersuchungen im Gelände (Direktmethode). Sie haben meist nur dann Bedeutung, wenn die Baustelle schon angelaufen ist und nachträgliche Umdispositionen im Förderbetrieb vorgenommen werden müssen. Dann werden bestimmte Stellen des zu untersuchenden Fahrbahnabschnittes unter Wasser gesetzt und 24 Stunden später erneut auf ihre Tragfähigkeit untersucht. Durch Vergleich der Messung vor und nach der Durchfeuchtung erhält man einen ungefähren Überblick, in welchem Ausmaß die Fahrbahn durch Regenfälle hinsichtlich Tragfähigkeit und Kraftschluß verändert wird.

Dabei ist eines *nicht* berücksichtigt: Gefährlich für die Geländefahrbahn ist nicht so sehr das *stehende* Wasser, sondern das Einkneten dieses
Wassers in den Boden durch die Walkarbeit der darüberfahrenden
Geräte. Diesen Einfluß kann man praktisch nicht erfassen. Bei einwand-
freier Fahrbahnpflege (ständiges Glätten der Bahn mit dem Erdhobel
und Anlage eines Ablaufgefälles) bleibt er gering. Ist die Fahrbahn
stärker aufgeweicht und kann das Wasser nicht mehr richtig abgeleitet
werden, weil die Fahrtrinnen zu tief sind, so sollte ohnehin nicht mehr
gefördert werden.

1.63 Untersuchungen von Bodenproben (Labormethode). Es werden
Bodenproben $25 \times 25 \times 20$ cm ausgestochen, in der Mitte mit einer
Vertiefung versehen (Bild 64), in ein entsprechendes Gefäß gebracht
(nur bei Proben mit geringem Zusammenhang erforderlich) und mit
einer 1 cm hohen Wasserschicht be-
deckt. Nach 24 Stunden mißt man
mit der Proctor-Nadel die Einsinkziffer e, rechnet auf E um und stellt
bei verschiedenen Flächenpressungen
ein Drucksetzungsdiagramm her. Man
kann dann gleich erkennen, ob der betreffende Boden bei stärkeren Niederschlägen (10 mm) noch mit Reifen
oder Raupen befahrbar ist und ob
und wann der Fahrbetrieb eingestellt
werden muß.

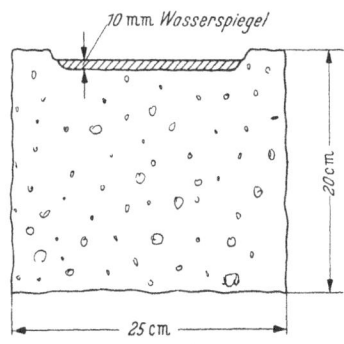

Bild 64. Wässerung der Fahrbahnoberfläche
(Laborversuch); Abmessungen der Bodenprobe.

Eine andere Probe wird (je nach
Einsatzlage) in den Trockenofen gebracht und 24 Stunden unter $50°$
Wärme gehalten. Danach wird ebenfalls E ermittelt. — Diese Unter-
suchung ist in Sandböden wichtig. Die Austrocknung der Sandschicht
kann zu erheblichen Schwierigkeiten im Fahrverkehr (besonders bei
Reifen) führen.

1.64 Theoretische Ermittlungen (Analytische Methode). Rechnerisch
läßt sich ermitteln, in welchem Umfang bindige Böden mit bestimmter
Plastizitätszahl bei bestimmten Niederschlagsmengen ihre Konsistenz
verändern. Bild 65 stellt den Zusammenhang graphisch dar. Anwendungsbeispiel: Die Fahrbahn besteht aus einem bindigen Boden mit $Pl = 20$.
Es fallen 10 mm Niederschlag. Dringen sie voll in den Boden ein, so
verändert sich die Konsistenz von $K = 1$ auf $K = 0,84$, d. h. der Boden
geht vom halbfesten in steifplastischen Zustand über.

Praktisch kommt es nicht vor, daß das Wasser auf der Baustelle in
einen bindigen Boden völlig eindringt. Ein Teil des Niederschlages wird
immer durch Gefälle seitlich wegfließen. Im Hinblick auf das Einkneten

durch darüberfahrende Geräte ist aber stets — auch schon aus Sicher-
heitsgründen — anzunehmen, daß *alles* Wasser in den Boden eindringt.

Das Fahrwerk beginnt im allgemeinen stärker zu versinken, wenn
die Konsistenz

bei *Raupen*fahrwerk an die untere Grenze des *weichplastischen* Bereichs,

bei *Reifen*fahrwerk an die untere Grenze des *steifplastischen* Bereichs

kommt.

Bei nichtbindigen Böden kommt es selten vor, daß Regenfälle den
Förderverkehr stillegen. Die Niederschlagsmengen müssen dann sehr
groß und die Abflußmög-
lichkeiten des Wassers durch
Tonschichten in geringer
Tiefe behindert sein. Hier
bieten sich keine Ansatz-
möglichkeiten zur rechne-
rischen Erfassung des Problems.

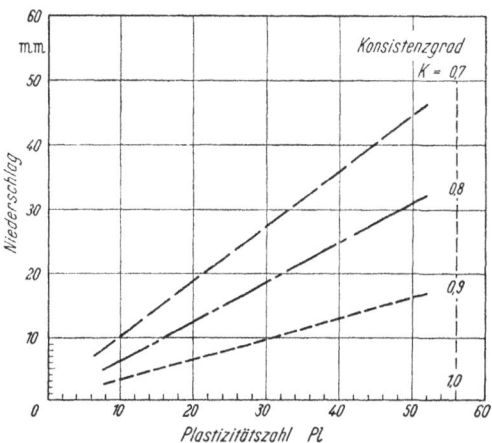

Beispiel: Bindiger Boden mit Plastizität *Pl* = 20
erdfeuchte Konsistenz   *K* ≈ 1,0
Es fallen 10 mm Niederschlag, die *nicht* abfließen, sondern
voll auf den Boden wirken.
Dann sinkt die Konsistenz
von *K* = 1,0 (vor dem Regen)
auf *K* = 0,84
— Grenzwerte für *K* siehe Bild 69 —
Bild 65. Einfluß der Niederschlagsmenge auf die Bodenkonsistenz.

1.7 Das Problem der Fahr-
bahnfestigkeit.

**1.71 Bedeutung der Un-
tersuchungen.** Wenn in diesem Zusammenhang die
Tragfähigkeit des Bodens
mehr als üblich hervor-
gehoben wird, so deswegen,
weil das Tragfähigkeits-
problem eine Art Schick-
salsfrage des gleislosen Erdbaues ist. Grundbedingung
für jeden gleislosen Ein-
satz geländegängiger Geräte ist, daß der Boden fest genug ist, um sie
tragen zu können. Und so kreisen besonders im Stadium der Planung
und Vorbereitung gleisloser Einsätze die Überlegungen immer wieder
um die Frage: Wird der Boden die nötige Festigkeit haben und welche
Maßnahmen sind erforderlich, um den Fahrbetrieb ohne nennenswerte
Schwierigkeiten durchzuführen?

Dabei treten die Schwierigkeiten in bindigen Böden genau so wie
in Sandböden auf. Die *vertikale* Festigkeit der Sandschicht ist im allgemeinen groß genug bzw. kann immer durch entsprechende Verdich-

tung unter dem Fahrwerk erreicht werden. Tatsächlich haben auch die Anhängegeräte kaum mit einer Behinderung des Einsatzes in Sandböden zu rechnen. Aber Sorgen bereitet oft die *horizontale* Festigkeit, die in mittleren und lockeren Schüttungen nicht groß genug ist, um den Schub der Antriebsreifen aufzunehmen; die Sandkörner der Fahrbahnoberfläche geben nach, die Profilstellen der Triebreifen drehen sich durch, fräsen den Boden weg und wühlen sich in kürzester Zeit so ein, daß jeder weitere Einsatz sinnlos wird. Was übrigbleibt, ist ein völlig zerfurchter und aufgewühlter Fahrweg, wie ihn Bild 66 zeigt. Hier bleibt als letzte Rettung nur die Schubraupe.

Bild 66. Durch Antriebsreifen eines Motorschürfwagens aufgewühlte Sandfahrbahn mit unzureichender horizontaler Festigkeit für den Vortrieb.

In bindigen Böden sind im allgemeinen drei Fälle hinsichtlich der Tragfähigkeit zu unterscheiden:

1. Der Boden ist durch und durch weich. Er verlangt geringsten Bodendruck, also eine möglichst große Auflagefläche der Reifen oder Raupen.

2. Nur die obere Bodenschicht ist (in 10 — 15 cm Tiefe) aufgeweicht; darunter liegt eine festere Decke mit ausreichender Tragfähigkeit. — In diesem Fall müssen möglichst schmale Reifen oder Raupen verwendet werden, damit das Fahrwerk gut die Schlammschicht durchschneiden und auf der tieferen Sohle Fuß fassen kann, also nicht auf der aufgeweichten Schicht schwimmt.

3. Der Boden hat eine Austrocknungs- oder durch Wurzelgewebe verfestigte Kruste, unter der weichere Schichten anstehen. Die „Eisdecke" muß fest genug sein, um zu tragen. Auch hier sind geringste Bodendrücke und große Auflagerfläche die letzte Rettung.

In der Mehrzahl der Fälle ist es nicht erforderlich, dem Tragfähigkeitsproblem besondere Beachtung zu schenken. In kritischen
Lagen und immer dann, wenn man sich nicht im klaren ist, ob der
Boden genügend fest ist, kommt man aber nicht umhin, ihn näher zu
untersuchen und sich auf empirischem oder analytisch-rechnerischem
Wege einen genaueren Überblick zu verschaffen. Es hat keinen Zweck,
einen Einsatz von Reifengeräten zu planen mit nicht viel mehr als der
Hoffnung: Der Boden wird das schon aushalten. Wenn die Geräte erst
auf der Baustelle sind und die Unmöglichkeit des Einsatzes demonstrieren, kostet das Umdisponieren und Umorganisieren ein Vielfaches
der sorgfältigen und rechtzeitig durchgeführten Bodenuntersuchung!

Kritisch im Sinne der obigen Ausführungen sind alle locker gelagerten
Sandböden (insbesondere nicht genügend verdichtete Sandschüttungen)
und plastisch anstehende bindige Böden. Wenn man auch niemals eine
völlige Gewißheit über ausreichende Tragfähigkeit der Fahrbahn im
voraus verlangen kann, weil sich nicht nur die Zusammensetzung des
Bodens, sondern auch seine Konsistenz innerhalb der Förderstrecke
ändert, so ist es dennoch besser, durch Bodenuntersuchungen wenigstens Anhaltspunkte zu gewinnen, als sich auf das reine Glück zu
verlassen.

In den folgenden Abschnitten sind die wichtigsten Gesichtspunkte
der Fahrbahnuntersuchung zusammengestellt. Mancher Leser mag den
hohen Aufwand kritisieren, der in diesem Zusammenhang getrieben
wird. Wie dem auch sei — Tragfähigkeitsuntersuchungen haben immer
nur Bedeutung in kritischen Fällen, dann aber sind sie von besonderer
Wichtigkeit. Dabei stehen im Vordergrund:

1. Die *Tragfähigkeit der Fahrbahn* und damit die Frage, ob gleislose Geräte überhaupt eingesetzt werden können.

2. Das *Einsinken der Geräte* in die Fahrbahn und damit die Höhe
des Rollwiderstandes.

1.72 Empirische Ermittlung. Sie führt am schnellsten zum Ziel
und liefert die genauesten Werte. Man führt mit einem 3000—5000 cm²
großen ebenen Druckstempel kurzzeitige Probebelastungen (5 sek Dauer)
bei verschiedenen Flächenpressungen durch und stellt das Einsinken
des Stempels und darüber hinaus die Tragfähigkeit des Bodens fest.
Da die Tragfähigkeit des Bodens von der Größe der Lastfläche abhängt,
ist anzustreben, die Verhältnisse in möglichst großem Maßstab nach-
zubilden; die Größen der Aufstandsflächen von Geländereifen bewegen
sich im allgemeinen im Bereich zwischen 3000 und 5000 cm². Die Durchführung der Versuche erfordert dann erhebliche Lasten und eine besondere Vorrichtung, die kurze Belastungszeiten ermöglicht. Der größere
technische und konstruktive Aufwand stößt vielfach auf Schwierig-

keiten. Daher ist man im allgemeinen gezwungen, rechnerische Überlegungen vorzuziehen.

1.73 Analytisch-rechnerische Ermittlung. Die heutige Bodenmechanik liefert eine Reihe von Formeln zur Berechnung der Tragfähigkeit der Böden bei verschiedensten Lastflächen. LEUSSINK hat
erstmalig dargelegt, wie das Tragfähigkeitsproblem in der geländegängigen Erdbewegung rechnerisch zu erfassen ist. Die Praxis hat gezeigt,
daß man unter Verwendung seiner Methode zu recht brauchbaren
Ergebnissen kommt, die sich in vielen Fällen von den empirischen
Werten kaum unterscheiden.

Nichtbindige Böden. Bei Belastungen an der Oberfläche gibt KÖGLER
für die Tragfähigkeit des Bodens (p_0) folgende Formeln an:

a) Kreis- und Quadratfläche (trifft etwa für Reifengeräte zu)

$$p_0 = 2 \cdot \frac{\gamma}{1000} \, a \, k \quad [\text{kg/cm}^2].$$

b) Streifenfläche (Raupenkette)

$$p_0 = \frac{\gamma}{1000} \, b \, k \quad [\text{kg/cm}^2],$$

wobei

p_0 = Tragfähigkeit [kg/cm²],
γ = Raumgewicht des Fahrbahnbodens [t/m³],
a = Durchmesser bzw. Seitenlänge der Belastungsfläche [cm],
b = Streifenbreite [cm],
k = Bodenfaktor.

Für k, das im wesentlichen von der inneren Reibung des Bodens
abhängt, werden folgende Werte genannt:

ϱ	k
20°	1,51
25°	2,83
30°	4,2
35°	6,76
40°	10,3

Liegt z. B. lockerer Sand mit einem Raumgewicht
von $\gamma = 1,5$ t/m³ und einem Reibungswinkel $\varrho = 32°$
vor, so ergibt die Rechnung als maximale Tragfähigkeit des Bodens:

a) bei einem Reifen von 0,5 m Durchmesser der
Aufstandsfläche $p_0 = 0,75$ kg/cm².

b) für eine Raupenkette von 0,6 m Breite
$$p_0 = 0,45 \text{ kg/cm}^2.$$

Die Rechnung zeigt, daß die Bodenoberfläche das Reifengerät nicht
mehr trägt (normaler Sohldruck mit 3 kg/cm² ist etwa viermal so hoch
wie die Tragfähigkeit des Bodens), während ein Raupengerät mit
0,4 kg/cm² Sohldruck noch darüberfahren kann.

Allerdings ist bei solchen Untersuchungen zu bedenken: Wenn auch
die Oberfläche nicht fest genug ist, so finden im Falle a) die Räder
in einer gewissen Einsinktiefe sehr bald wieder Halt; der Rollwiderstand

wird zwar höher, aber die Fahrbahn kann dennoch befahren werden.
Der Wert der obigen Berechnung liegt vielmehr darin, daß das Ergebnis
von a) den Hinweis auf abnormale Verhältnisse gibt und eine genauere
Untersuchung des Bodens hinsichtlich des Einsinkens und damit des
Rollwiderstandes erfordert. Wenn nämlich die Reifen stärker einsinken
— und das ist im vorliegenden Fall zu erwarten — erhöht sich die zur
Fortbewegung erforderliche Vortriebskraft erheblich und der Kraftschluß zwischen Reifen und Boden kann den Höchstwert für ruhende
Reibung überschreiten. Die Triebreifen drehen sich dann durch und
wühlen sich in den Boden ein, so daß nicht aus Tragfähigkeits-, wohl
aber aus Kraftschlußgründen jede Fortbewegung unmöglich wird.

Die Erfahrungen haben gezeigt, daß eine genauere Untersuchung
des Festigkeitsproblems dann gegeben ist, wenn der Sohldruck des
Gerätes den doppelten Wert der
errechneten Tragfähigkeit p_0 erreicht hat. Dann ist bereits das
Einsinken und damit der Rollwiderstand so groß, daß Schwierigkeiten in der Fortbewegung zu
erwarten sind. Das gilt jedoch
nur für nichtbindige Böden.

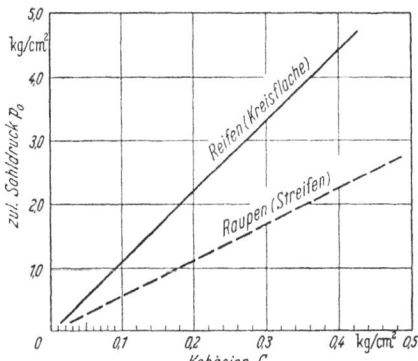

Bild 67. Die Tragfähigkeit kohäsiver Böden bei
verschiedenen Kohäsionsbeiwerten c.

Bindiger Boden. Hier liegen
die Verhältnisse anders. Während
bei den nichtbindigen Böden die
Tragfähigkeit bodenseitig fast
ausschließlich von der inneren
Reibung bestimmt wird, kommt
im bindigen Boden der Einfluß
der Kohäsion hinzu, der bei der Eigenart der Belastung (kurzzeitiges
Darüberfahren der Geräte) den Hauptanteil der Tragfähigkeit ausmacht.
Infolge der hydrodynamischen Spannungserscheinungen kann immer
nur *der* Reibungsanteil in Rechnung gesetzt werden, der als tatsächlicher
Druck von Korn zu Korn wirklich in Erscheinung tritt. Dieser ist aber
bei kurzzeitiger Belastung (etwa 1 sek) verhältnismäßig gering, wenigstens soweit es sich um feinkörnigere Böden (und das sind die meisten
bindigen Böden) handelt.

Für die Berechnung ist folgender Weg zweckmäßig:
1. Grundlegend sind die Näherungsformeln:
   a) Streifenlast (nach KREY)
   $$p_0 = 6,6 \cdot c, \qquad \text{wobei } c = \text{Kohäsion in kg/cm}^2,$$
   b) Quadratfläche (nach LEUSSINK)
   $$p_0 = 11,1 \cdot c,$$
   c) Kreisfläche (nach LEUSSINK)
   $$p_0 = 13,2 \cdot c.$$

Legt man bei Raupenketten die Formel a) und bei Reifen (angenäherte Kreisfläche) die Formel c) zugrunde, so ergeben sich für die beiden Fahrwerksarten bei unterschiedlichen Sohldrücken bestimmte Kohäsionswerte, die der Boden haben muß, um ein Gerät allein durch die Kohäsion (ohne das zusätzliche Mitwirken der Reibung) zu tragen (Bild 67).

Das Diagramm ist so gezeichnet, daß man für die ermittelte Kohäsion c eines Bodens die maximal zulässige Bodenpressung an der Ordinate abliest.

2. Die obigen Formeln setzen voraus, daß die Kohäsion des Bodens annähernd bekannt ist. Kohäsionsermittlungen lassen sich heute verhältnismäßig einfach aus der Zylinderdruckprobe ableiten. Wie das geschieht, ist bereits in Abschn. F 1.33 erläutert worden.

3. Mit Rücksicht auf die Wetterschwierigkeiten sind die Kohäsionsbeiwerte c außer an Proben mit normaler Erdfeuchtigkeit auch an

aufgeweichten Proben (Konsistenzgrad $K \approx 0{,}6$)

ausgetrockneten Proben (Konsistenzgrad $K > 1$)

zu untersuchen.

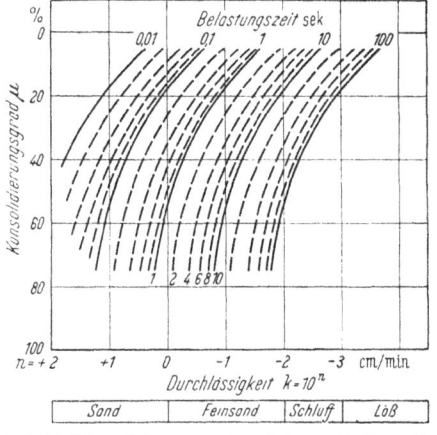

Bild 68. Konsolidierungsgrad μ bei verschiedener Belastungszeit und Durchlässigkeit für 60 cm Schichtdicke.

Wenn auch die Kohäsionsermittlungen über die Zylinderdruckfestigkeit keine sehr genauen Werte liefern, so läßt sich eine gewisse Genauigkeit doch durch entsprechende Häufigkeit der leicht durchführbaren Versuche erzielen.

4. Ergibt der ermittelte c-Wert nach Bild 67 die notwendige Tragfähigkeit, so kann das Gelände ohne große Schwierigkeiten befahren werden. Ist das nicht der Fall, so bleibt die Möglichkeit offen, durch Vergrößerung der Aufstandsfläche des Fahrwerks (wird in Abschn. F 3.45 näher beschrieben) den Sohldruck p_0 (Bodenpressung) zu reduzieren und sich dem geringeren c-Wert anzupassen.

5. Bringt dieser Weg keinen Erfolg, so ist näher zu untersuchen, inwieweit die Tragfähigkeit des Bodens durch den Reibungsanteil (der ja wegen seiner Reduzierung durch die hydrodynamischen Spannungserscheinungen zunächst nicht berücksichtigt wurde) erhöht wird. Das geschieht wie folgt:

a) Die Wirksamkeit des Reibungsanteiles hängt vom Konsolidierungsgrad μ ab. Je stärker der Boden konsolidiert, d. h. je weiter das Porenwasser aus den

Hohlräumen herausgequetscht worden ist, um so stärker wird die gegenseitige Korn-zu-Korn-Berührung und damit der Reibungsanteil.

b) Der Konsolidierungsgrad μ ist abhängig

von der Belastungszeit des Bodens,

von der Durchlässigkeit des Bodens.

Die Belastungszeit schwankt im allgemeinen zwischen 1,5 sek und 0,1 sek und ist von der Fahrgeschwindigkeit abhängig. Die Durchlässigkeit des Bodens kann nach den bekannten Verfahren untersucht werden.

c) Sind die Belastungszeit bzw. die Fahrgeschwindigkeit und die Durchlässigkeit bekannt, so läßt sich aus Bild 68 entnehmen, mit welchen Verfestigungsgraden unter den gegebenen Verhältnissen zu rechnen ist. (Für Bild 68 wurde mittlerer Ton zugrunde gelegt.)

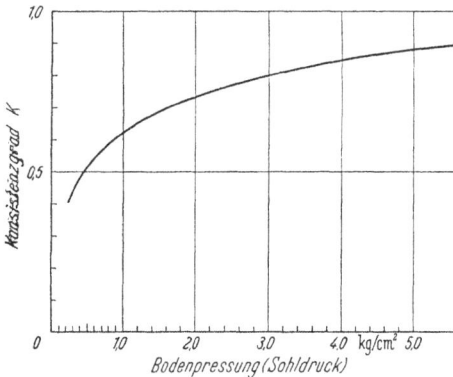

Blid 69. Erforderliche Mindestkonsistenz bindiger plastischer Fahrbahndecken für verschiedene Sohldrücke des Fahrwerks.

d) Der Reibungsanteil ist dann

$$\Delta p_r = \mu\, p_{0(r)},$$

wobei

$\mu =$ Verfestigungsgrad (Verhältnis der wirksamen Korn-zu-Kornspannung zur aufgebrachten Gesamtlast (Sohldruck) Abb. 68,

$p_{0(r)} =$ Tragfähigkeit des *nichtbindigen* Bodens (berechnet nach den Formeln auf S. 157).

e) Die Gesamttragfähigkeit des *bindigen* Bodens (einschließlich der Berücksichtigung des Kohäsionsanteils) ergibt sich zu

$$p_0 = p_{0(c)} + \Delta p_r,$$

wobei $p_{0(c)}$ der Kohäsionsanteil ist und nach den Formeln auf S. 158 berechnet wird.

f) Wie aus Bild 68 hervorgeht, variiert der Verfestigungsgrad μ und damit die Größe des Reibungsanteils mit der Belastungszeit. Da diese wieder von der Fahrgeschwindigkeit abhängt, kann man die Böden, die tragfähigkeitsmäßig an der zulässigen Grenze liegen, durch Reduzierung der Fahrgeschwindigkeit „fester" machen; je langsamer das Gerät fährt, um so größer wird die Belastungszeit — um so größer μ und damit auch um so größer Δp_r.

Die obigen Ausführungen gelten strenggenommen nur für den Fall, daß der bindige Boden eine Konsistenzzahl von $K \geqq 1$ hat, also wenigstens an der Rollgrenze liegt. Für geringere Konsistenzgrade hat LEUSSINK festgestellt, daß die Tragfähigkeit bei den im gleislosen Erdbau gegebenen Verhältnissen maßgebend nur noch von der Konsistenz beeinflußt wird und daß Kohäsion und Reibung fast völlig zurücktreten. Rechnerische Ermittlungen und praktische Untersuchungen haben auf den Zusammenhang in Bild 69 geführt. Danach muß ein bindiger Boden eine Konsistenzzahl von mindestens $K = 0,6$ haben, um von einem Raupenschlepper mit normal dimensionierten Ketten befahren werden zu können. Bei höheren Sohldrücken steigt auch die für die Festigkeit erforderliche Konsistenz entsprechend an.

1.74 Ausmaß des Einsinkens. Ist die grundlegende Frage geklärt, ob die Geländefahrbahn die erforderliche Tragfähigkeit hat oder nicht und damit, ob und welche Geräte zum Einsatz gebracht werden können, so erfolgt als nächster Schritt die Ermittlung des Einsinkens des Fahrwerkes. Das Einsinken läßt sich rechnerisch schlecht erfassen. Wohl hat die Bodenmechanik eine Reihe von Formeln für Setzungsberechnungen zur Verfügung; sie gelten aber für langsames Einsinken über größere Zeitdauer, wie es bei Bauwerken auftritt — nicht für das Einsinken der schnell darüberfahrenden Geräte.

Als Untersuchungsmethoden kommen in Frage:

a) kurzfristige Probebelastung im Maßstab 1:1 (s. Abschn. 1.62, S. 152);

b) Ermittlung von Anhaltswerten mit dem Proctor-Gerät und Umrechnung auf die tatsächliche Größe (s. Abschn. 1.8).

1.8 Die Beziehungen zwischen den Einsinkziffern *e* und *E*.

Schon auf Seite 141 und 147 wurde darauf hingewiesen, daß sich ein Überblick über das Ausmaß des Einsinkens in der Praxis am besten und schnellsten dadurch gewinnen läßt, daß man mit der Proctor-Nadel (Stempelfläche 8 cm²) die Fahrbahn abtastet und zunächst das Einsinken der Nadel bei den üblichen Bodenpressungen von $0,5-1,0-1,5$ $-3,0-5,0$ kg/cm² feststellt und regelrecht Drucksetzungsdiagramme bei entsprechend kurzzeitiger Belastung aufstellt. Die Proctor-Werte *e* müssen dann auf das Einsinken *E* der Lastfläche in natürlicher Größe umgerechnet werden. Dabei ist zu bedenken:

Die Lastfläche der Proctor-Nadel beträgt 8 cm², die eines mittleren Erdbaureifens $3000-5000$ cm². Würde sich, wie das bei einer Lastfläche von etwa 20 cm² an aufwärts der Fall ist, die Tragfähigkeit des Bodens und damit auch das Einsinken unter einer bestimmten Last proportional der Lastfläche ändern, so wäre die Umrechnung von *e* auf *E* verhältnismäßig einfach. Während oberhalb dieser Flächengröße grundsätzlich das Einsinken bei gleicher Flächenpressung (Sohldruck) um so größer wird, je größer die Lastfläche selbst ist — und zwar unabhängig davon, ob es sich um bindige oder nichtbindige Böden handelt —, kehren sich die Verhältnisse unterhalb des Wertes um. Diese Tatsache erklärt sich bodenmäßig dadurch, daß jedes Einsinken durch

a) Zusammendrücken des Bodens (Näherrücken der Körner)

b) seitliches Ausweichen des Bodens

hervorgerufen wird. Bei größeren Flächen ist der Einfluß unter b) von geringerer Bedeutung; die Einsenkung hängt fast ausschließlich vom Zusammendrücken ab. Bei kleinen Lastflächen — und um solche handelt es sich bei den 8 cm² des Proctor-Stempels — wird die Einsenkung in überwiegendem Maße durch das seitliche Ausweichen verursacht, und die so gemessenen Tragfähigkeitswerte beruhen mehr auf der horizontalen (sog. Pfahlwirkung) als auf der vertikalen Druckübertragung.

Es gibt wohl Formeln und Möglichkeiten, die e/E-Transformation auf rechnerischem Wege durchzuführen (hier sei auf Versuche von GOERNER, KÖGLER und PRESS hingewiesen, die die Einsenkung bei verschieden großen Lastflächen experimentell geklärt haben); da aber

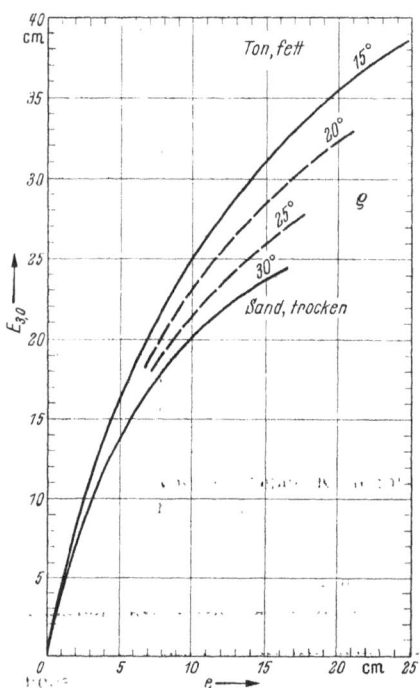

noch keine eindeutigen Ergebnisse vorliegen, blieb nur übrig, den Zusammenhang zwischen e und E empirisch zu ermitteln und in einer Reihe von Versuchen das Modellgesetz für die e/E- Transformation festzulegen.

Bild 70 zeigt den Zusammenhang. Die Ermittlung der Werte erfolgte in der Weise, daß auf der zu untersuchenden Bodenfläche (nach Beseitigung der oberen aufgelockerten Deckschicht von etwa 5 cm Dicke mit einem Erdhobel) zwischen den Fahrspuren des Erdhobels der Boden mit der Proctor-Nadel in Abständen von 0,5 bis 1 m in der Fahrtrichtung abgetastet und e ermittelt wurde. Anschließend fuhr ein Motorschürfwagen mit 21.00×25 Geländereifen, einer Reifenauflagefläche von rund 5000 cm² und einer Flächenpressung von 3 kg/cm² über die vorher abgetastete Fahrspur. Das Einsinken der Reifen

Bild 70. Diagramm für die Umrechnung der mit der Proctornadel (Stempeldurchmesser 3,4 cm — Stempelfläche 8 cm²) ermittelten Einsinkziffer e auf die für die Lastfläche des Geländereifens (Aufstandsfläche 4000—5000 cm²) geltende Einsinkziffer E.

$(E_{3,0})$ wurde gemessen und für andere Untersuchungen gleichzeitig der Rollwiderstand festgelegt (s. Tab. 11).

Die Ergebnisse zeigten, daß sich der Zusammenhang zwischen e und E nicht durch eine einzelne Kurve darstellen läßt. Wegen der „Pfahlwirkung" am Druckstempel der Proctornadel spielt der innere Reibungswiderstand des Bodens, die sog. Korn-zu-Korn-Reibung, eine gewisse Rolle, und man erhält unterschiedliche Ergebnisse, je nachdem, ob es sich um einen nichtbindigen rolligen Boden mit hoher innerer Reibung oder um einen fetten plastischen Ton oder Mutterboden handelt. Dementsprechend sind in Bild 70 Kurven für verschiedene Reibungswinkel (im Bereich von $\varrho = 15°$ für fetten Ton bis $\varrho = 30°$ für lockeren trockenen

Sand) gezeichnet. Bei der Umrechnung von *e* auf *E* muß dann eine dem ungefähren Wert des Bodens entsprechende Kurve bzw. ein Zwischenwert gewählt werden. — Die Methode erweist sich in der Praxis als sehr brauchbar, und die Proctornadel kann als gutes Prüfgerät für schnelle Fahrbahnteste verwendet werden.

1.9 Meßtechnik.

Im Zusammenhang mit den hier beschriebenen Bodenuntersuchungen ist wiederholt von zwei Geräten die Rede gewesen, die aus der amerikanischen Bodenmechanik stammen und bei uns noch verhältnismäßig unbekannt sind: von der US-Standardsonde und dem Proctor-Gerät. Am Schluß der Ausführungen über die Bodenuntersuchung sei daher einiges über diese Geräte nachgetragen.

1.91 Standardsonde. Sie wird in der amerikanischen Bodenmechanik als die einfachste Methode zur Prüfung der Lagerdichte des

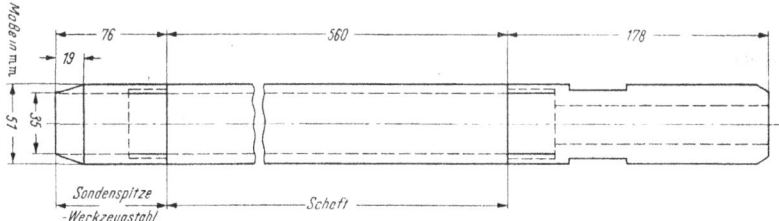

Bild 71. Abmessungen der amerikanischen Standardsonde für den Standard Penetration Test.

Bodens in gewachsenem Zustand angesehen. Das Gerät besteht aus einem Hohlrohr von 5,1 cm Außen- und 3,5 cm Innendurchmesser (Bild 71) und wird durch Schlagen mit einem Fallgewicht von 63 kg aus 76 cm Höhe in den Boden getrieben.

Als Maß für die Lagerdichte des Bodens wird die Zahl der Schläge *N* angegeben, die erforderlich ist, um die Sonde 30 cm in den Boden einzutreiben.

Die Sonde kann bis etwa 4 m Tiefe arbeiten (Verlängerung durch Rohrzwischenstücke). Wenn man die Sonde auf den Versuchsboden (Boden des Baugrundes bzw. Grundfläche des Bohrloches) aufsetzt, treibt man sie zunächst etwa 15 cm ein, um die lockeren Schichten an der Oberfläche zu durchdringen. Erst dann beginnt der eigentliche Eindringversuch mit dem Zählen der Schläge mit genormtem Fallgewicht und genormter Schlaghöhe für die nächsten 30 cm Eindringung.

In den USA ist die Methode als Standard Penetration Test bekannt. Sie wird bei fast allen Bodenuntersuchungen verwendet und hat wegen ihrer Einfachheit auch für den gleislosen Erdbau große Bedeutung — sei es, um die Lagerdichte nichtbindiger Böden festzustellen, oder nur, um Bodenproben aus größerer Tiefe heraufzuholen. Darüber hinaus lassen sich aus der Schlagzahl N Rückschlüsse auf die Zylinderdruckfestigkeit des Bodens ziehen, die nach Abschn. 1.33 für die Ermittlung des Schürfwiderstandes bindiger Böden benötigt wird. Nach amerikanischen Untersuchungen gilt etwa folgender Zusammenhang (Bild 72):

1.92 Proctor-Nadel. Sie gehört zu der Gruppe von Meßgeräten, mit denen die Tragfähigkeit des Baugrundes untersucht wird. Bekannt sind bei uns vor allem der Dichteprüfer, Bodenprüfer, Federwaagenkegel und ähnliche Geräte, die jedoch meist eine geringere Tiefenwirkung als die Proctor-Nadel haben.

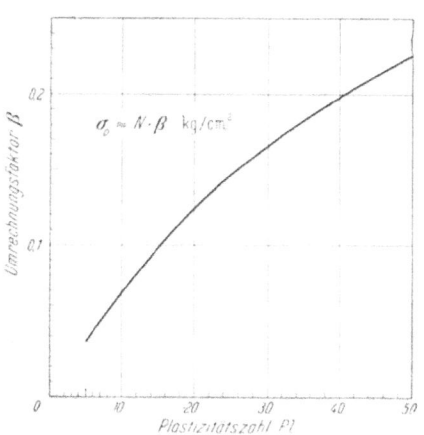

Bild 72. Ermittlung der ungefähren Zylinderdruckfestigkeit der Tonböden aus der Schlagzahl N der Standardsonde.

Bekannt ist das Proctor-Gerät auch bei uns zur schnellen Bestimmung des optimalen Wassergehalts bei der Bodenverdichtung. Im Zusammenhang mit den obigen Ausführungen wird jedoch nicht das komplette Proctor-Gerät, sondern nur die Plastizitätsnadel verwendet (Bild 73). Wesentliche Bestandteile sind die fünf Druckstempel mit verschiedenem Stempeldurchmesser (nach Zoll oder cm genormt) und das Federgehäuse, das es ermöglicht, den Stempel in den Gewichtsgrenzen zwischen 4 und 60 kg in den Boden zu drücken und den in einer bestimmten Tiefe erforderlichen Einpreßdruck zu messen. Zur Mittelwertbildung ist es zweckmäßig, je Meßpunkt mindestens drei Einzelmessungen durchzuführen.

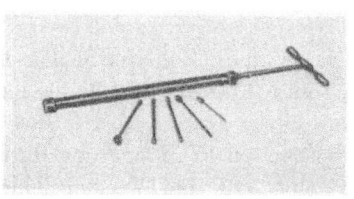

Bild 73. Die Proctornadel (Anfertigung der Firma Paul Stenzel, Hamburg-Bahrenfeld) (Werkfoto Stenzel).

Die spezifische Bodenpressung schwankt zwischen 2,5 und 50 kg/cm². Hier wird allerdings nur die 8-cm-Nadel mit einer Flächenpressung bis 7 kg/cm² benötigt.

Das Proctor-Gerät ist der weiterentwickelte „Spazierstock" der alten Erdbaupraktiker, mit dem diese den Verdichtungsgrad der Dammschüttungen feststellten. Gegenüber ähnlichen Geräten hat die Proctor-Nadel den Vorteil, daß man sie nicht nur an der Oberfläche des Geländes, sondern in Tiefen bis 20 cm und bei entsprechender Verlängerung der Stempelschäfte bis auf 70 cm hinab verwenden kann.

Die guten Ergebnisse, die mit der Proctor-Nadel beim Fahrbahntest erzielt wurden, lassen es angebracht erscheinen, dieses Gerät stärker in die Bodenuntersuchung im gleislosen Erdbau einzuschalten. So liegt es auf der Hand, z. B. auch die Lösefestigkeit des Bodens mit der Proctor-Nadel zu messen. Dann würde die Dreiteilung der Meßverfahren für den Schürfwiderstand durch eine einzige Proctor-Skala ersetzt werden. Auch für den Kraftschluß läßt sich wahrscheinlich eine Proctor-Basis schaffen. Es bleibt weiteren Untersuchungen vorbehalten, hier gewisse Zusammenhänge aufzustellen. Auf jeden Fall ist die Proctor-Nadel mit ihrer größeren Tiefenwirkung allen ähnlichen Geräten wie Federwaagenkegel, CBR-Gerät usw. überlegen.

2 Fördergefäß und Fördergut.

2.1 Füllmechanik.

Ein Teil der gleislosen Geräte (alle Flachbagger) belädt sich selbst. Die Grabgefäße sind so ausgebildet, daß sie während der Eigenbewegung den Boden mit einer tiefliegenden Schneide lostrennen, in das Fördergefäß leiten und dort ablagern. Die Schneide löst den Boden durch Schürfen, Schaufeln oder spatenartiges Einstechen.

Beim spatenartigen Graben (Schaufellader) wird der Boden durch eine Kübeldrehung losgebrochen und in den Kübel gefüllt. Beim Schaufeln wird er durch die Fahrbewegung waagerecht in den Kübel geschoben und durch entsprechende Formgebung der Gefäßrückwand zum Füllen des Laderaumes veranlaßt. — Am schwierigsten sind die Schürfgefäße (Schürfkübel und Planierschilde) zu füllen. Zum Schürfen wird die Schneide keilförmig durch den Boden gezogen. Das gelöste Material strömt eine Rampe von etwa 45° hoch und dann an der tiefsten Stelle des Kübels durch einen 10—20 cm breiten Spalt in den Laderaum ein, wo es sich ablagert.

Die Bodenbewegungen während des Füllens wurden in einer Reihe von Filmaufnahmen an Schürfkübeln und Planierschilden untersucht und ergaben folgendes Bild:

2.11 Schürfkübel. Beim Schürfkübel treten die Bewegungsformen des Bodens besonders klar zutage. Die Unterschiede in Bodenart und -zustand haben hier den größten Einfluß auf die erzielbare Kübelfüllung. Die bei den Schürfkübeln gewonnenen Erkenntnisse lassen sich leicht auf andere selbstladende Fördergefäße übertragen.

Bei bindigen Böden ist die Füllmechanik am stärksten ausgeprägt. Das Einlagern der kontinuierlich in den Kübel strömenden Bodenschicht erfolgt in drei Füllphasen, die sich bei besonders günstigen Bodenverhältnissen (lehmiger Sand, erdfeucht) scharf gegeneinander abgrenzen

und zeitlich aufeinander folgen. Sie unterscheiden sich in der Art der
Ablagerung (Bild 74):

Füllphase I : Häufen *in* Fahrtrichtung,
   „ II : Häufen *gegen* Fahrtrichtung,
   „ III: Hochquellen.

Den Füllphasen entsprechend ergeben sich im Kübel bestimmte
Füllräume. Das Häufen in Füllphase I erfolgt je nach der Steife des

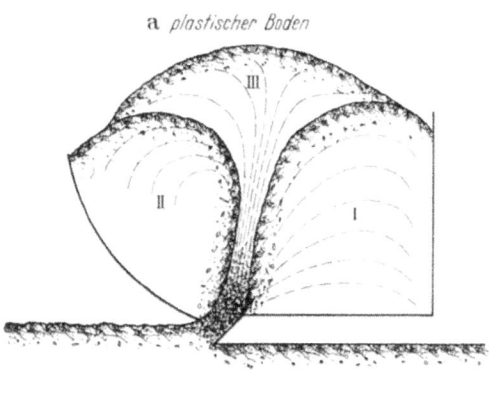

a *plastischer Boden*

Bodens entweder durch
Übereinanderschiebenvon
Bodenschichten, wobei
sich diese infolge der Reibung an der darunter-
liegenden Schicht nach
oben wölben (Füllphase
I a), oder durch einfaches
Einschieben des Bodens
(Füllphase I b), der sich
dann an der Kübelrück-
wand staut. Sinngemäß
ist Füllphase II zu unterteilen in Umrollen (IIa)
und Herabfließen (IIb).
Für Füllphase III ist keine
Unterteilung erforderlich,
da sie ausschließlich als
Hochquellen in Erschei-
nung tritt.

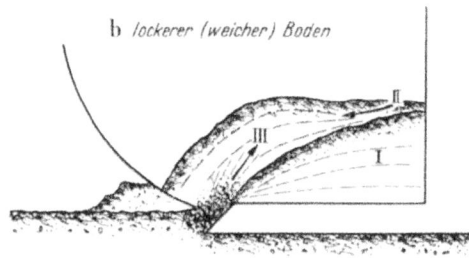

b *lockerer (weicher) Boden*

Das Füllen des Schürf-
kübels ist in den einzelnen
Stufen aus Abb. 75 zu er-

Bild 74 a u. b. Die füllmechanischen Bewegungen des Bodens
beim Einströmen in den Schurfkübel.
a) plastischer Boden; b) lockerer weicher Boden.

sehen. Die Reihe b gilt
für günstige Bodenver-
hältnisse. Die Stufen 1—4 beziehen sich auf Füllphase Ia. Sobald die
Vorderfläche des Haufens eine Steigung von 75—80° erreicht hat, laufen
die einströmenden Bodenschichten nicht mehr in Fahrtrichtung auf,
sondern legen sich nach vorn um. Dabei zerreißt ihr Zusammenhang,
sie bröckeln ab und füllen den Raum II. In gut bindigen Böden
bleibt auch während Füllphase II der Schichtzusammenhang erhalten,
so daß Raum II durch Umrollen der Schicht ausgefüllt wird. Bei Stufe 6
ist der Füllraum II gefüllt, und es beginnt Füllphase III. Durch einen
trichterförmigen Schlauch, der sich zwischen Füllraum I und II aus-
bildet, wird der einströmende Boden hochgepreßt und fließt in die
Breite, wobei er den Füllraum III ausfüllt.

Reihe *d* zeigt den Füllvorgang des gleichen Kübels beim Füllen von Böden geringer η_B, also etwa von breiigem Schlamm oder lockerem, trockenem Sand. Die einzelnen Füllphasen sind hier verwässert. Vor allem gehen Phase II und III ineinander über und verlaufen gleichzeitig in der Weise, daß das Herabrollen bzw. Herabfließen (Füllphase IIb) überlagert wird durch die hochquellende Phase III. Die geringe Steife des Bodens führt dazu, daß sich vor der Schneide eine Stauwelle bildet. Das gelöste Material fließt dann nicht mehr auf der Schneidenrampe hoch.

Die Kübelfüllung wird begrenzt

a) konstruktiv durch das Fassungsvermögen des Fördergefäßes (in günstigen Böden),

b) bodenseitig durch die η_B.

Sobald der Gewichtsdruck der auf der Füllspalte lastenden Erdsäule den Einpreßdruck erreicht hat, findet kein Füllen mehr statt. Wird danach trotzdem weiter geschürft, so staut sich der Boden vor der Schneide.

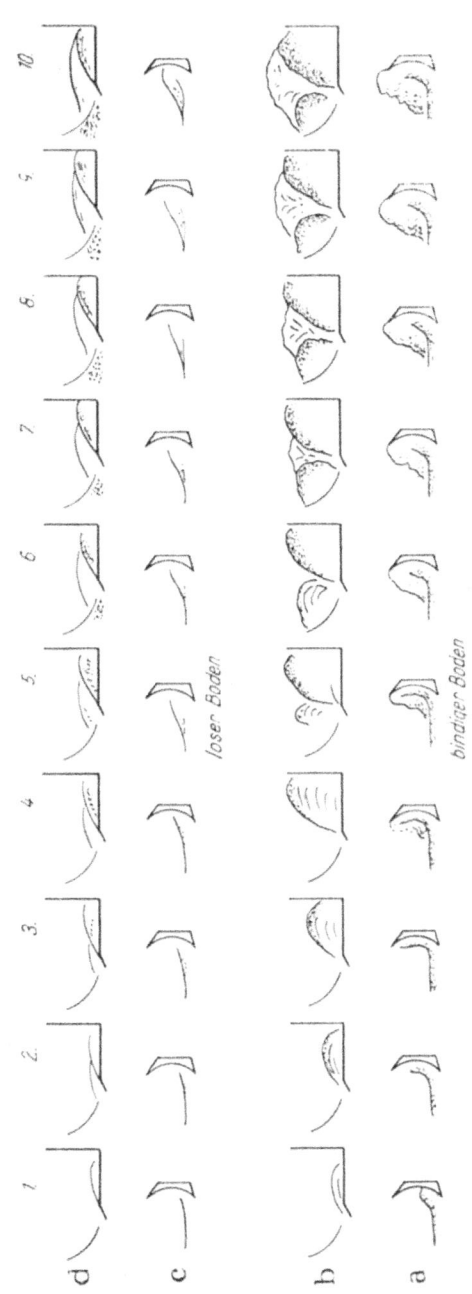

Bild 75. Die Füllphasen der Flachbagger-Schürfgeräte.
Reihe a) Bindiger Boden, Plattenschild. Reihe b) Bindiger Boden, Schürfkübel. Reihe c) loser Boden, Plattenschild. Reihe d) loser Boden, Schürfkübel.

2.12 Planierschild. Auch das Planierschild ist als Fördergefäß auf-
zufassen. Vom eigentlichen „Gefäß" ist nur die Rückwand vorhanden.
Die übrigen Begrenzungen bilden sich von selbst.

Beim Schild wird der einströmende Boden an der Schildwand hoch-
gedrückt und bildet dabei die Füllphase Ia (Abb. 76). Diese wird weitgehend beeinflußt durch die Profilform des Schildes. Je nach der Steife
wird die Bodenschicht mehr oder weniger nach oben geführt und dabei
nach vorn geneigt, bis sie in ihrem Zusammenhang zerbricht und als
Füllphase IIa vor dem Schild
abbröckelt. Dieser herunter-
gefallene Boden wird auf der
Oberseite des einströmenden
Bodens erneut vor dem
Schild hochgeführt (Füll-
phase III). In Böden geringer
Steife verwässern die Füllphasen: Das Einströmen und
Hochführen am Kübel bleibt
zwar erhalten, wird jedoch je
nach der Steife des Bodens
zeitiger abgebrochen, aber
nicht wie bei Phase Ia durch
Abbröckeln der Schicht beim
Vorwärtsneigen, sondern dadurch, daß der Boden von
selbst zerfällt und nach allen
Seiten als Phase IIb herab-
rollt. Abb. 76b zeigt das
typische Bild, wie es beim
Transport von Schlamm-
oder losen Sandschichten

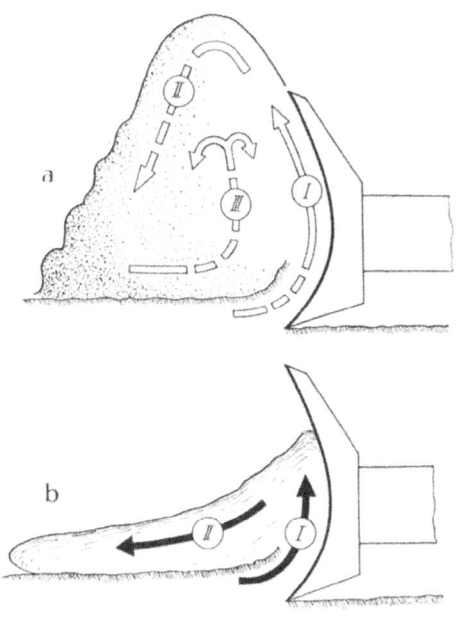

auftritt: Der Boden schiebt sich in einer „Stauwelle" vor dem Schild
her, ohne an ihm in genügender Höhe hochzusteigen.

Aus Abb. 75 Reihe *a* und *c* ist der zeitliche Ablauf der Füllvorgänge
am Brustschild in Einzelheiten ersichtlich.

2.2 Formgebung der Grabwerkzeuge.

2.21 Schürfkübel. Die Erfahrungen haben gezeigt, daß die Formgebung der Schürfkübel wenig Einfluß auf die Kübelfüllung hat. Einen
Überblick über die heutigen Kübelformen (Längsschnitte) gibt Bild 77.

Gegenüber ihrer Urform als flache Schalen, die von Pferden gezogen
wurden, haben die Schürfkübel inzwischen viele Wandlungen durch-

gemacht. Während lange Zeit die schmalen langen mit den breiten kurzen Kübeln konkurrierten, hat sich nun die letztere Form wegen der günstigeren Entladeeigenschaften durchgesetzt, obwohl sie höhere Zugkräfte erfordert. Einen Kompromiß zwischen beiden Ausführungen stellt der bereits erwähnte Teleskopkübel dar (Profil B in Bild 77), der bei Beginn des Füllens durch Ineinanderschieben der beiden Kübelhälften kurz und breit, bei später ausgezogenen Hälften dagegen lang und schmal erscheint und beladetechnisch den Vorteil der schmalen, entladetechnisch denjenigen der breiten Kübel bietet.

Die Kübelklappe der ersten Schürfkübel, die als senkrechte Wand ausgebildet war, wirkte sich ungünstig auf das Füllen und besonders auf das Entladen aus. Zur Freigabe der Kübelöffnung wurde sie wie ein Schieber senkrecht nach oben gezogen. Ihr Öffnungsweg war nicht nur sehr begrenzt, sondern es blieb beim Hochziehen auch viel Boden an der Wand hängen. Heute sind die Klappen alle gewölbt und nach vorn geneigt. Die Wölbung paßt sich der Füllbewegung des Bodens an. Durch die Neigung der Klappe im Zusammenhang mit ihrer Ausbildung als Drehschieber wird bewirkt, daß sie sich beim Hochziehen auch nach vorn bewegt und dabei von dem Boden im Kübel entfernt.

Auch die Kübelrückwand war ursprünglich senkrecht. Heute erhält sie eine Wölbung

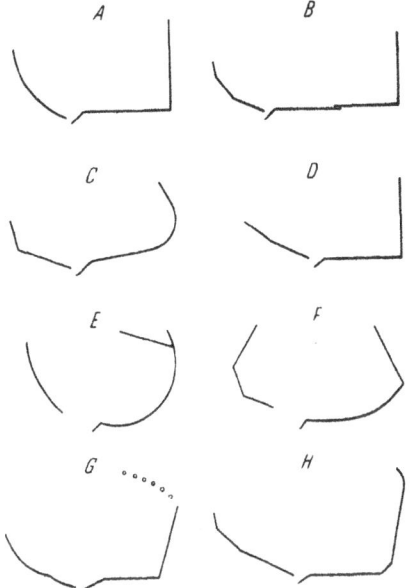

Bild 77. Die verschiedenen Formen der Schürfkübel (Längsschnitte durch den Kübel).

nach rückwärts, um ein besseres Ausfüllen des Kübelraumes zu gewährleisten. Untersuchungen an Schürfkübeln *ohne* Rückwand haben gezeigt, daß sich (zumindest im Bereich der üblichen erdfeuchten Böden mittlerer Kohäsion) ein Kübel ohne Rückwand fast ebenso gut füllt. Die Reibung bereits der ersten Bodenschicht auf dem blank gescheuerten Kübelboden ist so stark, daß die Schicht abgebremst wird, ehe sie den hinteren Rand des Kübelbodens erreicht. Die weiter eingeschobenen Bodenmassen sind nicht in der Lage, diese erste Schicht wegzudrücken; sie werden gezwungen, über sie wegzuklettern und sich darüberzuschieben. Die Bedeutung der Kübelrückwand liegt mehr in der Verwendung als Schieber für die Zwangsentleerung.

Die Schürfkübel werden mit verschiedenen Schneiden ausgerüstet. Die ungeteilte glatte Schneide kommt in Böden zur Anwendung, die sich gut schürfen lassen und eine gleichmäßige Abnutzung ergeben. In festeren Böden nutzt sich die Mittelschneide stärker ab. Sie ist daher auswechsel- bzw. umkehrbar. Auch kann die Mittelschneide stärker nach unten vorstehen. Diese Form wird vorzugsweise bei harten Böden und Schichtgestein verwendet. Eine ähnliche Wirkung wird mit der Schneide erreicht, die (in Fahrtrichtung gesehen) in der Mitte nach unten gewölbt ist (konkave Wölbung). Schließlich sei auf die konvexe Wölbung hingewiesen, die für Schürfkübel mit konkav gewölbtem Boden bestimmt ist, wenn feine Planierarbeiten durchgeführt werden sollen. Die konkave Schneide dient auch zum Ausgleich von Unebenheiten in

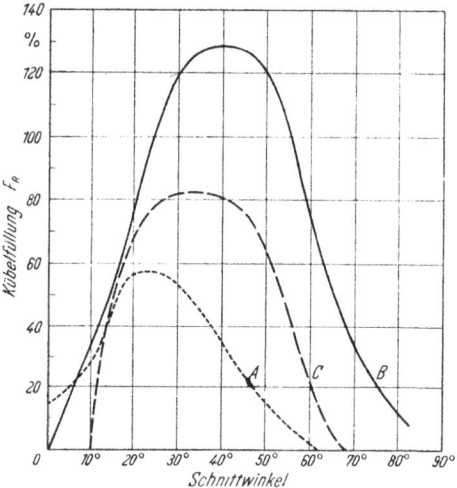

Die physikalischen Daten der Böden *A, B, C:*

Ⓐ *R*-Boden:

VorherrschendeKorngröße Feinsand
Ungleichförmigkeitsgrad $U = 4$
Kornform . . . . . . rundlich
Wassergehalt . . . . . $w = 8\%$
Raumgewicht . . . . . $\gamma_R = 1{,}82$ t

Ⓑ *B*-Boden:

Plastizitätszahl . . . . $Pl = 14{,}3$
Konsistenzgrad . . . . $K = 1{,}1$
Beimischungen . . . . Grobsand
Wassergehalt . . . . . $w = 28\%$

Ⓒ *B*-Boden:

Plastizitätszahl . . . . $Pl = 36{,}2$
Konsistentgrad . . . . $K = 1{,}6$
Beimischungen . . . . Feinkies
Wassergehalt . . . . . $w = 7\%$

Bild 78. Der Einfluß des Schnittwinkels der Schürfkübelschneide (Anstellwinkel) auf die Kübelfüllung.

der Schürffläche: Ist der Boden durch die Raupen bzw. Reifen, die vor der Kübelschneide laufen, eingedrückt, so würde an diesen Stellen mit der geraden Schneide weniger Boden gefördert werden als in der Mitte. Um gleichmäßigen Bodenabtrag zu erzielen, muß die Schneide konkav gewölbt werden. (Aus dem gleichen Grund werden gerade Schneiden in der Mitte stärker abgenutzt als an den Seiten).

Von großer Bedeutung ist der Anstellwinkel an der Schneide, der sogenannte Schnittwinkel. Während bei den ersten Schürfkübeln der Boden fast horizontal in den Füllraum eingeschoben wurde, fällt der Schneide heute außer dem Lostrennen des Bodens die Aufgabe zu, ihn so in den Kübel einzuleiten, daß er sich gut darin ablagert und hochquillt. Für das reine Schneiden ist ein möglichst flacher Schnittwinkel erwünscht. Dagegen muß er zum Laden eine größere Neigung erhalten, um den Boden genügend aufzulockern und dadurch überhaupt erst quellfähig zu machen und um den lockeren Boden fülltechnisch günstig in das Fördergefäß zu leiten. Die Größe des Schnittwinkels ist von der Zusammensetzung des Bodens abhängig. — Um die „Füllfreudigkeit" des Kübels zu verbessern, vor allem um sie auch auf schlecht geeignete Böden auszudehnen, gehen die Entwicklungstendenzen dahin, die Schürfkübel mit hydraulisch verstellbaren Schneiden auszurüsten.

Im Hinblick auf den Einfluß des Schnittwinkels auf die Kübelfüllung wurden an einem Schürfkübel mit veränderlicher Schneide eine Anzahl Versuche durchgeführt mit dem Ziel, den für den jeweiligen Boden günstigsten Schnittwinkel festzustellen. Die Versuchsergebnisse sind in Bild 78 dargestellt und zeigen die erzielbaren Kübelfüllungen (Raumfüllungen in % des gestrichenen Volumens) in drei typischen Böden bei veränderlichem Schnittwinkel.

In den Kurven spiegeln sich schürf- und fülltechnische Forderungen wider. Während lockere Böden beim *Schürfen* einen ziemlich steilen Schnittwinkel ertragen können, muß dieser um so flacher werden, je größer der Zusammenhang des Bodens ist. Andererseits muß zum *Füllen* leichten Bodens der Schnittwinkel möglichst flach sein, da jeder Anstieg der Schneide den Boden nur staut und dadurch zum seitlichen Abfließen statt zum Ansteigen in dem Kübel zwingt. Plastische bis feste Böden müssen durch eine steile Schneide aufgelockert, quellfähig gemacht und der günstigsten Füllrichtung entsprechend in den Kübel geleitet werden. Je fester der Boden wird, um so größer wird das sekundäre Korngefüge, in das er beim Schürfen zerfällt, und um so flacher muß nun wieder die Schneide anstehen, um Klumpen oder Geröll ohne größere Widerstände in den Kübel einzuführen.

2.22 Planierschild.

2.221 Profilformen. Von großem Einfluß auf die Leistung der Planierraupe ist das Schildprofil. Bild 79 enthält die wichtigsten Profilformen. Sie lassen sich einordnen

a) nach Art der Wölbung, b) nach der Neigung der Profilachse, wobei mit „Profilachse" die durch den Anfangs- und Endpunkt jeder Krümmung gelegte Gerade bezeichnet wird. Für die Ausbildung der Wölbung sind drei Grundformen charakteristisch, die zur Einordnung der einzelnen Profile dienen:

1. Krümmungen mit konstantem Halbmesser (Profilgruppe A).
2. Krümmungen mit veränderlichem Halbmesser, meist mit parabelförmiger Wölbung, wobei die Krümmung nach dem oberen Schildrand hin entweder
   zunimmt (Profilgruppe B) oder abnimmt (Profilgruppe C).

Die Neigung der Profilachse gegen die Vertikale schwankt zwischen 0—18°, wobei die Achse im allgemeinen um so steiler steht, je tiefer der stärker gekrümmte Teil der Wölbung im Profil liegt.

2.222 Profilelemente. Die Gesichtspunkte, nach denen die Schilde profiliert sind, lassen sich aus den Hauptfunktionen der Planierraupe (Schürfen — Füllen — Transportieren — Entladen — Planieren) ableiten. Die formtechnische Verwirklichung soll an den sogenannten Profilelementen (Bild 80) erläutert werden.

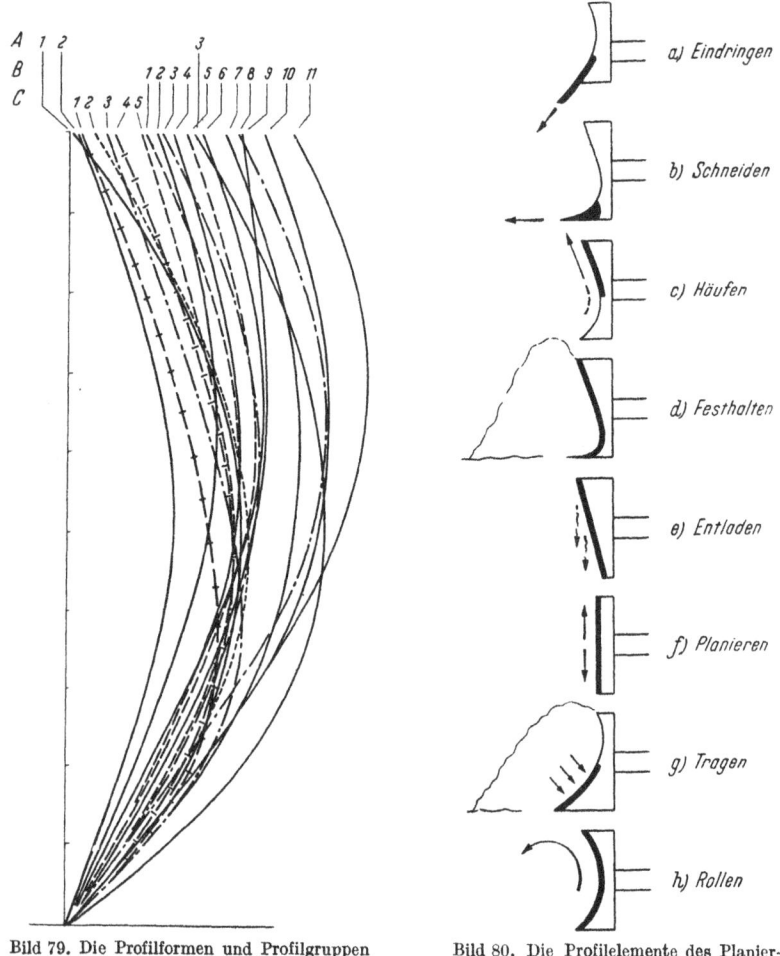

Bild 79. Die Profilformen und Profilgruppen der Planierschilde.

Bild 80. Die Profilelemente des Planierschildes.

Profilelement A. Voraussetzung für jeden Schürfvorgang ist, daß die Schneide in den Boden dringen kann. Der hierfür erforderliche Schneidenanstellwinkel ergibt sich aus der Zusammensetzung der Vektoren für die horizontale Schürfgeschwindigkeit und die gewünschte vertikale Eindringgeschwindigkeit des Schildes in den Boden.

Profilelement B. Das Lostrennen des Bodens in dünnen Schichten verlangt eine Schneide mit möglichst horizontaler Lage, wobei der Anstellwinkel um so flacher sein muß, je größer die Gewinnungsfestigkeit des Bodens ist.

Beide Profilelemente zusammen ergeben den Anstellwinkel der Schneide (Schnittwinkel). Er bewegt sich heute im Bereich von 42—60°. In der Mehrzahl der Fälle liegt er zwischen 50 und 55°.

Profilelement C. Um hohe Förderleistungen zu erzielen, muß das Schild möglichst viel von dem abgetrennten Boden vor sich anhäufen und während des Transportes festhalten. Für das Füllen ist erforderlich, daß der mehr oder weniger horizontal in das Schild einströmende Boden in eine Richtung umgelenkt wird, die dem natürlichen Häufungsprozeß am besten entspricht. Diese Richtung ist gegeben, wenn der Ausgang des Schildes um etwa 20° gegen die Vertikale nach vorn übergeneigt ist.

Profilelement D. Beim Fördern muß der Boden durch das Schild möglichst gut festgehalten werden, so daß kein Abfließen nach den Seiten eintritt. Hierfür ist eine Form erforderlich, die sich den Konturen eines frei geschütteten Haufens anpaßt und diesen wenigstens teilweise tragen kann. Die Festhaltewirkung läßt sich erheblich steigern, wenn das Schild mit großen vertikalen Seitenblechen ausgerüstet wird.

Profilelement E. Für einwandfreies Entladen muß das Schild — besonders bei klebenden Böden — nach vorn geneigt werden.

Profilelement F. Das Planieren ist nichts anderes als ein Auffüllen von Bodenunebenheiten mit dem vor dem Schild angehäuften Material. Es besteht darin, daß der Erdhaufen vor dem Schild über das unebene Gelände geschoben wird, wobei der jeweils eine Bodenmulde ausfüllende Teil des Haufens von der Schildunterkante abgeschnitten wird. Während sich der Erdhaufen des Füllmaterials entsprechend den Bodenunebenheiten beim Schieben auf- und abwärts bewegt, soll das Schild des Schleppers, der über das bereits eingeebnete Planum fährt, möglichst keine Vertikalbewegungen mehr durchführen. Zwischen dem Erdhaufen des Bodenreservoirs und dem Schild besteht beim Planieren eine ständige Auf- und Ab-Bewegung, welche es erforderlich macht, daß sich der Erdhaufen vor dem Schild möglichst ungehindert bewegen kann, das Schild also als senkrechte ebene Fläche ausgebildet werden muß.

Profilelement G. Soll das Schild durch Seilzug betätigt werden, so muß es eine genügend große Druckkomponente in Abwärtsrichtung erzeugen und sich selbst in den Boden ziehen, um das Seil straff zu halten.

Sind die Schilde weit vorgebaut (Schwenkschild), so wirkt sich diese Form nachteilig auf die Fahrstabilität des ganzen Schleppers aus. — Für hydraulische Schilde, die sowohl nach oben wie nach unten gedrückt werden können, ist diese Form in jedem Fall von Nachteil, da sie das Schild ständig in den Boden zu ziehen versucht und die Bedienung für den Maschinisten unnötig erschwert.

Profilelement H. Wenn der Boden nach der Seite weggerollt werden soll, ist Form *H* am günstigsten, da sie der Rollbewegung des Bodens entspricht.

2.223 Arbeitstechnische Gesichtspunkte. Die Festlegung einer Profilform ergibt sich aus der Beachtung gewisser arbeitstechnischer Gesichtspunkte. So kommt es darauf an, durch Zusammensetzung der jeweiligen Profilelemente die Bodenbewegung so zu lenken, daß sie den Einsatzaufgaben des Schildes am besten entspricht. Aus den Elementen *A* bis *H* ist die jeweils günstigste Profilform abzuleiten, wobei die gewünschte Hauptfunktion des Schildes das dominierende Profilelement bestimmt.

Ein Schild, welches lediglich zum Planieren geschütteten Bodens gedacht ist, wird nach dem Profilelement *F* ausgebildet. Bei seilbetätigtem Schild muß das Element *G* besonders betont werden. Arbeitet ein Schild in klebendem Boden, der sich schlecht vom Schild löst, so muß Element *E* in den Vordergrund treten. Ein Schild, das für allgemeine Aufgaben verwendbar sein soll, wird eine aus den Elementen *A* und *C* zusammengesetzte Form erhalten, während für das Schwenkschild und den Erdhobel ein Profil nach Element *H* in Frage kommt.

Da ein Planierschild im allgemeinen vielseitig verwendbar und nicht für einen Spezialzweck ausgebildet sein soll, muß es in der Lage sein, die geforderten Hauptfunktionen möglichst universell zu erfüllen. Die Betrachtungen über die Profilelemente haben jedoch ergeben, daß ein Schild, das gut planieren soll, schlecht schneiden kann und umgekehrt. Das Planieren geschütteten Haufenwerks und das Schneiden gewachsenen Bodens sind aber die hauptsächlichsten Aufgaben für eine Planierraupe. Es ist prinzipiell nicht möglich, alle bzw. wenigstens die Profilelemente *A* und *F* in *einer* Form zu vereinigen. Jedoch besteht die Möglichkeit, ein Schildprofil in gleicher Weise für beide Zwecke auszubilden, indem man es in seiner Profilachse schwenkbar macht. In steiler Stellung kann es dann gut zum Planieren, in flacherer Stellung gut zum Schneiden benutzt werden, wobei allerdings andere nachteilige Erscheinungen in Kauf genommen werden müssen.

Eine ähnliche Schwierigkeit besteht für die Profilierung des Schwenkschildes. Es wird normalerweise zu etwa 90% in Quer- und nur zu 10% in Schrägstellung verwendet. Für die Querstellung soll der Boden vor dem Schild angehäuft und festgehalten (Profilelement *D* und *C*), für das Schrägschild aber nach der Seite weggerollt werden (Profilelement *H*). Wird das Schild als Kreisprofil ausgebildet, so häuft es nicht gut, wird es als Parabelprofil geformt, so rollt es nicht zufriedenstellend. — In der Praxis wird das Problem meist so gelöst, daß für normale Fälle (10% Schwenkschildarbeit — 90% Querschildarbeit) das Parabelprofil gewählt und bewußt eine Leistungsminderung beim Schwenkschild in

Kauf genommen wird, während für den mehr als 50%igen Einsatz des Schildes zur Querförderung die Ausbildung als Kreisprofil gerechtfertigt ist. Die Tatsache jedoch als solche bleibt bestehen, daß eine Profilform nicht in gleicher Weise für das Schwenk- wie für das Querschild gut sein kann.

2.224 Füllmechanische Gesichtspunkte. Zur Frage, welches Schild sich am besten und am meisten füllt, wurden Versuche in verschiedenen Bodenarten mit drei typischen Profilen der Gruppen A, B und C durchgeführt. Für die mit den Schildprofilen erzielten Ladungen ergaben sich folgende Gewichtsdurchschnittswerte:

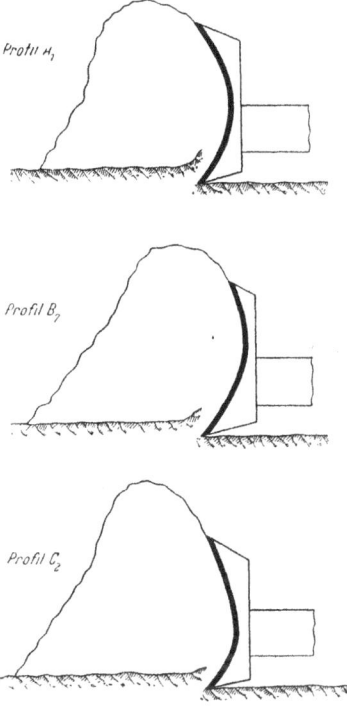

Bild 81. Haufenquerschnitte verschiedener Schildprofile.

Profil A 4,95 t,
Profil B 5,48 t,
Profil C 5,78 t.

Die Unterschiede im Füllungsgewicht — gleiche Auflockerung des Bodens bei jedem Profil vorausgesetzt — ließen sich aus dem Vergleich der Haufenquerschnitte erklären, die in Bild 81 wiedergegeben sind. Die Beobachtung der füllmechanischen Vorgänge ließ die Bedeutung der Ausbildung der oberen Schildwand hervortreten: Die Krümmung des Profils soll nach oben zu möglichst gerade auslaufen, da — wie die Profile A und B zeigen — jeder Zwang zum Rollen am oberen Rande des Schildes die natürliche Häufungsrichtung beeinträchtigt. Das Fördergut kann dann nicht entsprechend seiner eigenen Steife mehr oder weniger stark in Richtung des Schild-Ausfallwinkels hochquellen, bis es zerbröckelt oder umbricht und damit die Höhe des Haufens von selbst bestimmt, sondern es wird zwangsläufig nach vorn umgelenkt. Bei einer stärkeren Rundung des Profils am Schildausgang verzichtet man auf die Ausnutzung der natürlichen Bodensteife und begrenzt von vornherein die für maximale Füllungen erforderliche nach oben offene Quellrichtung.

Aus Bild 81 ist ferner zu ersehen, inwieweit das Schild die unter Profilelement D dargestellte Forderung erfüllt und sich den Umrissen des frei geschütteten Erdhaufens anpaßt. Während Profil C den Haufen gut aufnimmt, verdrängt Profil B einen Teil des Bodens, zwingt ihn beim Fehlen von seitlichen Begrenzungswänden zum Abfließen und wirkt sich in verstärktem Abwärtsdruck auf die Schneide aus.

Die Beobachtung der Füllbewegung des Bodens führte zu folgenden Resultaten: Profil *A* konzentriert den Schilddruck auf den gemeinsamen Mittelpunkt des Wölbungsradius und führt dadurch zu einer gleichmäßigen Verdichtung und Ausbildung des Bodens zu einer Walze. Bei Profil *B* ist der obere Teil des Schildes stark gekrümmt und der Boden wird am freien Emporquellen gehindert. Profil *C* bringt fülltechnisch die besten Ergebnisse. Der abnehmende Krümmungsradius verringert den Gegendruck des Schildes auf den hochsteigenden Boden und öffnet die Wölbung zum ungehinderten Hochquellen. Profil *C* fördert den Häufungsprozeß, während die Profile *A* und *B* mit den gekrümmten oberen Schildteilen diesem eine Grenze setzen und den Boden, statt ihn nach oben hochzudrücken, unter Zwang nach vorn umrollen.

2.225 Strömungstechnische Gesichtspunkte. Die zweite Forderung an ein gutes Planierschild ist, daß nicht nur möglichst gute Füllungen erzielt, sondern diese auch mit möglichst geringen Kräften erreicht werden, daß also der Füllwiderstand möglichst gering ist. In diesem Zusammenhang ist zunächst wesentlich, daß man sich über die Eigenart des Bodens und sein Verhalten während des Füllprozesses klar wird. Die Beobachtungen des quellenden Bodens führten dazu, dem durch das Planierschild bearbeiteten Bodengefüge den Charakter einer zähen Flüssigkeit zuzusprechen. Dann lassen sich für die Vermeidung größerer Füllwiderstände wesentliche Gesichtspunkte aus der Hydro- und Aerodynamik übernehmen. Wie es bei einem Tragflügel- oder Strompfeilerprofil darauf ankommt, daß die Querschnitte so geformt sind, daß sie der umströmenden Materie möglichst geringen Widerstand bieten und außerdem keine hervorstehenden Ecken oder Nasen, also möglichst glatte Formen haben, so wird die widerstandsarme Füllung eines Schildes auch am besten dadurch erreicht, daß man diesen Gesichtspunkten bei der Ausbildung der Schildwölbung Rechnung trägt.

Beim Aufwachsen bzw. Festsetzen des Bodens im Schild ist zu unterscheiden zwischen dem echten Festsetzen klebender Böden und dem Festsetzen nicht klebenden Materials. Während im ersten Fall das Festkleben bodenbedingt ist und nicht beseitigt, sondern durch eine gute Schildprofilierung nur *vermindert* werden kann, findet das Aufwachsen nicht klebenden Bodens seine Ursache und Erklärung in strömungstechnischen Vorgängen.

So müssen aufgesetzte Schneiden, Unregelmäßigkeiten in der Schneidenwölbung, Waschbrettriffelungen, starke Krümmungsübergänge u. dgl. vermieden werden. Die Schildwölbung soll sich organisch an die Bodenströmung anpassen und diese so leiten, daß das Schild selbst möglichst blank und glatt bleibt. Schlechte Schilde kleben voll Boden; das Festkleben hat aber nur teilweise seine Ursache im Boden selbst und seiner klebenden Konsistenz. Zum großen Teil verbirgt sich hinter den abgelagerten Bodenmassen ein strömungstechnisch toter Raum, eine Art Windschatten, in der sich der Boden wie Staub oder Schnee absetzt. Hat sich erst einmal irgendwo ein solcher Bodenrest auf dem blanken Schild festgesetzt, so beginnt er den glatten Verlauf der Strömung zu stören. In seinem Schatten wächst mehr und mehr Boden auf, und bei empfindlichen Erdarten dauert es nicht lange, bis das ganze Schild vollgeklebt ist. Oft genügen geringste Unregelmäßigkeiten im Profil, z. B. die Unterbrechung im Über-

gang zwischen Schneide und Schild (Bild 82), um die ersten Bodenablagerungen hervorzurufen, die dann bald zu einer immer stärkeren Verwirbelung, zu einem Abreißen der Strömung und damit zu hohen Füllwiderständen führen.

Wenn man den Boden als zähe Flüssigkeit auffaßt und die Gesichtspunkte aus den verwandten Gebieten der Aero- und Hydrodynamik anwendet, bereitet es keine Schwierigkeiten, die Schildwölbung so auszubilden, daß der Füllwiderstand auf ein Minimum herabgedrückt und das Festkleben des Bodens in der Wölbung weitgehend reduziert wird.

Bild 82. Bodenablagerungen im Strömungsschatten eines schlecht ausgebildeten Überganges zwischen Schneide und Planierschild.

Die Gesichtspunkte für die Schildprofilierung ergeben sich in erster Linie aus den erdbautechnischen Anforderungen an das Planierschild. Jeder Arbeitsgang erfordert praktisch ein anderes Schildprofil. Die endgültige Schildkurve resultiert stets aus der Bedeutung, die man den verschiedenen Profilelementen im Hinblick auf den Einsatz der Planierraupe bemißt. Wie immer auch die Wahl des Profils ausfallen mag: Erst die *fülltechnisch* günstigste Profilierung und die *strömungstechnische* einwandfreie Ausbildung von Wölbung und Schildoberfläche schaffen die Voraussetzungen für eine maximale Förderleistung der Planierraupe.

2.226 Das beste Schild. Das beste Kennzeichen für die Güte eines Schildes ist die Förderleistung. Bei gleicher Schildfläche wurden mit den vier Profilen *A1*, *B7*, *B16* und *C2* Leistungsvergleiche durchgeführt, wobei alle Schilde in fünf verschiedenen Bodenarten eingesetzt waren. Die Ergebnisse (Tab. 6) zeigten, daß das Profil C leistungsmäßig in fast allen Bodenarten am günstigsten ist (und davon abgesehen sich auch vom Maschinisten am besten bedienen läßt).

Tabelle 6. *Leistungsvergleiche verschieden geformter Planierschilde gleicher Größe.*

Die Leistungen wurden in folgenden Böden gemessen:
Boden 1: Lockerer Sand, trocken
    Vorherrschende Korngröße . . . . Mittelsand
    Ungleichförmigkeitsgrad . . . . . $U = 32$
    Kornform . . . . rundlich
    Wassergehalt . . . . $w = 5\%$
    Raumgewicht . . . . $\gamma_R = 1{,}72$
Boden 2: Lockerer Sand, erdfeucht
    der gleiche Boden wie unter 1,
    jedoch Wassergehalt . . . . $w = 32\%$
Boden 3: Lehmiger Sand, feucht
    Plastizitätszahl . . . . $P = 7{,}1$
    Konsistenzgrad . . . . $K = 0{,}96$
    Beimischungen . . . . Feinkies
Boden 4: Fetter Lehm, feucht
    Plastizitätszahl . . . . $P = 33{,}6$
    Konsistenzgrad . . . . $K = 0{,}91$
    Beimischungen . . . . Mittelsand
Boden 5: Felsgeröll
    Vorherrschende Korngröße . . . . Steine 50—200 mm ⌀
    Kornform . . . . eckig
    Raumgewicht . . . . $\gamma_R = 1{,}96$

Ergebnisse:
Leistungen in % der max. Förderleistung:

Schildprofil nach Bild 79	A 1	B 7	B 16	C 2
Boden 1	36	34	31	34
Boden 2	80	76	71	81
Boden 3	86	92	90	100
Boden 4	83	82	76	95
Boden 5	69	68	66	68

2.3 Schürfwiderstand.

Die Ermittlung der Schürfwiderstände erfolgte an Schürfkübelschneiden, die unter einem Anstellwinkel von 45° mit der beim Schürfen üblichen Geschwindigkeit von 2,0 km/h geschleppt wurden.

Um den reinen Fahrwiderstand festzustellen, wurde das Versuchsgerät zunächst mit hochgehobener Schneide gezogen und die erforderliche Zugkraft gemessen. Im zweiten Meßgang erfolgte dann die Ermittlung der Gesamtzugkraft für den *schürfenden* Anhänger. Die Differenz beider Messungen, auf die wirksame Schürffläche (Vertikalprojektion der in den Boden eintauchenden Schneidenfläche) bezogen, ergab den Schürfwiderstandsbeiwert w_S.

Für die Zuordnung der Meßwerte zur Bodenbeschaffenheit wurden,
wie bereits erwähnt,

    beim R-Boden die relative Lagerdichte D,

    beim B-Boden die Zylinderdruckfestigkeit σ_D und

    beim G-Boden der Gewebebeiwert k_g

verwendet.

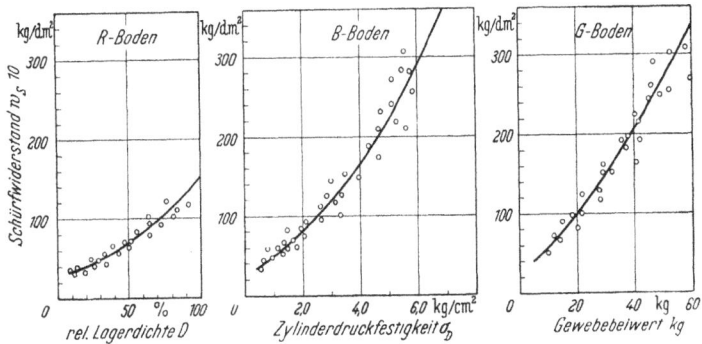

Bild 83. Schürfwiderstandsbeiwerte $w_{s\,10}$.

Schürfwiderstand $w_s = w_{s\,10}\,b\,f_i$ [kg]

wobei $w_{s\,10}$ aus Bild 83,
        b = Schneidenbreite in dm,
        f_i = Schürftiefen-Korrekturfaktor.

Die Ergebnisse sind in Bild 83 dargestellt. Sie wurden bei einer
konstanten Schürftiefe von 10 cm ermittelt und mit w_{S10} bezeichnet.

Darüber hinaus wurden Meßreihen mit anderen Schürftiefen durchgeführt und die Abweichungen gegenüber den w_{S10}-Werten über den
sogenannten Schürftiefenkorrekturfaktor f_i
berücksichtigt (Bild 84).

Der Verlauf der Kurve zeigt, daß der
Schürfwiderstand nicht linear mit der Tiefe
zunimmt, sondern stärker ansteigt. Daraus ist
auch zu ersehen, daß das Problem, ob breite
Kübel mit geringer Schürftiefe oder schmale
Kübel mit (für die gleiche Bodenmenge und
den gleichen Schürfweg) entsprechend größerem Tiefgang vorteilhafter sind, eindeutig
für die breiten Kübel spricht. Bei sonst gleichen Verhältnissen ist es wirtschaftlicher,
eine dünne breite als eine schmale tiefe
Schicht abzutragen.

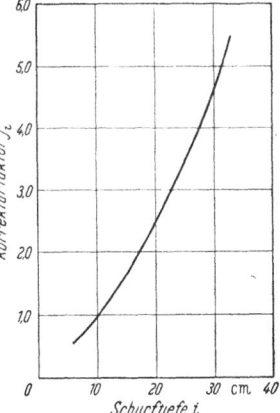

Bild 84. Schürftiefen-Korrekturfaktor f_i für die Schürfwiderstandsbeiwerte $w_{s\,10}$.

Die Größe des Schürfwiderstandes ist auch von der Schürfgeschwindigkeit abhängig. Ihr Einfluß ist jedoch von untergeordneter Bedeutung, da im praktischen Einsatz in den weitaus meisten Fällen im ersten Gang (∼ 2,0 km/h) geschürft wird. Da der Schürfwiderstand auf einer Schürf- strecke von 20—30 m Länge wirksam ist, während der sich Zusammen- setzung und Zustand des zu schürfenden Bodens erheblich ändern können, müssen die Bodenuntersuchungen über die ganze Schürfstrecke verteilt werden: Zweckmäßig ist es, in jeweils 5 m Abstand aus der abzutragenden Bodenschicht 3—5 Bodenproben zu entnehmen.

Der Schürfwiderstandsbeiwert w_{S10} eignet sich gut zur Zusammen- fassung aller wichtigen Aussagen über die Beschaffenheit der primären Struktur eines bestimmten Bodens in einfachen Zahlen. Man wählt dann zweckmäßig nicht mehr die Bezeichnung w_{S10}, sondern den Buchstaben S und spricht von der so- genannten Schürfzahl. Ein S-40-Boden z. B. ist hin- sichtlich seiner Lösefestig- keit dahingehend gekenn- zeichnet, daß er bei 10 cm Schürftiefe einen Schürf- widerstand von 40 kg/dm² ergibt.

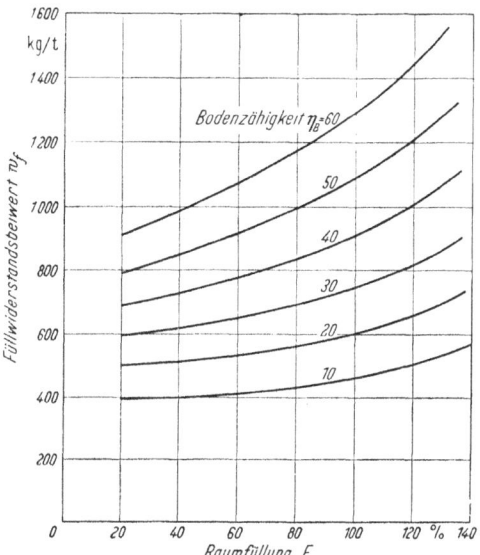

Bild 85. Füllwiderstandsbeiwerte w_f für einen Schürfkübel von 9,2 m³ Inhalt (gestrichen).

2.4 Füllwiderstand.

Der Boden, der beim Fül- len schon in sekundärem Zu- stand ist, muß stets über die Bodenzähigkeit η_B gekenn- zeichnet werden. Sein Füll- widerstand w_f ist abhängig:

a) von der Reibung des aufgelockerten bzw. zerstörten Bodengefüges unter sich und gegenüber den Kübelwänden;

b) von der Höhe, bis zu der der Boden im Kübel hinaufgeschoben werden muß, bis er abgelagert werden kann;

c) von der füllmechanischen Beanspruchung;

d) vom Raumgewicht.

Alle breiigen und weichplastischen Böden haben niedrige Füllwider- stände. Verhältnismäßig gering kann der Füllwiderstand auch bei Ge- steinen sein, wenn deren Bruchstücke in schmierende Stoffe eingebettet sind. Je schwerer der Boden ist, um so mehr Kraft ist erforderlich, um ihn im Kübel hochzudrücken. Erze haben meist einen sehr hohen Füll- widerstand, während z. B. Heidekrautböden besonders niedrig liegen.

Große, scharfkantige Gesteinstrümmer erfordern hohe Kräfte, während sich plastische Böden leicht laden lassen.

Die Größe des Füllwiderstandes ist in Bild 85 dargestellt: Die Bodenstruktur kommt durch die verschiedenen η_B-Kurven zum Ausdruck. Füllhöhe und füllmechanische Beanspruchung werden über die Raumfüllung (horizontale Achse) dargestellt, während der eigentliche Füllwiderstand in kg/t Raumgewicht auf der Ordinate abzulesen ist.

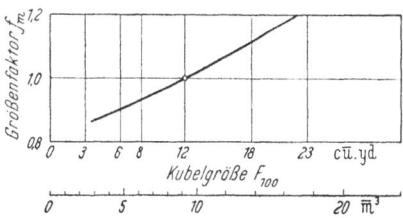

Die Werte gelten nur für einen 9,2 m³-Kübel (gestrichen). Da die Erfahrung gezeigt hat, daß sich die kleineren Schürfkübel leichter beladen lassen, wurde auch der

Bild 86. Kübelgrößen-Korrekturfaktor f_m für die Füllwiderstandsbeiwerte w_f.

Einfluß der Kübelgröße untersucht und über den Kübelgrößenkorrekturfaktor f_m in Bild 86 dargestellt, mit dem die Füllwiderstände aus Bild 85 multipliziert werden müssen.

2.5 Nutzladung.

2.51 Gesetzmäßige Erfassung. Der wichtigste leistungsbestimmende Faktor ist die Nutzladung (im folgenden mit C bezeichnet) d. h. die Menge gewachsenen oder ungestörten Bodens, die im Fördergefäß transportiert werden kann. Ihre Größe wird bestimmt durch

a) Gefäßgröße und -form;
b) Bodenverhältnisse;
c) Geübtheit des Maschinisten.

Die Nutzladung schwankt in weiten Grenzen und ist stark von den Bodenverhältnissen abhängig. Sie setzt sich aus der Raumfüllung F_R eines Schürfgefäßes und der Auflockerung α des Bodens zusammen.

Die Raumfüllung F_R hängt ab

1. von der füllmechanisch wirksamen (sekundären) Bodenstruktur, in der der Boden nach der Veränderung durch das Schürfen dem eigentlichen Füllprozeß ausgesetzt wird;
2. vom mechanischen Ablauf des Füllvorganges und den dabei auftretenden füllmechanischen Bewegungen des Bodens;
3. von der Anpassungsfähigkeit des gelösten Bodens an die füllmechanischen Bewegungen, d. h. von der Fähigkeit der sekundären Bodenstruktur, dem Zwang der Füllbewegungen zu folgen.

Um die Raumfüllung der Schürfgefäße im Zuge der weiter oben entwickelten Gedankengänge von der bodenkinetischen Seite her zu untersuchen, wurden zahlreiche Meßreihen durchgeführt mit dem Ziel, eine gesetzmäßige Abhängigkeit der Raumfüllung F_R von der Kennziffer für die Beschaffenheit des sekundären Bodengefüges, der Bodenzähigkeit η_B, zu finden.

2.52 Durchführung der Versuche. Jeder Meßpunkt der folgenden Diagramme ist wie folgt ermittelt:

a) Die Versuchsböden wurden zunächst an Hand von Bodenproben vor dem Schürfen durch ihre charakteristischen Kennziffern bestimmt;

b) mit dem η_B-Meßgerät wurde die jeweilige Bodenzähigkeit η_B ermittelt (Meßgeschwindigkeit 2 km/h);

c) jeder Schürfvorgang wurde bis zum Erreichen der größten, jeweils möglichen Kübelfüllung durchgeführt;

d) nach dem Schürfen wurde an Hand der Schürfbahn die ausgehobene Bodenmenge aufgemessen;

e) die Raumfüllung des Kübels wurde fotometrisch festgehalten sowie das Gewicht der Ladung ermittelt;

f) aus jedem Kübelinhalt wurden 5 Bodenproben entnommen, um durch Vergleich der Raumgewichte vor und nach dem Laden die Auflockerung zu bestimmen.

2.53 Darstellung der Ergebnisse (Schürfkübel). Die Abhängigkeit der Raumfüllung F_R des Kübels in % seines gestrichenen Inhalts (F_{100}) von der Bodenzähigkeit η_B ist in den sogenannten Füllmaßstäben

Tabelle 7a. *Erdstoffkennziffern der Meßpunkte in den Füllmaßstäben (Auswahl).*

Bodengruppe R.

Meß-punkte Nr.	Korngröße		Kornform	Wasser-gehalt w (%)	Raum-ge-wicht γR	Boden-zähig-keit η_B	Raum-füllung F [%]
1	Geröll*		eckig	31	1,79	61	52
2	Kies*		rundlich	24	2,12	19	88
3	Kies*		,,	48	2,01	18	92
4	Kies*		,,	12	1,87	18,5	102
5	Kiessand*		,,	8	1,95	14,0	90
6	Mittelfeinkies*		,,	24	1,80	16,5	100
7	Sand*		eckig	4	1,83	13,5	98
8	Sand*		rundlich	3	1,91	10,0	74
9	Sand*		,,	12	1,61	13	108
10	Mittelsand*		,,	48	2,00	12	80
11	Mittelfeinsand*		eckig	8	1,71	12	92
12	Feinsand*		eckig	3	1,88	9	64
13	Feinsand*		rundlich	52	2,21	8	47
14	Mehlsand*		rundlich	2	1,90	6	44
15	Brechsand	1— 3	scharfkantig	8	1,81	18	104
16	Feinsplitt	3— 10	,,	5	1,79	22	100
17	Grobsplitt	10— 30	,,	9	1,59	32	84
18	Feinschotter	30— 40	,,	8	1,58	36	86
19	Grobschotter	40— 70	,,	6	1,55	39,5	84
20	Ziegeltrümmer	70—200	,,	12	1,28	48,5	86
21	Koks	70—150	,,	—	0,77	43	120
22	Eierbriketts	70	rund	—	0,83	29	121
23	Steinkohlen	150—300	scharfkantig	—	1,09	57	94

* Körnungskurve siehe Tab. 7b, S. 184.

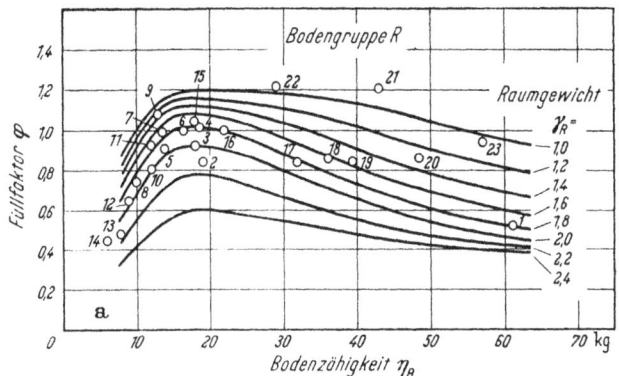

a) für nichtbindigen Boden (Bodengruppe R).

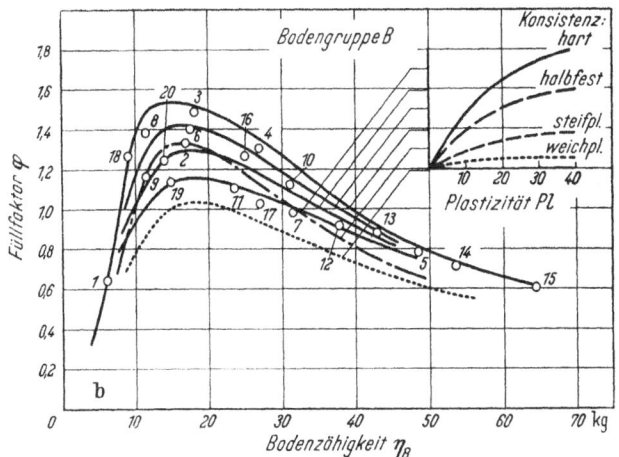

b) für bindigen Boden (Bodengruppe B).

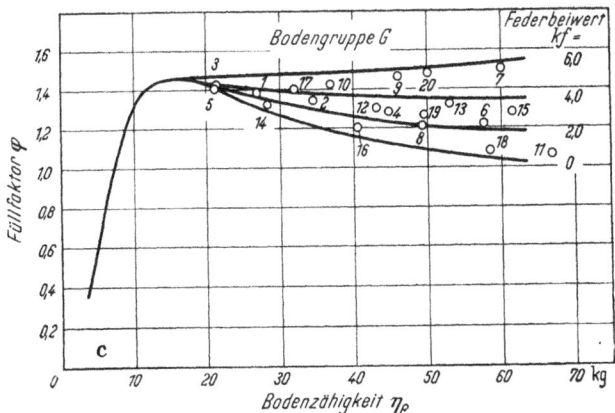

c) für Gewebeboden (Bodengruppe G).

Bild 87 a - c. Die Füllmaßstäbe der Schürfkübel.

(Bild 87) durch den Füllfaktor φ dargestellt. Verschiedene Meßpunkte sind eingezeichnet und geben ein Bild von der aufgetretenen Streuung. Für eine Anzahl charakteristischer Werte (in den Bildern mit Ziffern bezeichnet) sind die Kennwerte der primären Bodenstruktur (gewachsener Zustand) in Tab. 7a—d wiedergegeben. Sie geben einen Überblick über den Zusammenhang zwischen primärer und sekundärer Bodenstruktur und liefern Anhaltswerte für die praktische Verwendung der Füllmaßstäbe.

Tabelle 7 b. *Körnungskurve zu Tabelle 7 a.*

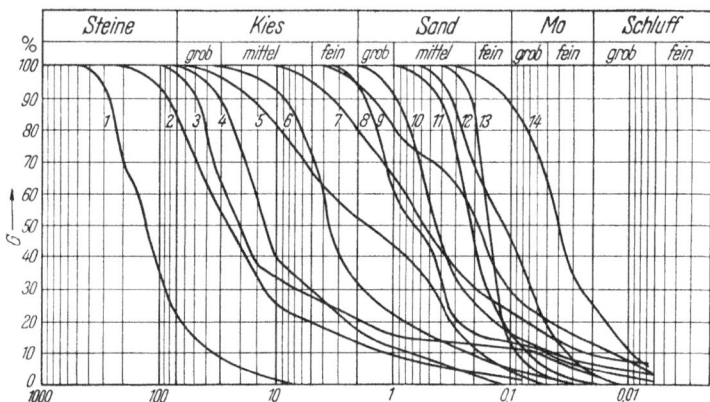

Tabelle 7 c. *Erdstoffkennziffern der Meßpunkte in den Füllmaßstäben (Auswahl).*
Bodengruppe B.

Meß-punkte Nr.	Plastizi-tätsziffer Pl	Konsistenz K	Beimischungen	Boden-zähigkeit η_B	Kübel-füllung F [%]
1	17	0,55	Mehlsand	6,0	64
2	7	1,32	Mehlsand	17,0	132
3	20	0,80	Mittelsand	18,0	148
4	15	1,21	Feinkies	27,0	130
5	24	1,35	Grobkies	48,5	78
6	14	0,90	Grobsand	20,0	140
7	31	1,24	Mittelsand	31,5	98
8	16	0,79	Feinsand	11,5	138
9	8	0,82	Mittelsand	11,5	116
10	11	0,88	Mittelkies	31,0	112
11	28	1,13	Mehlsand	23,5	110
12	22	1,37	Feinkies	37,8	92
13	15	1,70	Mittelkies	43,0	88
14	26	1,61	Mittelsand	53,5	72
15	31	1,70	Mittelkies	64,5	60
16	18	1,29	Feinsand	25,0	126
17	10	0,89	Feinkies	27,0	102
18	30	0,66	Feinsand	9,0	126
19	19	0,68	Mittelsand	15,0	113
20	17	0,61	Mittelsand	14,0	124

Tabelle 7d. *Erdstoffkennziffern der Meßpunkte in den Füllmaßstäben (Auswahl).*
Bodengruppe G

Meßpunkte Nr.	Gewebebeiwert k_g	Federbeiwert k_f	Wassergehalt $w(\%)$	Bodenzähigkeit η_B	Füllung F
1	4,0	2,6	32	27,0	138
2	12,5	3,3	64	34,5	134
3	2,0	1,2	71	21,5	142
4	16,0	2,8	24	44,8	128
5	8,5	3,0	48	21,2	140
6	21,0	2,3	49	57,5	122
7	23,0	5,7	24	60,0	150
8	18,5	1,8	55	49,5	120
9	19,0	5,3	68	46,0	146
10	12,5	4,8	29	37,0	142
11	22,0	0,4	17	67,0	106
12	17,0	2,7	74	43,0	130
13	12,5	3,6	42	52,7	132
14	7,0	2,3	40	28,5	132
15	21,5	2,9	33	61,5	127
16	13,5	0,6	48	40,5	120
17	9,5	4,0	51	32,0	140
18	20,0	0,5	38	58,5	108
19	17,6	2,3	18	49,5	126
20	19,0	5,8	22	50,0	148

Im einzelnen ist zu den Füllmaßstäben zu sagen:

2.531 R-Diagramm (Bild 87 a). Die Auswertung der Meßergebnisse hatte ergeben, daß sich der Zusammenhang zwischen der Bodenzähigkeit η_B und dem Füllfaktor φ nicht durch eine einzige Linie darstellen läßt. Trotz gleicher η_B wurden unterschiedliche Füllungen erzielt, die ihre Ursache in dem verschiedenen Raumgewicht des Bodens haben. Es mußten mehrere Füllkurven gezeichnet werden, die sich auf das Raumgewicht γ_R des Bodens vor dem Schürfen beziehen. Obwohl der Boden für die eigentliche Füllbewegung durch die Auflockerung leichter wird, ist die für das Füllen entscheidende Beweglichkeit der einzelnen Bodenteilchen des sekundären Gefüges (Krümel, Körner, Schollen usw.) weiter abhängig von dem Gewicht der primären Struktur, die innerhalb der sekundären Teilchen fortbesteht.

Die γ_R-Linien mußten zum großen Teil unter künstlichen Versuchsbedingungen ermittelt werden, da es nicht möglich war, rollige Böden von so unterschiedlicher Beschaffenheit in natürlicher Lagerung für die Versuche heranzuziehen. Der Gewichtseinfluß wurde durch Verwendung von Koks, Ziegelsplitt, trockenem Ton, Felsgeröll usw. untersucht.

Die Kurven weisen auf den unterschiedlichen Einfluß des Bodengewichts hin: In dem für das Füllen günstigsten Bereich ($\eta_B = 15$) ist das Raumgewicht bei schweren Böden von geringem Einfluß. Selbst bei geringstem Raumgewicht sind mit nichtbindigem Korngefüge Kübelfüllungen über 120% nicht mehr zu erzielen. — Entgegengesetzt ist der Gewichtseinfluß bei Böden hoher η_B, also bei grober und gröbster Körnung: Große Gesteinsbrocken werden lediglich in den Kübel hineingeschoben, während leichte Körner wie trockener, grob gebrochener Torf noch gute Füllungen ergeben.

2.532 Das B-Diagramm (Bild 87 b). Auch hier ergab sich keine einheitliche Füllkurve für alle Bodenarten. Die trotz gleicher η_B verschieden großen Füllungen ließen sich auf Unterschiede hinsichtlich der Plastizität und Konsistenz zurückführen, die noch nicht bei dem horizontal verlaufenden η_B-Meßvorgang, sondern erst bei dem Häufungsprozeß *im Raum* zutage treten. Diese Erscheinung hat ihre Ursache in der unterschiedlichen Oberflächenhärte und Verformbarkeit der sekundären Teilchen. Sie ist füllmechanisch bedingt und tritt vor allem bei Füllungsgraden über 90% ($\varphi \geqq 0{,}9$) in Erscheinung. — Das B-Diagramm enthält verschiedene Füllkurven. Die jeweils maßgebende Kurve muß über ein Zusatzdiagramm, das den Einfluß von Plastizität und Konsistenz berücksichtigt, gefunden werden.

2.533 Das G-Diagramm (Bild 87 c). G-Böden sind selten breiig, sondern nach der Auflockerung mindestens krümelig. Meist bricht ihr Gewebe beim Schürfen auf und verwandelt sich in sekundäres Einzelkorngefüge (elastische Bodenklumpen verschiedener Größe). Oft gelangt auch ein genügend dichtes Gewebe als zusammenhängende Schicht in den Kübel (Rasenteppich). Sie bricht erst am Ende der Einlagerung ab oder wird zusammengerollt. In solchen Fällen geht die sekundäre Struktur in unendlich großen „Korndurchmesser" über.

Der Abfall der Füllkurven mit zunehmender η_B ist hier durch die Schwerfälligkeit der größeren Gewebestücke während der Füllbewegung zu erklären. Diese Schwerfälligkeit wird bei G-Böden stark herabgemindert durch die infolge des Pflanzengewebes elastischen Bruchflächen und durch die Federwirkung des Oberflächenbewuchses. Diese Federwirkung muß durch besondere k_f-Einflußlinien berücksichtigt werden. Da die Ausbildung des pflanzlichen Gewebes an bestimmte Bodenverhältnisse gebunden ist, erwies sich eine Berücksichtigung des Raumgewichtes als nicht erforderlich.

2.54 Füllkurvenvergleiche. In Bild 88 ist der typische Verlauf der Füllkurven der drei Bodenarten verglichen. Die Kurven sind im Bereich der niedrigen η_B-Ziffern sehr ähnlich, gehen jedoch mit zunehmender Bodenzähigkeit auseinander. Die Unterschiede rühren trotz gleicher η_B daher, daß η_B eine in horizontaler Richtung am Erdboden gemessene Größe ist, während die Meßpunkte der Füllkurven an Böden gewonnen wurden, die sich im Raum bewegen und unterschiedlichen fülltechnischen Beanspruchungen unterworfen sind. Die Raumfüllung ist, wie eingangs erwähnt, außer von der Bodenzähigkeit auch von den Füllphasen abhängig.

Die Kurven erreichen ihre Gipfelpunkte zwischen $\eta_B = 10-20$. Die gute Eignung der Böden in diesem Bereich für das Füllen ist zurückzuführen auf ihre innere Steife, die bei den R-Böden durch die Reibung der Körner und durch scheinbare Kohäsion, bei B-Böden durch günstige Konsistenzgrade und bei G-Böden durch die verfilzende Wirkung des Gewebes bewirkt wird. Ist η_B geringer, so ist das zu füllende Material nicht steif genug, um den Füllbewegungen folgen zu können. Es „zerfließt“ vorzeitig und schiebt sich in einer Stauwelle vor der Schneide her. Ist η_B größer, so ist das sekundäre Korngefüge genügend steif, aber die einzelnen Teilchen werden zu schwerfällig, um die Füllbewegungen mitzumachen. Im extremen Fall besteht das Füllen nur noch aus einem

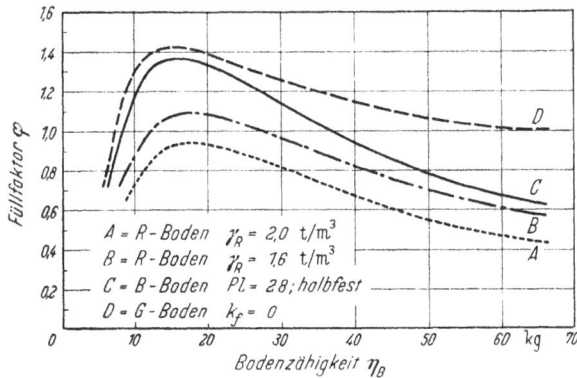

Bild 88. Vergleich der Füllkurven eines Schürfkübels bei verschiedener Bodenbeschaffenheit.

Hineinschieben des losen Materials. Wie aus dem Vergleich der Kurven B und C hervorgeht, wird der Unterschied zwischen rolligem und bindigem Boden gleichen Raumgewichtes mit zunehmender η_B immer geringer. Lediglich die im ganzen etwas weichere Oberfläche der sekundären Teilchen gibt für bindige Böden günstigere Werte. Dieser Einfluß der Oberflächenhärte tritt deutlich zutage beim Vergleich der Kurven C und D. Trotz gleicher η_B in der horizontalen Bewegung treten bei den Füllbewegungen im Raum beträchtliche Unterschiede auf, die auf den federnden Einfluß des Pflanzengewebes zurückzuführen sind.

2.55 Die Füllung der Planierschilde. In ähnlicher Weise wurden auch für die Planierschilde Füllmaßstäbe entwickelt. Die Versuche wurden an Quer- und Schwenkschilden mit verschiedenen Profilformen durchgeführt und folgende Werte ermittelt:

1. Die Raumfüllung (fotometrisch in Quer- und Längsschnitten).
2. Das Raumgewicht des ungestörten Bodens.
3. Das Raumgewicht des geschürften Bodens.
4. Das Raumgewicht der Schildfüllung.

Als Ausgangsmaß für die Schildfüllung wurde entsprechend der gestrichenen Raumfüllung F_{100} der Schürfkübel ebenfalls ein konstruktiv gegebenes Maß gewählt, und zwar ein Raumprisma (Bild 89), dessen Grundfläche durch ein rechtwinkliges, gleichschenkliges Dreieck mit der Kathetenlänge gleich der Schildhöhe und dessen Länge durch die Schildbreite gegeben ist. Dieser Raum wird mit F_{100} bezeichnet. Der tatsächliche Füllraum (F_R) wird rechnerisch über den gemessenen Haufenquerschnitt und die sog. wirksame Schildbreite b_e erfaßt. Auf Grund der ermittelten Haufenquerschnitte sind zunächst die Raumfüllungen für die volle Schildbreite zusammengestellt und in den Füllmaßstäben (über den Füllfaktor φ) zu F_{100} in Beziehung gesetzt. Diese Werte gelten nur für den Fall, daß das Füllgut nicht nach den Seiten abfließen kann. Die tatsächliche Füllung wird aus der Schneidenbreite b

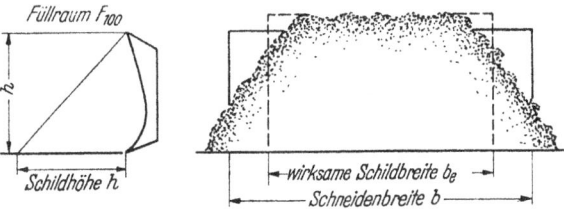

Bild 89. Fülltechnische Begrenzung des Füllraumes F_{100} bei Planierschilden.

und dem Korrekturwert f_b ermittelt, der in dem jeweiligen Fülldiagramm dargestellt ist. Es ist dann

$$F_R = F_{100}\, \varphi\, b\, f_b.$$

Dieser Weg mußte eingeschlagen werden, um auch die Maßnahmen zur Vermeidung des seitlichen Abfließens des Fördergutes größenmäßig berücksichtigen zu können. So schwankt der Einfluß der Seitenschilde je nach ihrer Größe zwischen $f_b = 0{,}7 - 1{,}0$, während der Einsatz von zwei oder mehr Planierraupen mit dicht aneinanderliegenden Schilden (sog. „Seite-an-Seite-Förderung") bei jedem Einzelschild die Füllung um $10-15\%$ erhöht. Die sog. „Grabenförderung" bringt ebenfalls entsprechend der Grabentiefe eine Vergrößerung der wirksamen Schildbreite mit sich. An einer Planierraupe von 145 PS wurden folgende Werte gemessen:

Graben 10 cm tief ergibt etwa $f_b = 0{,}7$
„   20 „   „   „   „ $f_b = 0{,}8$
„   30 „   „   „   „ $f_b = 0{,}9$

Da die verschiedenen Schildprofile unterschiedliche Haufenquerschnitte und damit Füllungen ergeben, wurde zur Berücksichtigung der Profilform ein sog. Profilkoeffizient p eingeführt.

Es ist   für Profil A $p = 0{,}87$
                      B $p = 0{,}92$
                      C $p = 1{,}00.$

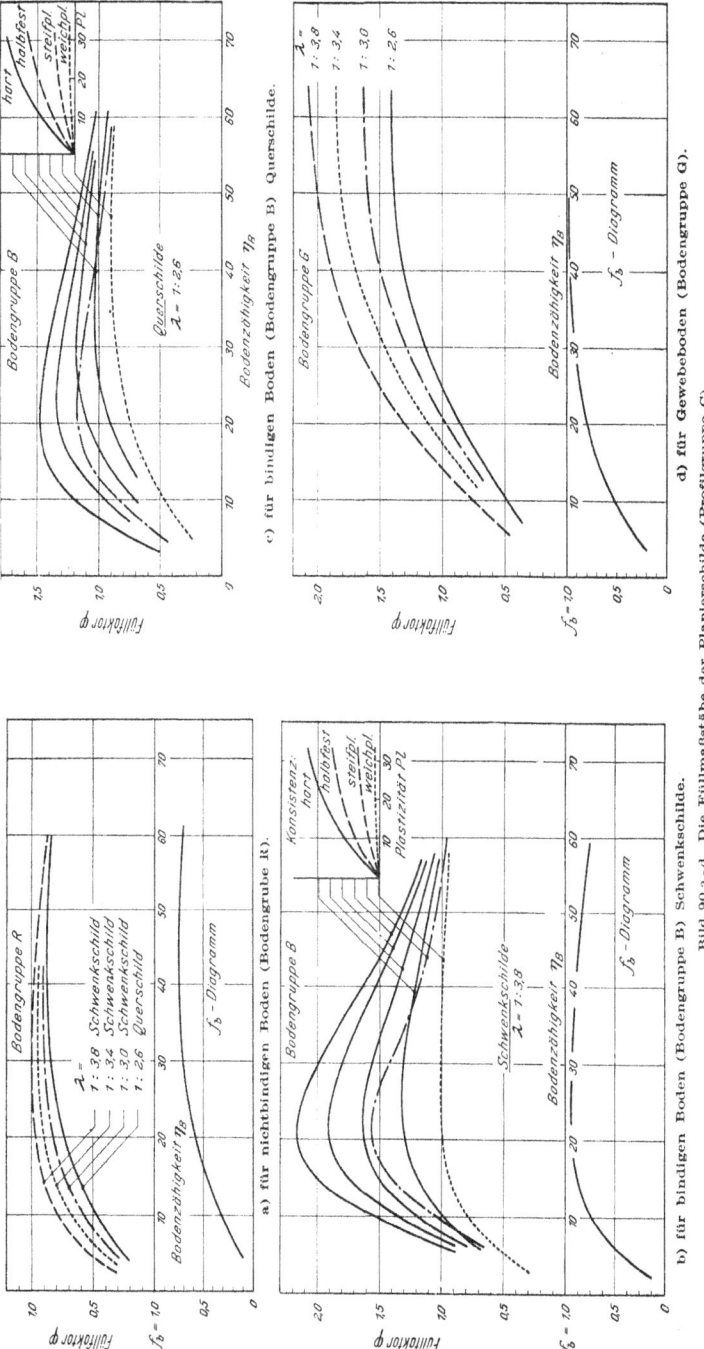

a) für nichtbindigen Boden (Bodengrube R).

b) für bindigen Boden (Bodengruppe B) Schwenkschilde.

c) für bindigen Boden (Bodengruppe B) Querschilde.

d) für Gewebeboden (Bodengruppe G).

Bild 90 a–d. Die Füllmaßstäbe der Planierschilde (Profligruppe C).

Um die Füllmaßstäbe universell (z. B. auch für Erdhobel) verwendbar zu machen, müssen die verschiedenen Schilddimensionen berücksichtigt werden. Bekanntlich sind die Querschilde nicht so breit, aber höher als die Schwenkschilde (Erdhobelschilde sind niedrig, aber sehr breit). Die Füllkurven in den Diagrammen R und G beziehen sich auf ein bestimmtes Verhältnis $h:b = \lambda$ zwischen Schildhöhe und Schildbreite.

Die Füllmaßstäbe sind im Bild 90a—d wiedergegeben. Im *R-Diagramm* erübrigt sich die vom Schürfkübel her bekannte Berücksichtigung des Bodengewichtes, da bei rolligen Böden keine ausgeprägten Füllströmungen zustande kommen. Die Massen werden vor dem Schild angestaut, bis sie seitlich oder oben überquellen.

Beim *B-Boden* sind Oberflächenhärte und Verformbarkeit der sekundären Teilchen von solcher Bedeutung, daß sie durch unterschiedliche Füllkurven berücksichtigt werden müssen. Die jeweils maßgebende Füllkurve wird durch ein Zusatzdiagramm, das den Einfluß der Plastizität und Konsistenz berücksichtigt, gefunden. Der Übersichtlichkeit wegen wurden die Kurven für die einzelnen λ-Werte weggelassen. Mit Bild 90b und c sind aber für beide λ-Grenzwerte besondere Diagramme gezeichnet, aus denen die Zwischenwerte durch Interpolation ermittelt werden können.

2.56 Auflockerung. Die Auflockerungsbeiwerte α sind in Tab. 8 für Schürfkübel und Planierschilde zusammengestellt. Aus dem Ver-

Tabelle 8. *Auflockerungsbeiwerte α.*

	Planierschilde	Schürfkübel
Sauberer Flußsand oder Kies, trocken.	0,90	0,93
Sand oder Kies, trocken	0,87	0,91
Kies, feucht	0,85	0,90
Sand, feucht	0,84	0,89
Boden mit Sand oder Kies.	0,82	0,87
Sandiger Mutterboden	0,81	0,86
Sandiger Lehm	0,80	0,85
Mittlerer Lehm	0,77	0,82
Mittlerer Mutterboden	0,75	0,80
Mittlerer Lehm mit Sand oder Kies	0,74	0,80
Fetter Mutterboden	0,73	0,77
Magerer Ton, erdfeucht	0,72	0,77
Magerer Ton, trocken mit Kies	0,71	0,74
Fetter Lehm, mit Sand oder Kies, erdfeucht . .	0,69	0,72
Mittlerer Ton, zäh	0,68	0,70
Schichtgestein oder weicher Fels, gesprengt . . .	0,67	0,69
Fetter Ton, trocken (Tiefreißer)	0,66	0,67
Fels, gut gesprengt	0,66	0,67
Fetter Ton, feucht mit Geröll	0,65	0,65
Fetter Ton, klebend	0,64	0,63
Mittlerer Fels, schlecht gesprengt	0,59	0,55
Harter Fels, schlecht gesprengt.	0,58	0,50

gleich der Zahlen geht hervor, daß in weichen Böden die Auflockerung beim Brustschild größer, in härteren Böden dagegen kleiner als beim Schürfkübel ist. Diese Tatsache läßt sich aus der Form des Füllgefäßes und dem Füllprozeß erklären: Bei der Planierraupe wird der Boden durch die Bewegung am Schild entlang nach oben und vorn zum Umrollen bzw. Abbröckeln gebracht und kann infolge der geringen Schürfgeschwindigkeit nach vorn und nach den Seiten ziemlich frei wegrollen. Beim Schürfkübel wird der Boden zunächst schichtweise übereinander gefüllt und gegen Ende des Füllvorganges durch einen trichterförmigen Hohlraum hochgepreßt. Dabei wird eine gewisse Verdichtung hervorgerufen.

Anders liegen die Verhältnisse, wenn es sich z. B. um Geröll (hohe η_B) handelt. Infolge der sperrigen Beschaffenheit des Haufwerks kann von einem „Fließen" des Materials keine Rede mehr sein. Das Fördergut wird während des Transportes mit dem Brustschild nur zusammengedrückt, statt daß es vor ihm hochquillt und nach vorn überrollt. — Beim Schürfkübel kehren sich die Verhältnisse ebenfalls um: Das sperrige Körnergefüge wird bei der Einlagerung in den Kübel über die ebenso

Tabelle 9. *Nutzladungsbeiwert f_c bezogen auf die Kübelnenngröße (F_{100}).*
A Brustschilde, selbstladend, B Schürfkübel, selbstladend, C Bodenschütter, mit Bagger beladen.

Material	A	B	C
Kies, scharfkantig	0,78	0,76	1,12
Kies, rundlich	0,71	0,70	1,15
Sand, trocken	0,65	0,65	1,10
Sand, feucht	0,91	0,91	1,18
Schluff, feucht	1,12	0,92	1,16
Sand, schwach lehmig, erdfeucht	1,27	1,08	1,14
Sand, lehmig, erdfeucht	1,48	1,12	1,10
Sandiger Lehm, erdfeucht	1,50	1,13	1,08
Sandiger Lehm, mit Kies	1,47	1,10	1,07
Mittlerer Lehm, erdfeucht	1,32	1,06	1,07
Schwerer Lehm, erdfeucht	1,22	1,02	1,03
Mutterboden, sandig	0,88	0,91	1,12
Mutterboden, mittel	1,09	0,96	1,12
Mutterboden, fett	1,02	0,86	1,10
Ton, schwach bindig, erdfeucht	1,33	1,10	1,07
Ton, mittel, erdfeucht	1,42	1,08	1,05
Ton, gut bindig, erdfeucht	1,37	0,99	1,02
Ton, fett, hart	0,78	0,70	0,86
Mergel	0,97	0,75	1,02
Geschiebemergel	0,72	0,69	0,93
Grasnarbe, schwaches Gewebe	0,74	0,71	0,79
Grasnarbe, dichtes Gewebe	0,60	0,60	0,54
Schichtgestein, mit Tiefreißer gelockert	0,58	0,51	0,63
Sprengfelsen, kleines Haufwerk bis 10 cm ⌀	0,58	0,60	0,84
Sprengfelsen, mittleres Haufwerk 10—30 cm ⌀	0,54	0,57	0,75
Sprengfelsen, großes Haufwerk über 30 cm ⌀	0,48	0,50	0,68

sperrige und rauhe Reibfläche der darunterliegenden Schicht geschoben. Die einzelnen Körner treten dann nicht mehr in zusammenhängender Schicht auf, sondern als selbständige Bestandteile, die sich, jedes für sich, frei bewegen und in den Ablagerungsraum hineinrollen. Hierbei lockert sich das Füllgut erheblich auf.

2.57 Nutzladungsbeiwert f_c. Für eine Reihe von Fällen wurde die von der Raumfüllung der Schürfgefäße und der beim Schürfen auftretenden Auflockerung des Bodens abhängige Nutzladung (= in gewachsenen Boden umgerechnete Füllung in cbm) im sog. Nutzladungsbeiwert f_c zusammengefaßt. Um ein geräteseitig eindeutig gegebenes Vergleichsmaß zu haben, wurde der bereits bei den Füllmaßstäben verwendete Begriff F_{100} ($\varphi = 1$) zugrunde gelegt und für die 100%ige Füllung mit *gewachsenem* bzw. *ungestörtem* Boden $f_c = 1$ gesetzt. Alle anderen, in den verschiedenen Bodenarten erzielten Nutzladungen wur-

Übersicht 16. *Die Ermittlung der Kübel- und Schildfüllung (Füllformeln).*

Schürfkübel:

1. Schürfwiderstand.

$$W_s = w_{s10}\, b\, f_i \quad [\text{kg}]$$

w_{s10}	Schürfwiderstand [kg/dm²]	Bild 83
b	Schneidenbreite [dm]	
f_i	Schürftiefenkorrekturfaktor	Bild 84

2. Füllwiderstand.

$$W_f = F_{100}\, \varphi\, \alpha\, \gamma_R\, w_f\, f_m \quad [\text{kg}]$$

F_{100}	Gestr. Raumfüllung [m³],	
φ	Kübelfüllfaktor	Bild 87
α	Auflockerungsbeiwert	Tab. 8
γ_R	Raumgew. des Bodens ungest. [t/m³],	
w_f	Füllwiderstand in kg/t Nutzlast	Bild 85
f_m	Kübelgr.-Korrekturfaktor	Bild 86.

3. Gesamtladewiderstand.

$$W_l = W_s + W_f \quad [\text{kg}].$$

4. Kübelfüllung.

$$F_R = F_{100}\, \varphi \quad [\text{m}^3].$$

5. Nutzladung.

$$C = F_R\, \alpha \quad [\text{m}^3].$$

Planierschild (in Querstellung):

1. Schildfüllung.

$$F_R = F_{100}\, \varphi\, f_b\, p \quad [\text{m}^3]$$

F_R	Gestr. Raumfüllung [m³]	Bild 89
φ	Füllfaktor	Bild 90
f_b	Breitenkorrekturfaktor	Bild 90
p	Profilkoeffizient	S. 188

2. Nutzladung.

$$C = F_R\, \alpha \quad [\text{m}^3].$$

den über den Faktor f_c (Tab. 9) auf diesen Wert bezogen, so daß sich die erzielbare Nutzladung mit Hilfe des f_c-Faktors überschlägig aus den räumlichen Abmessungen der Fördergefäße errechnen läßt.

2.58 Füllformeln. Die Berechnung der in den obigen Abschnitten behandelten Werte ist in Ü 16 nochmals zusammenfassend dargestellt.

3 Fahrbahn und Fahrwerk.

3.1 Kennzeichnung der Fahrbahngüte.

3.11 Festigkeit. Die Festigkeit der Fahrbahndecke gegenüber horizontalem wie vertikalem Kraftangriff hängt von der Scherfestigkeit des Bodens ab. Zu ihrer Charakterisierung wird die Eindringtiefe e der Plastizitätsnadel und nach entsprechender Umrechnung der Wert $E_{3,0}$ verwendet. Er entspricht dem Einsinken eines voll belasteten Niederdruckgeländereifens bei einem Luftdruck von 2,7 atü.

Bewußt wird bei der Kennzeichnung vom Einsatz luftbereifter Geräte ausgegangen, da der Fahrbahneinfluß auf Reifengeräte ungleich größer ist als auf Raupenfahrzeuge und damit auch eine feinere Unterteilung erfordert. Die Kennziffer $E_{3,0}$ wird in gleicher Weise für die Förderbahnen der Raupengeräte angewandt, jedoch sind die betreffenden Werte in diesem Fall nicht mehr identisch mit der Einsinktiefe des Fahrwerkes.

3.12 Unebenheit. Während sich die Festigkeit der Fahrbahndecke mit Baustellenmitteln nicht verbessern läßt — es sei denn, man entschließt sich in ungünstigen Fällen und bei längeren Bauvorhaben zur Verfestigung durch Schotter- oder Kiesschüttungen — kann die Unebenheit der Fahrbahn durch Erdhobel, Tournadozer usw. meist ohne große Schwierigkeiten beseitigt werden, so daß ihre besondere Berücksichtigung nicht erforderlich ist.

Der geschwindigkeitsbegrenzende Einfluß der Fahrbahnunebenheiten gewinnt in allen den Fällen Bedeutung, in denen wellige Fahrbahnen in gut bindigen Böden infolge Vernachlässigung der Fahrbahnpflege beim Austrocknen des Bodens so weit erstarrt sind, daß ihre Einebnung durch Planiergeräte nicht mehr möglich ist (z. B. wenn bei Eröffnung des Förderbetriebes auf bereits vorhandene Feldwege usw. zurückgegriffen werden muß).

Da eine genaue Definition des Begriffes „Unebenheit" nicht möglist, wurden, um wenigstens Anhaltswerte zu erhalten, idealisierte Verhältnisse auf einer Versuchsstrecke in Lehmboden geschaffen. Die Fahrbahn wurde durch Längswellen verschiedener Wellenlängen und Amplitude verformt und der geschwindigkeitsbegrenzende Einfluß von Art und Intensität dieser Wellenbildung auf Motorschürfwagen und Reifenschlepper mit verschiedenem Radstand untersucht. Die Ergebnisse (Abb. 91) zeigen, daß außer der Welligkeit der Fahrbahn auch der Radstand (Entfernung der Achsen voneinander) des darüberfahrenden Gerätes von Einfluß ist.

Als Grenze für die Höchstgeschwindigkeit, mit der ein guter Maschinist bei entsprechender Schonung des Gerätes über eine solche Wellenstrecke fahren kann, lassen sich 1 bis 1,5 vertikale Stöße je Sekunde angeben. Aus dieser Grenzzahl sowie dem Verhältnis zwischen Radstand und Wellenlänge und der Höhendifferenz zwischen Wellenberg und Wellental kann die Höchstgeschwindigkeit abgeleitet werden.

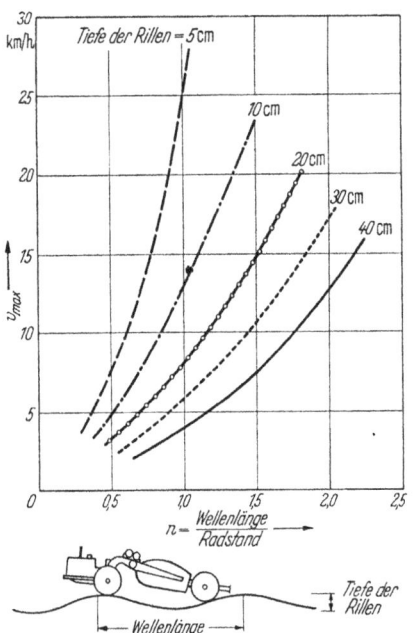

Die Welligkeit der Fahrbahn tritt praktisch kaum in dieser Form auf. Für die Vorausberechnung müssen Mittelwerte zugrunde gelegt werden, die sich auf die durchschnittlichen Abstände der Querrillengipfel und den Höhenunterschied zwischen Wellenberg und Wellental erstrecken.

Bild 91. Maximale Fahrgeschwindigkeiten der Reifenfahrzeuge bei verschiedener Fahrbahnwelligkeit (Querillen).

3.13 Abnutzung. Für den Fahrbahnverschleiß gewinnt die Frage der Raupen- bzw. Reifenabnutzung auf bestimmten Fahrbahnoberflächen besondere Bedeutung. In dieser Hinsicht müssen folgende Güteklassen unterschieden werden:

a) scharfkantig: Schotter, Steinschlag, Trümmerschutt;
b) hart: Beton, harter Lehm;
c) weich: plastische Böden;
d) sandig: Sand, Kies, Geröll.

3.14 Fahrbahngütezeichen. Wie schon beim Gerätekurzzeichen (Abschn. A 3) erwähnt, kann es auch hier für den internen Gebrauch zweckmäßig sein, lange Geländebeschreibungen durch bestimmte Abkürzungen zu ersetzen. Angesichts der Wichtigkeit der Fahrbahn für den gesamten, geländegängigen Verkehr gewinnt ihre präzise Kennzeichnung besondere Bedeutung.

Die Fahrbahngüte wird durch ein Kennzeichen mit folgenden Angaben beschrieben:

1. Festigkeit der Fahrbahnoberfläche (s. Ü 17).
2. Einsinktiefe bei 3,0 kg/cm² Bodendruck ($E_{3,0}$).
3. Abnutzungsgüteklasse (s. Abschn. 3.13).

Dabei ist die Fahrbahnfestigkeit bewußt an erste Stelle gesetzt. Die entsprechenden Begriffe sind in Ü 17 dargestellt.

Übersicht 17. *Einteilung der Fahrbahn nach der Festigkeit der Fahrbahnoberfläche (Fahrbahnklassen).*

	Abkürzung
Feste Fahrbahnoberfläche	
hart	FF
halbfest	FH
Plastische Fahrbahnoberfläche	
steifplastisch	PS
weich	PW
breiig mit festem Untergrund.	PB
schmierige Oberfläche	PO
Lockere Fahrbahnoberfläche	
Geröll	LG
Schotter	LS
Grobkies	LK
*Sand*fahrbahn	
Feinkies	SK
Sand.	SS
Feinsand	SF
Mehlsand	SM

Das Gütezeichen sieht im Beispiel so aus

$$PS \quad 15 \quad c$$

Das bedeutet:

1. *PS* = Steifplastische Fahrbahnoberfläche.
2. 15 = Einsinkziffer $E_{3,0}$ = 15 cm.
3. *c* = weiche Fahrbahn.

3.2 Kraftschluß.

3.21 Kraftschlußelemente. Da der Kraftschluß zwischen Fahrbahn und Fahrwerk in weiten Grenzen schwankt, genügt es nicht, Kraftschlußbeiwerte anzugeben, die sich auf allgemein gehaltene Bodenzustände beziehen. Die wirtschaftliche Bedeutung, die z. B. der Einsatz einer Schubraupe oder eine durch starke Steigungen erforderlich werdende Umleitung der Fahrbahn hat, verlangt die Berücksichtigung des Kraftschlusses schon bei der Planung des Einsatzes in der Anlage der Förderwege. Der Kraftschluß, im folgenden mit μ_K bezeichnet, ist abhängig *geräteseitig:*

a) von der Größe der wirksamen vertikalen Schubfläche der mit dem Boden in Eingriff stehenden Fahrwerksteile, d. h. von den Abmessungen der Greifrippen und deren Eindringtiefe;

b) von der Größe der vertikalen Flächenpressung, d. h. von den Abmessungen der Auflagefläche des Fahrwerks und deren Belastung.

bodenseitig:

a) von der Schubfestigkeit des Bodens;

b) von der Größe der Haftreibung zwischen Stahl oder Gummi und verschiedenen Böden.

Wesentlich für alle Kraftschlußfragen ist die Härte der Fahrbahn und somit die Möglichkeit der Greifrippen oder Profilstollen, in den Boden einzudringen. Bei fester Fahrbahn (harte Bodenkrusten) findet kein Eindringen der Greifrippen statt. Der Kraftschluß ist nur von der Reibung zwischen den mit dem Boden in Berührung stehenden Rippen- oder Stollenköpfen abhängig und somit bei Raupenfahrzeugen in erster Linie eine Reibung zwischen Boden und Stahl, bei Reifenfahrzeugen eine solche zwischen Boden und Gummi.

Je weicher der Boden wird, um so besser dringen die Profile ein; um so weniger bleibt der Kraftschluß eine Funktion der reinen Reibung zwischen Fahrwerk und Boden und um so mehr treten Reibung und Haftung der Bodenteilchen untereinander und damit die Scherfestigkeit des Bodens in Erscheinung.

Anders ist es mit dem Kraftschluß in lockeren rolligen Schüttungen (z. B. Schotter, Kies, Sand). Dort ist die Kraftübertragung nur durch Schlupf möglich, und dieser wieder ist gegeben, weil die Raupen oder Reifen den Boden während des Rutschens vertikal wie horizontal verdichten müssen, bis die Angriffsfläche (das Bodenpolster) fest genug ist, um die Vorschubkraft aufzunehmen. Der Schlupf kann hier je nach Festigkeit der Fahrbahn praktisch Werte bis zu 50% annehmen. Das Mittel liegt bei 15%.

Über den Zusammenhang zwischen Tragfähigkeit der Fahrbahndecke, Eindringen der Greifrippen und Kraftschluß ist zu sagen, daß der Kraftschluß der Raupenketten erst dann voll zur Wirkung kommen kann, wenn die Bodentragfähigkeit der oberen Fahrbahnschicht auf etwa 1 kg/cm² gesunken ist.

Entsprechende Versuche wurden auf fettem Lehmboden zunächst bei harter Konsistenz durchgeführt, bei der ein nennenswertes Eindringen der Ketten nicht festzustellen war. Der Kraftschluß wurde im wesentlichen aus der Reibung der Greifrippenkanten auf dem Boden hergestellt. Mit zunehmender Durchfeuchtung des Bodens wurde ein Eindringen der Greifrippen ermöglicht, bis dann bei etwa 1 kg/cm² Bodentragfähigkeit die Kettenglieder auch mit der gesamten waage-

rechten Fläche in Bodenberührung kamen und der Kraftschluß-Maximal-
wert erzielt wurde. Bei weiterer Abnahme der Tragfähigkeit sank der
Kraftschluß wieder infolge abnehmender Schubfestigkeit des Bodens.
Um den Anteil von Haftreibung und Greifrippenverzahnung am
Zustandekommen des gesamten Kraftschlusses zu untersuchen, wurden
Kraftschlußversuche mit völlig ebenen Kettenplatten auf einem erhärteten glatten Lehmboden durchgeführt, die einen Kraftschluß von
$\mu_K = 0{,}28$ ergaben, so daß bei völligem Eindringen der Greifrippen etwa
30% des gesamten Kraftschlusses auf die waagerechte Reibfläche, 70%
dagegen auf die senkrechte Schubfläche der Kettenglieder entfallen.
Da das Verhältnis von waagerechter Kettenauflagefläche zu senk-
rechter Schubfläche etwa wie 70 : 30 ist, die Kraftschlußanteile jedoch
das umgekehrte Verhältnis aufweisen, geht deutlich hervor, welche
Bedeutung der Abnutzung der Greifrippen an Raupenketten zukommt.
Voraussetzung für die Übertragung von Schubkräften zwischen
Boden und Fahrwerk ist, daß dieser seinen Zusammenhang behält. Da
die Tragfähigkeit des Bodens von der Konsistenz abhängt und diese
bei Erreichen der Konsistenzzahl $K = 0{,}6 - 0{,}7$ überschritten wird, muß
der Boden an der Oberfläche mindestens steifplastisch sein, um ein
Wirksamwerden der Greifrippen durch Verzahnung zu gewährleisten.
Wird die gewählte Fahrbahn nur wenige Male befahren, so kann die
steifplastische Konsistenz der Fahrbahndecke ohne weiteres unterschritten werden, da das Fahrwerk durch die obere aufgeweichte Bodenschicht auf festere, tiefer liegende Schichten durchsinkt und dort über
die Greifrippen wieder mit dem Boden in Verzahnung kommt. Die
Konsistenz der Fahrbahnoberfläche kann bei bindigen Böden praktisch
alle Zustandsformen von flüssig (Schlamm) bis hart (ausgetrockneter
fester Ton) einnehmen.
Nachteilig auf den Kraftschluß der Ketten wirkt sich die Boden-
unebenheit aus. In unebenem Gelände geht ein Teil der wirksamen
Schubfläche verloren, weil die Raupen mit dem starren Kettenrahmen
nicht in ihrer vollen Länge aufliegen und die Greifrippen nur teilweise
in den Boden eindrücken. Ebenso beeinflußt die Verkehrsbelastung den
Kraftschluß. Die ständig darüberfahrenden Raupen zerstören mit ihren
Greifrippen im Lauf der Zeit die feste Kruste der Fahrbahnoberfläche
und zerbröckeln sie. Dadurch kann den Greifrippen das Eindringen in
weichere Schichten erleichtert werden und der Kraftschluß zunehmen,
es kann aber auch, besonders wenn gröbere Kornfraktionen in der
Fahrbahndecke eingebettet sind, der Kraftschluß kleiner werden, weil
der Fahrbahnbelag unter dem Fahrwerk wegrollt.

3.22 Kraftschlußvergleiche. Zunächst sei ein Überblick über die
Größe des Kraftschlusses zwischen Reifen- und Raupenfahrwerk sowie
über die größenmäßige Aufteilung des Reifenkraftschlusses auf Haft-

reibung und Profilverzahnung gegeben. Um den Anteil der einzelnen
Faktoren am Zustandekommen des gesamten Kraftschlusses zu erfassen,
wurden die einzelnen Kraftschlußelemente durch besondere Versuchs-
anordnung getrennt ermittelt.

Die Versuche, deren Ergebnisse in Bild 92 dargestellt sind, unterschieden sich nach der Art des Fahrwerks und dem Zustand der Fahrbahn. Geräteseitig kamen vier verschiedene Kraftschlußflächen zur
Verwendung, und zwar

1. Raupenkette eines 145-PS-Schleppers mit 6,5 cm Rippenhöhe (Linie A).
2. Flugzeugreifen ohne Profilierung Größe 56″ bei 2,8 atü Luftdruck (Linie B).
3. Üblicher Niederdruckreifen 21.00 × 25 mit Triebradprofil, bei 2,8 atü Luftdruck und Reifennennlast (Linie C).
4. Reifen wie 3., jedoch bei 1,0 atü Luftdruck und Reifennennlast (Linie D).

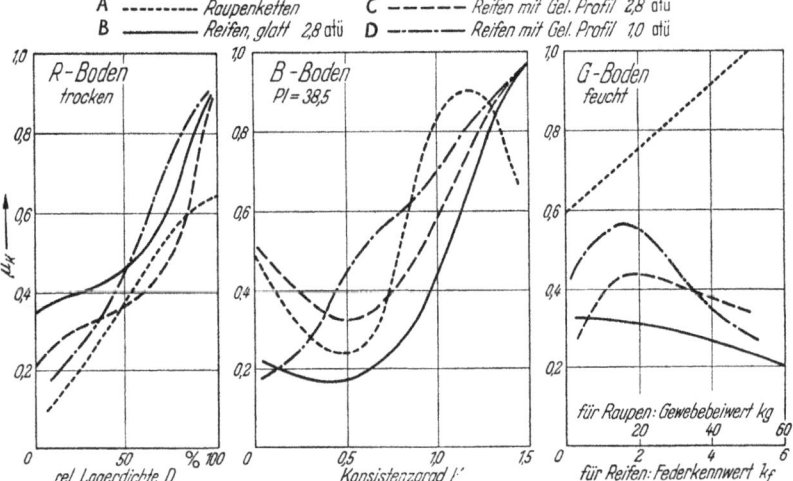

Bild 92. Kraftschlußvergleiche des Raupen- und Reifenfahrwerks in verschiedenen Böden unterschiedlicher Zusammensetzung.

Die von den Füllmaßstäben her bekannte Bodenunterteilung in
die drei Bodengruppen wurde auch hier beibehalten und innerhalb jeder
Bodengruppe als unabhängige Größe

beim R-Boden die Lagerdichte,
beim B-Boden die Konsistenz,
beim G-Boden für Raupen die Gewebedichte,
        für Reifen der Federkennwert

gewählt.

Während Kurve *A* den im wesentlichen durch Verzahnung bedingten
Kraftschluß des Raupenfahrwerks darstellt, gibt Kurve *B* die Größe
der horizontalen Haftreibung der Gummireifen an. Aus Kurve *C* ist der
Kraftschluß des voll aufgepumpten und voll belasteten Niederdruck-
reifens zu ersehen, während Kurve *D* den Einfluß der Aufstandsflächen-

vergrößerung durch Luftdrucksenkung darstellt. Aus dem Vergleich der Kurven C und D ist zu erkennen, daß sich der Kraftschluß — etwa zur Erzielung größeren Steigvermögens oder größerer nutzbarer Zugkraft — durch Absenken des Luftdruckes erhöhen läßt. Allerdings ist der Gewinn nicht allzu groß. Die Vergrößerung der Aufstandsfläche wirkt sich nicht auf die Haftreibung aus, sondern beeinflußt nur die andere Kraftschluß-komponente, die Profilverzahnung, indem sie mehr Profilrippen mit dem Boden in Eingriff bringt und dadurch die senkrechte Schubfläche vergrößert.

Allgemein sind die Raupen im Sandboden den Reifen unterlegen. Dagegen ist im Bereich der am häufigsten vorkommenden halbfest anstehenden B-Böden ihre Überlegenheit unbestritten. Auf hartem Untergrund weisen die Reifen wegen der großen Haftreibung zwischen Gummi und rauhem Boden — im Extremfall Beton — größere Kraft-schlußwerte auf. Die auf den verschiedensten Baustellen mit Reifen-geräten gemachten Erfahrungen, daß die Reifen gerade in weichem, breiigem Boden den Raupen überlegen sind, konnten durch die Versuche bestätigt werden. Beginnend bei etwa weichplastischer Konsistenz liegt die Kraftschlußkurve der Reifen über der der Raupen.

In dem für die Versuche herangezogenen, natürlich gelagerten Boden trat mit Zunahme des Feuchtigkeitsgehaltes auch eine steigende Durch-weichung der oberen Bodenschicht ein, die zur Folge hatte, daß die Reifen infolge ihrer größeren Flächenpressung besser durch den Schlamm auf tiefer liegende tragfähige Bodenschichten drangen, während die Raupen bei einem gewissen Konsistenzgrad mit ihren Greifrippen die tragfähige Schicht nicht erreichten, sondern auf der Oberfläche der Schlammschicht rutschten.

Im Gewebeboden sind die Raupen wieder vorteilhafter als die Reifen. Die scharfen, spitzen Greifrippen an den Kettengliedern stechen besser in das Wurzelgewebe ein als die breiten Reifenprofilrippen. Ferner ist die Haftreibung zwischen Gummi und Gras oder anderem Pflanzen-wuchs gering, und der Kraftschluß der Reifen nimmt daher mit zu-nehmender Dichte des Pflanzenwuchses (Federbeiwert) ab.

Für die Gegenüberstellung wurden aus der Vielzahl der Versuche Ergebnisse in charakteristischen Bodenverhältnissen ausgewählt. Die Darstellung gibt typische Einzelfälle wieder und läßt keine Verallge-meinerung zu. So gilt das R-Diagramm nur für trockene, jedoch ver-schieden dicht gelagerte Sandböden, Diagramm G für Böden mit ver-schiedener Wachstumsdichte, jedoch gleichem Feuchtigkeitsgrad und Diagramm B für einen gut bindigen Boden ($Pl = 38{,}5$).

3.23 Kraftschlußwerte. Zur Klärung der Abhängigkeit des Kraft-schlusses von den verschiedenen Fahrbahnverhältnissen wurden zahl-reiche Versuche durchgeführt. Es würde in diesem Rahmen zu weit führen, auf alle Einzelheiten der Untersuchungen, die auf besonders geschütteten Versuchsstrecken wie auf normalen Baustellenfahrbahnen vorgenommen wurden, einzugehen. Kraftschlußangaben können immer

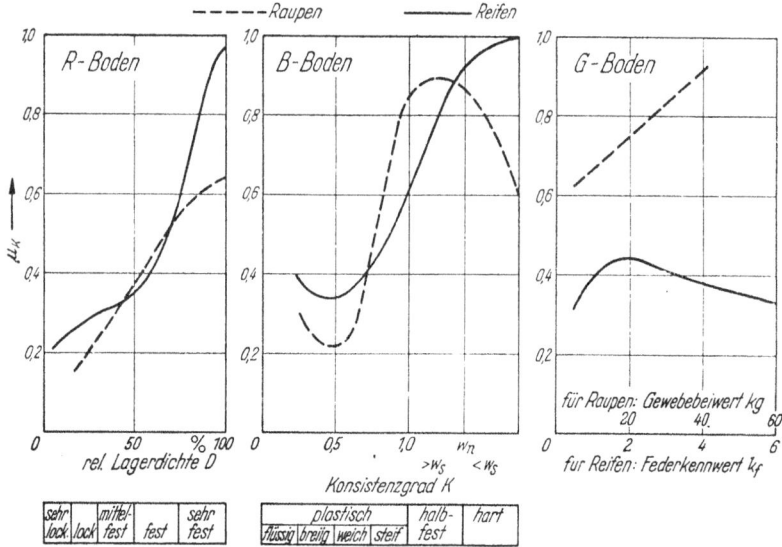

Bild 93. Kraftschlußbeiwerte μ_k.

Tabelle 10. *Kraftschlußwert* μ_k.

Fahrbahnbeschaffenheit	Reifen	Raupen
Beton, trocken, rauh	1,00	0,45
,, , ,, , glatt	0,75	0,45
,, , naß, rauh	0,40	0,45
Grasnarbe, erdfeucht	0,55	0,90
,, , feucht	0,35	0,70
,, , durchnäßt	0,25	0,65
Sandiger Lehm, trocken	0,45	0,55
,, ,, , erdfeucht	0,50	0,70
,, ,, , naß	0,45	0,65
Mittlerer Lehm und Ton, trocken	0,55	0,60
,, ,, ,, ,, , erdfeucht	0,55	0,80
,, ,, ,, ,, , naß	0,40	0,55
Fetter Lehm und Ton, trocken	0,55	0,55
,, ,, ,, ,, , erdfeucht	0,55	0,90
,, ,, ,, ,, , naß	0,30	0,55
Mutterboden, trocken	0,40	0,60
,, , erdfeucht	0,50	0,70
,, , naß	0,30	0,35
Kiesweg, fest	0,35	0,30
,, , locker, zerfahren	0,30	0,25
Sandweg, fest, erdfeucht	0,30	0,30
,, , locker, trocken	0,20	0,25

nur als Durchschnittswerte verwendet werden, da sich die Boden-zusammensetzung meist schon innerhalb eines kurzen Fahrbahnstückes beträchtlich ändert. Auch wird die Bodenfestigkeit durch das ständige Darüberfahren laufend beeinflußt.

Abb. 93 enthält die Kraftschlußwerte μ_K des Raupen- und Reifen-fahrwerks. Die bei Beginn des sichtbaren Rutschens gemessenen Werte wurden in Bodengruppe R der Lagerdichte, in Gruppe B der Konsistenz und in Gruppe G den Kennwerten des ober- und unterirdischen Pflan-zenwuchses zugeordnet. Sie gelten nur für Erdwege, nicht für Beton, Asphalt, Eis, Schnee und andere Spezialfälle, in denen die gleislosen Erdbaugeräte selten zum Einsatz kommen. Für überschlägige Ermitt-lungen sind Anhaltswerte in Tab. 10 enthalten.

3.3 Rollwiderstand.

Der Rollwiderstand eines Fahrwerkes unterteilt sich in den inneren und den äußeren Widerstand. Der innere Widerstand wird hervor-gerufen durch die Zapfen- und Lagerreibung, bei Reifen zusätzlich durch den Walkwider-stand der Reifenseiten-wände. Der äußere Wider-stand ist abhängig vom Einsinken des Fahrwerkes in den Boden und damit von der Tragfähigkeit der Fahrbahndecke.

Vergleichende Ver-suchsreihen mit dem Rau-penfahrwerk des D 8 und dem Reifenfahrwerk des Tournapull mit $21,00 \times 24$ Reifen hatten zum Ziel, das unterschiedliche An-

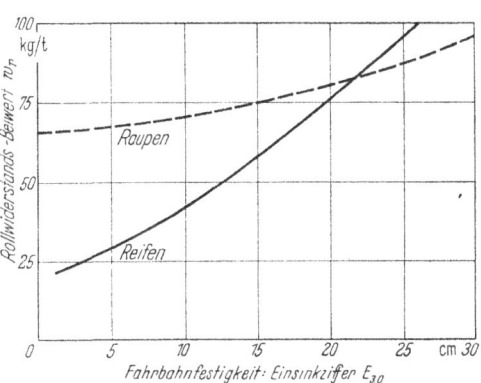

Bild 94. Rollwiderstandsbeiwerte w_r für Raupenfahrwerk mit 0,5 kg/cm² Sohldruck; für Reifenfahrwerk 21.00×52 mit 3,0 kg/cm² Sohldruck.

wachsen des gesamten Rollwiderstandes in Abhängigkeit von der Bo-dentragfähigkeit, gemessen über die Einsinkziffer $E_{3,0}$ festzustellen. Die Versuche wurden bei beiden Fahrwerksarten unter gleichen Boden-verhältnissen durchgeführt. Bild 94 zeigt die Ergebnisse. Für die Reifen-geräte sind außerdem verschiedene Rollwiderstandswerte in Tab. 11 zu-sammengestellt.

Infolge der 70 bis 80 ungeschmierten Kettenbolzen besitzt das Rau-penfahrwerk einen hohen inneren Widerstand. Der äußere Widerstand steigt bei den verhältnismäßig geringen Werten für den Bodendruck des Raupenfahrwerks und damit für dessen geringes Einsinken bei Abnahme der Bodentragfähigkeit nur langsam an. Dagegen ist der

Tabelle 11. *Die Rollwiderstände der Reifengeräte.*

	$w_r = [\text{kg/t}]$
1. Betonstraßen oder harte glatte Erdwege	20
2. Glatter trockener fester Erdboden mit Kies, gut instand gehalten und eingeebnet	23
3. Trockener Boden, mit Kies vermischt, mittelfest gelagert .	30
4. Erdweg, mäßig gepflegt, feucht gehalten. Geringes Eindrücken der Oberfläche	35
5. Weicher gewachsener Boden mit tragender Oberflächendecke (Grasnarbe)	40
6. Häufig befahrener Erdweg, schlecht gepflegt	43
7. Feuchte schmierige Oberfläche auf festerem Untergrund . .	45
8. Normale Erdfahrbahn, zerfahren, wenig gepflegt	50
9. Ausgetrockneter sandiger Boden.	60
10. Weicher zerfurchter Mutterboden	75
11. Schwach verdichtete Kippe.	80
12. Zerfahrener schlammiger Erdweg	90
13. Sandiger aufgeweichter Lehm	100
14. Lockerer Kies	110
15. Lockerer Sand erdfeucht	125
16. Lockerer Sand trocken	150
17. Zerfurchter weicher Boden	160
18. Weicher schwammiger Untergrund	190

innere Rollwiderstand der Reifen gering, während der äußere Einsinkwiderstand durch die größere Bodenpressung mit abnehmender Bodentragfähigkeit schnell ansteigt.

Der Rollwiderstand des Raupenfahrwerks ist hoch, aber in seiner Größe weniger abhängig von der Bodentragfähigkeit. Seine geringen Schwankungen machen eine weitere Erörterung überflüssig. — Anders liegen die Verhältnisse beim Reifenfahrwerk, das mit großen Ausschlägen auf die Bodenunterschiede reagiert.

3.4 Die Reifenfrage.

3.41 Der Einfluß der Reifen auf die Elemente des Fahrbetriebes.
Nachdem die Leistungs- und Kostenvergleiche der verschiedenen Gerätetypen den günstigen Einfluß hoher Fahrgeschwindigkeiten gezeigt haben, wird die Entwicklung moderner Geräte beherrscht von der Forderung nach höheren Geschwindigkeiten. Diese schiebt das Reifenfahrwerk immer stärker in den Vordergrund und hier wieder laufen die Entwicklungstendenzen auf größere Reifen und niedrigere Luftdrücke hinaus.

Seitdem sich die Konstruktion der Geländereifen von der der Straßenreifen weitgehend entfernt hat, müssen auch bei der Betrachtung des Reifenproblems Unterschiede gemacht werden. Während die Straßenreifen mit hohen und möglichst konstant gehaltenen Luftdrücken für die kaum veränderlichen Fahrbahnverhältnisse einen weitgehend stabilen Charakter tragen, zwingen die ständig wechselnden Bodenverhältnisse einer Geländefahrbahn dazu, die Geländereifen als Fahrwerks-fläche möglichst variabel zu gestalten und sie den jeweiligen Boden-verhältnissen anzugleichen. Neben der Wahl der günstigsten Reifen-größe und Reifenzahl sind es Fragen der Profilierung und des richtigen Luftdruckes, die die Wirksamkeit des Reifenfahrwerks beeinflussen. Ihre Beachtung ist für den leistungsfähigen Einsatz der Reifengeräte eine Lebensfrage.

Der Einfluß der Reifen auf die Elemente des Fahrbetriebes ist aus Ü 18 zu ersehen. Er wirkt sich letzten Endes auf die nutzbare Geschwin-digkeit, d. h. die Geschwindigkeit mit der ein Gerät im Gelände fahren

Übersicht 18. *Der Einfluß der Reifen auf die Elemente des Fahrbetriebes (Schematische Darstellung).*

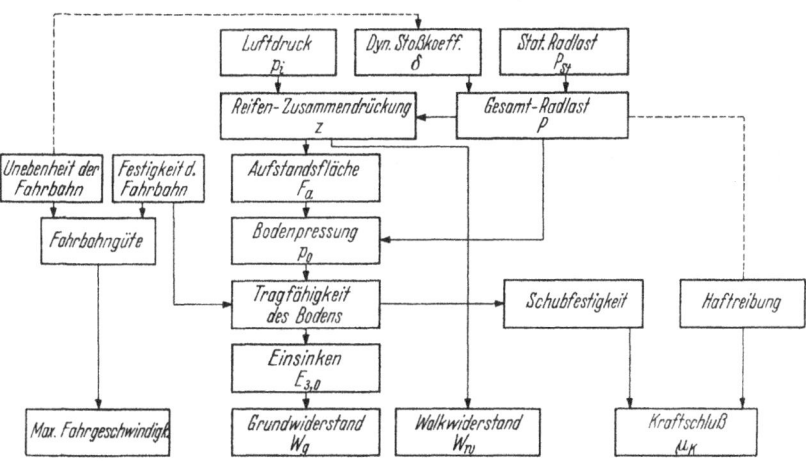

kann, auf die Bodenpressung unter dem Fahrwerk und auf die nutzbare, für die Arbeitsleistung noch freibleibende Zugkraft aus. Die nutzbare Zugkraft wird beeinflußt durch die Fähigkeit der Reifen, sich den Boden-unebenheiten anzupassen und über diese, wie es die Amerikaner treffend bezeichnen, ,,hinwegzuschwimmen''. Auch bei bester Fahrbahninstand-haltung zeigt eine Erdstraße häufig genug Bodenunebenheiten, die ein Ausnutzen der hohen Geschwindigkeiten der Reifengeräte nicht ermög-lichen, wenn diese nicht in der Lage sind, durch weiche Reifen die brem-senden Fahrbahnunebenheiten ohne wesentliche Erschütterungen auf-zufangen.

Die nutzbare Zugkraft des Schleppers hängt von der Größe des Rollwiderstandes (Einsinken der Reifen) und vom Kraftschluß ab. Beide Faktoren sind wieder von der Höhe des Reifenluftdruckes und der Festigkeit und Beschaffenheit der Fahrbahn abhängig. Der Roll-widerstand wird grundsätzlich um so geringer, je größer die Aufstandsfläche und je geringer der Luftdruck ist. Andererseits ist nur bedingt richtig, daß der Kraftschluß bei abnehmendem Luftdruck zunimmt. Aus dem Zusammenwirken beider Faktoren ergeben sich günstigste Luftdruckwerte, die nicht immer an der unteren Grenze zu liegen brauchen.

Die richtige Handhabung des Reifenproblems, die Ausnutzung aller gegebenen Mittel für größtmögliche Wirksamkeit des Reifenfahrwerkes, ist von entscheidender Bedeutung für die Wirtschaftlichkeit der Reifengeräte und ein wichtiger Faktor bei der Beurteilung des „Raupen- oder Reifen"-Problems.

3.42 Effektive Reifenlast. Alle Betrachtungen über Einsinken, Aufstandsfläche, Luftdruckabsenkung usw. nehmen ihren Ausgang von der Belastung der Reifen. Neben der statischen Radlast, die sich aus dem Eigengewicht des Fahrzeuges, aus Nutzlast und Gewichtsverteilung ergibt, wirken während der Fahrt noch dynamische Beanspruchungen, die in Form von Stößen (durch Sprünge und Schwingungen des Fahrzeuges beim Fahren über Bodenunebenheiten) auftreten, mit.

Die zusätzlichen Stoßbelastungen werden durch einen dynamischen Stoßkoeffizienten δ nach der Formel

$$P = P_{st} \cdot \delta$$

berücksichtigt, wobei P die effektive, P_{st} die statische Reifenlast ist.

Da sich die Aufstandsfläche bei in Bewegung befindlichen Fahrzeugen nicht messen läßt, standen als Anhaltspunkte nur die Fahrspurbreiten zur Verfügung. Mit einer Methode zur Ermittlung der genauen Abmessungen der Aufstandsfläche war es jedoch möglich, aus der (gemessenen) Aufstandsflächenbreite gewisse Rückschlüsse auf die jeweilige Radlast zu ziehen, die sie hervorgerufen hatte. Durch Nachprüfung zahlreicher Fahrspuren in verschiedenem Gelände konnte der dynamische Stoßkoeffizient einigermaßen genau ermittelt werden. Die Ergebnisse der Untersuchungen sind in Abb. 95 zusammengestellt.

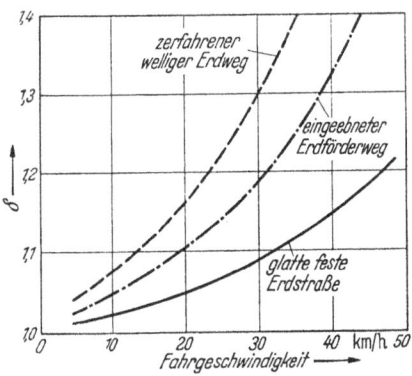

Bild 95. Die Größe des dynamischen Stoßkoeffizienten δ bei verschiedener Fahrbahnunebenheit und unterschiedlichen Fahrgeschwindigkeiten.

3.43 Aufstandsfläche und Bodenpressung. Ausgehend von dem Gleichgewichtsverhältnis zwischen dem Luftdruck im Reifen und der äußeren Bodenpressung und unter Berücksichtigung der Tatsache, daß ein Teil der Radlast durch die Stützwirkung der Reifenseitenwände aufgenommen wird, benutzt man heute allgemein folgende Formel, um die Aufstandsfläche überschlägig zu berechnen:

$$F_a = \frac{P}{k \, p_i} \ [\mathrm{cm}^2] \, ,$$

wobei

F_a = Aufstandsfläche [cm²],
k = Steifefaktor der Reifenseitenwände,
P = effektive Reifenlast [kg],
p_i = Reifenluftdruck [atü].

Als Richtwerte für k gelten:

Weiche Laufreifen . . . . . $k = 1,1$,
Normale Triebreifen . . . . $k = 1,15$,
Harte Triebreifen . . . . . $k = 1,2$.

Diese Formel zeigt, daß die Bodentragfähigkeit wenigstens 10% höher sein muß als der Reifenluftdruck, um ein Einsinken des Reifens zu vermeiden. Sie vernachlässigt den Einfluß der Reifengröße und berück-

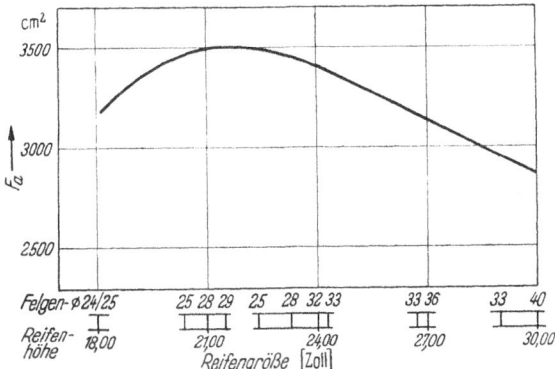

Bild 96. Die Aufstandsflächen verschiedener Reifengrößen bei gleicher Radlast (10 t) und gleichem Luftdruck (2,8 atü).

sichtigt nur denjenigen von Radlast und Luftdruck. In Anbetracht der großen Unterschiede bei den heute zur Verwendung kommenden Reifengrößen (zwischen 18.00 × 24 und 36.00 × 40), ist die Vernachlässigung der Reifengröße nicht mehr gerechtfertigt. Zur Untersuchung ihres Einflusses wurden Reifen verschiedener Größe bei 2,8 atü Luftdruck mit jeweils 10 t belastet. Die Versuchsergebnisse, in Abb. 96 dargestellt, zeigen, daß die gleiche Radlast bei größeren Reifen eine bis zu 20% geringere Aufstandsfläche hervorruft.

Die Reifentabellen der Herstellerfirmen enthalten ebenfalls Angaben über die Aufstandsflächen der Reifen, jedoch beziehen sich die Werte auf bestimmte Radlasten und Luftdrücke und legen eine konstante Reifenzusammendrückung von 16% zugrunde.

Da die genaue Kenntnis der Größe der Aufstandsfläche für spezielle Einsatzfälle, z. B. für ein vorsichtiges Überqueren von weichen Bodenschichten mit härterer, meist durch Sonneneinwirkung ausgetrockneter Oberflächenkruste von Bedeutung ist, wurde ihre Ermittlung genauer untersucht.

3.44 Ermittlung der Reifenaufstandsfläche. Zahlreiche Versuche mit Reifen zwischen 18.00 × 24 und 30.00 × 33 haben ein Bild von der Größe der Aufstandsfläche ergeben und ihren Niederschlag in den folgenden Diagrammen gefunden:

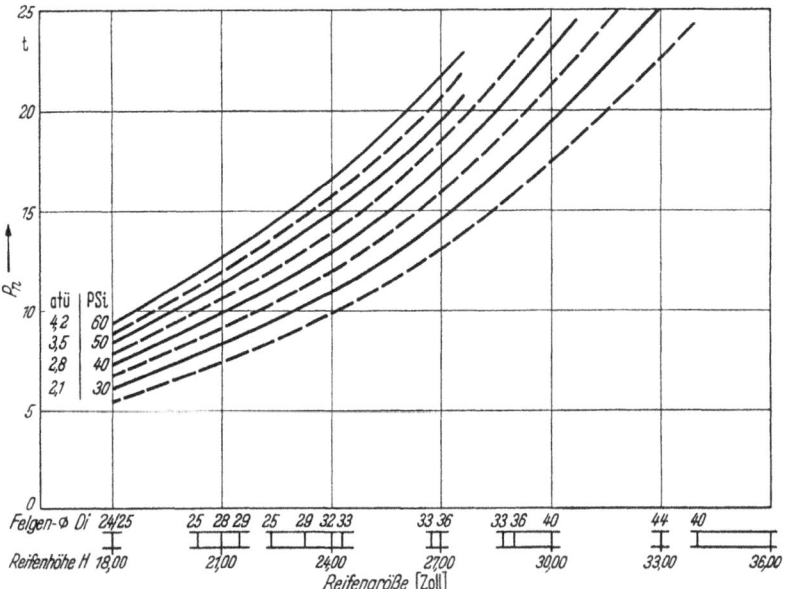

Bild 97. Die maximale **Tragfähigkeit** der einzelnen Reifengrößen der Erdbaugeländereifen bei verschiedenen Luftdrücken (Reifen-Nennlast P_n).

Bild 97 zeigt zunächst die zulässige Belastung der verschiedenen Reifengrößen. Die Werte gelten für die Fahrgeschwindigkeit 0. Eine Berücksichtigung der dynamischen Einflüsse während der Fahrt, wie sie in den Reifentabellen zu finden ist und dort durch Reduzierung der zulässigen Belastung erfolgt, geschieht hier über den Stoßkoeffizienten δ bei der Ermittlung der effektiven Reifenlast.

Im nächsten Diagramm (Bild 98) ist die Größe der Aufstandsfläche eines Erdbaugeländereifens 21.00 × 25 bei verschiedenen Luftdrücken und verschiedener Reifenlast dargestellt und die Belastung prozentual auf die Reifennennlast P_n bezogen.

In Bild 99 wird ein Überblick über die Aufstandsfläche der verschiedenen Reifengrößen bei zulässiger Maximalbelastung (P_n) und 3,0 atü Luftdruck gegeben.

Mit diesen drei Diagrammen ist man in der Lage, eine verhältnismäßig genaue Ermittlung der Aufstandsfläche eines Reifens beliebiger Größe bei beliebiger Radlast und beliebigem Luftdruck vorzunehmen. Das geschieht folgendermaßen:

1. Ermittlung der zulässigen Reifennennlast P_n bei bestimmtem Luftdruck (Bild 97).
2. Festlegung der effektiven Reifenlast in % von P_n.
3. Ermittlung der Aufstandsfläche für den Reifen 21.00 $\times$ 25 bei gegebener prozentualer Belastung (in % von P_n) (Bild 98).

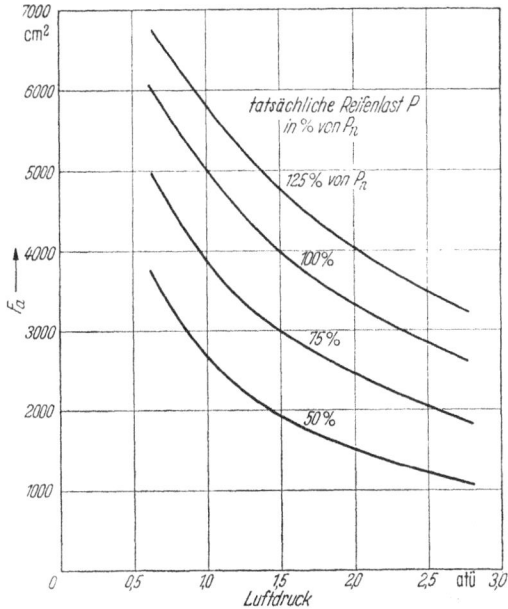

Bild 98. Die Größe der Aufstandsfläche F_a eines 21.00 $\times$ 25-Niederdruckreifens bei verschiedenen Luftdrücken und Belastungen.

4. Umrechnung der Verhältnisse vom Reifen 21.00 $\times$ 25 auf die verwendete Reifengröße mittels Diagramm aus Bild 99.

Beispiel. Es wird ein Reifen 24.00 $\times$ 29 verwendet. Die zulässige Reifenbelastung beträgt bei 2,8 atü nach Bild 97 11,2 t. Der Reifen wird mit einer Effektivlast von nur 8,4 t, das sind 75% von P_n, belastet. Für 2,8 atü und 75% von P_n ergibt sich am 21.00 $\times$ 25 Reifen eine Aufstandsfläche von 1900 cm². Zur Umrechnung auf die tatsächliche Reifengröße muß man die Aufstandsfläche bei P_n und 3 atü Luftdruck vergleichen. Sie beträgt für den Reifen 24.00 $\times$ 29 nach Bild 99 3000 cm², für den Reifen aus Bild 98 nur 2400 cm². Die ermittelte

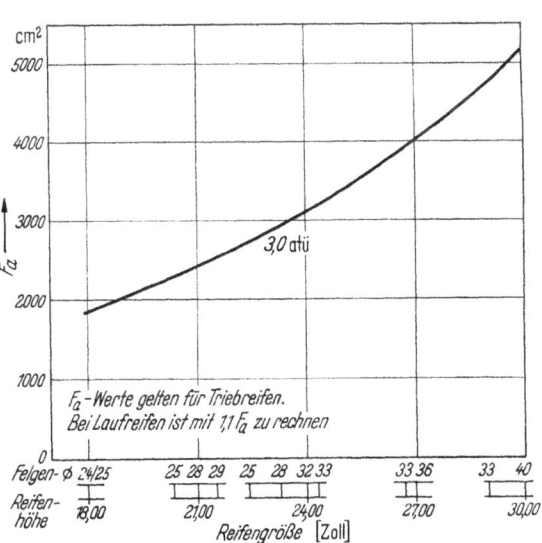

Bild 99. Die Aufstandsflächen verschiedener Reifengrößen bei Reifen-Nennlast P_n und Luftdruck 3,0 atü.

Aufstandsfläche ist also im Verhältnis 2400 : 3000 umzurechnen. Das gibt im obigen Beispiel:

$$F_a = 1900 \cdot \frac{3000}{2400} = 2380 \text{ cm}^2 .$$

Die Nachprüfung in der Praxis hat ergeben, daß sich die Verhältnisse bei den verschiedenen Reifengrößen gleichen, wenn man die Reifennennlastbedingungen als Vergleichsbasis wählt und die Reifenlasten zu P_n in Beziehung setzt.

Ist die Größe der Aufstandsfläche bestimmt, so ergibt sich die Bodenpressung (Sohldruck) unter dem Reifen zu

$$p_0 = \frac{P}{F_a} \text{ [kg/cm}^2\text{]} .$$

3.45 Reifenanpassung. Unter „Reifenanpassung" wird die Ausnutzung aller praktisch zur Verfügung stehenden Mittel zur Abstimmung der charakteristischen Reifeneigenschaften auf die im Einsatz auftretenden Bodenverhältnisse verstanden.

Folgende Möglichkeiten sind gegeben, um das Reifenfahrwerk den Boden- und Fahrbahnverhältnissen der Baustelle anzupassen:

1. Wahl des günstigsten Luftdrucks.
2. Wahl des günstigsten Reifenprofils.
3. Wahl der günstigsten Reifengröße.
4. Wahl der zweckmäßigen Reifenzahl.

Die Ausnutzung dieser Mittel ist von entscheidender Bedeutung für den wirtschaftlichen Einsatz der Reifengeräte.

Der von Fall zu Fall veränderliche Luftdruck gibt den Reifen einen großen Elastizitätsspielraum, innerhalb dessen sie den Forderungen der Baustelle angepaßt werden können. Weiche Reifen geben größere Verzahnungsflächen für den Kraftschluß und verschlucken die Unebenheiten der Fahrbahn. Dadurch werden in unebenen Böden höhere Fahrgeschwindigkeiten und in weichem Gelände geringere Rollwiderstände erzielt. Auf glatter fester Straße sind sie wegen der hohen Walkwiderstände den hart aufgepumpten Reifen unterlegen. Mit weichen Reifen wieder läßt sich mancher wenig tragfähige Boden und manche Steigung noch überwinden, wo harte Reifen entweder zum Einstellen oder zur Umorganisation des Förderbetriebes zwingen.

Auch das Verhältnis der festen glatten Fahrbahnabschnitte zu den weichen unebenen Bodenstrecken innerhalb der gesamten Fahrbahnlänge spielt eine maßgebliche Rolle. Stehen für den reinen Transport feste Fahrbahnen zur Verfügung, so muß auf gute Beweglichkeit in den im Gelände liegenden Be- und Entladestellen zugunsten hoher Fahrgeschwindigkeit verzichtet werden. Umgekehrt müssen Reifengeräte die überwiegend im Gelände fahren, auf etwa dazwischenliegenden kurzen Straßenstrecken den hohen Walkwiderstand der weichen Reifen in Kauf nehmen. Allgemeingültige Angaben lassen sich hier nicht machen; vielmehr muß für jede Fahrbahn durch Wirtschaftlichkeitsvergleiche der günstigste Luftdruck errechnet werden.

3.451 Einfluß des Luftdrucks auf Kraftschluß, Rollwiderstand und Bodenpressung. Zunächst sei auf die fahrtechnischen Veränderungen bei der Luftdruckabsenkung eingegangen. Die Verringerung des Reifenluftdrucks führt im allgemeinen zu einer Erhöhung von Kraftschluß und Aufstandsfläche und zu einer Verringerung von Rollwiderstand und Bodenpressung. Um die Zusammenhänge zahlenmäßig festzulegen, wurden Versuche mit 21.00 × 25 - Geländereifen in bindigem Boden durchgeführt.

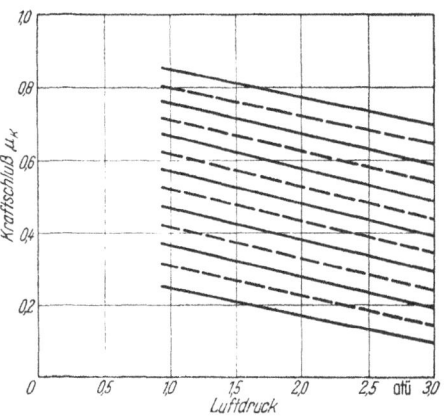

Bild 100. Der Einfluß der Absenkung des Luftdruckes im Reifen auf den Kraftschlußbeiwert μ_k.

Dabei ergab sich zunächst (Bild 100), daß der Kraftschlußgewinn durch Luftdruckabsenkung bei höheren Kraftschlußwerten immer geringer wird. Ebenso hat sich gezeigt (Bild 101), daß hohe Rollwiderstände (tiefes Einsinken) durch Luftdruckabsenkung beträchtlich gesenkt werden können, während geringe Rollwiderstände kaum noch zu beeinflussen sind. — Weitere Versuche haben gezeigt, daß der günstige Einfluß der Luftdruckabsenkung auf Kraftschluß und Rollwiderstand auch bei zunehmender Reifengröße abnimmt. Über den Einfluß auf die Bodenpressung ist zu sagen:

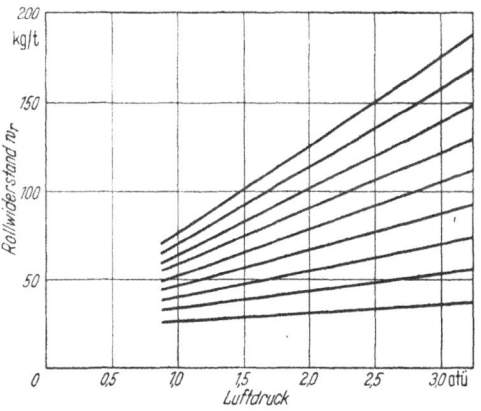

Bild 101. Der Einfluß der Luftdruckabsenkung auf den Rollwiderstandsbeiwert w_r eines Erdbaugeländereifens.

Allgemein wird bei Absenkung von 3,0 auf 2,0 atü die Aufstandsfläche um 37%, von 3,0 auf 1,5 atü um 67% und von 2,8 auf 1,0 atü um 100% vergrößert. Dieses Verhältnis tritt bei fast allen Reifengrößen auf. Entsprechend sinkt die Bodenpressung von 3,1 kg/cm² bei 2,8 atü auf 1,3 kg/cm² bei 1,0 atü.

Dieser Wert liegt nur noch etwa doppelt so hoch wie die Bodenpressung der Raupen, wobei zu bedenken ist, daß die in den Katalogen

angegebenen Werte von etwa 0,5 kg/cm² meist nur theoretischen
Charakter tragen, da sie eine gleichmäßige Auflage des Raupenbandes
voraussetzen, wie sie bei den allgemein verwendeten Raupenschleppern
mit starrem Fahrwerksrahmen selten der Fall ist. Hinzu kommt, daß
der Schlepper entweder unter dem Einfluß einer Zuglast hinten oder
infolge des Brustschildes vorn einen größeren Bodendruck ausübt. Auch
treten durch das Überkippen des Fahrwerks beim Fahren über die
Kuppen der Bodenunebenheiten beträchtliche zusätzliche Stoßbelastungen auf. Versuche haben gezeigt, daß sich die statische Bodenpressung
von 0,5 kg/cm² (in Ruhe) während der Fahrt um 15—30% erhöht, so
daß der Endwert nicht mehr weit von dem der Reifen entfernt ist.

3.452 Der günstigste Luftdruck. Für die Wahl des günstigsten Luftdruckes gelten folgende Gesichtspunkte:

1. Je weniger tragfähig der Boden ist, um so geringer muß der Luftdruck
werden, damit der Reifen eine möglichst große Aufstandsfläche und ein geringes
Einsinken ergibt.

2. Je unebener die Fahrbahn ist, um so weicher muß der Reifen sein, damit
er möglichst ruhig über die Bodenunebenheiten hinwegschwimmen kann.

3. In der Mehrzahl der Fälle führt die Luftdruckabsenkung zur Erhöhung des
Kraftschlusses.

4. In rolligen Böden darf ein gewisser Mindestluftdruck nicht unterschritten
werden, damit eine genügend große Flächenpressung erzeugt und das rollige Korngefüge so weit verdichtet wird, daß ein Wegrollen des Sandes unter den Reifen bei
Schubbeanspruchung nicht erfolgen kann.

5. In einigen Fällen ist hoher Luftdruck erforderlich, um den Boden gut zu
verdichten.

6. Der Luftdruck darf nicht so weit gesenkt werden, daß ein Rutschen der
Reifen auf den Felgen eintritt.

7. Da mit der Luftdruckabsenkung der Reifenverschleiß stark zunimmt, ist
bei jeder Absenkung auch die wirtschaftliche Seite in Betracht zu ziehen.

Wie bereits erwähnt, setzt sich der Kraftschluß aus der Verzahnung
der Profilrippen mit dem Boden und der Haftreibung zwischen Reifen-
und Bodenfläche zusammen. Bei Luftdruckabsenkung führt die Vergrößerung der Aufstandsfläche einerseits zu einer Erhöhung der Zahl
der mit dem Boden in Eingriff stehenden Profilrippen, d. h. zu einer
Vergrößerung der Schubfläche und damit zu einer Erhöhung des ver-
zahnungsbedingten Kraftschlußanteiles, andererseits aber auch zu einem
Weicherwerden des Reifenkörpers und zu einer Verringerung der
Flächenpressung. Eine Kraftschlußerhöhung kann nur dann wirksam
werden, wenn die Reifen selbst steif genug bleiben und die Profilrippen
fest in den Boden gedrückt werden. Ist das nicht der Fall, so versuchen
sie, sich unter dem Einfluß der waagerechten Schubkräfte vom Boden
abzuheben, und die Reifen beginnen sich durchzudrehen.

Während der Anteil der reinen Haftreibung von der Luftdruckabsenkung unbeeinflußt bleibt, müssen die Größe der Verzahnungs-

fläche, die Bodenpressung, die Steife der Profilrippen und die Fähigkeit des Reifens, zur Herstellung des Kraftschlusses in festere Bodenschichten vorzudringen, als die mit dem Luftdruck variierenden Elemente betrachtet werden. Die Überlagerung ihrer verschiedenartigen
Tendenzen führt für den Gesamtkraftschluß zu verschiedenen, luft-
druckabhängigen Maximalwerten. Sie wurden für eine Reihe von Bodenverhältnissen an Reifengeräten mit 21,00 × 25 Reifen ermittelt. Die
Luftdrücke bei den jeweiligen Zugkrafthöchstwerten sind als günstigste
Luftdrücke in Abb. 102 dargestellt. Wie aus den Kurven zu entnehmen
ist, liegt der günstigste Luftdruck
in rolligen Böden um so höher,
je lockerer das Korngefüge ist.
Der Kraftschluß zwischen Reifen
und Boden ist von der inneren
Reibung der Körner und diese
wieder von der Bodenpressung
abhängig. Werden die Körner
nicht genügend verdichtet, so
rollen sie unter der Schubbeanspruchung weg und der Reifen
dreht sich durch.

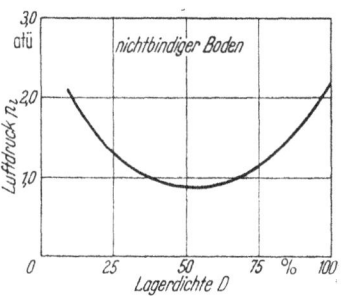

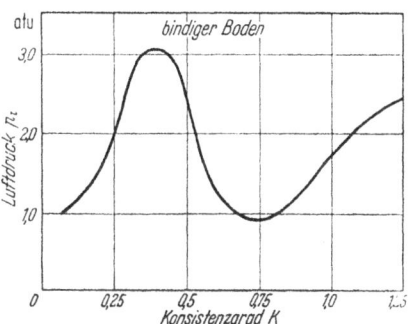

Bild 102. Günstigste Luftdrücke für den maximalen
Kraftschluß von Niederdruckgeländereifen bei
verschiedener Bodenbeschaffenheit.

In bindigen Böden ist bei niedrigen Konsistenzgraden zu unterscheiden zwischen einer Fahrbahn,
deren Tragfähigkeit nach der Tiefe
zunimmt, und einer Bodendecke,
die nur aus einer erhärteten Oberflächenkruste mit darunterliegenden weichen Schichten besteht.
Im ersten Falle muß im Bereich
der weichen Konsistenz der Luftdruck hoch und der Reifen hart
sein, damit er gut bis auf die tragfähigeren Schichten eindringen kann,
im zweiten Fall muß der Luftdruck grundsätzlich so gering wie möglich gehalten werden, um einen Bruch der Oberflächenkruste und
damit ein Versacken zu vermeiden.

3.453 Grenzen der Luftdruckabsenkung. Die Grenzen der Luftdruckabsenkung sind gegeben:

1. Durch den Kraftschluß zwischen Felgen und Reifen.

2. Durch die Beschädigung der Reifenseitenwände infolge erhöhter
Walkarbeit.

Die durch eine Aufstandsflächenvergrößerung gewonnene erhöhte
nutzbare Zugkraft der Antriebsräder kann nur so weit ausgenutzt

werden, wie es die Festigkeit der Verbindung zwischen Felge und Reifenwulst zuläßt.

Zur Klärung der Frage, welche Vortriebskräfte bei den einzelnen Luftdrücken noch auf die Reifen übertragen werden können, wurden verschiedene Größen der Geländereifen auf Schrägschulterfelgen im Stand und während der Fahrbewegung auf den Kraftschluß zwischen Felge und Reifen untersucht. — Der Reibungskoeffizient schwankt in weiten Grenzen, da er von meßtechnisch schwer erfaßbaren Einflüssen (verrostete Felgenflächen, angebackene Gummiwülste) abhängt. Um Ungenauigkeit von dieser Seite auszuschalten, wurden die Untersuchungen nur an Triebrädern vorgenommen, deren Felgen vorher entrostet waren. Auf diese Weise standen für alle Fälle annähernd gleiche Ausgangsbedingungen zur Verfügung. — Nach den Versuchsergebnissen muß der Kraftschluß mit etwa 0,8—1,0 angenommen werden. Genauere Werte ließen sich nicht ermitteln, da die Größe der wirklichen Reibflächen nicht bekannt war.

Die Versuche haben jedenfalls gezeigt, daß die Grenze der Luftdruckabsenkung bei etwa 0,8—0,9 atü erreicht ist. Trotz Schrägschulterfelgen ist bei geringeren Luftdrücken ein fester Sitz der Reifen auf den Felgen und damit die Übertragung des Antriebsmoments nicht mehr gewährleistet. Bei reinen Laufreifen (Schürfwagenanhänger) kann bis etwa 0,5 atü abgesenkt werden.

3.454 Profilwahl. Vom Profil der Geländereifen wird verlangt, daß es

1. möglichst gut in den Boden eingreift,
2. gut auf dem Boden aufliegt,
3. sich von selbst säubert,
4. genügend Festigkeit gegen äußere Beschädigungen aufweist.

Griffige Profile mit hohen, gut eindringenden Rippen geben gute Kraftschlüsse in bindigen Böden, zeigen aber beim Fahren in Sandböden die Tendenz, den Sand aufzuwühlen und sich einzugraben. Hier sind glatte Reifen mit möglichst wenig Profilierung vorteilhaft. Sie dringen nicht in den Sand ein, sondern verdichten ihn und schaffen dadurch eine bessere Auflage für die Haftreibung. Während es also in bindigem Boden darauf ankommt, gut in die Fahrbahn einzudringen und einen möglichst großen Teil der Vortriebskräfte durch Verzahnung der Profilrippen zu übertragen, erfolgt in sandigen Böden ein Kraftschluß allein durch die Haftreibung, die um so größer ist, je besser das kohäsionslose Korngefüge umfaßt und verdichtet wird.

Die Selbstreinigung der heute verwendeten Profile ist durchweg zufriedenstellend. Die Forderung nach genügender Widerstandsfähigkeit gegen Abnutzung muß vor allem bei Reifen, die in Fels laufen, erfüllt werden. Felsreifen, deren Profile aus starken, wulstigen Querrippen bestehen, vereinen guten Kraftschluß in bindigem Boden mit großem Widerstand gegen Einschnitte und Brüche.

Anhängerreifen sind ganz auf eine gute Auflagefläche hin ausgebildet. Hier ist eine geringe, meist in den Rippen gut unterbrochene Profilierung am besten.

Gegenwärtig sind fünf Profilgruppen zu unterscheiden:

1. Profile für bindige Böden (griffig).
2. Profile für Sandböden (glatt).
3. Profile für Fels (Querrillen).
4. Profile für Schlamm (hohe schmale Rippen).
5. Profile für Anhängerreifen (unterbrochene, schwache Profilrippen).

Von besonderer Bedeutung ist die Ausbildung von Reifen für die Arbeit in Schlamm und Morast. Bei schlammiger oder morastiger Fahrbahn ist zu unterscheiden, ob es sich um eine härtere Deckschicht (Grasnarbe usw.) mit darunterliegender weicher Schlammschicht handelt oder um verschlammte Oberflächen mit tiefer liegenden festeren Schichten. In ersterem Fall sind geringste Bodendrücke und damit weiche, sich gut der Oberfläche anschmiegende Reifen erforderlich, die über die dünne Oberschicht hinwegschwimmen, ohne in sie einzubrechen. Die Bodendrücke müssen hier noch geringer sein als bei Sandböden. — Im zweiten Falle wird verlangt, daß die Reifen durch den Schlamm hindurchschneiden und sich auf die tiefer liegenden festeren Schichten abstützen. Hierfür werden Reifen benötigt, deren Profile scharf und tief sind und die, statt sich auf der Schlammschicht durchzudrehen, mit den tieferen Schichten Kraftschluß herstellen. Durch das größere Einsinken wird auch der Rollwiderstand erhöht, der aber meist durch den Kraftschlußgewinn mehr als ausgeglichen wird.

3.455 Günstigste Reifengröße. Für die konstruktive Anpassung des Fahrwerks an die Bodenverhältnisse ergeben sich zwei Möglichkeiten:

1. Wahl des geeigneten Raddurchmessers.
2. Austausch der Einzel- gegen Zwillingsbereifung.

Maßgebend für die Wahl des Raddurchmessers ist die Bodenfreiheit des Gerätes. In zweiter Linie spielen wirtschaftliche Gesichtspunkte eine Rolle, da die größeren Reifen im Betrieb grundsätzlich billiger arbeiten als die kleinen. Andererseits sind der Reifengröße durch die Gestaltung des Fahrzeuges konstruktive Grenzen gesetzt, so daß der Größenspielraum verhältnismäßig gering bleibt.

Die meisten Reifenfahrzeuge können wahlweise mit verschiedenen Reifengrößen ausgerüstet werden. Einige Gesichtspunkte für die Auswahl seien am Beispiel des Tournapull B erläutert, der mit drei Reifengrößen lieferbar ist. In Tab. 12 sind neben den Konstruktionsdaten auch Preis, Tragfähigkeit, Luftdruck, Aufstandsfläche und Bodenpressung zusammengestellt.

Tabelle 12. *Wirtschaftlichkeitsvergleich eines Motorschürfwagens mit drei verschiedenen Reifenausrüstungen.*

	I	II	III
1. Reifenausrüstung	I	II	III
2. Reifengröße . . . . . . Zoll	27,00 × 33	27,00 × 33	30,00 × 33
3. Ply Rating	24	30	28
4. Preis des Gerätes einschl. Reifen . . . . . DM	186 000,—	192 000,—	200 000,—
5. Reifenluftdruck . . . . atü	2,8	3,5	2,5
6. Zulässige Reifenlast bis 40 km/h . . . . t	14	16	16
7. Aufstandsfläche . . . . cm²	5020	5020	5970
8. Bodenpressung . . . . . kg/cm²	2,79	3,19	2,68
9. Reifenumfang . . . . . m	6,24	6,24	6,66
10. Förderleistung . . . . . t/h	204	242	252
11. Betriebskosten . . . . . DM/h	60,40	61,70	63,60
12. Förderkosten . . . . . DM/t	0,30	0,256	0,252

Ein Reifen der Ausrüstung II bietet gegenüber der Normalausrüstung I den Vorteil einer 1 t größeren Nutzlast bei allerdings 14,5% höherer Bodenpressung, erfordert also festere Förderwege. Seine Verwendung kommt in Frage, wenn Fördergut mit hohem Stoffgewicht, z. B. Eisenerz, transportiert werden soll. Ferner zeichnet sich Reifen II durch stärkeres Gewebe aus. Er ist für Fälle gedacht, in denen eine verstärkte Abnutzung der Reifen zu erwarten ist (Einsatz über und zwischen scharfkantigen und großen Steinen oder in Trümmergebieten). Die verwendeten Spezialreifen haben zum großen Teil bereits verstärkte Reifenseitenwände, jedoch sind bei Niederdruckreifen gegenüber äußerer Beschädigung nach wie vor die Seitenwände und nicht die Laufflächen am empfindlichsten.

Scharfkantige Fahrbahnunebenheiten können die Seitenwände innerhalb kürzester Zeit so zerschneiden, daß eine weitere Verwendung der Reifen in Frage gestellt ist. So waren z. B. beim Einsatz eines luftbereiften, einachsigen 20-t-Kranes auf einem Schrottplatz nach etwa 100 Betriebsstunden die Laufflächen noch kaum beschädigt, wohl aber die Seitenwände so zerschnitten, daß die Reifen nicht mehr weiter verwendet werden konnten.

Der Reifentyp III ermöglicht gegenüber Reifen I neben 14% höherer Gerätenutzlast eine 4%ige Herabsetzung der Bodenpressung trotz der Lasterhöhung. Größere Reifen ergeben höhere Fahrgeschwindigkeiten. Die Reifen des Typs III legen bei jeder Umdrehung 42 cm mehr zurück.

Tab. 12 enthält auch den Wirtschaftlichkeitsvergleich des Tournapulls, wahlweise mit einer der drei Reifengrößen ausgerüstet. Kostenmäßig stellt sich die Förderung mit Reifen I am teuersten, jedoch ist die verhältnismäßig niedrige Bodenpressung zu berücksichtigen. Billiger wird (auf Kosten der Bodenpressung) die Förderung mit Reifen II, dessen Vorteil nur bei guten Fahrbahnverhältnissen ausgenutzt werden kann.

Preislich wie einsatzmäßig am günstigsten liegt Reifen III, der die Förderkosten durch größere Fahrgeschwindigkeit gegenüber II nur geringfügig senkt, aber wegen größerer Aufstandsfläche erweiterte Einsatzmöglichkeiten bietet.

Manche Geräte sind statt mit einfachen auch mit Zwillingsreifen lieferbar oder lassen sich später umbauen. Zwillingsbereifung ergibt eine höhere Aufstandsfläche und damit geringere Bodenpressung bzw. höhere Tragfähigkeit. Zwillingsreifen halten das Fahrwerk besser an Böschungen fest, wenn die Geräte quer zur Hangneigung fahren müssen. Beim Fahren über Bodenunebenheiten kommt vielfach nur einer der beiden Zwillingsreifen zum Tragen, so daß sie bei der Geländefahrt mitunter überlastet werden.

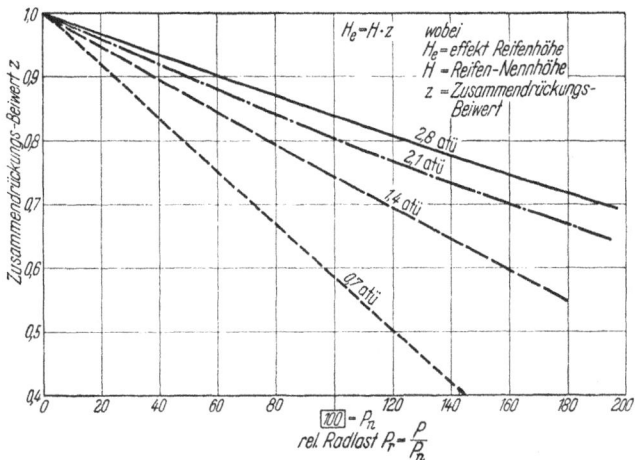

Bild 103. Die Zusammendrückung z von Niederdruckgeländereifen bei verschiedener Reifenbelastung (Radlast).

3.46 Rollwiderstand der Geländereifen. Zur Ergänzung der allgemeinen Rollwiderstandsangaben aus Abschn. 3.3 wurden die in weiten Grenzen schwankenden Rollwiderstände der Reifengeräte untersucht. Der Rollwiderstand w_r wird — wie allgemein üblich — in den Walkwiderstand w_w (in den die Lagerreibung einbezogen ist) und in den Grundwiderstand w_g unterteilt. Hierbei ist w_w von der Zusammendrückung des Reifens, d. h. von der Tragfähigkeit des Bodens und der Flächenpressung in der Aufstandsfläche, abhängig.

3.461 Walkwiderstand. Um den Walkwiderstand bei verschiedenen Luftdrücken und Radlasten zu ermitteln, wurden die Fahrwiderstände verschiedener Geräte auf einer glatten ebenen Betonstraße gemessen und daraus die Walkwiderstände abgeleitet. Da der Walkwiderstand von der Zusammendrückung des Reifens und diese wieder von Luftdruck und Radlast abhängig ist, wurden auch diese Werte festgelegt.

Die Zusammendrückung des Reifens, definiert durch den Zusammendrückungsbeiwert

$$z = \frac{\text{Reifenhöhe belastet}}{\text{Reifenhöhe unbelastet}}$$

ist für verschiedene Luftdrücke und Radlasten in Bild 103 dargestellt. Bild 105 zeigt dann, wie sich der Walkwiderstand bei den verschiedenen z-Werten ändert.

3.462 Grundwiderstand. Der Grundwiderstand wird hervorgerufen durch das Einsinken der Reifen in den Boden. Da die Bodentragfähigkeit in der Mehrzahl der Fälle mit der Tiefe schnell zunimmt, bleibt das Einsinken in Grenzen, die von der Zugkraft des Gerätes meist überwunden werden können. Versuche mit 21,00 × 25-Reifen zur Ermitt-

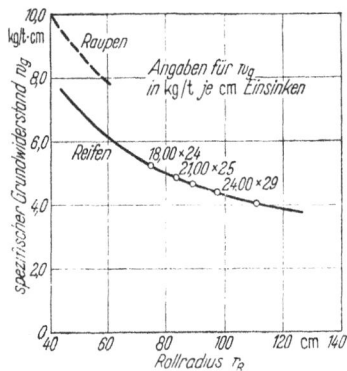

Bild 104. Die Abhängigkeit des Grundwiderstandes w_g von Raupen und Reifen vom Rollradius r_R.

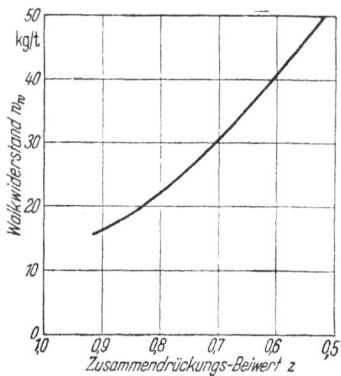

Bild 105. Die Größe des Walkwiderstandes w_W bei verschiedenen Zusammendrückungsbeiwerten z für Reifen 21.00 × 25.

lung des Grundwiderstandes hatten zunächst die in Abschn. 3.3 behandelte Abhängigkeit von der Einsinkziffer $E_{3,0}$ ergeben. Aber auch der Reifenaußendurchmesser spielt eine Rolle. Untersuchungen mit verschiedenen Reifengrößen in einer Bodenart, die bei 3 kg/cm² Bodenpressung ein Einsinken von 22 cm ergaben, haben zu Bild 104 geführt, wo der Grundwiderstand als spezifischer Einsinkwiderstand in kg/t auf 1 cm Einsinken bezogen ist. Im gleichen Boden wurden auch die Einsinkwiderstände der Raupenschlepper untersucht. Sie liegen höher als diejenigen der Reifen mit gleichem Außendurchmesser (als Außendurchmesser der Raupen wurde die Außenkante der Kettenplatten — nicht die der Greifrippen — gewählt). Diese Tatsache ist so zu erklären, daß die eingesunkenen Raupen ständig über die als Rampen dienenden Kettenglieder aufzuklettern versuchen. Trotz gleichem Gesamtrolldurchmesser stehen diese Rampen in der Eindringzone steiler als die Rundungen der Reifen und geben demzufolge einen höheren Rollwiderstand.

Aus den Versuchsergebnissen der Abb. 104 und 105 kann man für spezielle Grenzfälle — für solche allein ist in der Praxis eine derartige Berechnung von Bedeutung — den Gesamtrollwiderstand $w_r = w_w + w_g$ berechnen.

G. Ermittlung der Umlaufleistung.

1 Überblick.

Nachdem in den Abschn. F 2 und 3 die Wechselwirkungen zwischen Gerät und Boden beim Laden und Fahren kräftemäßig ermittelt und die arbeitstechnisch und fahrdynamisch auftretenden Widerstände und Berechnungsgrößen festgelegt worden sind, kann nach Klärung aller grundlegenden Faktoren die Förderleistung berechnet werden.

Die Förderleistung wird durch die Nutzladung und die Geräteumlaufzeit (Spieldauer) bestimmt. Aus der Geräteumlaufzeit ergibt sich die Anzahl der Fahrten/h, und diese legt, mit der Nutzladung multipliziert, die Förderleistung in m³/h fest. Nutzladung und Umlaufzeit sind in ihrer Größe von zahlreichen Einflüssen abhängig und entsprechend den ständig wechselnden Boden-, Witterungs- und Betriebsbedingungen in höchstem Maße variabel. Während sich die Ermittlung der Nutzladung mit den boden- und lademechanischen Vorgängen auseinandersetzt und räumlich auf die Schürf- bzw. Ladestelle beschränkt ist, hat die Berechnung der Umlaufzeit allen den Einflüssen Rechnung zu tragen, die auf das Gerät bei seinem Hin- und Herpendeln zwischen Schürf- und Schüttstelle — also vorwiegend draußen auf freier Strecke — einwirken.

Die Nutzladung eines Flachbaggergerätes errechnet sich aus:

dem Inhalt des Fördergefäßes (gestrichen) F_{100} [m³],
dem Füllungsgrad des Kübels bzw. Schildes φ,
der Auflockerung a.

Während die rechnerische Erfassung der Ladevorgänge bei allen vertikal beladenen Geräten relativ einfach ist und der Wert für φ praktisch kaum variiert, liegen die Verhältnisse anders bei den horizontal beladenden Geräten, also bei den Planierschilden und Schürfkübeln, die sich durch Schürfen selbst füllen müssen. Hier ist der Füllfaktor φ die entscheidende — und dabei auch sehr variable — Größe. Auf φ wurde bereits ausführlich in Abschn. F 2.5 eingegangen. Wenn trotzdem das ganze Problem der Nutzladung hier im Zusammenhang mit der Geräteumlaufzeit behandelt wird, so deswegen, weil es nicht allein füllmechanische, sondern auch fahrdynamische Faktoren sind, die die endgültige Kübelfüllung bzw. Nutzladung festlegen. Es kommt bei dem horizontalen Ladeprozeß nicht allein auf die füllmechanische Qualität des Bodenmaterials beim Hochquellen im Kübel an, sondern auch darauf, daß die Ladekräfte, die zur Erreichung eines bestimmten Füllungsgrades notwendig sind, vom Schlepper bzw. Schürfgerät zur Verfügung gestellt werden können. Schließlich ist wesentlich, daß diese Füllung in einer wirtschaftlich gerechtfertigten Zeit und Schürflänge erfolgt.

Die Umlaufzeit setzt sich zusammen aus den Zeitabschnitten für

> Laden (Schürfen) . . . . t_l bzw. t_s
> Entladen, Verteilen . . . . t_e
> Wenden . . . . t_w
> Hinfahrt (beladen) . . . . t_h
> Rückfahrt (leer) . . . . t_r
> Schalten . . . . t_g
> Verzögerungen an Be- und Entladestelle . . t_v.

Prinzipiell können verschiedene Wege für die Berechnung der Umlaufzeit eingeschlagen werden. Für welchen man sich entscheidet, ist letzten Endes eine Frage der gewünschten Genauigkeit. Es liegt im Sinn dieses Buches, sich mit einer möglichst genauen Methode zu befassen. Sie ist umfangreich und erfordert viel Sorgfalt; sie ist aber auch diejenige, die dem erstrebten Ziel, der kalkulativen Sicherheit, am nächsten kommt.

Andererseits stehen alle Maßnahmen und Überlegungen in dieser Richtung unter dem Gesichtspunkt vernünftiger praktischer Realisierbarkeit. Man kann den Umlauf eines Gerätes bis in die letzten Einzelheiten zerlegen und sich mit allen fahrdynamischen Feinheiten auseinandersetzen. Man hat dann wohl für bestimmte Verhältnisse den größtmöglichen Sicherheitsgrad in der Kalkulation erreicht. Alle Arbeit und Mühe kann aber schon im nächsten Augenblick umsonst gewesen sein, wenn die ersten Regentropfen fallen und sich sofort eine Reihe wichtiger Größen, wie Rollwiderstand, Kraftschluß u. dgl., verändern. Der Genauigkeitsgrad der Ermittlung muß auf die Schwankungen der Einflußgrößen draußen auf der Baustelle abgestimmt sein, wenn die Berechnungsmethode noch praktische Bedeutung haben will. So sind in den folgenden Abschnitten zwar alle Faktoren, die die Förderleistung beeinflussen, erfaßt, aber doch nur bis zu einem gewissen Genauigkeitsgrad, wie er durch den Charakter der gleislosen Erdbewegung, durch das Fahren im Gelände mit all seinen Veränderlichkeiten, gegeben ist.

Die Abschn. 4—6 befassen sich mit der Ermittlung der sog. Festzeit, d. h. mit jenem Zeitabschnitt des Geräteumlaufs, der von der Förderweite *un*abhängig ist und allein von der Arbeits- und Einsatztechnik der Geräte bestimmt wird. Die Berechnungsgrößen der übrigen Abschnitte ändern sich mit der Transportentfernung.

2 Geschwindigkeiten und Zugkräfte.

2.1 Fahrkraftdiagramm.

Voraussetzung für jede fahrdynamische Erfassung des Geräte-umlaufs und damit für jede genauere Ermittlung der Umlaufzeit ist, daß für den jeweiligen Schlepper ein sog. Fahrkraftdiagramm aufge-stellt wird, das einen Überblick über die bei den verschiedenen Fahr-geschwindigkeiten erzielbaren Zugkräfte gibt.

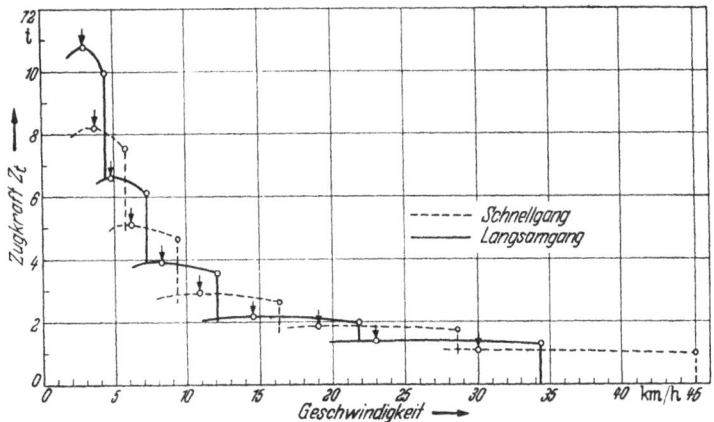

Bild 106. Fahrkraftdiagramm eines Euclid 62 FD Hinterkippers.

Ein solches Fahrkraftdiagramm ist in Bild 106 für einen Hinterkipper gezeigt und läßt den funktionellen Zusammenhang zwischen Fahr-geschwindigkeit und Zugkraft erkennen. Es ist nach der Grundgleichung

$$Z_t = \eta \, \frac{N_{mo} \cdot 270}{V} \quad [\text{kg}]$$

aufgestellt, wobei

Z_t = Zugkraft am Triebradumfang [kg],
η = mech. Wirkungsgrad des Getriebes,
N_{mo} = Motorleistung [PS],
V = jeweilige Fahrgeschwindigkeit [km/h].

Zur Aufstellung des Diagramms benötigt man die Motorkennlinie (Leistungskurve) und Angaben über die bei Motorvollast gefahrenen Geschwindigkeiten in den einzelnen Getriebegängen. Werte für η ent-hält Tab. 13. Weitere Fahrkraftdiagramme sind in Bild 107 (für Motor-schürfwagen) und Bild 108 (für Raupenschlepper) wiedergegeben.

Tabelle 13. *Mechanischer Wirkungsgrad (Getriebewirkungsgrad).*

Raupenschlepper, Standardgetriebe . . . . $\eta = 0,86$	
,, , Md-Wandler	0,76
Reifenfahrzeuge mit reibungsschlüssigem Getriebe	0,85
,, ,, Schaltmuffengetriebe	0,81
,, ,, Drehmomentwandler	0,72

2.2 Schlepperzugkraft.

Jede rechnerische Erfassung der Fahrbewegung und damit auch
jede Ermittlung von Nutzladung und Umlaufzeit geht von der Zugkraft
aus. Dabei interessiert letzten Endes nur die Größe, mit der man auf
der Baustelle etwas anfangen kann, also die Zugkraft am Zughaken
bzw. die Zugkraft, die übrigbleibt, nachdem alle anderen Einflüsse abgezogen sind, kurz: die sog. effektive Zugkraft Z_e.

Das Zugkraftdiagramm ist für die Zugkraft am Triebradumfang
(Z_t) aufgestellt. Um die Zugkraft am Zughaken (Z_z) zu erhalten, ist der
gesamte Rollwiderstand des Fahrwerkes abzuziehen.

Außerdem muß der Höheneinfluß berücksichtigt werden. Bei Arbeiten in größeren Höhen ist die Luft dünner und damit auch die Ver-

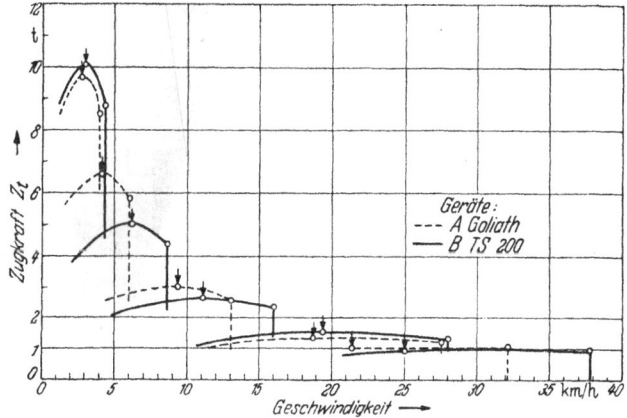

Bild 107. Fahrkraftdiagramme zweier Motorschürfwagen mit unterschiedlicher Getriebauslegung.

brennungswirkung im Motor entsprechend geringer. 4-Takt-Motoren und
2-Takt-Motoren mit Spülgebläse reagieren hier unterschiedlich. — Der
Höheneinfluß wird über den Faktor ψ berücksichtigt. Seine Größe ist
aus Abb. 109 zu ersehen.

Die vom Motor her an den Zughaken gelangte Schub- bzw. Zugkraft
ist demnach

$$Z_z = Z_t \cdot \psi - W_r \quad [\text{kg}] .$$

Damit ist noch nicht gesagt, daß der Schlepper auch tatsächlich eine
Zugkraft in dieser Höhe *nutzbar* machen kann. Der obige Wert gilt nur
unter der Voraussetzung, daß das Fahrwerk, das ja die Verbindung
zwischen dem Gerät und der Fahrbahn herstellt, diese Zugkraft auf den
Boden übertragen kann, d. h. daß der Boden den Schub der Greifrippen, Profilwülste usw. in der vollen Höhe aufnehmen kann. Hierüber

gibt der Kraftschluß (Abschn. F 3,2) Auskunft. Die auf Grund des Kraftschlusses nutzbare Zugkraft ist

$$Z_n = P\,\mu_k \quad [\text{kg}],$$

wobei P die Gewichtsbelastung des Antriebsfahrwerks — bei Raupenschleppern das gesamte Schleppergewicht, bei Reifenschleppern die jeweilige Achslast — ist.

Erst der Vergleich der verfügbaren Zugkraft Z_z mit der nutzbaren Zugkraft Z_n gibt die effektive Zugkraft Z_e, die den kleineren der beiden Werte darstellt.

Unter den Angaben über die technischen Daten ist in den Katalogen meist auch die Zugkraft zu finden. Hier ist zu unterscheiden:

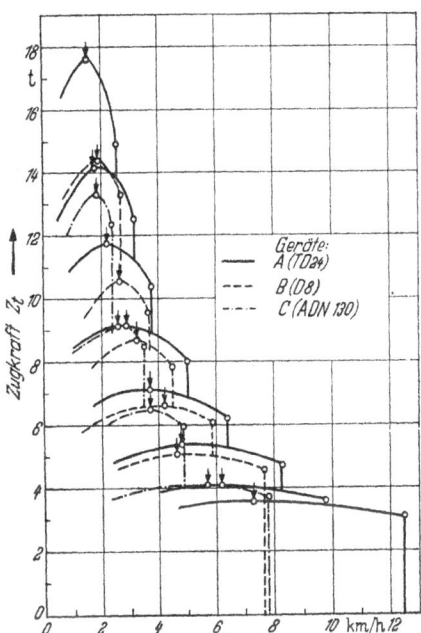

Bild 108. Fahrkraftdiagramme von drei Raupenschleppern 130—180 PS.

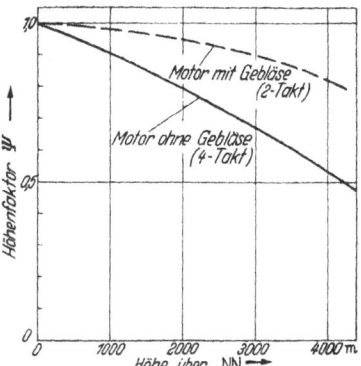

Bild 109. Der Einfluß der Einsatzhöhe auf die Antriebsleistung des Motors und die Zugkraft des Schleppers (Höhenfaktor ψ).

für *Reifenschlepper* entspricht die angegebene Zugkraft nach den obigen Ausführungen dem Wert Z_t;

für *Raupenschlepper* wird die im sog. Nebraska-Test, Marburg-Test oder ähnlichen Prüfverfahren ermittelte effektive Zugkraft angegeben, die dem obigen Begriff Z_e entspricht. Dieser Wert ist für den maximalen Kraftschluß der Raupenketten ermittelt. Liegen für den Kraftschluß ungünstigere Verhältnisse vor, so ist er dem μ_k-Wert entsprechend zu reduzieren.

3 Nutzladung.

3.1 Überblick.

In Abschn. F 2 sind bereits die Grundwerte für die Beziehungen zwischen Fördergefäß und Boden zusammengestellt worden und damit auch alle wesentlichen Faktoren für die Ermittlung der Nutzladung.

Während die Ermittlung der Nutzladung bei Geräten, die von oben
beladen werden, relativ einfach ist, werden die Verhältnisse bei allen
Flachbaggern, die sich durch eine horizontale Schürfbewegung selbst
beladen müssen, unübersichtlicher, weil beim Zustandekommen der
Nutzladung nicht nur die Größe des Schürfgefäßes, sondern auch die
Zugkraft des Schleppers und die füllmechanische Qualität des Bodens
mitwirken. Hier wird die Höhe der Nutzladung durch das Zusammenspiel fülltechnischer und fahrdynamischer Faktoren festgelegt.

3.2 Nutzladung bei horizontal beladenen Geräten.

3.21 Planierschild. Die Ermittlung der Nutzladung von Planierraupen ist noch relativ einfach. Das Fassungsvermögen des Schildes ist
im Vergleich zu einem Schürfkübel für die gleiche Schleppergröße nur
etwa $1/4$ bis $1/3$ so groß. Infolgedessen reicht die Vortriebskraft immer
aus, um die auftretenden Ladewiderstände auch bei maximaler Schildfüllung noch zu überwinden. Die Grenze der Kübelfüllung und damit
der Nutzladung ist hier allein durch den Füllfaktor φ, d. h. durch die
füllmechanische Eignung des Bodens für den Ladeprozeß, gegeben.
Andere Behinderungen oder Begrenzungen treten nicht auf. Es kommt
also nicht vor, daß ein Schild sich nicht genügend füllen kann, weil die
Schubkraft des Schleppers nicht ausreicht. Wenn eine Planierraupe
beim Schieben den Motor abwürgt, so kommt das nicht durch zu hohe
Füllwiderstände, sondern dadurch, daß durch Einstellen zu großer
Schürftiefen der Schürfwiderstand zu hoch gewählt wurde.

Die Nutzladung des Planierschildes ist

$$C = F_{100}\,\varphi\,\alpha \quad [\text{m}^3]\,.$$

3.22 Schürfkübel. Für das Beladen eines Schürfkübels lassen sich
folgende Grenzbedingungen aufstellen:

1. Zugkraftgrenze, bedingt durch das Überschreiten der freien,
für das Laden zur Verfügung stehenden Zugkraft. Diese Grenze ist gegeben

a) durch die maximale Vortriebskraft des Schleppers;

b) durch das Rutschen der Ketten, das sich vor allem auf die Schürfgeschwindigkeit und die Schürfzeit auswirkt.

2. Füllgrenze, bedingt durch die Tatsache, daß der Schürfkübel
im günstigsten Falle eine Raumfüllung von etwa 135% des gestrichenen
Volumens aufnehmen kann.

3. Wirtschaftliche Grenze, gegeben durch die aus der Praxis
gewonnene Erkenntnis, daß ein Schürfkübelbetrieb dann unwirtschaftlich zu werden beginnt, wenn die Schürfzeit 1 min und die Schürfstrecke
30 m überschreiten.

Demnach können folgende Grenzfälle auftreten:

A. Die füllmechanische Beschaffenheit des Bodens läßt eine maximale Kübelfüllung zu. Auch die hierfür erforderliche Zugkraft Z_e ist vorhanden. Der Kübel wird bis an seine obere Grenze (etwa 135% des gestrichenen Inhalts) voll.

B. Das sekundäre Bodengefüge läßt infolge zu geringer oder zu großer innerer Zähigkeit (η_B) keine maximale Kübelfüllung zu, obwohl hierfür ausreichende Z_e vorhanden ist. Der bodenbedingte Füllfaktor φ ist kleiner als φ_{max} und begrenzt die Kübelfüllung.

C. Die innere Zähigkeit des zu füllenden Bodens hat einen günstigen η_B-Wert und läßt maximale Kübelfüllungen zu ($\varphi = 1{,}35$). Da aber Z_e für den entsprechenden Ladewiderstand nicht ausreicht, muß der Füllvorgang vor Erreichen der füllmechanisch möglichen Maximalfüllung abgebrochen werden.

D. Füllmechanisch ist eine Kübelfüllung von 135% zu erreichen. Infolge der großen inneren Zähigkeit des sekundären Bodengefüges steigt aber der reine Füllwiderstand und damit auch der Gesamtladewiderstand mit zunehmender Füllung sehr steil an, so daß schon bei geringerer Füllung die maximale Schlepperzugkraft erreicht ist und der Motor bei weiterem Fortsetzen des Ladevorganges abgewürgt würde.

E. Infolge des hohen Schürfwiderstandes verschiebt sich die Ladewiderstandskurve von A nach oben, und die maximale Zugkraft wird vor Erzielung der maximalen Kübelfüllung erreicht. Der Kübel füllt sich nicht weiter, obwohl dies auf Grund des günstigen η_B-Wertes möglich wäre.

Die Verhältnisse sind in Bild 110 veranschaulicht. Dort ist das Anwachsen des Gesamtladewiderstandes, der sich aus dem von der Schürflänge unabhängigen Schürfwiderstand und dem von Schürfweg bzw. Kübelfüllung abhängigen Füllwiderstand zusammensetzt, mit zunehmendem Schürfweg und damit steigender Kübelfüllung gezeigt. Gleichzeitig sind die Grenzbedingungen: Der in Richtung der Kübelfüllung wirkende Füllfaktor φ und die dem Ladewiderstand gleichgerichtete Z_e eingetragen. Im *Falle A* ist auf Grund der Bodenverhältnisse eine maximale Kübelfüllung (135%) möglich. Da auch die erforderliche Zugkraft vorhanden ist ($Z_{e\,max}$), wird diese Füllung tatsächlich erreicht. Im *Fall B* beträgt die bodenseitig mögliche Kübelfüllung nur 70%. Auch wenn ausreichende Zugkräfte vorhanden sind, kann dieser Wert nicht überschritten werden. Im *Fall C* würde eine maximale Kübelfüllung von 135% füllmechanisch möglich sein. Da aber die Zugkraft zu klein ist, bleibt die Füllung auf 90% begrenzt. Im *Fall D* steigt der Füllwiderstand infolge hoher innerer Zähigkeit des sekundären Bodens so steil an, daß schon bei einer Kübelfüllung von 110% die verfügbare Zugkraft überschritten ist. Der Kübel füllt sich dann nicht weiter, obwohl das bei höherer Z_e infolge des günstigen φ-Faktors möglich wäre. Hier kann eine Schubraupe Abhilfe schaffen. Dem *Fall E* sind die gleichen Verhältnisse zugrunde gelegt wie Fall *A*, nur daß der Schürfwiderstand mehr als doppelt so hoch ist. Infolgedessen überschreitet die Höhe des Gesamtladewiderstandes schon bei etwa 110% Füllung die verfügbare Zugkraft. Hier könnte ebenfalls wie in Fall D eine Schubraupe helfen. Näherliegend ist allerdings der Einsatz eines Tiefreißers zur Vorlockerung

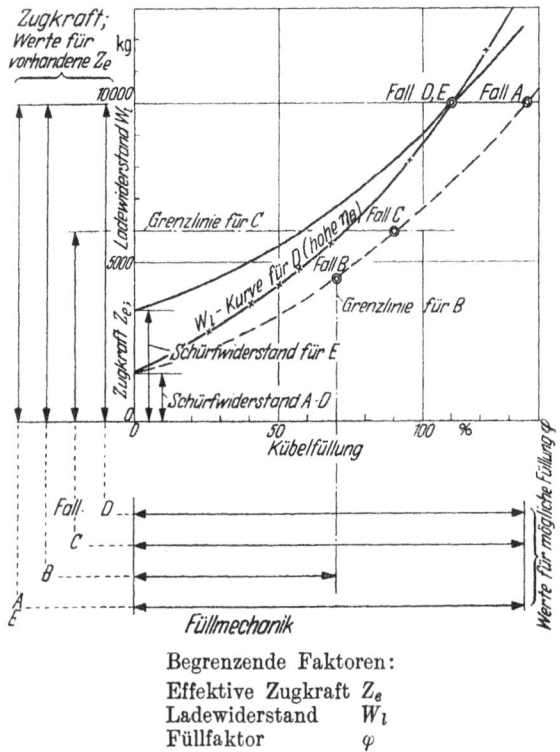

Begrenzende Faktoren:
Effektive Zugkraft Z_e
Ladewiderstand W_l
Füllfaktor φ

Bild 110. Die verschiedenen Grenzfälle der Schürfkübelfüllung.

des Materials. Er würde die Schürfzeit erheblich verkürzen. — Denkbar wäre auch, daß man mit zunehmender Kübelfüllung die Schürftiefe und damit den Schürfwiderstand reduziert und so die Ladekurve senkt. Dann wären wohl höhere Füllungen möglich — sie würden allerdings durch lange Schürfzeiten erkauft werden müssen, und dieser Weg scheint wenig wirtschaftlich.

Diese Beispiele zeigen, wie der Füllfaktor φ, der Ladewiderstand W_l und die Zugkraft Z_e in ständigem Wechselspiel die erzielbare Füllung festlegen.

Die übersichtliche Klärung aller mit dem Beladen der Schürfkübel in Zusammenhang stehenden Fragen erfolgt am zweckmäßigsten an dem *Ladediagramm.* Bild 111 stellt ein solches Diagramm für einen 9,2-m³-Schürfkübel dar.

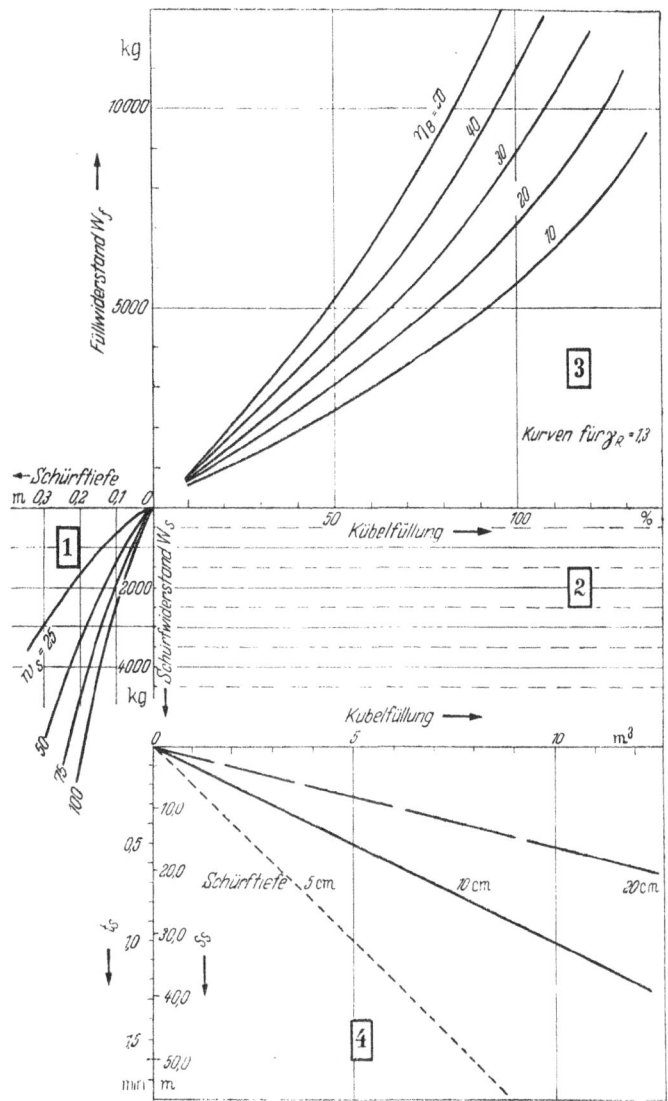

Bild 111. Ladediagramm für einen 9,2 m³-Schürfkübel (gestr.).

Das Ladediagramm besteht aus folgenden graphischen Darstellungen: Feld *1* enthält die bei verschiedenen Schürftiefen auftretenden Schürfwiderstände W_s in Abhängigkeit vom jeweiligen Schürfwiderstandsbeiwert w_S, umgerechnet auf die beim 9,2-m³-Schürfkübel übliche Schneidenbreite von 2,6 m. Die Größe von W_s ist an der nach unten verlaufenden Ordinate abzulesen.

Für den praktischen Gebrauch sind in Feld 2 Linien gleichen Schürfwiderstandes gezogen, die sich größenmäßig mit den Werten von Feld 1 decken.

In Feld 3 sind die Füllwiderstände W_f aufgetragen, errechnet für den 9,2-m³-Schürfkübel auf Grund der Füllwiderstandsbeiwerte w_f in Bild 85. Feld 4 schließlich enthält eine für die schnelle Ermittlung etwas vereinfachte Darstellung der Schürfwege und Schürfzeiten, zugeordnet zu verschiedenen Kübelfüllungen und Schürftiefen.

Die Berechnung der Nutzladung baut sich auf die zur Verfügung stehende effektive Zugkraft Z_e des Schleppgerätes auf. (Sie ist der kleinere Wert aus dem Vergleich von Z_z mit Z_n.)

Dann wird zunächst im Feld 1 des Ladediagramms die für eine bestimmte Schürftiefe und bestimmten Boden (Schürfwiderstand $w_{s\,10}$) aufzuwendende Schürfkraft $Z_s = W_s$ ermittelt. Auf der gefundenen Z_s-Linie geht man hinüber in Feld 2, trägt dort nach oben die vom Schlepper abgegebene effektive Zugkraft Z_e ab und legt durch diesen Punkt eine Waagerechte. Diese schneidet die nach der in Frage kommenden η_B gewählte Füllkraftkurve. Der Schnittpunkt, heruntergelotet auf die Abszisse, gibt die Kübelfüllung (in % und m³) an. Diesen Wert lotet man herunter auf den Strahl in Feld 4, der der gewählten Schürftiefe (Feld 1) entspricht. Für normale Verhältnisse kann man dann an der Ordinate die Schürfstrecke s_s und auch die gesuchte Schürfzeit t_s ablesen.

Anwendungsbeispiel. Ein 145-PS-Raupenschlepper als passende Zugmaschine für den 9,2-m³-Schürfwagenanhänger entwickelt eine maximale Zugkraft $Z_z = 14400$ kg am Zughaken. Das Schleppergewicht beträgt 15,6 t. Nimmt man einen Kraftschluß $\mu_K = 0{,}84$ an, so ergibt sich die nutzbare Zugkraft $Z_n = 13100$ kg. Dieser Wert ist der kleinere und bestimmt somit die effektive Schlepperzugkraft Z_e. Nimmt man für den Anhänger bei durchschnittlichen Schürfbahnverhältnissen einen Rollwiderstand von 30 kg/t an, so beträgt der Fahrwiderstand für den voll beladenen Kübel (Gesamtgewicht = 25 t) 750 kg. Diese von der Schlepperzugkraft (= 13100 kg) abgezogen, ergeben für das Laden eine freie Zugkraft von $Z_e = 12350$ kg.

Für 10 cm Schürftiefe ergibt sich bei 2,6 m breiter Schneide und $w_s = 46$ kg/dm² in mittlerem Boden ein Schürfwiderstand von 1200 kg. Damit verbleiben noch 12350 kg — 1200 kg = 11150 kg für das Füllen des Kübels. Für eine Füllung von max. 135% bei $\eta_B = 10$ sind aber nur 9200 kg Füllkraft erforderlich, d. h. von den verfügbaren 11150 kg bleiben 1950 kg unausgenutzt.

Untersucht man diesen Ladevorgang nach der wirtschaftlichen Seite hin, so ergibt sich, daß eine 135%ige Kübelfüllung bei 10 cm Schürftiefe innerhalb von 1,2 min und 38 m Schürfweg erreicht wird. Die wirtschaftliche Grenze von 30 m in 1 min ist also bereits überschritten.

Nun lassen sich aber die überschüssigen 1950 kg zur Vergrößerung der Schürftiefe und damit zur Verkürzung der Schürfzeit ausnutzen. In Feld 1 ist die Änderung des Schürfwiderstandes bei verschiedenen Schürftiefen eingetragen. Aus der Schürfwiderstandslinie ist zu ersehen, daß die 1950 kg freie Zugkraft bei einer Erhöhung der Schürftiefe von 10 auf 20 cm aufgebraucht werden. Für 20 cm Schürftiefe ergibt sich dann bei 135% Kübelfüllung eine Schürfzeit von 0,65 min und ein Schürfweg von etwa 20 m. Durch sorgfältige Planung kann also die Wirtschaftlichkeit des Schürfkübeleinsatzes erhöht werden.

Ein anderes Beispiel: Zu laden ist ein Boden mit einer Zähigkeit von $\eta_B = 50$, wie sie etwa ein durch Tiefreißer aufgelockerter mit groben Steinen durchsetzter trockener Tonboden besitzt. Der 145-PS-Schlepper füllt den Kübel bei voller Ladekraft (12 350 kg) auf 90%, dafür sind bei 10 cm Schürftiefe 0,82 min und 27 m erforderlich. Um den Kübel aus eigener Kraft noch mehr zu füllen, könnte z. B. die Schürftiefe von 10 auf 5 cm herabgesetzt werden. Dadurch erhöht sich die freie Zugkraft von 11 200 kg auf 12 000 kg. Der Erfolg hinsichtlich der Kübelfüllung ist jedoch minimal und beträgt ganze 4%.

Hier ist der Einsatz der Schubraupe angebracht. Um den Kübel statt auf 90% (Rutschen der Ketten) auf z. B. 120% zu füllen, sind insgesamt 18 000 kg erforderlich, d. h. 6800 kg mehr als der Schlepper zur Verfügung stellen kann. Da die Schubraupe im allgemeinen mit einem Wirkungsgrad von 70% arbeitet, ist für 6800 kg zusätzliche Ladekraft ein Schlepper von etwa 10 000 kg Zughakenleistung erforderlich. Als geeignete Schubraupe kommt hier ein Gerät von 90—100 PS in Frage.

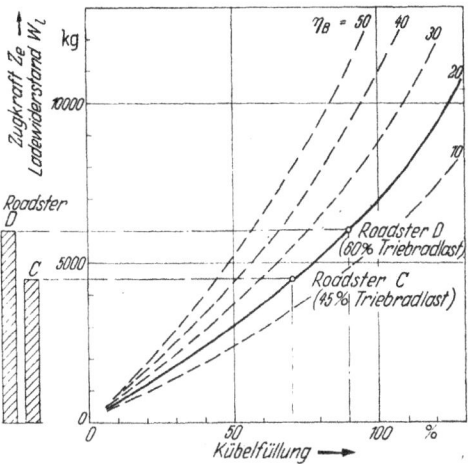

Bild 112. Unterschiedliche Kübelfüllungen von Motorschürfwagen mit verschiedener Belastung der Antriebsräder.

Eine andere interessante Tatsache ist im folgenden Ladediagramm (Bild 112) dargestellt:

Der Le Tourneau Roadster D wurde als *selbstladender* Motorschürfwagen konstruiert, während der Roadster C wie die meisten übrigen Motorschürfwagen im wesentlichen auf Ladehilfe angewiesen ist. Die selbstladende Eigenschaft des Roadster D wird durch höhere Belastung der Triebräder bzw. kleinere Kübel erreicht. Bei etwa gleichen Bodenverhältnissen wie im vorhergehenden Diagramm und einem Reifenkraftschluß von $\mu_K = 0,5$ liegt die Rutschgrenze

für den Roadster C bei 4500 kg Zugkraft,
für den Roadster D bei 6000 kg Zugkraft,

wobei der kleinere Roadster D für Vergleichszwecke auf die Größe des Roadster C umgerechnet wurde. Mit den freien, für die Füllbewegung zur Verfügung stehenden Zugkräften kann sich der Roadster C in Böden mit einer $\eta_B = 20$ bis zu 69%, also bis zur Hälfte, der Roadster D dagegen bis zu 89% selbst füllen. Die Baustelleneinsätze haben bestätigt, daß ein Einsatz von Motorschürfwagen *ohne* Ladehilfe durch Schubraupe durchaus wirtschaftlich sein kann, wenn diese entsprechend konstruiert werden.

Das Ladediagramm gestattet für alle praktisch vorkommenden Verhältnisse die Ermittlung von Kübelfüllung, Schubraupengröße, Ladekraft, Schürfzeit, Schürftiefe und Schürfweg, wenn Kraftschluß, Rollwiderstand, Schürfwiderstand und Bodenzähigkeit bekannt sind. Es gestattet ferner ebenso wie die Wahl der Schubraupengröße auch die Wahl der Kübelgröße, wenn hohe Ladewiderstände kleinere Schürfkübel erforderlich machen.

3.3 Nutzladung bei vertikal beladenen Geräten.

Sind die Geräte nicht selbstladend, sondern müssen sie durch besondere Ladegeräte (Bagger, Pflugbagger) beladen werden, so erfolgt das Einbringen des Materials grundsätzlich von oben in freier Schüttung. Die Nutzladung richtet sich hier außer nach dem Fassungsvermögen des Transportgefäßes nach dem Füllungsgrad und nach der Auflockerung. Ist das zu transportierende Material verhältnismäßig schwer, so ist zu überprüfen, ob die zulässige Tragfähigkeit des Fahrzeugs nicht überschritten wird.

4 Ladezeit.

4.1 Schürfkübel.

4.11 Überblick. Von allen Zeitelementen, die den Geräteumlauf der Flachbagger bestimmen, ist die Schürfzeit das weitaus bedeutsamste. Sie ist wie die Kübelfüllung weitgehend von den Bodenverhältnissen abhängig und infolge des weiten Bereichs, in dem sie schwanken kann, zu einer Art Prüfstein für die Leistungsfähigkeit des Flachbaggereinsatzes geworden. Ihre Größe hat enorme wirtschaftliche Bedeutung, da sie nicht nur über den Einsatz von Hilfsgeräten, sondern auch über die Wahl anderer Fördermethoden entscheidet. Während die Schürfzeit bei den Planierraupen in der allgemeinen Umlaufzeit aufgeht und praktisch der ganze Förderweg des Brustschildes mit dem Schürfweg identisch ist, tritt sie beim Schürfkübeleinsatz scharf getrennt von den übrigen Zeitabschnitten auf. Ihre genaue Ermittlung besitzt daher nur bei Schürfkübeln praktische Bedeutung.

Die Erfahrungen haben gezeigt, daß es falsch ist, dem Maschinisten selbst die Wahl der Schürfzeit bzw. ihrer ursächlichen Faktoren wie Schürftiefe und Schürfgeschwindigkeit zu überlassen, da er in Unkenntnis der Zusammenhänge und in Ermangelung einer eingehenden Kontrolle der Vorgänge in und um den Schürfkübel während des Ladens vielfach Methoden anwendet, die den Grundsätzen für die wirtschaftliche Dimensionierung der Schürfzeit widersprechen. Es ist daher zweckmäßig, den Fahrern von vornherein Schürftiefe und Schürfgeschwindigkeit vorzuschreiben und eine Einhaltung der befohlenen Werte sicherzustellen, wobei Schürfzeit und Schürfgeschwindigkeit unter dem Gesichtspunkt maximaler Kübelfüllung ermittelt werden müssen.

Die Schürfzeit ist abhängig *geräteseitig* von Typ, Zugleistung und Größe

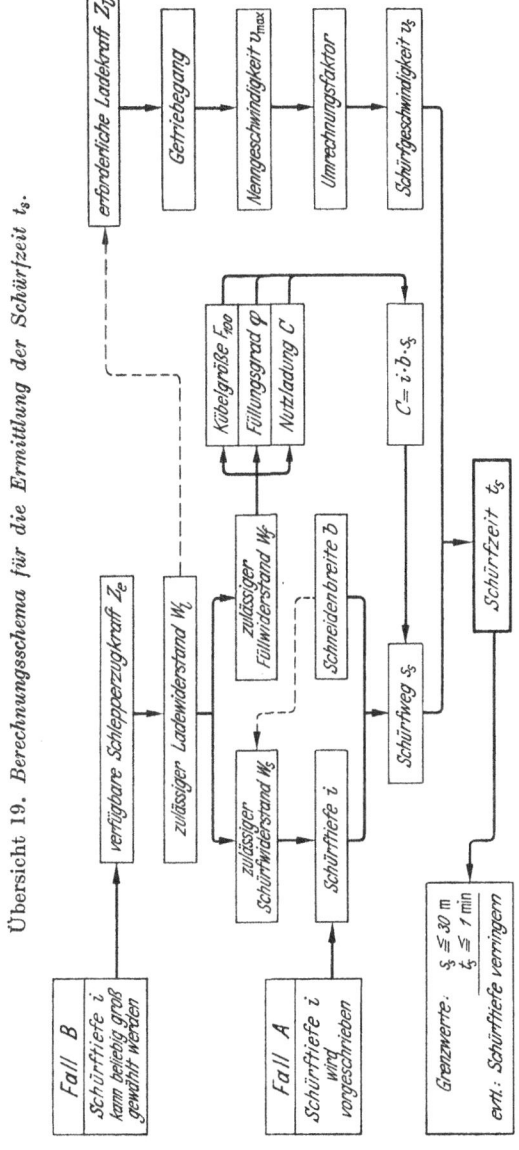

Übersicht 19. Berechnungsschema für die Ermittlung der Schürfzeit t_s.

des Schürfgerätes, *bodenseitig* von Art und Beschaffenheit des Bodens vor und nach dem Schürfen sowie von der Fähigkeit des Maschinisten.

Die genaue Ermittlung der Schürfzeit ist an einem Berechnungsschema (Ü 19) erläutert. Im einzelnen ist zu sagen:

4.12 Schürfweg. In vielen Fällen kann es erforderlich werden, die Länge des Schürfweges auf möglichst exakte Weise zu ermitteln. Eine solche eingehende Ermittlung ist z. B. dann von Bedeutung, wenn die Schürfräume in ihrer Länge begrenzt sind und die Frage auftritt, ob ein Gerät sich auf der zur Verfügung stehenden Strecke überhaupt so weit füllen kann, daß sein Einsatz wirtschaftlich gerechtfertigt ist.

Ist die Schürftiefe von vornherein vorgeschrieben (Fall A in Ü 19) — und das ist abgesehen von allen wirtschaftlichen Überlegungen meist beim Mutterbodenabtrag, beim Abtrag bestimmter Bodenschichten u. dgl. der Fall —, so richtet sich der Schürfweg nach der Bodenmenge, die in den Kübel hineingeht, d. h. nach Kübelgröße, Füllungsgrad und Auflockerung im Gerät und Schürftiefe und Schneidenbreite im Boden. Prinzipiell muß die Menge des ausgehobenen gewachsenen Bodens identisch sein mit der Menge des in den Kübel gefüllten Bodens, d. h.

$$i \, b \, s_s = C \, ,$$

wobei

i = Schürftiefe [m],
b = Schneidenbreite [m],
s_s = Schürfweg [m],
C = Nutzladung [m³].

Voraussetzung ist zunächst, daß der Schlepper stark genug ist, um den Kübel ohne Schwierigkeiten zu füllen. Ist das nicht der Fall und ist z. B. infolge hohen Schürf- oder Füllwiderstandes der Gesamtwiderstand größer als die zur Verfügung stehende Zugkraft Z_e, so wird der Kübel (bei vorgeschriebener Schürftiefe) nur bis zu dem der Größe von Z_e entsprechenden Füllungsgrad gefüllt. Dementsprechend sinkt der Schürfweg s_s.

Kann die Schürftiefe beliebig gewählt werden (Fall B), so richtet sich die Größe der erreichbaren Schürftiefe nach dem Schürf- und damit nach dem Ladewiderstand sowie nach der Schlepperzugkraft Z_e. Von dieser ist der zulässige Ladewiderstand abhängig. Somit sind auch Schürf- und Füllwiderstand festgelegt. Danach richten sich wieder Schürftiefe und Kübelfüllung, und aus Schürftiefe und Schneidenbreite ergibt sich die gesuchte Länge des Schürfweges. Von der häufig beobachteten Methode, die Schürftiefe je nach der Motorbelastung während des eigentlichen Schürfens zu verändern, wird abgeraten, weil die Praxis ergeben hat, daß das Innehalten einer konstanten Schürftiefe wirtschaftliche Vorteile bringt. Wird der Kübel von vornherein auf eine vorher berechnete und dem Maschinisten befohlene Schürftiefe gestellt, so ist die Motorbelastung anfänglich gering und steigt mit wachsender Kübelfüllung unter *langsamer* Abnahme der Motordrehzahl und der Schürfgeschwindigkeit an. Bei der anderen Methode wird der Kübel meist sofort bei Erreichen der Schürfstelle in den Boden fallen gelassen und der

Motor überlastet, wodurch er in der Drehzahl schon zu Beginn des
Schürfvorganges stark abfällt, oft dem Abwürgen nahe ist und nicht
mehr die Kraft hat, sich bis zu den am Ende der Schürfstrecke erforderlichen hohen Zugleistungen zu erholen. Untersuchungen, in denen zwei
von D 8 gezogene 9,2-m³-Kübel miteinander verglichen wurden, haben
ergeben, daß mit konstanter Schürftiefe 7% höhere Kübelfüllungen erzielt werden konnten.

4.13 Schürfgeschwindigkeit. Außer dem Schürfweg ist die Schürfgeschwindigkeit festzustellen. Wenn auch in der Mehrzahl der Fälle im
langsamsten Gang geschürft wird, so verdient die Ausnutzung höherer
Schürfgeschwindigkeiten gewisse Beachtung. Im rolligen oder lockeren
Boden, ebenso bei der Arbeit in Kohle und Braunkohle kann man sehr
wohl im 2. oder stellenweise sogar im 3. Gang schürfen, wenn der
Maschinist sein Gerät entsprechend beherrscht.

Ausschlaggebend für die Ermittlung der Schürfgeschwindigkeit ist
der Ladewiderstand. Er legt die erforderliche Schlepperzugkraft fest,
und diese wieder bestimmt den Getriebegang, in dem geschürft werden
muß. Einen guten Überblick über die in den einzelnen Geschwindigkeitsstufen vorhandene Zugkraft gibt das Fahrkraftdiagramm (Abschn.
G 2,1), aus dem man auch die genaue Geschwindigkeit ablesen kann.
Dabei handelt es sich dann zunächst um die Geschwindigkeit der Raupenketten und noch nicht um die des Schleppers. Zahlreiche Beobachtungen haben ergeben, daß man im Durchschnitt noch mit einem
Schlupf von 10% rechnen muß, der sich bei hohen Ladewiderständen auf
bis zu 20% erhöhen kann, da dann die Raupenketten — besonders vor
Erreichen der max. Kübelfüllung — schon stärker zu rutschen beginnen.

Im allgemeinen beträgt die mittlere effektive Schürfgeschwindigkeit
bei Schürfkübelgeräten, die entweder von Raupenschleppern gezogen
oder geschoben werden, 85% der Nenngeschwindigkeit in dem betreffenden Gang. Bei selbstfahrenden Motorschürfwagen bzw. von Reifenschleppern gezogenen Geräten ohne Schubraupenunterstützung sinkt
dieser Wert auf etwa 70% ab.

4.14 Schürfzeit. Nachdem Schürfweg und Schürfgeschwindigkeit
ermittelt sind, ergibt sich die Schürfzeit von selbst. Anhaltswerte über
ihre Größe enthält Tab. 14. Zwischen Motorschürfwagen, Schürfkübelraupe und Schürfwagenanhänger bestehen in der Schürfzeit praktisch
keine Unterschiede. Für grobe Ermittlungen kann man bei mittelfesten
Böden und eingespieltem Betrieb eine durchschnittliche Schürfzeit von
1,0 min zugrunde legen.

4.15 Grenzen für Schürfweg und -zeit. Die Schürfstrecke der
Schürfkübelgeräte schwankt zwischen etwa 20 und 50 m. Die praktischen
Erfahrungen haben ergeben, daß der Schürfkübeleinsatz dann unwirt-
schaftlich zu werden beginnt, wenn die Schürfzeit den Wert von 1 min

Tabelle 14. *Schürfzeiten (Anhaltswerte).*

Gerätegruppe A. Schürfwagenanhänger mit Raupenschlepper; Schürfkübelraupe; Motorschürfwagen mit Schubraupe.
           B. Schürfwagenanhänger mit Reifenschlepper; Motorschürfwagen; Einachsantrieb, selbstschürfend.
           C. Motorschürfwagen, Zweiachsantrieb.

Einsatzbedingungen:	A	B	C
Bodenart	\multicolumn{3}{Zeit t_s'}		
Sand, locker } erdfeucht .... min {	1,3	1,4	1,5
fest	1,2	1,3	1,4
Kies, locker .... ,,	1,4	1,6	1,6
fest.. .... ,,	1,6	1,9	1,8
Lehmiger Sand .... ,,	0,8	1,1	1,1
Lehm, sandig .... ,,	0,9	1,2	1,3
mittelbindig............. ,,	1,0	1,3	1,5
gut bindig .... ,,	1,4	1,7	1,8
Ton, zäh.... .... ,,	1,6	2,2	2,0
hart und fest .... ,,	1,8	—	—
Ton, Lehm, Mergel, geschichtet .... ,,	2,0	—	—
Mutterboden .... ,,	0,8	1,0	1,2
Kohle.................. ,,	0,8	0,8	1,1

Einsatzart	*Faktor f_s*
Ebene Schürfstelle	1
Schürfen in Talfahrt	0,7
Schürfen quer zum Abhang	1,4
Unebenes Gelände	1,3
Enge Schürfstelle........................	1,5
Großräumige Schürfstelle	0,9

Die Schürfzeit errechnet sich nach der Formel $t_s = t_s' f_s$ (min).

und die Schürfstrecke eine Länge von 30 m überschreitet. Es erscheint dann notwendig, zu überprüfen, ob es nicht andere Methoden gibt, die schneller zum Ziel führen und die Förderung wieder auf eine wirtschaftlich ausgewogene Basis zurückbringen.

Die Schürfzeiten werden zu groß bzw. die Schürfstrecken zu lang, wenn die Schürftiefe wegen der Gewinnungsfestigkeit des Bodens verhältnismäßig gering gewählt werden muß, um mit der vorhandenen Schlepperzugkraft den Ladewiderstand noch überwinden zu können. Um auf günstigere Verhältnisse zu kommen, lassen sich folgende Wege beschreiten:

1. Der Schürfwiderstand des Bodens wird durch Einsatz von Tiefreißern verringert, so daß die Schürftiefe wieder ihren normalen Wert erreicht.

2. Die Zug- bzw. Schubkraft des Gerätes wird durch Einsatz von zusätzlichen Schleppern zum Schieben oder Ziehen heraufgesetzt, so daß man den höheren Schürfwiderstand in größeren Schürftiefen überwinden und kürzere Schürfwege erzielen kann.

3. Lassen sich Schlepper und Schürfkübel voneinander trennen (Schürfwagenanhänger, einige Motorschürfwagen), so ist für den gleichen Schlepper ein kleinerer

Schürfkübel zu verwenden. (Umgekehrt gilt bei Vorhandensein überschüssiger Zugkraft: den normalen Schürfkübel durch einen solchen größeren Fassungsvermögens ersetzen!)

4. Wenn irgend möglich, legt man die Schürfstelle so, daß talwärts gefördert werden kann. Die Gefällekraft erhöht dann den Vorschub.

4.2 Planierschild.

Hier kann man von keiner ausgeprägten Füllzeit sprechen, da es die Arbeitsweise des Planierschilds mit sich bringt, daß Füll- und Förderweg ohne klare Grenzen ineinander übergehen. Häufig ist es bei der Planierarbeit unvermeidlich, daß ein Teil des vor dem Schild angehäuften Bodens (Querschild) nach der Seite abfließt und dieser Bodenverlust durch erneutes Schürfen wieder ergänzt werden muß. Der Fahrer sorgt ständig dafür, daß das Schild maximal gefüllt ist und so sind die einzelnen Phasen der Förderung verschwommen.

Hinzu kommt, daß sich wegen des relativ offenen „Gefäßes", das das Planierschild darstellt, in der Praxis schlecht feststellen läßt, wann das Schild „voll" ist. Trotzdem haben sich auch hier gewisse Anhaltswerte ergeben. Bei der Planierraupe liegt die eigentliche Ladezeit zwischen 12—20 sek und der dazugehörige Schürfweg zwischen 8 und 10 m. Kann sich das Schild in dieser Zeit nicht füllen, so ist auch hier der Einsatz eines Tiefreißers zur Bodenauflockerung zweckmäßig oder wenigstens die Anbringung von Reißzähnen an der Schildschneide zu empfehlen.

4.3 Transportfahrzeuge.

Hier ist die Ladezeit allein von der Leistung des Ladegerätes abhängig. Maßgebend sind in erster Linie die Leistungen der Löffel-, Eimerseil- oder Greifbagger bzw. des Pflugbaggers. Und trotzdem ist es auch hier erforderlich, bei genaueren Ermittlungen die Ladezeit sorgfältig in der Rechnung zu berücksichtigen. Die Ladezeitermittlung ist ihrer Natur nach hier anders gelagert als bei den beiden zuvor beschriebenen Gerätearten. Sie ist, abgesehen von der Leistung des eigentlichen Ladegeräts, mehr eine betriebstechnische und organisatorische Frage.

4.31 Leistung der Ladegeräte. Die Ermittlung der Ladeleistung stationärer Bagger gehört nicht hierher. Es seien lediglich einige Richtwerte erwähnt, mit denen überschlägig kalkuliert werden kann: Als Faustregel gilt, daß der Löffelhochbagger in der Stunde etwa das 100fache seines Löffelinhalts leistet. Ein 1-m³-Bagger leistet also rund 100 m³/h. Das ist ein Durchschnittswert, der für mittlere Einsatzbedingungen gilt. Sind andere Einrichtungen als der Löffelhochbagger verwendet, so rechnet man wie folgt um:

Löffelhochbagger . . = 100%		Eimerseilbagger . . . = 90%	
Löffeltiefbagger . . . = 65%		Greifbagger . . . . . = 50%	

4.32 Abstimmung der Transportgeräte. Grundsätzlich arbeiten die Geräte vom ladetechnischen Standpunkt aus gesehen um so rentabler, je größer der Inhalt des Transportfahrzeuges im Vergleich zum Inhalt des Ladegerätes ist. Um so weniger Material wird daneben geschüttet und um so geringer ist der Zeitanteil/h, den der Bagger pausieren muß, weil die Fahrzeuge umsetzen. Normalerweise soll der Nutzinhalt des Transportfahrzeugs etwa fünfmal so groß sein wie der Inhalt des Ladegeräts. Läßt sich ein ungünstigeres Verhältnis nicht vermeiden, so muß eventuell durch Aufstellen von Beladetrichtern Sorge getragen werden, daß der Inhalt des Grabgefäßes ohne große Streuverluste in das Transportgefäß geleitet wird. Auch soll das Umsetzen der Fahrzeuge so schnell vor sich gehen, daß die Baggerleistung möglichst keine Unterbrechungen erfährt. Entläd der Bagger immer nur nach einer Seite, so werden für den Austausch des beladenen gegen das leere Fahrzeug etwa 0,5 min benötigt. Da ein Baggerspiel etwa 0,3 min dauert, entsteht auch im günstigsten Fall bei jedem Umsetzen eine Unterbrechung von 0,2 min. Sie läßt sich vermeiden, wenn die Fahrzeuge abwechselnd auf der einen und der anderen Seite des Ladegerätes aufgestellt werden und der Bagger einmal nach links, dann nach rechts belädt.

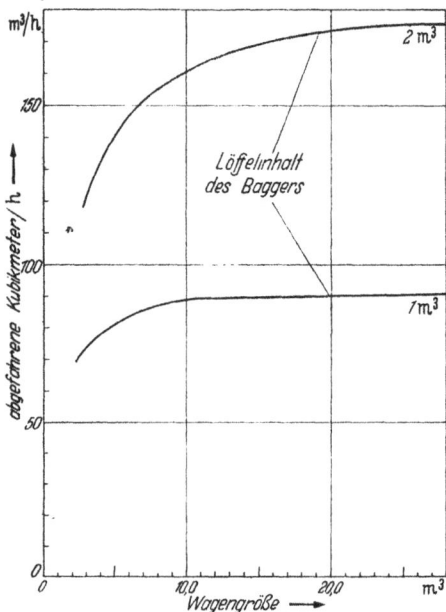

Bild 113. Die Transportleistungen von Hinterkippern und Bodenschüttern verschiedener Größe in Abhängigkeit von der Löffelgröße des Baggers.

Auf jeden Fall muß bei der Wahl der Größe des Transportgefäßes berücksichtigt werden, daß die Zeit, die das leere Fahrzeug zum Wenden und Heranfahren an die Beladestelle braucht, einigermaßen auf die Zeit zum Beladen des Gerätes abgestimmt ist. Bei zügigem Betrieb sind dann stets zwei Fahrzeuge an der Baggerstelle: Eines, das gerade beladen wird, das andere, das umsetzt und sich für das Beladen fertigmacht.

Wie sich die Abstimmung der Transportfahrzeuggröße auf die Baggergröße leistungsmäßig auswirkt, zeigt Bild 113. Dort sind die Ergebnisse von Vergleichsversuchen wiedergegeben und die abgefahrenen m³/h dem Löffelinhalt des Ladegerätes und dem Wageninhalt des Transportgerätes zugeordnet. Während für den 1-m³-Bagger bei Verwendung von Wagen über 9 m³ praktisch keine Leistungserhöhung mehr möglich ist, hat die entsprechende Kurve für einen 2-m³-Bagger auch bei 20-m³-Wagen ihren Höchstwert noch nicht erreicht.

4.33 Verzögerungen an der Ladestelle. Hierher gehören die Zeit-verluste, die auch trotz guter Organisation der Abfuhr bei allen den Fahrzeugen entstehen, die von fremden Geräten beladen werden. Das trifft in erster Linie für die Transportgeräte zu. Zeitverluste entstehen aber auch bei Schürfwagen, wenn sie auf die Schubraupe warten müssen. Die dann unvermeidlichen Verzögerungen durch die Unterbrechung des Arbeitsflusses können bei guter Organisation auf der Ladestelle wohl relativ klein gehalten werden, erfordern aber trotzdem Berücksichtigung bei der Berechnung der Umlaufzeit. Durchschnittswerte enthält Tab. 15.

Tabelle 15. *Verzögerungen am Ladeort.*
A. Gut organisierte Ladestelle.
B. Durchschnittliche Verhältnisse.
C. Ungünstige Bedingungen.

	Zeitzuschläge t_v		
	A	B	C
	Minuten		
Transportfahrzeuge:			
Hinterkipper.............	0,10	0,15	0,40
Bodenschütter............	0,20	0,50	1,00
Seitenkipper	0,15	0,30	0,75
Schürfwagen:			
1 Schubraupe	0,2	0,3	0,6
2 Schubraupen	0,4	0,6	1,0
1 Schub- und 1 Zugraupe	0,3	0,5	0,8

5 Entladezeit.

5.1 Schürfkübel.

5.11 Berechnung. Die Entladezeit der Schürfkübel ist von der Gerätegröße unabhängig und schwankt zwischen 5 und 70 sek, je nachdem, welche Anforderungen an die Güte des Entladens und des Verteilens gestellt werden und wie das zu entladende Material be-schaffen ist. Kommt es lediglich auf Schnelligkeit an, so wird die Kübel-klappe meist ohne wesentliche Minderung der Fahrgeschwindigkeit ge-öffnet und das Ladegut ausgestoßen. Ist dagegen gute Verdichtung er-forderlich, so muß langsam, gleichmäßig und in einer dünnen Schicht (normal 20 cm Höhe aufgelockert, dann auf etwa 12 cm verdichtet) ent-laden werden.

Im Durchschnitt liegt die Entladezeit bei 0,4—0,5 min. Zur ge-naueren Berechnung dient die Formel:

$$t_e = \frac{F_R f_e \cdot 3,6}{V_e \, e \, b} \quad [\text{min}] \, .$$

wobei

F_R = Raumladung des Kübels   [m³],
V_e = Schüttgeschwindigkeit   [km/h],
e = Schütthöhe   [m],
b = Schneidenbreite   [m],
f_e = Entladefaktor.

Der Faktor f_e, der die Entladezeit der Schürfkübel entsprechend dem Zustand des Fördergutes korrigiert, weist in seiner Größe Unterschiede hinsichtlich der Bodenart, des Bodenzustandes und der Kübelbauart auf.

Der Einfluß der Bodenart tritt hauptsächlich über die Form des sekundären Bodengefüges in Erscheinung. Feinkörniger und schnittfähiger Boden entläd sich wesentlich leichter und schneller als z. B. grobe harte Tonschollen oder gar Sprenggestein (wenn der Kübel durch Bagger beladen wird). — Daneben spielt die Konsistenz des Bodens, d. h. seine Feuchtigkeit, eine Rolle. Während feuchter Sandboden seine Rollfähigkeit verliert und wegen der scheinbaren Kohäsion eher die Eigenschaft schwach bindiger Böden erhält, wirkt sich die Feuchtigkeit bei bindigen Böden teils positiv, teils negativ auf die Entladezeit aus. Begünstigt wird die Entladegeschwindigkeit durch größeren Wassergehalt. Breiiges oder schlammiges Material fließt von selbst aus dem Kübel, ähnlich wie trockener Sand. Ausgesprochen ungünstig liegen die Verhältnisse, wenn die Konsistenz des Materials im Bereich der Klebegrenze liegt (Konsistenzgrad etwa $K = 0{,}6$). Dann kann bei zu bindigen Böden nur mit Zwangsentladung einigermaßen wirkungsvoll gearbeitet werden. Frei entladende Kübel (kippend) sind dann schlecht zu verwenden. — Steigt der Konsistenzgrad weiter an (abnehmender Wassergehalt), so ist im halbfesten und harten Bereich keine Beeinträchtigung der Entladegeschwindigkeit zu erwarten. Erfahrungswerte für f_e sind in Tab. 16 zusammengestellt.

5.12 Entladegeschwindigkeit. Mit welcher Geschwindigkeit entladen wird, hängt von den Anforderungen an die Art des Schüttens ab, d. h., ob gut verdichtet und planiert werden soll und ob eine gewisse Genauigkeit beim Einbau der Massen erforderlich ist oder ob es nur darauf ankommt, den Boden so schnell wie möglich auszuschütten. Im ersteren Fall wird so langsam wie möglich, d. h. im ersten Gang geschüttet, während das reine Ausschütten auch bei 8—10 km/h noch gut durchführbar ist.

5.13 Vergleiche. Vergleicht man die f_e-Werte in Tab. 16, so zeigt sich, daß die größten Schwankungen bei rolligem Boden mit kleinen Korngrößen durch die Feuchtigkeit, bei bindigen Böden im Bereich der Klebegrenzen durch die Kohäsion hervorgerufen werden,

Tabelle 16. *Entladefaktor* f_e.

A. Schürfkübel mit Zwangsentladung (Bodenschieber).

B. Schürfkübel mit Freifallentladung (Kippen).

Bodenart und Beschaffenheit	A	B
Rollige Böden		
Sprengfels	1,8	1,2
Geröll	1,5	1.1
Grobkies	1,2	0.8
Feinkies	1,0	0.8
Sand, naß	0,7	0,6
feucht	0,9	0,7
trocken	0,6	0,6
Bindige Böden		
Lehmiger Sand, feucht	0,9	0,8
Sandiger Lehm, erdfeucht	1,0	1,2
trocken	0,9	0.7
Mittlerer Lehm, feucht	1,1	1.3
klebend	1,2	1.8
trocken	0,9	0,7
Schwerer Lehm, feucht	1,4	1,5
klebend	2,5	2.5
trocken	1,3	0.8
Mergel, Schiefer	1,2	0,8
Mutterboden, mager, erdfeucht	1,0	1,0
fett, erdfeucht	1,6	2,0
Gewebeböden		
Grasnarbe, feucht	1,3	1,5
naß	1,1	1,3
Stoppelfeld, erdfeucht	1,4	1,8
Heidekraut, feucht	1,3	1,7
naß	1,2	1,1
Leichtes Gestrüpp	1,1	1.5

Bei Versuchen über die Vor- und Nachteile von Zwangsentladern und Freifallentladern zeigte sich, daß

in rolligem Boden die Freifallkübel großes Haufwerk schneller entladen als Kübel mit Zwangsentladung,

im Bereich der kleinen Korngrößen die Feuchtigkeit den Entladevorgang der Freifallkübel stärker beeinflußt,

im bindigen Boden die Freifallkübel empfindlicher auf die Bodenverhältnisse reagieren,

im Bereich der Klebegrenzen die Freifallkübel stark unterlegen sind,

bei harter Konsistenz dagegen Zwangsentlader einen leichten Nachteil aufweisen.

In den Fällen, in denen $f_e < 1$ ist, fließt das Material beim Entladen auch nach der Seite weg; ist dagegen $f_e > 1$, so erfolgt (vor allem bei klebenden Böden) die Entladung mehr oder weniger stoßweise, in extremen Fällen erst nach mehrfachem Hin- und Herbewegen des Schiebers.

5.14 Wirtschaftliche Grenzen. In der Praxis hat sich als wirtschaftliche Grenze für die Entladezeiten der Schürfkübel eine Zeit von 30 sek herausgebildet. Die Länge der Entladestrecke soll 35 m nicht überschreiten.

5.2 Planierraupen.

Da die Planierschilde keine Gefäße im eigentlichen Sinne darstellen, tritt auch keine ausgeprägte Entladezeit auf. Hat die Raupe den Erdhaufen auf die Schüttstelle geschoben, so kehrt sie ihre Fahrtrichtung um und läßt die Schildfüllung am Endpunkt ihrer Vorwärtsbewegung zurück — es sei denn, daß mit der Erdbewegung gleichzeitig das Einbauen, Planieren und Verdichten der Massen verbunden ist. Hierüber wird im Abschn. H 4.2 noch ausführlich gesprochen.

5.3 Transportfahrzeuge.

Die durchschnittlichen Entladezeiten der Transportfahrzeuge enthält Tab. 17. Dabei sind Bodenschütter, Hinter- und Seitenkipper getrennt aufgeführt, da das Entladen unterschiedlich erfolgt. Bodenschütter öffnen zum Ausschütten den Boden des Transportgefäßes, indem sie die beiden Bodenhälften nach den Seiten herunterkippen oder wie zwei große Greiferschalen seitlich wegziehen. Das Transportgut fällt unmittelbar nach unten heraus, und es ergeben sich kürzeste Entladezeiten. Seitenkipper müssen das Gefäß auf einer Seite anheben, bis der Gefäßboden einen Winkel von 60—80° zur Horizontalen bildet und das Material herausrutscht. Ähnlich entladen die Hinterkipper, nur wird dort das Ladegefäß nach hinten gekippt. Da die Transportgefäße durchweg einen rechteckigen Grundriß mit Längsachse in Fahrtrichtung haben, ergeben sich für das Kippen der Seitenkipper geringere Hub-

Tabelle 17. *Entladezeiten t_e für Fahrzeuge.*
A. Bodenschütter, B. Seitenkipper, C. Hinterkipper.

Einsatzverhältnisse	t_e (min)		
	A	B	C
Rollige Böden			
Geröll, Sprenggestein	0,8	1.0	1,3
Kies	0,2	0,5	0,7
Sand	0,1	0,4	0,6
Bindige Böden			
Sandiger Lehm	0,2	0,5	0,6
Mittlerer Lehm, trocken	0,2	0,5	0,6
feucht	0,4	0,6	0,8
Schwerer Lehm, trocken	0,5	0,7	0,7
feucht	1,2	1,2	1,4
Mergel, Schiefer	0,7	0,8	0,9
Mutterboden, mager	0,2	0,3	0,5
fett	0,4	0,6	1,2

wege als bei den Hinterkippern. Dementsprechend liegen die Kippzeiten bei den letzteren etwas höher. Hinzu kommt, daß die Hinterkipper rückwärts an die Rampe heranfahren, also zurücksetzen müssen, während die Seitenkipper den Entladevorgang ohne zusätzlichen Fahrweg in die ohnehin erforderliche Wendeschleife einbauen können.

Die Entladezeiten liegen bei den Bodenschüttern am niedrigsten, bei den Hinterkippern am höchsten. Beeinflußt werden die Zeiten innerhalb der einzelnen Gerätetypen durch Bodenart und -zustand.

6 Wendezeiten.

6.1 Überblick.

Hinsichtlich des Förderbahnverlaufes sind drei Gerätegruppen zu unterscheiden (Bild 114). Die *Geräte der Gruppe A* fördern im Pendelverkehr. Sie brauchen an Schütt- und Schürfstelle nicht zu wenden, sondern kehren lediglich ihre Fahrtrichtung um (Schalten von Vorwärts- auf Rückwärtsfahrt) und fahren auf der gleichen Fahrspur wieder zurück. Diese Geräte fahren nach vorn wie nach rückwärts gleich gut und lassen sich

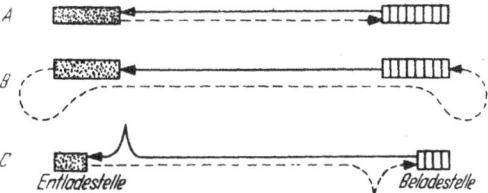

Bild 114. Die verschiedenen Förderbahnen der gleislosen Geräte.

auch bei Rückwärtsfahrt sehr einfach lenken. Bei der Schürfkübelraupe z. B. sitzt der Fahrer seitlich zur Fahrtrichtung und sieht bei Vorwärtsfahrt nach links, bei Rückwärtsfahrt nach rechts. Auf diese Weise läßt sich der Pendelverkehr vom Maschinisten sehr einfach bewerkstelligen. Da nach rückwärts stets unbeladen gefahren wird, liegen die Geschwindigkeiten in den Getriebestufen der Rückwärtsgänge bei manchen Geräten höher, und zwar im Durchschnitt um 10—15%. — Bei den Geräten der Gruppe A fällt die Wendezeit weg. Dadurch ergeben sich Verkürzungen der Umlaufzeit und im Durchschnitt 10—20% höhere Leistungen.

Die *Geräte aus Gruppe B* fördern im Kreisverkehr. Sie können praktisch nur vorwärts fahren und müssen nach jedem Ausschütten und vor jedem Schürfen eine Wendung von 180° ausführen. Die hierfür benötigte Zeit geht an der produktiven Umlaufzeit verloren. — Der Kreisverkehr ist die am häufigsten vertretene Fördermethode. Motorschürfwagen, Schürfwagenanhänger und Bodenschütter gehören dazu. Voraussetzung ist, daß der nötige Platz zum Wenden vorhanden ist. Auf schmalen Dammkronen können sich Schwierigkeiten ergeben, wenn auch die heutigen Geräte Wendekreisdurchmesser von nur 8—10 m haben.

Gruppe C wendet durch Ausfahren von Spitzkehren. Insbesondere die Hinterkipper gehören hierher. Sowohl am Bagger wie an der Kippe müssen sie zum Be- und Entladen zurücksetzen und können dabei gleichzeitig das Wendemanöver ausfahren. Spitzkehren erfordern höhere Wendezeiten als Wendeschleifen, weil das Zurücksetzen des Fahrzeugs und die schlechte Sicht nach hinten für den Fahrer Schwierigkeiten mitbringen.

6.2 Zeiten.

Tab. 18 enthält Richtwerte für die Wendezeiten von Gerätegruppe B (Wendeschleifen) und C (Spitzkehren). Die Zeit für das Wenden ist im hohen Maße abhängig von der Beschaffenheit (Tragfähigkeit, Unebenheit, Hindernisse) des Geländes, auf dem gewendet werden muß.

Tabelle 18. *Wendezeiten.*

Gerätegruppe B. Wendet in Wendeschleifen.
Gerätegruppe C. Wendet in Spitzkehren.

Beschaffenheit der Wendestelle	B	C
Ebenes Gelände		
sandig, trocken.	0,3	0,6
fest	0,2	0,4
aufgeweicht	0,4	0,6
zerfurcht	0,5	0,8
Welliges Gelände, 1—2 m Höhenunterschied		
sandig	0,35	0,65
fest	0,25	0,4
aufgeweicht	0,5	0,7
zerfurcht	0,7	0,9
Hügeliges Gelände		
fest	0,35	0,5
aufgeweicht	0,65	0,8
zerfurcht	0,8	0,9
Gelände mit Gestrüpp, Bäumen u. dgl.	0,6	0,9
Gelände mit großen Steinen, Geröll	0,6	1,0

6.3 Vergleiche.

Zahlreiche Zeitstudien an Geräten aus Gruppe B haben ergeben, daß eine 180°-Wendung sehr gut innerhalb von 15 sek. ausgeführt werden kann, wenn für sorgfältige Planung der Förderwege gesorgt ist. Die Ansicht, wonach es zweckmäßiger sei, die Wendungen in großen Bögen mit hohen Geschwindigkeiten auszufahren, erwies sich bei näherer Untersuchung als nicht stichhaltig. Ein 16,8 m langer Schürfwagenzug benötigt für eine 180°-Wendung bei einem Einschlagwinkel der Vorderräder von 65° 43 m Weg, bei 90° 26 m Weg. Auf den großen Bögen können die höheren Fahrgeschwindigkeiten niemals so wirkungsvoll ausgenutzt werden, daß die Fahrzeiten geringer werden als bei kleinen Wendeschleifen. Die Zeiten von 15 sek lassen sich bei modernen Motorschürfwagen noch verkürzen, da der Einschlagwinkel bei elektrischer Steuerung bis zu 100° gewählt werden kann. Hydraulische Steuerung ist durch den Hub der Preßzylinder im Schwenkwinkel im allgemeinen auf 65° gegen die Fahrtrichtung begrenzt. — Der Maschinist muß grundsätzlich bestrebt sein, das Gerät auf dem kürzesten Fahrtweg zu wenden.

7 Fahrzeiten.

7.1 Die Bedeutung genauer Ermittlungen.

Es mag in vielen Fällen nicht notwendig sein, die Fahrbewegung der gleislosen Geräte so eingehend zu untersuchen, wie das im folgenden geschieht. Es mag auch manchen Flachbaggerfachmann geben, der solche Berechnungsmethoden von vorn herein ablehnt mit der Begründung, daß der Erdbau viel zu ungenau sei, als daß sich diese Ermittlungsmethoden rechtfertigen ließen. Schließlich mag auch mancher alte Praktiker „über den Daumen" schneller zum Ziel und obendrein zu ganz ähnlichen Ergebnissen kommen. — All das ist richtig und gilt durchaus auch für die gleislose Erdbewegung. Solange es sich um einfache Einsätze handelt, die sich in ihrem Ablauf gut überblicken lassen, solange nur wenige Geräte an der Förderung beteiligt sind oder solange der Einsatz nur kurze Zeit dauert, wird sich vielfach der Aufwand für eine eingehendere Berechnung gar nicht rechtfertigen lassen. Und trotzdem: Es wurde schon in der Einleitung darauf hingewiesen, daß sich im Zuge der Zeit das Schwergewicht der ganzen Bauarbeit mehr und mehr auf das Gebiet der Planung verlagert. Auch in USA hat man noch vor nicht allzulanger Zeit die heute üblichen genaueren Methoden abgelehnt und lieber „über den Daumen" kalkuliert, — bis sich die exakten Ermittlungsverfahren durchgesetzt haben und man heute selbst kleine und mittlere Einsätze genau vorausberechnet, weil es längst kein Geheimnis mehr ist, daß die aufgewendete Mühe in gar keinem Verhältnis zu dem wirtschaftlichen Nutzen steht.

Wenn die genaue Ermittlung hier so eingehend beschrieben wird, so nicht zuletzt aus folgenden, für die Praxis sehr bedeutsamen Gründen:

1. braucht man sie, um bei den großen Boden- und Wetterempfindlichkeiten des gleislosen Betriebs alle Schwankungen und Leistungsbeeinträchtigungen möglichst eindeutig festzulegen und von vornherein einen recht genauen Überblick über die zu erwartende Leistung zu gewinnen, damit der Umfang des Geräteeinsatzes, z. B. im Hinblick auf Terminarbeit, mit hinreichender Sicherheit disponiert werden kann.

2. muß man sich rechtzeitig einen Überblick über die eventuell anzusetzenden Hilfsgeräte verschaffen. Man muß überprüfen, ob es wirtschaftlicher ist, die Geräte auf Steigstrecken sich selbst zu überlassen und dafür langsamste Geschwindigkeiten in Kauf zu nehmen, oder ob man

Schubraupen einsetzen soll, die jedes Gerät hinaufschieben. Man muß überlegen, ob man für einen gegebenen Schlepper mit dem normalen Schürfkübel auskommt oder ob ein kleinerer gewählt werden muß bzw. ein größerer gewählt werden kann. Es ist zu überprüfen, ob der Schürfkübeleinsatz wirtschaftlicher gestaltet werden kann, wenn man Tiefreißer zum Auflockern des Bodens, Erdhobel zum Glätten der Fahrbahn, Wasserwagen zum Besprengen sandiger Förderwege u. dgl. einsetzt. Es bleibt auch eingehenden wirtschaftlichen Untersuchungen vorbehalten, zu entscheiden, ob es bei Wetter- und Bodenschwierigkeiten zweckmäßiger ist, die Minderleistung durch ein Mehr an Geräten auszugleichen oder statt der Reifengeräte Raupenfahrzeuge einzusetzen. — Das sind nur einige wenige Beispiele für die Nutzanwendung genauer Ermittlungen.

3. hat der gleislose Erdbau weitgehend die Berechnungsmethoden der Eisenbahnlinienführung übernommen. So wie es dort seit längerer Zeit üblich ist, die Trassierung der Strecke nach wirtschaftlichen Überlegungen durchzuführen und mehrere Möglichkeiten der Streckenführung auf ihre Förderkosten zu untersuchen, so ist es auch im gleislosen Erdbau üblich geworden, bei mittleren und großen Projekten die Förderwege der Geräte nach den Gesetzen der wirtschaftlichsten Linienführung festzulegen. Es bedarf eingehender Untersuchungen, ob es zweckmäßiger ist, wetterempfindliche Geländebereiche zu umfahren und somit einen längeren Förderweg in Kauf zu nehmen, oder in der Schlechtwetterzeit den Förderverkehr einzustellen. Es bleibt zu überlegen, ob es billiger ist, einen Höhenunterschied auf dem kürzesten Weg mit entsprechend langsamer Geschwindigkeit zu überwinden oder größere Schleifen mit höherer Geschwindigkeit auszufahren. Es ist ebenfalls zu untersuchen, ob es ratsamer ist, auf die freie Beweglichkeit der Geräte im Gelände zu verzichten und feste Erdstrecken mit Kiesschüttungen anzulegen, die bei jeder Jahreszeit befahrbar sind.

Diese Gesichtspunkte haben in der gleislosen Erdbaupraxis heute längst alle Zweifel über die Zweckmäßigkeiten eingehender Untersuchungen der Gerätebewegungen beseitigt, und mit berechtigtem Stolz weisen z. B. die Amerikaner auf den mustergültigen Aufbau ihrer Planungsabteilungen hin. Das und nur das ist letztlich der tiefere Grund, warum drüben in Amerika der gleislose Betrieb so wirtschaftlich arbeitet. Erst an zweiter und dritter Stelle lassen sich dann die anders gelagerten klimatischen und Witterungsverhältnisse anführen.

7.2 Vorbereitende Arbeiten.

Alle Vorarbeiten für die Einsatzprojektierung beginnen mit der Durchführung und Auswertung eingehender Bodenuntersuchungen im geplanten Fahrbahnbereich. Aus den erdbautechnischen Werten der Geländefahrbahn und ihrer Veränderung unter dem Witterungseinfluß und während des Baufortschrittes gewinnt man einen Überblick über die zu erwartenden Rollwiderstände und den Kraftschluß zwischen Fahrwerk und Fahrbahn. Ist der zweckmäßige Fahrbahnverlauf festgelegt bzw. sind verschiedene Vergleichsstrecken projektiert, so erfolgt die Zerlegung der Fahrbahn in Abschnitte gleichen Fahrwiderstandes, d. h. Streckenabschnitte gleicher Steigung, gleichen Rollwiderstandes oder gleichen Kraftschlusses. Diese Streckenabschnitte bilden die Grundlage für die Untersuchung der Fahrbewegung eines Gerätes innerhalb des Streckenabschnittes.

7.3 Ermittlung der Fahrgeschwindigkeit.

7.31 Die genaue Methode. Die Schwierigkeiten der Fahrzeitermittlung liegen weniger in der Berechnung der Fahrgeschwindigkeiten und -zeiten für den Streckenbereich, der mit gleichbleibender Geschwindigkeit durchfahren wird, als vielmehr in der Ermittlung der Fahrzeit in den Beschleunigungs- und Verzögerungsstrecken. Die Ermittlungsgenauigkeit der verschiedenen Berechnungsmethoden unterscheidet sich auch hauptsächlich durch die Exaktheit, mit der die Beschleunigungen und Verzögerungen innerhalb eines Fahrbahnabschnittes erfaßt werden. Es liegt schon in der Fahrbewegung der eingesetzten Geräte begründet, daß man bei einer Planierraupe andere Genauigkeitsansprüche an die Fahrzeitermittlung stellt als etwa bei einem Motorschürfwagen. Und so hat auch jede genauere Methode ihre Berechtigung nur bei schnellfahrenden Reifengeräten mit großen Geschwindigkeits- und damit Zeitunterschieden. Die Ermittlung, die wenigstens im Prinzip auch für die anderen langsamer fahrenden Raupengeräte gilt, erfolgt so:

Liegt mit dem ermittelten Kraftschluß die *vorhandene* Zugkraft des Schleppers auf der einen und mit dem Fahrwiderstand des Gerätes die *erforderliche* Zugkraft auf der anderen Seite fest, so wird zunächst an Hand des Fahrkraftdiagrammes des betreffenden Zuggerätes der Getriebegang festgelegt, der für den Streckenabschnitt zu wählen ist. Mit dem Getriebegang liegt die Höchstgeschwindigkeit fest, die in diesem Gang erreicht werden kann.

Diese Höchstgeschwindigkeit läßt sich jedoch erst über eine mehr oder weniger große Beschleunigungsstrecke erreichen, wobei die Größe dieser Strecke und damit die Zeit, in der das Fahrzeug auf die Höchstgeschwindigkeit kommen kann, von der überschüssigen Zugkraft abhängt, die über die Kraft zur Überwindung des Gesamtfahrwiderstandes hinaus noch vorhanden ist. Die verfügbare Beschleunigungskraft ist

$$Z_b = Z_{\max} - Z_f,$$

wobei $Z_{\max}$ die maximale Zugkraft in dem betreffenden Gang und Z_f die Zugkraft zur Überwindung des Gesamtfahrwiderstandes ist.

Die weitere Ermittlung der Beschleunigungszeit erfolgt nun nach den bekannten Formeln für die beschleunigte Bewegung, wobei zur Vereinfachung der Verhältnisse ein gradliniger Beschleunigungsverlauf angenommen wird.

Zunächst muß festgestellt werden, wie groß die Masse des Fahrzeuges ist. Dabei ist zwischen dem Einfluß der gradlinig sich fortbewegenden und der rotierenden Masse zu unterscheiden. — Letztere ist, da das Gewicht der Räder bei den verhältnismäßig großen Radabmessungen erheblich ist, ebenfalls relativ groß. Zu ihrer Berücksichtigung muß die Energie der rotierenden Radmassen auf die Energie des sich gradlinig fortbewegenden Gerätes umgerechnet werden über den sog. Massenfaktor ϱ. Es ist

$$\varrho = \frac{G + G'}{G},$$

wobei

G = Gesamtgewicht des Fahrzeugs in t (beladen oder unbeladen),
G' = Gewicht der rotierenden Radmassen in t.

Ein Rad eines 11,5-m³- (gehäuft) -Motorschürfwagens 180 PS von den Abmessungen 21,00 × 25 wiegt komplett etwa 650 kg. Dann ist:

G_1 (Gewicht des Fahrzeugs, leer) = 15,5 t,
G_2 (Gewicht des Fahrzeugs, voll) = 28,0 t,
G' Gewicht von 4 Rädern)   = 2,6 t.

Somit ergibt sich

ϱ_1 (für das leere Fahrzeug) = 1,17,
ϱ_2 (für das volle Fahrzeug) = 1,10.

Die gesamte bei der Beschleunigung wirksam werdende Masse ist dann:

$$M = \frac{\varrho \cdot 1000 \cdot G}{g} \left[\frac{\text{kg sek}^2}{\text{m}}\right],$$

wobei

G = Gesamtgewicht des Fahrzeugs [t],
g = Erdbeschleunigung (= 9,81 m/sek²).

Damit läßt sich der Beschleunigungsfaktor b berechnen.

$$b = \frac{Z_b}{M} \left[\frac{\text{m}}{\text{sek}^2}\right].$$

Aus b schließlich ergibt sich die Beschleunigungszeit nach der Formel

$$t_a = \frac{\Delta V}{b} \text{ [sek]}, \quad \text{wobei} \quad V \text{ in m/sek}$$

bzw.

$$t_a = \frac{\Delta V}{b \cdot 3,6 \cdot 60} \text{ [min]} \quad \text{wobei} \quad V \text{ in km/h}.$$

Zur schnellen Ermittlung der Beschleunigungszeit t_a dient das folgende Diagramm (Bild 115), das für alle Motorschürfwagen üblicher

Größe verwendet werden kann und annähernd die Werte ergibt, die die obige Formel bringt. Das Diagramm basiert auf der Tatsache, daß für durchschnittliche Verhältnisse jede 5 kg überschüssige Zugkraft je t Fahrzeuggesamtgewicht innerhalb einer Sekunde Fahrzeit einen Ge-Geschwindigkeitszuwachs von 0,15 km/h ergeben.

Die Zeit für das Abbremsen (t_b) kann man genau genug dadurch berücksichtigen, daß man die halben Werte von t_a in Rechnung setzt. Die Gesamtfahrzeit innerhalb eines Streckenabschnittes beträgt

$$t = t' + 0,5\,(t_a + t_b)\,,$$

wobei

t' die Fahrzeit bei gleichmäßiger Geschwindigkeit,

t_a die Fahrzeit für die Beschleunigungsstrecke (Anfahren),

t_b die Fahrzeit für die Verzögerungsstrecke (Bremsen).

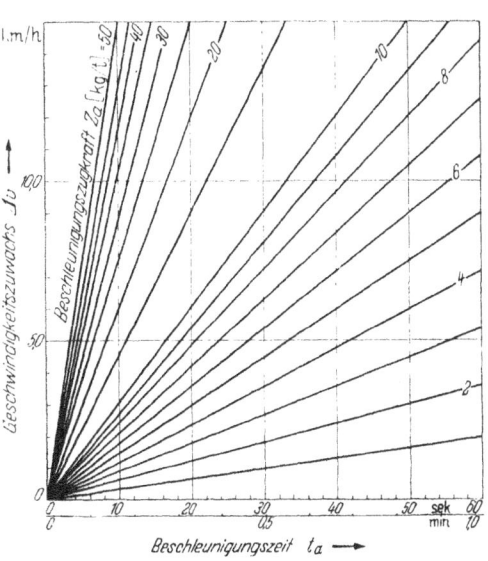

Bild 115. Beschleunigungszeit und Geschwindigkeitszunahme bei Motorschürfwagen mit unterschiedlicher Beschleunigungszugkraft Z_a.

7.32 Vereinfachte Methode für Reifengeräte. Vielfach ist es üblich, auf die genaue Ermittlung der Beschleunigungs- und Verzögerungszeit zu verzichten und diese Zeiten durch einen Geschwindigkeitsfaktor f_b zu berücksichtigen, mit dem die in den einzelnen Gängen erzielbaren Höchstgeschwindigkeiten reduziert werden. Die f_b-Werte beruhen auf den Ergebnissen zahlreicher Einsatzauswertungen, bei denen die listenmäßigen Höchstgeschwindigkeiten mit den praktisch erzielten Durchschnittsgeschwindigkeiten verglichen wurden.

Die Werte für f_b sind aus den folgenden Diagrammen (Bild 116) abzulesen. Sie basieren auf dem Verhältnis zwischen Motorleistung und Fahrzeuggesamtgewicht (Kennwert ε) und verschiedenen Fahrbahnlängen. Außerdem wird unterschieden, ob

a) das Fahrzeug aus dem Stand anfährt (stehender Start),

b) das Fahrzeug mit bestimmter Geschwindigkeit in einen Fahrbahnabschnitt einfährt (fliegender Start),

c) das Fahrzeug nur kurze Strecken mit Anfangs- und Endgeschwindigkeit = 0 fährt.

Die f_b-Werte des Diagramms gelten für die Hinfahrt mit voller Last. Für die Rückfahrt im Leerzustand ergeben sich günstigere Verhältnisse. Dort kann man etwa rechnen mit

$f_b = 0{,}9$ bei günstigen Fahrbahnverhältnissen,
$= 0{,}8$ bei mittleren Fahrbahnverhältnissen,
$= 0{,}7$ bei ungünstigen Fahrbahnverhältnissen.

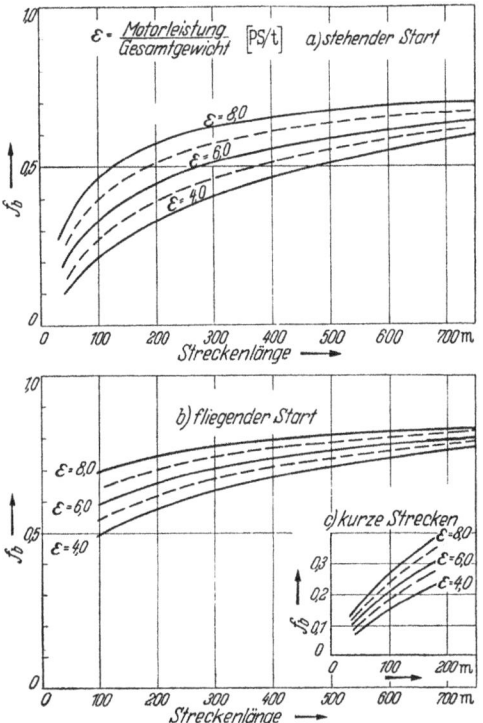

Bild 116. Geschwindigkeitsfaktor f_b für Reifenfahrzeuge.
a stehender Start; *b* fliegender Start; *c* Anfahren und Abbremsen auf kurzen Strecken.

Die richtige Anwendung der Diagramme erfordert einiges Einfühlungsvermögen. Inwieweit man mit den obigen Richtwerten die Verhältnisse in der Wirklichkeit trifft, ist eine Frage der Erfahrung. Im einzelnen sind bei der Größenwahl des Faktors noch folgende Punkte zu bedenken:

1. Wenn ein Fahrzeug aus einem Fahrbahnabschnitt mit hoher Geschwindigkeit in einen solchen mit geringerer Geschwindigkeit einfährt, kann es seine Schwungenergie ausnutzen und den f_b-Wert beträchtlich erhöhen. Je größer die Differenz der beiden Durchschnittsgeschwindigkeiten ist, umso näher kommen die f_b-Werte an 1 heran.

2. Sind die Geräte mit Drehmomentwandler ausgerüstet, so ist der unter den gegebenen Verhältnissen günstigste f_b-Wert zu wählen.

3. Die Fahrgeschwindigkeit kann durch folgende Einflüsse in ihrem Durchschnittswert stark gedrückt werden:

a) *Verkehrsengpässe* wie
   Eisenbahnkreuzungen
   Straßenkreuzungen
   Eisenbahnverkehr
   enge Brücken
   starke Kurven
   Unter- und Überführungen
   unübersichtliche Kurven

b) *Verkehrshemmende Faktoren* wie
   rutschgefährdeter Straßenbelag
   Schlaglöcher
   sandige Straßen
   zerfurchte Wege
   längere Gefällestrecken

Im Sinne der obigen Ausführungen wird die Fahrzeit also wie folgt ermittelt:

1. Förderstrecke in Teilstrecken mit Abschnitten gleicher Fahrwiderstände unterteilen.

2. Aus dem Fahrkraftdiagramm die Höchstgeschwindigkeiten ablesen, mit denen die einzelnen Strecken befahren werden können.

3. Diese Höchstgeschwindigkeiten mit dem Faktor f_b auf Durchschnittsgeschwindigkeiten reduzieren.

4. Berücksichtigung besonderer Einflüsse durch Reduzierung von f_b.

7.33 Überschlägige Methode für Reifengeräte. Wegen der verschiedenen Geschwindigkeitswechsel bei häufigeren Fahrwiderstandsänderungen kann eine genauere Berechnung der Fahrzeit sehr zeitraubend und umständlich werden. Daher hilft man sich in solchen Fällen und auch bei groben überschlägigen Ermittlungen mit empirischen Werten. Nach den bisherigen Erfahrungen kann man in allen den Fällen, in denen der Zugkraftüberschuß im schnellsten Gang noch mindestens 15 kg/t Gesamtfahrgewicht beträgt und auf Hin- bzw. Rückfahrt nicht mehr als drei Getriebewechsel erforderlich sind, den Zeitaufwand für Beschleunigung und Verzögerung durch einen einmaligen Zeitzuschlag von 1 min pro Umlauf berücksichtigen.

7.34 Berechnung für Raupenschlepper. Hier gilt prinzipiell das, was bereits in Abschn. 7.31 gesagt wurde. Nur sind die Beschleunigungs- und Bremsstrecken hier im allgemeinen kürzer, obwohl auch ein 150-PS-Schlepper mit einem 12-m³-Schürfwagen dahinter manchmal bis zu 100 m Fahrstrecke zurücklegen muß, ehe er seine maximale Fahrgeschwindigkeit erreicht hat.

Wenn hier auf eine genauere Fahrzeitberechnung der Raupenschlepper eingegangen wird, so ist nicht an den Einsatz der Schlepper als Planierraupen, sondern an ihre Verwendung als eigentliche Schlepper, d. h. zum Ziehen von Schürfwagenanhängern oder Raupentransportwagen gedacht. Grundsätzlich gilt auch hier das folgende Berechnungsschema:

1. Gesamtförderstrecke in Abschnitte gleichen Fahrwiderstandes zerlegen.
2. Feststellen, mit welchen Getriebegängen die einzelnen Strecken befahren werden können (Fahrkraftdiagramm).
3. Ermittlung des Zugkraftüberschusses Z_a.
4. Berechnung der Masse des Schleppers einschließlich Anhänger und Last.
5. Aus Masse M und Zugkraftüberschuß Z_a ergibt sich die Größe der Beschleunigung b.
6. Feststellen, wie groß der Geschwindigkeitsunterschied zwischen der Anfangs- und der Endgeschwindigkeit im betreffenden Getriebegang ist (Ermittlung von ΔV),
7. Berechnung der Beschleunigungszeit t_a.

Als Verzögerungszeit beim Abbremsen (t_b) kann man bei Raupenschleppern etwa $1/3\, t_a$ ansetzen. Als Gesamtfahrzeit innerhalb eines Fahrbahnabschnittes ergibt sich

$$t = t' + 0.5\,(t_a + t_b).$$

Anhaltswerte über die Größe von t_a gibt das Diagramm in Bild 117. Da der Zugkraftüberschuß [kg/t] auf das Fahrzeuggewicht bezogen ist, ist der Gewichtseinfluß eliminiert.

Zu erwähnen ist, daß die Raupenschlepper auch heute vielfach noch mit Schubräder- oder Schaltklauengetriebe ausgerüstet sind und nicht oder nur schwer während der Fahrt geschaltet werden können. Beim Anfahren in höheren Gängen kann es vorkommen, daß der Motor „stottert", weil beim Durchwandern des niedrigen Drehzahlbereiches das Zugvermögen noch nicht groß genug ist. Hier ist es erforderlich, niedrigere Gänge zu wählen als für den Fahrwiderstand bei gleichförmiger Bewegung nötig wären. Das Zugkraftdiagramm des betreffenden Gerätes ist hier in jedem Fall zu Rate zu ziehen.

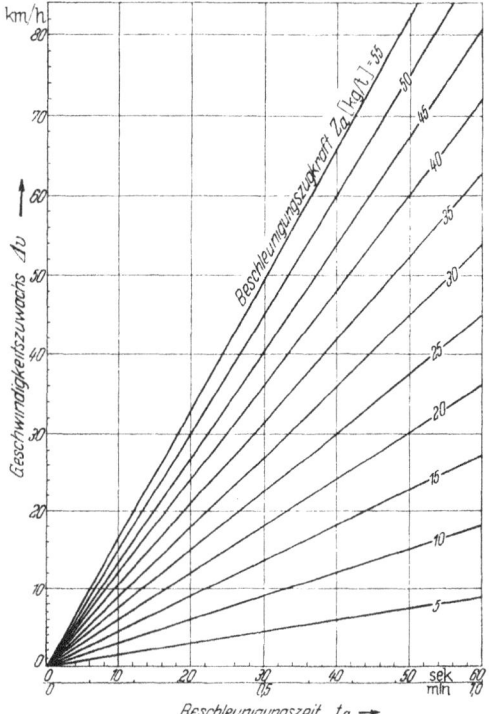

Bild 117. Beschleunigungszeiten der Raupenschlepper.

7.35 Berechnung für Planierraupen. Planierraupenumläufe sind rechnerisch am schwersten zu erfassen, da hier mehrere Arbeitsvorgänge ineinander übergehen und sich gegenseitig überlagern. Allerdings handelt es sich nur um die Hinfahrt mit beladenem Schild. Das Schild muß mit voller Kraft schürfen und dann die Füllung über die Geländeoberfläche ans Ziel schieben. Dabei wechselt die gefahrene Geschwindigkeit dauernd. Unter der vollen Last am Schild drehen sich die Ketten häufig durch, der Schlupf wird abnormal groß und die Geschwindigkeit entsprechend gering. Vergleicht man die tatsächliche mit der listenmäßigen Höchstgeschwindigkeit, so liegt die erstere nicht selten bei nur 50—60% des Nennwertes, selbst wenn im 1. Gang gefahren wird.

Die eingehenden Beobachtungen an zahlreichen Einsätzen haben ergeben, daß man beim Einsatz in normalem mittelbindigem erdfeuchtem Boden mit einer Durchschnittsgeschwindigkeit von 75% der Höchstgeschwindigkeit im 1. Getriebegang rechnen kann. Die durchschnittliche Geschwindigkeit liegt dann bei etwa 1,8—2,0 km/h. Wird lockeres Haufwerk, z. B. Kies, Schotter u. dgl. geschoben, so kann man auf 3,5—4 km/h heraufgehen.

Für die Rückfahrt sind zweckmäßig 5—6 km/h anzusetzen, wobei zu bedenken ist, daß der Maschinist die Höchstgeschwindigkeit des Schleppers wegen der Unebenheit der Fahrbahn meist nicht voll ausfahren kann. In ebenem Gelände ist jedoch bis auf etwa 90% an die Nenngeschwindigkeit im direkten Gang heranzukommen.

Zur Kalkulation eines Planierraupenumlaufes verwendet man im allgemeinen folgende Werte:

> Zwei Getriebewechsel . . . . 0,3 min,
> (Abbremsen, Schalten, Anfahren)
> Hinfahrt mit vollem Schild . . . . . . 2,0 km/h,
> Rückfahrt, leer . . . . 6,0 km/h.

Sind modernere Schaltgetriebe mit entsprechend hoher Schaltgeschwindigkeit eingebaut, so kann man je Getriebewechsel mit nur 0,05 min (statt sonst 0,15 min) rechnen. Sind ältere Getriebe so gebaut daß man zur Umkehr der Fahrtrichtung nur einen einzigen Hebel für Vor- und Rückwärtsgang (meist zusätzlich zum Gangschalthebel) schalten muß, so beträgt die Zeit für einen Getriebewechsel etwa 0,1 min.

8 Schaltzeiten.

Mit fortschreitender Entwicklung werden auch die Schaltgetriebe mehr und mehr verbessert. Während es noch vor wenigen Jahren keinen einzigen Raupenschlepper gab, der sich während der Fahrbewegung wenigstens heraufschalten ließ, werden heute immer mehr Fahrzeuge mit synchronisierten Getrieben ausgerüstet oder sie erhalten reibschlüssige Getriebe, bei denen die Gänge über einzelne Lamellen- oder Kegelkupplungen eingeschaltet werden.

Je besser die Schaltgetriebe werden, um so weniger ist es erforderlich, besondere Schaltzeiten zu berücksichtigen. Motorschürfwagen und alle Transportfahrzeuge sind heute durchweg mit modernen LKW-Getrieben ausgerüstet und lassen sich nicht nur beliebig herauf-, sondern auch herunterschalten. Berücksichtigt werden müssen die Schaltzeiten aber bei normalen Schaltgetrieben.

Zahlreiche Zeitstudien haben als Zeiten für das eigentliche Schalten folgende Werte ergeben:

> Schubrädergetriebe . . . . 3 sek.
> Schaltmuffengetriebe . . . . 2 sek.
> Synchronisierte Getriebe . . . . 1 sek.
> Reibschlüssige Getriebe . . . . 0,5 sek.

Das sind Durchschnittswerte. Zu bedenken ist, daß sich die Schaltzeit auch nach dem Schalthebelweg richtet und damit von der Schaltkulisse beeinflußt wird. So können die Schaltzeiten zwischen den einzelnen Gängen in demselben Getriebe unterschiedliche Größen haben.

9 Förderleistung Q_0.

Zusammenfassend ist zu sagen:

Die *Nutzladung* beträgt nach Abschn. F 3

$$C = F_{100}\, \varphi\, \alpha \quad [\text{m}^3],$$

wobei zu unterscheiden ist, ob die Größe von φ *fülltechnisch* durch die füllmechanische Qualität des sekundären Bodens (bei ausreichender Z_e) oder *lademechanisch* durch die vorhandene Zugkraft Z_e (der Füllbeiwert wird dann mit φ' bezeichnet) gegeben ist, d. h. ob Abweichungen von der maximalen Füllung (beim Kübel $\varphi = 1{,}35$) durch einen schlechteren Füllfaktor oder durch mangelnde Zugkraft verursacht werden.

Die *Umlaufzeit* ist nach Abschn. F 4 bis F 8:

$$T = t_s + t_e + t_w + t_v + \sum t_h + \sum t_r + t_g \quad [\text{min}],$$

wobei

$\sum t_h$ die Summe aller Fahrzeitabschnitte auf der Hinfahrt,
$\sum t_r$ die Summe aller Fahrzeitabschnitte auf der Rückfahrt

bedeutet.

Daraus ergibt sich die theoretische Förderleistung Q_0, die sog. Umlaufleistung, als

$$Q_0 = \frac{C \cdot 60}{T} \quad [\text{m}^3/\text{h}].$$

Die Umlaufleistung, die nur bei pausenlosem Förderbetrieb zu erzielen ist und daher rein theoretischen Charakter trägt, ist der Ausgangswert für die weiteren Leistungsermittlungen.

Im Anhang 2 ist die Ermittlung der Förderleistung nach der genauen Methode an einem Beispiel ausführlich beschrieben. Dieses Beispiel kennzeichnet etwa den Berechnungsweg, der heute in der modernen Flachbaggertechnik angestrebt wird.

H. Die Einsatzleistung der Geräte.

1 Einflüsse auf die Förderleistung.

1.1 Überblick.

Bei jeder Leistungsberechnung eines Bauvorhabens ist zu unterscheiden zwischen der Leistung, die sich in einem einzelnen Arbeitstakt, einem Baggerspiel oder einem Geräteumlauf erreichen läßt, und derjenigen, die über längere Zeitdauer oder während der gesamten

Bauperiode erreicht wird. Im ersteren Fall spricht man von der Q_0-Leistung. Sie wird jeder genaueren Leistungskalkulation zugrunde gelegt, muß aber, um auf die tatsächliche Dauerleistung zu kommen, durch Berücksichtigung einer Reihe von Betriebsfaktoren reduziert werden. Im allgemeinen beträgt die endgültige Leistung nur 50—60% der ursprünglichen Q_0-Leistung.

Im Sinne dieser Ausführungen gliedert sich jede Berechnung der endgültigen Förderleistung (Q) in zwei unterschiedliche Etappen: Zunächst werden Nutzladung und Umlaufzeit und damit die Q_0-Leistung ermittelt. Der vorangegangene Abschn. G befaßte sich damit. Im folgenden Kapitel wird nun die unter den speziellen Verhältnissen errechnete Einzelleistung (Q_0) in die Ebene des praktischen Baubetriebes übertragen. Es werden alle die Faktoren behandelt, die sich auf den Förderbetrieb in seiner Gesamtheit beziehen und die effektive Dauerleistung festlegen.

1.2 Der menschliche Einfluß.

1.21 Die Eigenart der Flachbaggerbedienung. Während sich die Bedienung eines stationären Baggers aus ständig wiederkehrenden Betätigungsphasen zusammensetzt und aus einem mehr oder weniger maschinell ablaufenden Vorgang besteht, treten beim Flachbagger andere Gesichtspunkte in den Vordergrund: Der Maschinist muß beim Schürfen und Laden das Gerät lenken und gleichzeitig die Schürfwerkzeuge betätigen, und der mobile Charakter der Arbeitsweise gestaltet jedes Arbeitsspiel und den Ablauf jeder Betätigungsphase anders.

Das Wesentliche in der Bedienung eines Flachbaggers liegt darin, daß der Maschinist ein etwa 20 t schweres Gerät leicht und beweglich beherrschen muß. Über die Betätigungsvorrichtungen soll er in unmittelbarem Kontakt mit dem Boden stehen und die Schürf- und Grabwerkzeuge des Gerätes so leicht und unabhängig steuern, als ob er mit einer einfachen Schaufel den Boden bearbeiten würde.

Von Bedeutung ist die innere Einstellung des Maschinisten zu seinem Gerät. Er darf in ihm nicht nur die „Maschine" im herkömmlichen Sinne sehen, sondern muß dahinter das „Werkzeug" fühlen, mit dem er den Boden verformt und gestaltet. Das Gerät selbst dient nur als Relais, als Verstärker, über welchen seine Hände mit den Schürfwerkzeugen arbeiten.

Die Bedienung eines Flachbaggers beruht auf Veranlagung und ist eine gefühlsmäßige, nicht eine technische Angelegenheit. Der Maschinist muß mehr als bei einem anderen Gerät mit seiner Maschine verwachsen sein, muß sich in sie einfühlen können; er muß in der Lage sein, die Bewegung und Verformung der Erde mit den Augen seiner Maschine zu sehen und in ihrer Arbeitsweise zu denken.

Am schwierigsten ist der Erdhobel zu bedienen, bei dem oft drei bis
vier Hebel und noch dazu das Steuerrad gleichzeitig betätigt werden
müssen. Hinzu kommt, daß hier hinsichtlich der Güte des Planums die
höchsten Anforderungen gestellt werden. Auch die Planierraupe ist, wenn
sie mit Schwenkschild ausgerüstet ist, nicht einfach zu handhaben.
Neben der Bedienbarkeit der Geräte, die konstruktiv laufend verbessert
wird, beeinflussen psychische und physische Einwirkungen die Leistungsfähigkeit des Maschinisten. Hitze und Kälte setzen sein Reaktionsver-
mögen auf die Bodenunebenheiten herab und verlangsamen die einzelnen Hebelbetätigungen. Die Staubentwicklung, die besonders bei
Raupenschleppern auftritt, reduziert auf psychischem Wege die
Leistungsfähigkeit des Maschinisten. Ähnlich nachteilig ist der Einfluß
des Regens.

1.22 Menschliche Eignung und Arbeitsleistung. Leistungsvergleiche
gleicher Gerätetypen mit unterschiedlichem Bedienungspersonal haben
wichtige Erkenntnisse über die Größe des menschlichen Einflusses auf
die Förderleistung ergeben. Diesbezügliche Untersuchungen wurden wie
folgt durchgeführt:

1. Die Maschinisten wurden hinsichtlich ihrer Arbeitsleistung über eine sog.
innere und eine äußere Komponente charakterisiert und bewertet. Unter „innere"
Komponente wurden alle Elemente zusammengefaßt, die der Maschinist von sich
aus mitbringt. Hierher gehören Veranlagung, Eifer, Ausdauer usw. Die „äußere"
Komponente dient zur Darstellung des Einflusses, der von außen her auf den
Maschinisten ausgeübt wird, um seine Arbeitsleistung zu steigern (z. B. Ausbildung, Prämienzahlungen, Sonderurlaub, usw.).

Die Größe der äußeren Komponente wurde durch die Stufen 1—4 (ausgezeichnet, gut, mittel und schlecht), die der inneren Komponente durch die Stufen I—IV
gekennzeichnet und jeder Maschinist mit je einem dieser Prädikate nach dem Ur-
teilsvermögen seines Vorgesetzten bewertet (z. B. Meier: 1/III). Diese Bewertung
ist sehr subjektiv. Genauere Ergebnisse hätten sich nach der Refa-Methode erzielen lassen, deren Anwendung jedoch aus verschiedenen untersuchungstech-
nischen Gründen nicht möglich war.

2. Die Versuche wurden auf verschiedenen Baustellen unter Verwendung von
Schürfkübeln durchgeführt. Diese Geräteart wurde gewählt, weil sich bei ihr die
Förderleistung durch die Kübelfüllung und die Zahl der Fahrten pro Stunde am
einfachsten kennzeichnen läßt. Verglichen wurden stets nur gleiche Gerätegrößen
im Einsatz auf der gleichen Baustelle.

3. Als Ausgangswert wurde die mit den besten Maschinisten erzielte Förderleistung gewählt. Um sie zu ermitteln, wurde diese Spitzengruppe durch Leistungsprämien zu Höchstleistungen angespornt. Die erzielten Leistungswerte differierten
um lediglich 4%, ein Zeichen dafür, daß tatsächlich die größtmögliche Leistung
erreicht war.

4. Dann wurden die Förderleistungen der übrigen Maschinisten festgestellt,
auf die gleiche Förderweite umgerechnet und mit dem Höchstwert (= 1) der Spitzengruppe über den sog. menschlichen Leistungsfaktor η_M in Beziehung gesetzt.

Das Ergebnis der Untersuchungen ist in Tab. 19 dargestellt. Es
zeigt, daß der innere Einfluß überwiegt.

Diese Darstellung ließe sich wegen der auf subjektiven Urteilen beruhenden Einstufung der Maschinisten im Rahmen einer kritischen Betrachtung angreifen. Es dürfte jedoch schwer sein, menschliche Eigenschaften in diesem Zusammenhang objektiver zu bewerten.

Tabelle 19. *Menschlicher Leistungsfaktor* η_M.

Innere Komponente	Äußere Komponente			
Veranlagung, Interesse, Eifer	sehr gut I	gut II	mittel III	schlecht IV
Ausgezeichnet (1)	1,00	0,96	0,79	60
Gut (2)	0,94	0,88	0,71	56
Mittel (3)	0,81	0,75	0,64	52
Schlecht (4)	0,58	0,54	0,47	45

Äußere Komponente:

I: Nur bei Leistungsprämien und bester Ausbildung zu rechnen.
II: Stundenlohn, gute Ausbildung bzw. Übung.
III: „   , mittlere Ausbildung bzw. Übung.
IV: „   , wenig Ausbildung bzw. Übung.

1.3 Der Wettereinfluß.

1.31 Allgemeines. Der Einfluß der Witterung ist, sieht man von seiner Auswirkung auf das menschliche Element ab, seinem ganzen Charakter nach mehr mittelbarer Natur. *Unmittelbar* beeinflußt das Wetter zunächst nur die Konsistenz des Bodens und damit für die eingesetzten Geräte den Rollwiderstand, den Kraftschluß und die Kübelfüllung. Primäre Bedeutung haben hierbei *wetterseitig* die Niederschlagsmenge und die Verdunstungsgeschwindigkeit, *bodenseitig* die Bodendurchlässigkeit und das Abflußgefälle des Baustellengeländes. Die Materie „Boden" kommt in verschiedenen Formen mit den Geräten in Berührung, nämlich

als *Nutzladung*, und hierbei wieder

a) als primäres Gefüge (Gewinnungsfestigkeit beim Schürfen)
b) als sekundäres Gefüge (Eignung für die Füllung und für das Entleeren des Kübels),

als *Fahrbahn*, wo unterschieden werden muß zwischen

a) dem Boden auf der Schürfstelle,
b) dem Boden auf der Fahrstrecke,
c) dem Boden auf der Schüttstrecke.

Der zunächst gut zu überblickende Einfluß auf die Bodenkonsistenz weitet sich also beim Einsatz der Geräte erheblich und kann zudem sehr unterschiedlichen Charakter annehmen. Es ist daher kaum möglich, alle Bodenarten, die z. B. während eines Umlaufes mit dem Gerät in Berührung kommen, hinsichtlich ihrer Reaktion auf die Witterungs-

schwankungen einzeln zu berücksichtigen und den Wettereinfluß auf
der fahr- und fülldynamischen Ebene zu klären. Die Vielfältigkeit der
Einflußformen zwingt vielmehr dazu, sich auf den wirtschaftlich entscheidenden Faktor, die Förderleistung, zu beschränken und den Wettereinfluß in seiner betriebswirtschaftlichen Auswirkung zu erfassen.

Im Zuge der allgemeinen Tendenz der Untersuchungen, den gleislosen Betrieb in der Ermittlung seiner Leistungen und seiner Wirtschaftlichkeit auf eine sichere Basis zu stellen, wurde auch der Wettereinfluß einer genaueren Betrachtung unterzogen mit dem Ziel, den dehn-
baren Begriff „Wetter" in festere Abhängigkeit zu den Geräten zu
bringen. Die Untersuchungen wurden auf einer Reihe von Baustellen
im In- und Ausland durchgeführt und bezogen sich auf das Studium
der periodischen Witterungsschwankungen, Niederschlagsmengen und
Verdunstungsverhältnisse. Für die Anordnung und Durchführung der
Versuche waren zwei Gesichtspunkte maßgebend: Der eine trug vorausschauenden Charakter und bezog sich auf die Berücksichtigung des Wetters bei der Planung, der andere hatte mehr die unmittelbaren Auswirkungen auf den Geräteeinsatz zum Gegenstand und führte auf eine
Darstellung des Zusammenhanges zwischen Niederschlagsmenge, Verdunstung, Regenzeit und Regenausfallzeit hinaus.

Die Untersuchungen, die zur Klärung dieses Problems durchgeführt
wurden, erstreckten sich auf:

1. die Auswirkung der Witterungsschwankungen auf die monatlichen Förderleistungen,
2. die Reaktion der verschiedenen Fahrwerksarten auf die Wetterschwan-
   kungen,
3. die Abhängigkeit der Regenausfallzeit der Geräte von Klima und Boden,
4. die Auswirkung von Methoden zur Minderung des Witterungseinflusses.

Bei dem labilen Charakter der Wechselbeziehungen zwischen
Witterung, Boden und Geräten können die Darstellungen der Ver-
suchsergebnisse keinen Anspruch auf exakte Genauigkeit erheben.
Sie sind mit dem Ziel entwickelt worden, Grundlagen für die Voraus-
berechnung von gleislosen Einsätzen zu erhalten. Auswertung und
Darstellung der Untersuchungen liefen im wesentlichen darauf hinaus,
trotz der starken Streuungen der Meßpunkte allgemein verwendbare
Einflußlinien zu gewinnen. Die Wahl der Darstellungsmethoden war
diktiert von der Notwendigkeit, meteorologische und bodenmechanische
Daten mit den Geräteleistungen in Zusammenhang zu bringen.

1.32 Grenzen des Geräteeinsatzes. Alle Betrachtungen über den
Einfluß des Wetters auf den gleislosen Förderbetrieb laufen letzten Endes
auf die Frage hinaus, in welchem Ausmaß die Geräteleistung durch die
klimatischen und Witterungsschwankungen beeinträchtigt wird. Voraussetzung für eine Untersuchung dieses Problems ist, daß zunächst

Klarheit darüber besteht, wo die Grenzen liegen, die die Witterung dem Geräteeinsatz setzt.

Ein ausgesprochenes Unmöglichwerden des gleislosen Förderbetriebes tritt (wenigstens bei Raupengeräten) nur in den seltensten Fällen auf. Vielmehr sind es meist wirtschaftliche Gesichtspunkte, die die Einstellung des Förderbetriebes zweckmäßig erscheinen lassen. Rein theoretisch ist die Grenze für das Befahren einer Bodenschicht durch den kritischen Konsistenzwert von etwa 0,6 aufgezeigt (Bruch in der Scherzone), aber wenn auch bei einer entsprechenden Aufweichung des bindigen Bodens die unmittelbar an der Fahrbahnoberfläche liegende Schicht der Bodenpressung und dem Vortrieb des Fahrwerks nicht mehr gewachsen ist, so stoßen die Geräte doch beim Einsinken bald auf tiefer liegende Bodenschichten, die ihnen vielfach wieder Halt geben. Ein Raupenschlepper kann noch bis zu ³/₄ der Kettenhöhe im Schlamm fahren (Bild 118). Ein Reifengerät kann bis zu etwa ¹/₃ des vollen Reifendurchmessers ein-

Bild 118. Schürfkübelraupe SR 53 bei der Fahrt durch morastigen Boden.

sinken, ohne steckenzubleiben. Die heutigen Riesenluftreifen mit einer Mindestgröße von 18,00 × 24 vertragen eine verhältnismäßig große Bodenaufweichung und ihre Laufeigenschaft über aufgeweichte Fahrbahnschichten kann durch Luftdruckabsenkung noch gesteigert werden.

Wenn der Geräteeinsatz eine witterungsmäßig bedingte Grenze findet, so wird sie gebildet durch das Absinken der Förderleistung unter ein wirtschaftlich nicht mehr tragbares Maß. Wo diese Grenze liegt, muß von Fall zu Fall neu entschieden werden. Die Erfahrungen im Flachbaggerbetrieb haben ergeben, daß der Geräteeinsatz im allgemeinen dann unwirtschaftlich zu werden beginnt, wenn die Förderleistung auf 50% des unter normalen Einsatzverhältnissen erzielbaren Wertes absinkt. In ungünstigen Fällen ist auch ein Absinken auf 40% noch vertretbar.

Eine Wetterbehinderung tritt nur in bindigen und Gewebeböden auf. In rolligen Böden können mit zunehmender Feuchtigkeit umgekehrt oft Leistungssteigerungen erzielt werden. Da in bindigen Böden das sich an der Bodenoberfläche sammelnde Wasser durch das ständige

Darüberfahren der Geräte mehr und mehr in den Boden eingeknetet wird, ist es falsch, den Förderbetrieb so lange fortzusetzen, bis die Geräte im Schlamm steckenbleiben. Der Einsatz muß vielmehr schon bei geringer Feuchtigkeit abgebrochen werden, da der Boden dann um so schneller austrocknet und die Regenausfallzeiten kürzer werden.

Um einen für den praktischen Baubetrieb schnell zu überblickenden Grenzwert zu haben, wurde nicht die Förderleistung, sondern die Umlaufzeit herangezogen und für die Untersuchungen die Grenzbedingung aufgestellt, daß der Förderbetrieb dann eingestellt wird, wenn die Umlaufzeit — ausgehend von den Verhältnissen bei trockenem Boden — auf den doppelten Wert angestiegen ist bzw. wenn — bei an sich guten Förderwegen — die Zeit auf der Kippe den fünffachen Wert erreicht. Voraussetzung hierbei blieb jedoch, daß alle Gesichtspunkte für die „Wetterabwehr", wie sie weiter unten aufgeführt sind, beachtet werden.

1.33 Die Geräteausnutzung η_W. In Messungen, die sich über eine Beobachtungszeit von vier Jahren erstreckten, wurde die Auswirkung der Niederschläge auf die Förderleistung in monatlichen Zeitintervallen untersucht, und zwar auf verschiedenen westeuropäischen Baustellen mit ähnlichen klimatischen und Witterungs-, aber unterschiedlichen Bodenverhältnissen.

Der Einfluß der Witterung auf die Geräteleistung — im folgenden mit η_W bezeichnet — ergibt sich aus dem Vergleich der unter einwandfreien Wetterbedingungen (trockenes Sommerwetter) erzielbaren Höchstleistungen mit den jeweiligen wetterbedingten tatsächlichen Förderleistungen unter Ausschaltung aller übrigen Einflüsse. Verglichen wurden lediglich die reinen Gerätearbeitszeiten.

Bei der Auswertung der Ergebnisse mußten die Zusammenhänge zwischen

1. der monatlichen Niederschlagsmenge,
2. den Bodenverhältnissen,
3. der jahreszeitlichen Klimaschwankung,
4. der Fahrwerksart

in übersichtlicher und in der Praxis leicht zu handhabender Form dargestellt werden. Wegen der Vielfalt der Erscheinungsformen des Bodens auf der Schürf-, Fahr- und Schüttstrecke wurde darauf verzichtet, die einzelnen Bodenvarianten nach ihrer physikalischen Beschaffenheit näher zu kennzeichnen. Statt dessen wurden vier Baustellen mit jeweils für den gleislosen Einsatz besonders charakteristischen Bodenarten (A bis D) ausgewählt und das unterschiedliche Verhalten der einzelnen Böden durch entsprechende Kurven zum Ausdruck gebracht.

Das Ergebnis der Untersuchungen ist in den zwölf Monatsdiagrammen des Bildes 119 dargestellt. Sie wurden an Raupenschleppern mit Schürfkübelanhängern als dem am häufigsten eingesetzten Gerätetyp

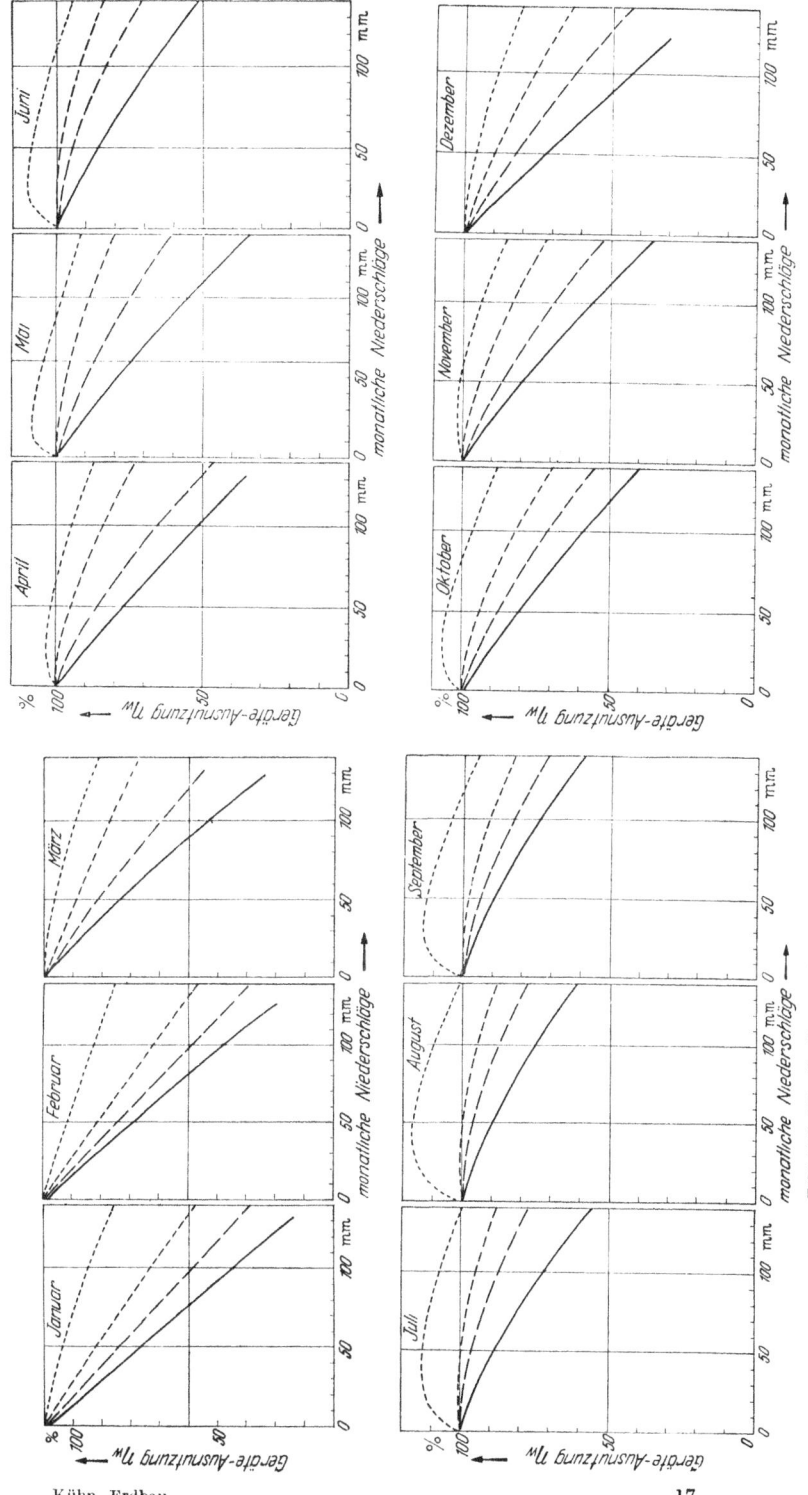

Bild 119. Die Geräteausnutzung η_w in den einzelnen Monaten bei verschiedenen Niederschlagsmengen.

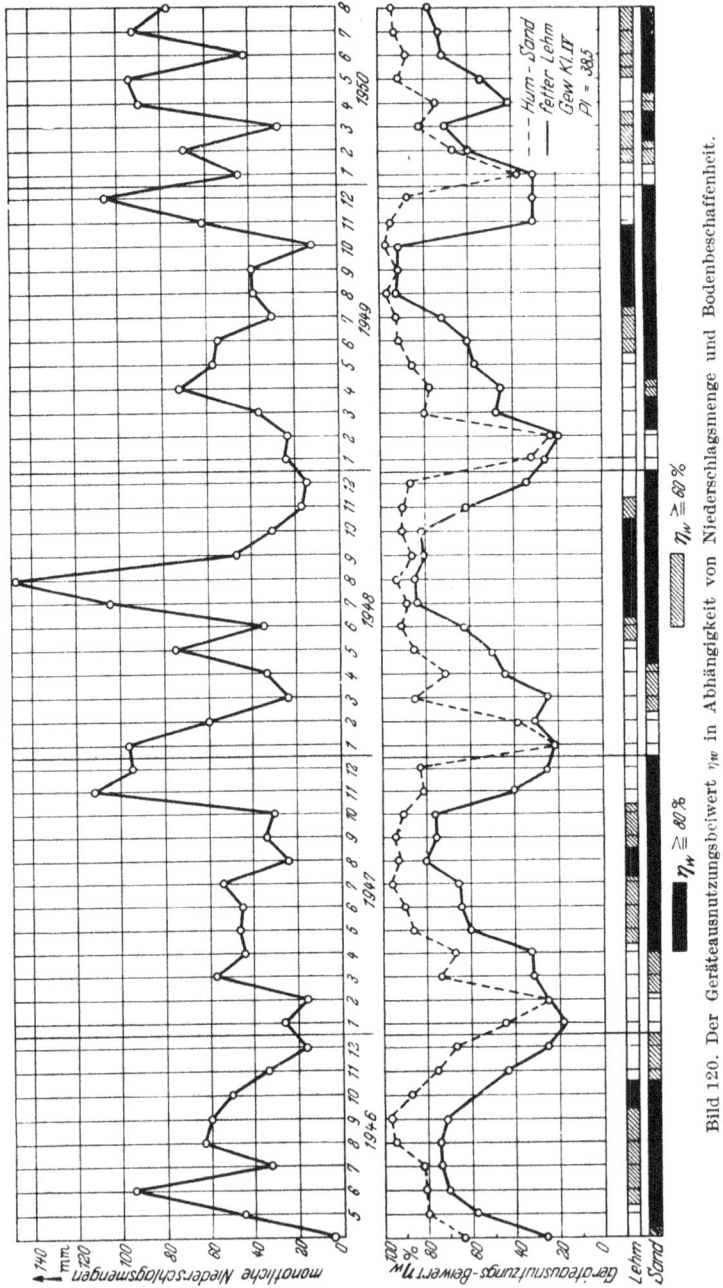

Bild 120. Der Geräteausnutzungswert η_w in Abhängigkeit von Niederschlagsmenge und Bodenbeschaffenheit.

ermittelt. Wenn auch die einzelnen Meßpunkte starken Streuungen unterworfen sind, so ist doch ihre Tendenz klar erkennbar und damit ihre Zusammenfassung in Kurvenform gerechtfertigt.

Durch die Diagramme ist es möglich, auf Grund der örtlichen Niederschlagsverhältnisse (aus den Aufzeichnungen früherer Jahre zu ersehen) und der jeweiligen Bodenbeschaffenheit der Baustelle für einen bestimmten Monat die vermutliche Einsatzzeit zu ermitteln.

Parallel mit den obigen Messungen lief eine weitere Versuchsreihe (Bild 120), die mit Raupenschleppern und Schürfkübelanhängern in zwei stark unterschiedlichen Bodenarten einer Baustelle durchgeführt wurde und veranschaulicht, in welchem Maß sich schwach bindiger und gut bindiger Boden bei gleichen klimatischen Verhältnissen auf die Geräteausnutzung auswirken. In schwach bindigen Böden mit geringer Wetterempfindlichkeit war im allgemeinen in den Monaten Mai bis Dezember eine mehr als 80%ige Geräteausnutzung möglich, während dieser Ausnutzungsgrad im B-Boden nur manchmal in den Monaten August bis Oktober erreicht werden konnte. In gut bindigem Boden entspricht die 60%ige Geräteausnutzungsskala in ihrer Breite etwa der 80%igen in schwach bindigem Boden.

1.34 Die Wetterempfindlichkeit der verschiedenen Fahrwerksarten. Die in Bild 119 wiedergegebenen Zusammenhänge beziehen sich auf Schürfkübelanhänger, die von Raupenschleppern gezogen wurden, gelten also für Zwittergeräte mit Raupen- *und* Reifenfahrwerk. Da auch die Frage interessierte, wie die Wetterempfindlichkeit der reinen Reifen- und der reinen Raupenfahrzeuge verläuft, wurden auf einigen Baustellen entsprechende Vergleichsversuche durchgeführt. Die Ergebnisse sind über das sog. Fahrwerksdiagramm (Bild 121) mit Bild 119 in Beziehung gesetzt.

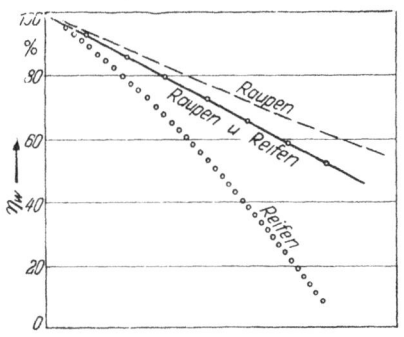

Bild 121. Der Einfluß der Fahrwerksart auf die Größe von η_w (Fahrwerkdiagramm).

Bild 121 zeigt, daß die Wetterempfindlichkeit der Reifengeräte *über*, die der Raupengeräte *unter* derjenigen der Zwitterfahrzeuge liegt.

Die in verschiedenen Bau- und Bergbaubetrieben Westdeutschlands gemachten Erfahrungen mit Reifengeräten haben durchweg ergeben, daß Reifengeräte unter unseren Klima- und Bodenverhältnissen nur in rolligen und leicht bindigen Böden bis zu einer Plastizitätszahl von etwa $Pl = 15$ wirtschaftlich verwendet werden können. In ausgesprochen trockenen Monaten kann der Einsatzbereich auch auf schwerere Böden ausgedehnt werden. Jedoch ist diese Erweiterung nur dann zulässig, wenn die örtlichen Witterungsverhältnisse so konstant sind, daß eine anhaltende Trockenheitsperiode mit großer Wahrscheinlichkeit vorausgesagt werden kann.

1.4 Der Betriebszeitbeiwert η_h.

Die allgemeinen Darstellungen über die Geräteausfallzeit haben oft zu einer gewissen Verwirrung und auf Grund der hohen Werte zu einer Ablehnung der gleislosen Förderung geführt. Tatsache ist, daß in manchen Fällen, in denen beim Einsatz gleisloser Geräte auf die bereits erwähnten Wettermaßnahmen, auf eingespielte und leistungsfähige Reparaturbetriebe und ein qualifiziertes Bedienungspersonal verzichtet wurde, die Werte für die Geräteausnutzung bis auf 30% absanken.

Demgegenüber lassen sich genügend Baustellen anführen, auf denen die Geräte über Tausende von Stunden von 60 möglichen Minuten durchschnittlich 55 min im Einsatz waren. Um im Hinblick auf die sich oft widersprechenden Informationen exakte Angaben über die Geräteausnutzung zu erlangen, wurden außer eigenen Aufschreibungen zahlreiche ausländische Maschinenbegleitbücher und Baustellenberichte ausgewertet. Hierfür kamen in erster Linie Geräte in Frage, die in niederschlagsarmen Gegenden arbeiteten, wo der Wettereinfluß weitgehend ausgeschaltet war. Da bei diesen Werten — bedingt durch entsprechende Personalauswahl und Entlohnungsform — auch der menschliche Leistungsfaktor an der maximalen Grenze lag, die Geräte nicht überaltert und die Organisation des Einsatzes wie auch die Reparaturbetriebe vorbildlich aufgebaut waren, konnte an Hand dieser Angaben am ehesten ein Bild über diejenigen Geräteausfallzeiten gewonnen werden, welche lediglich auf unvorhergesehene Reparaturen und Verzögerungen im Fahrbetrieb zurückzuführen waren.

Das Verhältnis der tatsächlichen Arbeitszeit zur gesamten Einsatzzeit eines Gerätes wird durch den Betriebszeitbeiwert η_h zum Ausdruck gebracht. η_h bezieht sich auf die theoretisch mögliche Betriebszeit von 60 min pro Gerätestunde. Der Betriebszeitfaktor läuft also auf eine Angabe der Geräteausfallzeit hinaus, jedoch werden in diesem Zusammenhang lediglich *unvorhergesehene* Geräteausfälle erfaßt. *Nicht* berücksichtigt werden die planungsmäßigen Wartungszeiten, in denen die Geräte sowieso aus dem Einsatz gezogen sind und stilliegen. Keine Berücksichtigung finden ferner der Wettereinfluß (η_W) und der Einfluß der Maschinisten (η_M).

Die unvorhergesehenen Ausfälle entstehen durch technische Unzulänglichkeiten der Geräte. Der Wert η_h charakterisiert daher auch deren Betriebssicherheit. Nicht nur jeder Gerätetyp, sondern jedes einzelne Gerät hat seinen eigenen η_h-Wert, der sich mit zunehmender Betriebsstundenzahl immer deutlicher herausbildet.

Bei der Ermittlung der Geräteausfallzeit wurden unterschieden:

A. Kleinere Ausfälle bis zu 15 min Zeitdauer.

B. Größere Ausfälle über 15 min Zeitdauer.

Das Ergebnis der Untersuchungen ist in Tab. 20 wiedergegeben. Die Werte gelten für besten Gerätezustand, einwandfreie Pflege, sachgemäßen Einsatz und sorgfältige Bedienung und sind typisch für eine bestimmte Geräteart. Die tatsächlichen Verhältnisse für ein einzelnes Gerät müssen je nach seinem mechanischen Zustand, der Güte der Reparaturbetriebe und den Erfahrungen des Bedienungs-, Reparatur- und bauleitenden Personals über den Korrekturwert c_h aus Tab. 21 verringert werden.

Tabelle 20. *Betriebszeitbeiwert* η_h.

	Planierraupe	Raupenschlepper mit Schürfkübelanhänger	Reifenschlepper mit Schürfkübelanhänger	Motorschürfwagen	Motortransport-wagen	LKW	Pflugbagger
Zahl der untersuchten Geräte . .	126	107	26	58	54	116	6
A. Kleinere Ausfälle:							
1. Nachstellen von Kupplungen, Bremsen	3,5	2,9	2,2	1,9	1,2	3,8	1,7
2. Auswechseln von Verschleißteilen	1,6	1,8	1,4	1,4	0,9	1,8	1,3
3. Kleinere Reparaturen . . .	2,4	2,5	0,7	0,7	1,0	1,6	2,2
4. Gesamtwert . . . . . . %	7,5	7,2	4,3	4,0	3,1	7,2	5,2
B. Größere Ausfälle:							
1. Reparatur von Geräteteilen	4,9	4,7	4,3	3,8	2,8	7,9	4,6
2. Auswechseln von Geräteteilen	2,7	2,4	2,4	2,1	2,3	4,5	3,3
3. Gesamtwert . . . . . . %	7,6	7,1	6,7	5,9	5,1	12,4	7,9
C. Gesamte Ausfallzeit . . . . %	15	14	11	10	8	20	13
D. Betriebszeitbeiwert η_h	0,85	0,86	0,89	0,90	0,92	0,80	0,87

Tabelle 21. *Beiwert* c_h.

Bedienung, Pflege und Reparatur der Geräte	gut	normal	mäßig	schlecht
c_h	1,0	0,94	0,83	0,7

1.5 Die jährliche Geräteausnutzung η_J.

Während der Betriebszeitbeiwert η_h die stündliche Geräteausnutzung und damit die Zeit angibt, die ein Gerät von sechzig möglichen Minuten pro Stunde tatsächlich im Einsatz ist, muß bei Arbeiten, die sich über mehrere Jahre erstrecken, auch die Zeit berücksichtigt werden, die das

Gerät innerhalb eines Jahres eingesetzt werden kann. Das geschieht über den Faktor η_J.

Die jährliche Geräteausnutzung ist abhängig von den täglichen Betriebsstunden (ein-, zwei- oder dreischichtiger Betrieb) und damit von der Zahl der Betriebsstunden pro Monat (bei einschichtigem Betrieb im Durchschnitt 200 Stunden) sowie von der wetterbedingten Einsatzzeit (bei uns im allgemeinen 7—9 Monate) und schließlich von der Betriebsstruktur bei stationären bzw. von der Auftragslage bei mobilen Betrieben.

Über die jährliche Ausnutzung wird im Zusammenhang mit der Kostenermittlung ausführlich berichtet (Abschn. K 2.43). Aus der zugehörigen Tab. 32 sind auch die verschiedenen Durchschnittswerte für η_J zu entnehmen (siehe S. 317).

2 Die Dauerleistung der Geräte.

Die über längeren Zeitraum erzielbare Dauerleistung errechnet sich im Sinne der obigen Ermittlungen wie folgt:

$$Q_D = Q_0 \eta_M \eta_W \eta_h c_h \eta_J \quad [\text{m}^3/\text{h}].$$

In allen den Fällen, in denen eine weniger große Genauigkeit erforderlich ist — z. B. bei Vorkalkulationen, Leistungsübersichten u. dgl. — kann die oben geschilderte Berechnungsmethode vereinfacht werden. So kann man zunächst auf eine genauere Ermittlung der Nutzladung verzichten und sie über einen Faktor, den Nutzladungsbeiwert c_C berücksichtigen.

Für c_C lassen sich folgende Werte einsetzen (Tab. 22):

Tabelle 22. *Nutzladungsbeiwert* c_C, *bezogen auf die Kübelnenngröße F 100.*
A = Brustschild, selbstladend. B = Schürfkübel, selbstladend. C = Schürfkübel, von Eimerseilbagger beladen.

Boden	A	B	C
1. Sand, feucht	0,9	0,9	1,1
2. Schwach bindiger Boden	1,4	1,1	1,1
3. Gut bindiger Boden, feucht.	1,2	1,0	0,9
4. Gut bindiger Boden, hart	0,8	0,7	0,6
5. Gesprengter Fels	0,5	0,5	0,7

Die Umlaufzeit T wird ebenfalls vereinfacht ermittelt:
Es werden eingesetzt:

Schürfzeit . . . . $t_s = 1,0$ min,
Entladezeit . . . . $t_e = 0,5$ min,
Wendezeit (nur bei Kreisverkehr) . . $t_w = 0,5$ min,
Beschleunigungszuschlag . . . . . . $t_a = 1,0$ min,
Zeit für Hinfahrt . . . . t_h:
        für Reifenfahrzeuge etwa 15 km/h,
        für Raupenfahrzeuge etwa 70% der Höchstgeschwindigkeit,
Zeit für Rückfahrt . . . . t_r:
        für beide Gerätearten etwa 85% der Höchstgeschwindigkeit.

Die vereinfachte Formel lautet dann

$$Q_D = \frac{F_{100} \cdot c_G \cdot 60}{T} \eta_M \eta_W \eta_h c_h \eta_J \quad [\mathrm{m^3/h}].$$

Schließlich lassen sich auch die vier Werte

$$\eta_M, \eta_W, \eta_h, c_h$$

noch zu einem einzigen Faktor, der sog. Gesamtgeräteausnutzung η_G zusammenfassen. Dann ist

$$Q_D = \frac{F_{100} \cdot c_G \cdot 60}{T} \eta_G \eta_J \quad [\mathrm{m^3/h}].$$

Als Werte für η_G wählt man (Tab. 23):

Tabelle 23. *Geräteausnutzungsbeiwert* η_G.

Allgemeine Einsatzbedingungen	Sehr gut	Gut	Mittel	Schlecht
1. Für Raupenfahrzeuge	0,90	0,83	0,75	0,60
2. Für Reifenfahrzeuge	0,85	0,75	0,65	0,50

Grundsätzlich sollte man aber die beiden letzten, vereinfachten Wege nur dann beschreiten, wenn es nicht um die Ermittlung genauer Leistungswerte geht. Die Leistungsschwankungen bei Flachbaggergeräten sind gerade in unserer Gegend mit dem ständigen Wechsel der Klima- und Witterungsverhältnisse zu groß, als daß sich nennenswerte Vereinfachungen rechtfertigen ließen. Man sollte es sich bei der Kalkulation nicht zu leicht machen. Meist stößt man erst bei der genauen Durcharbeitung eines Einsatzes auf die Schwierigkeiten und Gefahren, die das Vorhaben in sich trägt, und erst dann gewinnt man das erforderliche klare Bild, wenn man sich mit allen Eventualitäten und Möglichkeiten, die in einem solchen Einsatz drinstecken, genügend auseinandergesetzt hat.

3 Möglichkeiten der Leistungssteigerung.

Um die Leistungen der einzelnen Geräte oder Gerätekombinationen zu steigern, sind in der Praxis verschiedene Verfahren entwickelt worden, welche sich

a) auf den Einsatz zusätzlicher Hilfsgeräte,

b) auf die Wahl leistungssteigernder Einsatzmethoden erstrecken.

3.1 Einsatz zusätzlicher Hilfsgeräte.

3.11 Schubraupe. Ursprünglich nur als Ladehilfe für Motorschürfwagen gedacht, werden die Schubraupen heute beim Beladen der meisten Schürfkübel, auch der von Raupenschleppern gezogenen, eingesetzt, um die Kübelfüllung zu erhöhen und die Ladezeit zu verkürzen.

Die Tatsache, daß alle Arten der Schürfkübel meist im Zusammenhang mit Schubraupen verwendet werden, wird oft als Nachteil der gleislosen Erdbewegung hingestellt. Die Untersuchungen haben aber gezeigt, daß die Verwendung der Schubraupe den Kubikmeterpreis nicht erhöht, in der Mehrzahl der Fälle dagegen beträchtlich senkt, obwohl die Gerätekosten höher liegen: Die höheren Betriebsstundenkosten der Gerätekombination werden durch die gesteigerte Förderleistung mehr als ausgeglichen.

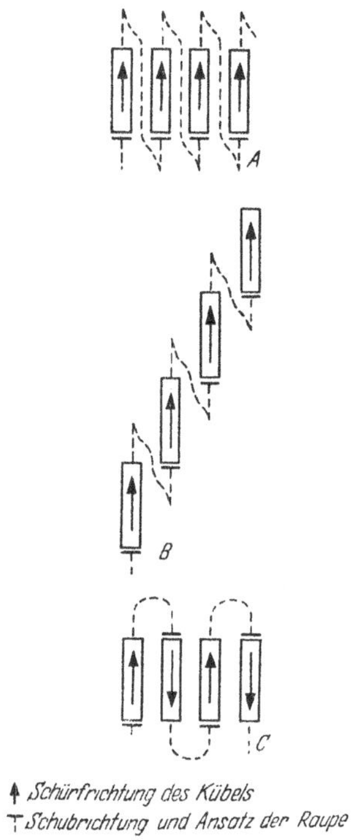

Gegenwärtig werden für die Schubraupe drei Einsatzformen verwendet (Bild 122):

Form A: Die Schubraupe fährt nach dem Beladen eines Kübels leer wieder an die Ausgangsstelle zurück und lädt über die gleiche oder eine seitlich anschließende Bahn den nächsten Kübel usw.

Form B: Der nächste zu beladende Schürfkübel setzt sich etwa an die Stelle, an der die Beladung des vorhergehenden beendet ist. Die Schubraupe kann dann mit einem Minimum an Fahrweg zum nächsten Schürfkübel überwechseln. In gleicher Weise wird der Rückweg zum Beladen von Kübeln ausgenutzt.

Form C: Wenn die Schubraupe einen Schürfkübel beladen hat, wendet sie in Form eines U um 180° und schiebt das in der benachbarten Schürfbahn fahrende Gerät in die entgegengesetzte Richtung.

Die Zeiten, die die Geräte für einen Schubeinsatz bei den drei Einsatzformen brauchen — Kübelfolgezeiten genannt — haben, gemessen vom Beginn des Schiebens bis zum Schubbeginn des nächsten Gerätes etwa folgende Größe:

↑ *Schürfrichtung des Kübels*
⊤ *Schubrichtung und Ansatz der Raupe*

Bild 122. Die Einsatzformen der Schubraupe.

Form A: Kübelfolgezeit t = 2 min
  ,,   B: ,,   t = 1,5 min
  ,.   C: ,.   t = 1,5 min

Die beiden letzten Einsatzformen liegen also zeitlich gesehen günstiger als Form A, dafür haben sie einsatzmäßig gewisse Nachteile: Form B erfordert wegen des Hintereinandersetzens längere Schürfstellen; Form C ist nur möglich, wenn nach beiden Seiten abgefahren werden kann. Form A liegt zwar in der Kübelfolgezeit etwas höher (wegen des unausgenutzten Rückweges), kann aber bei (in Förderrichtung) kurzen Schürfstellen gut verwendet werden. Ebenso kann die Schürfstelle auch beliebig breit sein.

Vor allem der Einsatz der Motorschürfwagen ist heute ohne Unterstützung durch Schubraupen nicht mehr denkbar. Da in den meisten Fällen sowieso Planierraupen auf der Baustelle sind, fällt es nicht schwer, sie als Ladehilfe heranzuziehen, wenn die Verwendung von Raupenschleppern ausschließlich als Schubraupen nicht möglich ist. Im allgemeinen wird die Schubraupe heute mit dem Tiefreißer kombiniert.

Um ein Bild von der leistungsmäßigen und wirtschaftlichen Auswirkung des Schubraupeneinsatzes zu bekommen, wurden zahlreiche Zeit- und Leistungsstudien mit zwei Motorschürfwagen durchgeführt:

Gerät   I: 150 PS, 11,5 m³ gehäuft,

Gerät II: 100 PS,   8,4 m³ gehäuft.

Beide Geräte kamen mit Schubraupen von 50, 75, 95 und 145 PS zum Einsatz. Die Ergebnisse waren folgende:

In Bild 123 (Diagramm a) ist zunächst die Kübelfüllung wiedergegeben, die die Schürfwagen beim Einsatz der verschiedenen Schubraupengrößen erzielten. Die Versuche wurden in einem für das Füllen günstigen (für den Kraftschluß allerdings weniger guten) lehmigen Sandboden durchgeführt, in welchem das 100-PS-Gerät ohne Schubraupe eine Raumfüllung von 3,1 m³, das 150-PS-Gerät eine Füllung von 4,0 m³ erzielte. Die Krümmung der Kurven, d. h. die im Verhältnis geringere Füllung bei größeren Schubraupen, ist durch die höheren spezifischen Füllwiderstände bei größeren Kübelfüllungen zu klären.

Das Bild läßt erkennen, daß die max. Kübelfüllung des Gerätes II schon mit einer Schubraupe von 95 PS erreicht wird. Der Einsatz stärkerer Schubgeräte bringt hier keinen weiteren Erfolg, dagegen kann das Gerät I seine max. Füllung erst mit Hilfe des 145-PS-Schleppers erzielen.

Wie stark eine Schubraupe sein muß, hängt außer von der Kübelfüllung auch vom Kraftschluß des eigentlichen Schubgerätes ab. Exakte Angaben hierüber können nur mit Hilfe des Ladediagramms (Abschn. G 3.2) vorgenommen werden. Es empfiehlt sich in jedem Fall, den Schubraupeneinsatz rechnerisch festzulegen. Nur so kann man die Verwendung von zu starken Schubraupen verhindern bzw. die Unwirtschaftlichkeit zu kleiner Schubraupen rechtzeitig erkennen.

In Diagramm b sind die Schürfzeiten der Versuche aus Diagramm a aufgetragen, die deutlich zeigen, daß die kleinen Raupenschlepper als Schubraupen ungünstig sind, da sie nicht nur geringe Kübelfüllungen erzielen, sondern auch Schürfzeiten benötigen, die z. T. beträchtlich über der allgemeinen Grenze von 1 min liegen. Als Schubraupen kommen daher nur Schlepper von mind. 70—80 PS in Frage.

In Diagramm c sind die reinen Ladeleistungen der Schubraupen bei den eben erwähnten Einsatzformen A und B verglichen. Diese Werte können nur bei eingespieltem Schubraupenbetrieb erzielt werden. Die Ladeleistungen bei Einsatzform A betragen infolge der größeren Kübelfolgezeit nur etwa 75% derjenigen von Einsatzform B. Wenn es die

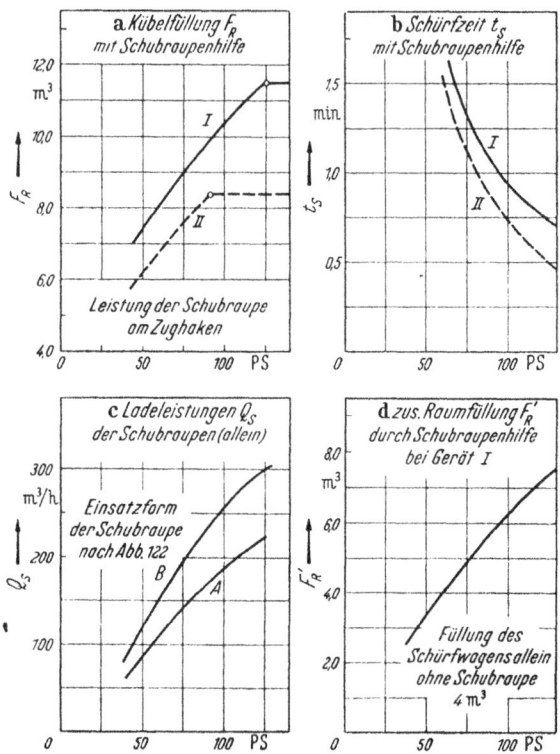

Bild 123 a–d. Der Einfluß der Schubraupengröße auf den Einsatz der Motorschürfwagen.

a Kübelfüllung F_R bei Schubraupenhilfe; b Schürfzeit t_s mit Schubraupenhilfe; c Ladeleistungen Q_s der Schubraupen allein; d zusätzliche Raumfüllung F_R durch Schubraupenhilfe bei Gerät I erzielt.

Ausdehnung der Schürfstelle zuläßt und geübte Maschinisten zur Verfügung stehen, ist immer die Form B vorzuziehen.

Diagramm d enthält die allein durch den Einsatz der Schubraupen *zusätzlich* erzielten Kübelfüllungen beim 150-PS-Gerät.

Bei Teleskopkübeln z. B. entspricht die Ladekraft eines 145-PS-Schleppers einer Kübelfüllung, die sonst erst durch ein Gefälle von etwa 21% erzielt wird. Beim Laden eines 14,3-m³-Schürfkübels gibt ein 95-PS-Schlepper die zusätzliche Ladeleistung eines 15%igen Gefälles. Im allgemeinen ist, wenn Schürfkübel und Schubraupen normal dimensioniert sind, mit einer Verdoppelung der Nutzladung zu rechnen.

Grundsätzlich sollen als Schubraupen immer die besten Schlepper eingesetzt werden. Ihre Wirkung als Ladehilfe wird beeinflußt von dem Verhältnis der Fahrgeschwindigkeiten zwischen Kübelschlepper und Schubraupe. Dieses ist dann am günstigsten, wenn die Geschwindigkeit der Schubraupe etwa 10% höher liegt als die des Kübelschleppers, um stets ein dichtes Anliegen der Schubraupe an den vorausfahrenden Kübel zu gewährleisten.

Nachdem der Kübel beladen ist, soll die Schubraupe noch so lange mit dem Schieben fortfahren, bis der Zugschlepper in den schnelleren Fahrgang geschaltet hat. In diesem Fall wird zwar die Kübelfolgezeit etwas vergrößert, aber die Umlaufzeit des eigentlichen Schürfaggregates beträchtlich verkürzt.

Die Zahl der Schürfkübel (n), die eine Schubraupe beladen kann, läßt sich aus der Formel

$$n = \frac{T}{t_k}$$

berechnen, wobei T die Dauer eines Umlaufes des Hauptgerätes und t_k die Kübelfolgezeit bedeutet.

Prinzipiell sollen nicht mehr als vier Schürfkübel durch eine Schubraupe beladen werden, da sonst leicht Schwierigkeiten in der Verkehrsregelung auf der Schürfstelle eintreten können. Bei Schubraupenbetrieb ist eine besondere Verkehrsleitung auf der Schürfstelle meist unentbehrlich. Wird ein zweiter Schlepper als Ladehilfe benötigt, so kann er auch *vor* dem Schürfaggregat fahren und dieses ziehen. Das ist besonders bei großen Motorschürfwagen der Fall.

In neuerer Zeit sind auch Reifenschlepper zur Ladehilfe für Motorschürfwagen eingesetzt worden. Ihre Wirksamkeit ist jedoch wegen des im Durchschnitt geringeren Kraftschlusses der Reifen nicht so groß. Raupenschlepper stellen nach wie vor die beste Form der Schubraupe dar, und in der Motorschürfwagen-Schubraupen-Kombination hat sich heute allgemein die gleislose Erdbewegung auf ihre wirtschaftlichste Form eingespielt.

3.12 Tiefreißer. Um die Ladezeiten abzukürzen, werden alle festeren Böden vor dem Schürfen mit Tiefreißern aufgelockert. Der Tiefreißer kann mit 1—5 Zähnen eingesetzt werden. Je mehr Zähne verwendet werden, um so geringer ist die Tiefenwirkung und um so kleiner die aufgebrochene sekundäre Bodenkörnung. In hartem Boden wird nur *ein* Zahn mit Tiefgang bis zu 70 cm eingesetzt, der dann große Schollen aufbricht.

Um das Eindringen des einzelnen Zahnes in besonders harte Böden zu begünstigen, kann der Tiefreißer mit weiteren Gewichten belastet werden. — Die großen Tiefreißer sind so kräftig gebaut, daß sie zusätz-

lich zu dem ziehenden Schlepper von 1—2 Schubraupen geschoben
werden können.

Infolge der enormen Reißkräfte, die auf einen einzelnen Zahn konzentriert werden können (bis zu 40 t in horizontaler Richtung), verleiht
der Tiefreißer den Flachbaggern lösetechnisch eine teilweise Überlegenheit über die stationären Bagger. Durch ihn können die Schürfkübel
in manchen Fällen noch Material laden, das für Löffelbagger schon
durch Sprengen oder mit Preßluftmeißeln aufgebrochen werden muß
(meist harte geschichtete Böden, Schiefer oder Schichtgestein).

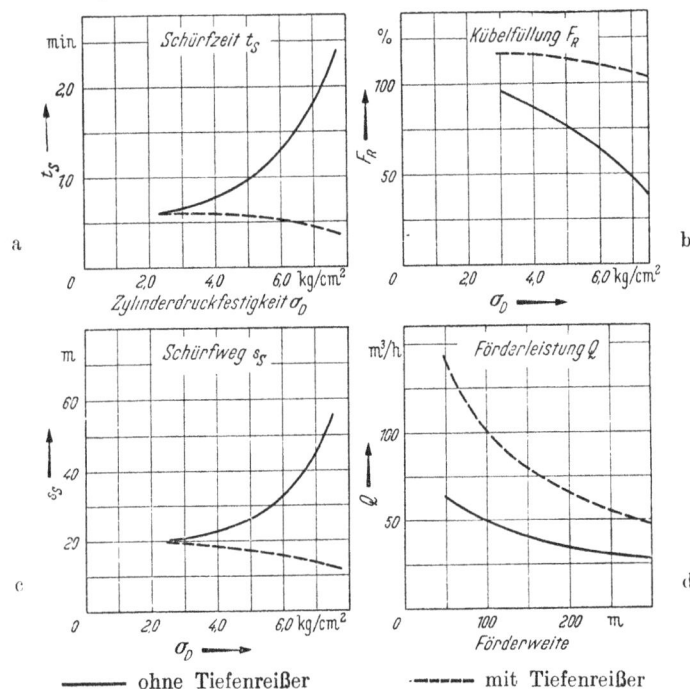

Bild 124 a–d. Der Einfluß des Tiefreißers auf die Leistung eines Schürfwagen-Anhängers 9,2 m³
mit 145-PS-Raupenschlepper.
a Schürfzeit t_s; b Kübelfüllung F_R; c Schürfweg s_s; d Förderleistung Q.

Um den Einfluß des Tiefreißers auf die Leistung der Schürfkübel
zu klären, wurden in fünf verschiedenen Bodenarten mit Würfelfestig-
keiten zwischen $\sigma_D = 2,9$ und $\sigma_D = 7,2$ (harter, ausgetrockneter Lehmboden unterschiedlicher Kohäsion) Vergleichsversuche durchgeführt.
Eingesetzt waren ein LeTourneau K 30-Tiefreißer mit drei Zähnen, von
einem D 8 geschleppt, und ein D 8 mit 12 cu. yd.-Schürfkübelanhänger.
Bild 124a zeigt den Einfluß des Tiefreißers auf die Schürfzeit. Während diese ohne Tiefreißer mit zunehmender Bodenfestigkeit (σ_D) stark
ansteigt, liegt sie beim Einsatz des Tiefreißers im ganzen beträchtlich
niedriger und sinkt mit zunehmender Schürfzahl leicht ab.

Bild 124b gibt einen Überblick über die Kübelfüllungen, die mit und ohne Tiefreißer erzielt werden. Je höher die Bodenfestigkeit (σ_D) wird, um so weniger ist der Kübel noch in der Lage, durch sein Schwergewicht in den Boden einzudringen. Das Schürfen besteht dann meist nur noch aus einem Kratzen auf dem harten Boden mit schlaffem Hubseil. Die Kübelfüllung fällt ohne Tiefreißer mit zunehmender Lösefestigkeit beträchtlich ab.

Bild 124c zeigt die starke Zunahme des Schürfweges beim Einsatz ohne Tiefreißer, während im anderen Fall der Schürfweg geringfügig verkürzt wird.

Einen zusammenfassenden Überblick über die Vorteile des Tiefreißereinsatzes geben die Förderleistungen des Bildes 124d. Die höheren Kübelfüllungen und besonders die kürzeren Schürfzeiten ergeben auf kurzen Förderstrecken eine rund doppelt so hohe Förderleistung.

3.13 Erdhobel. Wie die Schubraupe ist auch der Erdhobel zum unentbehrlichen Hilfsgerät der modernen Erdbewegung geworden. Die Fahrbahnunterhaltung verlangt ein äußerst bewegliches Planiergerät, das schnell an Schadenstellen der Erdförderstraße eingesetzt werden kann oder systematisch laufend die Förderwege einebnet. Die ursprünglich verwendeten Planierraupen erwiesen sich für diesen Zweck als zu langsam und arbeiteten auch in der Güte des Planums nicht genau genug. Man ging dazu über, für die Fahrbahneinebnung Schürfkübel einzusetzen, doch fielen diese Geräte dann für die eigentliche, gewinnbringende Erdbewegung aus.

Im Laufe der Zeit entwickelte sich der motorisierte Erdhobel als spezielles Gerät für die Unterhaltung der Fahrbahn. Während für Raupenschlepper mit Schürfkübeln eine besondere Fahrbahninstandhaltung im allgemeinen nicht erforderlich ist, da die Geschwindigkeiten der Raupengeräte gering sind und die inneren Widerstände der Raupenketten bereits einen Fahrwiderstand von mindestens 50 kg/t erzeugen, besitzt der Erdhobel für schnellfahrende Reifengeräte um so mehr Bedeutung. Sein Einfluß auf die Förderleistung läßt sich zahlenmäßig schwer darstellen. Im allgemeinen wird eine erhebliche Erhöhung der Fahrgeschwindigkeit erzielt. (In extremen Fällen lassen sich bis zu zwei Getriebegänge gewinnen.) Seine Bedeutung soll an folgenden Beispielen erläutert werden:

1. Ein Reifenschlepper Caterpiller DW 10 mit aufgesatteltem Schürfkübel mußte auf einer unebenen Straße im vorletzten (IV.) Gang mit 18,8 km/h Geschwindigkeit statt im höchsten Gang mit 30,2 km/h fahren. Über eine Förderweite von 1000 m leistete er 49 m³/h. Nach der Einebnung der Straße durch einen Erdhobel konnte er ohne Schwierigkeiten im höchsten Gang fahren und förderte 67 m³/h. Der Erdhobel ergab also eine Erhöhung der Förderleistung um 37%.

2. Ein Tournapull Super C förderte über eine Strecke von 1,6 km auf unbearbeiteter Erdstraße im III. Gang mit 13,4 km/h 30,5 m³/h. Nach Einsatz des

Erdhobels konnte er im IV. Gang fahren und leistete bei 22,5 km/h 47,5 m³/h. Die Leistungserhöhung betrug hier 55%.

3. Bei einem Tournapull Super C brachte die Erhöhung der Fahrgeschwindigkeit über eine Förderstrecke von 150 m nach Bearbeitung des Förderweges durch einen Erdhobel pro Fahrt eine Zeiteinsparung von 0,5 min. Dadurch konnte die Förderleistung um etwa 11 m³/h erhöht werden.

4. Ein Caterpillar D 7 schleppte einen 12 cu. yd.-Schürfwagen über eine Förderweite von 300 m. Auf unebener Fahrbahn fuhr er die Strecke im IV. Gang mit 7,4 km/h in 5 min und förderte in acht Fahrten pro Stunde 57 m³. Nach dem Einebnen des Weges fuhr er die gleiche Strecke im V. Gang mit 9,7 km/h in 3,8 min, machte 9,5 Fahrten/h und förderte 69 m³; hier ergab sich also eine Leistungserhöhung von 21%.

Aus diesen Beispielen mag hervorgehen, wie wichtig der Erdhobel für die gleislose Erdbewegung ist. Zur Fahrbahninstandhaltung wird heute in zunehmendem Maße auch der Tournadozer verwendet, der wegen seines kurzen Radstandes erheblich wendiger ist, wenn auch die Güte des Planums nicht mit der des Erdhobels auf eine Stufe gestellt werden kann.

3.2 Leistungssteigernde Einsatzmethoden.

3.21 Ladezug der Schürfkübel. In Amerika hat sich in jüngerer Zeit eine neue Einsatzform der Schubraupe herausgebildet, das sog. train loading, deutsch der „Ladezug". Sie besteht darin, daß sich 3—4 von Raupenschleppern gezogene Schürfwagen beim Laden hintereinandersetzen, wobei am Schluß des Zuges nur eine Schubraupe schiebt. Beim Laden unterstützt ein Gerät das andere. Sämtliche Schürfkübel werden außerdem von der Schubraupe unterstützt. — Dadurch kann z. B. im mittleren Lehmboden die Förderleistung um 15—20% gesteigert werden.

Diese Methode hat sich besonders beim Beladen der von Raupenschleppern gezogenen Schürfwagenanhänger bewährt, da die für eine volle Kübelladung erforderlichen zusätzlichen Schubkräfte in diesem Fall verhältnismäßig gering sind und eine Schubraupe, die normalerweise einen einzelnen Schürfwagen schiebt, meist nicht voll ausgenutzt wird. Das Bedienen von 3—4 Schürfwagen gleichzeitig durch eine Schubraupe gewährleistet einen wirtschaftlicheren Einsatz großer Schubraupen.

3.22 Tandem-Einsatz der Schürfkübel. Eine Erhöhung der Förderleistung kann unter gewissen Einsatzbedingungen auch dadurch erreicht werden, daß zwei Schürfwagen hintereinandergekuppelt von *einem* Raupenschlepper gezogen werden. Hierfür kommen vor allem Schürfkübel über 12 m³ in Frage, die meist über Förderweiten von mehr als 400 m eingesetzt sind. Der Grundgedanke des Tandemeinsatzes ist der, den unter normalen Einsatzverhältnissen bei einer Schürfkübel-

Raupenschlepper-Kombination bestehenden Zugkraftüberschuß während der reinen Fahrbewegung auszunutzen und die Zahl und Größe der angehängten Schürfkübel lediglich nach den Fahrwiderständen, nicht aber auch nach den Schürfwiderständen zu bemessen. Zugkraftmäßig gesehen liegen die Verhältnisse ähnlich wie beim Motorschürfwagen: Hier wie dort sind die Schlepper im wesentlichen für die reine Transportbewegung dimensioniert und nicht in der Lage, die angehängten bzw. aufgesattelten Schürfkübel aus eigener Kraft ausreichend zu füllen. Sie benötigen dann entweder Schubraupen oder die Hilfe des Gefälles.

Sind die Fahrtrouten günstig, d. h. läßt sich zum Beladen die Gefällekraft ausnutzen und sind auf der Fahrstrecke sonst keine größeren Steigungen zu überwinden, so ermöglicht der Tandemeinsatz eine weit gleichmäßigere Kräfteausnutzung und ergibt Steigerungen der Förderleistung von 50—70%.

Für den Tandemeinsatz ist eine Seilwinde mit vier Trommeln erforderlich. Ist der eine Kübel kleiner als der andere, so ist es am zweckmäßigsten, den schmalen Kübel nach hinten zu setzen, da der hintere Kübel vom Maschinisten schlechter beobachtet werden kann und auch eher dazu neigt, eventuell an Böschungskanten abzurutschen. Der vordere Kübel ist stets zuerst zu beladen. Da der zweite Kübel vom Maschinisten aus schlecht zu sehen ist, muß die Kontrolle über seine Beladung weitgehend mit dem Gehör (Motorbelastung) vorgenommen werden. Der größere Kübel direkt hinter dem Schlepper ist auch bei Talfahrt günstiger. Wenn der erste Kübel beladen und angehoben ist, drückt er unmittelbar auf den Schlepper und unterstützt mit seinem Gesamtgewicht die Ladekraft des Schleppers, ohne über ein Zwischengerät wirken zu müssen. — Fährt man im beladenen Zustand steile Böschungen hinunter, so kann man den zweiten Kübel auf dem Boden schleifen lassen und erhält so eine wirksame Schleppbremse.

3.23 Grabenförderung der Planierraupen. Um die Leistungsverluste durch das seitliche Abfließen des Bodens an den Rändern des Querschildes zu verhindern, können Seitenbleche angebracht werden. Man kann aber auch bei gleichem Förderweg den seitlich abfließenden Boden zu immer größeren Wällen links und rechts der Schubstrecke aufwachsen lassen und dadurch eine ähnliche Wirkung erzielen. Die Leistungserhöhung hängt von der Höhe der Wälle ab. Bei Wällen von etwa halber Schildhöhe kann die Förderleistung um bis zu 20% gesteigert werden.

3.24 „Seite-an-Seite"-Einsatz der Planierraupen. Das seitliche Abfließen des Fördergutes kann ebenfalls reduziert werden, indem man mehrere Planierraupen nebeneinander arbeiten läßt, so daß sich ihre Schildseiten ständig berühren. Diese Einsatzart erfordert sehr geübte

Fahrer, bringt aber für jede Nahtstelle eine zusätzliche Schildfüllung von rund 20%.

3.25 „Spreizladen" der Schürfkübel. Eine Abkürzung der Ladezeit läßt sich dadurch erzielen, daß man beim Flächenabtrag, wo die Schürfbahnen nebeneinanderliegen, nicht Bahn an Bahn schürft, sondern nach der ersten zunächst die dritte Bahn abträgt (Bild 125) und die zwischenliegende zweite Bahn in einer Breite von etwa $^2/_3$ der Schneidenbreite des Kübels stehenläßt, um dann nach Beendigung der Schürfbahn 3 den stehengebliebenen Mittelstreifen infolge seiner geringeren Breite mit höherer Geschwindigkeit in den Kübel zu laden. Vergleichende Versuche haben ergeben, daß hier die gesamte, für eine Fläche erforderliche Ladezeit bei gleicher Lademenge um 10—15% reduziert werden kann.

Bild 125. Schürfkübelraupe SR 53 beim Abtrag einer harten Grasnarbe in gespreizten Schürfbahnen (Spreizladen).

3.26 Talförderung. Der Einfluß des Steigwiderstandes auf die Fahrbewegung der Geräte wurde schon an anderer Stelle behandelt. Er wurde dort von der fahrdynamischen Seite her betrachtet. So unangenehm er sich bei der Überwindung von Steigstrecken auswirken kann (Einsatz von Schubraupen, geringere Füllungen, geringere Fahrgeschwindigkeiten), so hat er auch eine sehr erfreuliche Seite, die sich leistungsfördernd auswirken kann. Der Steigwiderstand wirkt nicht nur bremsend, wenn langsam gefahren wird, sondern er wirkt bei negativem Vorzeichen, also bei Talfahrt, beschleunigend und erhöht die Zug- bzw. Schubkraft des Schleppers.

Während des ganzen Geräteumlaufes wird an keiner Stelle mehr Zugkraft benötigt als beim Füllen des Kübels. Daher ist es naheliegend, die Gefällekraft des Steigwiderstandes etwa an Stelle einer Schubraupe auszunutzen und die Fahrbahn, wenigstens aber die Schürfstrecke, so zu legen, daß ein möglichst großer Betrag dieser Gefällekraft nutzbar gemacht werden kann.

Das ist meist gar nicht so schwierig. Wie Bild 126 zeigt, kann ein Abtrag statt in lauter horizontalen Schnitten auch in geneigten Schürfbahnen vorgenommen werden. Dann ergeben sich ohne jede Komplikation auf der Baustelle automatisch höhere Schubkräfte, die zudem noch die Eigenschaft haben, daß sie mit zunehmender Kübelfüllung — wie es erwünscht ist — anwachsen.

Wie sich die Steigung auf die Leistung der Planierraupen auswirkt, ist in Bild 127 gezeigt. Es lohnt sich immer, den Geräteeinsatz unter dem Gesichtspunkt der Ausnutzung der Gefällekraft zu planen. In Bild 128 ist angegeben, in welchem Ausmaß die Neigung einer Schürfstrecke die Füllung des Schürfkübelanhängers erhöht. So können Schlepper von 145 PS, die mit vollem Schürfwagenanhänger ein Gesamtgewicht von etwa 40 t haben, bei 20% Neigung eine zusätzliche Gefällekraft von 8 t erzielen, mit der wieder 4—5 m³ beladen werden können, für die sonst u. U. eine Schubraupe nötig wäre. Die Ausnutzung der Gefällekraft macht nicht nur Schubraupen überflüssig, sondern ermöglicht es auch, bei der Zusammenstellung der Schürfwagenzüge die Schürfkübel bis zur doppelten Größe der sonst üblichen Werte zu dimensionieren.

3.27 Vermeiden von Wendungen. Neben der Ausnutzung des natürlichen Gefälles ist die Vermeidung unnötiger Wendungen die zweite Grundforderung für die Anlage der Förderwege. Wie bereits früher erwähnt, werden für jede Wendung 10—15 sek

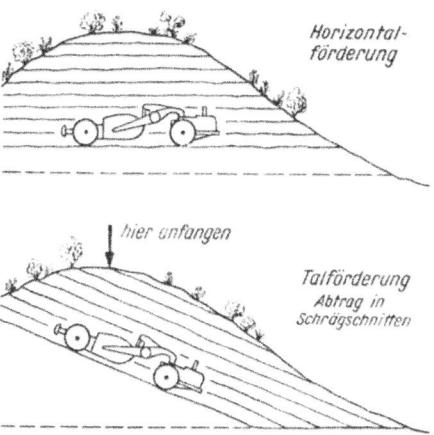

Bild 126. Zweckmäßiger Einsatz eines Flachbaggers zum Aushub eines Einschnittes durch Talförderung.

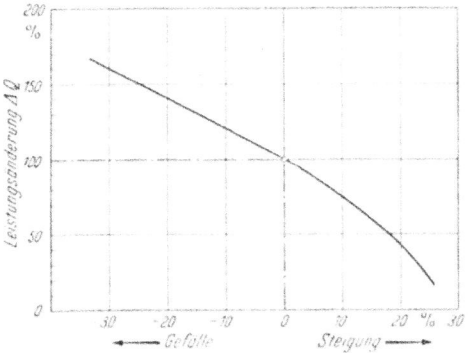

Bild 127. Einfluß der Fahrbahnneigung auf die Förderleistung der Planierraupe.

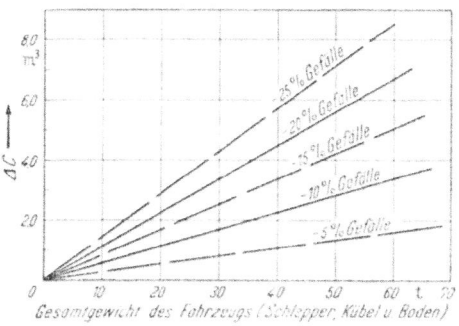

ΔC = zusätzliche Kübelfüllung

Bild 128. Einfluß des Gefälles auf die Förderleistung der Schürfkübel.

18

benötigt. Durch zweckmäßige Planung des Förderbetriebes kann ein Teil der unproduktiven Wendezeiten eingespart werden. Der Abtrag einer Erhebung soll, sofern der nötige Platz vorhanden ist, grundsätzlich nach beiden Gefälleseiten vorgenommen werden, um ein unnötiges Anhäufen von Fahrzeugen auf der Schürfstelle zu vermeiden. Diese Forderung kann durch den Fahrwegplan (Bild 129) erfüllt werden, bei dem durch das Schürfen auf beiden Seiten der Kuppe und das gleichzeitige Auffüllen beider Vertiefungen jeweils zwei Ladungen mit nur zwei Wendungen durchgeführt werden, während bei einseitiger Richtung der Erdbewegung auf je eine Ladung zwei Wendungen kommen (129a).

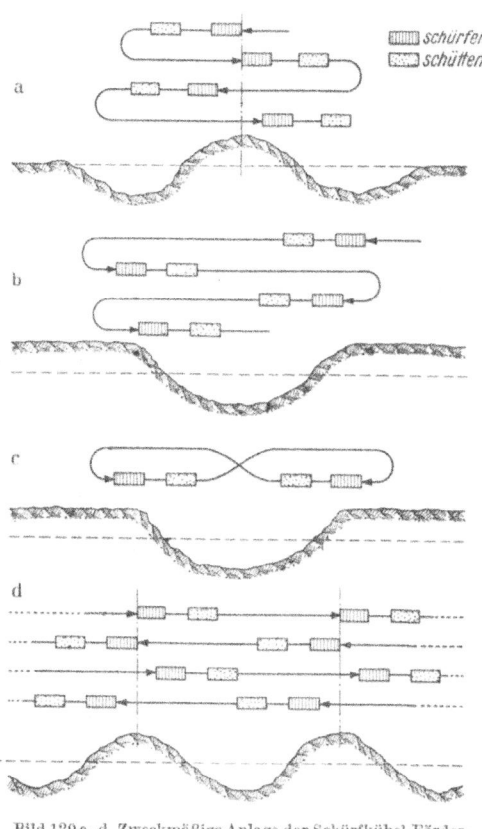

Das gleiche gilt für den Fall, daß eine Vertiefung zwischen zwei Erhebungen ausgefüllt werden soll. Ist die Fläche, über die ein derartiger Massenausgleich erfolgen soll, breit, so empfiehlt sich das Fahrbahnschema nach Bild 129b, während bei schmalen Schürfflächen, wie etwa im Straßenbau, das Schema c gewählt werden soll. Die zweiseitig gerichtete Erdbewegung spart in diesen Fällen stets zwei Wendungen ein und verkürzt damit die Umlaufzeit um 20—30 sek.

Bild 129 a–d. Zweckmäßige Anlage der Schürfkübel-Förderwege zur Vermeidung unnötiger Wendungen.

Liegen mehrere Ab- und Auftragsstellen im Wechsel hintereinander, so ist es zweckmäßig, die Geräte hintereinander über alle Stellen zu leiten, wie das Bild 129d zeigt. Sind z. B. aus fünf Abtragstellen vier Dämme aufzufüllen, so ergeben sich bei getrenntem Massenausgleich der einzelnen Stellen mit je einem Umlauf und zwei Wendungen insgesamt zehn Wendungen, d. h. etwa 2,5 min. Statt dessen kann man die gleiche Arbeit auch mit nur zwei Wendungen und 30 sek Wendezeit durchführen, wenn man in einem Zuge über alle Ab- und Auftragsstellen durchfährt.

Die letztere Methode bringt jedoch nur dann Vorteile, wenn die Fahrzeit von der Entlade- bis zur nächsten Schürfstelle nicht größer ist als die Zeit für einen einzelnen Geräteumlauf bei getrenntem Einsatz. Ein D 8 z. B. legt im höchsten Gang 33,5 m in 15 sek zurück, d. h. Raupenschlepper und Schürfwagen können in der Zeit, die sie sonst allein für das Wenden brauchen, um zur ersten Schürfstelle zurückzukehren, 33,5 m in Richtung auf die nächste vor ihnen liegende Schürfstelle fahren, ohne Zeit oder Leistung zu verlieren.

Jedes Fahrwegschema sollte daraufhin untersucht werden, ob durch Ausschalten von Wendungen Zeiteinsparungen erzielt werden können.

4 Förderleistungen der einzelnen Gerätetypen und -größen.

4.1 Leistungsüberblick.

Einen Gesamtüberblick über die Leistungen der gleislosen Geräte bei verschiedenen Förderweiten gibt das Bild 130. Die dortigen Leistungswerte gelten für die sog. „Normalbaustelle" mit folgenden, als Norm gewählten Baustellenverhältnissen (Tab. 24, S. 276).

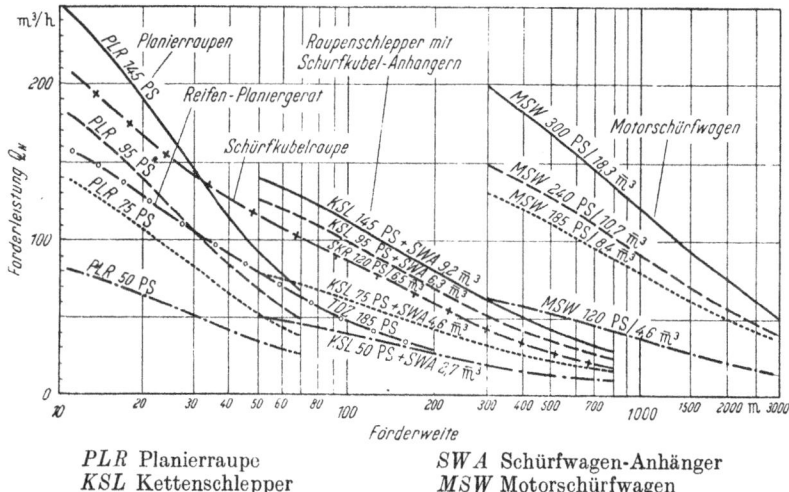

| PLR | Planierraupe | SWA | Schürfwagen-Anhänger |
| KSL | Kettenschlepper | MSW | Motorschürfwagen |

Bild 130. Gesamtübersicht über die Förderleistungen der verschiedenen Flachbaggergeräte.

Die Leistungen auf der Normalbaustelle, im folgenden Q_N genannt, sind wohl in der Praxis zu erzielen, aber nur unter günstigen Verhältnissen. Man kann sie zum Ausgangspunkt einer schnellen Leistungskalkulation machen, insbesondere, wenn man die dortigen Werte über η_G oder über die speziellen η-Werte auf einen praktischen Durchschnittswert reduziert.

Die „Normalbaustelle" wurde geschaffen, um für die Förderleistungen
der verschiedenen Geräte eine einwandfreie Vergleichsbasis zu erhalten.
Es wäre zweckmäßig, wenn diese Normalbaustelle in größerem Umfang
für alle Leistungsangaben zugrunde gelegt würde. Dann würden die erheblich auseinandergehenden Leistungsangaben der verschiedenen Stellen
über ein und dasselbe Gerät wie auch die unterschiedlichen Auffassungen
der Herstellerfirmen über Leistungsangaben verschwinden und man
könnte von einer einigermaßen objektiven Leistungsbeurteilung sprechen.

Tabelle 24. *Einsatzbedingungen der Normalbaustelle für die Förderleistung Q_N.*

A. *Boden:* Bindiger Boden (Bodengruppe B)

Zylinderdruckfestigkeit . . . . $\sigma_D = 0.6$ kg/cm²
Konsistenz: steifpl./halbfest . . . . $K = 1.0$
Kin. Bodenzähigkeit . . . . $\eta_B = 15$
Schürfwiderstand . . . . $w_{s\,10} = 40$ kg/dm²
Füllwiderstand . . . . $w_f = 650$ kg/t

B. *Schürfwerkzeuge:*

Planierschild . . . . Profil C 3 aus B 79
Schürfkübel . . . . Form G aus B 77

C. *Fahrbahn:*

Unebenheit . . . . —o—o—o— Kurve in B 95
Wellenhöhe . . . . = 5 cm
Konsistenz: steifpl./halbfest . . . . $K = 1.0$
Einsinkziffer . . . . $E_{3,0} = 2.5$ cm
Neigung . . . . 1 : ∞
Rollwiderstand Raupenketten . . . . $w_r = 65$ kg/t
Reifen . . . . $w_r = 25$ kg/t
Kraftschluß Raupenketten . . . . $\mu_K = 0.85$
Reifen . . . . $\mu_K = 0.60$

D. *Betriebsverhältnisse:*

Einsatzhöhe . . . . auf NN
Betriebszeitbeiwert . . . . $\eta_h = 0.85$
Wartungsfaktor . . . . $c_h = 1.0$
Wetterfaktor . . . . $\eta_w = 0.93$
Menschl. Leistungsfaktor . . . . $\eta_M = 0.95$
Gesamtgeräteausnutzung . . . . $\eta_G = 0.75$

E. *Geräteumlauf:*

Schürfzeit . . . . nach T 14
Entladezeit . . . . nach T 16
Fahrzeiten . . . . nach B 115
bis B 117

Einsatz von Schubraupen:
Nur bei Motorschürfwagen.
Dimensionierung der Raupen nach B 123 für volle Geräteauslastung

F. *Baustelle:*

Ebene Fläche.
Keine Behinderung durch Pflanzenwuchs,
Baustellenhindernisse,
Verkehrshindernisse.
Reibungsloser Ablauf der Förderung.

Für eine solche Normalbaustelle ließen sich natürlich auch andere Einsatzbedingungen, insbesondere andere Bodenverhältnisse, wählen. Diese Frage ist letzten Endes von untergeordneter Bedeutung. Die Bedingungen in Tab. 24 wurden nur zugrunde gelegt, weil sie für unsere Bodenverhältnisse wohl — soweit ein Geräteeinsatz in Frage kommt — am aktuellsten sind.

Wenn eine Normalbaustelle als Vergleichsebene gewählt wird, so muß man die Möglichkeit haben, die unter verschiedenen Einsatzbedingungen ermittelten Leistungen auf diese Standardverhältnisse zu übertragen. Das ist auf Grund der weiter oben beschriebenen genauen Methode der Leistungsberechnung ohne weiteres möglich. Da die wesentlichen Größen in funktioneller Form über einen größeren Bereich dargestellt werden, bereitet die Transformation dieser Werte und damit auch die Umrechnung der Leistungen keine Schwierigkeiten.

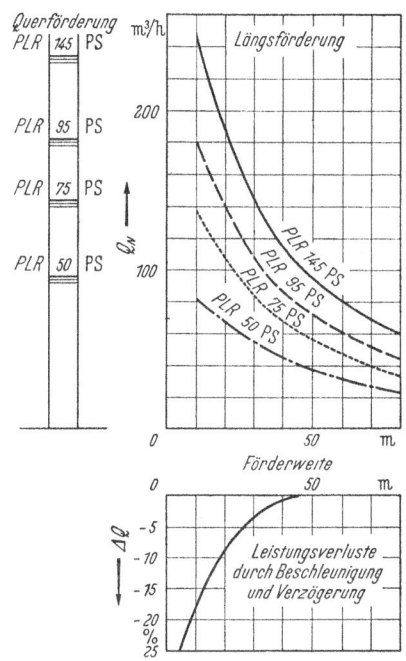

Bild 131. Die Förderleistungen der Planierraupen.

4.2 Einzelleistungen.

Erwähnt sei noch, daß alle Leistungsangaben in m³ grundsätzlich, wie das bei der Kalkulation üblich ist, für *gewachsenen* ungestörten Boden gemacht wurden. Zur Umrechnung auf lockeren Boden müssen die Werte aus Tab. 8 benutzt werden (s. S. 190).

4.21 Planierraupe. In Abb. 131 sind die Q_N-Förderleistungen der vier Hauptgrößen der Planierraupen bei einer Gesamtgeräteausnutzung von $\eta_G = 75\%$ dargestellt. Die entsprechenden Versuche wurden mit Schwenkschilden durchgeführt, die für die Längsförderung quer und für die Querförderung auf 27° schräg gestellt waren.

In dem besonders günstigen Lehmboden steifplastischer und halbfester Konsistenz ergaben sich maximale Schildfüllungen von über 200%. Der Boden wurde jeweils im ersten Gang (Nenngeschwindigkeit $V_I = 2{,}7$ km/h) gefördert, während für die Rückfahrt in allen Fällen der dritte Gang (Nenngeschwindigkeit $V_{III} = 4{,}7$ km/h) benutzt wurde. Die Nenngeschwindigkeiten wurden auf der Hinfahrt im Durchschnitt mit 75%, auf der Rückfahrt mit 90% ausgefahren. Durch die Zeitverluste beim Anfahren und Abbremsen ergaben sich Leistungsverluste, die, der Förderweite zugeordnet, im unteren Teil des Diagrammes eingetragen sind.

Die Leistungsangaben bei Querförderung gelten für leere Rückfahrt, beziehen sich also auf Einsätze, bei denen die geringe Breitenausdehnung der Baustelle ein Wenden des Schleppers nicht erlaubt oder die Fahrstrecke des Gerätes so kurz ist, daß sich das Wenden nicht rentiert. Wird das Schwenkschild zur Querförderung auf der Hin- und Rückfahrt, etwa zum Zuschieben von Gräben, benutzt, so erhöhen sich die angegebenen Leistungen auf das etwa 1,6 fache.

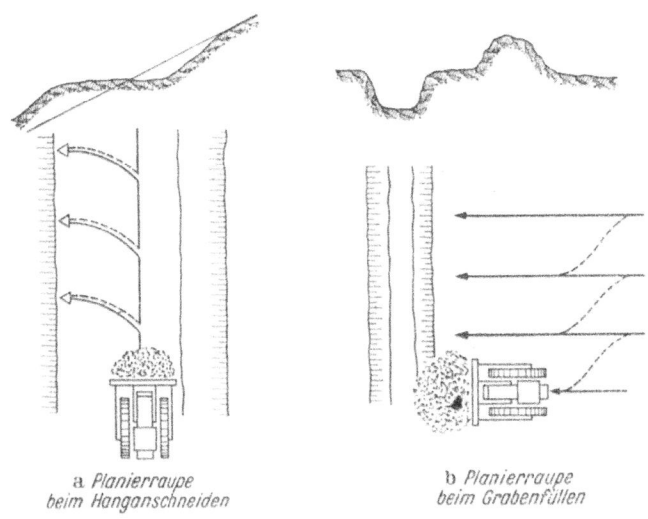

a. *Planierraupe*
beim Hanganschneiden

b. *Planierraupe*
beim Grabenfüllen

Bild 132 a u. b. Die zweckmäßige Durchführung von Erdbewegungen mit einem Bulldozer (Querschild) an Stelle eines Angledozers (Schwenkschild in Schrägstellung).

Die Leistungen des schräggestellten Schwenkschildes sind verhältnismäßig gering, weil das Grabgut nur in den seltensten Fällen völlig nach der Seite wegrollt. Außerdem läßt der hohe Seitendruck auf das Schild und die damit verbundene Lenkschwierigkeit nur geringe Fahrgeschwindigkeiten zu.

Für bestimmte Einsatzaufgaben lassen sich im Hinblick auf ständig wiederkehrende Fahrbewegungen konstante Umlaufzeiten oder Zeitzuschläge verwenden, welche die Leistungsermittlung vereinfachen: Ist z. B. beim Wegebau am Hang die Wegbreite größer als die Schildbreite, so wird oft nicht mehr das schräggestellte, sondern das quergestellte Schild verwendet und der Boden nach Bild 132a seitlich abgelagert. Der Schlepper füllt das Schild in Geradeausfahrt und führt dann mit dem vollen Schild einen Bogen nach der Böschung, um im rechten Winkel zur eigentlichen Baurichtung den Boden über die Böschungskante zu stoßen. In diesem Fall kann man für jeden Fördertakt eine Gesamtumlaufzeit von etwa 0,8 min ansetzen. Ebenso ergibt sich für das Zuschieben von Gräben eine ziemlich gleichbleibende Umlaufzeit von 0,65 min pro Fördertakt (Bild 132 b).

Werden die Planierraupen im geschütteten Boden auf der Kippe eingesetzt, wo die Transportfahrzeuge das Fördergut bereits nahe dem Böschungsrand ausschütten und die Förderweiten unter 10 m liegen, so tritt gegenüber den normalen Werten eine Leistungserhöhung ein, deren Größe im Faktor c_K der Tab. 25 dargestellt ist.

Tabelle 25. *Leistungsfaktoren c_K für Planierraupen auf der Kippe.*

B-Boden		R-Boden	
Trocken, bröckelig	Feucht, krümelig	Sand, feinkörnig	Sprengfelsen, grobkörnig
1,40	1,25	1,20	1,15

Für den Bau von Wegen, die mit dem Schwenkschild in einen Abhang eingeschnitten werden, wird zweckmäßig nicht die Förderleistung in m³/h, sondern die Baugeschwindigkeit in m/h angegeben. Diesbezügliche Leistungsuntersuchungen haben zu den Angaben in Abb. 133 geführt. Das Hauptdiagramm zeigt den Baufortschritt für verschiedene Hangneigungen und Schleppergrößen bei einer Wegebreite von 2 m. Werden breitere Wege gebaut, so sind die Leistungswerte des Hauptdiagramms mit dem Korrekturfaktor f_h zu multiplizieren.

Für die Leistungen der Planierraupen beim Freimachen der Baustelle gibt

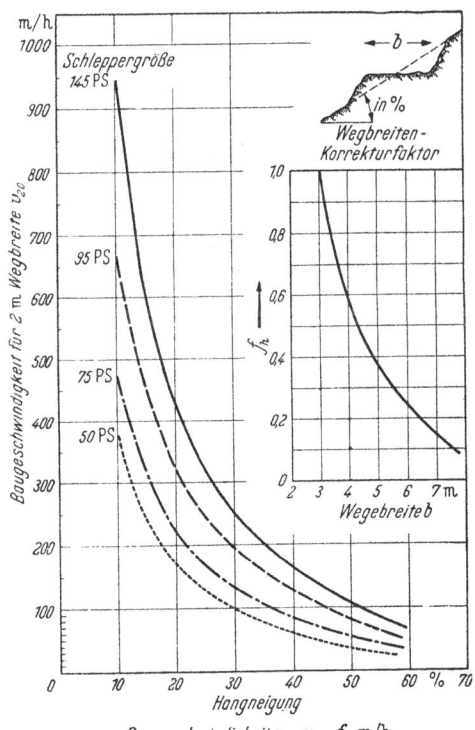

Bild 133. Leistungen der Planierraupen mit Schrägschild beim Wegebau an Abhängen (Hanganschnitte).

Tabelle 26. *Planierraupen-Leistungen: Freimachen der Baustelle.*

Gerät: Planierraupe 145 PS.

a) Gestrüpp und kleine Bäume: 2—2,5 km/h,
b) mittlere Bäume (10—25 cm Durchmesser): 1—3 min/Baum,
c) starke Bäume (30—75 cm Durchmesser): 5—20 min/Baum.

Tabelle 27. *Planierraupen-Leistungen: Grabenbau.*

Methode I: Aushub mit Schwenkschild und Querförderung.
Methode II: Aushub mit Querschild und Längsförderung.

Leistungen in m³/h	Gerätegröße	
	145 PS	95 PS
Methode I (fein) . . .	45	39
Methode II (grob). . .	88	76

Tab. 26, über den Einsatz beim Grabenbau Tab. 27 Durchschnittswerte an. Für den Einsatz der Planierraupe zum Grabenaushub ergeben sich zwei Möglichkeiten:

Methode I: Eingesetzt wird eine Planierraupe mit schräggestelltem Schwenkschild, die in Grabenrichtung arbeitet und den Boden quer dazu nach dem Grabenrand fördert.

Methode II: Eine Planierraupe mit Querschild arbeitet quer zur Grabenrichtung und schiebt den Boden vor sich her über den gegenüberliegenden Grabenrand hinaus.

Die Leistungsvergleiche zeigen, daß sich unter Benutzung des Querschildes Gräben mit etwa der doppelten Geschwindigkeit herstellen lassen als mit schräggestelltem Schwenkschild. Die letztere Methode arbeitet allerdings wesentlich genauer.

4.22 Schürfkübelraupe. Die Schürfkübelraupe kann bekanntlich auf drei verschiedene Arten fördern:

a) mit dem Kübel, Klappe geschlossen,
b) mit dem Kübel, Klappe offen,
c) mit dem Schild.

Diese Förderarten sind von der Förderweite abhängig. Während für ganz kurze Strecken das Schild und für längere Fahrten der Kübel mit geschlossener Klappe in Frage kommt, kann im Bereich von 6—16 m sehr gut mit dem offenen Kübel geschürft werden, der dann wie ein Planierschild wirkt, aber 3—4mal soviel Boden wegschieben kann.

Die Förderleistungen Q_N der SR 53 zeigt Bild 134. Dort sind auch die entfernungsbedingten Wechselpunkte der verschiedenen Förderarten gut zu erkennen.

4.23 Schürfwagenanhänger. Die Förderleistungen der Schürfwagenanhänger unter Mitwirkung der zugehörigen Schubraupen sind in Bild 135 dargestellt. Hierbei wurden auch die Teleskopkübel berück-

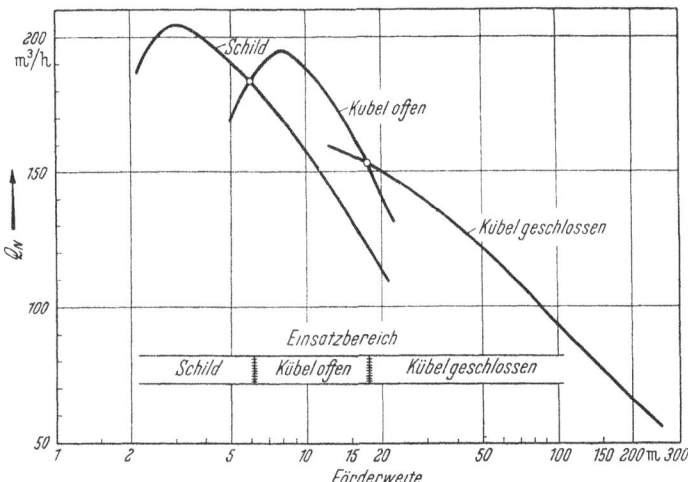

Bild 134. Die Förderleistungen der Schürfkübelraupe SR 53.

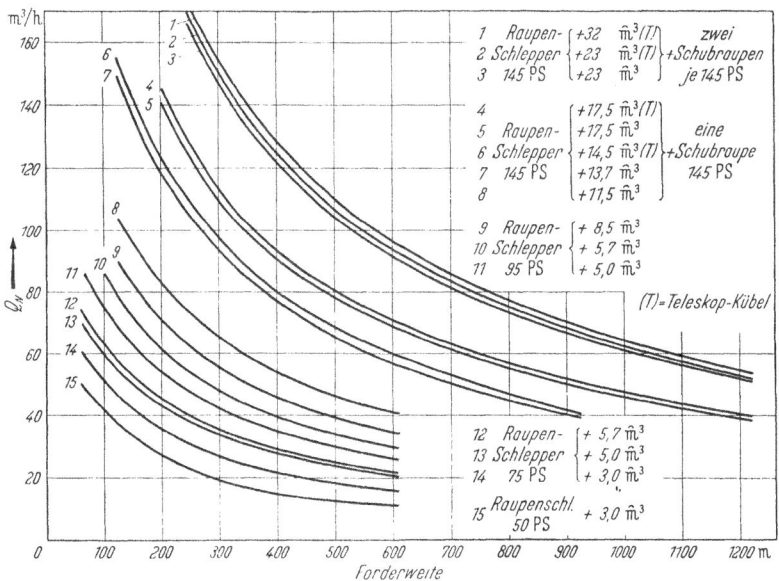

Bild 135. Die Förderleistungen der Schürfwagenanhänger.

sichtigt. Für die Kübel über 23 m³ sind im allgemeinen zwei Schubraupen zu je 130—150 PS, für diejenigen über 14 m³ eine Schubraupe erforderlich.

4.24 Motorschürfwagen. In Abb. 136 sind die Leistungen der alten Tournapulls C und Super C mit den entsprechenden neueren Entwicklungen, dem Roadster D und C verglichen. Diese Gegenüberstellung zeigt die Auswirkung von Kübelgröße und Fahrgeschwindigkeit auf die Förderleistung. Die alten Tournapulls C und Super C förderten mit großen Kübeln und geringen Fahrgeschwindigkeiten. Die Leistungskurven fallen wegen der geringen Fahrgeschwindigkeiten mit der Entfernung stärker ab als die Kurven der Roadster C und D, welche kleinere Kübel, dafür aber beträchtlich höhere Fahrgeschwindigkeiten aufweisen. Die Erhöhung der Fahrgeschwindigkeiten durch entsprechende Herabsetzung der Kübelgröße bzw. Nutzladung gibt dem Roadster D und C,

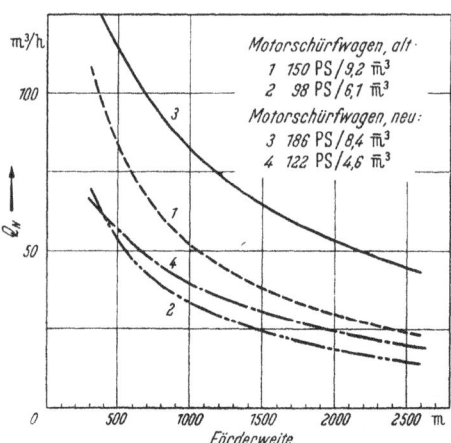

Bild 136. Leistungsvergleiche von Motorschürfwagen in alter und neuer Ausführung.

verbunden mit erhöhter Motorleistung, erhebliche Leistungsvorteile gegenüber den alten Modellen.

4.25 Reifenplaniergerät. In Abb. 137 ist — bei Einsatz in gleichen Böden — die Förderleistung eines Reifenplaniergerätes von 186 PS mit der eines Raupenschleppers von 95 PS verglichen, die beide etwa die gleiche Schildgröße, jedoch unterschiedliche Fahrgeschwindigkeiten haben. Die höheren Fahrgeschwindigkeiten sichern dem Reifengerät bei größeren Förderweiten eine Überlegenheit über den Raupenschlepper, während es auf kurzen Strecken die höheren Geschwindigkeiten nicht ausfahren kann und daher dem Raupenschlepper unterlegen ist. Der Reifenschlepper reagiert auch stärker auf die Bodenfestigkeit, während die Leistungen der Planierraupe geringe Unterschiede zwischen lockerem und gewachsenem mittleren Boden aufweisen.

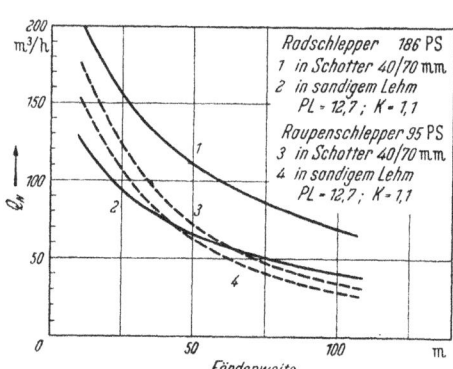

Bild 137. Vergleich der Förderleistungen eines Planier-Reifenschleppers und einer Planierraupe mit Planierschilden gleicher Größe.

4.26 Erdhobel. Für Erdhobel sind einige typische Leistungen in Tab. 28 zusammengestellt, wie sie an einem Gerät mit 76-PS-Motorleistung ermittelt wurden.

Tabelle 28. *Leistungsangaben für Erdhobel.*

A. *Gerät:* Galion Grader Model 101 D.

    Schneidenbreite . . . . . 3,68 m
    Motorleistung . . . . . . 76 PS
    Druck an der Schneide . . 4,5 t
    einschl. Tiefreißer . . . 5,4 t

B. *Einsatzbedingungen:* Soweit nicht besonders erwähnt, sind die Versuche in lehmigem Sand (erdfeucht) bei einem Schwenkwinkel der Schneide von 30° durchgeführt worden.

C. *Förderleistungen pro Stunde:*   m³   m²

  1. Ausheben von V-Gräben
     in Sandboden 340
     in lehmigem Sand 230
  2. Aufreißen und Abtragen von schwacher Grasnarbe, die beim
     Reißen zerfällt 250
  3. Aufreißen und Abtragen von mittlerem Boden 330
  4. Aufreißen von harter Bodenkruste 210
  5. Schürfen von leichtem Boden im Straßenbau 380
  6. Instandhalten von Förderwegen 490
  7. Verteilen und Einebnen von gehäuftem Schüttgut (Kies,
     Schotter usw.) 150
  8. Hobeln von steilen Böschungen 320
  9. Einebnen der Schürfstellen von
     a) Planierraupe 520
     b) Eimerseilbagger 350
     c) Planierbagger 430
  10. Einebnen der Schüttstellen von Schürfwagen bei 15 cm
     Schichtdicke 800
  11. Planieren in hartem, festem Sandboden (Wüstengegenden).
     maximale Leistung 4500

4.27 Schaufellader. Die Ladeleistungen der Schaufellader wurden an verschiedenen Gerätegrößen untersucht.

Hier kann mit folgenden Durchschnittswerten gerechnet werden:

    60 t/h für ein 50-PS-Gerät
    100 t/h ,, ,, 75 ,,   ,,
    150 t/h ,, ,, 100 ,,   ,,

wenn das zu ladende Material bereits in lockerem Zustand vorliegt (Felsgeröll, Kohle, Kalkstein, Sand).

4.28 Pflugbagger. In Tab. 29 sind die Ladeleistungen von Pflugbaggern verschiedener Größe und Bandbreite nach Angaben der Herstellerfirma Euclid zusammengestellt. Die Leistungen sind vom Schürfwiderstand wie auch von der Beschaffenheit des gelösten Materials abhängig. Vom letzteren hängt es ab, inwieweit das von der Schneide gelöste Material überhaupt von dem Förderband mitgenommen wird. Bei lockerer, feinkörniger oder breiiger Beschaffenheit (geringe η_B) wird

Tabelle 29. *Ladeleistungen Q der Pflugbagger.* (Nach Angaben der Fa. Euclid.)

Die Werte gelten:
1. Für ungestörten Boden ($\alpha = 1$). — 2. Für max. Geräteausnutzung ($\eta_G = 100\%$).
3. Für das Beladen von Fahrzeugen.

Einsatz- und Ladeverhältnisse.

			Sehr günstig	Günstig	Normal	Mäßig	Ungünstig
42″ Bandbreite .	Q_h	m³/h	320	275	230	190	145
		m³/min	5,35	4,60	3,80	3,20	2,43
48″ Bandbreite .	Q_h	m³/h	420	350	285	220	155
		m³/min	7,00	5,85	4,78	3,70	2,54
54″ Bandbreite .	Q_h	m³/h	575	490	400	320	230
		m³/min	9,55	8,20	6,70	5,28	3,28

Wird nicht in Fahrzeuge entladen, sondern frei geschüttet, so liegen die Leistungswerte etwa 30% höher.

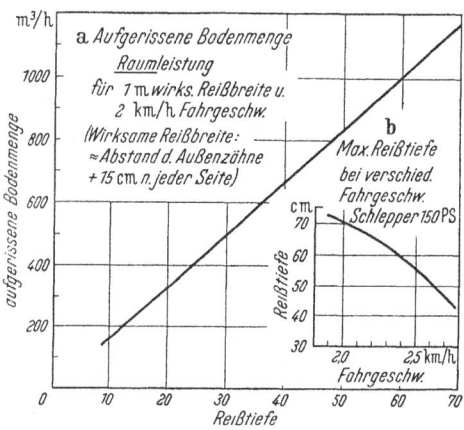

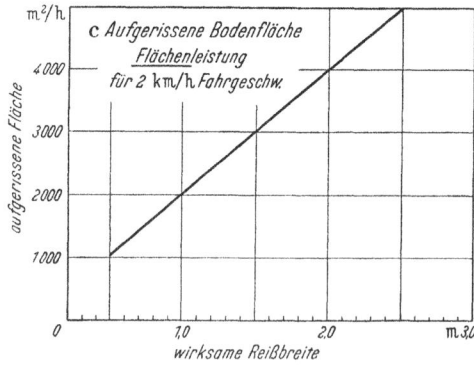

das Fördergut entweder gar nicht vom Band erfaßt oder rollt während des Hochtransportes wieder herunter. Bei großer Bodenzähigkeit ist das Gefüge grobkörnig und staut sich vor der Schneide, ohne auf das Förderband überzugehen. — Bei Entleerung ins Freie, d. h. ohne Beladen von Fahrzeugen, liegen die Förderleistungen rund 30% höher.

4.29 Tiefreißer. Die Leistungen der Tiefreißer in einem Boden von der Festigkeit $\sigma_D = 6$ kg/cm² (harter Tonboden) sind in Bild 138 dargestellt. Entsprechend der unterschiedlichen Leistungsbestimmungen in der Praxis sind sie in folgender Form angegeben:

Bild 138a enthält die Raumleistung, d. h. die in einer Stunde aufgerissene Bodenmenge bei verschie-

Bild 138 a–c. Übersicht über die Leistungen eines Tiefreißers in Zusammenarbeit mit einem 150-PS-Raupenschlepper.
  a Aufgerissene Boden*menge* (Raumleistung);
  b maximale Reißtiefe bei verschiedenen Fahrgeschwindigkeiten;
  c aufgerissene Boden*fläche* (Flächenleistung).

dener Reißtiefe und 2 km/h Fahrgeschwindigkeit. Die Leistungsangaben sind auf 1 m Reißbreite bezogen und müssen auf die tatsächlich wirksame Reißbreite, die sich aus dem Abstand der Außenzähne des Tiefreißers zusätzlich 30 cm ergibt, umgerechnet werden.

Die Abhängigkeit der maximalen Reißtiefe von der Fahrgeschwindigkeit des Tiefreißers ist in Bild 138b dargestellt. Je weniger tief der Boden aufgerissen wird, um so schneller kann mit dem Tiefreißer gefahren werden. Die Werte des Bildes 138b gelten für einen Anhängetiefreißer, der von einem 150-PS-Schlepper gezogen wird.

Bild 138c gibt die je Stunde aufgerissene Bodenfläche bei einer Fahrgeschwindigkeit von 2 km/h und verschiedenen wirksamen Reißbreiten an.

Unter durchschnittlichen Bodenverhältnissen bricht ein Tiefreißer so viel Boden auf, daß zur gleichen Zeit 3—6 Schürfkübelanhänger arbeiten können. Eine Stunde Tiefreißerarbeit gibt 4—10 Stunden Arbeit für einen Schürfkübelanhänger, der von einem gleichstarken Raupenschlepper gezogen wird. Bei größerer Bodenfestigkeit verringern sich die Leistungen. In besonders harten Böden oder leichtem Fels kann es notwendig werden, über Kreuz aufzureißen. In diesem Fall sind die Raum- und Flächenleistungen nur halb so groß.

I. Organisation und Leitung der Baustellen.

1 Anzahl der erforderlichen Geräte.

1.1 Selbstladende Fahrzeuge.

Diese Gerätegruppe ist im allgemeinen von keinem Ladegerät abhängig, wenn man von den Fällen absieht, in denen eine Schubraupenunterstützung erforderlich ist. Diese muß dann reibungslos funktionieren und keine Verzögerungen verursachen. Die Anzahl n der für eine bestimmte Leistung notwendigen Geräte wird festgelegt durch die Formel

$$n = \frac{Q}{\eta_h Q_1},$$

wobei

Q = geforderte Leistung in m³/h
Q_1 = Leistung des einzelnen Fahrzeuges in einer 60-min-Stunde
η_h = stündliche Geräteausnutzung.

1.2 Getrenntes Laden und Transportieren.

Hier ist bei der Ermittlung der Zahl der Fahrzeuge davon auszugehen, daß stets so viel Transportgeräte im Umlauf sein müssen, daß die Leistung des Ladegerätes ohne Beeinträchtigung durch den Förderverkehr abtransportiert werden kann. Die Zahl der Fahrzeuge muß so bemessen werden, daß der Bagger ununterbrochen arbeiten kann. Es ist

$$n = \frac{U}{t_l\,V\cdot 16{,}7} + 1 + \frac{t_e}{t_l},$$

wobei

n = Zahl der benötigten Fahrzeuge
U = Länge der Umlaufstrecke . . . . [m]
    (gleich der doppelten Förderweite)
t_l = Zeit für das Beladen eines Fahrzeuges . . . . [min]
t_e = Zeit für das Entladen des Fahrzeuges . . . . [min]
V = Durchschnittliche Fahrgeschwindigkeit . . . . [km/h]

Es kommt häufiger vor, daß die Förderweite und damit auch U nicht konstant bleibt, daß sich also z. B. mit dem Arbeitsfortschritt des Baggers die Förderweite ändert. Wird die Entfernung zwischen Be- und Entladestelle kleiner, so werden Fahrzeuge überflüssig und umgekehrt. Das Gleichgewicht zwischen Ladekapazität und Transportkapazität, das bei der obigen Formel eine Art „Sättigung" der Fahrstrecke mit Transportfahrzeugen gewährleistete, ist nun gestört. Auch hier geben einfache Rechenoperationen an, wann ein Fahrzeug aus dem Verkehr gezogen bzw. eines hinzugefügt werden muß. Das ist der Fall, wenn

$$\pm U = \frac{t_l\,V\cdot 16{,}7}{2} \quad [\text{m}]$$

wird, wenn also die Zu- oder Abnahme der Umlaufstrecke die halbe Länge der Strecke erreicht hat, die ein Fahrzeug während der Beladung des anderen zurücklegt. Es ist nicht erforderlich, sofort beim ersten Anzeichen veränderter Fahrzeugpausen am Bagger oder der Stauung von Geräten an der Beladestelle zusätzliche Geräte in den Förderkreislauf einzuschleusen oder herauszunehmen. Hier sind Stoppuhr und Rechenschieber die besten Mittel, um den Fluß der Fördergeräte zu regulieren.

Das behandelte Problem hat auch seine wirtschaftliche Seite. Statt sich nach der obigen Formel zu richten, kann man von der Überlegung ausgehen, daß der Einsatz eines weiteren Transportgerätes erst dann gerechtfertigt ist, wenn der durch das Warten auf Fahrzeuge bedingte Leistungsausfall des Baggers teurer kommt als ein zusätzliches Fahrzeug. Die Frage lautet dann: Wie lange kann man bei Änderung von U warten, bis aus wirtschaftlichen Gründen der Einsatz eines weiteren Fahrzeuges zweckmäßig wird. Die entsprechende Formel ist:

$$\Sigma\,t_p = \frac{60\cdot K'}{\Sigma\,K + K'},$$

darin bedeuten:

$\Sigma\,t_p$ = Die Summe aller Baggerpausen pro Stunde, die durch Warten auf Fahrzeuge entstehen [min].

ΣK = Die Gesamtkosten pro Betriebsstunde des eingesetzten Geräteparks (ausschließlich des neu hinzuzufügenden Fahrzeugs) [DM/h].

K' = Kosten pro Betriebsstunde für das einzusetzende Ergänzungsfahrzeug [DM/h].

Erst wenn die Pausenzeit des Baggers innerhalb einer Stunde größer wird als der Wert Σt_p, ist der Einsatz eines weiteren Transportgerätes wirtschaftlich gerechtfertigt.

2 Erforderliche Reservegeräte.

Um einen reibungslosen Förderverkehr aufrechterhalten zu können, sind Reservegeräte erforderlich, die dann einspringen, wenn die im Förderprozeß eingespannten Hauptgeräte ausfallen oder aus irgendwelchen Gründen aus dem Verkehr gezogen werden müssen. Bei selbstladenden Flachbaggern ist das Problem der Reservegeräte nicht so aktuell, da jeder Flachbagger unabhängig von fremden Ladegeräten arbeitet. Anders liegen die Verhältnisse bei der getrennten Förderung, wo an einem einzigen Ladegerät oft 15 und mehr Transportfahrzeuge hängen und wo der Ausfall eines einzigen Fahrzeuges schon zu empfindlichen Störungen im Förderverkehr führen kann.

Um hier vorzubeugen, werden auf allen größeren Baustellen Reservegeräte bereitgehalten. Wer ausländische gleislose Baustellen studiert hat, weiß wie reibungslos das Auswechseln der Geräte im allgemeinen Fluß der Massenbewegung erfolgt und wie wohlüberlegt die ganze Frage der Gerätereserve gehandhabt wird.

Man kann hier in gewissem Sinne von taktischen und operativen Reserven sprechen. Zur taktischen Reserve gehören alle die Fahrzeuge, die bei Ausfall der Hauptgeräte einspringen müssen. Die operative Reserve tritt in Tätigkeit, wenn einsatzhemmende Einflüsse auf die Förderleistung einwirken oder der Förderverkehr ganz zu erlahmen droht. Zur operativen Reserve gehört in erster Linie alles das, was an Geräten für die Schlechtwettermaßnahme bereitstehen muß. Darüber hinaus können z. B. irgendwelche Bautermine zum Einsatz einer operativen Gerätereserve zwingen.

Die taktische Reserve ist nicht nur bedingt durch die Tatsache, daß Geräte unvorhergesehen ausfallen können. Sie hat ihre besondere Bedeutung auch im Hinblick auf die vorbeugende Gerätepflege, die regelmäßige Kontrolle und Überholung der untersuchten Geräte nach 100, 200 und 500 Betriebsstunden. Diese Zeiten werden durch den η_h-Wert für die stündliche Geräteausnutzung (Abschn. H 1,4) nicht berücksichtigt.

Wieviel Geräte in Reserve gehalten werden müssen, ist vor allem von der Beanspruchung im Einsatz und der entsprechenden Gerätepflege abhängig. Bei großen Geräteeinsätzen soll man auf mindestens acht Geräte eine Reservemaschine ansetzen. Als Regel hat sich herausgebildet:

10% Reservegeräte bei schonendem Geräteeinsatz, einwandfreiem Wartungsdienst und 8 stündigem Betrieb.
20% Reservegeräte bei allen mittelmäßig gearteten Einsätzen und bis zu 16 stündigem Betrieb.
30% Reservegeräte bei stärkster Beanspruchung der Maschinen, mehr als 16 stündigem Betrieb, mangelnder Pflege usw.

Grundsätzlich sollte mit Reservegeräten nicht gespart werden. Sie sind eine gute Versicherung gegen plötzliche Geräte- und damit Leistungsausfälle, ohne daß sie die Kosten pro cbm Bodenbewegung nennenswert belasten.

3 Einsatzkontrolle.

Schon bei der Festlegung der notwendigen Zahl von Transportgeräten wurde darauf hingewiesen, daß der reibungslose Einsatz der Geräte, das pausenlose Ineinanderspielen der einzelnen Maschinen und der kontinuierliche Fluß der zu bewegenden Erdmassen von der Aushub- zur Auftragstelle nur gewährleistet sein kann, wenn für eine ständige Überwachung des Förderverkehrs gesorgt und der Geräteeinsatz in allen seinen wesentlichen Phasen unter Kontrolle gehalten wird. Bei allen größeren Projekten empfiehlt sich der Einsatz besonders geschulter Kräfte, die als Betriebsingenieure unmittelbar der Bauleitung unterstehen und durch ständige Einsatzstudien, Zeitmessungen und Aufschreibungen den „Pulsschlag" des Förderbetriebes überwachen und jede Unregelmäßigkeit sofort feststellen.

Es gibt heute schon eine Reihe von Vorrichtungen, die automatisch die Fahrzeiten, Einsatzzeiten und Pausen der Geräte aufschreiben. Sehr nützlich hierfür sind der Rüttelschreiber oder die verschiedenen Geräte, die bei Schürfkübeln die Zahl der Füllungen zählen. Diese Werte ermöglichen jedoch keinen unmittelbaren, gegenwartsnahen Überblick; sie geben immer nur Unterlagen für die nachträgliche zahlenmäßige Festlegung des Einsatzes. Um das Funktionieren einer Flachbaggerbaustelle *unmittelbar* kontrollieren zu können, um den Förderverkehr zu dirigieren und zu beherrschen, genügen *Geräte* nicht. Hier muß man Menschen einsetzen, die dem Verkehr auf der Baustelle nahe genug verbunden sind und die auch jederzeit sofort an den Brennpunkten des Förderverkehrs eingreifen können, wenn sich Stauungen, Verzögerungen, Ausfälle od. dgl. ergeben.

4 Verkehrsregelung.

Auf größeren Baustellen kann die Zahl der eingesetzten Fahrzeuge und damit der rollenden Geräte schlechthin eine beachtliche Größe erreichen. Obwohl es der Vorteil der gleislosen Geräte ist, daß sie an keine festen Schienenwege gebunden sind, kann man sich doch von festen glatten Fahrbahnen für den beschleunigten Verkehr nicht freimachen. Der ganze Förderverkehr drängt sich auf einer Art Nabelschnur zwischen Abtrag- und Auftragstelle zusammen und erfordert eine gewisse Verkehrsregelung. Wichtiger noch ist diese Regelung auf Kippe und Ladestelle. Es wurde schon darauf hingewiesen, daß eine gute Verdichtungswirkung der Geräte davon abhängig ist, daß ihre Fahrspuren gleichmäßig über die Schüttstelle verteilt werden. Wesentlich ist auch, daß es keine Gerätezusammenballung auf der Kippstelle gibt, denn dann treten unnötige Verzögerungen ein, die wieder auf andere Punkte des Förderprozesses ausstrahlen. Das Wesen der gleislosen Förderung besteht in einem *kontinuierlichen* Förderverkehr. Nichts ist hinderlicher als wenn irgendwo Verzögerungen entstehen. Ein einziges, an einem Verkehrsengpaß festgefahrenes Fahrzeug kann den ganzen Gerätebetrieb zusammenbrechen lassen. Eine einzige Verzögerung oder Gerätestauung auf der Kippstelle pflanzt sich fort auf die Beladestelle, auf die Organisation des Schubraupen-Tiefreißer- und Erdhobeleinsatzes und kann sich wie eine aus dem Gleichschritt geratene marschierende Kolonne auswirken. Daher sollte mit Einweisern auf der Schüttstelle genauso wenig gespart werden wie auf der Ladestelle. Auch hier muß das Umsetzen der Fahrzeuge unter dem Bagger, das Ansetzen der Schubraupen oder das Auswechseln der Fahrzeuge unter dem Förderband des Pflugbaggers reibungslos vonstatten gehen.

Was unter dem Begriff „Verkehrsregelung" verstanden wird, ist noch etwas anderes: Es ist nicht so sehr die Regelung des Fahrzeugflusses selbst als vielmehr der Einsatz von Hilfsgeräten für die Aufrechterhaltung dieses Fahrzeugflusses. Baustellen mit 1 oder 2 km Förderweite verlangen eine ständige Überwachung der Fahrstrecken auf steckengebliebene Geräte hin. Hier muß nicht nur schnell genug ein Schlepper zur Stelle sein, der das festgefahrene Fahrzeug wieder herausholt; die schadhafte Stelle in der Fahrbahn muß beseitigt werden; es sind notfalls sofort Hinweisschilder für die folgenden Fahrzeuge anzubringen u. a. m. Es hat auch keinen Zweck, mit der Ausbesserung von Schlaglöchern oder aufgeweichten Stellen so lange zu warten, bis der Erdhobel turnusmäßig an diesen Fahrbahnabschnitt kommt. Hier muß stets *sofort* etwas geschehen. Es müssen rechtzeitig Schubraupen zur Stelle sein, wenn der Boden auf Steigstrecken aufzuweichen beginnt und die Geräte hochgeschoben werden müssen. Diese Verkehrsregelung wird für den modernen gleislosen Betrieb immer wichtiger. Hier sollte mit Personal nicht gespart werden. Beobachtungsposten mit Funksprechverkehr, Lichtsignalanlagen u. dgl. sind die gegebene Ausrüstung für die Verkehrsüberwachung. Nur auf diese Weise kann man den Geräteeinsatz wirklich in der Hand behalten. Nur so ist der reibungslose Fahrzeugverkehr gewährleistet und damit ein Höchstmaß an Förderleistungen möglich.

5 Überwindung von Witterungsschwierigkeiten.

5.1 Der Flachbaggereinsatz in verschiedenen Klimagebieten.

Wenn auch der Witterungseinfluß weitgehend durch die Bodenverhältnisse variiert wird, so lassen sich doch schon auf Grund allgemeiner Angaben über die periodischen Schwankungen im Ablauf des Wetters einige Aussagen über die Leistungsfähigkeit der Geräte in den verschiedenen Klimagebieten treffen.

Von primärem Interesse ist die Verteilung der feuchten und trockenen Zeitabschnitte im Jahr. Da diese vor allem in südlicheren Ländern wesentlich von den häufig wechselnden Luftströmungen und der sehr unterschiedlichen Verdunstung beeinflußt werden, bleiben für Vergleiche der verschiedenen Einsatzgebiete nur die Niederschlagsmengen übrig. Diese genügen jedoch in den meisten Fällen schon, um sich zusammen mit der Bodenbeschaffenheit im voraus ein Bild über die Wirtschaftlichkeit der gleislosen Erdbewegung sowie über Wetterabwehrmaßnahmen machen zu können.

In Bild 139 sind typische Niederschlagskurven verschiedener Einsatzgebiete in Westeuropa dargestellt, die den unterschiedlichen Verlauf der monatlichen Niederschlagsmengen vom ausgesprochen maritimen Klima Irlands bis zum mehr kontinentalen

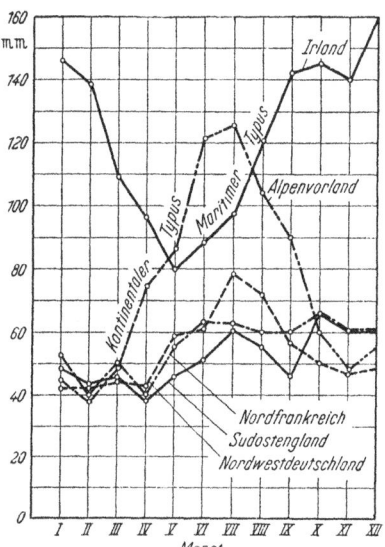

Bild 139. Monatliche Niederschläge in verschiedenen Gebieten Westeuropas.

Typus im Alpenvorland zeigen. Eine Mittelstellung nehmen die Niederschlagskurven in der Gegend um den Ärmelkanal ein, die über das ganze Jahr ziemlich konstant verlaufen. Obwohl die Regenmengen in Südostengland in den einzelnen Monaten nur geringe Unterschiede aufweisen, sind dort die Wintermonate gekennzeichnet durch lange Perioden von nur mäßig feuchter Witterung, der Frühling und Herbst durch lange Perioden trockenen Wetters, während in den drei Sommermonaten mitunter tägliche Regenfälle von bis zu 50 mm niedergehen, wobei es innerhalb dieser Periode wieder ausgedehnte Zwischenzeiten mit wenigen Regenfällen gibt und die Verdunstung hoch ist.

Praktisch lassen sich die gleislosen Geräte in England in Gebieten mit bindigen Böden nur etwa sieben Monate im Jahr einsetzen. Spätestens Mitte November müssen die Arbeiten eingestellt werden, da die Förderleistungen dann zu gering werden. Beobachtungen ergaben, daß z. B. in mittlerem Lehmboden nach 40 mm Niederschlag im November die Ladezeiten der Schürfkübel das etwa 2,5 fache der normalen Zeit betrugen und die Förderleistungen auf 30% absanken. In den Wintermonaten erwies es sich auch als unmöglich, bindigen Boden auf der Kippe zu verdichten. Vor März werden die Arbeiten im allgemeinen nicht wieder aufgenommen.

Die gleislosen Baustellen der letzten Jahre lieferten Angaben und Ergebnisse über die Wetterempfindlichkeit der Geräte. So wurden z. B. beim Abtrag des Arley-Tunnels in der Nähe von Birmingham die Arbeiten von Dezember 1948 bis Juni 1950 ohne wesentliche Unterbrechung in den Winterzeiten durchgeführt. Während sich in normalem Lehm keine besonderen Schwierigkeiten beim Schürfen ergaben, konnte an einen Einsatz von Motorschürfwagen und auch Raupenschleppern in einer tiefliegenden Faulschlammschicht schon bei geringfügigen Regenfällen nicht mehr gedacht werden. Der darunterliegende rote Mergel mit einer dünnen Schicht blauen Tones zeigte keine nennenswerte Beeinflussung durch den Regen und mußte, um überhaupt mit Schürfkübeln aufgenommen werden zu können, mit Tiefreißern aufgebrochen werden.

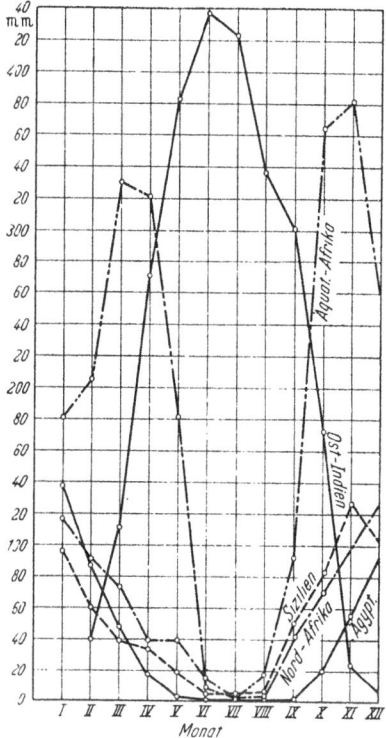

Bild 140. Monatliche Niederschläge in außereuropäischen Gebieten.

Während der ganzen Bauzeit gab es keine ausgesprochene schlechte Witterungsperiode. Das Wetter war von Dezember 1948 bis Februar 1949 als mittelmäßig, von April 1949 bis Oktober 1949 als sehr gut und von November 1949 bis Juni 1950 wieder als mittelmäßig anzusprechen. Auch hier zeigte sich, daß in den Monaten November bis März im allgemeinen der gleislose Betrieb nicht sehr wirtschaftlich arbeitete. Da auf der Baustelle jedoch auch Bagger mit Eimerseilkübeln eingesetzt waren, konnte durch Vergleiche festgestellt werden, daß auch diese stationären Geräte in nahezu gleicher Weise mit Wetterschwierigkeiten zu kämpfen hatten.

Die durchschnittlichen monatlichen Niederschlagsmengen einiger außereuropäischer Einsatzgebiete sind in Bild 140 zusammengestellt.

Während das Mittelmeergebiet in den Monaten Juni bis August fast gar keine Niederschläge zu verzeichnen hat, zeigen die Kurven von Einsatzgebieten aus Ostindien mit einfacher Regenzeit und diejenigen aus Äquatorialafrika mit doppelter Regenzeit beträchtliche Extremwerte mit sehr unterschiedlichem Verlauf.

In den Ländern mit Mittelmeerklima sind die Einsatzmöglichkeiten im Sommer beschränkt, schwanken dagegen im Winter je nach den Bodenverhältnissen stark. Auch die dann verhältnismäßig großen Niederschlagsmengen werden durch die Verdunstung schnell ausgetrocknet, so daß wenige Stunden nach Beendigung des Regens der Boden bereits wieder staubtrocken sein kann. — Ebenso kann aber auch ein Niederschlag von 100 und mehr mm im Monat Tage und Wochen festgehalten werden, wenn feuchter Seewind herrscht. In dieser Zeit ist der Geräteeinsatz in wetterempfindlichen Böden im allgemeinen unrentabel.

Im Monsunklima Indiens ist der Niederschlag in den feuchten Monaten viel zu groß, als daß er verdunsten könnte. In dieser Zeit ist es nahezu unmöglich, gleislose Geräte zu verwenden. Gummibereifte Geräte, insbesondere Erdhobel, können nicht eingesetzt werden, während Raupengeräte nur in sehr beschränktem Maße und auch nur stellenweise zu verwenden sind. — In den trockenen Monaten werden selbst schwerste Regenfälle schnell aufgetrocknet.

Von besonderem Interesse sind die Verhältnisse in den USA. Nur zu oft wird die Ansicht geäußert, daß sich der in den USA groß gewordene gleislose Betrieb auf unsere Verhältnisse nicht übertragen läßt, weil in Deutschland ganz andere Wetter- und Bodenverhältnisse vorliegen. — Hier wie dort geht der größte Teil der Niederschläge im Sommer — in der Hauptbauzeit — nieder, wobei die Regenfälle in den USA kürzer und heftiger sind als bei uns. Die relative Luftfeuchtigkeit beträgt in den Oststaaten jedoch etwa nur $2/3$ derjenigen Westdeutschlands, d. h. die Verdunstung des Wassers geht rascher vor sich. Auch die Temperaturen liegen im allgemeinen beträchtlich höher und begünstigen das schnelle Auftrocknen von Niederschlägen.

Interessant dürfte in diesem Zusammenhang Bild 141 sein. Dort sind außer den Kurven der jährlichen Niederschlagsmengen die Einsatzorte der ersten 440 elektrisch betätigten Tournapulls eingezeichnet. Der größte Teil dieser Geräte, die ja als Motorschürfwagen zu den wetterempfindlichsten unter den Flachbaggern gehören, kommt in den Oststaaten zum Einsatz, in denen sich wie bei uns die jährliche Niederschlagsmenge zwischen 500 und 1000 mm bewegt. In den Mittel- und Weststaaten mit ihren geringeren Niederschlägen ist die Gerätedichte geringer. Wenn auch für den Einsatz dieser Geräte vor allem Faktoren wie Bevölkerungsdichte, Industrialisierung und kulturelle Entwicklung ausschlaggebend sind, so mag das Bild doch zeigen, daß das oft zitierte Witterungs-

argument dem gleislosen Erdbau in den USA nicht unbedingt hinderlich
im Wege stehen muß.

Der andere Einwand, wonach in den USA andere Bodenverhältnisse
herrschen, ist insofern berechtigt, als die Flachbagger dort oft *mehr* mit
Bodenschwierigkeiten zu kämpfen haben als bei uns. Der Lehm- oder
Tonboden steht in den USA in vielen Fällen nicht in plastischem oder
halbfestem, sondern in hartem Zustand an. Er ruft einen erheblich höheren Verschleiß an Schneiden, Kübeln und Schilden hervor. Die Amerikaner brauchen z. B. für ihre Schürfkübel 2—3 neue Schneiden im Jahr.

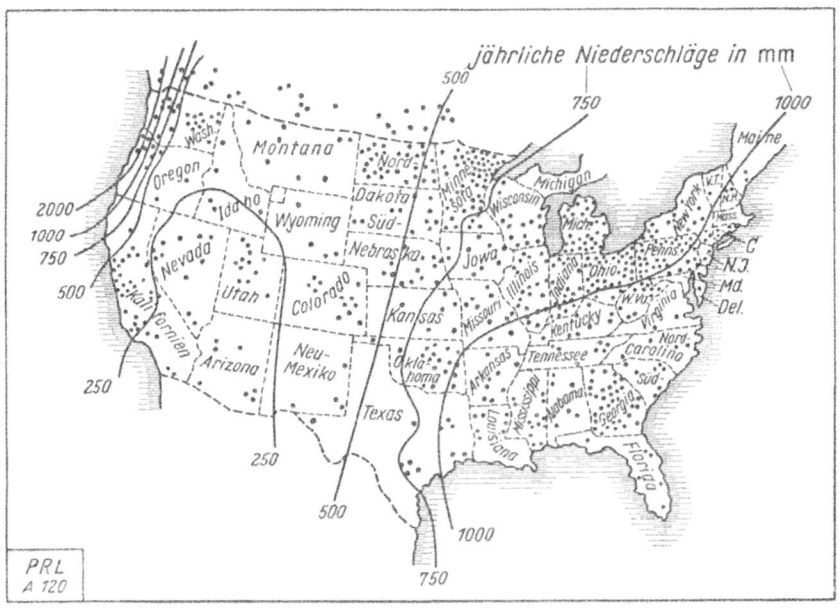

Bild 141. Die Einsatzorte der ersten 440-Tournapull-Motorschürfwagen mit elektrischer Betätigung
in USA.

Der in der Sonne erhärtete Tonboden macht in vielen Fällen den Einsatz
von Tiefreißern erforderlich, die die Förderkosten erhöhen.

Während in den USA eine ins Gewicht fallende Minderung der Förderleistungen nicht auftritt, zwingen die Witterungsverhältnisse im
weiter nördlich liegenden Kanada zu winterlicher Unterbrechung der
Erdbautätigkeit. Um den Sommer besser ausnutzen zu können, wird dann
im 24-Stunden-Betrieb gearbeitet.

5.2 Maßnahmen gegen die Wetterempfindlichkeit.

Zur Überwindung der Wetterempfindlichkeit lassen sich eine Reihe
von Maßnahmen anführen, die sowohl bei der Bauvorbereitung wie bei
der Durchführung zur Anwendung kommen.

5.21 Wettererkundung. Jede Planung eines gleislosen Geräteeinsatzes setzt ein eingehendes Studium des zu erwartenden Wetters voraus. Die Wettererkundung muß sich erstrecken auf:

1. Monatliche Niederschlagsmenge.
2. Zeit und Häufigkeit der Regenfälle.
3. Verdunstung.
4. Verteilung von trockenen und feuchten Jahreszeiten.

Die Angaben über die monatlichen Durchschnittswerte sind vor allem in Gegenden mit erheblichen jahreszeitlichen Unterschieden wichtig.

Von größter Bedeutung für den reibungslosen Bauablauf ist das Vorhandensein einer zuverlässigen Verbindung zu einer Wetterwarte. Große Baustellen rechtfertigen den Einsatz eigener Wetterstationen, um heranziehende Regengebiete rechtzeitig zu erkennen und der Bauleitung die Möglichkeit zu geben, erforderliche Vorkehrungen zu treffen. Es ist heute kein Problem mehr, Regenfronten hinsichtlich ihrer Dauer und Mächtigkeit auf Stunden im voraus zu erkennen und anzusagen.

5.22 Bodenuntersuchungen. Bei dem großen Einfluß des Bodens auf die Fahrverhältnisse ist eine eingehende Bodenuntersuchung vor Beginn jedes Flachbaggereinsatzes unumgänglich. Ihre Bedeutung wird unterstrichen durch die weitgehenden Veränderungen, die der Boden unter dem Einfluß der Witterung erfährt, und durch deren Rückwirkung auf die Förderleistung.

Auf Bohr- und Schürfproben wird man in den seltensten Fällen verzichten können. Die Untersuchungen müssen sich in einem dichten Netz flächen- und tiefenmäßig über den ganzen Bereich der abzutragenden Masse erstrecken. Sind die Bodenverhältnisse und die Gesetzmäßigkeiten im örtlichen Wetterablauf erschöpfend geklärt, so erfolgt die Koordinierung der durchzuführenden Erdbewegung mit Wetter und Boden. So müssen z. B. schwer zu handhabende bindige Böden, wenn irgend möglich, in der trockenen Jahreszeit bewegt werden.

5.23 Wetterabwehrmaßnahmen auf der Baustelle. Auch während der Baudurchführung lassen sich die Wetterschwierigkeiten durch entsprechende Maßnahmen weitgehend reduzieren. Alles, was in dieser Richtung unternommen wird, muß diktiert sein von dem Bestreben, das Oberflächenwasser so schnell wie möglich von der Baustelle abzuleiten und die Fahrbahn einzuebnen und zu verfestigen. Im einzelnen können folgende Schritte unternommen werden:

1. Rund um die Schürfstelle sind Wassergräben anzulegen, die von außerhalb zufließendes Wasser fernhalten.

2. Die Oberfläche der Schürfstelle ist mit Gefälle anzulegen, und zwar so, daß das Wasser dorthin ablaufen kann, wo in nächster Zeit nicht geschürft wird.

3. Wo keine festen Förderstraßen bestehen, müssen genügend Erdhobel eingesetzt werden, um die Fahrspuren einzuebnen und etwaige Wassernester auszufüllen.

4. Die Fahrwege sollen möglichst noch bei trockenem Wetter angelegt und befestigt werden. Sind sie für längere Bauzeiten vorgesehen, so ist ihre Auffüllung mit einer Kiesdecke bei guter Entwässerung und glatter Oberfläche zweckmäßig.

5. Die Kippe ist diejenige Stelle im Umlauf der Geräte, auf der das Wasser die meisten Schwierigkeiten verursacht. Dort fällt im allgemeinen auch die Entscheidung darüber, ob und wann der Geräteeinsatz eingestellt werden muß. Daher gehört der Kippe eine ganz besondere Aufmerksamkeit.

6. Der beste Schutz gegen Wetterschwierigkeiten auf der Kippe ist eine sofortige, wirksame Verdichtung. Der Boden muß dann in besonders dünnen Lagen und möglichst gleichmäßig aufgetragen werden. Je schneller die Hohlräume im Boden und damit die Fähigkeit, Wasser aufzunehmen, beseitigt werden, um so geringer ist die Gefährdung des Baubetriebes durch das Wetter. Gelingt es, den Boden auf 90—95% zu verdichten, so ist bindiger Boden dicht genug, um dem Regenwasser ein Eindringen in schädlichem Ausmaß zu verwehren.

7. Im Hinblick auf die Verdichtung sind die Fahrspuren der Geräte so zu legen, daß sie sich gleichmäßig über die Schüttfläche verteilen. Das zum Einweisen der Geräte erforderliche Personal macht sich in jedem Fall bezahlt.

8. Die Schüttstelle ist laufend durch Erdhobel, Planierraupen oder Tournadozer einzuebnen und mit Gefälle zu versehen, damit die Oberfläche glatt bleibt und das Wasser sofort abfließen kann.

9. Dammschüttungen sind so vorzunehmen, daß bei schlechtem Wetter die Dammkrone überhöht wird und nach beiden Seiten Gefälle erhält. Um ein Abrutschen vor allem der Schürfkübelanhänger über die Dammböschungen zu verhindern, können am Rand entlang kleine Wälle aufgeschüttet werden (am besten mit dem Erdhobel herzustellen), die in 2—3 m Abstand Durchbrechungen für den Wasserablauf tragen.

In nichtbindigen Böden kann man auch während des Regens oft mit voller Leistungsfähigkeit weiterarbeiten. Bindige Böden werden nur dann zum Verhängnis, wenn eine zerfurchte oder wellige Oberfläche das Regenwasser in kleinen Tümpeln festhält und die darüberfahrenden Geräte das Wasser in den Boden einkneten. Es ist zweckmäßiger, den Förderbetrieb bei Regenbeginn rechtzeitig einzustellen, als ihn weiterzuführen, bis die Geräte im aufgeweichten Boden versinken. Nicht im Boden selbst, sondern in der Fortsetzung des Förderbetriebes liegt die eigentliche Gefährdung der Erdbewegung.

Allgemein beträgt die Regenausfallzeit der Geräte bei sofortigem Einstellen des Förderbetriebes mit Niederschlagsbeginn nur etwa $1/_5 - 1/_4$ derjenigen Zeit, die mit der Wiederaufnahme des Förderbetriebes gewartet werden muß, wenn nach Regenbeginn bis zur Unmöglichkeit weitergearbeitet wird.

5.3 Regenausfallzeit.

Ein wichtiges Problem, das sich aus dem Einfluß der Niederschlagsmenge auf die Geräteeinsatzzeiten ergibt, ist die Frage der Regenausfallzeit, oder anders formuliert: wie lange es dauert, bis nach einer Regenzeit der Förderbetrieb wieder aufgenommen werden kann. Diese Frage gewinnt in allen den Fällen höchste praktische Bedeutung, in denen der

Einsatz im 16- oder 24-Stunden-Betrieb zu einem schärferen Disponieren mit den Maschinisten zwingt. Diese werden dann nach einem elastischen Arbeitszeitplan beschäftigt, der eine Angleichung der Arbeitszeiten an die Witterungsschwankungen vorsieht.

Die Kenntnis der Regenausfallzeit erleichtert nicht nur die Steuerung des Personaleinsatzes, sondern ermöglicht auch eine bessere Überholung der Geräte. Sehr oft können, wenn die Maschinen dringend benötigt werden, größere Reparaturen oder Wartungen, deren ungefähre Zeitdauer bekannt ist, in solchen zwangsläufigen Pausen durchgeführt werden.

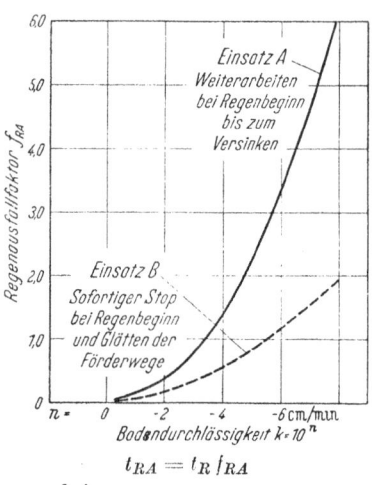

$$t_{RA} = t_R \, f_{RA}$$

wobei:

t_R = Regenzeit
t_{RA} = Regenausfallzeit
f_{RA} = Regenausfallfaktor

Bild 142. Die Größe der Regenausfallszeit t_{RA} für westeuropäische Witterungsbedingungen während der Sommermonate.

Die Regenausfallzeit ist im wesentlichen abhängig von der Niederschlagsmenge, der Bodendurchlässigkeit und der Verdunstungsgeschwindigkeit. Auf eine Erfassung untergeordneter Faktoren wie Luftgeschwindigkeit, Lufttemperatur usw. kann verzichtet werden, solange es sich um Einsätze in Europa handelt. Um Unterlagen zu schaffen, die es der Bauleitung ermöglichen sollen, sich an Hand der meteorologischen Voraussagen über Länge und Intensität einer Regenfront ein Bild von der Größe der Regenausfallzeit machen zu können, wurden verschiedene Versuche durchgeführt. Zunächst kam es darauf an, die tatsächlichen Zeiten, die der Förderbetrieb nach Beendigung des Regens stilliegt, zu ermitteln und der Niederschlagsmenge und Bodendurchlässigkeit zuzuordnen. Für normale Baustellenverhältnisse und unter den klimatischen Bedingungen des westeuropäischen Sommers tritt etwa die in Bild 142 wiedergegebene Abhängigkeit auf.

Für die Praxis genügen die dort eingezeichneten Werte, die aus etwa 200 Einzelfällen zusammengestellt wurden. Kurve A bezieht sich auf die Fortführung des Einsatzes bis zu dem Zeitpunkt, wo ein Weiterarbeiten durch zu tiefes Einsinken bzw. zu geringe Kübelfüllungen wirtschaftlich nicht mehr zu vertreten ist.

Kurve B gilt für den Fall, daß der Förderbetrieb kurz vor oder spätestens bei Regenbeginn eingestellt und die Fahrbahn eingeebnet und für einen schnellen Wasserablauf mit Gefälle versehen wird.

Um die Regenausfallzeit *genauer* zu ermitteln, wurden durch Versuche folgende Fragen geklärt:

1. Wieviel % einer Niederschlagsmenge dringen in den Boden ein?

2. Wie tief wird der Boden aufgeweicht?

3. Wie lange dauert es, bis die aufgeweichte Schicht wieder auf den Feuchtigkeitsgrad vor Regenbeginn ausgetrocknet ist?

Die Weiterleitung einer auf die Bodenoberfläche gelangten Niederschlagsmenge ($= 100\%$) in

    a) seitliches Abfließen durch Gefälle und

    b) Einsickern in den Boden

ist aus Bild 143 zu ersehen. Die Meßwerte sind der Bodendurchlässigkeit zugeordnet. Sie gelten für normales Sommerwetter in Mitteleuropa mit im Durchschnitt schwach erdfeuchten oberen Bodenschichten.

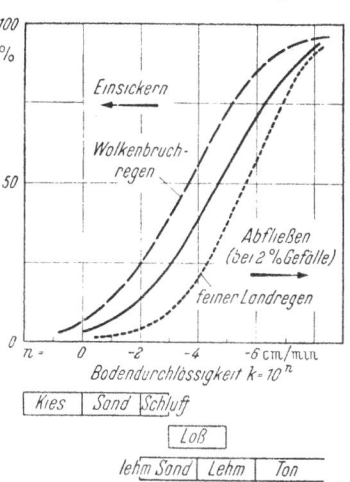

Bild 143. Prozentuale Verteilung des Niederschlagswassers auf Einsickern in den Boden und Abfließen nach der Seite.

Umfang und Schnelligkeit des Einsickerns werden durch vorausgegangene Regenfälle beeinflußt. Ist der Boden schon mit Wasserbahnen durchzogen, so versickert das Wasser schneller. Ist er stark durchnäßt, so fließt trotz gleicher Bodenbeschaffenheit mehr Wasser seitlich ab. Ebenso erhöht sich die Menge des seitlich abfließenden Wassers mit der Dauer der Regenfälle.

Aus diesen Gründen, und da auch der Einfluß der Verdunstung sowie der Wasserverbrauch der Pflanzen mit hineinspielen, lassen sich exakte Angaben hierüber nicht machen. Die Zusammenhänge aus Bild 143 stellen aber für normale Witterungsverhältnisse gute Anhaltswerte dar und sind aus dem Bestreben entstanden, die langjährigen Beobachtungen über die Reaktion des Bodens auf die Niederschläge für die praktische Verwendung zugänglich zu machen. Der Einfluß des Gefälles auf den Wasserabfluß läßt sich allgemein berücksichtigen, indem man die in Bild 143 angegebenen Werte für das Abfließen bei je 1° Gefälle um 1% erhöht.

Das eindringende Wasser weicht den Boden auf. In Bild 144 ist die Tiefenwirkung der Aufweichung dargestellt. Die einsickernde Wassermenge, in mm Niederschlagsmenge angegeben, wird aus der prozentualen Aufschlüsselung in Bild 143 gewonnen. Die Verhältnisse in charakteristischen Böden sind durch entsprechende Einflußlinien angegeben. Die Tiefe der Durchfeuchtung wurde durch Augenbeobachtung angeschnit-

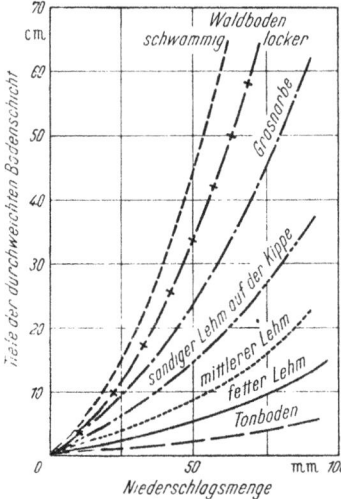

Bild 144. Das Ausmaß des Aufweichens der Bodenkruste bei verschiedenen Niederschlagsmengen (Tiefe der aufgeweichten Schicht).

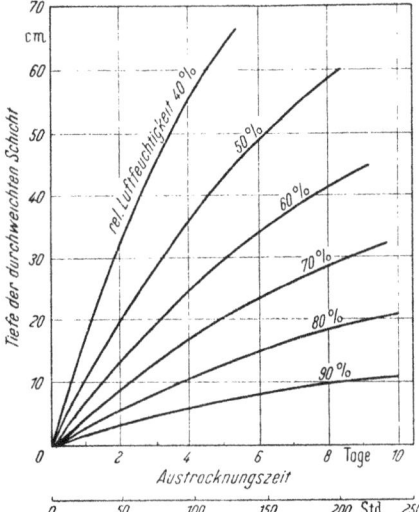

Bild 145. Die Austrocknungsgeschwindigkeit des Bodens bei verschiedenen Luftfeuchtigkeitsgraden. (Zeit für die Wiederherstellung des Bodenfeuchtigkeitsgrades, der *vor* Beginn des Regens vorhanden war).

tener Böden festgestellt. Die Durchfeuchtungsgrenze war in den meisten Fällen gut zu erkennen.

Die in der Literatur vorhandenen Angaben über die Verdunstung beziehen sich meist auf künstlich gewässerte Bodenoberflächen und ergeben im allgemeinen Werte, die in keiner Beziehung zu der tatsächlichen Verdunstung natürlicher Bodenoberflächen stehen. Das Zusammenwirken von Niederschlag und Verdunstung ist in den einzelnen Klimazonen recht unterschiedlich. In den europäischen Ländern mit vorwiegend maritimem Klima gibt es keine ausgeprägten trockenen und feuchten Jahreszeiten. Hier ist die Verdunstung nur im Sommer wirksam, während sie im Winter das eingedrungene Regenwasser nicht entfernen kann.

In Ländern mit extremen Klimaunterschieden erfolgt die Verdunstung in der trockenen Jahreszeit derart intensiv, daß selbst schwere Regengüsse in kürzester Zeit wieder von der Luft aufgenommen und dann als aufsteigende Dämpfe sichtbar werden.

In schlammigen Böden geht die Verdunstung von Niederschlägen erheblich langsamer vor sich. Zur Beschleunigung des Verdunstungsvorganges ist daher der Boden durch geeignete Entwässerungsmaßnahmen so schnell wie möglich in einen festen Zustand zu überführen.

Maßgebend für die Zeit, die das eingedrungene Wasser zur Verdunstung braucht, ist die Luftfeuchtigkeit. Bild 145 zeigt die Zeitwerte, die sich auf die Wiederherstellung des Bodenfeuchtigkeitsgrades *vor* dem Regen beziehen.

An Hand der obigen Darstellungen läßt sich ein ungefährer Überblick über die Zeit für die natürliche Entfernung des Regenwassers aus bindigen

Böden gewinnen. Obwohl die Methode in der Praxis nicht einfach zu handhaben ist, hat sie, in verschiedenen Fällen auf ihre Richtigkeit überprüft, zu Ergebnissen geführt, die mit der gemessenen Regenausfallzeit gut übereinstimmten. Allerdings war stets die errechnete Regenausfallzeit etwas kleiner als der gefühlsmäßig und auf Grund von Augenbeobachtungen festgelegte Wert.

5.4 Arbeitszeiten.

Zweifellos am unangenehmsten von allen Maßnahmen zur Verhinderung des Wettereinflusses ist die Ausrichtung der Arbeitszeiten nach der Witterung, die eine Umgestaltung des ganzen Personaleinsatzes erforderlich macht. In den USA, in Kanada, England, Australien und anderen Gebieten hat man in regenempfindlichen Bodenzonen den 24-Stunden-Betrieb oder zumindest den 16-Stunden-Betrieb für die Dauer der trockenen Perioden schon längst als zweckmäßigste Form erkannt und ist damit in der Lage, die Regenausfallzeiten mehr als aufzuholen. Die Beschäftigung der Maschinisten in der Stilliegezeit der Geräte erweist sich als von wirtschaftlich untergeordneter Bedeutung, da es sich immer nur um eine verhältnismäßig geringe Zahl von Arbeitskräften handelt und diese in den Regenzeiten für eine gründliche Überholung der Geräte in Form der „vorbeugenden Gerätepflege" verwandt werden können. Diese Maßnahme erweist sich bei den gleislosen Geräten mit ihren hohen Reparaturkosten als beträchtlicher wirtschaftlicher Vorteil.

Da im Winter der Feuchtigkeitsgehalt des Bodens meist über den günstigsten Werten für eine wirksame Verdichtung liegt, ist schon rein erdbautechnisch in den Monaten November bis Februar auf entsprechende Bauarbeiten zu verzichten und dafür in den Sommermonaten der 24-Stunden-Betrieb zu wählen. Allerdings ist dann eine wirksame Wartungsorganisation und eine gründliche Geräteüberwachung unvermeidlich. Wesentlich ist hierbei, daß die Geräte in dieser Zeit höchster Beanspruchung unverzüglich aus dem Einsatz genommen werden, sobald die erforderlichen Wartungen und Überholungen durchgeführt werden müssen.

Die Schwierigkeit, in den Wintermonaten die Maschinisten in geeigneter Weise zu beschäftigen, rechtfertigt nur zu sehr ein gründliches Studium der Wetterbedingungen und des Witterungseinflusses, um die Stilliegezeiten so kurz wie möglich zu halten.

5.5 Schlechtwettereinsatz.

Von der Organisation wirksamer Schlechtwettermaßnahmen, von der vorausschauenden Bereitstellung einer genügenden Anzahl geeigneter Geräte und der schlagartigen Auslösung der Schlechtwetterabwehr im richtigen Zeitpunkt hängt es ab, welchen Einfluß das Wetter auf den gleislosen Förderbetrieb nehmen kann.

Die Zeit unmittelbar vor Beginn einer Regenperiode stellt höchste Anforderungen sowohl an das einsatzleitende wie an das Fahrpersonal. Unmittelbar vor oder spätestens mit Regenbeginn sind alle verfügbaren Geräte für eine Einebnung und Gefällebildung auf Schürf- und Kippstellen und auf den Fahrbahnen zum Zwecke einer schnellen Wasserableitung einzusetzen, wobei vor allem genügend Erdhobel zur Verfügung stehen müssen und notfalls Motorschürfwagen einzusetzen sind. Raupenschlepper sind in diesem Stadium von der Baustelle fernzuhalten, weil sie mit ihren Greifrippen den Boden unnötig zerfurchen und Wasseransammlungen begünstigen.

5.6 Wetterschwierigkeiten.

Die große Wetterempfindlichkeit der gleislosen Geräte ist offensichtlich, aber sie stellt kein entscheidendes Argument gegen den gleislosen Einsatz dar. Eine erfahrene und geschickte Bauleitung kennt Mittel und Wege genug, um mit den Wetterproblemen fertig zu werden.

Es sei hingewiesen auf die Verbreitung der gleislosen Geräte in unseren westlichen Nachbarländern, vor allem in England, Belgien, Holland und Frankreich. Obwohl die Witterung in England für schienenlose Geräte ungünstiger als bei uns, die Verdunstungsziffer niedriger und die jährliche Niederschlagsmenge um etwa 7% höher liegt, gibt es heute keine große englische Baufirma mehr, die nicht über einen umfangreichen gleislosen Gerätepark verfügt oder ganz auf gleislose Förderung übergegangen ist. Das Wetter stellt für den gleislosen Förderbetrieb kein Hindernis dar, das nicht überwunden werden könnte, und mit der Wetterempfindlichkeit fertig zu werden, ist weniger ein gerätetechnisches als ein planungstechnisches und organisatorisches Problem.

6 Anpassung des Reifenfahrwerks an die Bodenverhältnisse.

Im Zusammenhang mit dem Reifenfahrwerk und den Reifengeräten ist wiederholt auf die Vor- und Nachteile dieser Fahrwerksart hingewiesen worden. So einfach das Reifenfahrwerk in seinem Aufbau und so zuverlässig es im Betrieb sein kann — die Schwierigkeiten in aufgeweichten bindigen Böden wie in lockerem Sand haben manchen Freund des Reifenfahrwerks abgehalten, die weniger wetterempfindlichen und im Einsatz unabhängigeren Raupenketten zu verlassen und in das Reifenlager überzuwechseln.

Der Einfluß der Reifen auf den Fahrbetrieb der gleislosen Geräte ist groß, und deswegen reagieren die Reifengeräte in wetterempfindlichen Böden auf kleine Witterungsschwankungen schon mit großen Leistungsunterschieden. Die höhere Bodenpressung der Reifen versperrt zudem den luftbereiften Geräten den Zugang zu mancher Baustelle in weniger tragfähigem Gelände. — Und dennoch gibt es eine Reihe von Möglich-

keiten, das Reifenfahrwerk den besonderen Boden- und Witterungsverhältnissen anzupassen. Wenn die Reifengeräte auf der Baustelle immer
wieder mit Schwierigkeiten zu kämpfen haben, so liegt eine gewisse Tra-
gik darin; denn in der Mehrzahl der Fälle würden diese Schwierigkeiten
nicht auftreten, wenn man rechtzeitig bedenken würde, daß das Reifenfahrwerk — ganz im Gegensatz zum Raupenfahrwerk — in seinem Kontakt mit dem Gelände, das ihm als Fahrbahn dient, weitgehend variabel
gestaltet werden kann und eine Fülle von Anpassungsmöglichkeiten
bietet. Daß diese Behauptung keine Theorie ist, beweisen zahlreiche westeuropäische Baufirmen, die trotz ungünstiger Witterungs- und Bodenverhältnisse mit Reifengeräten arbeiten. Es ist klar, daß ein durch längere
Regenfälle aufgeweichter Boden immer Schwierigkeiten bietet, nicht nur
für den Reifen-, sondern auch für den Raupen- und sogar für den Gleis-
verkehr, und daß abnormale Einsatzbedingungen in jedem Falle eine
Senkung der Leistungen bzw. ein Ansteigen der Förderkosten zur Folge
haben. Aber diese Mehrkosten, die bei allen Förderarbeiten auftreten,
sollten keine Argumente gegen die Reifen sein und am allerwenigsten
davon abhalten, sich die Möglichkeiten des Reifenfahrwerks zunutze zu
machen und trotz ungünstigster Bedingungen weiterzufördern.

Auf die Reifenanpassung selbst ist in Abschn. F 3.45 schon ausführlich
eingegangen worden. Dabei haben die Beziehungen zwischen Radlast,
Luftdruck im Reifen, Bodenpressung unter der Aufstandsfläche und
Tragfähigkeit der Fahrbahn einen breiten Raum eingenommen. Es ist
darüber hinaus gezeigt worden, wie der Luftdruck die fahrdynamischen
Kennziffern des Reifenantriebes verändert; es ist hingewiesen worden
auf das Problem des günstigsten Luftdruckes und auf Vorteile und Grenzen der Luftdruckabsenkung; es sind Richtlinien für die Wahl der günstigsten Reifengröße, der günstigsten Reifenzahl und des besten Reifenprofils
gegeben worden. Alle diese Möglichkeiten sind dazu angetan, den Einsatz
der Reifengeräte zu verbessern und ihre betrieblichen Schwierigkeiten
zu überwinden. Aufgabe des maschinentechnischen und bauleitenden
Personals muß es sein, von diesen Möglichkeiten Gebrauch zu machen,
wo immer sich Schwierigkeiten für das Reifenfahrwerk zeigen. Nur so
kann man in den vollen Genuß der Vorteile kommen, die diese Fahrwerksart mit sich bringt.

7 Instandhaltung der Geräte.

7.1 Allgemeines.

Nach der Wetterempfindlichkeit ist die höhere Reparaturanfälligkeit
der zweite große Faktor, der den gleislosen Betrieb in mancher Hinsicht
gegenüber dem Gleisbetrieb nachteilig beeinflußt. Aber wie sich im Lauf
der Zeit bestimmte Wetterabwehrmaßnahmen herausgebildet haben, die

den gleislosen Betrieb in der Mehrzahl der Fälle auch mit den Unbilden der Witterung fertig werden lassen, so sind auch auf dem Reparatursektor Methoden entwickelt worden, die die Ausfallzeiten und Reparaturkosten senken und die Betriebssicherheit erhöhen.

An erster Stelle ist die sog. vorbeugende Gerätepflege zu nennen — eine systematische Überholung und Inspektion der Geräte, wie sie bei allen größeren Verkehrsbetrieben nach einer bestimmten Anzahl von Einsatzstunden durchgeführt wird. Durch die vorbeugende Instandhaltung wird vor allem erreicht, daß Schäden an den Geräten rechtzeitig erkannt und somit in der Werkstatt beseitigt werden können, ohne daß die Geräte im eigentlichen Einsatz auf der Baustelle ausfallen müssen. Nach 60, 120, 240, 480 und 900 Stunden werden die Geräte periodisch aus dem Verkehr gezogen und genau festgelegte Inspektionen durchgeführt, Kupplungen und Bremsen nachgestellt, Filter gesäubert, Risse geschweißt u. dgl.

Sehr mit Recht heißt es in einem amerikanischen Beitrag zu diesem Thema: Man sollte nicht von „Instandhaltung *und* Reparatur" sprechen, sondern das Wörtchen „und" durch ein „oder" ersetzen. Und sicher hat dieser Hinweis viel Wahres in sich; wer mit dem Einsatz von Flachbaggergeräten genügend vertraut ist, weiß, daß man durch eine sorgfältige Wartung einen großen Teil der Reparaturen einsparen kann. Und im allgemeinen ist es auch so, daß eine hohe Reparaturquote nicht unbedingt für schlechte Geräte sprechen muß, sondern oft genug ihren tieferen Grund in der mangelnden Pflege und Wartung hat.

Leider werden auf allzu vielen Baustellen die Geräte bis zum letzten beansprucht, so daß alle noch so guten Vorsätze nicht durchgeführt werden können. Vielfach ist hier auch die Reibfläche zwischen dem bautechnischen und dem maschinentechnischen Personal gegeben. Das erstere will hohe Leistungen und verlangt pausenlosen Einsatz; das letztere will Schonung und Pflege der Geräte und rechtzeitige Überholung. So wird die Devise „Instandhaltung oder Reparatur" nur zu oft zu einer Kraftprobe zwischen Bau- und Maschinenleuten. Trotz allem läßt sich nicht leugnen: der wirtschaftlichere Weg ist der des Vorbeugens. In wie vielen Fällen ließen sich tagelange Reparaturen durch eine einzige Ein- oder Nachstellung von 5 min. Dauer vermeiden; wie oft auch lassen sich wirkliche Reparaturen in der Nachtschicht oder im Zuge der Schlußreparaturen viel besser in der Werkstatt als draußen auf der Baustelle durchführen.

Vorbeugende Wartung erfordert keine Spezialisten. Das kann der Maschinist selbst tun. Er braucht dazu nicht viel mehr als einen Wasserschlauch, mit dem er jeden Abend sein Gerät gründlich abspritzt und säubert und dabei gleichzeitig auf eventuelle Risse und verbogene oder eingebeulte Teile achtet, und ein paar Schraubenschlüssel, mit denen er ganz nebenbei — während er abschmiert — alle hervorstehenden Schrauben und Muttern, Bolzen, Lagerstellen und Federn kontrolliert. So wird am besten gegen alle Eventualitäten vorgebeugt, und nur so können die Reparaturkosten niedrig und die Einsatzstunden hoch gehalten werden.

7.2 Wartungsdienst.

Wie das jeweilige Gerät richtig gewartet werden muß, steht in den Anweisungen der Herstellerfirmen. Wenn hier besonders darauf hingewiesen wird, so deswegen, weil es mitunter sehr nützlich sein kann, wenn diejenigen Stellen, die sich normalerweise mit dem Geräteeinsatz in seiner Gesamtheit befassen, ab und zu einen Blick auf die „Gesundheitspflege" der Geräte werfen und sich auch um die „Lazarette", insbesondere um das Ausmaß der „klinischen Behandlung" ihrer Schützlinge kümmern. Im einzelnen sind folgende Punkte hervorzuheben:

a) *Abnutzung von Schneiden und Zähnen.* Schneiden sollen rechtzeitig ausgewechselt bzw. umgedreht werden und nicht erst, wenn der Schneidenträger schon angegriffen ist. Auszutauschen sind auch abgenutzte Eckschneiden und einseitig verschlissene Mittelschneiden. Sind die Schutzschweißraupen weggeschmirgelt, so müssen sie rechtzeitig ergänzt werden. Zähne sind umzudrehen, auszuwechseln oder aufzuschweißen.

b) *Einstellung der Schneiden.* Schneiden von Planierschilden oder Schürfkübeln müssen parallel zur Geländeoberfläche stehen, sonst werden schiefe Einschnitte erzielt. Die Planierschilde sind über die Seitenarme zu korrigieren, Schürfkübelschneiden durch Unterlegen von Scheiben unter die hinteren Achslager der Fahrzeuge.

c) *Luftfilter.* Der Motor kann nur leistungs- und lebensfähig bleiben, wenn er reine Luft atmet. Das ist bei staubigem Einsatz besonders wichtig. Vor- und Hauptfilter sind 1—2mal je Schicht zu säubern; die vorgeschriebenen Ölwechsel müssen unbedingt eingehalten werden.

d) *Wasserkühlung.* Grundbedingungen sind: sauberes Wasser, richtig eingestellte Ventilatorriemen, dichte Schlauch- und Rohrverbindungen, funktionierende Thermostate und Thermometer, richtiger Wasserstand.

e) *Luftkühlung.* Saubere, ölfreie Kühlrippen, richtige Riemenspannung für Gebläseantrieb.

f) *Steuerungsorgane.* Alle Kupplungen und Bremsen sind auf ihre richtige Einstellung ständig zu überprüfen. Das ist besonders wichtig bei schnellfahrenden Geräten. Hier sind Bremsgestänge, Membrangehäuse, Ölbehälter usw. zu kontrollieren. Hydraulik- und Luftschläuche sind täglich zu überprüfen, ebenso der Ölstand in den Hydrauliktanks und die Dichtungen der Preßzylinder.

g) Reifen. Hier gilt insbesondere:

Jedes Rutschen der Reifen vermeiden.
Auf richtigen Luftdruck achten (Ausnahme: Schlechtwettereinsatz).
Luftdruck alle 60 Stunden an kalten Reifen überprüfen.
Zu wenig Luft gibt:
    Ungleichmäßige Abnutzung.
    Brüche in den Reifenseitenwänden.
    Loslösen der Gewebeeinlagen.
Zu viel Luft bedeutet:
    Überbeanspruchung der Gewebeeinlagen.
    Geringeren Widerstand gegen Stöße.
    Größere Empfindlichkeit auf steinigen Straßen.

Risse rechtzeitig reparieren! Sobald ein tiefer Riß entsteht, sind alle kleineren Risse ebenfalls mit zu beseitigen.

Reifen stets von Öl freihalten.

h) Seile. Da die Seile an den Trommelenden schneller verschleißen, sollen sie rechtzeitig umgedreht werden. Auch kann man die Seile nach dem Kappen des verschlissenen Endes für andere Geräte weiterverwenden.

Seile stets schmieren (außer bei Einsatz in staubiger Gegend). Wenn Seilstränge gerissen: Seilrollen nachsehen (verbogen oder blockiert).

Wenn Seile gewellt: Seiltrommel nachsehen, Kupplung nachstellen.

7.3 Durchführung der Inspektionen.

Auf die vorbeugende Wartung und Pflege wurde schon hingewiesen. Darauf ist die früher erwähnte Bereitstellung von Reservegeräten abgestimmt, die ein reibungsloses Auswechseln der eingesetzten Geräte und ihre regelmäßige Inspektion ermöglichen. Dazu gehört aber auch, daß die Inspektionen häufig genug und mit echter Regelmäßigkeit durchgeführt werden.

Die Intervalle der Inspektionen ergeben sich in erster Linie aus den verschiedenen Schmierperioden. Mit dem Abschmieren zusammen werden dann weitere Kontrollen vorgenommen. Rein zeitlich gesehen sind im allgemeinen folgende Wartungen üblich: 8—20—60—120—240—900 Stunden. Außer dem Abschmieren mit allgemeiner Inspektion des Gerätes sind z. B. bei Raupenschleppern folgende Punkte besonders zu beachten:

Luftfilter säubern (Vor- und Hauptfilter).
Kühlwasser ablassen; durchspülen; neues Wasser auffüllen.
Wasserpumpendichtung nachsehen.
Ventilspiel am Dieselmotor prüfen.
Motoröl wechseln (alle 120 Stunden!).
Schmierölfilter wechseln (alle 120 Stunden).
Dieselölfilter wechseln (im allgemeinen alle 240 Stunden).
Zündmagnet-Einstellung prüfen.

Nachstellen der Steuerkupplungen,
„ „ Steuerbremsen,
„ „ Kettenspannung,
„ „ Hauptkupplung.
Auswaschen und Durchspülen des Schaltgetriebes,
„ „ „ „ Endgetriebes,
„ „ „ „ Motorgehäuses.

Die durchgeführten Wartungen sind in ein Maschinenbuch einzutragen. Dort sind außerdem anzugeben:

Art und Zeitdauer der Reparaturen.
Benötigte Ersatzteile.
Zahl der Betriebsstunden des Gerätes.

7.4 Organisation des Reparaturbetriebes.

Der Reparatur- und Wartungsdienst wird am besten nach folgendem Schema durchgeführt: Die Betreuung der Geräte am Einsatzort erfolgt durch *Instandhaltungstrupps* in Stärke von jeweils zwei Schlossern. Jedem I-Trupp unterliegt die Betreuung von 5—8 Zugmaschinen und den entsprechenden Zusatzgeräten. Der I-Trupp soll den Maschinisten beim Nachstellen von Kupplungen und Bremsen, Auswechseln von Seilen usw. helfen, kurze Reparaturen durchführen und Geräteteile auswechseln, ohne daß die Geräte erst aus dem Verkehr gezogen werden müssen.

Auf jeder Baustelle befindet sich eine *Maschinenwerkstatt*, in welcher Inspektionen bis zur 900-Stunden-Wartung sowie Reparaturen durchgeführt werden, die eine Überführung des Gerätes in eine feste Werkstatt erforderlich machen.

3—6 Baustellen werden regional von einer der Niederlassung angegliederten *Hauptwerkstatt* betreut, in welcher die Schlußreparaturen durchgeführt werden. Die Hauptwerkstatt steuert auch die Ersatzteilbeschaffung für die örtlichen Baustellen und sorgt für die Verteilung des Reparaturpersonals und der notwendigen Spezialgeräte.

Über den Hauptwerkstätten steht die *Zentralwerkstatt*, in welcher die Grundüberholungen und alle Reparaturen durchgeführt werden, die ein Auseinandernehmen des Gerätes erforderlich machen. Die Zentralwerkstatt — meist im Bauhof des Stammhauses der Firma untergebracht — verfügt neben allen erforderlichen Spezialwerkstätten über eigene Motorprüfstände, eine kleine Gießerei und ein ausgedehntes Ersatzteillager.

Von besonderer Bedeutung ist die schnelle Versorgung eines ausgefallenen Gerätes auf der Baustelle mit Ersatzteilen. Zu diesem Zweck sind große Baufirmen der USA dazu übergegangen, Ersatzteile mit Hubschraubern bzw. Kleinflugzeugen von der Zentralwerkstatt direkt auf die Baustelle zu fliegen.

7.5 Personalbedarf.

Für die Durchführung eines wirkungsvollen Wartungs- und Reparaturbetriebes ist auch eine entsprechende Besetzung der Werkstätten erforderlich. Geht man von der Voraussetzung voller Beschäftigung der Geräte während der Saison und voller Auslastung der Reparaturwerkstätten aus, so ergeben sich etwa folgende Anhaltswerte:

Für jedes selbstfahrende Großgerät . . . . . . 1 Schlosser
Für je neun angehängte Großgeräte . . . . . . 1 Schlosser

Von der gesamten Arbeitskapazität des Reparatur- und Wartungspersonals werden benötigt:

In der Zentralwerkstatt 15%
In der Hauptwerkstatt 25%
In der Baustellenwerkstatt 40%
In den I-Trupps 20%

8 Leitung von Flachbaggerbaustellen.

Hand in Hand mit der Schaffung von präzisen Unterlagen über Anwendung, Leistungen und Kosten der Geräte geht die richtige Organisation und Leitung der Baustellen, hier insbesondere die Steuerung des Maschineneinsatzes und die Aufrechterhaltung der Einsatzbereitschaft. Wenn auch die Technik der Leitung großer Geräteparks auf gleislosen Baustellen und das vollendete Dirigieren eines vielstimmigen Flachbaggerorchesters nur langsam in Fleisch und Blut übergeht, so sei darauf hingewiesen, daß uns der vergangene Krieg zur Genüge gezeigt hat, wie größere motorisierte Bewegungen im Gelände zu organisieren sind und wie man mit Raupen- und Reifengeräten unter ungünstigsten Verhältnissen, in Morast oder Wüstensand fertig werden kann. Manche dort gesammelte Erkenntnis läßt sich für den geländegängigen Erdbau übernehmen, und selbst wenn man davon absieht, daß viele Begriffe der amerikanischen Baustellensprache an militärmäßige Formulierungen erinnern, so ist doch eine gewisse Parallele zwischen dem Einsatz gleisloser Geräte und dem von Panzern und Aufklärungsfahrzeugen nicht zu übersehen. So ist es auch nicht verwunderlich, daß man in der geländegängigen Erdbewegung von Stoßlinien, Schwerpunktbildung, taktischen und operativen Reserven usw. spricht und die Gesetze für die Bewegung motorisierter Verbände größeren Stils ebenso beherrschen muß wie das blitzschnelle Umdisponieren des Einsatzes bei plötzlich auftretenden Schwierigkeiten.

Was aber vielleicht entscheidend bei dieser Parallele und entscheidend schlechthin für den Erfolg der gleislosen Erdbewegung ist, ist weder die Verwendung gemeinsamer Begriffe noch die Auseinandersetzung mit den gleichen Geländeschwierigkeiten; es ist etwas anderes: Typisches Kenn-

zeichen des gleislosen Erdbaus ist die Bewegung. Mit seinem mobilen
Charakter — im Gegensatz zum Gleisbetrieb, wo schon durch das Gleis
eine gewisse Starrheit gegeben ist — einher geht die Dynamik seiner Organisation und Leitung. Alle Beweglichkeit der Geräte ist umsonst, wenn
den Menschen, die sie steuern und ihren Einsatz lenken, nicht auch der
Einsatzschwung zu eigen ist, ohne den es hier nicht geht. Es ist der persönliche Antrieb, die Initiative, der schnelle Entschluß, die ständige Bereitschaft, den Geländeschwierigkeiten entgegenzutreten, die Impro-
visation und das Disponieren mit den Imponderabilien des Einsatzes,
was den Ausschlag gibt, und hier kann die geländegängige Erdbewegung
viel, sehr viel von der — wenn man sie so nennen will — modernen Be-
wegungsstrategie motorisierter Panzer- und Aufklärungsverbände übernehmen.

Über den Einfluß des menschlichen Elements auf die Leistungen der
Geräte ist bereits berichtet worden. Wenn gesagt wurde, daß eine der
Grundvoraussetzungen für die leistungsfähige Verwendung der Flachbagger darin besteht, daß der Maschinist sich in seine Maschine hinein-
denken und seine Arbeit mit ihren Augen sehen muß — so lassen sich
ähnliche Gesichtspunkte auch für das bauleitende Personal aufstellen:
Es muß die Erdbewegung in den für die einzelnen Geräte charakteristischen Phasen erkennen und den gesamten Geräteeinsatz genauso unmittelbar in der Hand haben wie der Maschinist seine Maschine. Der gleislose Betrieb ist im Gegensatz zur starren Gleisförderung beweglich und
anpassungsfähig. Sein mobiler Charakter bedingt zwar eine enorme
Empfindlichkeit allen nachteiligen Einflüssen gegenüber, gibt aber andererseits der Bauleitung um so mehr Möglichkeiten, durch das Ausspielen
aller Faktoren optimale Leistungen aus den Geräten herauszuholen. Der
gleislose Förderbetrieb kann, soll er wirtschaftlich arbeiten, niemals sich
selbst überlassen bleiben, sondern muß immer unter Kontrolle gehalten
und den ständig wechselnden Einsatzbedingungen laufend und unverzüglich angepaßt werden.

An der Spitze aller Probleme, mit denen sich jede Bauleitung auseinandersetzen muß, steht die Forderung nach Überwindung der Wetterschwierigkeiten. Der Empfindlichkeit der gleislosen Geräte allen Witterungsschwankungen gegenüber kann nur durch Verbindung maschinen-,
erdbau- und betriebstechnischer Erfahrungen mit geologischen und meteorologischen Kenntnissen begegnet werden. Der ständige Kampf mit
der Witterung vor dem Hintergrunde der geforderten Förderleistungen
gibt der Leitung gleisloser Baustellen ein besonderes Gepräge. Jede
größere Baustelle erfordert eine operative Abteilung für den Geräteeinsatz, in welcher die Einsatzvorbereitungen und der Einsatzablauf jedes
einzelnen Gerätes mit Präzision und Sorgfalt in allen Einzelheiten durch-
dacht und die Operationen selbst gesteuert werden. Die Einsatzvorberei-

tung beginnt mit der Erkundung der großen Imponderabilien Wetter und Boden, der Abwägung der potentiellen Kapazität des eigenen Geräteparks und der Bewertung des menschlichen Leistungsfaktors, d. h. der Einsatzkraft des Bedienungs-, Überwachungs- und bauleitenden Personals. Wettcrübersichten und Schichtverzeichnisse sind die Generalstabskarten der Einsatzabteilung. Die Bildung operativer Schwerpunkte ist ebenso ausschlaggebend für den Erfolg wie die richtige Dimensionierung der Reserven zur Bekämpfung der Wetterschwierigkeiten und Geräteausfälle.

K. Die Gerätekosten und ihre Ermittlung.

1 Ermittlungsmethoden.

1.1 Die Notwendigkeit einer verfeinerten Kostenermittlung.

Die Art der Kostenermittlung in der amerikanischen Bauwirtschaft läßt erkennen, daß die Amerikaner dem Problem der Vorkalkulation im allgemeinen größere Beachtung schenken als wir. Sie gehen von der Erkenntnis aus, daß es nicht nur für die Errechnung des Angebotspreises wichtig ist, die tatsächlichen Kosten möglichst genau zu erfassen, sondern daß darüber hinaus eine exakte Kostenanalyse das beste Mittel darstellt, um die verschiedenen Möglichkeiten der Baudurchführung wirtschaftlich gegeneinander abzuwägen und die produktivste Baumethode zu ermitteln.

Für die deutsche Bauindustrie ist das Verfahren zur Berechnung der Gerätekosten in der ,,Geräteliste für die Bauwirtschaft" verankert. Im Ausland bedient man sich vielfach anderer Methoden mit dem Ziel, genauere Resultate zu erhalten. Es ist hier nicht beabsichtigt, fremde Methoden zu propagieren. Sie lassen sich überdies nur mit Vorbehalt auf unsere Verhältnisse übertragen. Es wird auch nicht angestrebt, das in der Geräteliste für die Bauwirtschaft niedergelegte Kostenermittlungsverfahren zu ändern oder umzustoßen. Was aber im Interesse einer besseren wirtschaftlichen Abwägung der technisch gegebenen Mittel angestrebt werden muß, ist die Verfeinerung unserer derzeitigen Berechnungsmethode und die Ausdehnung vom allgemeinen auf das spezielle Gebiet.

Das in der Geräteliste für die Bauwirtschaft niedergelegte Verfahren ist völlig ausreichend, wenn es gilt, einen groben Überblick über die ungefähre Höhe der Gerätekosten zu gewinnen oder um Gerätemieten zu berechnen. *Nicht* ausreichend ist es dagegen, wenn es darauf ankommt, feinere Unterschiede in Höhe und Struktur der Gerätekosten herauszuarbeiten, etwa um schon bei der Projektierung eines Bauvorhabens erkennen zu können, welches Gerät oder welche Gerätekombination eine bestimmte Bauaufgabe am wirtschaftlichsten lösen wird. Wenn es bisher bei uns vielfach darauf ankam, mit den vorhandenen Geräten teils unter

Verzicht auf die geforderte Wirtschaftlichkeit zu arbeiten, so steht doch außer Zweifel, daß im Zuge der Verschärfung des Konkurrenzkampfes die Wahl der Baumethoden und damit auch der zu verwendenden Geräte eine immer sorgfältigere Überlegung und Abwägung der preislich günstigsten Verfahren erforderlich macht.

1.2 Amerikanische und deutsche Kostenberechnung.

Bei der Berechnung der Kosten für 1 Stunde Gerätearbeit müssen vor allem berücksichtigt werden:

1. Abschreibung. — 2. Verzinsung. — 3. Nutzungsdauer der Geräte. — 4. Geräteausnutzung. — 5. Steuern, Versicherung, Lagergebühren usw. — 6. Reparatur- und Wartungskosten. — 7. Ausgaben für Betriebsmittel.

Innerhalb der Kostengruppierung ist zu unterscheiden zwischen *Festkosten*, d. h. solchen Kosten, die sich gleichmäßig über die gesamte Nutzungsdauer des Gerätes verteilen und die unabhängig davon sind, ob das Gerät arbeitet oder nicht, und den sogenannten *Betriebskosten*, die nur bei der effektiven Arbeit des Gerätes entstehen.

1.21 Festkosten. Vergleicht man das deutsche mit dem amerikanischen Verfahren, so ergeben sich bei der Ermittlung der Festkosten gewisse Unterschiede, die an einem Beispiel (Gerät mit 100 000 DM Neuwert und Nutzungsdauer von 7200 Stunden) erläutert sind (Ü 20).

Übersicht 20. *Festkostenberechnung.*

A. Berechnungsgrundlagen:		
1. Geräteneuwert	DM	100 000,—
2. Wirtschaftliche Nutzungsdauer	Std.	7 200
3. Wirtschaftliche Nutzungsdauer	Jahre	5
B. Deutsche Berechnungsmethode:		
1. Faktor R	%	22,8
2. Jährliche Abschreibung und Verzinsung	DM	22 800,—
3. Betriebsstunden im Jahr	Std.	1 440
4. Stündliche Abschreibung und Verzinsung	DM	15,83
C. Amerikanische Berechnungsmethode:		
1. Abzuschreibender Betrag	DM	100 000,—
2. Abschreibungszeit	Std.	7 200
3. Stündlicher Abschreibungsbetrag	DM	13,90
4. Jährlicher Gerätedurchschnittswert in	%	60
5. Jährlicher Gerätedurchschnittswert in	DM	60 000,—
6. Zinsen (in % des jährlichen Durchschnittswertes) . .	%	4,5
7. Zinsen	DM	2 700,—
8. Jährliche Betriebsstunden	Std.	1 440,—
9. Zinsanteil/Std.	DM	1,88
10. Gesamte Festkosten	DM	15,78

Auf die amerikanische Methode muß schon deswegen ausführlicher eingegangen werden, weil Kostenangaben in den amerikanischen Veröffentlichungen, die dann vielfach durch bloße Umrechnung über den

Dollarkurs auf deutsche Wertmaßstäbe übertragen werden, oft ein falsches Bild ergeben. — Abschreibung und Verzinsung des Geräteneuwertes erfolgen beim amerikanischen Verfahren in getrennten Rechnungsgängen. Die abzuschreibende Summe setzt sich aus dem Neuwert zuzüglich der Kosten für Fracht, Zoll, Versicherung usw. und für die Überführung vom Herstellungswerk zum Gerätepark des Unternehmers zusammen. Handelt es sich um Reifengeräte, so wird der Neuwert der Bereifung von der Abschreibungssumme abgesetzt und bei den Betriebskosten in Rechnung gestellt, da Geländereifen eine geringere Lebensdauer als die eigentlichen Geräte haben.

Maßgebend für die Zeitdauer, über die das Gerät abgeschrieben werden soll, ist die wirtschaftliche Nutzungsdauer des Gerätes. Sie richtet sich nach der Zahl der Jahre, die das Gerät wirtschaftlich eingesetzt werden kann, und nach dem jährlichen Beschäftigungsgrad. Primär wird sie weder durch den einen noch durch den anderen Faktor, sondern allein durch die Zahl der Betriebsstunden festgelegt. Überhaupt ist die ganze amerikanische Kostenrechnung mehr auf die Zeiteinheit der Stunde aufgebaut, während bei uns Monate und Jahre im Vordergrund stehen.

Die abzuschreibende Summe wird auf die wirtschaftliche Nutzungsdauer (in Stunden) umgelegt und dadurch der abzuschreibende Betrag je Betriebsstunde ermittelt. Zinsen, Steuern, Versicherung, Lagergebühren u. dgl. werden nach dem jährlichen Gerätedurchschnittswert berechnet, wobei hier — im Gegensatz zur Abschreibung — der gesamte Neuwert des Gerätes, also einschließlich der Fahrwerkskosten, zugrunde gelegt wird.

Der jährliche Gerätedurchschnittswert, im folgenden mit J bezeichnet, errechnet sich nach der Formel

$$J = \frac{n+1}{2\,n}\,K\,,$$

wobei

$n =$ Abschreibungsdauer in Jahren,
$K =$ gesamte Anschaffungskosten des Gerätes

bedeuten. Die mit der Zahl der Jahre fortschreitende Wertminderung wird nicht von Jahr zu Jahr neu festgesetzt, sondern über einen Durchschnittswert berücksichtigt. Hat ein Gerät z. B. eine Nutzungsdauer von fünf Jahren, so beträgt sein jeweiliger Verkehrswert, bezogen auf die Anschaffungskosten K:

Zu Beginn des	1. Betriebsjahres	. .		. .	100%
,,	,,	,, 2.	,,	. .	80%
,,	,,	,, 3.	,,	. .	60%
,,	,,	,, 4.	,,	. .	40%
,,	,,	,, 5.	,,	. .	20%
Das ergibt eine Gesamtsumme von					300%

Der jährliche Gerätedurchschnittswert beträgt dann 300:5 = 60% des Neuwertes.

Für die jährliche Verzinsung, Versteuerung und Versicherung gelten in den USA etwa folgende Sätze:

Zinsen	6% von J
Steuern	2% von J
Versicherung	2% von J
Lagerkosten	1% von J
	11%

Es wird nicht, wie bei uns, mit Zinseszinsen, sondern mit einfacher Verzinsung gerechnet. Der ermittelte Betrag, auf die Zahl der jährlichen Betriebsstunden umgelegt, ergibt die Festkosten pro Stunde.

Der jährliche Beschäftigungsgrad wird bei uns allgemein mit 60% angenommen. In den USA ist er sehr verschieden und schwankt, bezogen auf eine mögliche Betriebszeit von 2400 Stunden im Jahr, zwischen 60 und 170%.

Das deutsche Verfahren ist bekannt. Es führt erheblich schneller zum Ziel. Abschreibung und Verzinsung werden gemeinsam nach der Rentenformel ermittelt.

1.22 Betriebskosten. Zu den Betriebskosten gehören:

a) die Reparatur- und Wartungskosten,

b) die Kosten für die Fahrwerksabnutzung (nur bei Reifengeräten),

c) die Kosten für Betriebsmittel,

d) die Lohn- und Lohnnebenkosten.

Während die Festsetzung der Lohn- und Lohnnebenkosten für Maschinisten, Abschmierer usw. in den einzelnen Betrieben und Ländern unterschiedlich gehandhabt wird und auch die Berücksichtigung der Kosten für die Betriebsmittel eine weitgehend innerbetriebliche Angelegenheit ist, ergeben sich bei der Berechnung der Reparaturkosten ebenfalls grundlegende Unterschiede zwischen der amerikanischen und der deutschen Methode. Die deutschen Richtlinien schreiben als „angemessenen Betrag" für die Reparaturkosten den Wert von 66% des Abschreibungs- und Verzinsungsbetrages vor. Wie weiter unten dargestellt, läßt sich die Höhe der Reparaturkosten bei genaueren Ansprüchen nicht gut durch einen allgemeinen Wert berücksichtigen, da dieser innerhalb der einzelnen Gerätetypen und -größen erheblich schwankt und überdies stark von den Einsatzverhältnissen abhängig ist. Nach der amerikanischen Methode wird die prozentuale Höhe der Reparaturkosten für die einzelnen Gerätetypen und -größen besonders festgesetzt.

Schließlich wird auch die Abnutzung des Fahrwerks für sich berechnet. Abgesehen von den Kosten für die Fahrwerks*reparaturen* werden bei Reifengeräten Reifenabnutzung und -lebensdauer gesondert berücksichtigt und anteilmäßig auf die Betriebsstunden umgelegt.

1.3 Grundzüge einer genaueren Kostenermittlung.

Auch bei den amerikanischen Berechnungsverfahren bleibt die wahre Höhe der Kosten einer Gerätestunde im allgemeinen hinter Durchschnittswerten verborgen, und die Betriebskostenschwankungen der einzelnen Geräte gehen in der Vielzahl der zu berücksichtigenden Fahrzeuge unter, so daß die Durchschnittswerte ihre Berechtigung haben. Beim Einsatz einzelner Geräte, wie es in kleinen Baubetrieben der Fall ist, tritt jedoch die Frage nach den Gerätekosten eines bestimmten Maschinentyps unter bestimmten Einsatzverhältnissen in den Vordergrund. Sie ist nur zu beantworten, wenn man eine erhebliche Spezifizierung der Kostenangaben vornimmt und dem Einfluß der Einsatzbedingungen, Bodenverhältnisse, Betriebsbedingungen, Gerätegröße und Geräteart bei der Preisbildung Rechnung trägt.

Diese Frage bleibt im Rahmen der bisher üblichen Methoden unbeantwortet. Damit bleibt auch die Notwendigkeit bestehen, sich eines exakteren Berechnungsverfahrens zu bedienen, wenn spezielle Verhältnisse eines bestimmten Einsatzes erfaßt werden sollen. — Ein solches Verfahren soll in den folgenden Abschnitten entwickelt und erläutert werden, wobei der eingeschlagene Weg durch folgende Punkte charakterisiert wird:

Das bisherige deutsche Verfahren wird im Prinzip beibehalten. Es entspricht unseren bauwirtschaftlichen Vorstellungen und bildet den Rahmen, in den alle weiteren Überlegungen eingebaut werden. Die angestrebte *Verfeinerung* wird erreicht, indem die wenigen festen Richtwerte durch eine Anzahl variabler Kostenelemente ersetzt werden, wobei deren jeweilige Größe mit den speziellen geräte- und baustellenseitigen Einsatzverhältnissen in Zusammenhang gebracht wird. Die Verfeinerung wird auch auf die Zeitintervalle ausgedehnt, die in der Rechnung mitwirken. Es wird nicht mehr in Monaten oder Wochen, sondern — wie bei den Amerikanern üblich — in Betriebsstunden gerechnet.

Die folgenden Abschnitte legen die für eine präzise Kostenermittlung notwendigen Unterlagen vor. Die Darstellungen gründen sich auf Untersuchungen an zahlreichen modernen Flachbaggergeräten über eine Zeitdauer von mehreren Jahren bei Einsätzen unter verschiedensten Betriebsverhältnissen. Das Alter der untersuchten Geräte lag zwischen 500 und 6000 Betriebsstunden. Angaben in Firmenkatalogen wurden nur vereinzelt und auch dann nur nach kritischer Prüfung verwendet, schieden aber im allgemeinen aus, da ihre Wettbewerbstendenzen eine normale Wertung kaum zulassen.

Der Rechnungsgang des neuen Verfahrens geht aus Ü 21 hervor. Es mag für normale Verhältnisse umständlich erscheinen, da es sich aus einer großen Zahl von Faktoren zusammensetzt. Es ist jedoch nicht

Übersicht 21. *Berechnungsblatt: Gerätekosten.*

A. Gerätedaten:

        Modell

        Motorleistung . . . . . . PS

        Kübelinhalt . . . . m^3

        Gewicht . . . . t

B. Festkosten:

  I. Betrag für Abschreibung und Verzinsung

    Pos. 1: Lieferpreis . . . . DM

        2: Frachtkosten . . . . DM

        3: Anschaffungspreis . . . . DM

        4: Fahrwerkskosten (Reifen) . . . . . DM

        5: Abschreibungs- und Verzinsungsbetrag DM

  II. Abschreibung und Verzinsung

    Pos. 6: Wirtschaftliche Nutzungsdauer . . . Std.

        7: Wirtschaftliche Nutzungsdauer . . . Jahre

        8: Faktor R (jährlich) für $\eta_J = 100\%$. . %

  III. Vorhaltekosten

    Pos. 9: Jährliche Abschreibung und Verzinsung DM

      10: Betriebsstunden im Jahr . . . . . Std.

      11: Geräteausnutzung η_J in % (2400 h) . %

      12: Stündliche Abschreibung und Ver-

          zinsung . . . . DM

      13: Zahl der Betriebsmonate im Jahr . . Mon.

      14: Monatliche Abschreibung und Ver-

          zinsung . . . . DM

C. Betriebskosten:

  I. Reparaturkosten für Fahrzeuge (R I)

    Pos.15: Ersatzteilkosten . . . . DM

      16: Lohn- und Werkstattunkosten . . . DM

      17: Gesamtkosten R I . . . . DM

  II. Reparaturkosten für Arbeitsgeräte (R II)

    Pos.18: E-Kosten für Seile/Schläuche . . . DM

      19: E-Kosten für Winde/Generator/Pumpe DM

      20: E-Kosten für Schneiden . . . . . . DM

      21: LW-Kosten für Auswechseln . . . . DM

      22: Gesamtkosten R II . . . . DM

  III. Gesamt-Reparaturkosten

    Pos.23: Gesamte Reparaturkosten . . . . . % DM

  IV. Fahrwerkskosten

    Pos.24: Reifenkosten/Std. . . . . DM

      25: Reifenreparaturen . . . . % DM

  V. Betriebsmittel

    Pos.26: Kosten für Diesel . . . . l/h DM

      27: Kosten für Benzin . . . . l/h DM

      28: Kosten für Motoröl . . . . l/h DM

      29: Kosten für Getriebeöl . . . . . . l/h DM

      30: Hydrauliköl . . . . l/h DM

      31: Kosten für Fett . . . . g/h DM

      32: Gesamte Betriebskosten . . . . . . DM

D. Lohnkosten:

    Pos.33: Lohn- und Lohnnebenkosten . . . . DM

E. Gesamtkosten je Betriebsstunde

    Pos.34: Gesamte Gerätekosten . . . . DM

314   K. Die Gerätekosten und ihre Ermittlung.

so sehr für den Masseneinsatz der Geräte auf Großbaustellen von Bedeutung, sondern auf das einzelne Gerät ausgerichtet, wobei der Schwerpunkt auf der Berücksichtigung der speziellen Einsatzverhältnisse liegt.

2 Kostenelemente.

2.1 Geräteneuwert.

Die Preiskurven in Bild 146 geben einen Überblick über die ungefähre Höhe des Geräteneuwertes und die Tendenz seiner Änderung im Hinblick auf die technischen Kennwerte der einzelnen Geräte. Die Höhe der Kosten bezieht sich auf die Preisverhältnisse zu Beginn des Jahres 1955. Für die amerikanischen Geräte sind die Anschaffungskosten frei Hamburg eingesetzt.

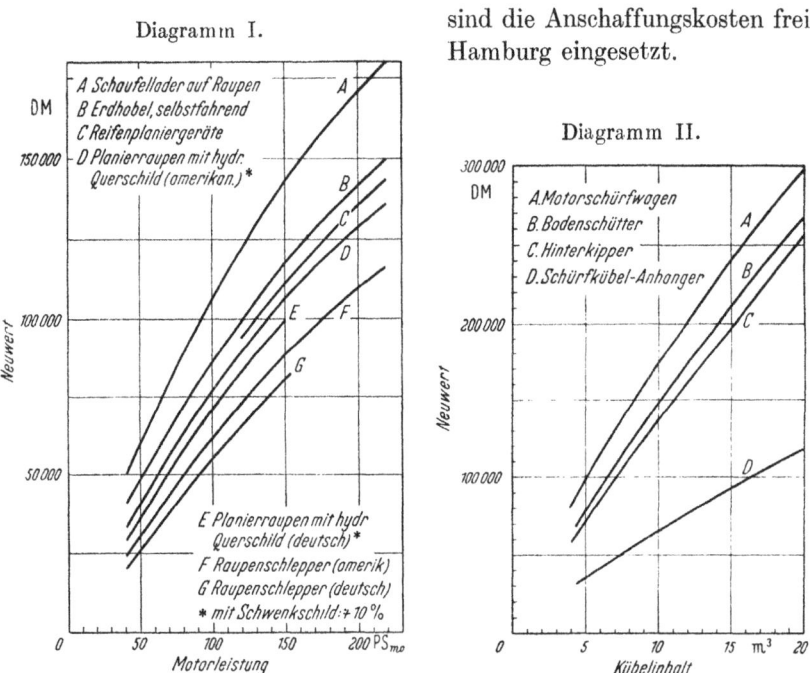

Bild 146. Gerätepreise (Neuwert) verschiedener gleisloser Geräte.
Diagramm I: Gerätegröße, zugeordnet zur Motorleistung;
Diagramm II: Gerätegröße, zugeordnet zum Inhalt der Transportgefäße.

2.2 Überführungs- und Einfuhrkosten.

Der Fabrikpreis erhöht sich um die Frachtkosten, bei ausländischen Geräten um die Kosten für Versicherung, Land- und Seefracht, Verladung, Verpackung, Einfuhrzoll, Umsatzausgleichsteuer usw.

2.3 Reifenkosten.

Zumindest die größeren Reifen müssen auch in nächster Zeit noch aus dem Ausland eingeführt werden. Die Reifenpreise sind von der Reifengröße sowie von der Zahl der Gewebeeinlagen (ply rating) und damit von der Tragfähigkeit abhängig. Die Preiskurven (Bild 147) veranschaulichen die ungefähre Größe des Reifenneuwertes.

2.4 Wirtschaftliche Nutzungsdauer der Geräte.

2.41 Abnutzungsfaktor *ν*. Maßgebend für die zeitliche Dauer der Abschreibung und Verzinsung ist die Zeit, in welcher ein Gerät wirtschaftlich verbraucht wird. Während die absolute Lebensdauer in sehr weiten Grenzen schwankt und von den Einsatzbedingungen, der Güte der Konstruktion, der Pflege und Bedienung abhängt, beruht die wirtschaftliche Nutzungsdauer auf Durchschnittswerten, die sich bei systematischer Auswertung der Maschinenbegleitbücher im Laufe der Zeit auf ziemlich konstante Werte einpendeln.

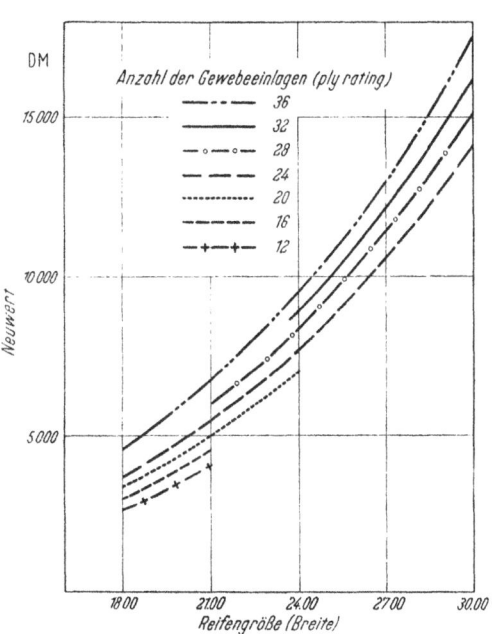

Bild 147. Preise der Erdbaugeländereifen.

Eindeutig festlegen läßt sich die wirtschaftliche Nutzungsdauer nur durch die Zahl der Betriebsstunden, nach deren Ablauf das Gerät verbraucht ist. Diese Zeit richtet sich nach dem Grad der mechanischen Beanspruchung des Gerätes während seines Einsatzes, der hauptsächlich von der Gewinnungsfestigkeit des Bodens, vom Ausbildungsstand und technischem Einfühlungsvermögen des Maschinisten und von der Pflege des Gerätes abhängt.

Die einigermaßen genaue Bestimmung der Nutzungsdauer ist mit erheblichen Schwierigkeiten behaftet. Selbst wenn eine Vielzahl von Beobachtungen über das „Altern" der Geräte vorliegt, gibt es nur relativ wenige Fälle, die für exakte Bewertungen herangezogen werden können, und zwar nur dann, wenn ein Gerät während der ganzen Dauer seines Einsatzes vom gleichen Maschinisten und an der gleichen Einsatzstelle

gefahren wird. Das ist im Baubetrieb höchst selten der Fall. Nur die orts-
festen Betriebe (Steinbrüche, Kohlengruben usw.) bieten hier brauchbare
Unterlagen.

Trotzdem wurde der Versuch unternommen, die Frage der mechanischen Beanspruchung von Flachbaggergeräten zahlenmäßig darzustellen, und zwar auf Grund von Geräteeinsätzen, die dem Verfasser
persönlich bekannt waren und die laufend beobachtet wurden. Eine vorsichtige Wertung der Ergebnisse, die an Geräten mit gleichem Einsatzort, gleichen Maschinisten und gleichen Reparatur- und Wartungs-
bedingungen gemacht wurden, führte zu der Tab. 30, in der der Grad der
mechanischen Beanspruchung durch den sog. Abnutzungsfaktor v festgelegt wird. Seine Größe wird je nach den Boden-, Bedienungs- und Pflege-
verhältnissen durch die Addition von Punkten ermittelt, die zur ungefähren Bewertung der einzelnen Einflüsse herangezogen werden. — Diese
Angaben können jedoch nur einen sehr groben Überblick über die tatsächliche Abnutzung eines Gerätes geben. Genauere Angaben müssen
weiteren Untersuchungen vorbehalten bleiben.

Tabelle 30. *Abnutzungsziffer* v

v wird durch Addition folgender Punktanteile ermittelt:

a) Bodenart: *Punkte*

Bodenklasse 1 (nach KÖGLER[1]) .   2
,,   2   3
,,   3   4
,,   4   9
,,   5   15
,,   6   25

b) Maschinist:

	Gut	Mittel	Schlecht
1. Eignung.	0	3	10
2. Ausbildung	0	1	3
3. Erfahrung	0	1	2
4. Technisches Verständnis	0	2	4
Gesamt:	0	7	19

c) Technische Wartung der Geräte:

1. Einwandfreie Wartung der Geräte, vorbeugende Gerätepflege   0
2. Durchschnittliche Pflege   3
3. Häufiger Baustellenwechsel, schlecht ausgerüstete Werkstätten, keine
   Zeit oder Gelegenheit für regelmäßige Grundüberholung.   10

Die Angaben besitzen subjektiven Charakter, da sich der Einfluß von
seiten der Maschinisten und der Pflegeverhältnisse nur durch persönliche
Werturteile festlegen läßt. Die Zahlen der v-Tabelle sollen auch nur einen
ungefähren Überblick über die Abnutzung eines Gerätes geben und der
Praxis Anhaltswerte liefern.

---

[1] S. Anhang 1

2.42 Nutzungszeit der einzelnen Gerätetypen. Nachdem der Grad der mechanischen Abnutzung unter den gegebenen Einsatzverhältnissen durch den Faktor v erfaßt ist, läßt sich die Anzahl der wirtschaftlich nutzbaren Betriebsstunden der einzelnen Gerätetypen aus Tab. 31 entnehmen.

Tabelle 31. *Wirtschaftliche Nutzungsdauer der Geräte* (Angaben in Betriebsstunden).

Betriebsverhältnisse	Sehr gut	Gut	Mäßig	Schlecht
Abnutzungsziffer v	0—5	5—15	15—25	über 25
Raupenschlepper	12 000	10 000	8 000	6 000
Reifenschlepper	15 000	10 000	8 000	7 000
Planierschilde	14 000	12 000	10 000	9 000
Schürfwagenanhänger	20 000	14 000	12 000	10 000
Motorschürfwagen	12 000	10 000	8 000	6 000
Straßenhobel/Motor	16 000	13 000	10 000	8 000
Schaufellader/Raupen	12 000	10 000	8 000	6 000
Schaufellader/Reifen	15 000	10 000	8 000	7 000
Pflugbagger	14 000	12 000	10 000	8 000
Transportfahrzeuge.	20 000	15 000	11 000	8 000

2.43 Jährliche Geräteausnutzung η_J. Da der Abschreibungs- und Verzinsungsbetrag im allgemeinen nach Jahren berechnet wird, muß die Nutzungsdauer ebenfalls auf dieses Zeitmaß berechnet werden. Damit tritt die Frage der jährlichen Geräteausnutzung — im folgenden mit η_J bezeichnet — in den Vordergrund. Während sie bei uns mit 60%, bezogen auf eine jährliche Einsatzzeit von 2400 Stunden, angenommen wird, schwanken die in den amerikanischen Verfahren angegebenen Ziffern erheblich.

Eine Untersuchung dieser Frage führte zu den Ergebnissen in Tab. 32. Die dortigen η_J-Werte gründen sich auf Angaben führender deutscher, schweizer, englischer, belgischer und schwedischer Betriebe.

Tabelle 32. *Jährliche Geräteausnutzung* η_J (Höchstwerte in betrieblichem Einsatz).

A. Bewegliche Betriebe (Bauindustrie).

B. Ortsfeste Betriebe (Bergbau, Steinbrüche, Fabriken).

	A	B
Raupenschlepper	1000	4500
Planierraupen	2000	3500
Schürfkübelanhänger . . .	2500	3000
Reifenplaniergeräte	1500	3500
Motorschürfwagen	2500	4000
Pflugbagger	.1500	—
Straßenhobel.	1500	—
Bodenschütter	2000	4000
Hinterkipper.	2000	4000

Die jährliche Geräteausnutzung ist nicht nur von der Art der eingesetzten Geräte, sondern auch von den Betriebsverhältnissen in den einzelnen Unternehmen abhängig. So läßt sich generell sagen, daß die η_J-Werte bei stationären Betrieben (Steinbrüche, Industrieanlagen, Kohlengruben usw.) überall höher liegen. Gerade hieraus geht die Notwendigkeit des oben erläuterten ν-Faktors hervor: Würde man ihn nicht berücksichtigen, so würde man auf Grund der rechnerischen Ermittlungen zu dem Ergebnis kommen, daß die wirtschaftliche Nutzungsdauer der Geräte in stationären Betrieben geringer ist als etwa in Baubetrieben. Das genaue Gegenteil ist der Fall: Da die ersteren Betriebe über weit bessere Reparaturmöglichkeiten verfügen, ist der Abnutzungsfaktor ν dort kleiner und damit die Nutzungsdauer größer.

Die wirtschaftliche Nutzungsdauer eines Gerätes läßt sich nun durch folgende Formeln darstellen:

$$N = \frac{h}{\eta_J \cdot 2400}$$

wobei

N = Zahl der Nutzjahre,
h = Zahl der Nutzstunden,
η_J = jährliche Geräteausnutzung in %.

2.5 Unterschiede in der Abschreibung des Fahrwerkes.

Entsprechend dem unterschiedlichen Charakter der Abnutzung des Raupen- und Reifenfahrwerkes ist es für eine möglichst exakte Erfassung der Kosten erforderlich, diese Unterschiede auch in der Abschreibung des Fahrwerkes zum Ausdruck zu bringen. Obwohl die Reparaturkosten des Raupenfahrwerkes rund $^2/_3$ der gesamten Reparaturkosten des Schleppers ausmachen, werden sie im Gegensatz zum Reifenfahrwerk wegen der hohen Lebensdauer des Raupenfahrwerks in seiner Gesamtheit von den Schlepperkosten nicht getrennt, sondern prozentual auf die Reparaturkosten des gesamten Schleppers bezogen. Wegen der Vielzahl der Teile, aus denen sich ein Raupenfahrwerk zusammensetzt (bei einem 150-PS-Schlepper sind es 250—280 bewegliche Teile), besteht das Charakteristische einer Raupenfahrwerksreparatur im Auswechseln schadhaft gewordener *Einzelteile*.

Da zum Raupenfahrwerk auch die Raupenträger gehören und diese wie auch die vorderen Kettenleiträder eine nahezu unbegrenzte Lebensdauer besitzen, erreicht ein großer Teil des Fahrwerks die Nutzungsgrenze des gesamten Schleppers. Auch können viele Teile, wie z. B. die Lauf- und Tragrollen, häufig nach Auswechseln der Laufbüchsen in anderen Geräten weiterverwendet werden.

Im Hinblick auf den verhältnismäßig großen Anteil von Fahrwerkssubstanz, die das Leben des Schleppers überdauert, ist es daher gerechtfertigt, das Raupenfahrwerk bei der Ermittlung der Gerätekosten als Bestandteil des gesamten Gerätes zu betrachten, die Ketten ebenfalls über die gleiche Zeit wie den Schlepper abzuschreiben und die Kettenreparaturkosten in die des Gesamtgerätes einzubeziehen.

Anders liegen die Verhältnisse beim Reifenfahrwerk. Die Zahl der Einzelteile ist gering, die Reparaturanfälligkeit der Reifen minimal und die Eigenart der Abnutzung derart, daß die Reifen, wenn sie durch Abnutzung der Profile oder durch plötzliche Zerstörung unbrauchbar geworden sind, vielfach auch durch Reparaturen nicht wiederhergestellt werden können. Die Schläuche halten — vor allem, je größer der Reifen und damit je dicker die Reifendecke ist — die gesamte Lebensdauer der Reifen hindurch aus.

Das Wesentliche der Reparatur eines Reifenfahrwerks besteht daher nicht, wie bei den Raupenketten, im laufenden Auswechseln schadhaft gewordener Einzelteile, sondern im Auswechseln des gesamten Fahrwerks. Da die Reifen und Schläuche gegenüber den Felgen einen erheblichen Teil der Fahrwerkssubstanz ausmachen, besteht das Charakteristikum der Reifenfahrwerkreparaturen in der „Substanzerneuerung" statt in der laufenden „Substanzergänzung". Das Reifenfahrwerk fügt sich nicht mehr in die Reparaturstruktur des Gesamtgerätes ein, und es ist gerechtfertigt, die Reifen gesondert vom übrigen Fahrwerk abzuschreiben.

2.6 Verschleiß besonders beanspruchter Geräteteile.

Aus der Arbeitsaufgabe der Geräte, Boden zu schürfen, zu laden und zu transportieren, ergibt sich die erhöhte Abnutzung derjenigen Teile, die den Flachbaggergeräten ihren eigentlichen Charakter verleihen und die Erdbewegungsarbeiten durchführen: des Fahrwerks, der Betätigungsvorrichtungen für die Arbeitswerkzeuge und der Arbeitswerkzeuge selbst.

Die Abnutzung an diesen exponierten Stellen übertrifft den Verschleiß der übrigen Teile um ein Vielfaches und muß für eine genaue Berechnung der Betriebskosten ganz besonders erfaßt werden. Hinzu kommt, daß die Abnutzung bei den stark unterschiedlichen Boden- und Einsatzverhältnissen in weiten Grenzen veränderlich ist.

2.61 Fahrwerk. Da die Geräte in allen Arbeitsphasen ständig in Bewegung sind, steht das Fahrwerk während der gesamten Arbeitszeit mit dem Boden im Eingriff und wird in der Mehrzahl der Fälle nicht nur als Laufwerk durch Witterungseinflüsse, Bodenbeschaffenheit und Fahrbahngüte, sondern auch als Triebwerk durch die Übertragung der Vortriebskräfte beansprucht. In jedem Falle entfällt auf das Fahrwerk der weitaus größte Teil aller Reparaturkosten.

2.611 Abnutzung des Raupenfahrwerks. Obwohl die Ketten für Raupenschlepper äußerst robust gebaut sind und verhältnismäßig langsam laufen, sind sie noch immer der schwächste Punkt in der Kostenrechnung der Raupengeräte. Die hohen Reparaturkosten werden vor allem verursacht durch:

a) Abnutzung der Kettenbolzen und -büchsen sowie der Antriebsturasse,
b) Abnutzung der Greifrippen auf den Kettenplatten,
c) Abnutzung der Lauf- und Stützrollen und der Rollendichtungen.

Einen Überblick über die Lebensdauer der einzelnen Fahrwerksteile gibt Tab. 33, die das Ergebnis von Untersuchungen an 64 Raupenschleppern darstellt.

Tabelle 33. *Lebensdauer der Fahrwerksteile in Betriebsstunden.*

	min	max	Mittel
1. Ketten	1200	7000	4200
2. Laufrollen (unten)	500	4100	3200
3. Stützrollen	300	3800	2900
4. Dichtung an Rollen	500	3200	2000
5. Antriebsräder	1500	7200	4200
6. Leiträder	6000	—	8800

2.612 Abnutzung und Lebensdauer der Reifen. Während bei Straßenfahrzeugen die Lebensdauer der Reifen auf die zurückgelegte Fahrstrecke bezogen wird, wählt man für Erdbaugeräte die Zahl der Betriebsstunden zur Grundlage, weil die Fahrstrecken und Förderweiten der Geräte verhältnismäßig kurz und die Fahrgeschwindigkeiten niedrig sind. Im Gegensatz zu den Straßenreifen finden die Geländereifen eine Fahrbahn von äußerst variabler Beschaffenheit vor, und bei der Ermittlung der Reifenabnutzung ist nicht nur der Einfluß dieser für sich allein schon sehr unterschiedlichen Größe zu berücksichtigen, sondern auch den sonstigen Betriebsverhältnissen Rechnung zu tragen.

Die Lebensdauer der Reifen hängt ab von:

a) Funktion der Reifen (Trieb- oder Laufreifen),
b) Fahrbahngüte (Fahrbahnklassen),
c) Geräteart (Antrieb und Einsatz),
d) Reifenlast (statisch und dynamisch),
e) Luftdruck,
f) Einsatzart der Geräte.

In Tab. 34 ist die Lebensdauer der Reifen für die hauptsächlichen Gerätetypen angegeben. Die Werte basieren auf Feststellungen an 189 Reifen und gelten als Durchschnittswerte für große Geräteparks. In allen anderen Fällen sind sie nur als Anhalt für die Kalkulation zu betrachten, da ihre Größe selbst bei Verwendung ein und derselben Reifenart starken Schwankungen unterliegt.

Die Lebensdauer der Antriebsreifen ist nur etwa halb so groß wie die der Laufreifen. Sie wird auf harter Fahrbahn im wesentlichen durch die

Tabelle 34. *Lebensdauer der Geländereifen* (in Betriebsstunden).

	Triebreifen				Laufreifen			
	Fahrbahnklasse				Fahrbahnklasse			
	A	B	C	D	A	B	C	D
Motorschürfwagen	—	4000	3000	2500	3000	7500	5000	4500
Schürfwagenanhänger . . .	—	—	—	—	3000	7500	5000	4500
Reifenschlepper, zweiachsig .	2000	1500	3000	2500	—	—	—	—
Tandemgeräte (Grader). . .	1000	1200	2500	2000	800	800	1500	1200
Transportfahrzeuge:								
2-Rad-Antrieb	2000	5000	4000	3000	3000	7500	5000	4500
4-Rad-Antrieb	2500	8000	5000	4000	—	—	—	—

Fahrbahnklasse: A: Scharfkantige Oberfläche. B: Harte, ebene Oberfläche.
C: Weicher, bindiger Boden. D: Rolliger Boden.

Abnutzung der Profilrippen, in weichem Boden mehr durch die Beschädigung der Reifenseitenwände bestimmt.

Zur Berücksichtigung des Einflusses der *Fahrbahnoberfläche* ist es zweckmäßig, vier Oberflächenklassen zu unterscheiden:

Oberfläche A: *Scharfkantig:* Schotter, Steinbruch, Trümmerschutt.
„ B: *Hart:* Beton, harter Lehm.
„ C: *Weich:* Boden plastischer Beschaffenheit.
„ D: *Rollig:* Sand, Kies, Geröll.

Abgesehen von dem Einsatz in Steinbrüchen und Bergwerken sind die Reifen selten während der gesamten Lebensdauer den gleichen Fahrbahnverhältnissen ausgesetzt. Die eindeutige Zuordnung zu einer der vier Oberflächenklassen stößt daher auf gewisse Schwierigkeiten. Im allgemeinen wird auch unter ungünstigen Beanspruchungen eine durchschnittliche Lebensdauer von mindestens 2000 Stunden erreicht. Reifenfirmen geben an, daß in einigen Fällen an Steinbruchgeräten Reifen mit bis zu 4500 Stunden Lebensdauer festgestellt wurden.

Die Zahlen für Klasse D stammen vor allem von auf reinem Sandboden eingesetzten Geräten und gelten für trockene, rollige Fahrbahn. Die niedrigen Werte treten weniger bei Normalbeanspruchung als vielmehr dann auf, wenn die Haftreibungsgrenze überschritten wird (Anfahren, Steigstrecken, Schürfen) und die Räder im Sande zu mahlen beginnen.

Das Rutschen bei Entwicklung höherer Schub- und Zugkräfte bedingt auch die geringe Lebensdauer der Reifen von Klasse C gegenüber denen von B, wo die Haftreibung groß ist und Rutschgefahr kaum auftritt. Verhältnismäßig hohen Reifenverschleiß haben Geräte mit Tandemantrieb, vor allem Erdhobel. Der Umfang dieser Abnutzung ist aus folgendem Beispiel zu ersehen: Ein Versuchsgerät wurde vorübergehend ausschließlich als Zugmaschine eingesetzt und legte dabei etwa die Hälfte des Fahrweges auf Betonstraßen zurück. Nach 2445 Stunden Gesamtlaufzeit war es mit neuen Reifen ausgerüstet worden. Die Profilrippen der Hinterreifen (13,00 × 24) wiesen dabei eine Höhe von 35 mm auf. Nach 193 Stunden Betriebszeit waren die Rippen bereits um 23 mm auf eine Höhe von nur noch 12 mm abradiert worden. Die Abnutzung betrug also in knapp 200 Stunden 66%.

Praktisch erhöht sich die Lebensdauer der Triebreifen insofern, als diese nach Abnutzung der Profile zwar für den Antrieb wertlos geworden sind, aber noch eine beträchtliche Zeit als Laufreifen an Anhängern verwendet werden können.

Reifenbelastung und Luftdruck liegen bei Erdbaugeräten so, daß die empfindlichen Reifenseitenwände viel stärker mit dem Boden und seinen Unebenheiten in Berührung kommen als dies bei Straßenreifen der Fall ist. Auch die z. T. beträchtliche Walkarbeit setzt die Haltbarkeit der Reifenseitenwände herab.

Abgenutzte Reifenprofile von Geländereifen werden heute vielfach durch Aufbringen neuer Greifrippen wiederhergestellt, da die Mehrzahl der Antriebsreifen nicht durch Zerstörung des Reifenkörpers, sondern durch Abnutzung des Profils unbrauchbar wird. Die Überprüfung von neuprofilierten Triebreifen ergab, daß die Lebensdauer bis zu 80% derjenigen neuer Reifen beträgt.

2.62 Betätigungsvorrichtungen. Zusammenfassende Angaben über die Abnutzung der Betätigungsvorrichtungen lassen sich wegen der Vielzahl der Verschleißteile nur in Form von Kostendarstellungen machen. In dem hier entwickelten Berechnungsschema sind sie im Rahmen der sog. R II-Kosten (Pos. 18 und 19) erfaßt.

An dieser Stelle seien jedoch einige Bemerkungen über die Hauptkostenelemente der Betätigungsvorrichtungen eingefügt:

2.621 Hydraulik. Die heute verwendeten Hochdruckschläuche rechtfertigen nicht mehr die Ansicht, daß die Schläuche die wunden Stellen der Hydraulik sind. Eine Auswertung der Verhältnisse an 41 Planierraupen hat gezeigt, daß die Schläuche eine durchschnittliche Lebensdauer von 2300 Stunden aufweisen und damit eine volle Bausaison aushalten.

Reparaturanfälliger sind — wenigstens soweit es die Raupenschlepper betrifft — die starren Rohrleitungen, die durch Erschütterungen an den Schweißstellen reißen, ferner die Dichtungen der Pumpen und die Stopfbüchsen der Preßzylinder, die jedoch in den meisten Fällen mit wenigen Handgriffen nachgestellt werden können.

Nahezu reparaturunabhängig ist das Steuerventil, sofern es als Drehschieber ausgebildet wird. Von den untersuchten Planierraupen waren 27 mit Drehschieber, 14 mit Kolbenschieber ausgerüstet. Die

Reparaturkosten der Kolbenschieber lagen rund doppelt so hoch wie die der Drehschieber.

2.622 Seil. Bei Planierschilden ist der Verbrauch an Seilen verhältnismäßig gering. Mit vorgeformten Stahlseilen ergab sich eine durchschnittliche Lebensdauer von 480 Stunden. Wenn der Seilbetrieb bei einem Vergleich seiner Reparaturkosten mit denen der Hydraulik schlechter wegkommt, so liegt das daran, daß nicht nur Seile, sondern auch Seilwinden benötigt werden, die infolge ihrer Betätigung über Kupplungen und Bremsen den Seilbetrieb mit einer Reihe von Reparaturen belasten.

Größer ist der Seilverbrauch bei den Schürfkübelanhängern. Dort hängt während der Fahrt der vollbeladene Kübel an dem Hubseil, welches die Erschütterungen und Stöße des Kübels auffangen und infolge seiner Verankerung an der Seilwinde des Schleppers auch die Relativbewegungen zwischen Schlepper und Anhänger unter voller Belastung mitmachen muß.

Bei der Auswertung der verfügbaren Unterlagen hat sich für das normal dimensionierte Schürfkübelseil eine durchschnittliche Lebensdauer von 300 Stunden ergeben. Bei großen Kübeln liegen die Werte etwas *unter*, bei kleinen Kübeln etwas *über* dieser Zahl.

2.623 Elektrik. Die elektrische Betätigung der Planierschilde und Motorschürfwagen kann bis jetzt auf die Seile nicht völlig verzichten. Die Kraftübertragung geschieht jedoch über den größten Teil ihres Weges elektrisch. Die Seile werden erst auf dem letzten Stück des Kraftweges benötigt.

Die Reparaturkosten der elektrischen Einrichtung sind niedrig und machen eine gesonderte Erfassung nicht erforderlich. Sie werden vielmehr im Rahmen der für den Schlepper angesetzten Reparaturkostenquote berücksichtigt. Außer dem gelegentlichen Auswechseln schadhaft gewordener Kabel, dem Einziehen neuer Seile (Lebensdauer etwa 1400 Stunden) und der Erneuerung von Schaltrelais und Bremsbelägen an den elektromagnetischen Windenbremsen treten keine nennenswerten Reparaturen auf.

2.63 Schürfwerkzeuge. Besonders beansprucht werden: Bei Planierschild und Erdhobel die Schneide und die beiden Schneidenecken, beim Schürfkübel die Mittelschneide und die beiden Seitenschneiden und beim Pflugbagger der Pflug, die Schneiden und die Ecken. Die Schneiden sind heute meist doppelseitig verwendbar, so daß nach Abnutzung der einen Schneidkante die Schneide umgedreht werden kann.

Maßgebend für die Lebensdauer der Schneiden sind:

a) Härte und Struktur des Bodens,

b) das Verhältnis der Schürfzeit zur Fahrzeit.

Der letztere Punkt bedingt, daß die Abnutzung mit zunehmender Förderweite geringer wird und Kurzstreckengeräte den größten, Langstreckengeräte den geringsten Schneidenverschleiß haben.

Die durchschnittliche Lebensdauer der Schneiden ist in Tab. 35 zusammengestellt.

Tabelle 35. *Abnutzung der Schürfwerkzeuge* (Lebensdauer in Betriebsstunden).

	Gerät			
	A	B	C	D
Sandboden.	400	800	1000	150
Kies	500	800	1000	250
Schichtgestein	250	300	—	—
Gesprengter Fels	300	400	—	—
Sandiger Lehm.	600	1000	1200	300
Fetter Lehm, erdfeucht	700	1000	1500	500
Mittlerer Ton, erdfeucht	700	1000	1500	600
Fetter Ton, hart	500	700	900	200

A: Planierraupen. B: Schürfwagenanhänger. C: Motorschürfwagen. D: Pflugbagger.

2.7 Reparatur- und Wartungskosten.

2.71 Begriffsbestimmung. Durch die Reparatur- und Wartungskosten — im folgenden kurz „Reparaturkosten" genannt — werden
alle Ausgaben berücksichtigt, die für die Aufrechterhaltung der Einsatzbereitschaft erforderlich sind. Es gehören also nicht nur die reinen
Reparatur-, sondern auch die Kosten für die Wartung und Instandhaltung hinzu. Um die einzelnen Kostenanteile besser erkennen zu
können, werden die Reparaturkosten in

1. die Kosten für das Fahrzeug (sog. R I-Kosten),
2. die Kosten für die Arbeitswerkzeuge (sog. R II-Kosten)

unterteilt. Innerhalb dieser Einteilung wird wieder unterschieden zwischen Ersatzteil-, Lohn- und Werkstattkosten (E-, L- und W-Kosten).

Während die Reparaturen an den Fahrzeugen (R I) hauptsächlich
durch allgemeine mechanische Abnutzung und durch Erschütterungen
während der Fahrt hervorgerufen werden, sind die Reparaturen an den
Schürfwerkzeugen (R II) auf den Verschleiß der Schneiden und der
Betätigungsvorrichtungen zurückzuführen. Dieser Unterschied kommt
auch in der Kostenstruktur zum Ausdruck: In den R I-Kosten ist der
Kostenanteil für die Ersatzteile (E-Kosten) *kleiner* als der Anteil der
Lohn- und Werkstattkosten, in den R II-Kosten ist er *größer*. Das
Wesen der R I-Reparaturen liegt im eigentlichen Reparieren, d. h. im
Wiederherstellen defekter Maschinenteile, während sich die R II-Repa-
raturen auf das Auswechseln von abgenutzten Teilen mit verhältnis-
mäßig geringem Personal- und Zeitaufwand erstrecken.

Tabelle 36. *Reparaturkostenübersicht*. Reparaturkosten in %, bezogen auf den Abschreibungs- und Verzinsungsbetrag.

1	2	3	4	5	6
	Wirtschaftliche Nutzungsdauer Std.	Reparaturkosten. Fahrwerk mit	ohne	R I-Kosten	R II-Kosten
1. Raupenschlepper					
120—150 PS	10000	78	—	78	—
90—120 PS	10000	82	—	82	—
65— 90 PS	10000	88	—	88	—
40— 65 PS	10000	95	—	95	—
2. Planiereinrichtungen					
für 120—150 PS Hydr.	10000	106	—	14	128
Seil .	10000	143	—	15	92
„ 90—120 PS Hydr.	10000	104	—	13	91
Seil .	10000	124	—	14	128
„ 65— 90 PS Hydr.	10000	102	—	12	90
Seil .	10000	135	—	12	123
„ 40— 65 PS Hydr.	10000	98	—	12	86
3. Schürfkübelanhänger					
Kübelgröße 13 m³ . . .	15000	—	74	24	50
10 —13 m³ .	15000	—	75	23	52
7,5—10 m³ .	15000	—	78	24	54
5,5— 7,5 m³ .	14000	—	81	26	55
3,5— 5,5 m³ .	12000	—	85	27	58
2,0— 3,5 m³ .	10000	—	90	28	62
4. Seilwinden					
1 Trommel	10000	—	140	140	—
2 Trommeln	10000	—	85	85	—
5. Reifen-Planiergeräte					
200—300 PS	10000	—	61	42	19
150—200 PS	10000	—	70	49	21
100—150 PS	10000	—	82	57	25
6. Motorschürfwagen					
200—300 PS	10000	—	65	54	11
150—200 PS	10000	—	74	61	13
100—150 PS	10000	—	87	72	15
7. Pflugbagger (Anhänger)					
1,37 m Bandbreite. . .	10000	61	—	22	39
8. Straßenhobel					
90—120 PS	12000	—	80	72	8
60— 90 PS	12000	—	84	75	9
40— 60 PS	12000	—	88	77	11
9. Bodenschütter					
200—300 PS	10000	—	48	41	7
150—200 PS	10000	—	51	43	8
100—150 PS	10000	—	55	45	10
10. Hinterkipper					
200—300 PS	10000	—	56	48	8
150—200 PS	10000	—	60	50	10
100—150 PS	10000	—	66	53	13

2.72 Höhe der Reparaturkosten. Reparaturkostenübersicht.
Eine entsprechende Aufstellung enthält Tab. 36. Dort sind die Kosten
der Reifengeräte auf die Abschreibungssumme *ohne* Reifen, bei Raupengeräten auf die *mit* Fahrwerk bezogen. Zur eindeutigen Festlegung der
Kostenhöhe ist auch die wirtschaftliche Nutzungsdauer angegeben.
    Die Reparaturkosten der seilbetätigten Planierschilde liegen prozen-
tual am höchsten. Diese Tatsache ist jedoch auf die niedrigen Anschaffungskosten der Seileinrichtungen zurückzuführen und hat nur relative
Bedeutung. Ähnlich verhält es sich mit den Werten für die Seilwinden.
Verhältnismäßig breit streuen die Schürfkübelanhänger. Sie zeigen deut-

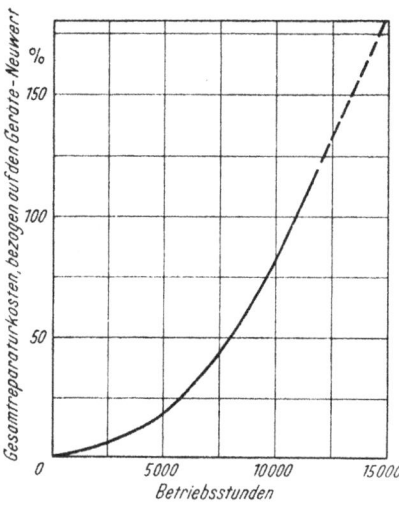

lich die bei den meisten Geräten
anzutreffende Tendenz, daß die
Kosten mit abnehmender Gerätegröße steigen. Die Kosten der Reifengeräte liegen niedriger als die
der Raupenfahrzeuge, jedoch sind
bei ersteren die Fahrwerkskosten
nicht berücksichtigt. Innerhalb der
Reifenfahrzeuge sind die Reparaturkosten der reinen Planiergeräte
am höchsten, die der reinen Transportfahrzeuge am niedrigsten. In
der Mitte liegen die selbstladenden
Motorschürfwagen. Die hohen R II-
Kosten des Pflugbaggers erklären
sich dadurch, daß bei diesem Gerät
die Schürfwerkzeuge während der
ganzen Betriebszeit mit dem Boden
in Eingriff stehen.

Bild 148. Der Einfluß des Gerätealters (Zahl
der Betriebsstunden) auf die Höhe der Reparaturkosten. Durchschnitt von 42 Planierraupen.

    Reparaturkosten des Reifenfahrwerks. Bei Reifengeräten
ist das Fahrwerk in den Reparaturkostensätzen nicht berücksichtigt.
Außer dem Reifenverschleiß, der über die gesonderte Abschreibung der
Reifen erfaßt wird, treten auch dort Reparaturen auf (Vulkanisieren von
einzelnen Rissen, Reparieren von Schläuchen), die in Rechnung gestellt
werden müssen. — Die Praxis hat ergeben, daß für Reifenreparaturen
(Pos. 25) ein Betrag von etwa 10% der Reifenabschreibungskosten
(Pos. 24) angesetzt werden muß.
    2.73 Einfluß des Gerätealters. Da die Reparaturanfälligkeit mit
zunehmendem Gerätealter wächst, steigen auch die Reparaturkosten
an. Die Auswertung der Unterlagen über die Reparaturkosten von
Raupenschleppern hat zu der in Bild 148 wiedergegebenen Kurve geführt. Dies ist das rein zeitlich bedingte Anwachsen der Reparaturkosten
mit der Zahl der Betriebsstunden. Die Beanspruchung im Einsatz, die

Pflege der Maschinen, die Geräteart usw. müssen über die Abnutzungsziffer (Tab. 30) und die Nutzungsdauer (Tab. 31) berücksichtigt werden.
Werden die Geräte nach Beendigung der Abschreibung noch weiter
benutzt, so sind pro Jahr durchschnittlich 25—40% der Gesamtan-
schaffungskosten als Reparaturkosten anzusetzen. Diese Werte schwanken jedoch weitgehend mit dem mechanischen Zustand der Geräte.

Obwohl die Kurve aus Bild 148 nur für Raupenschlepper gilt, kann
ihre Tendenz auch für andere Geräte übernommen werden.

2.74 Aufschlüsselung der Reparaturkosten.

**2.741 Das Verhältnis der Ersatzteil- zu den Lohn- und Werkstatt-
unkosten.** Um die Höhe der Reparaturkosten einigermaßen unabhängig
von der jeweiligen wirtschaftlichen Struktur eines Betriebes oder eines
Landes bewerten und Kostenangaben von einem Preissystem in das
andere übertragen zu können, ist es erforderlich, die Reparaturkosten
zu analysieren und den Anteil der einzelnen Kostenelemente an den
Gesamtkosten gesondert zu berücksichtigen. Da gerade in dieser Hinsicht sehr inkonstante Verhältnisse vorliegen und das Lohn-Preis-Ver-
hältnis ständigen Schwankungen unterworfen ist, ist diese Forderung
nicht immer leicht zu erfüllen.

Die Hauptkostenelemente der Maschinenreparatur sind:

Ersatzteilkosten . . . . (E-Kosten),
Lohnkosten . . . . (L-Kosten),
Werkstattunkosten . . . . (W-Kosten).

Ihr Anteil an den jeweiligen Reparaturkosten ist hauptsächlich von
den folgenden Faktoren abhängig:

Eigenart des zu reparierenden Maschinenelements. Wie bereits erwähnt,
muß im Hinblick auf die technische Durchführung einer Reparatur
unterschieden werden zwischen Substanz*erneuerung* und Substanz-
ergänzung. Im ersteren Fall (typisches Beispiel: Das Reifenfahrwerk)
handelt es sich um den Austausch weniger großer Teile, die nicht oder
nur schwer zu reparieren sind. Im zweiten Falle (typisches Beispiel:
Das Raupenfahrwerk) werden die Teile ausgebaut, repariert und wieder
verwendet. So werden z. B. ausgesprochene Verschleißteile, wie Bagger-
zähne, Laufrollen, Turasse usw., durch Auftrag der verschlissenen Metall-
schicht wiederhergestellt. Grundsätzlich gilt: Je mehr die Reparatur
aus dem Auswechseln von Einzelteilen besteht, um so mehr verlagert
sich das Schwergewicht von den Lohn- auf die Ersatzteilkosten. Umgekehrt: Je mehr Einzelteile selbst repariert werden, um so mehr treten
die Ersatzteilkosten hinter die Lohn- und Werkstattunkosten zurück.

Mitbestimmend ist auch das *Reparatursystem* des jeweiligen Betriebes: Es gibt Betriebe — wie etwa in den USA —, in denen vorwiegend mit dem Austausch von Ersatzteilen repariert wird, während

andere Betriebe wieder fast alle Bauelemente selbst reparieren oder neu
anfertigen.

Auch die *Lohnhöhe* ist von Bedeutung. In Ländern mit hohen Löhnen
liegt der Reparaturschwerpunkt nicht auf der Wiederherstellung oder
Neuanfertigung der schadhaften Teile, sondern im Einbau fertiger Ersatzteile mit geringem Stundenaufwand.

Die *Beschäftigungslage* wirkt sich ebenfalls auf das Reparaturkosten-
gefüge aus. In Konjunkturzeiten mit Personalmangel und gesteigertem
Bautempo wird immer der Austausch an Stelle der Reparatur der schadhaften Teile im Vordergrund stehen.

Von Bedeutung sind schließlich die Lieferfristen der Herstellerfirmen. Lange Lieferzeiten haben zwangsläufig eine Herstellung der
Einzelteile in der Baustellenwerkstatt zur Folge; kurze Lieferfristen begünstigen die Verwendung der Originalersatzteile der Herstellerwerke.

Maßgebend für eine rationelle Gestaltung des Reparaturwesens ist
das zweckmäßige Ausbalancieren der Kosten für Löhne und für Ersatzteile, d. h. die richtige Wahl zwischen den Teilen, die man selbst herstellt bzw. repariert und denjenigen, die man vom Lieferwerk bezieht.

Das Verhältnis zwischen Lohn- und Ersatzteilkosten beträgt bei der
Neuanfertigung von Geräten etwa 50:50, bei der Reparatur im Durchschnitt 45:55, schwankt aber z. B. bei einer Gesamtüberholung zwischen
35:65, wobei die erste Zahl immer die Lohn-, die zweite die Ersatzteilkosten darstellt.

Die Amerikaner rechnen im allgemeinen mit 50% Ersatzteilkosten,
25% Lohn- und 25% Werkstattunkosten. Will man die amerikanischen
Reparaturkostenangaben einigermaßen wertrichtig auf deutsche Verhältnisse übertragen, so ist zu berücksichtigen, daß bei etwa gleichen
Ersatzteil- und Werkstattunkosten die Lohnkosten bei uns nur $1/_3$ derjenigen in USA betragen, so daß mit nur etwa 80—85% des USA-Wertes
gerechnet werden kann. Voraussetzung für eine derartige Umrechnung
ist, daß das in Amerika übliche Reparaturprinzip zugrunde gelegt wird
(Schwerpunkt auf dem Auswechseln der Teile). Bei unserer Tendenz,
möglichst mit Ersatzteilen zu sparen und die Einzelteile selbst zu reparieren, wird eine Umwertung der Reparaturkostensätze immer mit erheblicher Unsicherheit behaftet bleiben.

2.742 Verteilung auf die Konstruktionselemente. Einen Überblick
über die prozentuale Verteilung der Reparaturkosten auf die Haupt-
konstruktionselemente der Geräte gibt Bild 149. Die Kosten für die
Unterhaltung des Fahrwerks machen — ausgenommen Pflugbagger —
bei allen Geräten den größten Anteil aus. Aus dem Vergleich der
Kostenbalken des Raupenschleppers und der Planierraupe mit denen
von Reifenplaniergerät und Motorschürfwagen ist zu ersehen, daß die
Reparaturkosten des Reifenfahrwerkes trotz der manchmal gleichen

Lebensdauer von Raupen und Reifen z. T. erheblich niedriger liegen. Einen verhältnismäßig großen Kostenanteil weisen bei angetriebenen Geräten auch die Hauptmotoren auf, während bei anderen Geräten, wie z. B. den Pflugbaggern und Schürfwagenanhängern, der Verschleiß der Arbeitswerkzeuge (Schneiden, Förderband usw.) im Vordergrund

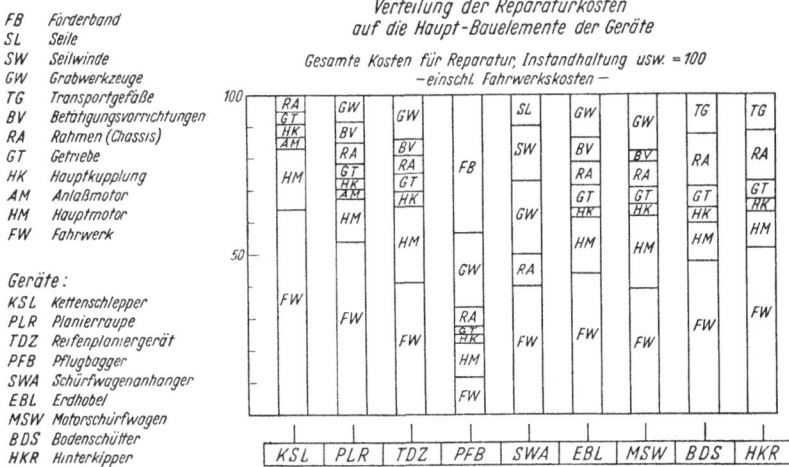

FB	Förderband
SL	Seile
SW	Seilwinde
GW	Grabwerkzeuge
TG	Transportgefäße
BV	Betätigungsvorrichtungen
RA	Rahmen (Chassis)
GT	Getriebe
HK	Hauptkupplung
AM	Anlaßmotor
HM	Hauptmotor
FW	Fahrwerk

Geräte:

KSL	Kettenschlepper
PLR	Planierraupe
TDZ	Reifenplaniergerät
PFB	Pflugbagger
SWA	Schürfwagenanhänger
EBL	Erdhobel
MSW	Motorschürfwagen
BDS	Bodenschütter
HKR	Hinterkipper

Bild 149. Verteilung der Reparaturkosten auf die Hauptbauelemente der Geräte.

steht. Der Fahrwerksverschleiß der Bodenschütter ist etwas geringer als der der Hinterkipper. Bei beiden Gerätetypen treten auch die Kostenanteile des Fahrgestellrahmens stark hervor.

2.743 Einfluß der Einsatzverhältnisse. Die in Tab. 36 wiedergegebenen Werte für die Reparaturkosten gelten unter der Voraussetzung normaler Einsatzbedingungen. Abweichungen von den Normalverhältnissen werden über Tab. 37 berücksichtigt. Sie enthält eine Aufstellung über ver-

Tabelle 37. *Einfluß der Einsatzbedingungen auf die Höhe der Reparaturkosten.*
Die Werte der Tab. 36 (Spalte 3 und 4) sind mit dem unten angegebenen Faktor
zu multiplizieren:

Einsatzbedingungen	Faktor
Fahrbahn mit starken Querrillen	1,4
Aufgeweichte, zerfahrene Fahrbahndecke	1,2
Lange oder steile Steigungen	1,3
Starkes oder langanhaltendes Gefälle	1,3
Einsatz in Steinbrüchen	1,5
„ in Kiesgruben	1,2
„ auf ebener, glatter Strecke	0,7
„ in weichem Lehmboden	0,9
„ in Schlamm, Moor	1,1
„ in Feinsand, Mehlsand oder Schluff	1,4

schiedene Einsatzbedingungen und die damit verbundenen Abweichungen der Reparaturkosten. Die Werte wurden teilweise in besonderen Versuchen unter abnormalen Einsatzbedingungen ermittelt, teils stammen sie aus der Auswertung von Reparaturaufzeichnungen ausländischer Baufirmen.

Tabelle 38. *Aufschlüsselung der Reparaturkosten in % des Gesamtwertes von R.*

Reparaturgruppen:

A. Reparaturen 1 bis 15 min Dauer
B.   „   15 min bis 24 Std. Dauer } auf der Baustelle.
C.   „   in der Baustellenwerkstatt.
D.   „   in der Hauptwerkstatt.
E.   „   in der Zentralwerkstatt.

	A	B	C	D	E
1. Raupenschlepper:					
145 PS	7	13	29	35	16
95 PS	7	14	29	37	13
75 PS	8	15	30	34	13
50 PS	10	16	30	30	14
2. Planiereinrichtungen					
für 145 PS Hydr.	—	26	68	4	9
Seil	11	47	22	18	2
für 100 PS Hydr.	—	27	69	3	1
Seil	12	49	25	10	6
für 75 PS Hydr.	—	27	65	4	4
Seil	12	49	24	11	4
für 50 PS Hydr.	1	30	65	3	1
3. Schürfkübelanhänger:					
15,8 m³	4	18	72	3	3
12,6 m³	4	17	75	3	1
9,2 m³	4	17	72	5	2
6,1 m³	5	18	70	4	3
4,6 m³	6	19	71	3	1
2,7 m³	6	19	71	3	1
4. Reifenplaniergerät:					
200—300 PS	6	16	28	37	13
150—200 PS	8	14	31	39	8
100—150 PS	6	18	28	39	9
5. Motorschürfwagen:					
200—300 PS	7	9	25	33	26
150—200 PS	10	11	28	32	19
100—150 PS	9	11	33	30	17
6. Straßenhobel:					
90 PS	11	21	22	26	20
60 PS	14	20	28	25	13
45 PS	17	22	30	21	10
7. Reifentransportgeräte:					
Bodenschütter	5	25	41	20	9
Hinterkipper	4	21	38	34	3

2.75 Zeitliche Aufschlüsselung der Reparaturkosten. Tab. 38 enthält eine Aufschlüsselung der Reparaturkosten in die fünf Reparaturgruppen:

A. Kleinere Reparaturen unter 15 min Ausfall.
B.   „   „   15 min bis 24 Stunden Ausfall.
C. Größere   „   in der Baustellenwerkstatt.
D.   „   „   in der Hauptwerkstatt.
E.   „   „   in der Zentralwerkstatt.

Wie aus der Tabelle zu ersehen ist, entfällt der Hauptteil der Reparaturen und damit auch der Kosten auf die Arbeit in den Hauptwerkstätten. Dieser Prozentsatz hängt von der Ausrüstung der einzelnen Werkstätten und diese wiederum von der Dauer eines Bauvorhabens ab. Kurzfristige Bauten lassen es zweckmäßig erscheinen, der Baustellenwerkstatt keine größere Bedeutung beizumessen und statt der erforderlichen Kosten für den Transport und Aufbau der Werkstatteinrichtungen höhere Transportkosten für die Überführung der Geräte in die Hauptwerkstatt in Kauf zu nehmen. Allerdings sind hierfür leistungsfähigere Transportmittel (Tiefladefahrzeuge) notwendig. Im allgemeinen trägt die Baustellenwerkstatt einen mobilen Charakter, während die Hauptwerkstatt weitgehend stationär ist und mit größeren Werkzeugmaschinen und Krananlagen ausgerüstet sein muß. — Der hier wiedergegebenen Aufschlüsselung der Reparaturkosten liegen die beim Eisenbahn- und Straßenbau üblichen Raum-Zeit-Verhältnisse zugrunde.

2.8 Betriebsstoffkosten.

2.81 Kraftstoffverbrauch der Hauptmotoren. Der Kraftstoffverbrauch der Dieselmotoren liegt bei etwa $180-200$ g/PSh. Genaue Werte enthalten die jeweiligen Motorkennlinien.

Um den in verschiedenen Bodenarten auftretenden Kraftstoffverbrauch festzustellen, wurde für die untersuchten Motoren zunächst auf dem Prüfstand der Zusammenhang zwischen Motorbelastung e und Kraftstoffdrosselwert $e \cdot d$ (Brennstoffverbrauchscharakteristik) festgelegt. Als Beispiel sind in Bild 150 die Verhältnisse am Motor D 13000 (Caterpillar) wiedergegeben.

Zur Ermittlung der Durchschnittswerte der Motorbeanspruchung wurde eine Reihe Geräte mit festliegender Brennstoffverbrauchscharakteristik in verschiedenen Böden eingesetzt und aus den Messungen von Drehzahl und Kraftstoffverbrauch (über jeweils 1 Stunde) die Motorbelastung e ermittelt. Der Kraftstoffverbrauch eines bestimmten Motortyps wurde dann in die Motorbelastung umgerechnet, so daß die ermittelten e-Werte auch für die Berechnung des Kraftstoffverbrauchs anderer Motoren verwendet werden können, wenn deren Brennstoffverbrauchscharakteristik bekannt ist.

Tab. 39 gibt einen Überblick über die Durchschnittswerte von e, zugeordnet zu den einzelnen Gewinnungsklassen der Böden (nach KÖGLER-
SCHEIDIG). Die Angaben beziehen sich auf die gesamte Arbeitsleistung
eines Gerätetyps, d. h. auf Hin- und Rückfahrt, Schürfen und Entladen.
— Wie aus dem Vergleich der e-Werte zu ersehen ist, wirken sich die

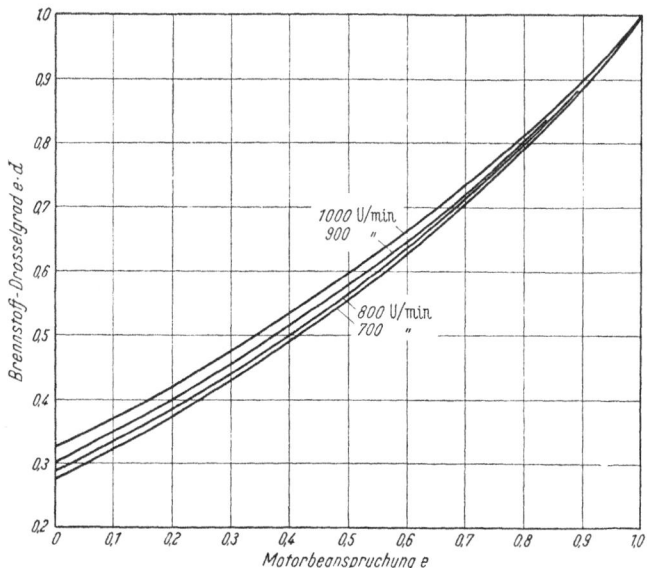

Bild 150. Brennstoff-Verbrauchscharakteristik für einen Caterpillar-Motor D 13000 (150 PS).

Bodenunterschiede am stärksten auf die Beanspruchung des Planier-
raupenmotors aus, da dort mindestens auf der Hälfte des Geräteum-
laufweges Boden geschürft wird. Dagegen weisen die e-Werte der Motorschürfwagen keine nennenswerten Unterschiede bei den einzelnen

Tabelle 39.

Motorbeanspruchung e während des gesamten Geräteumlaufs (Hin- und Rückfahrt).

	Bodenfestigkeit: Gewinnungsklassen					
	1	2	3	4	5	6
Planierraupen	0,53	0,80	0,93	0,94	0,91	0,89
Reifenplaniergeräte . . .	0,51	0,67	0,72	—	—	—
Raupenschlepper, Schürf-kübel	0,70	0,72	0,73	0,74	—	—
Motorschürfwagen	0,69	0,71	0,72	0,70	—	—
Schaufellader	—	0.66	0,69	0,73	0,71	0,71
Straßenhobel	—	0,66	0,76	—	—	—
Pflugbagger (selbstfahrend)	—	0,94	0,98	—	—	—
,, (gezogen). . .	—	0,69	0,69	0,72	—	—
Tiefreißer	—	—	—	0,91	1,00	1,00

Bodenklassen auf. Die Haupttätigkeit dieser Geräte erstreckt sich auf die reine Fortbewegung über eine Fahrbahn, die weniger von der Gewinnungsfestigkeit des Bodens beeinflußt wird. Die Auswirkung der Bodenfestigkeit auf Motorbeanspruchung und Kraftstoffverbrauch ist um so geringer, je mehr sich der Schwerpunkt der Gerätearbeit vom Schürfen und Füllen auf den Transport verlagert. — Tab. 40 enthält alle wesentlichen Daten des Betriebsmittelverbrauches der einzelnen Geräte. Der durchschnittliche Dieselverbrauch ist dort nach Beobachtungen über eine 4jährige Einsatzzeit angegeben.

Tabelle **40.** *Betriebsstoffverbrauch/h* (Richtwerte).

	Diesel l/h	Benzin l/h	Schmier-öl l/h	Fett kg/h	Anzahl der Filter
Planierraupen:					
145 PS	27,6	0,65	0,79	0,52	3
100 PS	19,0	0,45	0,57	0,47	2
75 PS	14,3	0,25	0.46	0,34	2
50 PS	9,5	0,20	0,32	0,21	1
Schürfkübelanhänger:					
9,20 m³	—	—	0,27	0,11	—
6,10 m³	—	—	0,26	0,09	—
4,60 m³	—	—	0,21	0,07	—
2,70 m³	—	—	0,18	0,06	—
Reifenschlepper mit Planiereinrichtung:					
275 PS	36,2	—	1,31	0,19	4
180 PS	24,0	—	1,05	0,16	3
120 PS	15,1	—	0,69	0,12	2
Motorschürfwagen:					
275 PS	34,0	0,72	1,16	0,24	3
180 PS	22,5	0,51	0,95	0,20	2
120 PS	13,5	0,40	0,56	0,17	2
Pflugbagger:					
1,37 m Bandbreite	13,5	—	0,18	0,21	2
Reifentransportfahrzeuge:					
275 PS	28,0	—	1,05	0,35	
180 PS	18,2	—	0,72	0,25	
120 PS	13,8	—	0,60	0,20	
Raupenschlepper für Schürfkübelanhänger:					
145 PS	24,0	0,65	0,59	0,42	3
100 PS	16,6	0,45	0,39	0,39	2
75 PS	12,5	0,25	0,31	0,28	2
50 PS	8,3	0,20	0,22	0,17	1
Straßenhobel					
90 PS	12,8	0,3	0,27	0,32	2
60 PS	9,4	0,2	0,22	0,25	1
45 PS	6,5	0,1	0,15	0,21	1

2.82 Kraftstoffverbrauch der Hilfsmotoren. Hilfsmotoren finden in erster Linie als Anlaßmotoren Verwendung und werden mit Benzin betrieben. Der Benzinverbrauch ist sehr unterschiedlich und schwankt mit der Häufigkeit des Startens, der Länge der einzelnen Startvorgänge (Jahreszeit, Geübtheit des Maschinisten, Art und Zustand des Hauptmotors) und der Größe des Anlaßmotors. Die durchschnittlichen Werte sind in Tab. 40 Spalte 2 zusammengestellt.

2.83 Verbrauch an Motoröl. Der Schmierölverbrauch der einzelnen Motoren läßt sich in allgemeiner Form schwer fixieren. Untersuchungen an 114 Geräten zwischen 43 PS und 200 PS haben zu den Werten der Tab. 41 geführt. Der Verbrauch an Motoröl wird dort auf den spezifischen Schmierölverbrauch zurückgeführt und über den Schmierölkennwert cb_3 berechnet. Das Fassungsvermögen der Ölsysteme an Schmieröl schwankt zwischen 0,02 und 0,03 l/PS. Das Öl wird heute im allgemeinen alle 100 Betriebsstunden gewechselt. Stellenweise werden auch 200 Stunden für ausreichend erachtet.

Tabelle **41.** *Schmierölverbrauch für Motorschmierung.*

$$b_3 = N_{mo}\, e\, cb_3 + \frac{Q_m}{n} \quad (1/\text{h}),$$

wobei b_3 = Verbrauch an Motoröl in l/h,
N_{mo} = Motornennleistung in PS,
e = Motorbeanspruchung,
cb_3 = Schmierölkennwert,
Q_m = Fassungsvermögen des Schmierölsystems (0,02—0,03 l/PS),
n = Zahl der Betriebsstunden zwischen zwei Ölwechseln.

Richtwerte für den Schmierölkennwert cb_3.

Motorstärke	cb_3
bis 70 PS etwa . .	0,0036 l/PSh
70—100 PS ,, . .	0,0038 l/PSh
100—150 PS ,. . .	0,0040 l/PSh
über 150 PS ,, . .	0,0043 l/PSh

2.84 Verbrauch an Filtern. Bei jedem Ölwechsel müssen die Filter des Schmierölsystems erneuert werden. Die Filtergrößen sind meist genormt, so daß sich die Filterkosten in erster Linie nach der Zahl der Filter richten. So haben

Motoren bis   50 PS 1 Filterelement
    ,,   von 50—100 PS 2 Filterelemente
    ,,   über   100 PS 3   ,,

Ganz allgemein kann man damit rechnen, daß die Kosten für den Filterverbrauch etwa 50% der Schmierölkosten ausmachen.

2.85 Verbrauch an Getriebeöl und Fett. Für den Verbrauch an
Schmierfett und -öl kann man etwa 0,2 kg/h für je 70 PS Motorstärke
rechnen.

3 Förderkosten.

3.1 Kosten einer Gerätestunde.

Nachdem die einzelnen Elemente dargestellt worden sind, die die
Gerätekosten beeinflussen, soll nun die Höhe der Gerätekosten in ihrer
Gesamtheit betrachtet werden. Tab. 42 gibt einen zusammenfassenden
Überblick über die Kosten einer Gerätestunde der verschiedenen Flach-
baggergeräte. Der Berechnung lagen folgende Bedingungen zugrunde:

Anschaffungspreis	nach Bild 146
Wirtschaftliche Nutzungsdauer	nach Tab. 31
Jährlicher Geräteeinsatz	2000 Std. ($\eta_J = 83\%$)
Reparaturkosten	nach Tab. 36
Reifenkosten	nach Bild 147
Kraftstoffverbrauch	nach Tab. 40
Lohnkosten (einschl. Sozialleistungen):	
Baggerführer	3,40 DM
LKW-Fahrer	2,70 DM
Schmierer	2,10 DM

Transportkosten wurden nicht in Rechnung gestellt. Gewinn,
Wagnis usw. sind ebenfalls nicht eingerechnet.

Die Zahlen in Tab. 42 sind reine Selbstkosten.

3.2 Förderkostenvergleiche.

Um einen Überblick über die Wirtschaftlichkeit der einzelnen
Gerätetypen und Fördermethoden zu gewinnen, wurden die Förderkosten (Kosten je cbm geförderten Bodens) errechnet und in Bild 151
in Abhängigkeit von der Förderweite dargestellt. Den einzelnen Kostenkurven liegen folgende Bedingungen zugrunde:

1. Kosten der Gerätestunde nach Tab. 42.

2. Förderleistungen: Gerechnet wurde mit den Leistungen Q_N, wie sie auf
einer Normalbaustelle (s. Abschn. H 4.1) erzielt werden.

3. Die Förderkosten sind reine Selbstkosten. Gewinn und Wagnis sind nicht
berücksichtigt.

4. Kosten für den Transport der Geräte von und zur Baustelle wurden nicht
veranschlagt.

5. Die Motorschürfwagen arbeiten — ausgenommen Kurve *13* — mit Schubraupenunterstützung.
Für je 3 Motorschürfwagen ist ein Raupenschlepper berechnet.

6. Der LKW- und Gleisgeräte-Einsatz ist auf volle Baggerausnutzung abgestimmt.

Die Kostenkurven der Kurz-, Mittel- und Langstreckengeräte heben sich deutlich voneinander ab und veranschaulichen, daß die großen Geräte billiger arbeiten als die kleinen. Kurzstreckengeräte haben steil ansteigende Kostenkurven mit entfernungsmäßig geringen Einsatzbereichen. Je mehr die Konstruktion der Geräte auf die Überwindung großer Förderweiten ausgerichtet ist, um so flacher verlaufen die Kostenkurven und um so breiter werden die entfernungsabhängigen Einsatzbereiche. Deutliche Unterschiede ergeben sich auch zwischen den selbstladenden Transportgeräten und der getrennten Förderung mit Ladegeräten und Transportfahrzeugen. Im letzteren Falle — volle Ausnutzung der Kapazität des Ladegerätes bei gleichbleibenden Stunden-

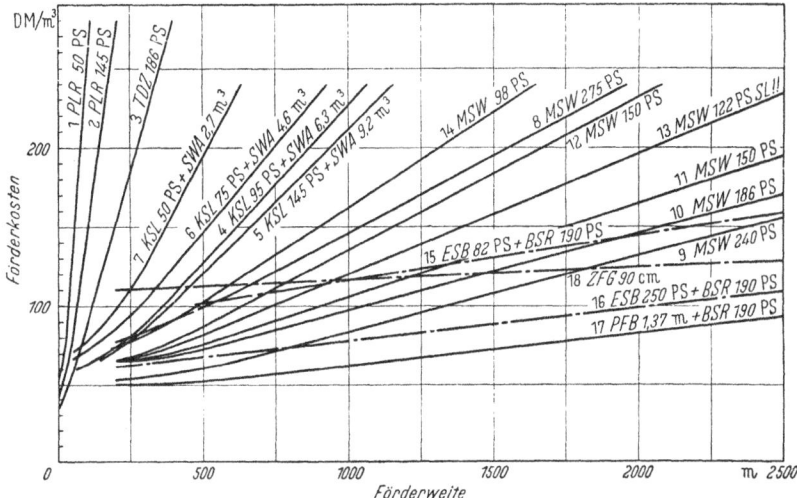

Bild 151. Überblick über die Förderkosten (Kosten für den m³ Bodenbewegung) der einzelnen gleislosen Förderarten. Techn. Daten der Kurven 1–18 siehe Ü 22.

leistungen vorausgesetzt — steigen die Förderkosten wegen der wachsenden Zahl der Transportgeräte mit zunehmender Förderweite langsam an.

Entscheidend für den Verlauf der Kostenkurven ist das Verhältnis der Stundenkosten zur Stundenleistung. Selbstlader haben gleichbleibende Stundenkosten, aber mit der Entfernung schnell abfallende Leistungen, d. h. stark ansteigende cbm-Kosten. Beim getrennten Förderbetrieb steigen die Stundenkosten infolge des mit zunehmender Entfernung immer umfangreicher werdenden Geräteparks langsam an. Bei gleichbleibender Förderleistung ergibt sich dann ein langsamer Anstieg der Kostenkurve. Über die verschiedenen Förderweiten betrachtet, sind beim Selbstlader die Leistungen variabel und die Stundenkosten konstant, bei der getrennten Förderung dagegen die Kosten variabel und die Leistungen konstant.

Tabelle 42. *Kosten einer Gerätestunde.* (Reine Selbstkosten, einschl. Lohnkosten.)

Gerätetyp und -größe	Wirtschaftliche Nutzungsdauer Std.	Kosten je Stunde DM
Raupenschlepper:		
145 PS	10000	36,40
100 PS	10000	29.10
75 PS	10000	23,20
50 PS	10000	15,20
Planierraupen:		
145 PS	10000	40.50
100 PS	10000	32,60
75 PS	10000	26,40
50 PS	10000	17,95
Raupenschlepper + Schürfwagenanhänger:		
9,20 m³	14000	10,45
6,10 m³	14000	7,95
4,60 m³	14000	6,00
2,70 m³	14000	4,20
Reifenschlepper mit Planiereinrichtung:		
250 PS	10000	56.60
185 PS	10000	44,05
120 PS	10000	33,10
Motorschürfwagen:		
275 PS	10000	71,40
185 PS	10000	52,60
120 PS	10000	39,20
Pflugbagger:		
1,37 m Bandbreite	12000	50,30
Bodenschütter:		
275 PS	14000	51,80
190 PS	14000	38.20
120 PS	14000	28,50
Hinterkipper:		
275 PS	14000	54.30
190 PS	14000	40,70
120 PS	14000	31,60
Schürfkübelraupe:		
120 PS/6,5 m³	10000	54,70

Bemerkenswert ist ein Vergleich der Kostenkurven für getrennte Förderung. Bei Verwendung gleicher Transportgefäße wurde einmal ein ³/₄-cbm-Bagger (Kurve *15*), dann ein 2¹/₂-cbm-Bagger (Kurve *16*) und schließlich ein Pflugbagger BV 9 (Kurve *17*) als Ladegerät verwendet und die Förderung über verschiedene Weiten durchgeführt.

Den flachsten Anstieg mit den höchsten Grundkosten weist die Kurve *18* (Gleisförderung) auf.

Die technischen Daten der verglichenen Geräte sind in Ü 22 zusammengestellt.

Kühn, Erdbau. 22

Übersicht 22. *Wirtschaftlichkeitsvergleiche.*
Technische Daten der Kurven *1—25* in den Bildern 151, 154 und 155.
Spalte A: Motorleistung, Spalte B: Höchstgeschwindigkeit, Spalte C: Inhalt des Fördergefäßes.

Kurve.Nr.	Geräteart	A PS	B km/h	C m³
1	Planierraupe	48	7,7	1,2
2	„	145	8,7	3,0
3	Reifen-Planiergerät	186	31,0	2,5
4	Raupenschlepper und Schürfwagenanhänger	143	7,7	9,2
5	Raupenschlepper und Schürfwagenanhänger	93	9,6	6,3
6	Raupenschlepper und Schürfwagenanhänger	75	9,3	4,6
7	Raupenschlepper und Schürfwagenanhänger	48	8,7	2,7
8	Motorschürfwagen und Schubraupe	275	31,0	10,7
9	„ „ „	240	31,0	18,3
10	„ „ „	186	55,7	8,4
11	„ „ „	150	32,2	9,2
12	„ „ „	150	24,0	9,2
13	„ selbstladend	122	46,0	4,6
14	„ „ Schubraupe	98	23,0	6,1
15	0,9-m³-Eimerseilbagger	82	—	0,9
	und Bodenschütter	190	56,3	8,5
16	2,6-m³-Eimerseilbagger	250	—	2,6
	und Bodenschütter	190	56,3	8,5
17	Pflugbagger 1,37 m Bandbreite	150	—	—
	und Raupenschlepper	145	7,7	—
	und Bodenschütter	190	56,3	8,5
18	Zugförderung 90 cm Spur:			
	Diesellok 22 t	160	25,0	—
	Kipploren	—	—	10,0
19	Eimerseilbagger (M 75)	82	—	0,9
20	„ (M 152)	150	—	1,7
21	„ (M 250)	250	—	2,6
22	Planierraupe (K 90)	90	9,7	—
23	„ (K 55)	55	6,9	—
24	Raupenschlepper (K 90) und Schürfwagen	90	9,7	4,5
25	Eimerseilbagger (M 75) und 5-t-LKWs	82	25,0	3,0

III. Aktuelle Fragen des gleislosen Erdbaues.

1 Grenzen des wirtschaftlichen Geräteeinsatzes.

1.1 Das Problem der wirtschaftlichen Grenzen.

Jede wirtschaftliche Grenze für eine bestimmte Geräteart kann stets nur relativen Charakter tragen, da sie neben den Baustellen- und Einsatzverhältnissen von den für den jeweiligen Einsatz verfügbaren Geräten abhängt. Stehen für eine Baustelle nur stationäre Bagger und

LKWs zur Verfügung, so wird die Frage nach dem wirtschaftlichen Förderbereich gegenstandslos, da in diesem Falle die verfügbare Gerätekombination über alle Förderweiten arbeiten muß. Anders liegen die Verhältnisse bei Bauvorhaben, für die ein reichhaltiger Maschinenpark mit einer Vielzahl von Gerätetypen vorhanden ist. Hier kann man zur Festlegung der jeweiligen Wirtschaftlichkeitsbereiche auf eine genaue Kostenermittlung und -gegenüberstellung nicht verzichten. Jede wirtschaftliche Grenze ist abhängig von den Baustellen- und Geräteverhältnissen, für die eine Grenzbedingung aufgestellt werden soll. Insbesondere muß von vornherein festliegen, gegenüber welchen anderen Geräten eine Abgrenzung vorzunehmen ist. Es kommen zwei Fälle in Frage:

1. Abgrenzung des gleislosen gegen den gleisgebundenen Förderbetrieb,

2. Abgrenzung der einzelnen gleislosen Geräte untereinander.

1.2 Wirtschaftliche Grenze zwischen gleisgebundenem und gleislosem Betrieb.

Während die Abgrenzung der einzelnen gleislosen Geräte untereinander eine sehr individuelle Behandlung des Kostenproblems verlangt, wobei die wirtschaftlichen Grenzen der einzelnen Geräte in weiten Bereichen variieren, werden die allgemeinen Grenzwerte für den Einsatz der gleislosen Geräte abgeleitet aus der Gegenüberstellung „gleisgebunden — gleislos". Die Kostenkurve der Zugförderung (Nr. *18* in Bild 151) gibt durch ihre Schnittpunkte mit den einzelnen Kurven der gleislosen Geräte die ungefähren oberen Grenzen der wirtschaftlichen Transportentfernung des jeweiligen Gerätetyps an. Aus dem Verlauf der Gleiskostenkurve für die heute auf vielen größeren Baustellen übliche Zugförderung mit 900 mm Spur ist zu ersehen, daß die obere wirtschaftliche Grenze des gleislosen Betriebes erreicht ist, wenn die Kubikmeterkosten den Wert von 1,20 bis 1,40 DM erlangt haben, wobei diese Zahlen je nach den Einsatz- und Betriebsverhältnissen wesentlich höher liegen können. Diese Grenze ist entfernungsabhängig, steigt aber nur ganz geringfügig an und kann daher praktisch als konstant angesehen werden. Eine untere Grenze — wenn überhaupt von einer solchen gesprochen werden kann — läßt sich aus dem Verlauf der einzelnen Kostenkurven ableiten. Da die relativ hohen Anfahrtszeiten bei kurzen Förderweiten die Durchschnittsfahrgeschwindigkeit erheblich drücken, werden die Kostenkurven an ihrem unteren Ende angehoben und laufen schließlich noch *vor* Erreichen der Förderweite 0 auf einen Mindestwert aus. Dieser kann als bestimmender Faktor für die untere Grenze des wirtschaftlichen Entfernungsbereiches zugrunde gelegt werden.

22*

Die Grenzen aus Bild 151 haben jedoch nur ganz allgemeine Bedeutung. Schon aus dem breiten entfernungsmäßigen Streubereich der Schnittpunkte der Kurve *18* z. B. mit den Kurven für Schürfkübelanhängerbetrieb (Kurven *4* bis *7*) ist zu ersehen, wie groß der Einfluß der jeweils verglichenen Geräte ist. In weit größerem Ausmaß noch verschieben die Einsatz- und Baustellenbedingungen die Lage der Wechselpunkte. Großen Einfluß üben auch die (hier nicht berücksichtigten) Kosten für den Transport der Geräte von und zur Baustelle aus.

1.3 Die Wirtschaftlichkeitsbereiche der einzelnen Flachbaggergeräte untereinander.

Stehen für eine Baustelle nur Flachbaggergeräte zur Verfügung, so ergeben sich im Hinblick auf die bei uns eingesetzten Geräte mittlerer Größe etwa folgende Wirtschaftlichkeitsbereiche:

> 0— 3 m: Planierraupe mit Schwenkschild
> 0— 60 m: Planierraupe mit Querschild
> 60—300 m: Raupenschlepper mit Schürfkübelanhänger
> 0—300 m: Schürfkübelraupe
> über 300 m: Motorschürfwagen oder Bagger mit LKWs

Unter amerikanischen Lohn- und Preisverhältnissen liegen die Bereichsgrenzen etwas höher.

Wie groß der Einfluß der Gerätegrößen auf die Grenzen des wirtschaftlichen Einsatzes ist, geht aus Bild 152 hervor. Dort sind die Wirtschaftlichkeitsbereiche der verschiedenen Schürfkübelanhänger wiedergegeben. Aus dem Verlauf der Kurven, der charakteristisch für sämtliche Flachbaggergeräte ist, geht hervor, daß mit zunehmender Gerätegröße

1. die Wirtschaftlichkeitsbereiche breiter werden,
2. sich die wirtschaftlichen Grenzen nach den höheren Förderweiten hin verschieben.

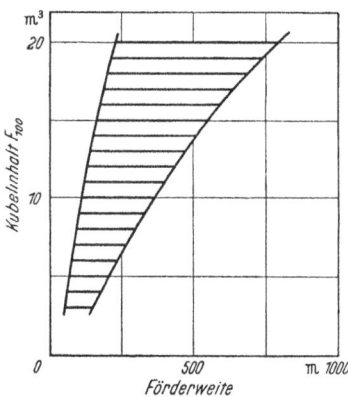

Bild 152. Die Wirtschaftlichkeitsbereiche der Schürfwagenanhänger verschiedener Größe.

Die Wirtschaftlichkeit der kleinen Geräte, die an geringere Förderweiten gebunden ist, erstreckt sich infolge der steileren Kostenkurven über einen relativ geringen günstigen Bereich der Transportentfernungen. Breitere Wirtschaftlichkeitsbereiche lassen sich nur mit großen Gerätetypen erzielen.

Heute stehen für jede Förderweite Flachbaggertypen zur Verfügung. Sie sind aber wirtschaftlich an bestimmte Entfernungsbereiche gebunden. Es gibt noch keinen universellen Flachbaggertyp, der auf Kurz-,

Mittel- und Langstrecken in gleicher Weise wirtschaftlich arbeitet. Die Schürfkübelraupe zeigt einen Weg für die wirtschaftliche Erfassung sowohl des Kurz- wie des Mittelstreckenbereichs. Motorschürfwagen — für große Entfernungen gebaut — lassen sich mit Erfolg auch auf den Mittelstrecken bis auf 100 m herab einsetzen. Der Einsatzbereich der Planierraupen wird gern nach oben verlängert. Reifenplaniergeräte arbeiten wirtschaftlich bis etwa 150 m herauf. Die Lücken werden kleiner und die Wirtschaftlichkeitsbereiche größer. Das Idealgerät ist aber noch nicht da und wird wahrscheinlich auch nicht kommen.

Ein auf Flachbagger abgestimmter Baubetrieb muß daher, soll er ein wirtschaftliches Optimum erzielen, eine Vielzahl von Gerätetypen besitzen, die den gesamten praktisch vorkommenden Förderweitenbereich überdecken. Diese Tatsache beschränkt den gleislosen Erdbau im allgemeinen auf mittlere und große Baubetriebe. Andererseits ist die wirtschaftliche Überlegenheit so groß, daß selbst ein recht unwirtschaftlich eingesetzter Flachbagger in seinem Entfernungsbereich der Gleisförderung wirtschaftlich noch erheblich überlegen sein kann.

Es sei darauf hingewiesen, daß bei anderen Lohn- und Betriebsstoffkosten auch die Kostenkurven anders verlaufen und die wirtschaftlichen Grenzen sich verschieben. Die Eigenart des gleislosen Förderbetriebes läßt mit der labilen Struktur des leistungs- und kostenmäßigen Aufbaues auch hier keine Aussagen zu, die verallgemeinert werden können.

1.4 Der Einfluß der Zeit auf die Wirtschaftlichkeitsgrenzen.

Aus den Grenzbedingungen für die Wirtschaftlichkeit des Einsatzes in seiner Gesamtheit ergeben sich zwangsläufig auch Grenzen für verschiedene Zeitelemente (Schürfzeit, Entladezeit usw.). Soweit sie sich auf normale Einsatzverhältnisse beziehen, wurden Grenzwerte bereits angegeben. (Sie sind vor allem für die Beurteilung der Notwendigkeit von Zusatzgeräten wichtig.) Unter gewissen Bedingungen kann aber auch eine Schürfzeit von 2,5 min (gegenüber dem normalen Wert von 1 min) noch wirtschaftlich gerechtfertigt sein. Diese Fragen dürfen allerdings niemals nur für sich, sondern müssen stets im Rahmen des gesamten Einsatzes, in diesem Zusammenhang im Rahmen der Umlaufzeit, betrachtet werden.

An der Kostenbildung ist neben dem Gerätewert betriebstechnisch der Faktor „Zeit" maßgeblich beteiligt. Vom zeitlichen Ablauf des Geräteeinsatzes lassen sich Gesichtspunkte für die Grenzen der wirtschaftlichen Förderung ableiten. Sie ergeben sich aus dem Verhältnis der Fahrzeit zur Festzeit bzw. der Bewegungskosten zu den Stillstandskosten. Die eigentliche Aufgabe der Flachbagger besteht in dem *Bewegen* von Erde, also aus dem Transport über bestimmte Entfernungen. Mit dieser Bewegung verbunden ist das Aufnehmen und Absetzen des Bodens sowie die verschiedenen Verzögerungen, die sich durch Anfahr-, Wende- und Wartezeiten usw. ergeben. Diese Arbeitsgänge und Zeitverluste dienen jedoch nur dazu, um den Transport des Fördergutes zu ermöglichen, sind also von zweitrangiger Bedeutung. Im Vordergrund stehen die entfernungsbedingten reinen Bewegungskosten, die den eigentlichen wirtschaftlichen Wert der Erdbewegung ausmachen und daher auch die Grundlage für die Angebotspreise bilden.

Aus der ganzen zeitlichen und damit auch Kostenstruktur ergibt sich, daß in dem Verhältnis der Fahrzeit zur Festzeit die Fahrzeit nicht beliebig verkleinert werden kann, sondern daß es eine untere Grenze für die Größe der Fahrzeit und damit auch für die Bewegungskosten geben muß. Da die Fahrzeit variabel und entfernungsbedingt ist, wirkt sich diese Grenze außerdem auf die Förderweite aus. Für jedes Fahrzeug besteht eine gewisse Mindestentfernung, über die sich das Fahren überhaupt erst lohnt. Diese Mindestentfernung läßt sich bei den Flachbaggern aus einem Zeitvergleich herleiten:

Faßt man die Bewegungskosten als die eigentlich gewinnbringenden Kosten und die Kosten für die Festzeiten als verlorene Kosten für Aufschluß- und Hilfsarbeiten sowie für das Manövrieren der Geräte auf, so ergibt sich das untere Grenzverhältnis durch die ausgeglichene Bilanz beider Posten: Die variable Fahrzeit darf nicht unter die Höhe der Festzeit sinken. Je höher die Festzeiten sind, um so größer muß auch die Förderweite sein, damit sich die Erdbewegung in der von den Flachbaggern durchgeführten Form rentiert. (Umgekehrt weisen die Planierraupen mit ihren minimalen Festzeitwerten eine äußerst niedrig liegende bzw. praktisch überhaupt keine untere Entfernungsgrenze für den Wirtschaftlichkeitsbereich auf.)

2 Die wirtschaftliche Gerätegröße.

Vielfach trifft man die Ansicht an, daß die Geräte für die gleislose Erdbewegung nicht groß genug sein können und daß der Einfluß der Gerätedimensionen von dominierender Bedeutung ist. Der Einsatz der amerikanischen Großgeräte auf europäische Baustellen hat inzwischen deutlich gezeigt, daß die Frage der wirtschaftlichen Gerätegröße ein individuelles Problem nicht nur jedes einzelnen Landes, sondern sogar jedes Bauunternehmens ist und sich nicht auf dem Weg über das maschinelle Maximum lösen läßt.

Die gleislose Erdbewegung kann — in Anlehnung an die Gleisförderung — mit getrennten Lade- und Transportgeräten durchgeführt werden. Diese Methode bedeutet jedoch Verzicht auf einen der bedeutsamsten Vorteile der Flachbagger, nämlich darauf, daß die zum Schürfen benutzten Geräte gleichzeitig auch den Transport durchführen können.

Während bei der getrennten Förderung das Schwergewicht auf dem Ladegerät liegt und die Wirtschaftlichkeit der gesamten Erdbewegung weitgehend davon abhängt, inwieweit mit dem verfügbaren Gerätepark die Ladekapazität des Baggers ausgenutzt werden kann, bieten die selbstladenden Transportgeräte den großen Vorteil, daß jede Geräteeinheit völlig selbständig arbeitet. Auf diese Weise läßt sich auch in kleinstem Rahmen eine Erdbewegungsarbeit sehr wirtschaftlich durchführen.

Nur Erdarbeiten großen Stils, bei denen es üblich ist, die Geräte über die gesamte Zeit der Baudurchführung abzuschreiben, rechtfertigen den Einsatz von Spezialgeräten. In diesem Falle können Ladegeräte, wie Pflugbagger usw., mit ihren hohen Leistungen und geringen Kosten zusammen mit der Verwendung reiner Transportfahrzeuge wirtschaftliche Vorteile bieten.

Bei Auswahl und Zusammensetzung des Geräteparks muß je nach Umfang und Aufgabenkreis des Unternehmens entschieden werden, ob der Gerätepark unter dem Gesichtspunkt der Gesamtwirtschaftlichkeit im Hinblick auf die bei den üblichen Unternehmerarbeiten auftretenden Schwankungen im Umfang der Bauaufgaben, der Baustellen- und Einsatzbedingungen aufgestellt werden soll — dann sind die selbstladenden Transportgeräte zu wählen — oder ob die Kapazität des Unternehmens so groß ist, daß der Umfang der üblichen Aufträge den Einsatz von Spezialgeräten rechtfertigt — dann haben auch getrennte Lade- und Transportgeräte ihre Daseinsberechtigung.

Folgende Faktoren bestimmen vor allem die wirtschaftlichste Gerätegröße:

1. Anschaffungskosten.
2. Umfang und Bauvolumen des Unternehmens.
3. Erforderliche Zugkraft des Schleppers.
4. Erforderliche Größe der Transportgefäße.

Aus der Förderkostenübersicht des Bildes 151 war zu ersehen, daß die großen Geräte billiger fördern als die kleinen. Mithin ist grundsätzlich dem größeren Gerät der Vorzug zu geben. Da jedoch andererseits mit der Gerätegröße der Anschaffungspreis steigt, findet dieses Problem seine Begrenzung in der Höhe des für Neuanschaffungen verfügbaren Kapitals und damit in Größe und Beschäftigungslage des Unternehmens, wobei das Erdbauvolumen des ganzen Landes eine nicht unwesentliche Rolle spielt. Es ist daher selbstverständlich, daß die Intensität und der Umfang des Erdbaues in den nordamerikanischen Staaten, neuerdings auch in Afrika und in Australien, das gegebene Anwendungsgebiet für die großen und größten Geräte darstellt. In den westeuropäischen Ländern, in denen der Ausbau des Verkehrsnetzes (Flugplätze, Eisenbahnen, Straßen, Kanäle) und der hydroelektrischen Energieversorgung als Hauptanwendungsgebiete der Erdbaugeräte schon weit-

gehend durchgeführt ist, findet die wirtschaftliche Gerätegröße ihre
Grenze bei den mittleren Größenklassen. So haben sich auch in England
die größten Geräte — von wenigen Ausnahmen, vor allem im Kohlentagebau, abgesehen — nicht durchsetzen können. Unter westeuropäischen Verhältnissen lassen sich für die wirtschaftlichsten Gerätegrößen folgende Richtwerte aufstellen:

Raupenschlepper . . . . 100 PS
Schürfkübelanhänger . . . . 5,0 —7,5 cbm
Motorschürfwagen . . . . 150—200 PS
Reifenplaniergerät . . . . 100—150 PS
Schaufellader . . . . 0,7— 1,0 cbm
Erdhobel . . . . 60— 90 PS
Reifentransportfahrzeuge . . . . . . 150—200 PS

Diese Frage wird zweifellos beeinflußt vom Umfang des noch vorhandenen und verwendungsfähigen Gleisgerätes, von der Tragfähigkeit der Brücken, dem Ladeprofil der Straßen und Eisenbahnen sowie
bei Raupenfahrzeugen von den
vorhandenen Tiefladern.

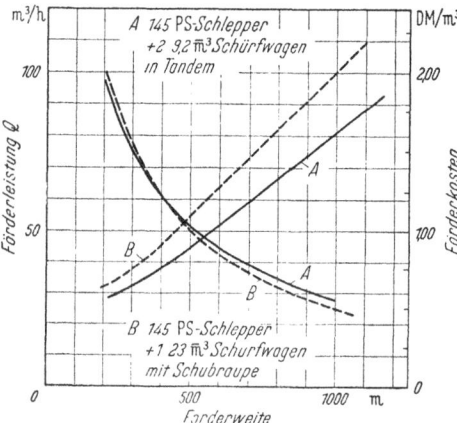

In diesem Zusammenhang
sei bei den Flachbaggern der
Mittel- und Langstrecken auf
zwei Möglichkeiten hingewiesen, die zu einer wirtschaftlicheren Ausnutzung der Geräte führen können, wenn
entsprechende Einsatzbedingungen vorliegen. Beide Möglichkeiten laufen darauf hinaus, das Verhältnis zwischen
Antriebsleistung und Kübelgröße zu ändern und insgesamt
mit einer geringeren Zugleistung bei gleicher Größe des
Fördergefäßes auszukommen.

Bild 153. Vergleich der Förderkosten zweier Schürfwagenzüge mit gleichem Zuggerät (Raupenschlepper
145 PS).

A Transportkapazität, aufgeteilt auf 2 Anhänger von
je 9,2 m³ Inhalt (gestrichen);
B Transportkapazität, bestehend aus einem einzigen
Schürfkübel von 23 m³ Inhalt, wobei zum Laden
eine Schubraupe 145 PS zusätzlich benutzt wird.

Der erste Weg wurde be-
reits erwähnt: In einer aus
Raupenschlepper und Schürfkübelanhänger bestehenden Gerätekombination wird das Transportgefäß in zwei je etwa halb so große Kübel aufgelöst (Tandemeinsatz). Durch Füllen erst des einen und dann des
anderen Kübels benötigt man für den gesamten Ladevorgang nur etwa
ein Drittel der sonst erforderlichen Vortriebskraft. Die entsprechend
kleinere Schleppergröße ist bei nicht zu hohen Steigungs- bzw. Roll-
widerständen ausreichend, um die reine Fortbewegung der 3 teiligen
Gerätekombination zu gewährleisten. Da sich bei dieser Methode die

Ladezeit verdoppelt und aus wirtschaftlichen Gründen ein gewisses Mindestverhältnis zwischen Lade- und Fahrzeit gefordert wird, hat der Tandemeinsatz erst bei größeren Förderweiten (über 300 m) eine Berechtigung. Die Verhältnisse sind leistungs- und kostenmäßig in Bild 153 dargestellt. Daraus ist zu ersehen, daß der aus einem 145-PS-Schlepper und zwei (12- und 9,2 m³-) Schürfkübeln bestehende Schürfwagenzug über größere Förderweiten billiger fördert als der mit einem 17,5-m³-Kübel arbeitende und beim Laden durch eine 145-PS-Schubraupe unterstützte Raupenschlepper der gleichen Größenklasse.

Die zweite Möglichkeit, wirtschaftlicher zu arbeiten, bezieht sich auf die Motorschürfwagen und besteht darin, für die gleiche Kübelgröße einen kleineren Sattelschlepper zu verwenden, wenn z. B. stets bei Talfahrt geschürft oder auch gefördert wird oder wenn die zur reinen Fortbewegung auf glatter, ebener Fahrbahn erforderlichen Zugkräfte gering sind und beim Schürfen evtl. eine zweite Schubraupe angesetzt werden kann. Zur Ausnutzung des wirtschaftlichen Vorteils dieser Methode wurden mitunter bis zu vier Schubraupen für das Füllen im Gelände bzw. zur Überwindung kurzer Steigstrecken eingesetzt, während für die Fahrt über ebene feste Straßen ein verhältnismäßig kleiner Sattelschlepper ausreicht. Einen Leistungs- und Kostenüberblick gibt das Einsatzbeispiel Ü 23, das zeigt, in welchem Umfang die Förderkosten gesenkt werden können.

Übersicht 23. *Wirtschaftlichkeitsvergleich.*

Geräteeinsatz:
a) Motorschürfwagen 186 PS mit 8,4-m³-Schürfkübel ohne Schubraupe;
b) Motorschürfwagen 122 PS mit 8,4-m³-Schürfkübel mit Schubraupe 95 PS.

Boden:
Mittlerer Lehmboden, Gew.-Kl. 3.   Konsistenz: Halbfest.

		Geräte	
		a	b
Motorleistung: Schürfen	PS	186	122
Schieben	,,	—	95
Fahren	,,	186	122
Kübelinhalt	m³	8,4	8,4
Ladezeit	min	0,81	0,90
Entladezeit	,,	0,48	0,53
Drehen und Wenden	,,	0,62	0,81
Gesamte Festzeit	,,	1,91	2,24
Theoretische Höchstgeschwindigkeit V max	km/h	55,7	46,2
Durchschnittliche Fahrgeschwindigkeit	,,	35,6	22,4
Kübelfüllung F_R	%	67,0	135,0
Kübelfüllung	m³	5,63	11,3
Nutzladung	,,	4,50	9,0
Förderleistung 500 m	m³/h	58	82
1000 m	,,	42	58
2000 m	,,	25	35
Förderkosten 500 m	DM/m³	1,34	0,95
1000 m	,,	1,80	1,40
2000 m	,,	3,00	2,40

3 Die Wirtschaftlichkeit der Flachbagger über kurze Förderweiten.

Während die Grenze des wirtschaftlichen Entfernungsbereichs der Flachbaggerförderung *nach oben*, d. h. in Richtung der Förderweitenzunahme, durch die Kostenlinie der Gleisförderung gegeben ist, bleibt noch die Frage zu untersuchen, ob und welche Grenzen *nach unten*, also an der unteren Wirtschaftlichkeitsgrenze der Kurzstreckengeräte gezogen sind. Da die Rentabilität dieser Geräte über kürzeste Förderwege nur durch menschliche Arbeitskräfte in Frage gestellt werden kann, wurden zur Klärung dieser Frage die Leistungen der Planierraupen und Schaufellader als der typischen Vertreter der untersten Gerätegruppe mit denen von Tiefbauarbeitern verglichen. Um den Einfluß der Bodenfestigkeit zu berücksichtigen, wurden die Versuche in je einer für die einzelnen Gewinnungsklassen typischen Bodenart durchgeführt. Als „Förderweite" war der Arbeitsbereich des Menschen (Wurf- und Reichweite) zugrunde gelegt worden. Die Ergebnisse sind in Tab. 43a und b zusammengestellt.

Während Tab. 43a die Gesamtleistungen der Arbeiter mit denen eines Schaufelladers und einer Planierraupe von je 50 PS Motorstärke

Tabelle 43. *Vergleiche: Menschliche und maschinelle Erdarbeiten.*

a) Leistungen.

		Gewinnungsklasse				
		1	2	3	4	5
1. Bauarbeiter:						
a) Lösen und Fördern über Wurfweite	m³h	1,05	1,50	1,12	0,81	0,47
b) Planieren eines Baggereinschnittes	m²/h	—	4.5	4,2	3,5	3,0
c) Lösen und Laden in LKWs .	t/h	1,72	2,44	1,73	1,14	0,87
2. Planierraupen 50 PS:						
a) Lösen und Fördern über 2,5 m	m³/h	10,3	19,5	17,0	14,2	10.1
b) Planieren des Baggereinschnittes	m²/h	—	76,2	75,5	70,0	—
3. Schaufellader 50 PS:						
c) Beladen von LKWs	t/h	27,7	44,1	35,0	28,6	22,0

b) Vergleiche: Menschliche und maschinelle Arbeit.

Die maschinelle Arbeit eines Gerätes mit 50 PS entspricht der Arbeit von ... Menschen beim					
Lösen und Fördern	10	13	15	17	21
Planieren	16	17	18	20	22
Laden	16	18	20	23	27

c) Einfluß der Gerätegröße auf die Leistungen der Spalte a 2 und 3:

50-PS-Schlepper	= Faktor . . .	1,0
75-PS- „	= „ . . .	1,8
95-PS- „	= „ . . .	2,4
145-PS- „	= „ . . .	3,8

vergleicht, sind in Tab. 43b die relativen Leistungen (Leistungen der Menschen bezogen auf die des 50-PS-Gerätes) angegeben. Aus den Schwankungen der Vergleichszahlen in den verschiedenen Gewinnungsklassen ist zu ersehen, daß die Überlegenheit der Maschinenarbeit über die menschliche Arbeit

a) beim Laden am größten, beim Planieren am geringsten ist,
b) mit zunehmender Gewinnungsfestigkeit ansteigt.

Die maschinelle Leistung liegt also auch auf den hier untersuchten kurzen Förderweiten in jedem Fall höher als die menschliche Leistung, erreicht allerdings bei weiterer Verkürzung der Transportentfernung eine Grenze, die durch die Unterschreitung des für das Füllen des Schildes erforderlichen Schürfweges gegeben ist.

Legt man einem Kostenvergleich die für maschinelle Arbeit ungünstigen deutschen Verhältnisse mit geringer Bewertung der menschlichen Arbeitsleistung zugrunde, so ergibt sich für eine 50-PS-Planierraupe folgende Rechnung:

Die Geräteleistung entspricht im Durchschnitt etwa derjenigen von 13 Arbeitern. Nimmt man die Lohnkosten mit 2 DM pro Mann und Stunde an, so ergibt sich für den Wert der menschlichen Arbeit, die dem Arbeitsquantum einer Planierraupe entspricht, ein Betrag von 26 DM. Demgegenüber betragen die Selbstkosten für eine Planierraupenstunde bei einem 50-PS-Gerät nur etwa 15 DM, so daß sich eine Einsparung von 43% ergibt.

Aus dem Vergleich ist zu ersehen, daß selbst in den für die gleislosen Geräte ungünstigen Ländern mit niedrigen Löhnen eine Überlegenheit der Flachbaggergeräte auch im Bereich der kürzesten Förderweiten außer Frage steht.

4 Die Stellung der stationären Bagger im Hinblick auf die gleislose Förderung.

In diesem Zusammenhang interessiert die Frage, welche Bedeutung den stationären Baggern im Rahmen der modernen, auf Flachbagger ausgerichteten Erdbewegung zukommt. Abgesehen davon, daß bestimmte Boden- und Einsatzbedingungen wie

1. Baggern tief unter Planum,
2. Baggern unter Wasser,
3. Baggern in wenig tragfähigem Gelände,
4. Aushub von schmalen Gräben für Kabel- oder Rohrleitungen,
5. Baggern in Stein- und Erzgruben usw.,
6. Baggern von Böden, die fester sind als Gewinnungsklasse 5 (schwerer Hackboden),
7. Baggern in engbegrenzten Räumen, Gruben, Tunnels usw.

die Verwendung von stationären Baggern nach wie vor unumgänglich machen, ergeben sich auch bei der normalen Förderung bestimmte Einsatzfälle, in denen die Bagger entweder ohne oder mit LKW-Förderung billiger arbeiten als die Flachbagger.

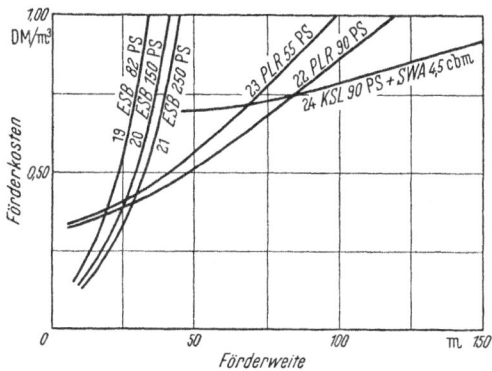

Bild 154. Vergleich der m³-Kosten der Eimerseilbagger-, Planierraupen- und Schürfwagenanhängerförderung bei verschiedenen Förderweiten. Techn. Daten der Kurven 19–24 siehe Ü 22.

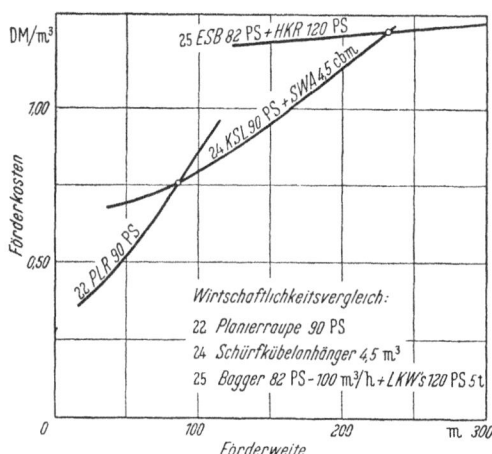

Bild 155. Förderkostenvergleich einer Planierraupe 90 PS mit einem Schürfwagenanhänger 4,5 m³ und mit der Förderung durch Bagger und LKWs. Techn. Daten der Kurven 22, 24 u. 25 siehe Ü 22.

Dieses Problem sei an den Bildern 154 und 155 erläutert. Der stationäre Bagger kann, besonders wenn er mit langen Auslegern (für Eimerseilbetrieb) ausgerüstet ist, den Boden über gewisse Förderentfernungen transportieren, indem er, mit dem Unterwagen feststehend, durch Schwenken des Oberwagens um maximal 180° das Grabgefäß und damit die Nutzladung um die doppelte Auslegerlänge transportiert. Dagegen muß der Flachbagger stets mit dem ganzen Gerät über die jeweilige Förderweite fahren.

Gegenüber den Flachbaggern haben die stationären Bagger die Vorteile, daß sie

a) eine erheblich längere Lebensdauer haben,

b) in den Reparaturkosten niedriger liegen.

Diese Faktoren ergeben geringere Kosten für die Baggerstunde, während bei den Flachbaggern — vor allem durch den hohen Fahrwerksverschleiß und die Erschütterungen während des ständigen Fahrens bedingt — die Stundenkosten höher liegen.

Das Lösen, Laden und Transportieren von Boden kann bei kurzen Förderweiten durch Schwenken des Auslegers stationärer Bagger statt durch Verfahren des ganzen Flachbaggergerätes durchgeführt werden.

Bild 154 beleuchtet diesen Fall von der wirtschaftlichen Seite her. Dort sind die Kubikmeterkosten eines $^3/_4$-, eines $1^1/_2$- und eines $2^1/_2$-m^3-Baggers über diejenigen Förderweiten, die sich durch Verwendung verschieden langer Ausleger überbrücken lassen, dargestellt. Gleichzeitig sind die Kostenkurven für die entsprechenden Flachbaggergeräte (je eine Planierraupe 55 PS und 90 PS) eingezeichnet. Dabei ergibt sich, daß die Grenze bei einer Förderweite zwischen 25—30 m liegt, d. h., daß unter 25 m der reine Bodentransport mit dem Eimerseilbagger, über 30 m dagegen mit der Planierraupe wirtschaftlicher durchgeführt werden kann.

Die Kostenkurven der Bagger steigen durch die Verwendung längerer Ausleger mit kleineren Kübeln sehr schnell an. Der Wirtschaftlichkeitsbereich für den $1^1/_2$-m^3-Bagger endet z. B. bei einer Förderweite von 28 m. Diese Entfernung läßt sich bei dem untersuchten Bagger (M 152) mit mittellangem Ausleger erzielen. Daraus geht hervor, daß nur die kurzen und mittellangen Ausleger für wirtschaftliche Wettbewerbe mit den Flachbaggern in Frage kommen, während lange Ausleger wegen des kleinen Grabgefäßes und der langsamen Schwenkbewegung im Hinblick auf die Förderleistung nicht mehr wirtschaftlich arbeiten können. Sie haben nur für spezielle Einsatzfälle Bedeutung.

Den zweiten Fall der wirtschaftlichen Überlegenheit des stationären Baggers zeigt Bild 155. Dort ist u. a. die Förderung mit Raupenschlepper und Schürfkübelanhänger derjenigen mit stationärem Bagger und LKW-Einsatz gegenübergestellt. Ist die Voraussetzung erfüllt, daß die Tragfähigkeit des Bodens den Einsatz von LKWs ermöglicht, so ist die Bagger-LKW-Förderung bei Förderweiten über 230 m Entfernung der Flachbaggerförderung überlegen.

5 Gleisgebundene oder gleislose Förderung?

Oft ist die Ansicht anzutreffen, daß die Frage „gleisgebunden oder gleislos" in den USA zu keiner Zeit problematisch gewesen sei, weil die Gleisförderung dort niemals aktuelle Bedeutung erlangt habe. Dem ist entgegenzuhalten, daß auch in Amerika Feldbahnen für den Massentransport nicht unbekannt sind.

Vor allem sind es die Spurweiten:

     36″ (915 mm) mit 3—5-cyd-Wagen
     30″ (760 mm) mit   2-cyd-Wagen
     24″ (610 mm) mit   1,5-cyd-Wagen,

die für die Erdbewegung — wenn auch nur unter bestimmten Bedingungen — zur Verwendung kommen.

Die gegenwärtige Entwicklung führt aber überall weg vom Gleis, hin zum gleislosen Betrieb. Sie ist dadurch begründet, daß

1. die Tendenz, alle Erdbauten immer mehr dem Landschaftsbild anzupassen, zu flacheren Böschungen und Einschnitten führt. Dadurch verlaufen selbst ausgesprochene Linienbaustellen mehr und mehr in die Breite und erfordern neben dem Massenausgleich *in* der Baurichtung eine immer umfangreichere Erdbewegung *quer* zur Bauachse;

2. eine Verknappung der Arbeitskräfte und damit eine Erhöhung des menschlichen Arbeitswertes zum Übergang auf menschenarme Fördermethoden zwingt,

3. gerade für Kolonisierungsaufgaben zur Erschließung unentwickelter Erdteile die gleislosen Geräte wegen ihrer größeren Beweglichkeit eine ausgesprochen vielseitige Anwendung ermöglichen.

Als Vorteile des Gleisbetriebes sind zu nennen:

1. geringere Wetterempfindlichkeit,
2. geringe Reparaturkosten,
3. höhere Lebensdauer der Geräte,
4. Kontinuierlichkeit im Betriebsablauf.

Demgegenüber stehen folgende Nachteile:

1. geringe Steigfähigkeit,
2. große Auf- und Abbau- sowie Transportkosten,
3. teure Gleisanlagen,
4. ständige Gleisverlegungsarbeiten,
5. hoher Personalbedarf,
6. geringe Anpassungsmöglichkeiten an die Schwankungen im betrieblichen Ablauf des Bauvorganges.

Die Gleisförderung ist im Betrieb weitgehend unabhängig von störenden Einflüssen und läuft, wenn sie einmal in Gang gekommen ist, fast automatisch weiter. Diese Tatsache bedingt jedoch auch eine erhebliche Starrheit der Gleisförderung, und die Möglichkeit, schnell umzudisponieren und die Geräte an besonderen Schwerpunkten einzusetzen bzw. sie in Notfällen von gegenwärtigen Einsatzgebieten schnell zu entfernen, scheidet aus.

Demgegenüber ermöglicht die gleislose Förderung eine weitgehende Anpassung an die schwankenden Baustellenverhältnisse und ein blitzschnelles Umdirigieren der Geräte bei allen nicht mehr normal ablaufenden Einsätzen, erfordert dafür aber auch eine äußerst wendige Einsatzleitung, die auf die Besonderheiten der Organisation gleisloser Baustellen eingespielt ist.

Die Vorteile der gleislosen Förderung treten vor allem dann zutage, wenn

1. Baustellen mit großer Flächenausdehnung vorliegen,
2. besonderer Wert auf Verdichtung gelegt wird,
3. die Geräte auf einer Vielzahl kleinerer Baustellen zum Einsatz kommen sollen,
4. nur geringe Ab- und Auftragshöhen zu bewältigen sind,
5. starke Steigungen überwunden werden müssen.

Die Gleisförderung ist vorzuziehen, wenn

1. Bauvorhaben in der schlechten Jahreszeit durchgeführt werden müssen,
2. ständig die gleichen Förderwege benutzt werden, ohne daß wetterbeständige Straßen angelegt werden können.

Auch aus dem Förderkostenverlauf lassen sich Gesichtspunkte für die Beurteilung der Frage „gleisgebunden oder gleislos" ableiten. Die Kostenkurven (s. Bild 151) veranschaulichen den Zusammenhang zwischen Förderweite, Steilheit des Kostenanstiegs und Größe des Wirtschaftlichkeitsbereiches. Während die gleislosen Geräte, insbesondere die Selbstlader, allgemein gesehen verhältnismäßig steil ansteigende Kostenkurven haben und damit in ihrem wirtschaftlichen Einsatz an bestimmte Entfernungen gebunden sind, läuft die Gleisförderkostenlinie sehr flach, d. h. der Gleisbetrieb fördert über einen großen Entfernungsbereich nahezu mit den gleichen Kubikmeterkosten. Treten also im Rahmen der Bauaufgaben große Schwankungen in den Förderweiten auf, so bietet der Gleisbetrieb gewisse Vorzüge, da der gleiche Gerätepark für kurze wie für lange Förderweiten verwendet werden kann. Demgegenüber ist beim gleislosen Transport die Dreiteilung: Kurz-, Mittel- und Langstreckengeräte kaum zu umgehen. Andererseits liegen die Förderkosten der gleislosen Geräte vielfach — vor allem im Bereich der kürzesten Förderweiten — erheblich unter denen der Gleisförderung und stellen den wirtschaftlichen Vorteil der Flachbagger außer Zweifel.

Die Frage „gleisgebunden oder gleislos" findet ihre endgültige Antwort nicht in den Boden-, Witterungs- und betriebstechnischen Verhältnissen, sondern in der Höhe der Löhne und des verfügbaren Kapitals. Im Zuge der Klärung des vieldiskutierten Problems wurde in einer Reihe von Großversuchen der Gleisbetrieb mit dem Einsatz von Motorschürfwagen verglichen. Hierbei sollten folgende Punkte untersucht werden:

1. Abhängigkeit der Höhe der gleis- und gleislosen Förderkosten von der Transportentfernung (Linienbaustelle).
2. Erhöhung der Gleisförderkosten durch die Breitenausdehnung einer Baustelle (Flächenbaustelle).
3. Gleisförderkosten bei festen Gleisanlagen (Steinbruch usw.).
4. Förderkosten unter Zugrundelegung amerikanischer und deutscher Lohn- und Betriebsstoffkosten.
5. Erforderliche Kapitalinvestierung:
   a) für gleiche Förderleistung,
   b) für volle Geräteausnutzung.

Die Auswertung der Versuche gibt folgendes Bild: Bild 156a zeigt die ermittelten Förderleistungen auf der Grundlage voller Geräteausnutzung. Während diese beim Motorschürfwagen über alle Förderweiten gegeben ist, tritt sie beim Baggerbetrieb mit Zugförderung theoretisch nur bei bestimmten Entfernungen ein, und zwar immer dann, wenn die

für volle Baggerausnutzung erforderliche Zahl der Zuggarnituren die
Gleisförderung ohne zusätzliche Wartezeiten durchführen kann. In der
wirtschaftlichen Notwendigkeit, die Zahl der Züge jeweils auf die größte
Förderweite einer Baustelle abzustimmen, liegt ein empfindlicher Nachteil des Gleisbetriebes, da die Förderweite in den meisten Fällen ständig
wechselt und ein Teil des Zugparkes stilliegen muß.

Im Teil b des Bildes 156 sind die Förderkosten an Hand der Einsatz-
ergebnisse für amerikanische und deutsche Löhne und Betriebsstoff-
preise getrennt berechnet. Während der Wechselpunkt zwischen gleis-

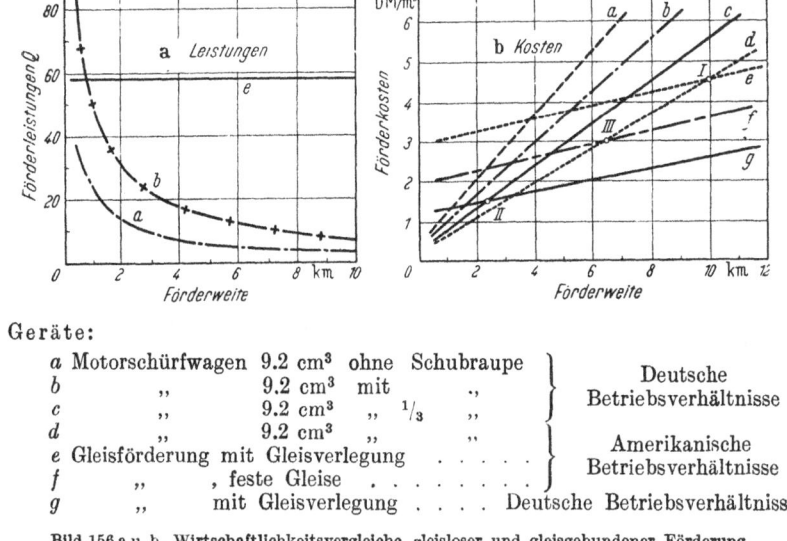

Geräte:

a	Motorschürfwagen	9.2 cm³	ohne	Schubraupe
b	„	9.2 cm³	mit	„
c	„	9.2 cm³	„	¹/₃ „
d	„	9.2 cm³	„	„

a Motorschürfwagen 9.2 cm³ ohne Schubraupe ⎫
b „ 9.2 cm³ mit „ ⎬ Deutsche
c „ 9.2 cm³ „ ¹/₃ „ ⎭ Betriebsverhältnisse
d „ 9.2 cm³ „ „ ⎫ Amerikanische
e Gleisförderung mit Gleisverlegung . . . . . ⎬ Betriebsverhältnisse
f „ , feste Gleise . . . . ⎭
g „ mit Gleisverlegung . . . . Deutsche Betriebsverhältnisse

Bild 156 a u. b. Wirtschaftlichkeitsvergleiche gleisloser und gleisgebundener Förderung.
a Förderleistungen bei voller Geräteausnutzung;
b Förderkosten bei verschiedenen Kraftstoffpreisen und Löhnen.

loser und Gleisförderung unter amerikanischen Verhältnissen erst bei
10 km Förderweite liegt (Punkt I), ist die Gleisförderung unter deutschen
Bedingungen schon ab 2,5 km überlegen (Punkt II). Der Wechselpunkt für USA-Verhältnisse geht von 10 auf 6,2 km zurück, wenn es
sich um feste Schienenwege handelt, wo das Personal für das Gleis-
rücken und Vorstrecken wegfällt (Punkt III).

Der Motorschürfwagen arbeitet unter USA-Verhältnissen billiger
als bei uns, da trotz der etwa nur ¹/₄ betragenden deutschen Löhne die
Betriebsstoffkosten bei uns das 5fache derjenigen in den USA betragen.

Genaue Angaben über den Wechselpunkt zwischen gleisgebundenem
und gleislosem Betrieb lassen sich nur von Fall zu Fall vornehmen, da
sie infolge des flachen Verlaufs der Kurve mit den Einsatzbedingungen
stark schwanken. Es muß auch betont werden, daß einer der gerade für

unsere Einsatzverhältnisse wesentlichsten Vorteile des gleislosen Betriebs, nämlich seine geringen Verlegungskosten von Baustelle zu Baustelle, in der Übersicht unberücksichtigt geblieben ist, da diese mit dem Umfang der Erdbewegung und der Länge der Anfahrtwege zur Baustelle stark schwanken. Im Hinblick auf das bei unseren Baustellen geringe Ausmaß der geförderten Massen wird der Preis für den einzelnen Kubikmeter damit ungleich höher belastet als beim gleislosen Betrieb. Die Wechselpunkte dürften sich daher noch zuungunsten des Gleisbetriebes verschieben.

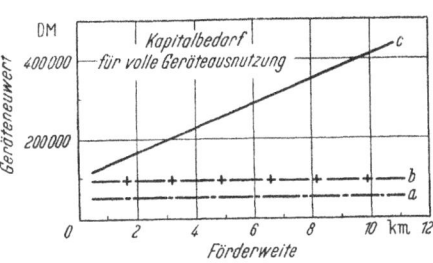

a Motorschürfwagen 9,2 m³ ohne Schubraupe
b   „   9,2 m³ mit   „
c Gleisförderung, 60 cm Spur

Bild 157. Der Kapitalbedarf (Geräteneuwert) für gleislose und gleisgebundene Förderung bei Zugrundelegung voller Geräteausnutzung.

Betrachtet man den Kapitalaufwand zur Beschaffung der für volle Geräteausnutzung notwendigen Geräte (Bild 157), so zeigt sich, daß der Motorschürfwagen entfernungsunabhängig ist (da schon das einzelne Gerät über alle Förderweiten mit voller Geräteausnutzung arbeitet), während beim Gleisbetrieb der Umfang der erforderlichen Gerätekombination (Gleislänge, Zahl der Züge) mit der Entfernung ansteigt und einen immer umfangreicheren Zugpark erfordert, wenn das Ladegerät voll ausgenutzt sein soll. Umgekehrt ist das Verhältnis, wenn man die beiden Förderarten auf der Ebene gleicher Förderleistungen vergleicht (Bild 158): Hier sind sowohl

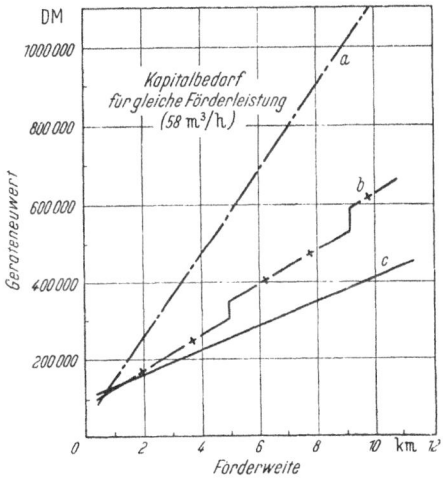

Bild 158. Der Kapitalbedarf für gleislose und gleisgebundene Förderung auf der Grundlage gleicher Förderleistungen. Geräte wie im Bild 157.

Motorschürfwagen wie Gleisbetrieb entfernungsabhängig, wobei der gleislose Betrieb ungünstiger wegkommt. Der Knick in der Kurve für Tournapulls mit Schubraupe ist durch den Einsatz einer zweiten Schubraupe bedingt.

6 Raupen- oder Reifenfahrwerk.

Innerhalb der geländegängigen Erdbewegung nimmt die Frage „Raupen oder Reifen" einen breiten Raum ein. Eine eindeutige Stellungnahme für oder gegen die eine oder andere Fahrwerksart ist bei der Vielzahl der Faktoren, aus denen sich der Kubikmeterpreis im Endergebnis zusammensetzt, grundsätzlich nicht möglich. Es wird immer Einsätze geben, auf denen die Raupen den Reifen überlegen sind und umgekehrt.

Die Vorteile der Reifen (gemeint sind hier nur die Spezialreifen für den Erdbau mit Luftdrücken zwischen 1,0 und 2,5 atü) sind zu suchen in höheren Fahrgeschwindigkeiten, geringeren Reparaturkosten, kleineren Mindestwerten für den Fahrwiderstand und einer besseren Eignung für die Überwindung unebenen Geländes. Die Raupenfahrzeuge sind vorzuziehen wegen ihres größeren Steigvermögens, der geringeren Bodenpressung, geringerer Rutschneigung und robusterer Bauart der Fahrwerklaufflächen.

In den Abschnitten, die sich mit der Auswahl des Fahrwerks und mit den einzelnen Elementen des Förderbetriebes befaßten, ist bereits ausführlich auf die Unterschiede beider Fahrwerksarten eingegangen worden. Und doch wäre es falsch, wenn man die Raupen- oder Reifenfrage durch Gegenüberstellung nur einzelner Faktoren wie Kraftschluß, Rollwiderstand usw., beantworten wollte. Ausschlaggebend für einen objektiven Vergleich ist allein die umfassende Darstellung aller Leistungs- und Kostenfaktoren, wie sie im Kubikmeterpreis zum Ausdruck kommt.

Bei der Erörterung der Vor- und Nachteile beider Fahrwerksarten steht die Fördergeschwindigkeit an erster Stelle. Das Kriterium der modernen Erdbewegung lautet nicht „Masse", sondern „Geschwindigkeit", seitdem sich herausgestellt hat, daß man sehr gut mit kleinen schnellen Geräten hohe Förderleistungen erzielen und diejenigen großer schwerer Geräte übertreffen kann, daß aber der umgekehrte Weg, höhere Leistungen durch Verwendung großer Transportgefäße zu erzielen, umständlich ist und zu konstruktiven Schwierigkeiten führt.

Die Baustellenpraxis hat gezeigt, daß mit den luftbereiften Geräten meist die doppelte, vielfach die 3- bis 4fache Fördergeschwindigkeit der Raupen gefahren werden kann. Es sind genug Versuche unternommen worden, den Raupengeräten durch Verwendung schnellaufender Ketten neuen Auftrieb zu geben. Die Tatsache, daß sich führende Raupenschlepperfirmen mitten in der Umstellung auf Gummifahrwerk befinden, spricht nicht gerade für die Raupen. Eine versuchsweise Ausrüstung der Raupengeräte mit schnellgängigen Panzerketten hat gezeigt, daß mit der Erhöhung der Durchschnittsgeschwindigkeit die Reparaturkosten derartig schnell ansteigen, daß ein solcher Weg für die private

Bauindustrie nicht tragbar ist. Auch das gut gefederte Raupenfahrgestell mit Abfederung der einzelnen Laufrollen hat noch nicht den erhofften Vorteil gebracht. Damit scheint die Fahrgeschwindigkeit zur Schicksalsfrage der Raupengeräte geworden zu sein.

Raupengeräte werden jedoch in allen den Fällen unentbehrlich bleiben, in denen es auf geringe Bodenpressung und hohe Vortriebskräfte ankommt. Gerade das gute Steigvermögen der gleislosen, insbesondere der Raupengeräte hat die geländegängige Erdbewegung maßgeblich vorangebracht, und die Reifengeräte würden mit viel geringeren Leistungen arbeiten, wenn keine Schubraupen als Ladehilfe zur Verfügung ständen.

Nach dem jetzigen Stand der Dinge ist die Beantwortung der Frage „Raupen oder Reifen" in einer Kompromißlösung zu suchen, die bereits bei den Motorschürfwagen mit größtem Erfolg angewandt wird: Der Förderweg wird in Strecken hoher und geringer Fahr- und Arbeitswiderstände aufgeteilt: Auf den hohen Widerstandsstrecken (Schürfen, Steigungen) werden die Reifenfahrzeuge von Raupen geschoben, während sie auf den Strecken geringen Widerstandes mit hohen Fahrgeschwindigkeiten unter eigener Kraft fahren. Diese Betriebsart ähnelt der des Gleisbetriebes, wo ebenfalls beim Anfahren und zur Überwindung großer Steigstrecken zusätzliche Schubloks zum Einsatz kommen.

Die Reparaturkostenfrage ist bereits behandelt worden. Die Fahrwerkskosten der Reifengeräte sind auch nicht gerade niedrig, liegen aber unter denen der Raupengeräte. Von maßgeblicher Bedeutung ist auch die Zuverlässigkeit des Fahrwerks, die eindeutig für die Reifengeräte spricht. Bei der Vielzahl der Raupenverschleißteile kommt es oft genug vor, daß ein Kettenbolzen bricht oder eine Laufrolle defekt wird und das Gerät für einige Zeit ausfallen muß. Dieser betrieblichen Unzuverlässigkeit stehen die Reifen mit geringen Ausfallzeiten gegenüber. Während die Abnutzung der Reifen deutlich sichtbar zutage tritt und durch vorbeugenden Reifenwechsel aufgefangen werden kann, sind Ausfälle des Raupenfahrwerks kaum vorherzusehen und treten meist unvermittelt auf.

Ähnlich steht es auch mit den Erschütterungen: Während sich bei geringer Federung des Raupenfahrwerks die Stöße der Fahrbahnunebenheiten auf das ganze Gerät fortpflanzen, tragen die Reifen das Gerät weich federnd über die Bodenunebenheiten und setzen seine Reparaturanfälligkeit herab.

Die Mindestfahrwiderstände des Raupenfahrwerks sind infolge des hohen inneren Widerstandes des Kettengetriebes auch durch noch so sorgfältige Pflege und Bearbeitung unter den Wert von 50 kg/t kaum herabzudrücken, während der entsprechende Mindestwert für Reifenfahrwerk bei 20 kg/t liegt.

Die Bodenpressung der Reifen kann durch Absenkung des Luftdrucks bis auf etwa 0,9 atü der der Raupengeräte weitgehend angepaßt
werden. Diese Lösung ist nicht gerade wirtschaftlich, da der Reifenverschleiß mit der Absenkung des Luftdrucks rapide ansteigt; wirtschaftlich ist aber das Arbeiten in regennassen oder aufgeweichten und
wenig tragfähigem Boden so oder so nicht, und es ist noch immer besser,
erhöhten Reifenverschleiß in Kauf zu nehmen und dafür weiterarbeiten
zu können, als den Förderverkehr ganz einstellen zu müssen.

Reifenfahrzeuge — hier insbesondere der Schürfkübelanhänger —
bieten vielfach die Möglichkeit, eine doppelte Bereifung aufzulegen. Von
dieser Lösung wird viel zuwenig Gebrauch gemacht. Oft genug sieht man
gleislose Baustellen, die vor den Wetterschwierigkeiten kapitulieren,
statt durch dieses einfache Mittel den Förderverkehr in Schwung zu
halten. Interessant ist, daß die Holländer, die sich ja bei ihren Erdarbeiten am meisten von allen europäischen Ländern mit dem Problem
der geringen Bodentragfähigkeit auseinandersetzen müssen, in solchen
Fällen mit Vorliebe Schürfkübelanhänger mit doppelter Bereifung einsetzen und sehr gute Erfolge damit haben. Doppelte Bereifung bedeutet
etwa halb so große Bodenpressung; in der Tat bieten die luftbereiften
Schürfwagenanhänger durch weitgehende Freizügigkeit in der Wahl der
richtigen Reifen (vor allem *genügend großer* Reifen) die besten Möglichkeiten, mit den Geländeschwierigkeiten fertig zu werden — viel mehr
als die Raupengeräte, bei denen zwischen der Anbringung von Ver-
breiterungsplatten (Nachteil: unsymmetrische Belastung des Fahrwerks) und dem Auflegen breiterer Ketten zu wählen ist.

Ein Vergleich der in den Katalogen genannten Bodendrücke trägt
zudem nur theoretischen Charakter. Die praktische Bodenpressung eines
Raupenschleppers ist niemals etwa 0,5 kg/cm^2, sondern liegt etwa 30 bis
50% höher. Hier kommt zu der statischen die dynamische Wirkung hinzu,
die um so höher ist, je schneller das Fahrzeug fährt. Welches Ausmaß
die hierbei erzeugten Erschütterungen haben, kann man sehr gut feststellen, wenn ein Raupenfahrzeug mit größerer Geschwindigkeit in der
Nähe des eigenen Standortes vorüberfährt.

Interessant ist auch, daß die bisherigen Versuche über die Verdichtungswirkung der beiden Fahrwerksarten in mancher Hinsicht das Gegenteil von dem ergeben haben, was man erwartet hatte: Die Verdichtungswirkung der Geräte mit Reifenfahrwerk ist in Sand- und Kiesschüttungen geringer als die des Raupenfahrwerks. Da sich Sand- und
Kiesschüttungen weniger durch statischen Druck, sondern viel wirksamer durch die dynamischen Rüttel- und Vibrationsbewegungen verdichten lassen, ist das obige Ergebnis auf die Vibration des Raupenfahrwerks zurückzuführen. — Bei richtiger Anpassung des Reifenfahrwerks durch Größe, Luftdruck und Zahl der Reifen kann man diesem

Fahrwerk eine ausgezeichnete Geländegängigkeit auch in schlecht tragfähigen und weichen Böden geben.

Der Einsatz der Militärreifenfahrzeuge hat gezeigt, daß die Reifengeräte (Panzerspähwagen, Aufklärungswagen) im Gelände viel leistungsfähiger sind, als man ursprünglich annahm, und daß es des öfteren vor-
kam, daß Halbketten- oder sogar Nur-Kettenfahrzeuge in weichem
Boden eher feststeckten als die Reifenfahrzeuge — daß oft genug
moorige Wiesen u. dgl. von luftbereiften vierachsigen Aufklärungsfahrzeugen ohne Mühe überwunden wurden, während sich Panzerfahrzeuge
darin festwühlten.

Durch die Einführung von Differentialsperren und ähnlichen Vorrichtungen, durch das Füllen der Reifen mit Wasser statt Luft ist die
Geländegängigkeit der Reifengeräte weiter erhöht worden.

Die verschiedenen Fahrwerksvariationen kommen gegenwärtig in
folgenden Gerätetypen zum Ausdruck:

Nur-Raupenfahrwerk: Planierraupe — Schaufellader — Schürfraupe — Greif-
raupe.
Raupenreifenfahrwerk: Raupenschlepper mit Schürfkübelanhänger.
Nur-Reifenfahrwerk: Reifenschlepper — Motorschürfwagen.

Ein besonderer Vorteil der ersten Fahrwerksgruppe, zu einem gewissen Teil auch der Motorschürfwagen, liegt darin, daß die während
des Schürfens aufgenommene Kübelfüllung zur Steigerung des Kraftschlusses *nutzbar* gemacht wird. Demgegenüber wirkt die Kübelfüllung
im Anhänger bremsend, da sie lediglich den Rollwiderstand erhöht.

Der Transport der Nutzladung auf Anhängern ist mit gewissen Nachteilen verbunden. Die Aufteilung des Förderaggregates in Schlepper
und Schürfkübelanhänger bietet allerdings den Vorteil, daß sie sich
schnell auseinanderkuppeln läßt, wobei der Schlepper für andere Zwecke
frei wird oder das Gesamtgewicht des Gerätes zum Transport bequem
in zwei kleinere Gewichtsteile aufgelöst werden kann.

7 Der zweckmäßige Gerätepark.

Es wurde schon zum Ausdruck gebracht, daß ein Flachbaggergerätepark, wenn er rationell arbeiten soll, aus einer Vielzahl von Geräten bestehen muß. Damit ergibt sich die Frage: Welche Geräte und Gerätekombinationen sind auszuwählen, damit ein wirtschaftliches Optimum
erzielt werden kann? Und eine Antwort hierauf wieder ist abhängig von
der Beschäftigungsstruktur des einzelnen Betriebes, vom Erdbauvolumen
des betreffenden Landes, von den Witterungs- und Bodenverhältnissen
und sonstigen wirtschaftlichen Faktoren.

Wenn dieses Problem hier diskutiert werden soll, so nur vor dem
Hintergrund der heimischen Einsatzverhältnisse, der heimischen Erdbau-
struktur und den Betriebsverhältnissen und Beschäftigungsmöglich-

keiten deutscher Bauunternehmungen. Wenn auf gleislosen Betrieb umgestellt werden soll, so ist das nicht damit getan, daß man einige Motorschürfwagen anschafft und eine Schubraupe dazunimmt. Der geländegängige Erdbau erfordert, wenn er wirtschaftlich arbeiten soll, außer den zweckmäßigen Hauptgeräten für die eigentliche Massenbewegung auch die notwendigen Hilfsgeräte, wie Schubraupen, Erdhobel und Tiefreißer. Nur dann — und das setzt entsprechend große Bauobjekte voraus — wird man *die* wirtschaftlichen Ergebnisse erzielen, die man von Angaben des Auslandes her gewöhnt ist.

Welche Hauptgeräte kommen für die Massenbewegung in Frage? Die Antwort wird wesentlich leichter, wenn man folgende wichtigen Punkte berücksichtigt:

1. Um mit möglichst wenigen Geräten auszukommen, muß man sich von vornherein für selbstladende Fahrzeuge entscheiden, die — mit einem einzigen Bedienungsmann — alle Stufen der Massenumlagerung allein durchführen können. Das Hauptarbeitswerkzeug ist demnach der Schürfkübel.

2. Wegen der hohen Reparaturkosten, die das Raupenfahrwerk verschlingt, wird grundsätzlich dem Reifen der Vorzug gegeben.

3. Da man wegen der bei uns auftretenden Geländeschwierigkeiten auf Geräte mit möglichst geringer Bodenpressung nicht verzichten kann, müssen für schwierige Einsatzverhältnisse (aber nur dann!) auch Raupenschlepper zum Fortbewegen der Schürfkübel verfügbar sein.

Bild 159. Reifenschlepper (Tournadozer) mit Schürfwagenanhänger.

Aus dieser Aufzählung geht hervor — und der gleiche Gesichtspunkt wurde schon wiederholt herausgestellt —, daß eine möglichst universelle Gerätekombination nicht aus einigen wenigen Großgeräten bestehen kann, die etwa wie der Motorschürfwagen oder die Schürfkübelraupe von vornherein mit bestimmtem Fahrwerk und bestimmten Schürfgeräten ausgerüstet sind, sondern daß die universelle Verwendbarkeit des Geräteparks über kurze, mittlere oder lange Strecken, in trockenem hartem wie in weichem oder klebendem Boden nur dadurch zu erzielen ist, daß man eine weitgehende Austauschbarkeit und Anpassungsmöglichkeit der verwendeten Fahrwerke, Schlepper und Arbeitswerkzeuge vorsieht.

Der für unsere Verhältnisse zweckmäßigste Flachbaggergerätepark
sollte so aussehen:

1. Als Hauptgerät für den Massentransport über mittlere und große Entfernungen: Schürfkübelanhänger, von Reifenschleppern gezogen (Bild 159).

2. Damit der Schürfkübeleinsatz auch in aufgeweichtem Gelände fortgeführt
werden kann, ist es erforderlich,

    a) die Reifenschlepper evtl. durch Raupenschlepper zu ersetzen,

    b) bei den Schürfwagen von vornherein die Möglichkeit der Anbringung
doppelter Bereifung und damit die Reduzierung der Bodenpressung auf etwa
$0{,}4—0{,}8$ kg/cm^2 vorzusehen.

3. Zur Beschleunigung des Füllvorganges und zur Erzielung ausreichender Kübelfüllungen unter allen Bodenverhältnissen muß eine Schubraupe verfügbar sein.

4. Diese Schubraupe kann, falls harter Boden gelöst werden muß, auch mit
Tiefreißer (am besten die angebaute, nicht die angehängte Ausführung) versehen
werden.

5. Für Einebnungsarbeiten sowie zur Instandhaltung der Förderwege wird ein
Erdhobel benötigt.

6. Für die Verteilung des Bodens auf der Kippe und seinen anschließenden
Einbau ist eine Planierraupe zwar nicht erforderlich, aber doch sehr zweckmäßig.
Sie kann, wenn sie auf der Kippe nicht benötigt wird, auch für andere Aufgaben
herangezogen werden.

7. Zur Bewältigung der Erdbewegung auf den kurzen Strecken sind für Reifen-
und Raupenschlepper Planierschilde bereitzuhalten.

8. Zur Anpassung des Schürfkübels an die Zugkraft des Schleppers (in harten
Böden) bzw. zur Ausnutzung der max. Schlepperzugkraft (in leichten Böden oder
bei Talförderung) ist es empfehlenswert, außer der Standardgröße des Schürfwagens (zum Schlepper passend) mindestens je einen kleineren und einen größeren
Schürfwagen bereitzuhalten.

Unter diesen Gesichtspunkten muß der Mindestumfang eines voll
aktionsfähigen und dabei rationell arbeitenden Geräteparks folgende
Maschinen enthalten:

3 Reifenschlepper ⎫ als Hauptgeräte (3 Fahrzeuge wegen der Ausnutzung
3 Schürfwagen   ⎬ der Schubraupe),
2 Raupenschlepper, evtl. mit Tiefreißer (als Schubraupe, Planierraupe, Zugraupe),
1 Erdhobel.

Dazu, wenn möglich, einige Schürfwagen unterschiedlicher Größe.

Der Verfasser ist der Überzeugung, daß ein derartiger Gerätepark
für deutsche und europäische Verhältnisse am rationellsten arbeitet und
auch verhältnismäßig wetterunempfindlich ist. Die Kritiker mögen ein-
wenden, daß dieser Geräteaufwand eine Menge Geld kostet. Das stimmt.
Dafür bietet er aber folgende Vorteile:

1. Er ist im Kurz-, Mittel- und Langstreckenbereich voll aktionsfähig.

2. Er bleibt aktionsfähig, wenn die Bodentragfähigkeit infolge schlechten Wetters bis auf $0{,}5$ kg/cm^2 absinkt.

3. Er wird auch mit gewinnungstechnisch fester gelagerten Böden fertig.

4. Beim Transport von Baustelle zu Baustelle läßt sich der Gerätepark in
kleinere Einheiten auflösen, die leicht zu verladen sind.

5. Er ist an Vielfältigkeit in der Anwendung nicht zu überbieten.

Der Gerätepark in der vorgeschlagenen Zusammensetzung kostet etwa 600000 DM in der Anschaffung. Das ist viel. Aber die Hälfte entfällt allein auf die drei Reifenschlepper, die nicht nur als Schlepper, sondern darüber hinaus als Geräteträger sehr vielseitig eingesetzt werden können und immer ausgelastet sind.

Unter den verschiedenen Boden-, Witterungs- und Förderbedingungen ist der Gerätepark wie folgt ausgelastet:

a) Normale Böden, mittlere und große Strecken:

3 Schürfwagenzüge mit Reifenschleppern,
1 Raupenschlepper auf der Schürfstelle (Schubraupe),
1 Raupenschlepper auf der Kippstelle (Planierraupe),
1 Erdhobel.

b) Normale, weiche und harte Böden, kurze Strecken:

3 Reifenschlepper mit Planierschild (Schürfwagen abgekuppelt),
2 Raupenschlepper mit Planierschild.

c) Weiche Böden, mittlere Strecke:

2 Schürfwagenzüge mit Raupenschleppern (Schürfwagen doppelt bereift). (Der 3. Schürfwagenzug ist wegen Fehlens eines 3. Raupenschleppers nicht eingesetzt.)

d) Harte Böden, mittlere und große Strecken:

3 Schürfwagenzüge mit Reifenfahrwerk,
1 Raupenschlepper auf der Schürfstelle (Schubraupe),
1 Raupenschlepper auf der Schürfstelle mit Tiefreißer.

Gegenüber diesen universellen Einsatzmöglichkeiten haben die sonstigen noch in Frage kommenden Geräte folgende Nachteile:

Motorschürfwagen. Nicht geeignet für kurze Strecken, Schwierigkeiten beim Transport von Baustelle zu Baustelle (Verladen). Nicht zu verwenden in wenig tragfähigem Boden.

Schürfkübelraupe. Nicht geeignet für Langstrecken, Schwierigkeiten beim Transport von Baustelle zu Baustelle (Verladen).

Auch der Motorschürfwagen braucht im allgemeinen eine Schubraupe, und damit ist eine Mindestanschaffung von drei Geräten für die Auslastung der Raupe erforderlich. Hinzu kommen auch hier Tiefreißer, Planierraupe und Erdhobel. Die Anschaffungskosten für einen solchen Gerätepark liegen nicht höher als die der obigen Zusammenstellung. Motorschürfwagen lassen sich bis zu einem gewissen Grade in der größenmäßigen Abstimmung zwischen Schlepper und Kübel auch variieren. Dagegen ist es (vor allem mit Rücksicht auf die Triebreifen) kaum möglich, doppelte Bereifung aufzulegen und so den Bodendruck zu senken.

Soweit die eine Lösung. Sie bietet den Vorteil größter Wirtschaftlichkeit (geringe m³-Kosten) und Anpassungsfähigkeit an die verschiedenen Einsatzbedingungen und Transportverhältnisse. Wie meist in der Technik des maschinellen Arbeitens, so muß auch hier das wirtschaftliche Optimum mit einem hohen Preis für die Beschaffung des entsprechenden Geräteparks erkauft werden. Die wirtschaftlichste Lösung ist ja — wenigstens hier — nicht durch die Rentabilität einiger weniger Gerätetypen über einen großen Arbeitsbereich gegeben, sondern durch die Tatsache, daß der ganze praktisch vorkommende Einsatz- und Anwendungsbereich auf eine Anzahl von Spezialgeräten verteilt wird, von denen jedes in einem kleinen Ausschnitt aus dem den Baubetrieb interessierenden Gesamtbereich besondere Qualitäten entwickelt. Das wirtschaftliche Optimum entspricht einem Mosaik von Spezialgeräten, deren notwendiger zahlenmäßiger Umfang die hohen Anschaffungskosten bedingt.

Es gibt noch eine andere Möglichkeit: Sie kommt weniger für mittlere und große Unternehmungen, sondern eher für kleinere Baubetriebe in Frage und ist in der Anschaffung wesentlich billiger. Aber auch hier muß ein Vorteil auf der einen mit Nachteilen auf der anderen Seite verkauft werden:

Es wurde schon darauf hingewiesen, daß die Schürfkübelraupe auf Grund der Besonderheit ihrer Konstruktion (Schürfkübel, Raupenschlepper und Planierschild in einem Gerät) in einem Entfernungsbereich von etwa 5—200 m sehr leistungsfähig und wie kein anderes Flachbaggergerät universell einsetzbar ist. Daher gruppiert sich die 2. Lösung für den zweckmäßigsten Gerätepark um dieses Gerät. Für den genannten Entfernungsbereich sind keine zusätzlichen Geräte, also weder Schubraupen zum Schürfen noch Planierraupen auf der Kippe und auch keine Erdhobel für die Fahrbahninstandhaltung erforderlich. Die Schürfkübelraupe arbeitet ohne fremde Hilfsgeräte. Für ihre Anschaffung sind nur etwa 160000 DM erforderlich. Ihr Bodendruck ist nicht viel größer als der der Planierraupe, so daß sie auch eine entsprechend geringe Wetterempfindlichkeit hat. Allerdings gestattet das Raupenfahrwerk kaum höhere Fahrgeschwindigkeiten und hat größere Unterhaltskosten als der Reifen; der Kübel läßt sich gegen keine andere Größe austauschen, und für größere Transporte wird ein 20-t-Tieflader benötigt. Aber innerhalb 5—200 m behauptet sich die Schürfkübelraupe souverän auf allen praktisch vorkommenden Einsatz- und Anwendungsgebieten. Sie hat zudem den Vorteil, daß sie im Bereich von 10 bis etwa 100 m mit besonders hohen Förderleistungen aufwarten kann — bedingt einmal durch die Verwendung des offenen Kübels an Stelle des Planierschildes für kurze Entfernungen, zum anderen durch den Fortfall der zeitraubenden Wendeschleifen beim Fördern über längere Strecken.

Beschränkt sich das betreffende Bauunternehmen auf Erdarbeiten in diesem Entfernungsbereich, so gibt es keine Gerätekombination, die in der Anschaffung billiger ist als die Schürfkübelraupe; soll dagegen der ganze praktisch bedeutsame Bereich von 0—3000 m überdeckt werden, so muß der Gerätepark über den Anwendungsbereich der Schürfkübelraupe hinaus durch zusätzliche Geräte erweitert werden. Für die ganz kurzen Strecken unter 5 m ist dann eine Planierraupe mit Schwenkschild erforderlich, die den Boden über 3—5 m Entfernung in Längstransport, darunter in Quertransport fördert. Auch für andere spezielle Schwenkschildaufgaben (Zuschieben von Gräben, Hanganschnitte, Hangstrecken, Grabenaushub) wird die Planierraupe benötigt, da die Schürfkübelraupe ihr Schild nicht schrägstellen kann.

Für den Bereich über 300 m Förderweite sind — wieder unter dem Gesichtspunkt weitgehend universeller Einsatzmöglichkeiten — ein Bagger und die zugehörigen LKWs erforderlich. In Frage kommt ein Universalbagger von $^3/_4$—1 m³ Größe und die für eine bestimmte Maximalentfernung zum Abtransport der Baggerleistung notwendige Zahl von LKWs mit je etwa 3 m³ Nutzladung, wobei zu überlegen ist, ob nicht die eigentliche Abfuhr des Materials an spezielle Fuhrunternehmer vergeben werden soll. Die in diesem Fall auf der Kippe erforderliche Planierraupe ist in Form der für den Bereich unter 5 m Entfernung vorgesehenen Planierraupe vorhanden. Sie kann auch als Vorspann für die LWKs in schlechten Wegabschnitten — besonders im Bereich der Abtragstelle — verwendet werden.

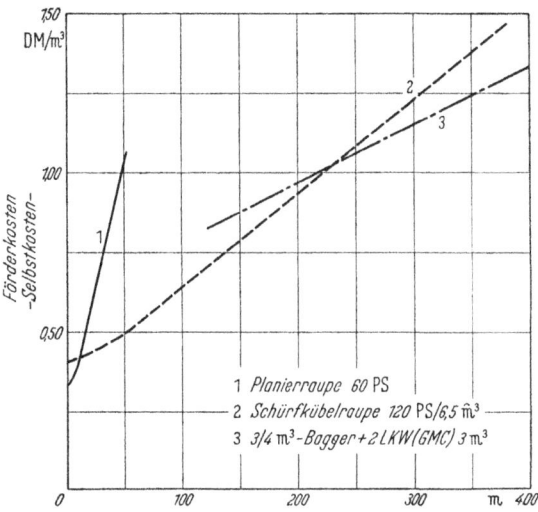

Bild 160. Die Wirtschaftlichkeit der Schürfkübelraupe über kurze und mittlere Förderweiten.

Für einen solchen Gerätepark sind etwa aufzuwenden:

1 Schürfkübelraupe	160 000 DM
1 Planierraupe 60 PS	40 000 DM
1 Universalbagger $^3/_4$ m³	80 000 DM
4 LKW 3 m³	100 000 DM
	380 000 DM

Diese Lösung erfordert also weit weniger Kapital als die eingangs geschilderte. Sie hat zudem den Vorteil, daß die Bagger-LKW-Förderung bei 3000 m noch nicht an der Grenze ihrer Wirtschaftlichkeit angekommen ist, sondern diese erst bei 6000—7000 m Entfernung erreicht. Ein Bild von der Wirtschaftlichkeit der 2. Lösung im Spiegel der m³-Kosten gibt

Abb. 160. Sie zeigt, daß bereits ab etwa 250 m Förderweite die Bagger-LKW-Förderung wirtschaftlicher zu werden beginnt als die Erdbewegung mit der Schürfkübelraupe. Trotzdem bleibt dieses Gerät der ideale Flachbagger für kleinere Betriebe und ermöglicht es auch ihnen, sich die Vorteile des gleislosen Betriebes zunutze zu machen.

So stehen also für die Auswahl des zweckmäßigen Geräteparks für unsere einheimischen Verhältnisse zwei Lösungen im Vordergrund:

a) die wirtschaftliche — eine im Betrieb billige, in der Anschaffung aber teuere, und

b) die universelle — in der Anschaffung billiger, im Betrieb teurer.

Welche von beiden in Frage kommt, ist letzten Endes eine Frage des vorhandenen Kapitals.

8 Unterschiedliche Tendenzen in der Geräteentwicklung.

Vergleicht man die Entwicklung der gleislosen Erdbaugeräte in den USA mit derjenigen in Deutschland, so sind gewisse Unterschiede in der Bauart wie in der Anwendung der Geräte zu erkennen. Besonders die Standardgeräte aus der Anfangszeit: die Planierraupe und der Schürfkübelanhänger, haben sich in beiden Ländern in verschiedenen Richtungen entwickelt, eine Tatsache, die auf die unterschiedliche Auffassung über die zweckmäßige Verwendung der Geräte zurückzuführen ist.

Die Tendenz verläuft allgemein dahin, daß — entsprechend dem Ausmaß des Erdbauvolumens, dem Umfang des Massenausgleiches und der Größe des Maschinenparks — die Gerätetypen in den USA mehr und mehr nach der *speziellen*, bei uns dagegen nach der *universellen* Seite ausgerichtet werden. Besonders charakteristisch treten diese Unterschiede bei der Planierraupe zutage. Während sie in den USA früher maßgeblich an der eigentlichen Erdbewegung beteiligt und als universelles Erdbaugerät für kurze Förderweiten, zum Verteilen und Planieren des Bodens sowie zum Grabenbau eingesetzt war, verschwindet sie heute mehr und mehr aus dem Bereich ihrer unmittelbaren Verwendung als Flachbagger: Ihr Schwergewicht verlagert sich vom universellen *Erdbau-* zum speziellen *Schlepp*-Gerät.

Primäre Bedeutung gewinnen dabei in steigendem Maße die hohen Schub- und Zugkräfte des eigentlichen Raupenschleppers. In den Vordergrund der Anwendung tritt das Schleppen von Zusatzgeräten zum Entfernen von Gebüsch, Grasnarbe und Wurzeln, von Tiefreißern und Schaffußwalzen, von Geräten für das grobe Aufreißen, Auflockern und Räumen von Boden- und Gesteinsmassen — und schließlich ihr Einsatz als Schubraupe. Die Planierraupe wird weiter im Mittelpunkt des Baugeschehens stehen, aber sie bewegt, verformt und gestaltet die Erde nicht mehr unmittelbar, sondern ist mehr mittelbar am Erdbau beteiligt, und die Universalität ihrer Anwendung geht auf die Zusatzgeräte über. Schneller und genauer arbeitende Spezialgeräte wie Tournadozer, Erdhobel und Schürfkübel, lösen sie als eigentliches Flachbaggergerät ab.

Anders verläuft die Entwicklung bei den deutschen Planierraupen: Der geringe Umfang der Erdbewegung läßt eine Spezialisierung nicht zu. Dafür ist man bestrebt, den Anwendungsbereich der Planierraupe mit denen des Schürfkübels und des Erdhobels zu kombinieren und Geräte zu schaffen, die sowohl noch bis 150 m Förderweite wirtschaftlich arbeiten wie auch bei Einebnungsarbeiten die Planumgüte der Erdhobel geben.

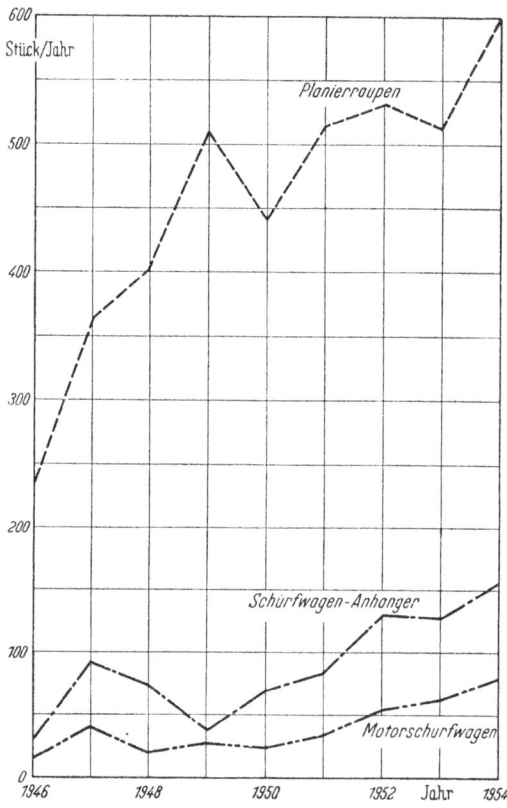

Bild 161. Übersicht über die in den letzten Jahren von den USA nach Europa exportierten Flachbaggergeräte.

Das Ziel: ein Gerät zu entwickeln, das in gleicher Weise zur Erdbewegung über alle Förderweiten wie auch als reines Planiergerät voll verwendbar ist, kann nur erreicht werden, wenn es gelingt, die Vorteile des Planierschildes und des Schürfkübels in *einem* Gerät zu vereinen. Eine Planierraupe kann über größere Entfernungen erst dann wirtschaftlich arbeiten, wenn sie den Erdhaufen nicht mehr vor sich herschiebt, sondern in ein Fördergefäß aufnimmt, anhebt und mit erheblich geringem Fahrwiderstand und ohne Streuverluste transportiert. Ein Weg wurde bereits angedeutet: die Greifraupe. Ein anderer wurde beschritten, aber inzwischen wieder aufgegeben: Beim Erdhobel ersetzte man die sonst übliche schwenkbare Schneide durch einen Schürfkübel. Ein dritter Weg wurde in Deutschland durch die Schürfraupe aufgezeigt.

9 Die Zukunft der gleislosen Geräte.

Die gleislosen Geräte sind überall im Vordringen, nicht nur in Amerika, sondern auch in Europa. Schon gibt es keine größere englische Baufirma mehr, die nicht ganz oder überwiegend auf gleislose Förderung übergegangen ist. In der Schweiz arbeiten die Geräte unter z. T. schwierigsten Bedingungen bis in 2000 und mehr Meter Höhe hinauf und bewähren sich ausgezeichnet. In Frankreich und Italien, Belgien, Holland und Schweden sind gleislose Baustellen keine Seltenheit mehr.

Von Interesse ist in diesem Zusammenhang ein Blick in die Exportstatistik der USA, soweit sie die Ausfuhr von Planierraupen, Schürfwagenanhängern und Motorschürfwagen betrifft (Bild 161). Sie zeigt eine eindeutig *steigende* Tendenz, wobei zu bedenken ist, daß der europäische Bedarf an Flachbaggergeräten nur teilweise durch Import aus den USA gedeckt wird. Heute gibt es eine ganze Reihe heimischer Maschinenbaufirmen, die gleislose Geräte in eigener Regie bauen und eigene Entwicklungsarbeit auf diesem Gebiet leisten. In Deutschland sind es vor allem Menck, Frisch und Kaelble, die sich seit Jahrzehnten mit der Herstellung von Flachbaggern befassen. In England sind Blaw Knox, Onion, Vickers Armstrong und andere führend. Abgesehen davon gibt es einige amerikanische Fabrikate, die in Lizenz von europäischen Firmen gebaut werden. Genannt seien Birtley (England) für Caterpillar und Blackwood Hodge (England) für Euclid.

Die Flachbagger haben sich in allerkürzester Zeit im modernen technischen Erdbau durchgesetzt und eine völlige Umgestaltung der bisherigen Baumethode hervorgerufen. Darüber hinaus hat der zunächst versuchsweise erfolgte Einsatz in Australien, Afrika und Indien neue Richtungen aufgezeigt, in denen ihre Bedeutung in naher Zukunft zu suchen ist: die rationelle Erschließung wirtschaftlich zurückgebliebener Gebiete ist ohne ihre Verwendung nicht mehr denkbar. Es steht den gleislosen Geräten, bedingt durch die sich abzeichnende und auf internationaler Basis geplante Erschließung wirtschaftlich zurückgebliebener Gebiete zur Aufnahme des ständig wachsenden Menschenüberschusses und zur Schaffung der dringend benötigten neuen Nahrungsquellen eine verheißungsvolle Zukunft bevor. Sie werden beim Ringen der Menschheit um neuen Lebensraum eine entscheidendes Wort mitzusprechen haben.

Anhang 1.

Kennzeichnung der Bodenarten für Erdarbeiten. (Nach Kögler).

Gew.-Kl.	Bodenbezeichnung	Beispiele
1	*Loser Boden* ohne Zusammenhang oder sehr geringer Zusammenhang	Dünensand, Acker-, Gartenerde. Ganz loser Fluß- und Grubensand und -kies. Weicher, nicht zäher Schlamm
2	*Stichboden, normal* geringer Zusammenhang, weiche Beschaffenheit	Schwach lehmiger Sand oder Kies. Feuchter Sand und Kies. Echter Löß. Sehr weich. Lehm oder Ton oder Schlick oder Klai. Torf. Zäher Schlamm, Wiesenkalk
3	*Stichboden, schwer* mittlerer Zusammenhang	Weicher oder sandiger Lehm. Grober loser Kies. Grobes loses Geröll. Boden 2, der zäh an Schaufel klebt. Torf mit größeren Holzeinschlüssen
4	*Hackboden, normal* fester Zusammenhang	Fester Lehm oder Ton oder Mergel. Bindiger, sehr grober Kies oder Geröll
5	*Hackboden, schwer* sehr fester Zusammenhang oder Gewinnung von Boden 4 besonders erschwert	Sehr fester Lehm (Ton, Mergel). Boden nach 4, aber mit großen Steinen über Kopfgröße durchsetzt. Festes, grobes Geröll, loser verwitterter Fels in groben Stücken
6	*Hackfelsen*	Brüchiger Schiefer, weicher Sand- oder Kalkstein, Kreide
7	*Sprengfels, normal*	Sand- und Kalkstein, fester Schiefer, stark zerklüftete feste Gesteine
8	*Sprengfels, schwer*	Tiefengesteine: Granit, Syenit, Gneis, Porphyr usw.

Anhang 2. Berechnungsbeispiel für die Leistungsermittlung.

Ausgangswerte:

Boden:
1. Bodenhauptgruppe . . . . R
2. Für Schürfwiderstand . . . . $\sigma_D = 5{,}6$ kg/cm²
3. Für Kübelfüllung . . . . $Pl = 31{,}0$
   $K = 1{,}1$
   $\eta_B = 27{,}0$
4. Für Fahrbahn . . . . $E_{3,0} = 2{,}9$ cm
5. Für Nutzladung . . . . $\gamma_R = 1{,}35$ t/m³

Fahrweg: Siehe Blätter „Fahrzeittabelle" am Schluß des Beispiels.

Wetter: Der Einsatz soll im November stattfinden. Es ist mit einer durchschnittlichen monatlichen Niederschlagsmenge von 110 mm zu rechnen. Aus Bild 119 ergibt sich für 110 mm Niederschlag im November und schwach bindigen Boden ungefähr . . . . η_w = 70%

Geräte: 1. Zugmaschine: LeT Tournapull — Roadster C

a) Höchstgeschwindigkeit und Zugkräfte bei Md (max)

    I. 5,4 km/h . . . . 7,95 t
    II. 11,5 ,, ... 3,75 t
    III. 20,2 ,, ... 2,15 t
    IV. 35,4 ,, ... 1,20 t
    V. 55,7 ,, ... 0,80 t

b) Beschleunigungsfaktor:

$$\text{beladen} = \frac{25\,200 \text{ kg}}{180 \text{ PS}} \quad \ldots \ldots \ldots \quad \varepsilon = 140 \text{ kg/PS}$$

$$\text{leer} \quad = \frac{14\,600 \text{ kg}}{180 \text{ PS}} \quad \ldots \ldots \ldots \quad \varepsilon = 81 \text{ kg/PS}$$

2. Arbeitsgerät:

a) Kübelgröße (gestrichen) . . . . F_{100} = 8,4 m³
b) Schürfbreite . . . . b = 2,6 m

3. Rollradius R_r der Reifen (21,00 × 25) = 78,5 cm

Methode A. (Genaue Ermittlung.)

Ermittlung der Nutzladung C.

I. Die vorhandene *Schlepperzugkraft Z_z*:

a) Die verfügbare *Motorzugkraft Z_t*:
Die max. Zugkraft im I. Gang beträgt nach dem Fahrkraftdiagramm . . . . 7950 kg

b) Die *nutzbare Zugkraft Z_n*:

1. Das *Gesamtgewicht* des Fahrzeuges
Leer: . . . . = 14,6 t

Nutzlast:
Geschätzt mit Nutzladungsbeiwert c_G (Tab. 22) = 1,06
8,4 m³ · 1,06 . . . . = 8,9 m³
bei $\gamma_R = 1,35$: . . . . 8,9 m³ · 1,35 = 12,0 t
Gesamtgewicht, voll beladen . . . . = 26,6 t

2. Bei einer *Gewichtsverteilung* auf Vorder- und Hinterachse im Verhältnis 54 : 46 entfallen auf die angetriebene Vorderachse 26,6 t · 0,54 . . . . . . = 14,3 t

3. Der *Kraftschluß* (s. Tab. 10) beträgt für halbfesten Lehmboden etwa $\mu_k = 0,55$.

4. Daraus ergibt sich die *nutzbare* Zugkraft:
14,3 t · 0,55 = 7,9 t . . . . = 7900 kg

c) Die *Schlepperzugkraft* erhält man dann durch Vergleich der beiden Werte $Z_t = 7950$ kg und $Z_n = 7900$ kg. Der kleinere der beiden Werte ist die freie Zugkraft. In diesem Fall . . . . Z_z = 7900 kg

II. Der *Rollwiderstand*:

Nach Tab. 11 kommt für den vorliegenden Fall ein Wert
von etwa 35 kg/t in Frage.

$$26,6 \text{ t} \cdot 35 \text{ kg/t} \ldots \ldots \ldots \ldots \ldots \ldots W_r = \quad 930 \text{ kg}$$

III. Der *Schürfwiderstand*:

1. Der *Schürfwiderstand* für einen halbfesten gut bindigen
   Boden (Zylinderdruckfestigkeit etwa $= 5{,}6$ kg/cm^2)
   beträgt bei 10 cm Schürftiefe nach Bild 83 . . . $w_s = 260$ kg/dm^2
2. Die *Schürffläche* des Kübels beträgt bei 26 dm Schneidenbreite und 1 dm Schürftiefe . . . . F_s \quad 26 dm^2
3. Die erforderliche Schürfkraft ist dann
   $$26 \text{ dm}^2 \cdot 260 \text{ kg/dm}^2 \ldots \ldots \ldots \ldots \ldots W_s = \quad 6750 \text{ kg}$$

IV. Der *Füllwiderstand*:

a) Die *Bodenzähigkeit* η_B:
   Es wird ein Boden mit der *Pl*-Ziffer $= 31{,}0$ und dem
   Konsistenzgrad $K = 1{,}1$ angenommen. Dann beträgt
   die η_B etwa $= 27$ kg (s. Bild 61 b).

b) Der *Füllwiderstand*:
   Für eine Kübelfüllung von $F = 130\%$ ($\varphi = 1{,}3$) und
   ein $\eta_B = 27$ kg ist nach Bild 85 der Füllwiderstand
   $w_f = 800$ kg/t Nutzlast. Dieser Wert gilt nur für einen
   9,2 m^3-Kübel. Er muß auf die wirkliche Kübelgröße
   von 8,4 m reduziert werden. Für 8,4 m-Kübel beträgt
   der Größenkorrekturfaktor (Abb. 86) $f_m = 0{,}96$.
   Der Füllwiderstand verringert sich demnach auf
   800 kg/t $\cdot$ 0,96 $= 770$ kg/t.
   Die unter Ziffer I b 1 vorkalkulierte Nutzlast hatte
   sich zu 12,0 t ergeben:
   $$12{,}0 \text{ t} \cdot 770 \text{ kg/t} \ldots \ldots \ldots \ldots \ldots \ldots W_f = \quad 9250 \text{ kg}$$

V. Der *Gesamtladewiderstand*:

a) Rollwiderstand . . . . $W_r = \quad 930$ kg
b) Schürfwiderstand . . . . $W_s = \quad 6750$ kg
c) Füllwiderstand . . . . $W_f = \quad 9250$ kg

Gesamtladewiderstand . $W_L = 16930$ kg

VI. *Zugkraftvergleiche*:

Es sind zum Laden des Kübels erforderlich: . . . . \quad 16930 kg
Hierfür stehen jedoch nur zur Verfügung . . . . . . \quad 7900 kg

D. h. es fehlen . . . . \quad 9030 kg

Diese können aufgebracht werden:

a) durch Neigung der Schürfstrecke. Jedes % Neigung
   gibt eine Schubkraft von 10 kg/t Gesamtgewicht.
   Bei 26,6 t sind das 266 kg je %. Für 9030 kg sind erforderlich 9030 : 266 . . . . \quad = 34% Gefälle
b) durch eine Schubraupe. Ein Cat D 7 (93 PS) erzielt
   eine max. Schubkraft von 10300 kg. Hiervon können
   ausgenutzt werden: bei einem Schleppergewicht von
   11,2 t und einem Kraftschluß der Raupen von $\mu_k = 0{,}8$
   11,2 $\cdot$ 0,8 . . . . \quad = 8960 kg

Weitere Möglichkeiten sind gegeben:

c) durch Verwendung eines Reifenschleppers (z. B. Tour-nadozer) zum Schieben in Verbindung mit einer Neigung der Schürfstrecke;

d) durch Verringerung der Schürftiefe. So ergibt sich z. B. bei Verringerung von 10 auf 6 cm eine Reduzierung des Schürfwiderstandes (für $i = 6$ cm ist der Schürftiefenkorrekturfaktor in Bild 84 $f_i = 0,6$) auf 6750 kg · 0,6 . . . . = 4050 kg

e) durch Auflockern des Bodens mit einem Tiefreißer.

Die Wahl einer dieser Methoden ist abhängig von der Geländeform der Baustelle bzw. von den verfügbaren Geräten. Für die eingangs erwähnten Einsatzbedingungen, die eine Ausnutzung der Gefällekraft nicht zulassen, wird der Einsatz der Schubraupe gewählt.

VII. Die *Nutzladung:*

a) Die für das Laden des Kübels auf eine Füllung von 130% erforderlichen 16930 kg werden bis auf eine Differenz von 70 kg aufgebracht. Es kann daher ein Füllungsgrad von 130% angenommen werden ($\varphi = 1,3$). Die Kübelraumfüllung $F_R = 8,4$ m³ · 1,3 . $F_R = 10,9$ m³

b) Im vorliegenden Fall (fetter Lehmboden, halbfest) ergibt sich nach Tab. 8 eine *Auflockerung* von $\alpha = 0,72$.

c) Die *Nutzladung* ist dann 10,9 m³ · 0,72 . . . . = 7,85 m³

d) Die Nutzlast ist bei $\gamma_R = 1,35$ t/m³ 7,85 m³ · 1,35 t/m³ . . . . = 10,6 t.

Ermittlung der Umlaufzeit.

I. Die *Schürfzeit.*

a) Schürfweg $= \dfrac{\text{Nutzladung } C + 5\%}{\text{Schneidenbreite · Schürftiefe}}$

$= \dfrac{8,25 \text{ m}^3}{2,6 \cdot 0,1 \text{ m}}$ . . . . = 31,7 m

(5% sind für Streuverluste);

b) Schürfgeschwindigkeit richtet sich nach der Schubraupe. Der D 7 fährt bei Vollast und Md_{max} etwa 1,7 km/h;

c) Die Schürfzeit ist dann für 31,7 m

$$t_S = \frac{31,7 \text{ m}}{1,7 \text{ km/h} \cdot 16,6} \cdot \qquad 1,12 \text{ min}$$

Beide Werte liegen gerade an der durch die praktischen Erfahrungen gesetzten Grenze von 30 m und 1 min für Schürfweg und Schürfzeit.

II. Die *Entladezeit.*

a) Schüttgeschwindigkeit; Der Boden muß in einer möglichst gleichmäßigen Schicht geschüttet werden. Daher werden als Schüttgeschwindigkeit nur 65% der Höchstgeschwindigkeit im I. Gang (Erfahrungswert) festgesetzt.

5,4 · 0,65 ≈ 3,5 km/h · 16,6 . . . . = 58,0 m/min

Kühn, Erdbau.

    b) Schütthöhe . . . . . . $e = 0,15$ m

    Schneidenbreite . . . . $b = 2,6$ m.

    c) Entladezeit t_e für durchschnittliche Verhältnisse:

$$t_e = \frac{F_R}{v\,e\,b} = \frac{10,9 \text{ m}^3}{3,5 \text{ km/h} \cdot 16,6 \cdot 0,15 \cdot 2,6} \quad \cdots \qquad = 0,48 \text{ min}$$

III. *Verzögerungen:*

    Für Wendemanöver u. dgl. werden je Wendung 0,25 min

    angesetzt. Zwei Wendungen . . . . $= 0,50$ min

IV. *Fahrzeiten:*

    a) Die Ermittlung der Fahrzeit erfolgt in der Fahrzeittabelle (s. ausgefüllte Vordrucke am Schluß). Darin sind enthalten:

        1. Die Länge der einzelnen Streckenabschnitte.

        2. Die verschiedenen Steigwiderstände.

        3. Die verschiedenen Rollwiderstände.

        4. Die verschiedenen Höchstgeschwindigkeiten.

        5. Die verschiedenen Geschwindigkeitsfaktoren (nach Bild 116).

        6. Die einzelnen Fahrzeiten.

    b) Es betragen:

        Fahrzeit für die Hinfahrt . . . .   5,55 min

        Fahrzeit für die Rückfahrt . . . .   2,08 min

        Gesamtfahrzeit . . . .   7,63 min

V. *Umlaufzeit:*

    Setzt sich zusammen aus:

        Schürfzeit . . . .   1,12 min

        Entladezeit . . . .   0,48 min

        Verzögerungen . . . .   0,50 min

        Fahrzeit . . . .   7,63 min

        Umlaufzeit . . . .   9,73 min.

Leistungsfaktoren.

    I. Betriebszeitbeiwert η_h aus Tab. 20 ergibt sich für Motorschürfwagen . . . . $\eta_h = 0,90$

    II. Gerätebeiwert c_h für gut gepflegte Geräte ist nach Tab. 21 . . . . $c_h = 1,0$

    III. Nach den örtlichen Niederschlagsverhältnissen und unter Berücksichtigung des Bildes 119 wird gerechnet mit .. $\eta_W = 0,70$

    IV. Es werden gute Maschinisten eingesetzt. Nach Bild 19 wird gerechnet mit . . . . $\eta_M = 0,96$

Die Förderleistung.

    Die Gesamtförderleistung ist

$$Q_{(A)} = \frac{c \cdot 60}{T}\, \eta_h\, c_h\, \eta_w\, \eta_M$$

$$= \frac{7,85 \text{ m}^3 \cdot 60}{9,73 \text{ min}} \cdot 0,9 \cdot 1,0 \cdot 0,70 \cdot 0,96 = 29,2 \text{ m}^3/\text{h}$$

Methode B. (Abgekürzte Berechnung.)

$$Q_{(B)} = \frac{F_{100}\, c_G \cdot 60}{T}\, \eta_h\, c_h\, \eta_w\, \eta_M \; [\text{m}^3/\text{h}].$$

Hierbei ist:

Kübelnenngröße . . . . $F_{100} = 8{,}4 \text{ m}^3$
Nutzladungsbeiwert . . . . $c_G = 1{,}06$
Betriebszeitbeiwert . . . . $\eta_h = 0{,}90$
Gerätebeiwert . . . . $c_h = 1{,}0$
Wetterbeiwert . . . . $\eta_W = 0{,}70$
Menschlicher Leistungsfaktor . . . . $\eta_M = 0{,}96$

Umlaufzeit:

Schürfzeit . . . . $= 1{,}0 \text{ min}$
Entladezeit . . . . $= 0{,}5 \text{ min}$
Verzögerungen für Wenden . . . . $= 0{,}5 \text{ min}$
Zeit für Beschleunigung . . . . $= 1{,}0 \text{ min}$
Zeit für Hinfahrt:
geschätzt: 15 km/h · 16,6 = 250 m/min; für 700 m $= 2{,}7 \text{ min}$
Zeit für Rückfahrt:
geschätzt: $V_{\max} \cdot 0{,}8 = 55$ km/h · 0,8 = 38,5 km/h $= 640 \text{ m/min}$
für 700 m . . . . $= 1{,}1 \text{ min}$

$T \quad = 6{,}8 \text{ min.}$

Dann ergibt sich:

$$Q_{(B)} = \frac{8{,}4 \text{ m}^3 \cdot 1{,}06 \cdot 60}{6{,}8 \text{ min}} \cdot 0{,}9 \cdot 1{,}0 \cdot 0{,}70 \cdot 0{,}96 = 47{,}6 \text{ m}^3/\text{h}$$

Methode C. (Überschlagsrechnung.)

$$Q_{(C)} = Q'_N\, \eta_G$$

Aus Bild 136 ergibt sich bei 700 m Förderweite eine Förderleistung von . . . . $Q'_N = 98 \text{ m}^3/\text{h}$
Aus Tab. 23 ergibt sich für Reifenfahrzeuge unter schlechten Einsatzbedingungen eine Geräteausnutzung von . . $\eta_G = 0{,}50$
Also
$Q_C = 98 \text{ m}^3/\text{h} \cdot 0{,}50$ . . . . $= 46{,}0 \text{ m}^3/\text{h}.$

Ein Vergleich der auf drei verschiedenen Wegen mit jeweils unterschiedlichen Genauigkeitsansprüchen ermittelten Förderleistungswerte

Methode A (genau) . . . . . . $= 29{,}2 \text{ m}^3/\text{h}$
Methode B (abgekürzt) . . . . $= 47{,}6 \text{ m}^3/\text{h}$
Methode C (überschlägig) . . . . $= 46{,}0 \text{ m}^3/\text{h}$

zeigt, welche enorme Bedeutung der bis ins einzelne gehenden Kalkulation der Förderleistungen zukommt. Für alle abnormalen Einsatzverhältnisse — wobei der Begriff „normal" im Hinblick auf die verschiedenen Einsatzgrößen, insbesondere in Anbetracht des großen Wetter- und Bodeneinflusses sehr dehnbar ist — ist es praktisch nicht anders möglich, genauere Leistungswerte zu erhalten, als daß man den gesamten Einsatz in seine Einflußgrößen zerlegt und diese Schritt für Schritt durchrechnet.

Fahrzeittabelle.

Hinfahrt.

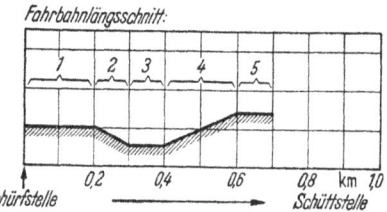

Gerät: Le T Roadster „C"

Gewichte:

Fahrzeug: 14600 kg

Nutzlast: 10600 kg

Gesamt: 25200 kg

$$\frac{\text{Gewicht [kg]}}{\text{Motor-PS}} = \frac{25200}{180} = 140$$

Schürfstelle → Schüttstelle | Rechenweg:

			1	2	3	4	5	(Numerierung der Spalten)
1	Streckenabschnitt	Nr.	1	2	3	4	5	
2	Rollwiderstand w_r	kg/t	60	90	140	110	120	
3	Steigwiderstand w_g	kg/t	—	−50	—	+50	—	
4	Gesamtfahrwiderstand	kg/t	60	40	140	160	120	$4 = 2 + 3$
5	Gesamtfahrwiderstand	kg	1510	1000	3530	4030	3020	$5 = 4 \cdot G$
6	Erf. Getriebestufe (Gang)	—	—	III	IV	II	I	II	
7	Höchstgeschwindigkeit	km/h	20,5	35,4	11,5	5,4	11,5	
8	Geschwindigkeitsfaktor f_b	—	—	0,6	0,75	0,75	0,75	0,8	
9	Durchschnittsgeschwindigkeit	km/h	12,3	26,5	8,6	4,05	9,2	$9 = 7 \cdot 8$
10	Durchschnittsgeschwindigkeit	m/min	204	440	143	67	153	$10 = 9 \cdot (16,6)$
11	Streckenlänge	m	200	100	100	200	100	
12	Fahrzeit	min	0,98	0,23	0,70	2,99	0,65	$12 = 11 : 10$

Gesamtfahrzeit: 5,55 min

Fahrzeittabelle.

Rückfahrt.

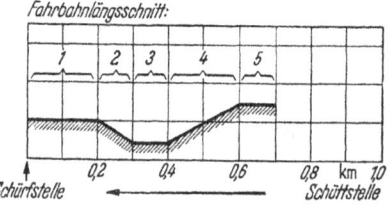

Gerät: Le T Roadster „C"

Gewichte:

Fahrzeug: 14600 kg

Nutzlast: — kg

Gesamt: 14600 kg

$$\frac{\text{Gewicht [kg]}}{\text{Motor-PS}} = \frac{14600}{180} = 82$$

Schürfstelle ← Schüttstelle | Rechenweg:

			1	2	3	4	5	(Numerierung der Spalten)
1	Streckenabschnitt	Nr.	1	2	3	4	5	
2	Rollwiderstand w_r	kg/t	60	90	140	110	120	
3	Steigwiderstand w_g	kg/t	—	+50	—	−50	—	
4	Gesamtfahrwiderstand	kg/t	60	140	140	60	120	$4 = 2 + 3$
5	Gesamtfahrwiderstand	kg	880	2040	2040	880	175	$5 = 4 \cdot G$
6	Erf. Getriebestufe (Gang)	—	—	IV	III	III	IV	III	
7	Höchstgeschwindigkeit	km/h	35,4	20,5	20,5	35,4	20,5	
8	Geschwindigkeitsfaktor f_b	—	—	0,75	0,70	0,90	1,20	0,50	
9	Durchschnittsgeschwindigkeit	km/h	26,6	14,4	18,5	42,5	10,2	$9 = 7 \cdot 8$
10	Durchschnittsgeschwindigkeit	m/min	440	239	307	705	170	$10 = 9 \cdot (16,6)$
11	Streckenlänge	m	200	100	100	200	100	
12	Fahrzeit	min	0,46	0,42	0,33	0,28	0,59	$12 = 11 : 10$

Gesamtfahrzeit: 2,08 min

Literaturverzeichnis.

ACKERMAN, A. J., u. C. H. LOCHER: Construction Planning and Plant. New York u. London: McGraw Hill 1940.
— Planning and Plant for heavy Construction. Construction Methods and Equipment 1936 Heft 4 S. 42.
BRENNECKE-LOHMEYER: Der Grundbau. Berlin: Ernst & Sohn 1948.
BLUM, H.: Vereinfachte Ermittlung der Erddruckbeiwerte. Bautechn. Bd. 28 (1951) S. 180.
CHATLEY, H.: Dredging Problems and Soil Mechanics. Dock Harb. Author. Bd. 30 (1949) Heft 343 S. 7.
Civil Engineering Code of Practice No. 1: Site investigation. London: Institution of Civil Engineers 1950.
COLLINS, H. J., u. C. A. HART: Principles of road engineering. London: Arnold 1936.
CORDES, H.: Erdbau mit Schürfkübelraupen. Straße u. Autobahn 1953.
DINGLINGER: Über den Bodenwiderstand beim Graben. Wittenberg (Bez. Halle): A. Ziemsen Vlg.
DREES, G.: Planierraupen und Planierreifenschlepper. Ihr gegenwärtiger Entwicklungsstand und ihre Entwicklungstendenzen. Bauingenieur Bd. 30 (1955) S. 129.
Estimating Production and Costs of Material Movements with Euclids. Cleveland, Ohio: Euclid Road Eng. Co. 1952.
FAUNER, W. E.: Gleislose Förderwagen im Baubetrieb. Baumasch. u. Bautechn. Bd. 1 (1954) S. 6, 53.
— Grader. Baumasch. u. Bautechn. Bd. 2 (1955) S. 2.
— Universal-Kettenschlepper. Baumasch. u. Bautechn. Bd. 1 (1954) S. 104, 129.
Federwaagenkegel der Dän. Staatsbahnen. Bautechn. Bd. 15 (1937) S. 569.
GABAY, A.: Les Engins Mechaniques de Chantier. Lausanne 1952.
GAEDE, K.: Der notwendige Umfang von Stichproben. Bauingenieur Bd. 26 (1951) S. 10.
GARBOTZ: Baumasch. u. Baubetr. München: Carl Hanser 1948.
— Baumaschinen und Baubetrieb in anderen Ländern nach dem Krieg. Z. VDI Bd. 92 (1950) S. 81.
— Aus der in- und ausländischen Baumaschinenindustrie. Bauingenieur Bd. 26 (1951) S. 28.
GOLDBECK-SMITH: An apparatus for determining soil pressure. Proc. Amer. Soc. Test. Mater. Bd. 16 (1916) S. 309.
GREEN, N. D.: Recent developments in earth moving equipment. Muck Shifter Bd. 8 (1950) S. 229.
HEIPLE, D. K.: Earth moving, an art and a science. Peoria, Ill.: R. G. Le Tourneau Inc. 1952.
HENNIG: Das Wetter in Deutschland. Stuttgart: Franckh'sche Vlgshdlg. 1947.
Hütte III, Berlin: Ernst & Sohn 1951.

Highway Research Correlation Service, Circular Nr. 87, 89, 101 Highway Research Board.

HVORSLEV: Pocket size piston samplers and compression test apparatus. Proc. 2. Int. Conf. Soil. Mech. Found. Eng., Bd. VII S. 78. Rotterdam 1948.

KAHL, H., u. H. MUHS: Über die Untersuchung des Baugrundes mit einer Spitzendrucksonde. Bautechn. Bd. 49 (1952) S. 81.

KEIL, K.: Die ingenieurgeologische Baugrunduntersuchung im Straßenbau. Straße u. Tiefbau Bd. 4 (1950) S. 190.

KLIEMANN: Erdbau — Selbstunterrichtsbriefe. Potsdam u. Leipzig 1942.

KLUTH, P.: Motor Grader Aveling Austin 99 H. Baumasch. u. Bautechn. Bd. 1 (1954) S. 49.

KÖGLER-SCHEIDIG: Baugrund und Bauwerk. Berlin: Ernst & Sohn 1948.

KRIPNER: Der Einfluß der Bodenfestigkeit auf die Leistung eines Baggers. Bauingenieur Bd. 20 (1939) S. 87.

KÜHN, G.: Anwendung und Einsatz der Schürfkübelraupe. Baugewerbe Bd. 35 (1955) S. 62.

— Der dieselelektrische Antrieb bei Straßenschleppern und seine Bedeutung für den gleislosen Erdbau. Z. VDI Bd. 93 (1951) S. 645.

— Das Kräftespiel am Erdhobel und seine praktische Bedeutung für den Geräteeinsatz. Straße und Autobahn Bd. 4 (1953) S. 105.

— Kritische Betrachtungen zur Frage Quer- oder Schwenkschild. Straße u. Autobahn Bd. 4 (1953) S. 307.

— Motorschürfwagen mit zusätzlichem Heckantrieb und ihre Bewährung in der Baustellenpraxis. Straße u. Autobahn Bd. 3 (1952) S. 285.

— Neue Raupenschlepper für die Bauindustrie mit höherer Fahrgeschwindigkeit. Z. VDI Bd. 95 (1953) S. 786.

— Die Schürfkübelraupe im Einsatz. Bauingenieur Bd. 30 (1955) S. 122.

— Die Verwendung von Flachbaggergeräten im Eisenbahnbau. Eisenbahntechn. Rdsch. ETR 1952 Heft 11, S. 391.

— Das Wetter im gleislosen Erdbau. Straße u. Autobahn Bd. 5 (1954) S. 109.

— Wirtschaftlichkeitsfragen im gleislosen Erdbau. Z. VDI Bd. 94 (1952) S. 506.

KÜNZEL: Der „Prüfstab", ein einfaches Mittel zur Bodenprüfung. Bauwelt Bd. 27 (1936) S. 327.

LEUSSINK: Versuche mit geländegängigen Erdbaugeräten unter besonderer Berücksichtigung des Einflusses der Bodenart. Berlin: Volk u. Reich Vlg. 1941.

Machinery in Road Construction. An Outline of the Research Position in USA. London: Road Research Library, Comm. Nr. MR 2.

MARKWICK, A. H. D.: Some economical factors relating to earthwork machinery, Roads and Road Construction I, 1941.

—, u. H. S. KEEP: American equipment for earthwork construction on roads and aerodromes. Highways and Bridges III (1943).

MITCHEL, C. T.: Some economical aspects of earth moving equipment, Road Paper Nr. 20. London: Inst. of Civ. Eng.

MÜLLER, W.: Erdbau. Berlin: Ernst & Sohn 1948.

— Massenermittlung, Massenverteilung und Kosten der Erdarbeiten. Berlin: Ernst & Sohn 1947.

NICHOLS, H. C.: How to operate Excavation Equipment. New York 1953.

OHDE, J.: Neue Erdstoffkennwerte. Bautechn. Bd. 27 (1950) S. 345.

— Vorbelastung und Vorspannung des Baugrundes und ihr Einfluß auf Setzung, Festigkeit und Gleitwiderstand. Bautechn. Bd. 26 (1949) S. 163.

Operators Handbook. Peoria, Ill.: Caterpillar Tractor Co. 1951.

PAPROTH: Der Prüfstab Künzel, ein Gerät für Baugrunduntersuchungen. Bautechn. Bd. 21 (1943) S. 327.

PARK, K. F.: Principles of modern earth moving. Peoria, Ill.: R. G. Le Tourneau Inc. 1942.

PECK-NANSON-THORNBURN: Foundation Engineering. New York: John Wiley & Sons 1953.

Performance Handbook. Peoria, Ill.: Caterpillar Tractor Co. 1951.

Plastizitätsnadel n. Proctor Eng. News Rec. Bd. III (1933) S. 287.

PÖSCH, H.: Verdichtungstechnik und Verdichtungsgeräte im ausländischen Erdbau. Berlin: Ernst & Sohn 1953.

Proceedings American Society of Civil Engineers, Bd. 80, Separate Nr. 435.

RATJE: Über den Schnittvorgang im Sande. Diss. Hannover 1931.

ROBERTSON, G. P.: Essential Factors in the Design of Bulldozers and Scrapers. Muck Shifter 1954 S. 247.

RÖSSLER: Untersuchungen an Flachbaggergeräten. Berlin: Volk u. Reich Vlg. 1940.

SCHEIDIG-LEUSSINK: Die Bodeneinteilung in den technischen Vorschriften für Erdarbeiten. Bautechn. Bd. 17 (1939) S. 445.

SCHLEICHER: Taschenbuch für Bauingenieure. Berlin/Göttingen/Heidelberg: Springer 1949.

SCHULTZE, F.: Die Beurteilung der Tragfähigkeit eines Bodens unter Gleisschwellen. Braunkohle, Wärme u. Energie Bd. 5 (1953) S. 235.

Standard Specifications for Highway materials and methods of sampling and testing. American Association of State Highway Officials (AASHO).

STURROCK, J. L.: Present and future developments in the use and design of mechanical earth moving plant. London: Inst. of Civ. Eng. 1950.

Technische Vorschriften für Bauleistungen (Erdarbeiten), DIN 1962. Berlin: Beuth-Vlg. 1925.

TERZAGHI: Erdbaumechanik. Leipzig u. Wien: Franz Deuticke Vlg. 1925.

— u. PECK: Soil Mechanics in Engineering Practice. New York: John Wiley & Sons 1953.

TIEDEMANN: Über Bodenuntersuchungen bei Entwurf und Ausführung von Ingenieurbauten. Berlin: Ernst & Sohn 1946.

Use of Road and Airdrome Construction Equipment. US-Government Printing Office.

WOODS, K. B.: Methods for making highway soil surveys. Proc. Amer. Sociv. Engrs. Bd. 78 (1952) Heft 152.

WRIGHT, S. J.: Some features of modern tractor design. Proc. Inst. Automobile Engrs. 1934.

HNO Praxis Heute

14

Herausgegeben von
H. Ganz und W. Schätzle

Mit Beiträgen von

M. Bärmann · V. Barth · R. Chilla · W. Delb
P. Federspil · H. Ganz · K. Jahnke · A. Koch
P. Kurt · M. Schrader · E. K. Walther

Mit 48 Abbildungen und 9 Tabellen

Springer-Verlag
Berlin Heidelberg GmbH

Redaktion HNO Praxis Heute:

Professor Dr. med. Horst Ganz
Universitätsstraße 34
D-35037 Marburg/Lahn

Professor Dr. med. Walter Schätzle
Universitätsklinik und Poliklinik für HNO-Kranke
D-66421 Homburg/Saar

ISBN 978-3-642-78792-8   ISBN 978-3-642-78791-1 (eBook)
DOI 10.1007/978-3-642-78791-1

Die Deutsche Bibliothek – CIP-Einheitsaufnahme

Gesamtherstellung: Konrad Triltsch, Graphischer Betrieb, D-97070 Würzburg
25/3130–5 4 3 2 1 0 – Gedruckt auf säurefreiem Papier

Mitarbeiterverzeichnis

Bärmann, M., Dr. med.
Universitätsklinik und Poliklinik für Hals-, Nasen- und
Ohrenkrankheiten
D-66421 Homburg/Saar

Barth, V., Dr. med.
Universitätsklinik und Poliklinik für Hals-, Nasen- und
Ohrenkrankheiten
D-66421 Homburg/Saar

Chilla, R., Professor Dr. med.
Hals-, Nasen- und Ohrenklinik im Zentralkrankenhaus
St. Jürgenstraße
D-28205 Bremen

Delb, W., Dr. med.
Universitätsklinik und Poliklinik für Hals-, Nasen- und
Ohrenkrankheiten
D-66421 Homburg/Saar

Federspil, P., Professor Dr. med.
Universitätsklinik und Poliklinik für Hals-, Nasen- und
Ohrenkrankheiten
D-66421 Homburg/Saar

Ganz, H., Professor Dr. med.
Universitätsstraße 34
35037 Marburg

Jahnke, K., Professor Dr. med.
Hals-Nasen-Ohrenklinik und Poliklinik im Universitätsklinikum
Hufelandstraße 55
D-45122 Essen

Koch, A., Priv.-Doz. Dr. med.
Universitätsklinik und Poliklinik für Hals-, Nasen- und
Ohrenkrankheiten
D-66421 Homburg/Saar

Kurt, P., Dr. med.
Universitätsklinik und Poliklinik für Hals-, Nasen- und
Ohrenkrankheiten
D-66421 Homburg/Saar

Schrader, M., Priv.-Doz. Dr. med.
Hals-Nasen-Ohrenklinik und Poliklinik im Universitätsklinikum
Hufelandstraße 55
D-45122 Essen

Walther, E. K., Dr. med.
Universitätsklinik für Hals-, Nasen- und Ohrenkranke
Sigmund-Freud-Straße 25
D-53105 Bonn

Themenverzeichnis der bisher erschienenen Bände

Inhaltsverzeichnis

Phoniatrie

Allgemeine Themen

Vorwort

Auch der 14. Band unserer Serie kommt noch ohne Themenwieder-
holungen aus – ein Zeichen, wie groß unser Fach inzwischen geworden ist.

Im Abschnitt Ohrerkrankungen wird über den aktuellen Stand
der Otosklerosechirurgie und zu neuen diagnostischen Möglichkeiten bei „Innenohrdurchblutungsstörungen" referiert. Die Nachbehandlung operierter Ohren als wichtige Aufgabe des niedergelassenen HNO-Arztes ist eine zusammenfassende Besprechung wert.

Beim Nasenbluten als häufigstem medizinischem Notfall gibt es
auch über neue Behandlungsmethoden zu berichten.

Die Klinik des pharyngoösophagealen Überganges wird zur Zeit
auch anderen Ortes viel besprochen; sie ist aber durchaus kein Mo-
dethema. Das Gebiet der Zysten und Fisteln am Hals, in Lehrbü-
chern zuweilen vergessen, wird praxisbezogen abgehandelt.

Über die Singstimme und ihre Schönheit freuen wir uns, wissen
aber wenig von ihr. Dem wird in diesem Band abgeholfen.

Am Schluß steht mit den knochenverankerten Epithesen und
Hörgeräten ein Thema, über das auch der niedergelassene HNO-
Arzt Bescheid wissen muß, wenn auch die Realisierung großen Klini-
ken vorbehalten ist.

Wir hoffen, daß auch dieser Band bei unseren Lesern, besonders
den schon erfreulich zahlreichen Abonnenten, Interesse und ein positives Echo finden möge.

Marburg/Lahn   Horst Ganz
Homburg/Saar   Walter Schätzle
Frühjahr 1994

Otosklerosechirurgie Heute

M. Schrader und K. Jahnke

1 Pathologie

Die Otosklerose ist eine herdförmige Erkrankung der Labyrinthkapsel. Es handelt sich um einen schubweisen Knochenumbau in der enchondralen Zone des Felsenbeins. Ist durch einen Otoskleroseherd der Stapes des Patienten fixiert, kommt es zu einer progredienten Schalleitungsschwerhörigkeit. Eine *Stapesankylose* als Ursache einer Schwerhörigkeit wurde erstmals von Valsalva zu Beginn des 18. Jahrhunderts beschrieben. Es folgten zahlreiche weitere Beschreibungen dieser Erkrankung, aber erst 1893 er-

HNO Praxis Heute 14
H. Ganz, W. Schätzle (Hrsg.)
© Springer-Verlag Berlin Heidelberg 1994

kannte Politzer die Otosklerose als eigenständige Entität und beschrieb sie auf dem Panamerikanischen Kongreß in Washington als „Primäre Erkrankung der knöchernen Labyrinthkapsel" (1894).

Otoskleroseherde können praktisch überall im Labyrinthblock auftreten. Prädilektionsstelle der Otosklerose ist jedoch das ovale Fenster und hier ganz besonders der anteriore Winkel – im klinischen Gebrauch oft auch „Otosklerosewinkel" genannt. Außerhalb des Labyrinthblockes sind lediglich in den Gehörknöchelchen Otoskleroseherde beschrieben worden, und dann auch nur in Kombination mit einer Otosklerose im Labyrinthblock. Die Otosklerose tritt in der Regel beidseits auf. Oft ist die kontralaterale Seite klinisch erst nach Jahren betroffen. Eine unilaterale Otosklerose findet sich nur in 10–15% der Fälle. *Makroskopisch* imponieren otosklerotische Herde unter dem Operationsmikroskop als weiße Knochenverdickungen, die sich gegen die elfenbeinblasse Farbe des normalen Labyrinthknochens gut abgrenzen lassen. Der Otskleroseherd ist weicher als der umgebende Knochen. Die Oberfläche ist glatt und von Schleimhaut bedeckt. Während eines Krankheitsschubes ist die bedeckende und umgebende Schleimhaut gefäßreich und daher blaßrosa. Dies kann so ausgeprägt sein, daß die Rotfärbung durch das Trommelfell hindurchscheint (sog. *Schwartze-Zeichen*).

Mikroskopisch wechselt das Bild der Otosklerose, da sie schubweise verläuft und die Umbau- und Ruhephasen histologisch sehr unterschiedlich sind. Darüber hinaus lassen sich in den Otoskleroseherden oft unterschiedliche Stadien der Erkrankung nebeneinander nachweisen.

Im wesentlichen wird ein aktives Stadium vom späteren inaktiven Stadium unterschieden. Das *aktive Stadium* der Otosklerose kann in drei verschiedene Phasen unterteilt werden:

1. Osteolyse,
2. Bildung eines fibrillenarmen, kittsubstanzreichen Osteoids und
3. Umbau dieses geflechtartigen Knochens in einen „reiferen", fibrillenreicheren Knochen.

Entscheidend für den Krankheitsverlauf ist das aktive Stadium. Nur in dieser Phase kommt es zu einer Veränderung der Morphologie im Labyrinthknochen und zu einer Änderung der klinischen Symptome.

2 Epidemiologie

Die Otosklerose wird autosomal dominant mit geringer Penetranz vererbt. Die Penetranz liegt bei Männern etwa bei 20% und bei Frauen etwa bei

40%. Das *Erkrankungsrisiko* ist abhängig von der familiären Belastung. Bei sporadischem Auftreten von Otosklerose in der Familie ist ein Risiko von 2% anzunehmen, bei Geschwistern von Otosklerosepatienten mit einem erkrankten Elternteil besteht für Brüder ein Risiko von 10% und Schwestern von 20% an einer Otosklerose zu erkranken (Schröder u. Langenbeck 1978). Aufgrund der Genetik bestehen erhebliche *Rassenunterschiede* in der Häufigkeit der Otosklerose. Systematische postmortale Untersuchungen ergaben bei der weißen Bevölkerung Nordamerikas und Europas eine Häufigkeit der Otosklerose von 6–7% bei Männern und 12% bei Frauen. Da es jedoch in Abhängigkeit von der Lage des Otskleroseherdes nicht immer zu einer Schalleitungsschwerhörigkeit kommt, liegt die Prävalenz der klinischen Otosklerose etwa bei 1%.

Zu gleichen Ergebnissen kommen Schätzungen auf der Grundlage der Inzidenz der Otosklerose, die bei etwa 10 Neuerkrankungen auf 100 000 Personen pro Jahr liegt.

Die *Geschlechtsverteilung* ist nicht gleichmäßig. Zahlreiche klinische Studien belegen ein Überwiegen des Frauenanteils im Verhältnis von 2:1.

Durch gezielte Nachforschungen bei Verwandten von Patienten mit einer Otosklerose wies Larsson (1960) ein nahezu ausgeglichenes Verhältnis von Männern zu Frauen nach.

Das Erkrankungsalter läßt sich oft nur annähernd bestimmen, da die Angaben der Patienten dazu häufig ungenau sind. Die Mehrzahl der Patienten erkranken im 3. Dezennium. Mit 40 Jahren sind 92% der Männer und 89% der Frauen an ihrer Otosklerose erkrankt.

3 Pathogenese

Eine der ersten Theorien zur Pathogenese der Otosklerose war 1912 die von Manasse aus Straßburg, der eine *entzündliche Genese* als Ursache annahm. Er verstand darunter einen „chronisch entzündlichen Prozeß am Knochen" und nannte die Otosklerose: Ostitis chronica metaplastica.

Wittmaack in Jena war es, der im Gefäßreichtum der Otoskleroseherde die Ursache der Krankheit sah. Da im Gefäßsystem des Labyrinthknochens wegen der entwicklungsgeschichtlichen Besonderheit größere „Markräume mit kompressiblem Inhalt" fehlten, käme es bei lokalen Blutstauungen vor der Stauungsquelle zu einer Erweiterung der Strombahn mit vermehrter Vaskularisation (*venöse Stauungshyperämie*) und konsekutiver Änderung der Grundsubstanz („Halisterese"). Letztere führe zum Knochenneubau in der enchondralen Zone des Labyrinthknochens und damit zur Otosklerose. Nach Wittmaack liegt die Stauung „mit

recht großer Bestimmtheit ... (im) ... Sinus cavernosus". Diese Theorie war sehr umstritten, insbesondere weil der experimentelle Beweis (Unterbindung der V. jugularis beim Huhn als „Stauungsquelle") nicht überzeugend gelang und nicht reproduzierbar war. Trotzdem ist die „Gefäßtheorie" weiter verfolgt worden – so vermutete Siebenmann eine Störung im arteriellen Zufluß. Auf einem völlig anderen Konzept basiert die Theorie der *druckmechanischen Genese.* Insbesondere die anthropologischen Studien von Šercer und Krmpotic (Vergleich zwischen der Otoslerosehäufigkeit und der unterschiedlichen Angulation der Schädelbasis bei verschiedenen Rassen) und die spannungsoptischen Untersuchungen von Rauchfuß befassen sich mit dieser – ursprünglich von Brühl (Berlin) und Mayer (Wien) aufgestellten – Theorie.

Danach entstünden durch Druckkräfte im Labyrinthknochen Mikrofissuren, aus denen sich nach Aktivierung der Osteolyse bzw. der Osteoneogenese otosklerotische Herde entwickelten. Ursprung dieser Kräfte seien die Drücke durch das Kiefergelenk bzw. Kräfte in der Schädelbasis, die durch Kippung derselben in Folge des aufrechten Ganges des Menschen entstanden seien (Angulation). Diese Kräfte setzten sich aus Druck- und Scherkräften zusammen, die besonders in den embryonalen Knorpelresten wirkten, so daß daher die Prädilektionsstelle der Otosklerose sich an diesen Knorpelresten erklären würde.

Als *Autoimmunerkrankung* wurde die Otosklerose erstmals 1974 von Bretlau bezeichnet (s. auch Schrader 1993). In gewisser Weise greift diese Hypothese die Idee von Manasse wieder auf.

Unterstützt wurde diese Theorie, als es gelang, Antikörper der Klasse IgG im aktiven Otosklerosenherd nachzuweisen (Schrader u. Poppendieck 1985).

Dabei käme es über den klassischen Reaktionsweg (Stimulation des Komplementsystems über C1q und C3) zu einer Aktivation von Makrophagen/Monozyten. Diese wiederum könnten über Zytokine wie Interleukin-1, welches Aktivität des „osteoclast/activating"-Faktors (OAF) besitzt, mononukleäre Zellen im Labyrinthknochen direkt zur Knochenresorption anregen oder über Interleukin-2 unter Zwischenschaltung von T-Lymphozyten und Prostaglandin-E2 die Osteolyse starten (Schrader et al. 1990).

Offen bliebe die Frage nach dem Antigen. Schon früh wurde spekuliert, daß die embryonalen Knorpelreste eine wesentliche Rolle bei der Entstehung der Otosklerose spielen.

Ob bei der Entstehung der Otosklerose *embryonale Knorpelreste* im Labyrinthknochen immunologisch verändert werden und deshalb als Antigene wirken, oder ob über Kreuzreaktionen neue Autoantikörper entstehen, ist noch unbekannt.

Eine Hypothese ist, daß durch eine persistierende Maserninfektion im bradytrophen Knorpel des Labyrinthblockes eine Otosklerose ausgelöst wird (McKenna et al. 1986). So ist es denkbar, daß durch die Virusinfektion ein Epitop im embryonalen Knorpel derart verändert wird, daß es nicht mehr als eigen erkannt wird und deshalb zur Produktion von Autoantikörpern führt (Arnold et al. 1989).

Eine Schlüsselrolle besitzt hier möglicherweise Kollagen. Zum einen ist Kollagen als Induktor autoimmuner Erkrankungen bekannt, zum anderen ist es wesentlicher Bestandteil des Bindegewebes. Besonders die *Kollagene* Typ II und Typ X (im enchondralen Knorpel in den Verkalkungszonen embryonaler Knochen) könnten hier als Antigene wirken. Dabei würde die Reaktion durch die Abbauprodukte (Kollagenfragmente) noch verstärkt.

Bei Patienten mit einer Otosklerose waren erhöhte Titer gegen Kollagen-II im Serum nachweisbar (Yoo et al. 1983). Die immunhistologischen Untersuchungen zeigten, daß Kollagen-II sowohl im aktiven Otoskleroseherd als auch im embryonalen Felsenbein nachweisbar ist (Schrader et al. 1989).

Bewiesen ist eine autoimmune Genese jedoch noch nicht, insbesondere weil es nicht gelang, durch Sensibilisierung mit dem potentiellen Antigen entsprechende pathologische Veränderungen im Versuchstier nachzuweisen. Die bisherigen Versuche, durch Injektionen von Kollagen-II Otosklerose im Tier zu induzieren, waren nicht erfolgreich reproduzierbar.

4 Klinik

Eine *Schalleitungsschwerhörigkeit* mit einem *Ausfall des Stapediusreflexes* als Zeichen einer Stapesfixation bei entzündungsfreiem Trommelfell ist nahezu pathognomonisch für die klinische Diagnose der Otosklerose. Dabei kann sich die Schwerhörigkeit schubweise sowohl langsam über Jahre schleichend, als auch rascher in wenigen Monaten entwickeln. Ein weiteres Symptom, das häufig auftritt und den Patienten mindestens ebenso sehr belastet wie die Schwerhörigkeit, ist ein *Tinnitus*.

Liegt ein Otoskleroseherd kochleanah, kann es auch zu einer Schallempfindungsschwerhörigkeit kommen (Kapselotosklerose). Auch Schwindelbeschwerden können durch eine Otosklerose bedingt sein. Das Vorkommen einer rein kochleären Otosklerose ohne eine Schalleitungsschwerhörigkeit ist allerdings noch umstritten, insbesondere weil die Differentialdiagnose gegenüber anderen Formen der Innenohrschwerhörigkeit schwierig ist. Auch die hochauflösende Computertomographie hat hierbei bisher wenig weiterhelfen können (de Groot u. Huizing 1987).

4.1 Untersuchungsbefunde

Spiegelbefunde: Der otoskopische Befund zeigt oft einen relativ weiten Gehörgang. Die Gehörgangshaut wirkt zart. Zerumen scheint eher selten zu sein. Das Trommelfell ist geschlossen, reizlos und zart. In etwa 10% der Fälle erscheint es durch die hindurchschimmernde, vermehrt gefäßinjizierte promontoriale Schleimhaut rötlich getönt (*Schwartze-Zeichen*). Die Tubenfunktion ist normal. Liegen Röntgenaufnahmen nach Schüller vor (diese sind bei der Otosklerose in der Regel entbehrlich), so zeigt sich typischerweise eine sehr gute *Pneumatisation* der Warzenfortsätze. Eine Pneumatisationshemmung schließt eine Otosklerose jedoch nicht aus.

Hörprüfungsergebnisse: Im Tonschwellenaudiogramm zeigt sich typischerweise eine *Schalleitungsschwerhörigkeit*. Oft scheint auch die Knochenleitungshörkurve zwischen 1000 Hz und 4000 Hz abgesenkt (sog. *Carhart-Senke*). Dabei handelt es sich um ein Phänomen aus dem Wechselspiel zwischen direktem Knochenleitungsschall und osteotympanalem Knochenschall – also dem Anteil der Knochenleitung, der über den äußeren Gehörgang und das Trommelfell das Innenohr erreicht. Trotz vielfältiger Theorien und Hypothesen zu diesem Phänomen ist es noch nicht endgültig geklärt. Fest steht allerdings, daß es sich um eine *schalleitungsbedingte* und nicht innenohrbedingte Knochenleitungsschwerhörigkeit handelt (s. auch Lehnhardt 1987).

Daneben kann auch eine erhebliche Schallempfindungsschwerhörigkeit vorliegen, insbesondere wenn otosklerotische Herde an das Endothel der Perilymphräume heranreichen (s. oben).

Die Stimmgabelversuche nach Weber und Rinne weisen fast immer auf eine Schalleitungsschwerhörigkeit hin.

Der *Stimmgabelversuch nach Gellé* wird heute eher selten durchgeführt, da andere Verfahren der überschwelligen Audiometrie zuverlässigere Ergebnisse liefern.

Impedanzaudiometrie: Der Stapediusreflex kann bei einer Stapesfixation in der Regel nicht abgeleitet werden. In besonderen Fällen (inkomplette Stapesfixation und damit nur erhöhte Rigidität der Bewegung) läßt sich ein sog. *umgekehrter Stapediusreflex* nachweisen. Dabei kommt es zu einer raschen, nachweisbaren Druckerhöhung bei der Entspannung des Stapediusmuskels, also nach einer Zeitverzögerung und in „umgekehrter" Richtung.

4.2 Differentialdiagnose

Differentialdiagnostisch können durch die ohrmikroskopische Untersuchung die meisten der Mittelohrerkrankungen ausgeschlossen werden.

Eine *idiopathische Hammerkopffixation* kann durch Überprüfung mit der pneumatischen Lupe nach Siegle ausgeschlossen werden (Katzke u. Plester 1981).

Differentialdiagnostisch ist insbesondere im jüngeren Alter auch an *kleine Ohrmißbildungen* zu denken, bei denen in etwa ¾ der Fälle ebenfalls die Stapesfußplatte durch Aplasie des Ringbandes fixiert ist oder eine andere Stapesfehlbildung vorliegt. Auch bei anderen *systemischen Knochenerkrankungen*, wie Osteogenesis imperfecta (van der Hoeve-Syndrom) oder Morbus Paget, kommt eine Fixation des Stapes vor.

Neben einer Kettenfixation kann auch eine *Unterbrechung der Gehörknöchelchenkette*, z. B. durch Amboßluxation oder Vernarbungen im Mittelohr, zu einer Schalleitungsschwerhörigkeit bei reizlosem Trommelfell führen. Differentialdiagnostisch helfen dabei die Anamnese, der otoskopische Befund und in manchen Fällen auch die Hypermobilität des Trommelfells bei der Untersuchung mit der pneumatischen Lupe oder der Tympanometrie weiter.

Letzteres Untersuchungsverfahren ist auch hilfreich bei der Differentialdiagnostik der Belüftungsstörungen, insbesondere des Mittelohrergusses.

5 Therapie

Die Therapie der Wahl bei der Otosklerose ist die Operation (Plester 1970).

Die Ergebnisse einer medikamentösen konservativen Therapie mit z. B. Natriumfluorid sind noch nicht endgültig abgesichert und haben bestenfalls eine aufschiebende Wirkung in der aktiven Phase der Otosklerose (Causse u. Causse 1985).

Eine Versorgung mit einem Hörgerät ist zwar grundsätzlich möglich, dient aber lediglich einer symptomatischen Besserung und kann den Tinnitus nur sehr eingeschränkt beeinflussen.

5.1 Indikation zur Operation

Die Stapesplastik ist in der Regel bei einer Otosklerose mit einem *Schalleitungsanteil an der Schwerhörigkeit von mehr als 15 dB* indiziert. Dann ist der Stimmgabelversuch nach Rinne auch „negativ".

Ist der Stimmgabelversuch nach Rinne noch nicht negativ, müssen Begleitsymptome, wie ein Tinnitus oder eine überwiegend innenohrbetonte Schwerhörigkeit, zur Feststellung der Indikation herangezogen werden. Auch ist das Hörvermögen des anderen Ohres von Bedeutung. Grundsätzlich wird bei einer beidseitigen Otosklerose zuerst das schlechter hörende Ohr operiert.

Je nach Ergebnis und Pathologie der operierten Seite wird dann etwa ein Jahr später die Indikation zur Operation des anderen Ohres gestellt. Dabei ist auch zu bedenken, daß eine Stapesplastik den Verlauf der Otosklerose im Hinblick auf eine zunehmende Innenohrschwerhörigkeit günstig beeinflußt (s. auch Karjalainen et al. 1984).

5.2 Operationstechniken

Historischer Überblick: In der zweiten Hälfte des 19. Jahrhunderts, als die Otosklerose noch als sekundäre Verkalkung infolge chronischer rezidivierender Mittelohrentzündungen angesehen wurde, gab es auch die ersten Versuche der *Stapesmobilisation* und der Extraktion zur Hörverbesserung. Besonders Johannes Kessel aus Jena (1880), aber auch Frederick Jack aus Boston und Camille Miot aus Paris leisteten hier Pionierarbeiten. Anders als andere Otologen jener Zeit, die überwiegend mit der „Luftdouche" also der sog. Trommelfellmassage versuchten, „ankylosierte" Gehörknöchelchen zu mobilisieren, war es insbesondere Kessel, der nach Vorarbeiten an der Taube 1876 in den folgenden Jahren mehrfach über Stapesmobilisationen und Extraktionen berichtete.

Gerade Politzer lehnte diese Therapie damals aber ab, da nach Eröffnung des Innenohres durch mangelnde Hygiene und fehlende antibiotische Therapiemöglichkeiten die Entwicklung von Labyrinthitiden eher die Regel war. Aus diesem Grund wurde die Stapesoperation als Behandlung der Otosklerose erst einmal zurückgestellt.

Aus den gleichen Gründen konnte sich 1897 Passows Vorschlag zur Anlage eines neuen Fensters am Promotorium nicht durchsetzen. 1913 schlugen sowohl Jenkins als auch Barany erstmals eine *Bogengangsfensterung* vor, konnten jedoch keine längerfristigen Erfolge aufweisen, da immer wieder Probleme der Reobliteration auftraten.

Fortschritte brachte die Technik von Holmgren, der 1917 den oberen Bogengang fensterte (endokraniell – extradural). Dadurch wurde eine Kontamination der Mittelohrräume vermieden und eine Sterilität besser gewährleistet.

Verbessert wurde die Technik von Sourdille, der in den Jahren 1930 und 1935 die Technik eines Gehörgangslappens entwickelte, das runde Fenster im Schallschutz beließ und das neue Fenster in das Schallfeld legte.

1938 konnte Lempert diesen Eingriff einzeitig durchführen. Shambaugh verfeinerte 1942 die Fenestration weiter durch die „Enchondralisation", d. h. das Herausmodellieren und anschließende Dünnschleifen des enchondralen Knochens zur Darstellung der „blue line" (Shambaugh 1949).

Diese Technik entwickelte sich in den nächsten Jahren zum Standard (Wullstein 1952).

1952 wurde die Stapesmobilisation von Rosen neu entdeckt. Auf Grund der jetzt erfolgreicheren Mobilisation entwickelte John Shea (1958) die heute übliche Stapesplastik mit Neueröffnung des ovalen Fensters und Einsetzen einer Stapesprothese.

Anästhesie und Zugang: Fast immer kann eine Stapesplastik ohne Probleme in örtlicher Betäubung erfolgen. Vorteil der *Lokalanästhesie* ist, daß intraoperativ der Patient nach der Hörverbesserung und eventuellen Schwindelerscheinungen gefragt werden kann. Ferner ist die Blutungsneigung herabgesetzt. Da das Operationsgebiet auf den hinteren Teil der Pauke begrenzt ist, wird für die Stapesplastik die *endaurale Eröffnung* zweifelsohne bevorzugt. Eine transmeatale Eröffnung des Mittelohres ist auch möglich, hat aber kaum Vorzüge. Nachteilig ist, daß oft zusätzlich zur Bindegewebsentnahme ein retroaurikulärer Schnitt erforderlich ist und daß die Übersicht und das beidhändige Arbeiten erschwert sind. Das erhöht im Prinzip das Risiko für den Patienten.

Der tympanomeatale Lappen wird relativ kurz präpariert. Zur besseren Übersicht ist es meistens notwendig, die laterale Attikwand geringgradig abzutragen.

Zwar ist dies mit einem Fräsbohrer möglich, jedoch kann schneller und schonender der Knochen mit einer House-Kurette entfernt werden.

Zu diesem Zeitpunkt ist es unbedingt erforderlich, die makroskopische Pathologie festzustellen und dies auch in dem Operationsbericht zu notieren. Neben der Beweglichkeit des Hammers sind der Otoskloseherd und die Beschaffenheit der Nische des runden Fensters exakt zu beschreiben.

Die Fixation der Fußplatte wird durch vorsichtige Bewegung erst des Hammers, dann des Amboß, des Oberbaus und zuletzt durch sanften Druck auf die Fußplatte selbst festgestellt. Die Überprüfung des *Wechseldruckphänomens* (Änderung des Lichtreflexes auf dem Flüssigkeitsspiegel vor der Membran des runden Fensters durch Bewegung der Fußplatte) kann dabei hilfreich sein.

Erst nach Überprüfung der Indikation zur Stapesplastik wird der Steigbügeloberbau durch Drehbewegung mit einem Häkchen entfernt. Kommt es dabei zu einer Mobilisation des Stapes („floating footplate"), muß der Operateur das erhöhte Risiko des Operationstraumas bei der Frakturie-

rung der Fußplatte berücksichtigen. Denn auch in diesem Fall ist eine
Teilstapedektomie anzustreben.

5.2.1 Teilstapedektomie

Während Shea anfangs noch die ganze Fußplatte entfernte, wurde schon
früh dazu übergegangen, nur eine Teilstapedektomie durchzuführen, die
für das Innenohr ein geringeres Risiko darstellt (s. auch Plester 1970).
Durch eine kleinere Perforation der Fußplatte läßt sich auch eine größere
Hörverbesserung erzielen (Smyth 1982). Ziel ist es dabei, nur das hintere
Drittel der Fußplatte zu entfernen. Dadurch erreicht man einen stabilen
Sitz des Prothesenschaftes im Vestibulum, da dieser durch den vorderen
Fußplattenanteil gehindert wird, zu weit nach vorne zu luxieren. Die
Luxation nach hinten wird durch Bindegewebe verhindert (Abb. 1). In
dieser Position ist der größte mögliche Abstand zum Sacculus und Utricu-
lus gewährleistet, so daß diese nicht irritiert oder gar verletzt werden.

Das Implantat soll etwa 0,2–0,3 mm in das Vestibulum eintauchen. Die
erforderliche Länge der Prothese wird durch vorangehendes Abmessen
bestimmt. In den meisten Fällen paßt eine Prothese von 4,25–4,5 mm
Länge.

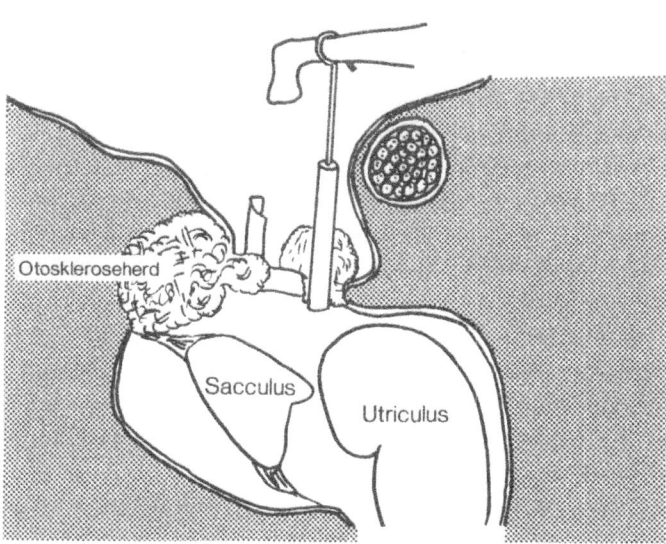

Abb. 1. Position der Stapesprothese im Vestibulum möglichst weit von den Otoli-
thenorganen entfernt

5.2.2 Stapedotomie

Bei der Stapedotomie (Marquet 1965) wird ein kleines Loch in die Fußplatte gebohrt, in welches der Prothesenschaft genau paßt. Dies führt
ebenfalls zu einer exakten Fixation und guten postoperativen Hörergeb-
nissen insbesondere in den hohen Frequenzen (Fisch u. Dillier 1987). Der
frühere Einwand, daß das Bohrmehl intravestibulär zu Störungen führen
könnte, hat sich klinisch nicht bestätigt. Nachteil ist aber die höhere Rate
von Revisionen auf Grund medial luxierter Prothesen. Insbesondere in der
frühen postoperativen Phase ist die Gefahr einer Luxation der Prothese,
z. B. beim Fliegen, besonders hoch.

5.2.3 Einsatz von Lasern

Nach experimentellen Versuchen Ende der siebziger Jahre wurden in den
achtziger Jahren verschiedene Laser (Argon Laser, KTP-532 Laser, CO_2-
Laser) in der Stapeschirurgie zur berührungslosen Eröffnung des ovalen
Fensters eingesetzt (Perkins 1980, Gardner et al. 1984, McGee in einer
persönlichen Mitteilung 1988). Besonders bei Anfängern soll das Operationsrisiko mit einem Laser geringer sein. Der Einsatz von Lasern erfordert aber einen erheblichen technischen Aufwand. Auch fehlen noch systematische Untersuchungen, so daß die Bewährung dieser vielversprechen-
den Technik noch aussteht.

5.2.4 Prothesenwahl

Shea setzte ursprünglich ein Polyäthylenröhrchen als Stapesersatz ein.
Nachteil der Technik war, daß es weder am Amboß noch in der ovalen
Nische zu einer festen Verankerung der Prothese kam – auch kleine Modi-
fikationen brachten dahingehend keine wesentliche Verbesserung
(Abb. 2,1–2,3). Bei relativ zu langer Prothese konnte es auch zu einer
permanenten Innenohrschädigung kommen. Später setzte Shea einen
Teflon-Piston ein, der mit seinem Ring über den langen Amboßfortsatz
gestülpt wurde (Abb. 2,5), so daß nicht wie bei Wullstein intraoperativ
polymerisiert werden mußte (Abb. 2,4).
    Ein ähnliches Prinzip verfolgt die Becherprothese von Robinson, bei
der ein Stahldrahtring über den Amboßfortsatz gestülpt wird (Abb. 3,
links).
    Die Stahldrahtprothese mit eingeknotetem Bindegewebe nach Schu-
knecht ist außerordentlich preisgünstig (Abb. 2,6 und 2,8–9). Problematisch ist jedoch die exakte Bestimmung der Prothesenlänge. Eine Entfernung der Prothese bei einer eventuellen Nachoperation ist wegen des
hohen Ertaubungsrisikos kontraindiziert. Ist eine Revisionsoperation notwendig, sollte die Technik nach Plester angewandt werden. Dabei wird der

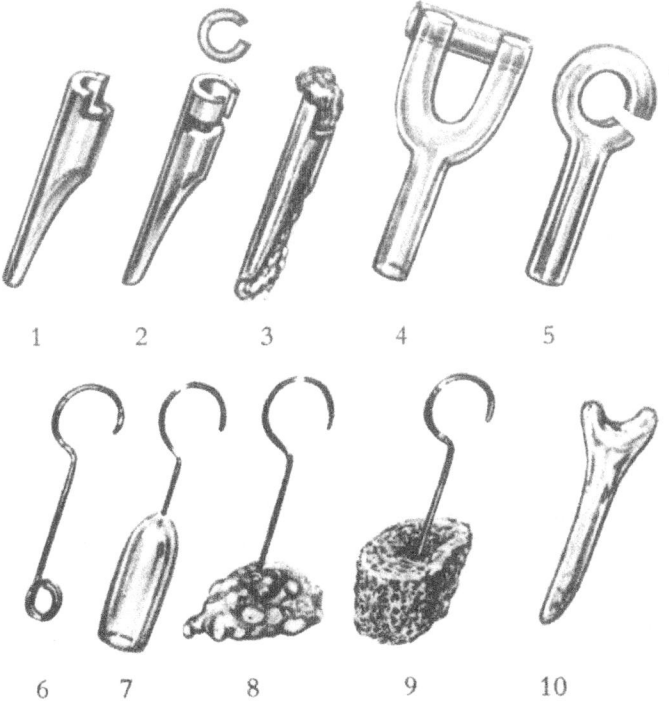

Abb. 2.
1 Polyäthylenröhrchen (Shea),
2 modifiziertes Polyäthylenröhrchen (Goodhill),
3 mit Bindegewebe gefülltes Polyäthylenröhrchen (Bablik und Heermann),
4 Y-Stapesprothese aus Polykarbonat mit „Querbalken", der intraoperativ mit
der Y-Prothese polymerisiert wurde (Wullstein),
5 Teflonpiston (Shea),
6 Stahl- oder Tantaldraht (Schuknecht),
7 Stahldraht-Teflonprothese (Guilford),
8 Fett-Bindegewebe in Tantaldraht eingeknotet (Schuknecht),
9 Stahldraht in Gelatine „eingesunken" (House),
10 Knochenspan aus Kortikalis des Mastoids (Zöllner) (Aus Wullstein 1968)

Draht abgeschnitten und vom Hinterrand des ovalen Fensters das Vestibulum erneut eröffnet. Einfacher und in der Handhabung schneller ist die Verwendung von Platinband-Teflonprothesen (Abb. 3, rechts). Sie wurden 1980 erstmals von uns eingesetzt (Jahnke 1987) und sind eine Weiterentwicklung der Guilford Prothese, wie sie 1964 mit Stahldraht und Tantaldraht eingeführt wurde (Abb. 2,7).

Sie werden in unterschiedlichen Längen hergestellt und können bei Bedarf leicht bearbeitet werden. Die Verwendung eines Platinbandes bewirkt bei der hohen Plastizität des Edelmetalls und der relativ größeren

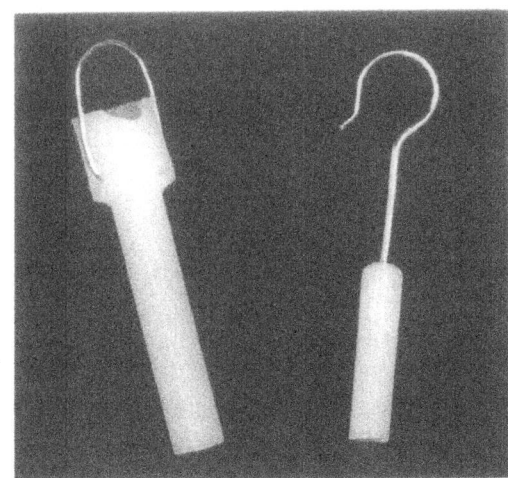

Abb. 3. *Links*: Robinson-Becher-
prothese mit Ring zur Fixation
am Amboßfortsatz. *Rechts*:
Platinband-Teflonprothese
(beide Richards, Hamburg)

Auflagefläche ein geringes Risiko lokaler Druckschädigung und eine lange
Stabilität (vgl. Abb. 3, rechts).

Alternativ werden heute auch Goldprothesen eingesetzt, die insbesondere wegen der leichten Verformbarkeit des Haltedrahtes einen ebenfalls
geringeren Druck auf den Amboßfortsatz ausüben und dadurch die Komplikation einer Amboßarrosion vermeiden sollen.

5.2.5 Abdichten der Perilymphfistel

Ein Problem war lange die Entwicklung von Perilymphfisteln bei unzureichender Abdeckung der Öffnung im ovalen Fenster. Shea setzte ein Stück
Venenwand aus dem Handrücken ein. Diese Abdeckung war nötig, um der
Prothese medial einen Halt zu geben. Unvorteilhaft war dabei der zusätzliche Eingriff an der Hand. Der später zu diesem Zweck eingesetzte Gelati-
neschwamm (vgl. Abb. 2,9) brachte, ebenso wie die Abdichtung mit einem
Blutstropfen, keine sicher dauerhafte Versiegelung.

Dagegen konnte die Abdichtung mit einem Bindegewebsläppchen zuverlässig die ovale Nische verschließen. Dazu wird der Prothesenschaft mit
Bindegewebsläppchen wie eine Manschette ummantelt. Mit dieser Technik
wurde bei mehr als 6000 Stapesplastiken keine Perilymphfistel beobachtet.

5.2.6 Interpositionstechnik nach Portmann

Um Fremdmaterial als Stapesprothese zu vermeiden, setzte Zöllner eine
autologe knöcherne Stapesprothese ein (Abb. 2,10), die allerdings zum
einen nicht gut verankert werden konnte, und deshalb keine zufriedenstel-

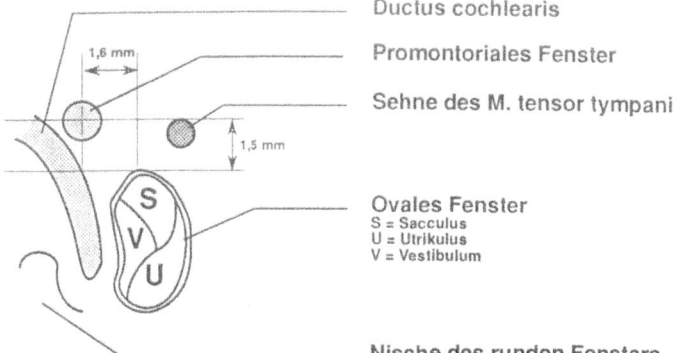

Ductus cochlearis

Promontoriales Fenster

Sehne des M. tensor tympani

Ovales Fenster
S = Sacculus
U = Utrikulus
V = Vestibulum

Nische des runden Fensters

Abb. 4. Schematische Lokalisation des promontorialen Fensters nach Auswertung von 10 Felsenbeinen (Aus Plester u. Katzke 1983)

lenden postoperativen Hörergebnisse ergab, und zum anderen Abbauvorgänge und Verwachsungen aufwies. Aus der gleichen Überlegung entwikkelte Portmann eine Technik, bei der ein körpereigener Stapesschenkel „interponiert" wird (Portmann u. Claverie 1957). Dazu wird einer der Schenkel lang, der andere kurz abgetrennt. Nach Eröffnung des Vestibulums wird dieses mit Bindegewebe, sei es Venenwand oder Faszie des M. temporalis, abgedeckt. Auf diese Abdeckung wird dann der längere Restschenkel reponiert.

5.2.7 Anlage eines promontorialen Fensters

In den seltenen Fällen einer obliterativen Otosklerose oder bei ungünstigen anatomischen Verhältnissen und insbesondere bei Fehlbildungen kann die Eröffnung des ovalen Fensters nahezu unmöglich oder mit einem erhöhten Risiko verbunden sein. In derartigen Fällen ist die Anlage eines Fensters auf dem Promontorium zu empfehlen (Plester u. Katzke 1983). Hierzu wird etwa 1 mm vor dem ovalen Fenster auf dem Promontorium etwa 1,5 mm oberhalb des ovalen Fensters eine kleine Öffnung gefräst, in die eine Stapesprothese exakt eingepaßt wird (Abb. 4). Lateral wird diese am Hammergriff befestigt.

6 Risiken und Aufklärungshinweise

Gerade bei einer Stapesplastik kann die postoperative Hörverbesserung auf Grund der präoperativen Knochenleitungshörkurve gut eingeschätzt werden. Dies kann dem Patienten bei der Entscheidung für eine Operation helfen (s. auch Aufklärungshinweise bei Plester et al. 1989).

Die Operation erfolgt *stationär* wegen der notwendigen postoperativen Überwachung und der Möglichkeit eines passageren Schwindels nach Eröffnung des Labyrinths.

Bleibt der Eingriff auf eine Tympanoskopie zu diagnostischen Zwecken beschränkt, ist das Risiko außerordentlich gering. Zwar können eine Wundheilungsstörung im Gehörgang, eine passagere Trommelfellperforation oder eine Geschmacksstörung durch eine Verletzung der Chorda tympani, ja sogar eine Hörverschlechterung durch eine Kettenluxation nicht ausgeschlossen werden. Aber diese Komplikationen sind äußerst selten.

Ist auf Grund der Pathologie an der Fußplatte eine Stapesplastik erforderlich, ändert sich das Risiko.

Besonders bei anatomisch enger ovaler Nische oder einer obliterativen Otosklerose ist das Risiko eines Operationstraumas bei der Frakturierung der Fußplatte erhöht. Dies tritt aber sehr selten auf.

Relativ häufiger, aber immer noch selten (weniger als 2%) kommt es postoperativ zu einem fluktuierendem Gehör, einer Innenohrschwerhörigkeit oder einem Schwindel (s. auch unter Früh- und Spätkomplikationen weiter unten).

7 Nachsorge

Bei intaktem Trommelfell wird zur Fixierung des tympanomeatalen Hautlappens eine Salbenstreifentamponade benutzt. Diese sollte nach 5, sie kann aber auch schon nach 3 Tagen oder eher gezogen werden.

Intraoperativ wird eine antibiotische Therapie mit einem gut liquorgängigen Medikament (z.B. Eusaprim) begonnen, die etwa 1 Woche fortgesetzt wird, um der Entwicklung einer Labyrinthitis vorzubeugen.

Für den ersten postoperativen Tag gilt eine relative Bettruhe; d.h. abgesehen vom Aufsitzen beim Essen und vom Gang zur Toilette mit Begleitung soll der Patient 24 Stunden im Bett liegen. Täglich wird durch den Stimmgabelversuch nach Weber bei einer geeigneten Frequenz (z.B. 1024 Hz) das Innenohr überprüft. Warnzeichen für eine Schädigung sind Angaben des Patienten über ein verändertes Empfinden der eigenen Stimme (hallend, verzerrt). Ebenfalls ist auf einen Nystagmus zu achten.

Besteht der Verdacht auf einen Innenohrschaden, sind weitere audiometrische Untersuchungen erforderlich. Bei einer Verschlechterung der Innenohrfunktion sind dann sofort entsprechende Gegenmaßnahmen zu ergreifen (s. auch unter Frühkomplikationen).

In der Regel klagen die Patienten nach der Detamponade über eine gewisse Lärmempfindlichkeit. Die Ursache ist noch unklar, diskutiert

wird als Ursache die Durchtrennung der Sehne des M. stapedius. Zur
Schalldämpfung einerseits und zur Verbesserung der Wundheilung andererseits wird dann eine Salbenplombe (z. B. Diprogenta) in den Gehörgang
instilliert.

Bei ca. 15% der Patienten tritt nicht sofort eine Hörverbesserung ein.
Ursache ist oft ein Hämatotympanon oder ein Blutkoagel im Gehörgang,
z. B. im vorderen Winkel. Es ist vertrauensbildend, den Patienten *vor* der
Detamponade über diese Möglichkeit aufzuklären. Wenn nach etwa 14
Tagen der Gehörgang abgeheilt ist, soll der Patient sich in bezug auf
bestimmte Tätigkeiten weiter schonen. So soll er sich z. b. einen Monat
nicht schneuzen, beim Niesen die Nase nicht zuhalten und schwere körper-
liche Arbeiten und Kampfsportarten meiden.

Drei Monate nach der Operation sind stärkere Luftdruckschwankungen, z. B. auch Flüge, gefahrlos möglich (in der frühen postoperativen
Zeit, wenn die Prothese noch nicht fest eingeheilt ist, ist ein Linienflug in
der Regel auch gefahrlos, stellt aber ein zusätzliches Risiko der Prothesen-
luxation dar, über das der Patient aufgeklärt sein sollte).

8 Operationsergebnisse

Postoperative Hörverbesserung: Die Qualität der Operationsverfahren läßt
sich daran erkennen, daß mehrere Untersuchungen inzwischen nachweisen konnten, daß die postoperativen Hörergebnisse zwischen gut ange-
lernten – also ohrmikrochirurgisch geübten – und beaufsichtigten Assi-
stenten und erfahrenen Ohrchirurgen sich nicht unterscheiden (z. B. Leighton et al. 1991).

Alle Techniken, die ein kleines Fenster anlegen (Stapedotomie und
Teilstapedektomie), lassen ähnlich gute Ergebnisse folgen. Lediglich bei
einer kompletten Stapedektomie sind die Ergebnisse schlechter, so daß
diese Technik für die Routine vermieden werden soll (Cremers et al. 1991).

Es gilt, daß die Schalleitungsschwerhörigkeit bis auf eine Differenz von
etwa 10 dB reduziert werden kann (Shea 1985, Gristwood 1988).

Eine weitere Verschlechterung der Innenohrschwerhörigkeit durch die
Operation ist in der Regel nicht zu erwarten. Vereinzelt kann sie in höheren Frequenzen auftreten. Andererseits verbessert sich in der Regel die
Carhart-Senke aus dem präoperativen Reintonaudiogramm, da diese
schalleitungsbedingt ist. So kommt es, daß manchmal postoperativ eine
bessere Luftleitungshörkurve zu finden ist, als nach dem präoperativen
Audiogramm erwartet werden konnte.

Ein Tinnitus, wie er typisch für eine Otosklerose ist, bessert sich in über
der Hälfte der Fälle (Pröschel u. Jahnke 1993).

Frühkomplikationen: Passagere *Geschmacksstörungen* durch eine Läsion der Chorda tympani sind relativ häufig, sie bessern sich aber meistens spontan.

Außerordentlich selten ist ein postoperativer *Labyrinthausfall* durch ein Operationstrauma.

Relativ häufiger – aber immer noch selten – kann es in den ersten 3–10 Tagen nach der Stapedektomie zu einer schnell progredienten Labyrinthschädigung kommen. Ursache ist meistens ein *Fremdkörpergranulom* in der ovalen Nische im Bindegewebe, welches zur Abdichtung der Fistel benutzt wurde (Strauss 1975, Schrader 1991). Notfallmäßig ist eine medikamentöse Therapie wie bei einer serösen Labyrinthitis einzuleiten (Ciprobay und Kortison, Elies u. Hermes 1990) und bei ausbleibendem Erfolg eine Revisionsoperation durchzuführen (House 1963).

Spätkomplikationen: Im Laufe der Jahre nach Stapesplastik kann es zu einer Verschlechterung der Schalleitungsschwerhörigkeit kommen, die eine Revisionsoperation erforderlich macht. Ursachen wurden 1985 von Plester an Hand von über 1000 Nachoperationen aufgezeigt (s. auch Plester et al. 1989). Häufigste Ursachen waren eine Lockerung der Prothese am Amboß, ein veränderter Sitz der Prothese im ovalen Fenster durch Adhäsionen, Perilymphfisteln, eine Reobliteration im ovalen Fenster oder inadäquate Prothesenlängen. Da das Operationsrisiko bei Revisionen erhöht ist, sollte eine Nachoperation nur von besonders erfahrenen Operateuren durchgeführt werden (Vartiainen et al. 1992). Dann sind gute Ergebnisse zu erzielen.

9 Otosklerosechirurgie im Kindesalter

Die Otosklerose ist in Einzelfällen im frühen Kindesalter beschrieben worden.

Meistens ist aber eine *kleine Fehlbildung* Ursache der Schalleitungsschwerhörigkeit. Eine besondere Form der Fehlbildung stellt das *Liquordrucklabyrinth* oder Gusher-Phänomen dar. Dabei strömt nach Perforation der Fußplatte schwallartig Perilymphe bzw. Liquor aus dem Vestibulum. Dem soll eine breite Verbindung zum Subarachnoidalraum zugrunde liegen (Schuknecht u. Reisser 1988). Deswegen ist bei kleinen Ohrmißbildungen immer zunächst eine winzige Perforation in der Fußplatte anzulegen (Jahnke 1987). Ist der Stapesoberbau bei Eröffnung des Vestibulums bereits entfernt, kann mit einer Bindegewebs-Drahtprothese nach Schuknecht gleichzeitig eine Abdichtung und eine Schallübertragung der ovalen Nische durchgeführt werden. Wird eine Platinband-Teflonprothese

verwendet, muß als zusätzliche Maßnahme zuvor eine vollständige Abdeckung der Fistel mit einem dünnen Bindegewebsläppchen erfolgen.

10 Otosklerosechirurgie im Alter

Die Mehrzahl der Otoskloroseerkrankungen ist mit 40 Jahren klinisch manifest. Trotzdem wird von einigen Patienten erst bei zunehmender Altersschwerhörigkeit die Schwerhörigkeit als störend empfunden.

Altersabhängige Kontraindikationen zur Operation gibt es praktisch nicht, weil der Eingriff klein ist und den Patienten insgesamt nur gering belastet, insbesondere wenn die Operation in örtlicher Betäubung durchgeführt wird.

Ganz im Gegenteil ist zu bedenken, daß gerade bei einer ausgeprägten Schallempfindungsschwerhörigkeit manchmal erst durch eine Stapesplastik eine Hörschwelle erreicht wird, die eine erfolgreiche Hörgeräteversorgung ermöglicht (Pröschel u. Jahnke 1993).

11 Ansätze einer medikamentösen Therapie

Bereits 1894 wurde von Politzer und 1907 von Lucae eine medikamentöse Therapie der Otosklerose mit Jodkalium vorgeschlagen.

Therapieversuche mit antientzündlichen Medikamenten oder Osteoklasteninhibitoren, deren Einsatz sich auf neuere immunologische Ergebnisse der Pathogenese der Otosklerose stützen, haben sich leider nicht bewährt (Strutzmann u. Petrovic 1985). Eher ist zu befürchten, daß die ototoxischen Komponenten derartiger Therapien schädlich sind (Boumans u. Poublon 1991). Lediglich die Therapie mit *Natriumfluorid*, die von Shambaugh und Scott (1964) vorgeschlagen wurde, zeigt eine aufschiebende Wirkung bei der aktiven Otosklerose (Bretlau et al. 1985, Colletti u. Fiorino 1991). Dabei soll der otosklerotische Knochenabbau durch die Reduktion der Enzymaktivität gebremst werden. In der aktiven Phase wird eine NaF-Dosis von 2×20 mg täglich (z. B. Ossin Drg.) zusammen mit Kalzium (500 mg) und 400 IE Vitamin D empfohlen. Ursprünglich wurde diese Dosis über zwei Jahre gegeben und danach auf 1×20 mg/Tag reduziert (Bretlau et al. 1985).

12 Problematik der Hörgeräteversorgung

Immer wieder kommt es vor, daß bei einer Otosklerose ein Hörgerät verordnet wird. Obwohl bei einer Schalleitungsschwerhörigkeit der Gewinn durch ein Hörgerät relativ groß ist, weil die Diskriminationsfähigkeit des Innenohres nicht gestört ist, ist diese Therapie nur in Ausnahmefällen sinnvoll. Hier ist z. B. an Patienten zu denken, die auf dem kontralateralen Ohr ertaubt sind oder bei denen eine vorangegangene Tympanoskopie ein erhöhtes Operationsrisiko (z. B. Otosklerose kombiniert mit einer Fehlbildung des N. VII oder eine obliterative Otosklerose) ergab. Sonst ist sie abzulehnen, weil durch einen kleinen Eingriff die Folgen der Otosklerose beseitigt werden können und darüber hinaus ein Fortschreiten der Krankheit – aus noch nicht geklärten Gründen – verlangsamt werden kann (Karjalainen et al. 1984).

13 Zusammenfassung

Es gibt wenige andere Operationen, bei denen nach sorgfältiger Indikationsstellung mit einer vergleichbar hohen Zuverlässigkeit ein ähnlich gutes postoperatives Ergebnis vorausgesagt werden kann wie bei der Stapesplastik.

Alle heutzutage benutzten Techniken können als sicher gelten. Welche Technik von welchem Operateur benutzt wird, sollte dieser selbst entscheiden. Von besonderer Bedeutung ist dabei die persönliche Erfahrung und Ausbildung des Ohrchirurgen. Gerade bei der Otosklerosechirurgie hat dieser bei der Indikationsstellung eine hohe Verantwortung, weil bei einem Fehlschlag die Folgen des vestibulokochleären Schadens für den Patienten von außerordentlicher Bedeutung für sein berufliches und privates Leben sind.

Literatur

Arnold W, Altermatt H, Kraft R, Pfaltz C (1989) Die Otosklerose. Eine durch Paramyxoviren unterhaltene Entzündungsreaktion. HNO 37: 236–241

Boumans L, Poublon R (1991) The detrimental effect of aminohydroxypropylidene bisphosphonate (ADP) in otospongiosis. Eur Arch Otolaryngol 248: 218–221

Bretlau P, Causse J, Causse JB, Hansen H, Johnson N, Salomon G (1985) Otospongiosis and sodium fluoride. Ann Otol Rhinol Laryngol 94: 103–107

Causse J, Causse JB (1985) Clinical studies on fluoride in otosclerosis. Am J Otol
    6: 51–55
Colletti V, Fiorino F (1991) Effect of sodium fluoride on early stages of otosclero-
    sis. Am J Otol 12: 195–198
Cremers C, Beusen J, Huygen P (1991) Hearing gain after stapedotomy, partial
    platinectomy, or total stapedectomy for otosclerosis. Ann Otol Rhinol Laryn-
    gol 100: 959–961
Elies W, Hermes H (1990) Frühkomplikation nach Stapedektomie – operative oder
    konservative Behandlung. HNO 38: 67–70
Fisch U, Dillier N (1987) Technik und Spätresultate der Stapedotomie. HNO
    35: 252–254
Gardner G, Robertson J, Tomoda K, Clark W (1984) CO_2 laser stapedectomy: Is
    it practical? Am J Otol 5: 108–117
Gristwood R (1988) The surgical concept for otosclerosis. Adv Otorhinolaryngol
    39: 52–64
de Groot J, Huizing E (1987) Computed tomography of the petrous bone in
    otosclerosis and Menière's disease. Acta Otolaryngol [Suppl] (Stockh) 434: 33–
    94
House H (1963) Early and late complications of stapes surgery. Arch Otolaryngol
    Head Neck Surg 78: 606–613
Jahnke K (1987) Fortschritte der Mikrochirurgie des Mittelohres. HNO 35: 1–13
Karjalainen S, Kärjä J, Härmä R, Vartiainen E (1984) Hearing in otosclerotic ears
    not subjected to operation. J Laryngol Otol 98: 255–257
Katzke D, Plester D (1981) Idiopathic malleus head fixation as a cause of a
    combined conductive and sensorineural hearing loss. Clin Otolaryngol 6: 39–44
Kessel J (1880) Über das Ausschneiden des Trommelfells und Mobilisieren des
    Steigbügels. Arch Ohrenheilk 16: 196–201
Larsson A (1960) Otosclerosis. A genetic and clinical study. Acta Otolaryngol
    [Suppl] (Stockh) 154: 1–86
Lehnhardt E (1987) Praxis der Audiometrie. Thieme, Stuttgart
Leighton S, Robson A, Freeland A (1991) Audit of stapedectomy results in a
    teaching hospital. Clin Otolaryngol 16: 488–492
Marquet J (1965) Le syndrome de surdite du à une deficience de la prothèse
    stapedienne. Soc Fr ORL. Comptes Rendus Sci Cong 151–160
McKenna M, Mills B, Galey F, Linthicum F (1986) Filamentous structures mor-
    phologically similar to viral nucleocapsids in otosclerotic lesions in two pa-
    tients. Am J Otol 7: 25–28
Perkins R (1980) Laser stapedotomy for otosclerosis. Laryngoscope 90: 228–241
Plester D (1970) Fortschritte in der Mikrochirurgie des Ohres in den letzten 10
    Jahren. HNO 18: 33–40
Plester D, Katzke D (1983) The promontorial window technique. Laryngoscope
    83: 824–825
Plester D, Hildmann H, Steinbach E (1989) Atlas der Ohrchirurgie. Kohlhammer,
    Stuttgart
Politzer A (1894) Über primäre Erkrankung der knöchernen Labyrinthkapsel. Z
    Ohrenheilk 25: 309–327
Portmann M, Claverie G (1957) Surgery of windows of labyrinth in otosclerosis.
    Ann Otol Rhinol 66: 49–55
Pröschel U, Jahnke K (1993) Otsklerose im Alter. HNO 41: 77–82

Schrader M (1991) Histologische und immunhistologische Befunde bei Granulomen nach Stapesplastik. Arch Otorhinolaryngol [Suppl] 241–242

Schrader M (1993) Otosklerose – eine Autoimmunerkrankung? HNO 41(11): A15–A16

Schrader M, Poppendieck J (1985) Immunhistologische Untersuchungen zur Pathogenese der Otosklerose. Arch Otorhinolaryngol [Suppl] 168–169

Schrader M, Weber B, Kellner J (1989) Collagen II localisation in otosclerosis. Arch Otorhinolaryngol 246:444

Schrader M, Poppendieck J, Weber B (1990) Immunhistologic findings in otosclerosis. Ann Otol Rhinol Laryngol 99:349–352

Schröder M, Langenbeck U (1978) Untersuchungen zur Genetik der Otosklerose. HNO 26:119–124

Schuknecht H, Reisser C (1988) The morphologic basis for perilymphatic gushers and oozers. Adv Otorhinolaryngol 39:1–12

Shambaugh G (1949) Fenestration operation for otosclerosis. Acta Otolaryngol [Suppl] (Stockh) 79

Shambaugh G, Scott A (1964) Sodium fluoride for arrest of otosclerosis. Arch Otolaryngol 80:263–270

Shea J (1958) Fenestration of the oval window. Ann Otol Rhinol Laryngol 67:932–938

Shea J (1985) Stapedectomy technique and results. Am J Otol 6:61–62

Smyth G (1982) Recent and future trends in the management of otosclerotic conductive hearing loss. Clin Otolaryngol 7:153–160

Strauss P (1975) Granulombildung am ovalen Fenster als Komplikation der Stapedektomie. HNO 23:6–8

Strutzmann J, Petrovic A (1985) Diphosphonates for otospongiosis. Am J Otol 6:89–95

Vartiainen E, Nuutinen J, Virtaniemi J (1992) Long-term results of revision stapes surgery. J Laryngol Otol 106:971–973

Wullstein H (1952) Die Eingriffe zur Gehörverbesserung. In: Uffenorde W (Hrsg) Anzeige und Ausführung der Eingriffe an Ohr, Nase und Hals. Thieme, Stuttgart, S 231–244

Wullstein H (1968) Operationen zur Verbesserung des Gehörs. Thieme, Stuttgart

Yoo T, Tomoda K, Stuart J, Kang A, Townes A (1983) Typ II collagen induced autoimmune otospongiosis. Ann Otol Rhinol Laryngol 92:103–108

Moderne Möglichkeiten der Diagnostik des Morbus Menière und der Tieftonschwerhörigkeit

W. Delb

1 Einleitung

Im Jahre 1861 präsentierte Prosper Menière anläßlich eines Vortrages vor der Académie impériale de médicine in Paris seine klinischen und pathologischen Beobachtungen zu einer Erkrankung, die er in seiner Eigenschaft als Direktor des königlichen Instituts der Taubstummen immer wieder beobachtet hatte. In einer im gleichen Jahr erschienenen Veröffentlichung in der Gazette médicale de Paris schilderte er ausführlich typische klinische Verläufe der bald nach ihm benannten Erkrankung: Die Betroffenen litten unter regelmäßig wiederkehrenden Schwindelanfällen, die von Tinnitus, einem Hörverlust sowie Übelkeit und Erbrechen begleitet waren.

Eine der bekanntesten Persönlichkeiten, die unter dieser Krankheit zu leiden hatten, war Martin Luther (Feldmann 1993). Sein Freund Jonas schreibt:

HNO Praxis Heute 14
H. Ganz, W. Schätzle (Hrsg.)
© Springer-Verlag Berlin Heidelberg 1994

„Er klaget aber über ein groß verdrießlich, ungewöhnlich Brausen und Klingen des linken Ohrs. Weil aber dasselbe Klingen und Sausen größer und heftiger ward, sagt er, er könne vor Schwachheit bei uns am Tische nicht bleiben, ging derhalben wieder hinauf in seine Schlafkammer, daß er sich wieder ins Bett legt. Da er über die Schwelle der Schlafkammer trat, ging ihm eine Ohnmacht zu, spricht hastig zu mir ‚O Herr Doct. Jona, mir wird übel, Wasser her, oder was ihr habt oder ich vergehe'." (Nach Feldmann 1993)

Heute wissen wir, daß es sich hierbei um die Schilderung des ersten großen Menière-Anfalls handelt, der Martin Luther am 6. Juli 1527 ereilte.

Zur Zeit Menières und noch lange danach gab es außer dem klinischen Bild und dem Verlauf der Erkrankung keinerlei Möglichkeit der weiteren Diagnostik. Die erste Darstellung eines für den Morbus (M.) Menière typischen Hörbefundes stammt von Gradenigo (1892). In diesem mit einfachen Mitteln erhobenen Befund erkennt man die typische Betonung der tiefen Frequenzen.

Mit heutigen Methoden findet man einen zumeist einseitigen fluktuierenden Hörverlust, der zunächst ausschließlich die tiefen Frequenzen betrifft. Die Prüfung des Recruitments ist typischerweise positiv und es findet sich keine pathologische Hörermüdung.

Ein wesentliches diagnostisches Hilfsmittel, das beim M. Menière spezifische Befunde liefert, ist der 1966 von Klockhoff und Lindblom in die Hals-Nasen-Ohrenheilkunde eingeführte *Glyzerintest*. Bei diesem Test kommt es nach oraler Aufnahme von 1,5 g Glyzerin pro kg Körpergewicht (KG) zu einer sowohl subjektiven als auch objektiv meßbaren Verbesserung des Hörverlustes, einer Verbesserung der Diskriminationsfähigkeit im Sprachaudiogramm, wie auch zu einem Verschwinden des Tinnitus.

Bereits Menière selbst hatte postuliert, daß es sich beim M. Menière um eine Erkrankung handele, die im Bereich des Innenohrs und hier im Vestibularorgan lokalisiert sei. Eine der ersten pathophysiologischen Vorstellungen zum M. Menière stammt von Gruber, der in einem 1895 vor der österreichischen otologischen Gesellschaft gehaltenen und im selben Jahr in der Monatsschrift für Ohrenheilkunde veröffentlichten Vortrag eine Theorie zur Entstehung dieser Erkrankung entwickelte. Er schreibt:

„. . . Können wir uns nicht mit der grössten Leichtigkeit denken, dass bei mangelhaftem Abfluß der Endolymphe durch Verschluß des Aquaeductus vestibuli oder durch Verwachsung der Blätter des Sacc. Cotugni oder durch Obliteration der von Rüdiger nachgewiesenen Abzugskanälchen aus dem Sacc. Cotugni eine vermehrte Ansammlung von Endolymphe stattfindet, die, wenn sie den Höhepunkt erreicht hat, vielleicht durch übermäßigen Druck, vielleicht sogar durch Zerreissen der Gebilde mit gleichzeitigem Blutaustritt, diese Erscheinungen wie mit einem Schlage herbeiführt und uns das wahre Bild des M. Menièrei bietet? . . ."

Auch heute noch wird die hier angerissene Theorie in ihren Grundzügen verbreitet akzeptiert.

Das bekannteste **morphologische Substrat** des M. Menière ist der zuerst von Hallpike und Cairns (1938) beschriebene **endolymphatische Hydrops.** Hierunter versteht man eine Flüssigkeitsvermehrung im Bereich der Scala media, die zu einer Erhöhung des Druckes in diesem Kompartiment und damit zu einer Auslenkung der Reissner-Membran in Richtung auf die Scala vestibuli und der Basalmembran in Richtung auf die Scala tympani führt.

Mit der Einführung der Elektrophysiologie in die audiometrische Diagnostik entdeckte man in den 70er Jahren, daß bei der Ableitung des Elektrokochleogrammes für den M. Menière typische Befunde auftraten, was eine weitere Bereicherung des diagnostischen Spektrums bedeutete. Ziel dieses kurzen Übersichtsartikels soll es sein, diese Untersuchungsmethode und ihre Anwendbarkeit beim M. Menière, wie auch bei der isolierten Tieftonschwerhörigkeit darzustellen. Des weiteren soll auch die Bedeutung anderer moderner Untersuchungsmethoden beim M. Menière besprochen werden.

2 Elektrokochleographie

2.1 Methode

Unter einem Elektrokochleogramm versteht man die Ableitung der sehr frühen, d. h. innerhalb der ersten 1–2 ms nach akustischer Stimulation auftretenden, akustisch evozierten Potentiale. Es wurde Ende der 60er und Anfang der 70er Jahre in die klinische Diagnostik eingeführt (Portmann et al. 1967; Aran u. Negrevergne 1972). Prinzipiell wird dabei analog zur Ableitung der akustisch evozierten Hirnstammpotentiale („brainstem evoked response audiometry" = BERA) vorgegangen, d. h. durch akustische Reize ausgelöste Potentiale werden von einer auf dem Vertex, auf der Stirn und – im Unterschied zur BERA – durch eine auf dem Promontorium oder im Gehörgang plazierte Elektrode abgeleitet. Auch andere Elektrodenanordnungen sind möglich.

Die abgeleiteten Potentiale werden mit Hilfe eines geeigneten Computers gefiltert, einer Artefaktunterdrückung zugeführt und dann gemittelt, wobei bei der Elektrokochleographie 500 bis maximal 1000 Mittelungen ausreichen.

Als **Stimulus** verwendet man am besten ein kurzes, abruptes Schallereignis, wie z. B. einen Click. Ein Click ist elektrisch gesehen ein sehr

kurzer Rechteckimpuls. Das daraus in einem Lautsprecher entstehende akustische Signal hat ein sehr breites Frequenzspektrum. Dies besitzt den Vorteil, daß praktisch die gesamte Kochlea stimuliert wird und eine große Anzahl von Haarzellen, wie auch ihre korrespondierenden Neuronen synchron gereizt werden. Die Polarität dieses Clicks kann sowohl alternierend als auch immer zur gleichen Seite gerichtet sein. Hierbei unterscheidet man einen sogenannten Druck (oder „condensation")-Click, bei dem es zu einer Teilchenverdichtung durch auswärts gerichtete Auslenkung der Lautsprechermembran kommt, von einem Sog (oder „rarefication")-Click, der durch eine einwärts gerichtete Bewegung der Lautsprechermembran zustande kommt (Abb. 1). Die Kochlea reagiert am besten auf Sog-Clicks. Bei Verwendung eines Clicks erhält man gute Ergebnisse mit Reizen, die eine Dauer von 100–200 µs haben und mit einer Reizfolgerate von unter 5–20/s angeboten werden. Für manche Ableitungen (z. B. das Summationspotential) kann auch die Verwendung eines Toneburst, d. h. eines Reizes definierter Frequenz und längerer Dauer notwendig sein (vgl. Abb. 1).

Zur Ableitung eines Elektrokochleogrammes ist sowohl die Verwendung einer **Gehörgangselektrode** als auch einer sog. **transtympanalen Elektrode** möglich (Abb. 2). Grundsätzlich erbringt die Ableitung mit einer am Promontorium sitzenden Elektrode die besten Ergebnisse in bezug auf die Amplitude der einzelnen Komponenten des Elektrokochleogrammes. Lei-

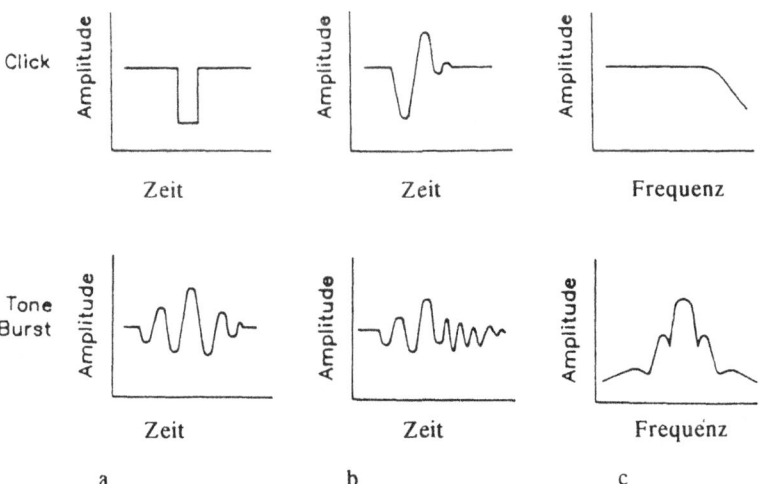

Abb. 1. Schematische Darstellung des elektrischen Signals (**a**), des entstehenden akustischen Signals (**b**) und des Frequenzspektrums (**c**) eines Click („rareficationclick"; im Falle eines „condensation-click" entgegengesetzter Verlauf der Kurven für das elektrische und akustische Signal) und eines kurzen Toneburst. (Nach Hall 1992)

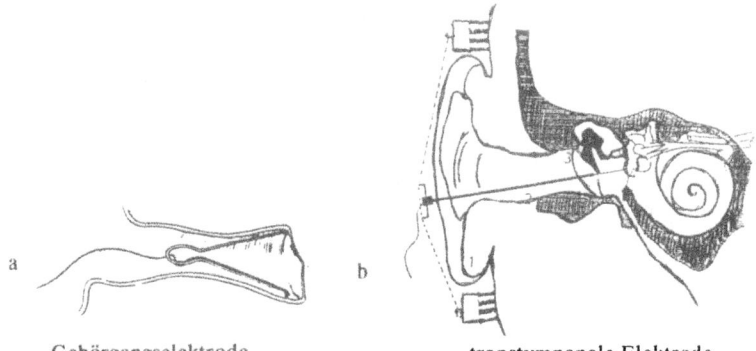

Gehörgangselektrode   transtympanale Elektrode

Abb. 2. Gehörgangselektrode (**a**) und transtympanale Nadelelektrode (**b**) zur Ableitung eines Elektrokochleogrammes. (Aus Eggermont u. Odenthal 1974 und Lehnhardt 1987)

tet man am Trommelfell ab, so reduziert sich die Amplitude der abgeleiteten Potentiale um ungefähr 90%, bei Ableitung im Gehörgang sogar um 95% (Hall 1992).

Das Einführen und Plazieren der Nadelelektrode auf dem Promontorium geschieht nach vorheriger Anästhesie des Trommelfells, z. B. durch Auflegen von mit 4%igem Xylocain getränkten Gelitas und ist bei richtiger Durchführung schmerzlos. Das Trommelfell wird zwischen Umbo und hinterem unterem Trommelfellrand links bei 5 Uhr und rechts bei 7 Uhr durchstochen. Bei dieser Plazierung der Durchstechungsstelle erreicht die Nadel das Promontorium auf kürzestem Wege. Der elektrische Widerstand der Nadelelektrode ist relativ hoch und beträgt 20–50 kOhm. Bei den Hautelektroden dagegen sollte der Widerstand 5 kOhm nicht überschreiten. Die Fixation der Nadelelektrode geschieht am besten mit Hilfe eines elastischen Fadenkreuzes, das über einen um die Ohrmuschel gelegten Ring gespannt ist. Auf diesen Ring wird dann der Kopfhörer aufgelegt und mittels eines Klettverschlusses oder eines Magneten fixiert (vgl. Abb. 2). Der Stimulus kann jedoch auch über einen Lautsprecher appliziert werden, der etwa 70 cm bis 1 m vom Ohr entfernt aufgestellt wird. Auf diese Weise ist es möglich, gewisse Artefakte zu vermeiden. Die Komplikationsrate der transtympanalen Elektrokochleographie ist gering. Crowley et al. (1975, zitiert nach Lehnhardt 1987) beziffern die Gefahr einer bleibenden Trommelfellperforation mit 0,1%. Schmidt und Spoor (1974) beobachteten bei 226 Kochleographien einen Fall einer leichten Mittelohrentzündung und einen Fall von vorübergehendem Schwindel, dessen Ursache sie allerdings in dem verwendeten Lokalanästhetikum sahen.

Das abgeleitete Signal wird über einen Differenzverstärker verstärkt und zwischen einer oberen und unteren Grenzfrequenz gefiltert. Je nach Fragestellung können diese Grenzfrequenzen unterschiedlich gewählt werden. Für die Ableitung eines clickinduzierten Elektrokochleogrammes, beispielsweise zur Bestimmung des später noch erläuterten -SP/CAP-Quotienten, bringt eine Filterung zwischen 1 und 3000 Hz gute Ergebnisse. Eine **frequenzspezifische Messung** ist z. B. durch Stimulation mit einem Toneburst definierter Frequenz möglich. Eine weitere Möglichkeit der frequenzspezifischen Ableitung wird im nächsten Kapitel beschrieben.

2.2 Bestandteile des Elektrokochleogrammes

Die wesentlichen Bestandteile des Elektrokochleogrammes sind die Mikrophonpotentiale („cochlear microphonics" = CM), das Summationspotential (SP) und das Summenaktionspotential („compound action potential" = CAP).

Die Mikrophonpotentiale wurden bereits 1930 von Wever u. Bray beschrieben, die die Mikrophonpotentiale ableiteten, während sie in das Ohr einer Katze sprachen:

„By placing an electrode on the cats auditory nerve near the medulla, with a grounded elektrode elsewhere on the body, and leading the action currents through an amplifier to a telephone receiver, the writers have found that sound stimuli applied to the animal are reproduced in the receiver with great fidelity. Speech is easily understandable . . .“

Die **Mikrophonpotentiale (CM)** entstehen wahrscheinlich durch die Scherbewegung der Zilien der Haarzellen, die durch die Bewegung der Basilarmembran und damit letztendlich durch Schallwellen ausgelöst werden und in einer reizproportionalen Änderung des Ruhepotentials resultieren. Entsprechend stellt das Mikrophonpotential ein stimulussynchrones Potential dar, das so lange abgeleitet werden kann, wie der Stimulus andauert. Das Mikrophonpotential ist auch phasensynchron mit dem Stimulus, so daß es durch Reizung mit einem Stimulus abwechselnder Polarität (alternierender Reiz) eliminiert wird, was in der praktischen Arbeit mit dem Elektrokochleogramm häufig notwendig ist. Der beste Reiz zur Ableitung der Mikrophonpotentiale ist ein Toneburst nichtalternierender Phase. Die Mikrophonpotentiale sind erst ab 50–60 dB ableitbar und repräsentieren bei Ableitung vom Promontorium lediglich die Haarzellaktivität in der Basalwindung.

Das **Summationspotential (SP)** stellt eine zumeist negative Gleichspannungskomponente des Elektrokochleogrammes dar. Wie das Mikrophonpotential ist auch das Summationspotential nur für die Dauer des Reizes

abzuleiten. Bei Reizung mit einem nichtalternierenden Stimulus wird das Summationspotential z.T. vom Mikrophonpotential überlagert, so daß zur Ableitung des Summationspotentials zumeist die Reizung mit einem alternierenden Stimulus notwendig ist. Möglich ist dabei sowohl ein alternierender Click als auch ein Toneburst. Eine isolierte Darstellung des SP und eine Separierung vom sonst immer mitregistrierten CAP ist bei Verwendung von Stimuli einer hohen Reizfolgerate (z.B. 100/s) möglich, da das SP als präsynaptisches Potential kein Adaptationsverhalten zeigt, während das CAP bei Erhöhung der Reizfolgerate kontinuierlich an Amplitude abnimmt (Abb. 3).

Das **Summenaktionspotential (CAP)** ergibt sich durch Aufsummieren der Aktionspotentiale aller durch einen bestimmten Reiz über die Haarzellen erregten Nervenfasern, wobei bei Stimulation mit einem Click die Anteile aus der Schneckenbasis dominieren. Im Gegensatz zu den Mikrophonpotentialen und dem Summationspotential handelt es sich also um ein neurales Ereignis. Dieses Potential ist bis zur Hörschwelle ableitbar und eignet sich demnach zur Hörschwellenbestimmung.

Das CAP kann zusammen mit dem SP durch einen Click alternierender Phase erzeugt werden. Unter bestimmten Bedingungen ist hierbei auch eine frequenzselektive Messung möglich. Diese erfolgt entweder durch

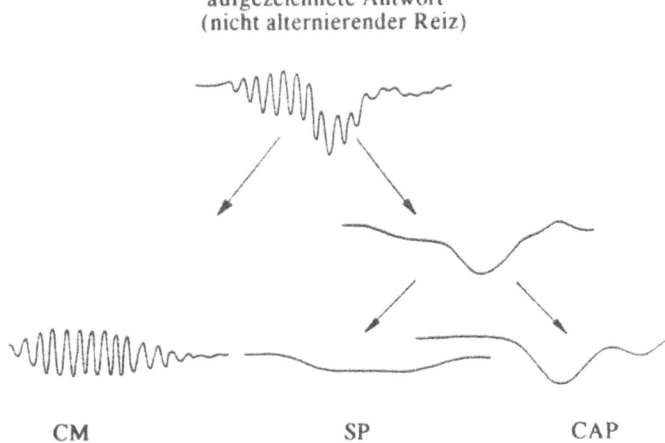

CM   SP   CAP

Abb. 3. Durch Stimulation mit einem Reiz mit alternierender Phase kann die primär aufgezeichnete Antwort, die alle Anteile des Elektrokochleogrammes enthält und mit einem kurzen Toneburst erzeugt wurde, so verändert werden, daß nur noch das Summationspotential und das CAP übrigbleiben. Durch Reizung mit einer sehr hohen Reizfolgerate kann aus diesem Kurvenverlauf wiederum das CAP eliminiert werden, so daß nur das SP-Potential übrigbleibt. (Aus Eggermont u. Odenthal 1974)

Reizung mit Tonebursts oder mit Clicks bei gleichzeitiger gezielter Vertäubung bestimmter Frequenzen, d. h. Abschnitten der Kochlea, mit einem
Rauschen. So kann die Reizantwort nur aus den nichtvertäubten Abschnitten der Kochlea stammen, d. h. nur den nichtvertäubten Frequenzen
entsprechen.

2.3 Anwendung des Elektrokochleogrammes beim M. Menière

Mehr als bei jeder anderen Erkrankung des Innenohres wurde das Elektrokochleogramm von einer Vielzahl von Autoren zur Diagnostik des M.
Menière eingesetzt (Coats 1981; Goin et al. 1982; Dauman et al. 1988).
  Ruben und Walker (1963) waren wahrscheinlich die ersten, die koch-
leäre Potentiale bei Patienten mit M. Menière intraoperativ ableiteten. Sie
fanden jedoch keinen Unterschied zwischen Patienten mit M. Menière und
Patienten, die wegen anderer Erkrankungen operiert wurden.
  Eine Vielzahl von späteren Untersuchungen beschäftigte sich ebenfalls
mit der Elektrokochleographie bei Patienten mit M. Menière. Als Resultat
dieser Untersuchungen, von denen die ersten bereits Mitte der 70er Jahre
publiziert wurden (Eggermont u. Odenthal 1974) wird heute allgemein
akzeptiert, daß das Elektrokochleogramm zur Diagnose eines M. Menière, bzw. des ihm zugrundeliegenden endolymphatischen Hydrops,
wertvolle Dienste leistet. Typischerweise findet man eine **vergrößerte Amplitude des Summationspotentials** (Dauman et al. 1986; Mori et al. 1990;
Coats 1981). Die Amplitude des Summationspotentials besitzt jedoch eine
hohe Variabilität, was die Anwendung in der klinischen Praxis erschwerte
(Goin et al. 1982; Coats 1981).
  Eine Lösungsmöglichkeit dieses Problems war die **Verwendung des Ver-
hältnisses der Amplitude des Summationspotentials zur Amplitude des Summenaktionspotentials (-SP/CAP-Quotient).** Bei Verwendung dieses Quotienten, der nach Ansicht vieler Autoren eine deutlich geringere Variabilität zeigt, ist eine Differenzierung zwischen Menièrepatienten und Nicht-
Menièrepatienten besser möglich. Der -SP/CAP-Quotient beträgt bei
Normalpersonen im Mittel 0,23 (Tabelle 1). Abb. 4 zeigt die Bestimmung
des -SP/CAP-Verhältnisses. Benutzt man 2 Standardabweichungen als
obere Begrenzung eines noch im Normbereich liegenden -SP/CAP-Quo-
tienten, so ergibt sich ein Wert von etwa 0,3–0,4. Beim M. Menière, bei
dem aller Wahrscheinlichkeit nach ein endolymphatischer Hydrops vorliegt, ist dieser Wert infolge der erhöhten Amplitude des Summationspotentials erhöht. Je nach Arbeitsgruppe wird der „breakpoint" zwischen
normalem Befund und dem Nachweis eines Hydrops zwischen 0,3 und 0,5
angenommen, wobei wir 0,3 als sicherlich zu niedrig ansehen, da ein Wert

Tabelle 1. Normalwerte des SP/CAP-Quotienten in einer Auswahl von Studien (T=transtympanale Ableitung, E=extratympanale Ableitung)

	Methode	Mittelwert des SP/CAP-Quotienten
Gibson et al. (1977)	T	0.25
Ferraro et al. (1983)	E	0.25
Filipo et al. (1989)	E	0.27
Mori et al. (1987)	E	0.225
Kumagami et al. (1982)	T	0.22

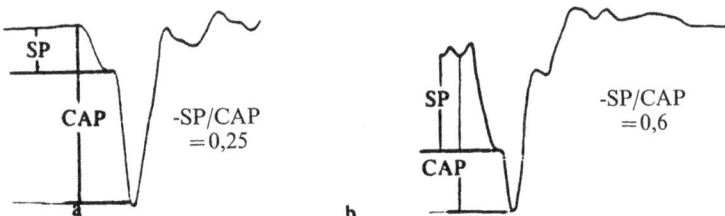

Abb. 4. a Elektrokochleogramm einer Normalperson und **b** eines Patienten mit M. Menière

von 0,3 nach verschiedenen Studien (Aso et al. 1991) noch im Bereich von 2 Standardabweichungen über dem Mittelwert und nach Inamon (zitiert nach Aso et al. 1991) sogar noch im Bereich einer Standardabweichung liegt.

Andere Untersucher verwenden die Fläche innerhalb der abgeleiteten Kurve als Diagnosekriterium für das Vorliegen eines endolymphatischen Hydrops.

2.3.1 Fehlermöglichkeiten und Interpretationsprobleme

Der -SP/CAP-Quotient wird durch eine ganze Reihe von Faktoren beeinflußt. Ein wichtiger Faktor ist die **Lage der Elektrode:** Je näher sich die Elektrode an der Kochlea befindet, desto größer wird das Summenaktionspotential, während sich die Amplitude des Summationspotentials relativ wenig verändert.

Auch die **Art des Stimulus** kann den -SP/CAP-Quotienten verändern. So muß man zunächst beachten, daß das Summationspotential erst ab einem Stimulus von 50 dB beobachtet werden kann. Der Stimulus muß also ausreichend laut sein. Nach den Untersuchungen von Dauman et al. (1986) kann der Quotient -SP/CAP am besten mit einem längeren (ca. 10 ms andauernden) Toneburst bestimmt werden, da das Summationspotential dann als langes, flaches Plateau und nicht nur als eine Einbuchtung im absteigenden Schenkel des Summenaktionspotentials dargestellt wird, wie dies bei Verwendung eines Clicks der Fall ist.

Ohashi u. Takeyama (1989) untersuchten die Variabilität des -SP/CAP-Quotienten in Abhängigkeit von der **Stimulusfrequenz** und fanden eine minimale Variabilität des -SP/CAP-Quotienten bei einem 4 kHz-Toneburst. Sie konnten auch zeigen, daß ein Anstieg der Stimulusintensität einen Anstieg des -SP/CAP-Quotienten bewirkte. So lag er bei einer Reizintensität von 50 dB bei 0,07 und bei 80 dB bei 0,42.

Der Grad des bei dem betreffenden Patienten vorliegenden **Hörverlustes** beeinflußt ebenfalls den -SP/CAP-Quotienten: Mori et al. (1987) wie auch andere Autoren konnten zeigen, daß die CAP-Amplitude bei einem Anstieg des Hörverlustes abnahm, während die Amplitude des Summationspotentials davon vergleichsweise wenig beeinflußt wurde. Daraus folgt selbstverständlich eine Erhöhung des -SP/ CAP-Quotienten allein in Abhängigkeit von einem bei dem Patienten gegebenenfalls vorliegenden Hörverlust. Nach einer Untersuchung von Asai u. Mori (1989) betrifft dies jedoch nur die hohen Frequenzen, während ein Hörverlust in den tiefen Frequenzen, wie er beim M. Menière primär vorkommt, per se keinen Einfluß auf den -SP/CAP-Quotienten hat.

Während das Summationspotential bei üblicher Ableitung des Kochleogrammes negativ ist, beobachtet man bei Patienten mit M. Menière bei Stimulation mit einem 8 kHz-Toneburst ein **positives Summationspotential,** das als zusätzliches diagnostisches Kriterium herangezogen werden kann (Dauman et al. 1986; Mori et al. 1990).

Da beim M. Menière die Symptome zumindest im Anfangsstadium nur während eines Anfalles vorhanden sind, erhebt sich die Frage, ob das Vorhandensein eines Hörverlustes, Tinnitus oder Schwindel einen Einfluß auf das Vorhandensein eines erhöhten -SP/CAP-Quotienten hat. Ferraro et al. (1985) konnten zeigen, daß alle von ihnen untersuchten Patienten ohne manifeste otologische Symptome keine kochleographischen Zeichen eines Hydrops zeigten, während bei Patienten mit Symptomen (Schwindel, Hörverlust, Tinnitus) häufig ein Hydrops diagnostiziert werden konnte. Andere Untersucher konnten diese Ergebnisse jedoch nicht bestätigen (Ohashi et al. 1991).

Für möglichst verläßliche und vergleichbare Bestimmungen des -SP/CAP-Quotienten sind weitestgehend standardisierte Meßbedingungen, d. h. eine möglichst geringe Variabilität der Elektrodenlage, die Verwendung genügend lauter, adäquater Stimuli, richtige Filtereinstellungen, die Berücksichtigung von Hochtonverlusten und die Erstellung von statistisch aussagekräftigen Vergleichswerten bei Normalpersonen und bei Patienten mit einer kochleären Pathologie anderer Genese wesentlich.

Ein weiterer Befund, der beim Elektrokochleogramm von Patienten mit M. Menière auffällt, ist eine **erhöhte Dauer des CAP,** das bei diesen Patienten um bis zu ⅔ verlängert sein kann. Moffat et al. (1978) sahen eine Reduktion dieser Aufweitung nach Glyzeringabe, was als weiterer Hinweis für die hydropische Genese dieser Veränderung gewertet werden kann. Die hohe Variabilität ist jedoch wahrscheinlich der Grund dafür, daß sich diese Methode nicht allgemein durchsetzen konnte.

Beim **Akustikusneurinom** kommt es ebenfalls zu einer Aufweitung des -SP/CAP-Komplexes auf über 4 ms, wie auch zu einer Vergrößerung des

-SP/CAP-Quotienten (Marangos et al. 1990). Die Differentialdiagnose zum endolymphatischen Hydrops kann durch eine zusätzliche Ableitung der akustisch evozierten Hirnstammpotentiale und im Zweifelsfall auch durch ein bildgebendes Verfahren gestellt werden.

2.3.2 Elektrokochleogramm und Glyzerintest

Wie in der Einleitung schon erwähnt, wurde der Glyzerintest von Klockhoff und Lindblom im Jahre 1966 in die Hals-Nasen-Ohrenheilkunde eingeführt. Mit dem Glyzerintest kann man ein durch einen endolymphatischen Hydrops bedingtes fluktuierendes Gehör nachweisen. Durch die orale Gabe von 1,5 g Glyzerin pro kg KG kommt es zu osmotisch bedingten Flüssigkeitsverschiebungen aus dem Endolymphraum heraus und so zu einer Verminderung des endolymphatischen Hydrops mit konsekutiver Verbesserung des Gehörs. Morgenstern et al. (1985) fanden, daß bei 55 Patienten mit klinisch eindeutigem M. Menière 32,7% im Glyzerintest negativ reagierten, d. h. es wurden mit diesem Test lediglich 67,3% der Patienten erfaßt. In Kombination mit der Elektrokochleographie kann dieser Anteil jedoch deutlich erhöht werden. Bereits Moffat et al. (1978) bestimmten den -SP/CAP-Quotienten bei Patienten mit M. Menière nach Glyzeringabe und konnten eine deutliche Reduktion der Amplitude des Summationspotentials wie auch des -SP/CAP-Quotienten nachweisen. Dauman et al. (1986) bestimmten bei 23 Patienten mit klinisch sicherem M. Menière nach Gabe von Glyzerin alle 5 Minuten den -SP/CAP-Quotienten und konnten zeigen, daß es in 87% der Fälle zu einer signifikanten Reduktion des -SP/CAP-Quotienten kam. Aufgrund dieser Untersuchungen sowie der Untersuchung von Hesse u. Mausolf (1988) kann man annehmen, daß durch die Kombination der Elektrokochleographie und des Glyzerintestes die diagnostische Wertigkeit des Glyzerintestes um 20–30% und die des Elektrokochleogrammes um ca. 10% verbessert werden kann.

2.3.3 Experimentelle Ergebnisse

Experimentell konnte der von Hallpike u. Cairns (1938) beschriebene endolymphatische Hydrops von Kimura u. Schuknecht (1965) durch Obliteration von Ductus und Saccus endolymphaticus erzeugt werden. Dies geschah durch einen Zugang über die hintere Schädelgrube des Meerschweinchens. Seither wurde diese Technik von einer Vielzahl von Autoren übernommen:

Horner u. Cazals (1991) fanden bei Meerschweinchen mit experimentell erzeugtem Hydrops bereits eine Woche nach dem Eingriff einen elek-

trokochleographisch gemessenen Hörverlust im Tieftonbereich, wie dies
auch beim M. Menière zu erwarten gewesen wäre.

Aran et al. (1984) fanden mit der gleichen Methode ebenfalls eine Tieftonschwerhörigkeit. Zusätzlich untersuchten sie die Elektronystagmo-
gramme der Versuchstiere und konnten vestibuläre Schäden nachweisen.
Morphologisch sahen Aran et al. einen Hydrops im Wesentlichen im
kochleären und sacculären Anteil des Labyrinths, weniger im Bereich der
Bogengänge.

Van Deelen et al. (1987) beschrieben bei experimentell erzeugtem Hydrops die beim Menschen diagnostisch genutzte Erhöhung der Summa-
tionspotentialamplituden. Durrant u. Dallos (1974) konnten zeigen, daß
bei Bewegung der Basilarmembran in Richtung Scala media eine Verringerung der SP-Amplitude resultierte, während die Amplitude sich bei Bewegung in Richtung Scala tympani vergrößerte. Die Ursache des erhöhten
Summationspotentials bei einem endolymphatischen Hydrops läge also in
der durch den erhöhten Druck im Ductus cochlearis erzeugten Auslenkung der Basilarmembran in Richtung auf die Scala tympani.

2.3.4 Die Elektrokochleographie bei der Überprüfung therapeutischer Erfolge

Der Effekt einer Glyzerolzufuhr auf den -SP/CAP-Quotienten wurde bereits in einem eigenen Abschnitt erläutert. Es ist also möglich, durch eine
Reduktion des endolymphatischen Hydrops eine Normalisierung dieses
Quotienten zu erreichen. Demzufolge liegt es nahe, mit Hilfe dieses Para-
meters den Erfolg einer therapeutischen Maßnahme zu verifizieren. Praktische Bedeutung hat dies vor allem in der operativen Therapie des M.
Menière. Die beiden Hauptformen der operativen Therapie sind die Neur-
ektomie des N. vestibularis und die Dekompression (mit oder ohne Eröffnung) des Saccus endolymphaticus.

Manche Autoren benutzen das Vorhandensein eines kochleographisch
nachgewiesenen Hydrops als Entscheidungskriterium zwischen den beiden
Formen der chirurgischen Therapie. Arenberg et al. (1989) führten ein
intraoperatives Monitoring durch und berichteten über eine Reduktion
des -SP/CAP-Quotienten, sobald es zu einer Dekompression des Saccus
endolymphaticus gekommen war.

2.4 Anwendung der Elektrokochleographie bei isolierter Tieftonschwerhörigkeit

Tieftonschwerhörigkeiten können auch isoliert, d. h. ohne begleitende
Schwindelbeschwerden auftreten. Ursache ist in vielen Fällen ein endo-

lymphatischer Hydrops (sog. „kochleärer M. Menière"). In der Tat findet man bei vielen dieser Fälle einen pathologischen -SP/CAP-Quotienten. Vollrath et al. (1990) fanden bei 27 von 46 Patienten mit Tieftonschwerhörigkeit einen -SP/CAP-Quotienten von >0,4. In derselben Veröffentlichung wird über die Möglichkeit einer Differentialtherapie des Tieftonhörverlustes berichtet. Die Autoren verglichen die übliche hämorheologische Therapie mit einer Osmotherapie, bestehend aus intravenöser Gabe von Mannit und Acetazolamid und anschließender oraler Gabe von Acetazolamid bei Patienten mit endolymphatischem Hydrops. Sie fanden eine signifikante Überlegenheit der Osmotherapie gegenüber der hämorheologischen Therapie. Horner et al. (1989) fanden jedoch in einer experimentellen Studie beim Meerschweinchen keinen wesentlichen Langzeiteffekt einer Therapie mit Acetazolamid. Aus diesem Grunde bleibt durch weitere Untersuchungen abzuklären, ob dieser Therapieform beim Menschen eine Bedeutung zukommt und inwiefern sich die Therapieerfolge von der Spontanremissionsrate trennen lassen.

3 Anwendung der frühen akustisch evozierten Potentiale beim M. Menière

Bei der üblichen Ableitung der frühen akustisch evozierten Potentiale finden sich keine spezifischen Befunde. Durch Auftragen der Input-Output-Funktion erhält man den typischen Befund einer Innenohrschwerhörigkeit. Diese Untersuchungsmethode kann zur Differentialdiagnose zwischen dem M. Menière und dem Akustikusneurinom, in Anbetracht der obengenannten gemeinsamen Befunde, bei beiden Erkrankungen als Ergänzung zur Elektrokochleographie von Bedeutung sein.

Die Diagnose eines endolymphatischen Hydrops geschieht mit der Ableitung der akustisch evozierten Hirnstammpotentiale folgendermaßen: Durch gezielte Vertäubung von bestimmten Frequenzbereichen eines als Stimulus benutzten Clicks ist es möglich, eine frequenzspezifische Ableitung der akustisch evozierten Hirnstammpotentiale zu erhalten. Leitet man nun die so entstandene frequenzspezifische BERA für 2 verschiedene Frequenzen ab und bestimmt die Latenzen der jeweiligen Welle J V, so ergeben sich Werte, die für tiefe Frequenzen etwas länger sind als für hohe Frequenzen. Der Latenzunterschied resultiert aus der längeren Wegstrecke, die die Wanderwelle bei tiefen Frequenzen zurücklegen muß. Aus der Zeitdifferenz ist also die Wanderwellengeschwindigkeit abschätzbar. Bei einem endolymphatischen Hydrops, bei dem infolge des erhöhten endolymphatischen Druckes die Beweglichkeit der Basalmembran einge-

schränkt ist, liegt diese Wanderwellengeschwindigkeit höher als bei normalen Druckverhältnissen, wodurch die Diagnose des endolymphatischen Hydrops möglich ist. Wie von verschiedenen Untersuchern gezeigt werden konnte (Thornton et al. 1991), zeigen Patienten mit M. Menière in der Tat höhere Wanderwellengeschwindigkeiten als Normalpersonen. Bei einem gleichzeitig durchgeführten Glyzerintest normalisierte sich in der Untersuchung von Thornton et al. die Wandergeschwindigkeit bis hin zu Normalwerten, was als weiterer Hinweis dafür zu werten ist, daß mit dieser Methode die Diagnose eines endolymphatischen Hydrops möglich ist.

4 Otoakustische Emissionen beim M. Menière

Da die otoakustischen Emissionen als Epiphänomen der aktiven Haarzellkontraktionen, und damit indirekt auch der Motilität der Basilarmembran anzusehen sind, erscheint es denkbar, daß bei einem M. Menière, bei dem durch den endolymphatischen Hydrops die Bewegungen der Basilarmembran behindert sind, auch Änderungen der TEOAE (transitorisch evozierte otoakustische Emissionen, s. Koch 1991) eintreten. Trotzdem wurden in der Literatur bislang nur relativ unspezifische Befunde beim M. Menière berichtet. Bonfils et al. (1988) fanden otoakustische Emissionen bei Menièrepatienten mit Hörverlusten über 40 dB. Das ist insofern erstaunlich, als bei anderen Erkrankungen in der Regel nur bis zu Hörverlusten von 25–30 dB otoakustische Emissionen zu evozieren sind. Darüber hinaus bieten die TEOAE keine Information, die über die eines Tonaudiogrammes hinausgeht. Uziel u. Bonfils (1988) beobachteten Amplitudenveränderungen der TEOAE während eines Glyzerintestes. Kemp (1986) fand keinen signifikanten Unterschied der TEOAE zwischen Menièrepatienten und Patienten mit anderen Innenohrstörungen. Harris u. Probst (1992) konnten bei den meisten ihrer Patienten mit M. Menière TEOAE aufzeichnen, obwohl der mittlere Hörverlust bei diesen Patienten 25 dBHL überstieg. In den kontralateralen Ohren mit zumeist normalem Gehör waren in dieser Arbeit Unterschiede zu gesunden Ohren in bezug auf Amplitude und Frequenzspektrum zu verzeichnen. Insgesamt jedoch erbringen die TEOAE beim M. Menière keine zusätzlichen klinisch nutzbaren diagnostischen Informationen.

5 „Tympanic membrane displacement Analysis"

Diese neue, nichtinvasive Methode zur Diagnose des endolymphatischen Hydrops beruht auf einer durch den Hydrops bedingten Verlagerung der Fußplatte und damit (bei intakter Gehörknöchelchenkette) des Trommelfelles. Ernst et al. (1993) berichteten über ihre Erfahrungen bei 50 Patienten mit M. Menière und kamen zu dem Ergebnis, daß durch diese Methode in Kombination mit den DPOAE („distorsion product otoacoustic emissions", s. Koch 1991) die Differentialdiagnostik und Verlaufsbeurteilung des M. Menière verbessert werden könne. Eine Wertung dieser Methode ist jedoch derzeit noch nicht möglich, da noch zu wenig Erfahrungen vorliegen.

6 Schlußwort

Obwohl in den letzten 25 Jahren enorme Fortschritte in der Diagnostik des M. Menière gemacht wurden, bleiben die gesicherten Erkenntnisse über die Pathophysiologie dieser Erkrankung letztlich sehr begrenzt. Insbesondere erscheint es bislang nicht geklärt, ob es sich bei dem bei dieser Erkrankung zu beobachtenden endolymphatischen Hydrops nicht lediglich um ein Epiphänomen anderer pathologischer Prozesse handelt, zumal ein endolymphatischer Hydrops auch bei anderen Innenohrerkrankungen zu beobachten ist. In Ermangelung klarer Vorstellungen über die Pathophysiologie ist bislang keine wirklich kausale Therapie dieser Erkrankung bekannt und man muß sich mehr oder weniger mit chirurgischer oder auch medikamentöser Symptombekämpfung begnügen.

Literatur

Aran JM, Negrevergne M (1972) Clinical study of some particular pathological patterns of eighth nerve responses in the human being. Audiology [Suppl] 11/98
Aran JM, Rarey KE, Hawkins Jr E (1984) Functional and morphologic changes in experimental endolymphatic hydrops. Acta Otolaryngol (Stockh) 97: 547–557
Arenberg IM, Gibson WPR, Bohlen HKH, Best L (1989) An overview of diagnostic and intraoperative electrocochleography for inner ear disease. Insights in Otolaryngology 4: 1–6
Asai H, Mori N (1989) Change in summating potential and action potential during the fluctuation of hearing in Menière's disease. Scand Audiol 18: 13–17

Aso S, Watanabe Y, Mizukoshi K (1991) A clinical study of electrocochleography in Menière's disease. Acta Otolaryngol (Stockh) 111:44–52

Bonfils P, Uziel A, Pujol R (1988) Evoked oto-acoustic emissions from adults and infants: clinical applications. Acta Otolaryngol (Stockh) 105:445–449

Coats AC (1981) The summating potential and Menière's disease: I Summating potential amplitude in Menière's and non Menière's ears. Arch Otolaryngol Head Neck Surg 107:199–208

Dauman R, Aran JM, Portmann M (1986) Summating potential and water balance in Menière's disease. Ann Otol Rhinol Laryngol 95:389–395

Daumann R, Aran JM, Savage R, Portmann M (1988) Clinical significance of the summating potential in Menière's disease. Am J Otol 9:31–38

Durrant JD, Dallos P (1974) Modification of DIF summating potential components by stimulus biphasing. J Acoust Soc Am 56:562–570

Eggermont JJ, Odenthal DW (1974) Basic principles for electrocochleography. Acta Otolaryngol [Suppl] (Stockh) 316:5–84

Ernst A, Bohndorf M, Plinkert PK (1993) Zur Korrelation von DPOAE- und TMD-Messungen in der Verlaufsbeurteilung des Morbus Menière. Vortrag anläßlich der 64. Jahresversamlung der Deutschen Gesellschaft für Hals-Nasen-Ohren-Heilkunde Kopf- und Hals-Chirurgie, Mai 1993, Münster

Feldmann H (1993) Die Geburt einer Krankheit, dargestellt am Beispiel des Morbus Menière. Laryngol Rhinol Otol (Stuttg) 72:1–8

Ferraro JA, Best LG, Arenberg IK (1983) The use of electrocochleography in the diagnosis, assessment and monitoring of endolymphatic hydrops. Otolaryngol Clin North Am 16:69–82

Ferraro JA, Arenberg I, Hassanein R (1985) Electrocochleography and symptoms of inner ear dysfunction. Arch Otolaryngol Head Neck Surg 111:71–74

Filipo R, Bertoli GA, Barbara M (1989) Electrocochleographic findings in Menière's Disease. In: Nadol Jr JB (Hrsg) Menière's disease. Kugler & Ghedini, Amsterdam, S 399–402

Gibson WPR, Moffat DA, Ramsden RT (1977) Clinical electrocochleography in the diagnosis and management of Menière disorder. Audiology 107:199–208

Goin D, Staller S, Asher D, Mischke RE (1982) Summating potential in Menière's disease. Laryngoscope 92:1383–1389

Gradenigo G (1892) Krankheiten des Labyrinths und des Nervus acusticus. In: Schwarze H (Hrsg) Handbuch der Ohrenheilkunde, Bd II. Leipzig, S 352–554

Gruber J (1895) Ueber Morbus Menièrei. Monatsschr Ohrenheilk 29:181–185

Hall JW III (1992) Handbook of Auditory Evoked Responses. Allyn & Bacon, Boston London Toronto Sydney Tokyo Singapore

Hallpike CS, Cairns H (1938) Observation on the pathology of Menière's syndrome. J Laryngol Otol 53:625–654

Harris FP, Probst R (1992) Transiently evoked otoacoustic emissions in patients with Menière's disease. Acta Otolaryngol (Stockh) 112:36–44

Hesse G, Mausolf A (1988) Vergrößerte Summationspotentiale bei Morbus Menière-Patienten. Laryngol Rhinol Otol (Stuttg) 67:129–131

Horner KC, Cazals Y (1991) Contribution of increased endolymphatic pressure to hearing loss in experimental hydrops. Ann Otol Rhinol Laryngol 100:496–502

Horner KC, Aurousseau C, Erre JP, Cazal Y (1989) Long-term treatment with Chlorthalidone reduces experimental hydrops but does not prevent the hearing loss. Acta Otolaryngol (Stockh) 108:175–183

Kemp DT (1986) Otoacoustic emissions, travelling waves and cochlear mechanisms. Hear Res 22:95–105

Kimura RS, Schuknecht HF (1965) Membranous hydrops in the inner ear of the guinea pig after obliteration of the endolymphatic sac. Pract Otorhinolaryngol 27:343–351

Koch A (1991) Die klinische Bedeutung der otoakustischen Emissionen. In: Ganz H, Schätzle W (Hrsg) HNO Praxis Heute, Bd XI. Springer, Berlin Heidelberg New York Tokyo

Kumagami H, Nishida H, Baba M (1982) Electrocochleographic study of Menière's disease. Arch Otolaryngol Head Neck Surg 108:284–288

Lehnhardt E (1987) Praktische Audiometrie, 6. Aufl. Thieme, Stuttgart New York

Marangos N, Mausolf A, Ziesmann B (1990) Elektrocochleographische Möglichkeiten zwischen hydropischer und neuraler Schwerhörigkeit. HNO 38:56–58

Maurer K, Leitner H, Schäfer E (1982) Akustisch evozierte Potentiale: Methode und klin. Anwendung. Enke, Stuttgart

Menière P (1861) Mémoire sur les lésions de l'oreille interne donnant lieu à des symptomes de congestion cérébrale apoplectiforme. Gazette médicale de Paris 21:597–601

Moffat DA, Gibson WPR, Ramsden RT, Morrison AW, Booth JB (1978) Transtympanic electrocochleography during Glycerol dehydration. Acta Otolaryngol (Stockh) 85:158–166

Morgenstern C, Lemp C, Lamprecht J (1985) Die Bedeutung des Glycerol-Testes für die Diagnostik von Schallempfindungsschwerhörigkeiten. Laryngol Rhinol Otol (Stuttg) 64:9–12

Mori N, Asai K, Doi K, Marsunaga T (1987) Diagnostic value of extratympanic electrocochleography in Menière's disease. Audiology 26:103–110

Mori N, Koshimune A, Asai H (1990) Clinical significance of positive summating potential in Menière's disease. ORL 62:10–15

Ohashi T, Takeyama I (1989) Clinical significance of SP/AP ratio in inner ear diseases. ORL J Otorhinolaryngol Relat Spec 51:235–245

Ohashi T, Ochi K, Okada T, Takeyama I (1991) Long-term follow-up of electrocochleogram in Menière's disease. ORL J Otorhinolaryngol Relat Spec 53:131–136

Pfaltz CR, Matéfi L (1981) Menière's disease – or syndrome? A critical review of diagnose criteria. In: Vosteen KH (Hrsg) Menière's disease: pathogenesis, diagnosis and treatment; Internationales Symposium, Düsseldorf. Thieme, Stuttgart New York

Portmann M, le Bert G, Aran JM (1967) Potentiels cochléaires obtenues chez l'homme en dehors de toute interventions chirurgicale. Rev Laryngol Otol Rhinol (Bord) 88:157–168

Ruben RJ, Walker AE (1963) The VIIIth nerve action potential in Menière's disease. Laryngoscope 73:1456–1464

Schmidt PH, Spoor A (1974) The place of Electrocochleography in clinical audiometry. Acta otolaryngol [Suppl] (Stockh) 5–6

Staller SS (1986) Electrocochleography in the diagnosis and management of Menière's disease. Seminars in Hearing 7:267–268

Thornton ARD, Farrell G, Haacke NP (1991) A non-invasive objective test of endolymphatic hydrops. Acta Otolaryngol [Suppl] (Stockh) 479:35–43

Uziel A, Bonfils P (1988) Otoacoustic emissions in sensorineural hearing loss and retrocochlear disease. Abstr Int Symp Clinical Applications of Otoacoustic Emissions, Montpellier

Van Deelen GW, Ruding PRJW, Veldman JE, Huizing EH, Smoorenburg GF (1987) Electrocochleographic study of experimentally induced endolymphatic hydrops. Arch Otorhinolaryngol 244:167–173

Vollrath M, Marangos N, Hesse G (1990) Die Dehydratationstherapie des Tieftonhörverlustes. HNO 38:154–157

Wever E, Bray C (1930) Action currents in the auditory nerve in response to acoustic stimulation. Proceedings of the National Academy of Science USA 16:344–350

Nachbehandlung und Nachsorge bei Operationen am Ohr

H. Ganz

1 Vorbemerkungen

Über Erfolg oder Mißerfolg eines operativen Eingriffs entscheidet die Qualität des Eingriffs selbst und damit die des Chirurgen, die Mitarbeit des Patienten, der reibungslose Ablauf im Krankenhaus, nicht zuletzt aber die kompetente und konsequente Nachbehandlung und Nachsorge nach der Entlassung. Das gilt ganz besonders für Eingriffe am Ohr.

Der niedergelassene HNO-Arzt betreut, auch wenn er selbst keine Ohren operiert, doch eine beträchtliche Anzahl entsprechender Patienten. Bei

HNO Praxis Heute 14
H. Ganz, W. Schätzle (Hrsg.)
© Springer-Verlag Berlin Heidelberg 1994

mir waren 2 Jahre nach Aufgabe der operativen Tätigkeit immer noch 6%
der Gesamtpatientenzahl (65 von 1092 Kassenpatienten im 1. Quartal
1993) Kranke mit Mittelohroperationen, Patienten mit Paukenröhrchen
nicht mit gerechnet.

Nachstehend wird der Versuch unternommen, wichtige Parameter aus
der Nachbehandlung der wesentlichsten Eingriffe am Ohr zu besprechen,
wie sie von prominenten Operateuren gesehen werden, aber speziell auch
aus der Sicht des HNO-Arztes in der ambulanten Praxis.

Folgende Eingriffe werden besprochen:

Äußeres Ohr: Ohrmuschelanlegeplastik
               Exostosenoperation

Mittelohr: Mittelohrdrainage (Paukenröhrchen)
               Traumatische Trommelfellperforation
               Mastoidektomie
               Tympanoplastik bei
               – mesotympanaler Otitis media
               – Cholesteatomeiterung
               – Ohrmißbildungen

Innenohr: Stapesplastik
               Saccotomie

2 Eingriffe am äußeren Ohr

2.1 Die Ohrmuschelanlegeplastik

Die Korrektur abstehender Ohren wird heute häufig verlangt, zumal dieser Eingriff bei Kindern nach entsprechendem Antrag auch zu Lasten der
gesetzlichen Krankenversicherung möglich ist. Viele dieser Operationen
werden in Belegabteilungen durchgeführt, so daß der Operateur oft auch
Nachsorge und Nachbehandlung selbst übernimmt. Es sind verschiedene
Techniken der Ohranlegeplastik in Gebrauch (s. Koch 1992; Ganz 1994).
Hinsichtlich der Wahrscheinlichkeit von Komplikationen kann man sagen, daß diese um so größer ist, je eingreifender (am Knorpel) die Operation war. Die bekannte Schnitt-Nahttechnik nach Converse ist am zuver-
lässigsten, was das Ergebnis anbelangt, aber auch am stärksten mit Komplikationen belastet. Dagegen kommt es bei reinen Nahttechniken (Mu-
stardé) eher zu erneutem Abstehen der Muschel als zu entzündlichen
Verwicklungen.

Die *routinemäßige Nachsorge* besteht in:

- Entfernung des Verbandes am 8.–10. Tag, dann auch der Hautnähte. Anlegen eines neuen Verbandes für 3–7 Tage. Danach muß der Patient noch etwa 3 Wochen eine elastische Binde oder ein Stirnband tragen, zumindest nachts. Je länger desto besser!
- eine Fotodokumentation erfolgt 2 Wochen und 6 Monate nach der Operation.

2.1.1 Komplikationen nach Ohranlegeplastik

Die **Nachblutung nach Ohranlegeplastik.** Sie ist ausschließlich Sache des Operateurs. Nach meiner Erfahrung geht sie vorwiegend vom zuerst operierten Ohr aus, weshalb dieses am Schluß des Eingriffs nochmals genau kontrolliert werden soll. Blutet es unter dem Verband hervor, ist es völlig sinnlos, diesen fester zu überwickeln. Es wird weiter bluten, da sich ein Koagel gebildet hat. Also: *Verband völlig abnehmen* und neu anlegen. Mäßige Kompression reicht meist, nur selten ist Umstechung oder Kauterisation eines Gefäßes nötig.

Infektion nach Ohrmuschelplastik. Ernste Infektionen (Perichondritis) sind sehr selten. Früher war die Antibiotikaabschirmung für eine Woche üblich (s. Pitanguy u. Flemming 1976). Man kommt davon immer mehr ab zugunsten einer kurzzeitigen perioperativen Prophylaxe (1–2 Dosen). Auch diese ist bei der Ohranlegeplastik problematisch. Welches Antibiotikum soll gewählt werden, denn:

- heute treffen wir häufig penizillinasebildende Staphylokokken an,
- klassische Erreger der gefürchteten Perichondritis ist Pseudomonas aeruginosa (resistent gegen die meisten Antibiotika).

Wollte man alle Eventualitäten berücksichtigen, müßte man eine Kombination aus Oxazillin (oder einem Cephalosporin) mit einem Gyrasehemmer geben!

Man kann auf ein Antibiotikum ganz verzichten (Koch 1992), wenn zur selbstverständlichen Sauberkeit im Operationssaal auch Behutsamkeit und Sauberkeit in der postoperativen Phase kommen, nicht nur seitens des Arztes (Verbandwechsel, Entfernen der Fäden), sondern auch beim Patienten, der nicht mit dem Finger unter dem Verband herumbohren darf und auch bis zur vollständigen Abheilung Haarwäschen und Schwimmbadbesuche unterlassen muß.

Kommt es dennoch zur *Infektion* mit starkem Spontan- und Berührungsschmerz der Muschel, dann muß konsequent ein pseudomonaswirk-

sames Antibiotikum gegeben werden, z. B. Azlozillin oder ein Gyrasehemmer (Ciprobay, auch lokal). Ich konnte mit Azlozillininfusionen eine Perichondritis nach Ohranlegeplastik noch nach 14tägiger Krankheitsdauer ausheilen, ohne daß eine Verunstaltung der Ohrmuschel zurückblieb (Ganz 1982).

Das Rezidiv im Sinne eines erneuten Abstehens einer Ohrmuschel ist nur durch Nachoperation zu beseitigen. Das ist mit größerem Risiko als beim ersten Mal verbunden. Häßliche Konturen nach Schnittechnik können durch Bindegewebsimplantation gemildert werden.

Merke: der Patient verzeiht geringe Reliefveränderungen der Ohrmuschel eher als persistierendes bzw. neu auftretendes Abstehen! Das stellt ein zusätzliches Argument für die Schnitt-Nahttechniken dar.

2.2 Die Operation von Gehörgangsexostosen

Der verhältnismäßig seltene Eingriff erfordert die Erfahrung eines geübten Tympanoplastikers und auch das entsprechende Instrumentarium.

Zum Thema *Nachbehandlung* schreibt W. H. Naumann (1976):

- die Tamponade wird am 10.–12. Tag entfernt;
- der Epithelisierungsvorgang der Schnittflächen und das Einheilen eventueller freier Hauttransplantate muß – auch unter Zuhilfenahme des Operationsmikroskopes – regelmäßig kontrolliert werden. Auftretende Granulationen müssen entfernt werden, da sich an diesen Stellen sonst eine Narbenstenose entwickelt;
- die Epithelisierung erfolgt besonders reibungslos, wenn der Operationsbereich im Gehörgang zusätzlich mit Silikonfolie abgedeckt wird. Diese fungiert als Schiene und wird etwa 15 Tage belassen;
- kleine epithelfreie Bezirke können mit Castellani'scher Lösung, Scharlachrot oder Pellisolsalbe abgedeckt werden;
- die Entlassung des Patienten aus der stationären Behandlung erfolgt am zweiten Tag (frühestens! Kommentar Autor), die aus der ambulanten Behandlung jedoch erst nach vollständiger Epithelisierung des Gehörgangs.

Dem ist nichts hinzuzufügen.

2.2.1 Komplikationen nach Exostosenoperation

Die Komplikationen beim Eingriff selbst (Trommelfellverletzung usw.) sollen an dieser Stelle nicht besprochen werden. Postoperativ sind wichtig:

Die Stenose des Gehörganges

Ursachen dafür können sein:

- Entfernung von zu wenig Knochen bei der Operation,
- der am Trommelfell gestielte Epithellappen wurde nicht erhalten, was eine Verziehung der Membran nach außen, besonders im vorderen Abschnitt, bedeuten kann,
- insuffiziente Nachbehandlung,
- Verschiebung der freien Epidermis-Implantate,
- Infektion.

Sofern eine *Nachoperation* in Erwägung gezogen wird, muß immer die gegenüber dem Ersteingriff größere Schwierigkeit und die höhere Komplikationsrate bedacht und mit dem Patienten besprochen werden.

Postoperative Gehörgangsinfektion

Grundsätzlich muß man mit Pseudomonaden als ursächlichen Keimen rechnen. Die Streifenbehandlung mit einem Gyrasehemmer ist sehr wirkungsvoll (s. Nachbehandlung nach Tympanoplastik).

3 Eingriffe am Mittelohr

3.1 Nachbehandlung bei liegendem Paukenröhrchen

Das chronische *Seromukotympanon* ist die häufigste Schwerhörigkeitsursache im Kindesalter und auch im Erwachsenenalter eine häufige Erkrankung, möglicherweise nimmt die Tendenz zu.

Effektivste Maßnahme in der Behandlung des Seromukotympanons ist das *Paukenröhrchen* (Sadé u. Luntz 1991), obwohl es lediglich zu sofortiger Hörverbesserung führt, aber ohne gesicherten Einfluß auf den Ablauf der Erkrankung ist. Nach einer Periode sehr großzügiger Anwendung ist man heute damit deutlich zurückhaltender geworden. Die meisten Autoren raten heute, die Röhrchen bis zur Spontanabstoßung (nach 6 Monaten, Sadé u. Luntz 1991; nach 6–9 Monaten je nach Modell, van Cauvenberge 1984; nach 1 Jahr, Grassl u. Welleschik 1983) im Trommelfell zu belassen.

Einige entfernen sie jedoch auch vorzeitig, so Wustrow (1992) nach 4 Monaten. Ich selbst habe die Shepard-Röhrchen, bei großzügiger Indikationsstellung, in der Regel schon nach 3 Monaten wieder her-

ausgenommen, was bei den meisten Kindern ohne Anästhesie möglich
war, und sie nur im Rezidivfalle des Ergusses bis zur Spontanabstoßung
belassen.

Tolsdorf (1993) propagiert als Zwischenlösung die *Thermoparazentese.*
Deren gute Erfolge geben einen Hinweis, daß in vielen Fällen kurze Liege-
zeiten des Paukenröhrchens vertretbar sind.

Für den nachbehandelnden Otologen wichtig sind die

3.1.1 Komplikationen nach Paukenröhrchen

Nach einer Aufstellung bei Tolsdorf (1993) sind möglich:

- eitrige Otitis media (8–9%),
- bleibende Perforation (0,4–9%),
- Tensacholesteatom (unter 1%),
- Retraktionstaschen der Pars flaccida (21%),
- Tympanosklerose-Plaques (48% nach einmaliger Drainage, bis 100%
  nach mehrfacher Drainage),
- zu frühe Abstoßung des Röhrchens (20–50%).

Van Cauvenberge (1984) nennt zusätzlich:

- die Verstopfung des Röhrchens durch Blut während des Eingriffs. Es
  resultiert eine später schwer entfernbare Kruste, durch Zerumen.

Diese Verstopfung entsteht nicht so leicht, wenn das Lumen des Röhrchens möglichst weit und seine Länge möglichst gering ist. Zur Entfernung
solcher Obstruktionen ist das Weichmachen mit Ohrentropfen Voraussetzung. Aber auch danach gelingt es oft nicht, das Röhrchen wieder durchgängig zu bekommen, und man muß eben ein neues einsetzen.

Die *eitrige Mittelohrabsonderung bei liegendem Paukenröhrchen* ist kein
Grund zur sofortigen Entfernung. Sadé u. Luntz (1991) empfehlen Absau-
gungen sowie den bei uns obsoleten Borpuder und streiten den Antibiotika
jede Wirkung ab. In der Praxis sieht es bei uns anders aus, denn: durch
lokale Applikation antibiotischer Ohrentropfen ist die Sekretion meist zu
stoppen.

Tolsdorf (1993) nimmt Dexa-Polyspektran-Augentropfen oder Floxal-
Augentropfen (sie enthalten Ofloxazin). Ich gebe als Mittel der ersten
Wahl Panotile-Ohrentropfen (heute *ohne* Neomyzin), bei Versagen derselben Ciprobay-Infusionslösung (Ciprofloxacin) als Ohrentropfen. Nur
sehr selten bleibt danach die Sekretion bestehen und zwingt zur vorzei-
tigen Herausnahme des Paukenröhrchens.

Die frühere *Angst vor dem Wasser* bei liegendem Paukenröhrchen hat sich als weitgehend unbegründet herausgestellt (Jaffé 1981; Hildmann u. Hildmann 1991). Baden ist also erlaubt, sicherheitshalber aber mit über die Ohren reichender Bademütze. Tauchen bleibt allerdings verboten.

Die bleibende Perforation (u. U. durch tympanosklerotische Plaques induziert) erfordert ebenso wie das *Cholesteatom* tympanoplastische Intervention.

3.2 Die Versorgung frischer traumatischer Trommelfelldefekte

Der in der Regel ambulant mögliche Eingriff wird meist ohne Gehörgangsschnitt in Oberflächenanästhesie ausgeführt. Ich benutze immer noch Pantocain.

Die *präoperative audiometrische Untersuchung* schützt vor dem späteren Vorwurf, bei der Manipulation einen (Innenohr-)Hörverlust induziert zu haben.

Nach dem Auskrempeln eingerollter Randpartien mit Häkchen und feinem Sauger wird eine äußere Schienung aufgebracht (Papierchen, Silastikfolie). Ich nehme Papier vom Zungenläppchenspender, das einseitig dünn mit Polyspektransalbe bedeckt wird.

Infolge der großen *Spontanheilungstendenz* des normalen Trommelfelles verheilt der Defekt meist auch dann, wenn nach Abschluß der Revision die Ränder nicht exakt aneinanderliegen. Kley (1976) rät zur Einlage von Gelita in die Pauke und vor das Trommelfell. Ich habe meist auf beides verzichtet, lediglich eine umschriebene äußere Tamponade zum Gehörgangsabschluß gelegt.

Nachsorge

- Man gebe sicherheitshalber ein Antibiotikum (Amoxizillin) sowie abschwellende Nasentropfen;
- erteile weiterhin dem Patienten Schneuz- und Badeverbot bis zur otomikroskopisch gesicherten Abheilung der Perforation;
- Luftduschen sind nicht nötig, anfangs auch gefährlich. Allenfalls können sie in sehr vorsichtiger Form zur Resorption von Gelita in der Pauke helfen;
- die Auflageschiene wird nicht entfernt bzw. erst dann, wenn sie vom Defekt weg zum Gehörgang gewandert ist, d. h. nach 2–3 Wochen;
- nach Heilung des Defektes erfolgt Audiogrammkontrolle. Ich mache auch immer eine Impedanzaudiometrie;

- weitere Kontrollen sind bei glattem Verlauf dann nicht mehr erforderlich.

Merke: Ältere Perforationen sowie solche mit Schwindel, erheblicher Schall-Leitungsschwerhörigkeit bzw. im Rahmen einer laterobasalen Fraktur eignen sich nicht für diese Art der Versorgung.

3.3 Nachbehandlung nach Mastoidektomie

Die Mastoidektomie (Antrotomie beim Säugling) war in der vorantibiotischen Ära die klassische Operation der akuten Mastoiditis als Komplikation der Otitis media acuta und ein häufiger Eingriff. Heute sind Mastoiditiden selten und treten bevorzugt als symptomarme granulierende Form auf.

Folgende *Indikationen zur Mastoidektomie* gelten noch heute:

- akute Mastoiditis (selten),
- chronisch granulierende Mastoiditis,
- chronisch mesotympanale Otitis media mit konservativ nicht beherrschbarer Absonderung (meist Kombination mit Tympanoplastik),
- Mukoserotympanon, therapieresistent und mit Mastoidbeteiligung,
- Saccotomie (Zugangseingriff),
- Fazialischirurgie des mastoidalen Segmentes (Zugangseingriff).

Die Nachbehandlung ist in allen Fällen unproblematisch:

- Entfernung einer retroaurikulären Drainage, soweit gelegt, nach 4–5 Tagen;
- Entfernung von Hautnähten und Gehörgangstamponade nach 1 Woche, in der Regel bei der Krankenhaus-Entlassung;
- tonaudiometrische Kontrolle nach Abheilung des Ohres und ggf. Luftdusche. Aus forensischen Gründen sollte die audiometrische Kontrolle vor und nach der Operation nicht unterlassen werden (später behauptete oder tatsächliche Amboßluxation);
- bei der chronischen Mastoiditis empfiehlt sich weitere HNO-ärztliche Beobachtung, denn sie kann sich später als Erstmanifestation einer chronisch epitympanalen Otitis media entpuppen.
- Später auftretende zentralnervöse Reizerscheinungen im Sinne einer endokraniellen Komplikation oder (nicht aufgedeckten) Petrositis sind heute extrem selten.

3.4 Nachbehandlung nach Tympanoplastik

In der operativen Therapie der chronischen Mittelohreiterung gibt es viele Meinungen und Techniken. Sofern der niedergelassene HNO-Arzt nicht von ihm selbst operierte Ohrpatienten nachbetreuen muß, wird er sich deshalb in erster Linie nach den Auflagen des jeweiligen Operateurs richten, prinzipiell und nach den (hoffentlich) detaillierten Angaben im (hoffentlich) rechtzeitig eintreffenden Arztbrief.

Dennoch sei hier der Versuch gemacht, einige *allgemeine Grundsätze* und Leitlinien zu fixieren, denn – wie Hildmann 1983 ausführte – es haben sich trotz der zahlreichen Variationen inzwischen Standardprinzipien für die Ohrchirurgie herausgestellt. Diese Prinzipien betreffen gerade die für den Nachbehandler zugänglichen Strukturen lateral vom Trommelfell (Gehörgang, Mastoidhöhle, Hautschnitt). Retroauriculärer bzw. enauraler Hautschnitt sind ebenso Standard wie der tympanomeatale Lappen, die Unterlegetechnik bei der Trommelfellplastik, das Abdecken der Plastik mit Silikonfolien, schließlich das Ausfüllen des knöchernen Gehörganges mit Gelatineschwämmchen.

Die *Nachbehandlung bzw. Nachsorge* nach Mittelohrchirurgie erfordert außer entsprechender Erfahrung des HNO-Arztes auch ein Minimum an *Instrumentarium*.

Das Binokularmikroskop ist heute eine Selbstverständlichkeit. Das benötigte Sortiment feiner Zängchen, Häkchen und Küretten findet sich ebenso wie eine Saug- und Spüleinrichtung in jeder modernen HNO-Praxis.

Zusätzlich sind Kaltlichtendoskope sehr hilfreich. Ich benutze die 25°/1,5 mm-Optik von Wolf (Nr. 8860.433) und die 70°/2,5 mm-Steilblickoptik von Storz (Nr. 7208c).

Erstere eignet sich für die Inspektion der Pauke sowie von engen Tympanoplastikhöhlen. Letztere ist wertvoll – mir persönlich sogar unentbehrlich – bei buchtenreichen, ausgedehnten Radikalhöhlen. Die in den letzten Jahren starke Tendenz zum Trockenföhnen der Ohren (niedrigste Stufe, cave Vestibularisreiz!) empfiehlt ein entsprechendes Gerät auch in der Praxis.

Im Regelfalle beschränkt sich die *Nachbehandlung* auf:

- Entfernung der Hautnähte und der äußeren Tamponade nach 1 Woche, in der Regel bei der Krankenhausentlassung;
- Entfernung der Gelatineschwämmchen nach 2–3 Wochen, ggf. zusammen mit den Silikonfolien (Mikroskop!);
- vorsichtige Luftduschen bei Belüftungsstörung, u. U. zweimal täglich (Valsalva durch den Patienten);

– tonaudiometrische Kontrolle. Das Endhörergebnis ist erst nach etwa 6
Monaten zu erwarten. Zu häufige Audiometrie verunsichert den Patienten nur.

Weitere Maßnahmen sind abhängig von der Grundkrankheit und der
angewendeten Technik.

Bei der *chronisch mesotympanalem Otitis media* (sowie der Tympanoplastik nach Unfallverletzung) ist die systematische Nachsorge nach Abheilung des Trommelfells und Stabilisierung des Hörvermögens in der
Regel beendet. Nicht so beim *Cholesteatom!* Hier beherrscht das mögliche
Rezidiv ebenso die Nachsorge, wie die im aktuellen Fall gewählte Operationstechnik.

Nachdem vorher um die 100 Jahre lang die *Radikaloperationshöhle* das
Standardverfahren war, kam es in den 60er Jahren zu einem Boom *geschlossener Techniken,* sei es durch Höhlenobliteration, Erhalten der hinteren Gehörgangswand oder Wiedereinfügen und Rekonstruktion derselben. Es sah so aus, als ob die Radikalhöhle obsolet sei, bis Plester 1979
eine – partielle – Ehrenrettung derselben unternahm.

Bei der Nachbehandlung operierter Cholesteatompatienten muß weiterhin mit geschlossen und offen operierten Ohren und damit mit ganz
unterschiedlichen Problemen gerechnet werden.

3.4.1 Heilungsstörungen nach Tympanoplastik und deren Behandlung

Hildmann hat 1983 eine Einteilung in 4 Gruppen vorgeschlagen:

1) Probleme während der ersten Woche = während der stationären Behandlung.
   Diese gehen ausschließlich den Operateur an und sollen deshalb hier
nur genannt werden. Es sind:

– die Nachblutung (selten),
– Innenohrschäden (Hörabfall, Schwindel, Tinnitus, Weberumschlag),
– postoperative Wundinfektion.

Nach Helms (1992a) sind Komplikationen während dieser ersten Woche
am häufigsten, weshalb auf der einwöchigen stationären Behandlung auch
weiterhin bestanden werden muß. Die Entfernung der Tamponade soll
nach Möglichkeit durch den Operateur selbst erfolgen.

2) Störungen bis zur 3. Woche = bei liegender (Gelatine-)Tamponade.

3) Erscheinungen nach Entfernung der Gelatine-Tamponade.

4) Indikationen zur Nachoperation.

Zu 2):

– *Vorzeitige Verflüssigung der Gelatine mit Fötor.* Sie erfordert sofortige vorsichtige Absaugung derselben. Kley (1988) rät statt des Saugers, der akustische Innenohrschäden anrichten kann, die Verwendung feiner Küretten und Zängchen. Er bevorzugt auch sanfte Spülungen sowie das Ausschäumen mit H_2O_2 gegenüber dem Reinigen mit Watteträgern;
– stärkere entzündliche Reizung erfordert Streifenbehandlung mit einem Kortikoid-Antibiotikumgemisch. Aus meiner Sicht haben sich die (neuerdings neomyzinfreien) Panotile-N-Ohrentropfen zum Feuchten des Streifens bewährt.

Zu 3):

Nach Entfernung der Gelatine und ggf. der Silikonfolien wird der Blick frei auf Heilungsstörungen wie einer

– *Granulationsbildung an den Schnitträndern.* Diese muß abgetragen werden, da sonst eine Stenose resultieren kann. Nicht mit konzentrierten Säuren ätzen! Gefahr für N. facialis und Innenohr;
– *Nekrose der eingelegten Faszie und von Teilen der Gehörgangshaut.* Dies soll kein Anlaß für zu viel Aktivität sein. Meist ist ein Teil doch eingeheilt. Herausziehen des gesamten Implantates schafft einen Defekt, andernfalls besteht noch Hoffnung auf einen Paukenabschluß;
– *Restperforation des Trommelfells* infolge Retraktion der unterlegten Faszie. Nach Hildmann (1983) kann bei kleinen derartigen Defekten durch Ätzung und äußere Schienung doch noch ein Verschluß erreicht werden;
– aus der Pauke herausragende Silikon-Verweilfolien werden entfernt. Cave aber – um den Stapes – fest eingefügte Folien! Die gleiche Vorsicht muß gelten, wenn sich später Kunststoffimplantate aus der Pauke durch das Trommelfell herausarbeiten. Ohne Kenntnis der Operationssituation darf an diesen nicht einfach gezogen werden;
– *persistierende Mittelohrergüsse* behandelt man mit abschwellenden Nasentropfen, Luftduschen, Valsalva-Manöver. Die Wirkung von Sekretolytika (Azetylzystein, Ambroxol) ist umstritten;
– *Reperforation des Trommelfells mit Infektion der Pauke.* Dieses Ereignis kann noch Jahre später eintreten, denn es wurde ja eine *chronische Mittelohreiterung* operiert. Nach Plester et al. (1989) muß in etwa 8% der Fälle mit einer Reperforation gerechnet werden. Meist geht ein Luftwegsinfekt voraus, eine Sinusitis, eine Epipharyngitis (wurden die Adenoide vergessen?). Neben der Behandlung der ursächlichen Nasenracheninfektion kommen lokale Maßnahmen zum Einsatz, die zunächst das Ziel haben, das Ohr trocken zu legen.

Wenn man sich zur *lokalantibiotischen Therapie* entschließt, muß man das *Erregerspektrum der chronischen Mittelohreiterung* kennen. Decher u. Daum (1973) fanden in 30% der Fälle Pseudomonas, gefolgt von Staphylococcus aureus und Bacillus proteus. Ihre Ergebnisse sind durch neuere Untersuchungen immer wieder bestätigt worden. Feidt u. Federspil (1989) fanden sogar 41% Pseudomonaden (dort auch weitere Literatur). Damit sind diese Keime Verursacher Nummer eins der chronischen Otitis media, wenn sie hier auch nicht so stark überwiegen wie bei der Otitis externa (60–85%, s. Feidt u. Federspil 1989; Ganz 1989, 1993). Bei Kindern scheinen die Pseudomonaden noch stärker im Vordergrund zu stehen (Kenna u. Bluestone 1986). Zwischen Schleimhaut- und Knocheneiterung besteht im übrigen hinsichtlich der Pseudomonas-Häufigkeit kein wesentlicher Unterschied (Luckhaupt u. Rose 1983). Diese Keime sind gegenüber zahlreichen Antibiotika resistent (die meisten Penizilline und Zephalosporine, Makrolide, Tetrazykline, Cloramphenikol, Sulfonamide). *Somit ist die Mehrzahl der handelsüblichen antibiotischen Ohrentropfen zur Nachbehandlung nach Tympanoplastik nicht geeignet.*

Die meist pseudomonaswirksamen *Aminoglykoside* (Gentamizin u. a.) eignen sich wegen ihrer Ototoxizität und der Anaerobierlücke nur bedingt. Immerhin werden Polyspektran (neomyzinhaltig) und Panotile (neuerdings neomyzinfrei) sowie Refobacin-Augentropfen (Gentamizin) mit Erfolg eingesetzt. Die Tropfen erreichen die Pauke besser, wenn man nach dem Einträufeln den Toynbee'schen Versuch machen läßt oder sogar mit dem Politzerballon im Gehörgang Druck ausübt (über Antiseptika und Pseudomonas-Antibiotika s. Radikalhöhlenbehandlung).

Bei der *Operation kindlicher Mittelohren* muß man mit besonders starker und langdauernder Sekretion rechnen, auch mit besonders großer Neigung *zum Cholesteatomrezidiv.*

Ich erinnere mich an einen Jungen, der im vierten Lebensjahr 3mal wegen Cholesteatoms am gleichen Ohr radikaloperiert werden mußte. Mit 15 Jahren kam er nochmals. Diese 4. Operation hatte dann bleibenden Erfolg. Ein anderes Kind mußte ich nach Operation eines kompliziert lokalisierten Felsenbeincholesteatoms 3 Jahre lang in 4wöchigen Abständen behandeln, bis die Rezidivneigung aufhörte.

3.4.2 Das Problem Ohrradikalhöhle

Mit wenigen Ausnahmen (die sog. selbstreinigende kleine Höhle) sind radikaloperierte Patienten ein Leben lang auf den HNO-Arzt angewiesen. Regelmäßige Pflege ist schon deshalb nötig, weil die „Rolltreppe" des Gehörganges zwecks Abtransportes des Zerumens nicht funktioniert. Darüber hinaus gibt es leider Radikalhöhlen, die nach der Operation nicht trocken werden, und – häufig – solche, die später immer wieder absondern, meist durch einen Luftwegsinfekt ausgelöst.

Zöllner (1968) hat 6 *Ursachen für ein Feuchtbleiben der Höhle* aufgelistet:

1) Unübersichtlichkeit (enger Eingang, Buchtenreichtum, hoher Fazialissporn, sehr große Höhle).
2) Vernachlässigung (manche Patienten kommen nur bei Schmerzen bzw. fötider Absonderung zur Nachbehandlung, obwohl diese in 3- höchstens 6monatigen Abständen vereinbart war).
3) Granulationsbildung aus Restzellen.
4) Tapetenbildung.
5) Mischinfektion (bakteriell).
6) Pilzbefall.
Hinzuzufügen wäre noch
7) Residualcholesteatom oder Cholesteatomrezidiv.

Die *unübersichtliche Höhle* (1) ist letztendlich nur durch Nachoperation zu sanieren. In Frage kommen:

– plastische Erweiterung des Gehörgangsschlauches,
– Abflachen der hinteren Gehörgangswand,
– Beseitigung von Taschen und Restzellen,
– Höhlenverkleinerung mittels Obliterationstechnik.

Auf die einzelnen Verfahren soll hier nicht eingegangen werden.

Das *Residualcholesteatom bzw. Cholesteatomrezidiv* (7) erfordert im Gegensatz zur geschlossenen Operationstechnik durchaus nicht immer einen operativen Eingriff. Gründliche Säuberung bzw. bei Cholesteatomperlen umschriebene Ausschälung des Prozesses in der Praxis reichen meist aus. Die besonderen Probleme bei Kindern wurden schon erwähnt. Auch Cholesteatome im paralabyrinthären und Pyramidenspitzenbereich sowie entlang der Dura erfordern eine größere Revision (s. Abb. 1 bei Ganz 1980).

Alle übrigen Probleme der Radikalhöhle sind durch konsequente konservative HNO-ärztliche Behandlung zu lösen. Abgebogene Instrumente erlauben die Reinigung auch versteckter Buchten (Plester et al. 1989).

Ein Trockenhalten der unproblematischen Radikalhöhle wird erreicht durch regelmäßige Nachbehandlung, routinemäßig alle 3 Monate. Individuelle Verkürzung dieser Intervalle (Kinder!) oder Verlängerung bis maximal 1 Jahr (bei „ruhigen" Ohren) ist denkbar.

Die feuchte Radikalhöhle gleich welcher Ursache erfordert primär ebenfalls eine eingehende Säuberung.

Merke: „Gründliche Säuberung ist die halbe Therapie!"

Diese kann instrumentell oder durch Spülung erfolgen (Temperatur beachten). Granulationen, Polypen, auch Cholesteatomperlen werden instrumentell abgetragen.

Sehr wichtig ist ein gut sichtbar auf der Karteikarte angebrachter Vermerk hinsichtlich: Bogengangsfistel, freiliegendem N. facialis, freiliegender Dura, festsitzender Silikonfolien in der Pauke, der bei jedem Patientenkontakt sofort ins Auge springt.

Die infizierte Radikalhöhle erfordert zusätzliche Maßnahmen in Form der lokalen Anwendung von
- Antiseptika,
- Antibiotika,
- Antimykotika.

3.4.2.1 Antiseptika und Mittelohr

Antiseptika finden in der Mittelohrtherapie immer wieder Verfechter.

Die altgewohnte *Borsäure* (als Pulver oder in Tropfenform) gilt zwar als obsolet, ist aber, wie Kley (1988) betonte, mit Begründung bei besonderen Situationen (therapieresistenter Pseudomonas) noch möglich.

Die Castellani'sche Lösung wird in vielen Kliniken nach wie vor nahezu reflektorisch eingesetzt (s. Elies 1987; Hildmann 1983; Kley 1988). Die Tinktur wirkt eindeutig fungizid, auch verschiebt sie den pH-Wert des Gehörganges in den erwünschten sauren Bereich (Plester et al. 1989). Die antibakterielle Wirkung ist durch das Säurefuchsin gegeben (Schroer et al. 1990). Eine Rezeptur von Castellani'scher Lösung „farblos" ist also wenig sinnvoll. Man hat dem Fuchsin eine tumorinduzierende Wirkung in hohen Dosen nachgesagt, über die das letzte Wort noch nicht gesprochen ist. Mich persönlich stört an der Solutio Castellani die intensive Rotfärbung der Ohrstrukturen, die beim Arztwechsel dem Zweitbehandelnden die Beurteilung stark erschwert.

Empfohlen werden weiterhin Dequaliniumchlorid, 3%iges H_2O_2 sowie 70%iger Alkohol und Alkoholglyzerin (s. Kley 1988).

Bei Plester et al. (1989) findet sich folgende Rezeptur:

Rp. Acid. boric 1,0 (Acid. salicylic 1,0)
   Glycerin Spirit vini ãã ad 50,0
(Alternative bei Schuppenbildung).

Kley (1981) empfiehlt stattdessen:
Rp. Dequaliniumchlorid 40 mg   oder Dequaliniumchlorid 40 mg
   Glycerin ad 20,0   Glyzerin Spirit dilut ãã ad 20,0.

Ich muß gestehen, daß ich immer wieder versuche, mit Dequaliniumchlorid (Otolitan farblos) oder Hexetidinlösung auszukommen, aber damit fast immer Schiffbruch erleide.

3.4.2.2 Lokaltherapie mit Antibiotika

Wie oben bereits ausgeführt, wird häufig *Pseudomonas auch in der Radikalhöhle* gefunden. Da man die Aminoglykosidantibiotika wegen ihrer Innenohrtoxizität nicht oder nur kurzzeitig lokal einsetzen sollte, wurde nach neuen Möglichkeiten gesucht.

Das *Azlozillin* (Securopen) ist zuerst von Elies (1987) in Form von Ohrentropfen und von mir (Ganz 1983) in Substanz zur Behandlung infizierter Radikalhöhlen verwendet worden. Die Erfolge waren ermutigend, doch stört die große Sensibilisierungsgefahr.

Besser scheint die von mir (Ganz 1986) eingeführte Lokalbehandlung mit *Ciprofloxazin* (Ciprobay) zu sein. Das Ciprofloxazin ist bei Zimmertemperatur gut haltbar, nicht ototoxisch und gegen Pseudomonaden – noch – uneingeschränkt wirksam (Ganz 1993).

Ich verwende die 0,2%ige Infusionslösung. Es wird auch die Anwendung einer Aufschwemmung aus der Ciprobay-250-Tabl. propagiert, was von Bayer jedoch nicht sanktioniert ist.

Im einzelnen gehe ich so vor:
- Abstrich und Erregertestung. Die Behandlung mit dem Gyrasehemmer sollte nur bei Pseudomonasinfektion oder nach erfolgloser anderweitiger Therapie (z. B. mit Panotile) erfolgen,
- gründliche Säuberung der Radikalhöhle. Audiogrammkontrolle,
- Einlegen eines Mullstreifens. Dieser ist vom Patienten alle 4 Stunden mit der mitgegebenen Lösung zu feuchten,
- nach 3–4 Tagen Streifenwechsel, erneute Säuberung und Streifeneinlage,
- nach insgesamt 1 Woche Beendigung der Behandlung und nochmalige gründliche Reinigung,
- Kontrolle 2 Wochen später mit Audiogramm.

Die guten Erfolge dieser Behandlung sind von zahlreichen Autoren bestätigt worden (Literatur s. bei Ganz 1992).

Elies (1991) geht inzwischen noch weiter und verwendet einen Gyrasehemmer (Ofloxazin, Ciprofloxazin) sogar zur routinemäßigen Abschirmung nach Mikrochirurgie des Ohres, indem die Tamponaden damit getränkt werden.

Geht die Infektion über die anatomischen Grenzen des Ohres hinaus, bietet sich die *kombinierte systemische und lokale Therapie* mit Ciprofloxa-

zin an. Ich hatte bei 40 entsprechenden Fällen (34mal Pseudomonas) mit dieser Therapie bisher keinen Versager (Ganz 1993).

3.4.2.3 Mykosen im operierten Mittelohr

Vor allem in feuchten Radikalhöhlen und nach antibiotischer Behandlung kann es zur Pilzbesiedlung des Ohres kommen, in der Regel als nichtinvasive *Oberflächenmykose*. Zwei Formen sind zu unterscheiden:

- das unter dem Mikroskop als solches erkennbare flächenhafte Myzel (sieht wie ein Kornfeld aus), vorwiegend aus Aspergillusarten, auch Candida mit weißen Kolonien,
- der tiefe feuchte Ausguß aus filzigen Matten.

Die *Therapie* besteht einmal mehr in gründlicher Säuberung bzw. Spülung. Alkohol wirkt dabei bereits fungistatisch. Anschließend können Antiseptika oder Antimykotika (Clotrimazol = Canesten, Mikonazol = Daktar sowie Bifonazol = Mykospor) eingebracht werden, am besten zum Tränken einer Streifeneinlage.

Ziel ist auch hier immer das trockene Ohr.

Hinweis an den Patienten: das Ohr nicht zustopfen, auch das Hörgerät bei Infektion vorübergehend weglassen. Ein abgeschlossenes Ohr wirkt wie eine feuchte Kammer und begünstigt das Keimwachstum!

3.4.3 Nachsorge bei geschlossener Technik

Im Idealfall (sicher entferntes Cholesteatom, funktionierende Kette, gute Belüftung der Pauke, intaktes Trommelfell) wäre die Nachbehandlung mit dem Einheilen des Trommelfellimplantates beendet. Dieser Idealfall tritt leider oft nicht ein, denn

- durch die Operation ist die eigentliche Ursache der chronischen Entzündung nicht beseitigt,
- der Selbstreinigungsmechanismus des Ohres funktioniert oft nicht oder nicht gleich.

Kley (1988) weist darauf hin, daß selbst nach ausschließlicher Myringoplastik die Selbstreinigung vorübergehend gestört sein kann.. Um so mehr trifft das zu, wenn die hintere Gehörgangswand temporär entfernt war oder rekonstruiert wurde. Kley gibt deshalb das nachstehende Schema für die Kontrolluntersuchungen bei geschlossener Technik:

- erste Kontrolle 4–6 Wochen nach der Krankenhausentlassung mit sorgfältiger Säuberung. Bei Anwendung der Obliterationstechnik kann anfangs der Gehörgang zugeschwollen sein, was durch regelmäßig ge-

feuchtete Alkoholstreifen am sichersten beseitigt werden kann (Kley 1988);
- zwei weitere Kontrollen und Reinigungen in 2–3 Monatsabständen;
- danach erst Verlängerung der Abstände, fallweise bis zu Einjahresinter-vallen. Kinder muß man erfahrungsgemäß anfangs viel häufiger einbe-stellen;
- oft ist die vollständige Entfernung des Cholesteatoms nicht sicher. Derartige Ohren dürfen nicht obliteriert oder gar mit Kunststoff ausge-füllt werden. Die Verabredung einer Second-look-Operation nach in der Regel einem Jahr ist unabdingbar.

Das neue *Ohrnachsorgebuch der Würzburger HNO-Klinik* (Müller 1993) sieht Nachuntersuchungsintervalle nach 2 Wochen, 3 und 6 Monaten, 1 Jahr vor, dann bis zum 10. Jahr einjährige Intervalle. Es gibt genaue Anleitungen für die technische Durchführung und die Dokumentation.

Merke: die meisten sogenannten Cholesteatomrezidive sind eigentlich Residualcholesteatome. Ihre Häufigkeit ist zwar bei offener und geschlos-sener Technik etwa gleich groß (Helms 1992b), doch hat dies unterschied-liche Konsequenzen. Bei einer Radikalhöhle ist das Problem meist durch gründliche Säuberung behoben, bei geschlossener Technik bedeutet es immer eine nochmalige operative Aufdeckung der Mittelohrräume, u. U. sogar eine – auch endokranielle – Komplikation. Zudem ist das „Rezidiv" bei abgeschlossenen Mittelohrräumen schwerer und später erkennbar. Verschlechterung des Luftleitungsgehörs, tiefe Retraktionstaschen, Ab-sonderung und Ohrkopfschmerzen sind nur Indizien. Auch das Röntgen-bild läßt oft im Stich. So kann es schwerfallen, rechtzeitig die Indikation zur fälligen Nachoperation zu stellen.

Hildmann (1983) nannte nachstehende Indikationen zur Nachopera-tion:

Absolute Indikationen:
- otogene Komplikationen,
- Cholesteatom (Second look),
- Tumoren.

Relative Indikationen:
- zentrale Rezidivperforation,
- unzureichende Hörverbesserung bei belüfteter Pauke,
- sezernierende Ohrradikaloperationshöhle.

Keine Indikationen:
- Operation bei totalem Tubenverschluß,
- vermeidbare Operation (z. B. Höhlenverkleinerung) am letzten hören-den Ohr.

Im Zweifelsfalle empfiehlt sich die Vorstellung des Patienten beim Operateur.

3.5 Die Operation von Mißbildungen des Ohres

Auf diesem extrem schwierigen Gebiet sind nur wenige Operateure tätig. Schon der Aufbau einer einigermaßen natürlichen Ohrmuschel bei Anotie oder schwerer Mikrotie gelingt nur selten, so daß vielerorts lieber eine Kunststoffmuschel angeheftet wird. Die Herstellung einer befriedigenden Mittelohrfunktion bei Gehörgangsatresie und Paukenmißbildung gar bleibt meist nur Stückwerk, bei im Vergleich zur „einfachen" Tympanoplastik stark erhöhtem Risiko.

Der niedergelassene HNO-Arzt bekommt Patienten mit operierter Mittelohrmißbildung selten zu sehen. Die Nachsorge in der Praxis bezieht sich dann ausschließlich auf den neugeschaffenen äußeren Gehörgang, der zur Restenosierung neigt. Die Tamponaden werden seitens der operierenden Klinik möglichst fest gelegt und lange – u. U. über Monate – fortgesetzt (Mündnich 1976). Später kann die Anpassung eines perforierten Obturators nötig werden, oder das Ohrpaßstück des Hörgerätes übernimmt das Offenhalten des Gehörganges. Der mit diesen Dingen nicht vertraute HNO-Praktiker sollte nicht zu viel Ehrgeiz entwickeln und sich ggf. auf die konservative Therapie entzündlicher Reaktionen im Sinne des unter Tympanoplastik Gesagten beschränken. Bei dem geringsten Anzeichen einer *Restenosierung* überweise er den Patienten umgehend an den Operateur zurück.

4 Eingriffe am Innenohr

4.1 Nachbehandlung nach Stapesplastik *)

Bei ungestörtem Verlauf ist nach Entfernung der Hautnähte (am 7. postoperativen Tag) und der Gelitatamponade (nach 1–2 Wochen) eine eigentliche Nachsorge nicht mehr erforderlich. Die Hörverbesserung tritt bei einem Teil der Patienten schlagartig, bei anderen sukzessiv ein, ohne daß dies prognostische Bedeutung hätte. Man kann deshalb bis zum ersten Kontrollaudiogramm ruhig 3 Monate zuwarten. Allenfalls sind in der Zwischenzeit Tubendurchblasungen durchzuführen, insbesondere bei postoperativem Paukenerguß.

---

*) Vergleiche auch den Beitrag Schrader/Jahnke in diesem Band.

Wichtig sind nachstehende *Verhaltensmaßregeln für den Patienten* (Kley 1988):

- Haarewaschen ist bei glatter Heilung frühestens nach 1 Woche erlaubt. Dabei muß das Ohr geschützt werden (Schräghaltung des Kopfes, operiertes Ohr unten, Überstülpen eines Trinkbechers, keine Watteeinlage ins Ohr!);
- Lärmschutz des operierten Ohres ist nötig (Telephonate und Walkman-Musik vermeiden, bei Lärmarbeit Gehörschutz tragen);
- Sport jeder Art ist in den ersten 3 Wochen verboten;
- starke Luftdruckschwankungen (Flugreisen, Paß- und Seilbahnfahrten, Tauchen) sollten in den ersten 3, besser 6 Wochen gemieden werden, Tieftauchen sollte man ganz sein lassen (Naumann 1976);
- bei Komplikationszeichen (Schmerzen, Tinnitus, Hörabfall, zunehmender Gleichgewichtsstörung) ist sofort der HNO-Arzt zu konsultieren.

4.1.1 Komplikationen nach Stapesplastik

Hier sollen nur diejenigen Komplikationen interessieren, die erst *nach* der Krankenhausentlassung manifest werden. Schwanken des Gehörs in den ersten Wochen, der „Halleffekt" sowie leichte Abfälle der Hochton-Knochenleitung sind kein Grund zur Besorgnis.

Starkes Wechselgehör und Schwindel können Anzeichen einer *Perilymphfistel* sein, oder ein *Spannungsphänomen* bei nicht optimal sitzender Prothese.

Ein plötzlicher Innenohrabfall Monate bis Jahre nach der Operation ist wohl als *Hörsturz bei Stapesplastik* zu deuten und entsprechend als Hörsturz zu behandeln.

Rasche Zunahme der Schall-Leitungskomponente nach anfangs gutem Effekt, verbunden auch mit Schwindel, kann ein sogenanntes *Frühgranulom* bedeuten, eine granulierende Reaktion in der Pauke. Die Ursache dafür ist nicht ganz klar. Es handelt sich möglicherweise um eine Fremdkörperreaktion (Fussel?), eine Begleitreaktion bei Perilymphfistel oder eine schleichende Infektion (Pseudomonas?) (Literatur s. bei Beickert 1979).

Ich habe einen solchen Fall erlebt (s. Ganz 1980) und trotz sofortiger Revision keine Restitution mehr erreichen können.

Geschmacksstörungen der gleichen Zungenseite infolge Überdehnung oder Durchtrennung der Chorda tympani werden bei Otosklerose störender empfunden als bei der Operation der chronischen Otitis media. Nach Naumann (1976) wird jedoch auch die Durchtrennung beider Seiten (!) nur in 10% der Fälle mit erheblich störenden Dauerbeschwerden quittiert.

Plötzliche Zunahme der Schall-Leitungskomponente längere Zeit nach
dem Eingriff kann Ausdruck einer *Nekrose des langen Amboßschenkels*
infolge Druckes der Drahtschlinge sein (Nachoperation ggf. in Form der
Malleo-Labyrinthopexie).

Eine *zu lange Prothese* löst am ehesten Schwindel aus, die zu kurze,
bzw. dislozierte, ein Ausbleiben des Hörerfolges.

Sämtliche genannten Komplikationen, mit Ausnahme des Hörsturzes
und der Geschmacksstörung, bedeuten eine Rücküberweisung an den
Operateur (z. B. Revisionsoperation).

Ein späteres *Absinken der Innenohrleistung* nach Stapesplastik ist durch
den Eingriff nicht zu verhindern. Frauen weise man auf die nachteiligen
Auswirkungen der Gravidität sowie der empfängnisverhütenden „Pille"
hin.

4.2 Nachbehandlung nach Saccotomie

Der *Wirkmechanismus* dieser Menièreoperation ist noch unklar. Der Erfolg kann durchaus auch eintreten, wenn der Saccus nicht identifiziert
werden konnte.

Da der Eingriff weitgehend einer Mastoidektomie entspricht, ist die
routinemäßige Nachbehandlung unproblematisch (s. 3.3). Der Schwindel
reagiert am besten auf den Eingriff, der Tinnitus am schlechtesten. Das
Gehör kann – muß aber nicht – besser werden, zumindest ist eine Stabilisierung desselben zu erhoffen. Jongkees (1976) weist auf die Wichtigkeit
eines Habituationstrainings nach Eingriffen am Innenohr hin.

Im Falle eines Mißerfolges wird die psychologische Führung des Patienten vorrangig.

4.2.1 Komplikationen nach Saccotomie

Auch ohne grobe Innenohrläsion durch Verletzung des hinteren vertikalen
Bogenganges beim Eingriff sind *Innenohrschäden* sowohl des kochleären
als auch des vestibulären Teils möglich, allerdings selten.

Bei versehentlicher Eröffnung des Liquorraumes könnte eine *Meningi-
tis* die Folge sein. Hierzu ist allerdings zu sagen, daß W. House bei seinem
Otic-perotic-Shunt den Liquorraum bewußt eröffnet und mit dem Endolymphraum verbindet, ohne daß „etwas passiert".

Diese seltenen Komplikationen wären ebenso wie eine Otitis media
acuta kurz nach dem Eingriff mit einem liquorgängigen Antibiotikum zu
behandeln. Aus forensischen Gründen wird man zusätzlich eine rheolo-
gische Therapie einsetzen, obwohl davon wenig zu erwarten ist.

Literatur

Beickert P (1979) Otosklerose (Otospongiose). In: Berendes J, Link R, Zöllner E (Hrsg) Hals-Nasen-Ohrenheilkunde in Praxis und Klinik. Bd V/Ohr 1/19. Thieme, Stuttgart

Cauvenberge P van (1984) The Treatment of OME with Tympanostomy Tubes. Inpharzam Medical Forum 5: 64–79

Decher H, Daum L (1973) Zur Bakteriologie der chronischen Mittelohreiterung und Frage der Erregerempfindlichkeit auf Antibiotika. Laryngol Rhinol Otol (Stuttg) 52: 583–589

Elies W (1987) Lokaltherapie von bakteriellen Ohrinfektionen. Z AC 6/1: 61–70

Elies W (1991) Erfahrungen mit Gyrasehemmern in Gehörgangstamponaden nach mikrootochirurgischen Eingriffen. Arch Otorhinolaryngol [Suppl] 2: 278

Feidt H, Federspil P (1989) Eigene Untersuchungen über das aktuelle Spektrum der pathogenen Keime bei der Otitis externa und der chronischen Mittelohrentzündung. Laryngol Rhinol Otol (Stuttg) 68: 401–406

Ganz H (1980) Die Mikrochirurgie des Ohres in der Hand des niedergelassenen HNO-Arztes. In: Ganz H (Hrsg) HNO Praxis Heute, Bd I. Springer, Berlin Heidelberg New York, S 47–71

Ganz H (1982) Ohrmuschelperichondritis – Vermeidung einer Defektheilung durch Azlocillin. HNO 30: 428

Ganz H (1983) Azlocillin in der HNO-Fachpraxis bei Pseudomonasinfektionen. MMW [Suppl] 125/2: 5229–5230

Ganz H (1986) Gyrasehemmer in der Lokalbehandlung von mit Problemkeimen chronisch infizierten Mittelohroperationshöhlen. HNO 34: 511–514

Ganz H (1989) Antibiotische Lokaltherapie bakterieller Ohrinfektionen. HNO 37: 386–388

Ganz H (1992) Grundlagen antibiotischer Lokaltherapie und deren Stellenwert im Hals-Nasen-Ohrenbereich. Otorhinolaryngol Nova 2: 207–211

Ganz H (1993) Bakterielle Otitis externa mit Überschreitung der Organgrenzen – systemische und lokale Kombinationsbehandlung mit Ciprofloxacin. Z Ärztl Fortbild (Jena) 87: 413–415

Ganz H (1994) Operationen am äußeren Ohr. In: Ganz H (Hrsg) Der HNO-Belegarzt. Dtsch Ärzteverlag Köln, S 57–68

Grassl M, Welleschik B (1983) Funktionelles Ergebnis der Paukendrainage beim chronischen Seromukotympanon. Laryngol Rhinol Otol (Stuttg) 62: 161–162

Helms J (1992a) Postoperative Nachsorge in der Ohrchirurgie. Arch Otorhinolaryngol [Suppl] 2: 347

Helms J (1992b) Fortschritte und gegenwärtiger Stand der Mittelohrchirurgie (Vortrag unveröff.). 1. Tagung Mitteldeutsch. HNO-Ärzte, Weimar 4.–5.9.1992

Hildmann H (1983) Nachbehandlung nach Ohroperationen. HNO 31: 432–435

Hildmann H, Hildmann A (1991) Der Paukenerguß. Allergologie 14: 218–223

Jaffé BF (1981) Are water and tympanostomy tubes compatible? Laryngoscope 91: 563

Jongkees LBW (1976) Chirurgie des Mastoids und der Pyramidenspitze sowie des intratemporalen Nervus facialis. In: Naumann HH (Hrsg) Kopf- und Halschirurgie, Bd III, Kap. 3. Thieme, Stuttgart, S 114–170

Kenna MA, Bluestone CD (1986) Microbiology of chronic suppurative otitis media in children. Pediatr Infect Dis J 5:223–225

Kley W (1976) Operationen bei Verletzungen der Ohrregion. In: Naumann HH (Hrsg) Kopf- und Halschirurgie Bd III, Kap. 5. Thieme, Stuttgart, S 259–294

Kley W (1981) Vor- und Nachbehandlung bei hörverbessernden Operationen. Arch Otorhinolaryngol 231:713–721

Kley W (1988) Nachbehandlung und Nachsorge nach hörverbessernden Operationen. HNO 36:175–180

Koch A (1992) Abstehende Ohren und ihre Korrektur. In: Ganz H, Schätzle W (Hrsg) HNO Praxis Heute, Bd XII. Springer, Berlin Heidelberg New York Tokyo, S 1–23

Luckhaupt H, Rose K-G (1983) Zur Vorbehandlung vor mikrochirurgischen Eingriffen am Mittelohr unter Beachtung der derzeitigen bakteriologischen und Antibiotikasituation. HNO 31:420

Müller J (1993) Ohrnachsorgebuch der Universitäts-HNO-Klinik Würzburg. Privatdruck

Mündnich K (1976) Operationen bei Ohrmißbildungen. In: Naumann HH (Hrsg) Kopf- und Halschirurgie, Bd III, Kap. 8. Thieme, Stuttgart, S 384–405

Naumann HH (1976) Operationen bei Stapesankylose. In: Naumann HH (Hrsg) Kopf- und Halschirurgie, Bd III, Kap 2. Thieme, Stuttgart, S 322–381

Naumann WH (1976) Eingriffe am Gehörgang und am Trommelfell. In: Naumann HH (Hrsg) Kopf- und Halschirurgie, Bd III, Kap 2. Thieme, Stuttgart, S 71–111

Pitanguy I, Flemming I (1976) Plastische Eingriffe an der Ohrmuschel. In: Naumann HH (Hrsg) Kopf- und Halschirurgie, Bd III, Kap 1. Thieme, Stuttgart, S 1–69

Plester D (1979) Therapie des Mittelohrcholesteatoms. Arch Otorhinolaryngol 223:380

Plester D, Hildmann H, Steinbach E (1989) Atlas der Ohrchirurgie. Kohlhammer, Stuttgart

Sadé J, Luntz M (1991) Die sekretorische Otitis media. Arch Otorhinolaryngol [Suppl] 1:57–66

Schroer R, Krech T, Hommerich ChP (1990) Solutio Castellani – Untersuchungen und Bemerkungen zu einer altbewährten Tinktur. Dt Ärztebl 87:A4123–A4124

Tolsdorf P (1993) Das Seromukotympanon – Heutige Vorstellungen zu Genese und Therapie. In: Ganz H, Schätzle W (Hrsg) HNO Praxis Heute, Bd XIII. Springer, Berlin Heidelberg New York Tokyo, S 1 ff

Wustrow TPU (1992) Schall-Leitungsstörungen – Der chronisch-exsudative Mittelohrkatarrh (Vortrag unveröff.). Seminar „Das schwerhörige Kleinkind", Ltg. H Ganz, Fortb.Veranst. Akademie der LÄK Hessen, Bad Nauheim, 8.2.1992

Zöllner F (1968) Konservative Behandlung der chronischen Mittelohrentzündung. HNO 16:321–324

Nasenbluten – Ätiologie, Diagnostik und Therapie

A. Koch und M. Bärmann

1 Einleitung

Die Epistaxis ist oft harmloser als sie aussieht. Sie hat überwiegend banale Ursachen und kommt in den weitaus meisten Fällen ohne ärztliche Intervention von selbst zum Stehen. Für die betroffenen Patienten ist das Nasenbluten, heute wie in der Vergangenheit, dennoch oft ein besorgniserregender Vorgang. Es ist überliefert, daß schon die alten Ägypter, Griechen und Römer mittels Adstringentien, ätzenden Substanzen, Tamponaden oder magischen Sprüchen die Blutungen zu stillen versuchten. Das Nasenbluten hat heute vor allem in den rhinologischen, internistischen und chirurgischen Fachbereichen einen wichtigen, fachübergreifenden Stellenwert und zählt zu den häufigsten Notfällen überhaupt. Hierzu tragen nicht zuletzt die schweren und zum Teil lebensbedrohlichen Blutungen bei, für deren Stillung oft modernste diagnostische und therapeutische Verfahren eingesetzt werden müssen. Besonders schweren Nasenblutungen wird man dabei allein durch die Maßnahmen zur lokalen Blutstillung nicht gerecht. Bei den schwer beherrschbaren, meist symptomatischen Blutungen ist es für den Therapieerfolg von entscheidender Bedeutung, die Blutungsursachen und deren Zusammenspiel möglichst genau zu bestimmen. Zugleich wird anhand dieser (glücklicherweise recht seltenen) Fälle deutlich, daß es fatale Folgen haben kann, das Nasenbluten grundsätzlich zu bagatellisieren.

HNO Praxis Heute 14
H. Ganz, W. Schätzle (Hrsg.)
© Springer-Verlag Berlin Heidelberg 1994

2 Anatomische und pathophysiologische Grundlagen

Auch wenn bis heute nicht vollends geklärt ist, warum es gerade im Bereich der inneren Nase so häufig zu Blutungen kommt, so ist letztlich die starke Durchblutung der nasalen Mukosa die Grundlage der Hämorrhagien.

Der überwiegende Teil der *Gefäßversorgung* geht dabei von der **A. carotis externa** aus, die über die A. maxillaris und die A. sphenopalatina etwa zwei Drittel der Nasenhöhle versorgt. Die A. sphenopalatina teilt sich dabei in die A. nasalis posterior und in die A. nasalis posterior septi. Letztere anastomosiert mit ihrem Endast, der A. nasopalatina, über das Foramen incisivum mit der A. palatina major. Von oben wird die Nasenschleimhaut von der **A. carotis interna** gespeist, die über die A. ophthalmica die Aa. ethmoidales anteriores et posteriores abgibt. Ihr Versorgungsgebiet beschränkt sich im wesentlichen auf die oberen Nasenabschnitte, wobei die vordere Ethmoidalarterie im Bereich des vorderen unteren Septums zahlreiche Anastomosen mit Ästen der A. sphenopalatina hat (*Locus Kiesselbachi*). Dieses oberflächlich liegende Gefäßgeflecht erhält zusätzlich noch Zuflüsse aus der A. labialis superior, einem Ast der *A. facialis* (Abb. 1 und 2). Die arterielle Blutstromrichtung verläuft in der Nase von hinten-oben nach vorne-unten. Diesem Druckgefälle entsprechend sind Blutungen aus den hinteren oberen Nasenabschnitten in der Regel als schwerer und ernster zu bewerten.

Man kennt mittlerweile zwar unzählige Erkrankungen und sonstige Faktoren, die eine Epistaxis auslösen können. Zur Pathophysiologie der Epistaxis gibt es jedoch nur wenige Untersuchungen und die zur Verletzung der Gefäßwand führenden Mechanismen sind nur teilweise aufgeklärt.

So kommt es bei Infektionen im oberen Respirationstrakt oder bei allergischen Rhinitiden zur *Hyperämie* der Mukosa, was die Gefäße anfällig für Verletzungen macht. Umgekehrt führt das *Austrocknen* der Schleimhaut in trockener Heizungsluft oder bei einer Rhinitis sicca insbesondere im Bereich des Locus Kiesselbachi, wo die Arteriolen sehr oberflächlich liegen, leicht zu Gefäßrissen. Andere *Infektionen*, wie Grippe, Masern oder Scharlach, sollen zu einer direkten Schädigung der Gefäßwände führen können.

Um einen anderen pathophysiologischen Vorgang handelt es sich bei der Neubildung abnormer Gefäße in der Nasenschleimhaut bei Patienten mit *habituellem Nasenbluten* (Beran et al. 1987). Dabei sprießen, vermutlich infolge wiederholter Schleimhautentzündungen, relativ großlumige Gefäße in die nasale Mukosa ein, wobei die Gefäßwände außerordentlich dünn sind und sich aufgrund einer fehlenden Muskularis nicht verengen

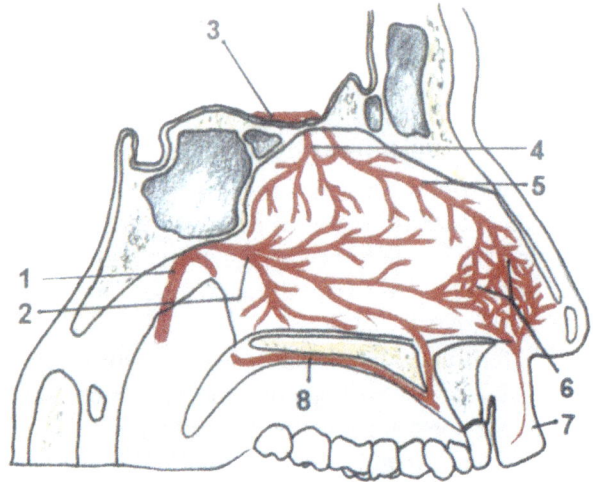

Abb. 1. Arterielle Blutversorgung des Nasenseptums*

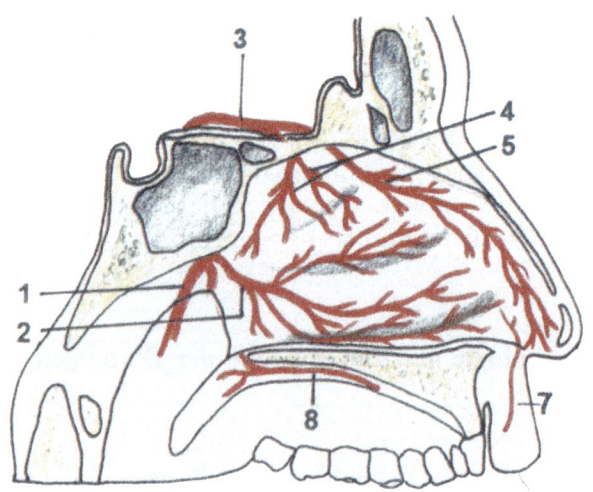

Abb. 2. Arterielle Blutversorgung der lateralen Nasenhöhle*

* *1* = A. maxillaris, *2* = A. sphenopalatina, *3* = A. ophthalmica, *4* = A. ethmoidalis posterior, *5* = A. ethmoidalis anterior, *6* = Locus Kiesselbachi, *7* = A. labialis superior, *8* = A. palatina major.

können. Darüber hinaus ist im Falle einer Verletzung die Thrombozyten-
aggregation gestört, da in der abnormen Gefäßwand kaum Kollagen vorhanden ist. Beran et al. fanden solche Gefäße bei 85% ihrer Patienten mit
rezidivierenden Epistaxes.

Die gelegentlich im Zusammenhang mit *hypertensiven Krisen* auftretenden Epistaxes werden durch eine direkte Rhexis der Gefäßwand hervorgerufen, insbesondere bei arteriosklerotisch vorgeschädigten Gefäßen.
Federspil (1971) stellt diesbezüglich fest, daß gerade die A. sphenopalatina
im Vergleich zu den Extremitätenarterien einen ungewöhnlich hohen Blutdruck auszuhalten habe.

Inwiefern und über welchen Mechanismus *vegetative Faktoren* ursächlich am Nasenbluten beteiligt sind, läßt sich nur vermuten. Seit langem
macht man sich schon die Erkenntnis zunutze, daß beim Nasenbluten eine
Kälteapplikation im Nacken zu einer reflektorischen Gefäßverengung und
Minderdurchblutung der Nase führt. Daß das Vegetativum eine nicht
unwesentliche Rolle bei der Epistaxis nasi spielt, beobachtete auch Kindler
(1951, 1956), der vermutlich vegetativ ausgelöste Blutungen während des
Schlafes erwähnte und Stellatumblockaden zur Blutstillung empfahl. Von
den in Homburg stationär behandelten Nasenblutern gaben 7% an, insbesondere im Zusammenhang mit psychischen oder physischen Erschöp-
fungszuständen Nasenbluten zu haben (Bärmann 1993). Diese Zahl bestätigt die Studie von Petruson (1974), in der 6,5% der Nasenbluter Erschöp-
fungszustände als Blutungsauslöser verantwortlich machten. Es erscheint
jedenfalls sinnvoll, vegetativen Faktoren eine gewisse Bedeutung in der
Ätiologie der Epistaxis nasi einzuräumen.

3 Ätiologie und Lokalisation der Blutungen

Da das Nasenbluten in vielen Fällen multifaktoriell als Wirkung mehrerer
Ursachen verstanden werden muß, bereitet die Untersuchung seiner prädisponierenden Faktoren Schwierigkeiten. Eine Vielzahl von Krankheiten
aus nahezu allen medizinischen Fachgebieten können Nasenbluten auslösen, häufig sind sogar mehrere Grunderkrankungen zugleich für die Blutung verantwortlich (Jacobson 1967).

Dabei ermöglicht erst die umfassende Berücksichtigung aller ätiologi-
schen Faktoren des Nasenblutens eine effiziente und dauerhafte Blutstillung. So wurde im Zuge der stetig moderner und aufwendiger werdenden
Diagnostik die Liste der bekannten oder mutmaßlichen prädisponierenden Faktoren der Epistaxis immer länger. In gleichem Maße erhielt man
einen differenzierteren Einblick in die häufig sehr komplizierten Wechsel-

wirkungen. Da es dennoch oft nicht gelingt, einen spezifischen Faktor zweifelsfrei als *Blutungsursache* zu ermitteln, sollte dieser Begriff nach Möglichkeit vermieden werden (besser: *prädisponierender Faktor*). Der Übersichtlichkeit halber faßte Petruson (1984) die Blutungsauslöser in äußere Einwirkungen (z. B. Traumen), Veränderungen an der Nasenschleimhaut, Anormalitäten in den Gefäßwänden sowie Störungen der Blutgerinnung zusammen. In der Literatur hat sich jedoch allgemein eine **Untergliederung in lokal und symptomatisch bedingte Epistaxis** durchgesetzt.

Hinsichtlich der Blutungsauslöser und Blutungslokalisationen finden sich deutliche Unterschiede zwischen ambulant und stationär behandelten Nasenblutern.

Bei den in Polikliniken, Krankenhäusern oder bei niedergelassenen Ärzten **ambulant** versorgten Patienten überwiegen naturgemäß die leichteren Blutungen. Sie stammen zum großen Teil aus kleinen, rupturierten Gefäßen der vorderen unteren Septumabschnitte (erstmals vom Erlanger Rhinologen Kiesselbach im Jahre 1884 beschrieben) und sind mittels konventioneller Therapie (z. B. Ätzungen, Kaustik, vordere Tamponaden) in der Regel gut beherrschbar. So war in verschiedenen Studien die Blutungsquelle bei 57% – 90% der ambulant versorgten Patienten im Bereich des Locus Kiesselbachi (L. K.) lokalisiert (Tucker 1963; Petruson 1974). Der L. K. ist nach Ganz (1976) eine Art „Wetterwinkel" der Nase, auf den besonders bei zusätzlicher Septumdeviation die exogenen Noxen primär auftreffen. Dabei ist der L. K. als solcher erst nach dem zweiten Lebensjahr ausgebildet, so daß das Auftreten der Epistaxis vor Erreichen dieses Alters zu den Seltenheiten gehört. Bei den meisten dieser Nasenbluter sind lokale Blutungsauslöser, z. B. eine Rhinitis sicca, banale Schleimhautverletzungen infolge Nasenschneuzens oder konstitutionelle Faktoren für die Blutung verantwortlich zu machen (Tabelle 1). Einschränkend muß dabei

Tabelle 1. Ursachen für örtlich bedingtes Nasenbluten

1. *Essentielles Nasenbluten* und *Traumen* (Ruptur eines Gefäßes v. a. am Locus Kiesselbachi durch Schneuzen, Nasenbohren u. ä., Nasenbein-, Septum-, Mittelgesichts- oder Schädelbasisfrakturen, postoperativ-iatrogen, physikalisch-chemische Noxen, Fremdkörper, Barotraumen)
2. *Granuloma teleangiectaticum* (blutender Septumpolyp)
3. Benigne und maligne *Tumoren* (z. B. zerfallende Karzinome, Hämangiome, Lymphoepitheliome)
4. *Juveniles Nasenrachenfibrom* (Basalfibroid)
5. *Entzündliche Vorgänge* (Rhinitis atrophicans, Rhinitis sicca anterior, Ozäna, allergische Rhinitis, Septumperforation etc.)

festgehalten werden, daß während einer ambulanten Behandlung eine
umfassende Abklärung der Blutungsursachen in vielen Fällen nicht möglich ist, da in der Regel in diesen Fällen (etwa 90% aller ärztlich behandelten Epistaxes) keine aufwendige Diagnostik betrieben werden kann.

Ein anderes Bild ergibt sich bei Nasenblutern, die **stationär** behandelt
werden müssen. Bei diesen Patienten, die insgesamt nur etwa 1% aller
Epistaxes repräsentieren (Petruson 1974; Moñux et al. 1990), überwiegen
bei weitem die symptomatischen Blutungen. Im Schnitt werden bei diesen
Patienten in etwa 80%–90% der Fälle prädisponierende Faktoren ermittelt, die den Tabellen 1 u. 2 zuzuordnen sind.

Bei den hospitalisierten Nasenblutern scheint am häufigsten ein **Bluthochdruck** ursächlich am Nasenbluten beteiligt zu sein. So liegt die Prävalenz der Hypertonie (RR >160/95 mm Hg) in der Bundesrepublik
Deutschland bei 12%, für über Vierzigjährige bei 25%. Im Homburger
Krankengut (1978–1990) litten sogar 40% der Patienten an einem bekannten Bluthochdruck. Die geläufige Befürchtung, daß es im Zusammenhang mit hohem Blutdruck oft zu besonders starken Blutverlusten
komme, bestätigte sich dabei nicht. In der Literatur wird heute im allgemeinen die Meinung vertreten, daß hoher Blutdruck eine Epistaxis nur in
Ausnahmefällen, z.B. während hypertensiven Krisen, direkt auszulösen

Tabelle 2. Ursachen für symptomatisches Nasenbluten

1. *Infektionskrankheiten* (Grippe, Lues, Lepra u.a.)
2. *Gefäß- und Kreislaufkrankheiten* (Aortenklappenfehler, Arteriosklerose,
   Hypertonie, venöse Stauung, Diabetes mellitus, Morbus Wegener, Morbus
   Rendu-Osler)
3. *Hämorrhagische Diathesen*
   Angiopathien (infektiös-toxische Vorgänge, Sepsis, Skorbut)
   Hormonelle Genese (Blutungen während der Menses oder Schwangerschaft,
   östrogenbedingte Spontanblutungen)
   Plasmatische Hämostasestörungen (angeborene und erworbene Koagulopa-
   thien, z.B. Hämophilien, v. Willebrand-Jürgens-Syndrom, Faktor-VII-Man-
   gel, Hypofibrinogenämie, erworbene Defektkoagulopathien bei Störungen
   der Leberfunktion z.B. durch Alkoholismus oder chronische Virushepatitis,
   Vitamin-K-Mangel, Überdosierung von Vitamin-K-Antagonisten)
   Erkrankungen des thrombozytären Systems (angeborene und erworbene
   Thrombozytopenien, z.B. Panzytopenie, medikamentös-toxische Schädigung
   durch Zytostatika, Antibiotika, infektiös-toxisch, Bestrahlungsschäden,
   Leukämien und andere myeloproliferative Erkrankungen, Morbus Werlhof,
   Lupus erythematodes. Hereditäre und erworbene Thrombopathien, z.B.
   Urämie, myeloproliferative Erkrankungen, Speicherkrankheiten, toxische
   Knochenmarkschädigung, Azetylsalicylsäure-Einnahme, Antidepressiva,
   Penizilline etc.)

vermag. Vielmehr würde eine Blutung durch eine Hypertonie allenfalls verstärkt oder unterhalten werden.

Weitere häufige prädisponierende Faktoren sind *Infektionskrankheiten* und *Gerinnungsstörungen*, die im Schnitt bei etwa 10% – 30% der stationär behandelten Patienten zu erwarten sind (Tabelle 3). Die Infektionen betreffen naturgemäß vorwiegend die oberen Luftwege (z. B. Influenza, banaler Schnupfen). Die Hämostasestörungen führen bei extremer Ausprägung, z. B. bei Thrombozytopenien mit weniger als 20 000 Plättchen/µl oder zu stark antikoagulierten Patienten, direkt zu Blutungen. Bei vielen Patienten liegen leichtere Störungen der Hämostase vor, die erst in Kombination mit anderen Faktoren (z. B. Bluthochdruck, Arteriosklerose, Infektion, Rhinitis u. a.) zum Tragen kommen. Auffallend ist bei den stationär behandelten Patienten ein hoher Anteil von Alkoholikern mit äthyltoxischen Leberschäden (ca. 10% der Fälle). Je nach Untersuchungsaufwand und Methodik differieren jedoch die ermittelten Prozentwerte dieser Faktoren in verschiedenen Studien zum Teil beträchtlich.

Neoplasien der Hämatopoese werden je nach Autor in bis zu 6% der Fälle für die Epistaxes verantwortlich gemacht. Hierbei ist nicht differenziert, welche Blutungen primär tumorbedingt respektive durch eine myelosuppressive Chemotherapie ausgelöst sind.

Nasenblutungen, die durch *Verletzungen der A. carotis interna* verursacht werden, sind sehr selten. In der Literatur werden lediglich etwa 60 Fälle beschrieben, bei denen es infolge schwerer Schädelverletzungen zu falschen Aneurysmen oder Dissektionen der A. carotis interna mit der Folge schwerster, rezidivierender und teilweise letaler Epistaxes kam (Fox 1983; Ghorayeb et al. 1988; Simpson et al. 1988). Diese Blutungen treten meist erst Wochen bis Monate nach dem ursächlichen Trauma auf und sind häufig mit einer einseitigen Amaurose oder Ophthalmoplegie verbunden. Kellerhals u. Levy (1971) nennen drei *Lokalisationen*, an denen Läsionen der A. carotis interna auftreten können:

- extrakraniell, wobei ein Aneurysma entstehen und durch die laterale Pharynxwand durchbrechen kann,
- im Felsenbein mit möglichen Blutungen über die Tuba Eustachii in den Nasenrachenraum,
- intrakraniell im Rahmen eines Schädel-Hirn-Traumas (wobei eine Blutung via Keilbeinhöhle in die Nase erfolgen kann).

Die A. carotis interna kann bei einer Schädelbasisverletzung mit Beteiligung des Orbitadaches im Kniebereich getroffen sein, wo sie dem Knochen fest aufliegt. Es kommt hierdurch entweder zu einer unmittelbar tödlichen Blutung oder aber zur Aneurysmabildung. Bei einer Fistelent-

Tabelle 3. Prädisponierende Faktoren stationär behandelter Nasenbluter

Autor, Jahr[a]	Prädisponierender Faktor (%)								
	Hypertonie	postoperative Nachblutung	Infektionen	Traumen	Tumoren der Nase	Leberschäden	Neoplasien der Hämatopoese	Sonstige Gerinnungsstörungen	Morbus Osler
Ogura u. Senturia (1949)	25	–	2	–	3	–	6	2	1
Hara (1962)	43	–	14	14	1	–	4	7	–
Pierce u. Chasin (1962)	37	–	–	–	–	10	–	–	–
Evans (1962)	37	–	80	2	1	–	1	4	1
Pauli (1965)	25	6	10	6	–	1	–	10	1
Allen (1965)	46	7	–	2	2	2	–	8	–
Juselius (1974)	47	3	4	3	0,3	3	1	4	1
Saro (1982)	39	–	0,1	–	–	5	1	1	0,3
Poulsen (1984)	18	11	15	11	–	3	3	3	3
Okafor (1984)	8	2	18	7	2	–	1	1	3
Jackson u. Jackson (1988)	70	–	–	–	–	13	1	6	3
Moñux et al. (1990)	11	–	–	1	0,3	2	0,3	1	–
HNO Homburg (1993)[b]	40	2	12	4	–	16	3	11	2

[a] Literatur bei den Verfassern
[b] Bärmann 1993.

stehung zum Sinus cavernosus kommt ein pulsierender Exophthalmus hinzu (Ganz 1976). Ist anamnestisch oder klinisch ein solches Aneurysma in Betracht zu ziehen, so muß unverzüglich mittels bildgebender Verfahren (CT, Angiographie) die Diagnose gesichert werden. Während Denecke (1966) erfolgreich den Versuch unternommen hat, von der Keilbeinhöhle aus Thrombinlösung in das Aneurysma zu injizieren, gehört die Therapie dieses Krankheitsbildes heute in die Hand des Neurochirurgen bzw. des interventionistischen Neuroradiologen.

Hinsichtlich der Blutungslokalisation tritt bei stationär behandelten Patienten der Locus Kiesselbachi in den Hintergrund. Während je nach Autor nur noch 21%–31% der Blutungen den vorderen unteren Septumanteilen zugeordnet werden, treten die hinteren Abschnitte der Nasenhaupthöhle mit entsprechend aufwendigerer Therapie in den Vordergrund (Hallberg 1952; Pauli 1965; Seher 1976; Bärmann 1993). Interessanterweise war in diesen Studien die linke Nasenhaupthöhle wesentlich öfter als die rechte von der Blutung betroffen, ohne daß bis heute eine Erklärung für diesen Sachverhalt gefunden werden konnte.

4 Diagnostik

Die sorgfältige **Erhebung der Krankengeschichte** unter Beachtung der möglichen prädisponierenden Faktoren ist die Grundlage einer jeden Epistaxisbehandlung. Im Zweifelsfalle, insbesondere bei massiven Blutungen, hat selbstverständlich die sofortige lokale Blutstillung (Erste Hilfe) vor einer zeitaufwendigen Klärung der Krankengeschichte absoluten Vorrang. In der Regel läßt sich jedoch mit wenigen, gezielten Fragen schon vor oder während der eigentlichen Behandlung eruieren, ob über die lokale Blutstillung hinaus weitere diagnostische oder therapeutische Maßnahmen ergriffen werden müssen.

Fragen nach Traumen, Bluthochdruck oder einer besonderen Blutungsneigung (z. B. Einnahme gerinnungshemmender Mittel wie Azetylsalizylsäure oder Kumarinderivate, Leberschäden, Morbus Rendu-Osler) stehen dabei bei Patienten mit starken Blutungen im Vordergrund. Besondere Beachtung gebührt hierbei älteren Nasenblutern, bei denen systemische Grunderkrankungen zwangsläufig in Erwägung gezogen werden müssen. Obwohl viele Patienten ihre Vorerkrankungen nicht oder nur teilweise kennen bzw. in der Aufregung vergessen, dürfen dennoch wegen mangelhafter anamnestischer Angaben keine für eine kausale Therapie wichtigen Blutungsauslöser übersehen werden.

Zweiter, nicht minder wichtiger Schritt, ist die **Bestimmung der Blutungslokalisation.** Diese liegt meist im Bereich des vorderen unteren Septums (Locus Kiesselbachi), wobei es hier überwiegend zu kurzdauernden und schwachen Blutungen nach banalen Verletzungen oder Entzündungen kommt. Glücklicherweise fallen in diese Gruppe etwa 90% aller ambulant behandelten Epistaxes (Petruson 1974). Weiter dorsal lokalisierte Blutungen führen aufgrund des größeren Gefäßkalibers nicht selten zu stärkeren Blutverlusten und werden gehäuft während hypertensiver Krisen oder nach schweren Traumen angetroffen. Premachandra (1991) hält in diesem Zusammenhang die exakte Bestimmung der Blutungslokalisation mittels einer Glasfaseroptik und eine sich anschließende gezielte Kaustik für die Methode der Wahl bei nahezu allen Nasenblutungen. Dennoch ist auch hier im Zweifelsfalle eine rasche Blutstillung wichtiger als eine unter Umständen zeitaufwendige Suche nach der exakten Blutungsstelle. In diesen Fällen ist das Auffinden der Blutungsquelle mit Hilfe starrer oder flexibler Optiken aufgrund der Schwere bzw. der ungünstig einzusehenden Lokalisation der Blutung schwierig bzw. unmöglich.

Bei *Gerinnungsstörungen* finden sich dagegen häufig flächenhafte hämorrhagische Diathesen, während es beim *Morbus Rendu-Osler* zu disseminierten, starken und nahezu therapieresistenten Hämangiomblutungen der nasalen Mukosa kommen kann, weshalb von Saunders (1958) als Therapiemöglichkeit die septale Dermoplastik mit Spalthauttransplantat beschrieben wurde.

Fallbeschreibung:
Herr A. H. litt seit frühester Kindheit an rezidivierendem Nasenbluten aufgrund einer Teleangiectasia hereditaria. Alle durchgeführten Behandlungen der Epistaxis blieben ohne langfristigen Erfolg. Neben den üblichen Verfahren wie Kaustik oder Tamponaden wurden zur lokalen Blutstillung bereits mehrfach Unterspritzungen mit Fibrinkleber und Deckungen der Blutungsquellen mit Lyodura durchgeführt. 1984 wurde in Intubationsnarkose (ITN) eine subtotale Endonasektomie veranlaßt, es kam jedoch an den Resektionsrändern immer wieder zu Blutungen. Da auch eine weitere Nasektomie nicht zum Erfolg führte, wurde noch im gleichen Jahr durch eine transmaxilläre Unterbindung der rechten A. maxillaris sowie durch die Ligatur der rechten Ethmoidalarterien versucht, die Blutungen zum Stehen zu bringen. In den folgenden Jahren blutete der Patient dennoch fast täglich aus der Nase, so daß 1987 mittels Gianturkospiralen die linke A. maxillaris und A. facialis embolisiert wurden. Nach erneuten Nasenblutungen wurden 1988 mittels Fibrospum-Partikeln und Gianturkospiralen der rechte Stamm der A. maxillaris sowie die A. lingualis und A. facialis embolisiert. Schon wenige Tage darauf blutete es jedoch erneut. Mittels einer digitalen Subtraktionsangiographie (DSA) wurde festgestellt, daß die Blutungen durch ein Angiomrezidiv, das vorwiegend über die linken Ethmoidalarterien versorgt war, ausgelöst wurden. Es erfolgten Therapieversuche mit dem Neodymium-YAG-Laser. Auch bis zum Tode 1992 (Bronchialkarzinom) kam es immer wieder zu Nasenblutungen. Seit 1975 wurde der Patient 41mal über insgesamt 86 Wochen stationär wegen seiner Epistaxes behandelt.

Die Kontrolle des **Blutbildes** und der **Gerinnungsparameter** gehört ebenso zu einer umfassenden Diagnostik, wie die Messung des **Blutdruckes**. Bezüglich der untersuchten Gerinnungsparameter ist anzumerken, daß die Bestimmung von „Quick" und „PTT" eine hämorrhagische Diathese nur teilweise erfaßt, weshalb zumindest auch die **Blutungszeit** bestimmt werden sollte.

Besteht bei einem Patienten der Verdacht auf eine *symptomatische Epistaxis*, so sollte eine **internistische Untersuchung** zur Klärung der Blutungsursachen veranlaßt werden. Häufig lassen sich erst auf diese Weise systemische Vorerkrankungen als mögliche Blutungsauslöser ermitteln. Dies gilt insbesondere für die Diagnostik des Bluthochdruckes, welcher sich durch eine einmalige Blutdruckkontrolle vor oder kurz nach einer ambulanten Blutstillung nicht belegen läßt. Etliche Variablen beeinflussen bei einer akuten Epistaxis die Blutdruckregulation (z. B. Angst, Fieber, Blutverlust, Schmerzen bei der Blutstillung, antihypertensive Medikation), so daß erst durch mehrere Blutdruckkontrollen eine genauere Aussage über das Vorliegen eines Bluthochdruckes als möglicher ätiologischer Faktor des Nasenblutens erfolgen kann.

Gegebenenfalls sind **endoskopische und radiologische Untersuchungen** (Röntgen, Computer-/Kernspintomographie) indiziert. Diese Verfahren kommen in erster Linie bei der Suche nach der Blutungslokalisation sowie beim Verdacht auf Frakturen oder Tumoren zum Einsatz. Die Durchführung von konventionellen NNH-Röntgenaufnahmen sollte auf jene Fälle beschränkt bleiben, wo der begründete Verdacht auf Tumorblutungen oder Frakturen besteht. Die sich bei liegender Nasentamponade gelegentlich einstellende Sinusitis, bzw. der häufig bestehende Hämatosinus sollten erst einige Wochen nach der Entfernung der Tamponaden mittels einer Nasennebenhöhlen-Aufnahme kontrolliert werden. Auf diese Weise läßt sich eine unnötige Strahlenbelastung durch routinemäßige NNH-Aufnahmen zum Zeitpunkt des Ereignisses selbst vermeiden.

Bei schweren und therapieresistenten Blutungen unbekannter Herkunft kann mittels angiographischer Verfahren (z. B. DSA) die Blutungsquelle ermittelt und bei Bedarf mit dem später erläuterten Verfahren der angiographisch kontrollierten Gefäßembolisation okkludiert werden. In seltenen Fällen, wie zum Beispiel bei Schädelbasisfrakturen mit intrakraniellen Gefäßverletzungen, kann das Hinzuziehen eines Neurochirurgen erforderlich sein.

5 Therapie

Die Therapie des Nasenblutens gliedert sich generell in folgende Maßnahmen:

- Erste Hilfe und Allgemeinbehandlung,
- lokale Maßnahmen in der Nase,
- operative Blutstillung durch Gefäßunterbindungen bzw. Embolisationen.

5.1 Allgemeine Überlegungen

Im Falle einer Epistaxis nasi stehen zunächst *Erste-Hilfe-Maßnahmen* im Vordergrund. Diese werden entweder durch den Arzt, meistens jedoch durch den Patienten selbst bzw. gerade Anwesende durchgeführt. Der Patient sollte sich nicht hinlegen, sondern im Gegenteil in sitzender Position mit leicht nach vorn übergebeugtem Kopf versuchen, das Blut auszuspucken und nicht zu schlucken. Schluckt der Patient zuviel Blut, so führt dies zu Übelkeit und Erbrechen. In liegender Position kann es darüber hinaus zur Aspiration von Blutkoageln kommen.

Da die Blutungsquelle meistens vorne im Bereich des Locus Kiesselbachi lokalisiert ist, empfiehlt es sich, nach Ausschneuzen der Blutkoagel(!), konsequent über mindestens 5 min beide Nasenflügel fest zusammenzudrücken (evtl. nach vorheriger Applikation von Nasentropfen, die in den meisten Haushalten vorhanden sind). Hierdurch kommt es in vielen Fällen bereits zum Sistieren der Blutung. Begleitend kann eine Auflage von nassen Tüchern bzw. Eiskompressen in den Nacken erfolgen. Dies hat nicht nur einen erfrischenden, psychologischen Effekt. Es kommt auf diese Weise darüber hinaus über vegetative Reflexe zu einer Vasokonstriktion, was zur Blutstillung beiträgt.

Führen diese Maßnahmen nicht zum Erfolg und ist der Patient mittlerweile in fachärztliche Behandlung gelangt, so müssen zunächst im Sinne der Blutstillung lokale Maßnahmen in der Nase zur Anwendung gelangen, auf die später näher eingegangen wird. Parallel dazu kann durch gezielte Befragung des Patienten bzw. seiner Angehörigen orientierungsweise abgeklärt werden, ob ein therapieresistentes oder kompliziertes Nasenbluten zu erwarten ist (z. B. Markumarisierung, bekannte Hämophilie, Leberzirrhose, Zustand nach Schädel-Hirn-Trauma usw.). Gegebenenfalls können dann in der Notfallsituation bereits die erforderlichen nächsten Schritte eingeleitet werden (z. B. Hinzuziehen eines Hämostaseologen und Blutentnahme zur Bestimmung der Gerinnungsparameter, Blutkonserven kreu-

zen lassen, Verständigung der Kollegen aus der Angiographieabteilung usw.). Ganz entscheidend ist außerdem, daß auch der HNO-Arzt die Prinzipien der Notfallmedizin berücksichtigt und anhand anamnestischer Angaben, des klinischen Befundes (Kaltschweißigkeit, Blässe) sowie der Kreislaufparameter (Blutdruck, Puls, Schockindex) einen drohenden oder bereits ausgeprägten hypovolämischen Schock erkennt und unverzüglich die notwendigen Gegenmaßnahmen einleitet (einen, besser mehrere venöse Zugänge legen, Volumensubstitution, Verständigen des Anästhesisten bzw. des Notarztes und Klinikeinweisung).

Ist das Nasenbluten fürs erste gestillt und der Zustand des Patienten stabilisiert, sollte durch eine sorgfältige Anamneseerhebung und durch entsprechende differentialdiagnostische Untersuchungen (Labor, internistischer Befund, evtl. bildgebende Verfahren) nach ursächlichen, bzw. das Nasenbluten beeinflussenden Faktoren gefahndet werden, um nach Möglichkeit eine kausale Therapie durchzuführen und somit einem Rezidiv vorzubeugen. Ergibt sich in der Folge eine Therapieresistenz gegenüber den zunächst eingeleiteten lokalen Maßnahmen (Kauterisierung von blutenden Gefäßen, verschiedene Arten der Nasentamponade), so bieten sich als nächste Schritte die chirurgische Gefäßunterbindung oder aber die radiologisch-interventionistische Angiographie mit Gefäßembolisation als weitere Therapiemaßnahmen an, auf welche in der Folge ebenfalls eingegangen wird (Kap. 5.3).

5.2 Lokale Maßnahmen

Die örtlichen Maßnahmen sollen letztlich die primäre Blutstillung bewirken. Man unterscheidet *Kaustiken* und *Verätzungen* (Koagulation der Blutungsquelle) von den verschiedenen Tamponaden (Kompression der Blutungsquelle) (Tabelle 4). Eine Kaustik setzt natürlich voraus, daß die Blutungsquelle exakt lokalisiert und auch erreicht werden kann. Tamponaden hingegen können in jedem Falle angewendet werden.

Verätzen (Chemokaustik). Ätzungen sind einfache und preisgünstige Verfahren, die sich insbesondere bei leichteren Blutungen in gut einsehbaren, vorderen Nasenbereichen bewährt haben. Für alle mit einer Koagulationsnekrose der Blutungsstelle einhergehenden Verfahren gilt der Grundsatz, daß eine gleichzeitige, beidseitige Kaustik (insbesondere an korrespondierenden Septumbereichen) wegen der Gefahr einer Septumperforation zu unterbleiben hat! Darüber hinaus muß überschüssige Säure sofort neutralisiert werden (z. B. mit Natriumbikarbonat).

Vor dem eigentlichen Ätzvorgang sind auf die Nasenschleimhaut der betroffenen Nasenhöhle vasokonstringierende und oberflächenanästhesierende Lösungen

Tabelle 4. Therapie der Epistaxis

Autor, Jahr [a]	Patienten s: stationär a: ambulant	Therapie (%) [b]							
		Chemo-kaustik	Elektro-kaustik	vordere Tamp.	hintere Tamp.	Ligatur A. max.	Ligatur A. ethm.	Embol. A. max	son-stiges
Hara (1962)	1404 s	zus. 17		12	9	0,3	–	–	62
Pierce u. Chasin (1962)	132 s	–	–	–	66	1	–	–	–
Saupe (1970)	269 s	1	–	58	26	6	–	–	9
Loch (1970)	198 s	–	–	71	29	–	–	–	–
Loch (1970)	519 a	45	14	40	1	–	–	–	22
Allen (1965)	192 s	–	–	Σ 69		7	2	–	23
Juselius (1974)	1724 s	11	3	33	25	5	–	–	23
Petruson (1974)	1118 s, a	68	2	7	–	–	–	–	23
Seher (1976)	598 s	33	–	86	7	7	–	–	6
Okafor (1984)	540 ?	29	13	69	3	1	–	–	9
Jackson u. Jackson (1988)	75 s, a	–	–	79	?	7	–	–	24
Moñux et al. (1990)	340 s	3	–	50	44	–	–	–	3
HNO Homburg (1993) [c]	329 s	8	7	84	19	1	1	3	9

[a] Literatur bei den Verfassern.
[b] Die Summe der prozentualen Anteile der therapeutischen Maßnahmen ergibt z.T. mehr als 100 Prozent, da je nach Autor verschiedene Methoden teilweise mehrmals angewandt wurden.
[c] Bärmann 1993.

(z. B. α-Sympathomimetika, Adrenalin, Procain, Lidocain) aufzubringen und einige Minuten einwirken zu lassen. Um ungewollte Verätzungen der Haut am Naseneingang zu vermeiden, sollte vor der Anwendung des Ätzmittels auf den gefährdeten Bereich eine Fettsalbe aufgetragen werden. Die Chemokaustik kann dann beispielsweise mit Trichloressigsäure (40–70%) oder mit einer Chromsäureperle erfolgen. Die Nachbehandlung erfolgt mit Nasensalbe oder Nasenöl.

Eine moderne und elegante Methode ist die **Elektrokoagulation** (Elektrokaustik) des blutenden Gefäßes. Hier ist vor der Behandlung ebenfalls für eine gute Schleimhautanästhesie zu sorgen (s. o.). Die Elektrokaustik mit einer mono- oder bipolaren Pinzette erlaubt eine punktgenaue Koagulation und erzielt der Chemokaustik vergleichbare Ergebnisse. Sie hat zudem den Vorteil, daß auch bei persistierender Blutung eine exakte Verschorfung möglich ist, was bei der Anwendung von Säuren schwierig bzw. unmöglich ist. Es ist jedoch zu beachten, daß die Schleimhaut nur punktuell und oberflächlich koaguliert werden darf. Darüber hinaus sind die hinteren Nasenabschnitte nur schlecht zu erreichen, weshalb dieses Verfahren vorwiegend bei leicht zugänglichen Blutungen zur Anwendung kommt. Auf eventuelle *Kontraindikationen* (z. B. Herzschrittmacher-Patienten) ist unbedingt zu achten.

Die **Photokoagulation** mit einem Laser (Neodymium-YAG-Laser, Argon-Laser) empfiehlt sich in Ausnahmefällen, insbesondere wird dieses Verfahren bei der Behandlung teleangiektatischer Gefäßveränderungen im Rahmen eines *Morbus Rendu-Osler* eingesetzt. Zu warnen ist beim Einsatz des Neodymium-YAG-Lasers vor einer unkontrollierten Tiefeneinwirkung mit Verletzung tiefer gelegener Strukturen (Orbita, Frontobasis, N. opticus usw.).

Die **Kryokoagulation** beschrieben Bluestone u. Smith (1967) und Hicks (1971) als geeignetes Verfahren, um Nasenblutungen zum Stehen zu bringen. Hicks u. Norris (1983) stellten bei 50 behandelten Patienten keinerlei größere Komplikationen fest und die Nasenschleimhaut habe sich nach zwei Wochen wieder im ursprünglichen Zustand befunden. Die Erfolgsquote habe bei 84% gelegen. Die Autoren haben keine persönliche Erfahrung mit der Kryotherapie. Entsprechend einer persönlichen Mitteilung der Herausgeber trete die blutstillende Wirkung der Kryotherapie nicht sofort ein, weshalb zunächst zusätzlich eine Tamponade gelegt werden müsse.

Tamponaden kommen zur Anwendung, wenn durch Kaustik keine anhaltende Blutstillung erreicht werden kann, respektive die Blutungsstelle nicht sichtbar ist.

Die **vorderen Nasentamponaden** mit vaseline- oder antibiotikagetränkten Gazestreifen werden nach ausreichender Oberflächenanästhesie (s. o.) fortlaufend oder schichtweise eingelegt. Es ist auf eine adäquate Kompression der Blutungsquelle zu

achten, wobei Drucknekrosen vermieden werden müssen. Die schichtweise eingelegten Tamponadenstreifen haben dabei den Vorteil, mit ihren hinteren Enden
seltener in den Rachen abzurutschen. Grundsätzlich ist auch darauf zu achten, daß
beide Nasenhöhlen zugleich austamponiert werden müssen, da nur so eine suffi-
ziente Kompression der blutenden Gefäße erreicht werden kann.

Besonders in leichteren Fällen haben sich die schonend und bequem zu
legenden Schaumstofftamponaden (Merocel) bewährt, die allerdings nur
eine relativ schwache Kompression ermöglichen.

Wenn auch durch die vordere Nasentamponade keine ausreichende
Blutstillung erreicht wird, muß zusätzlich eine **hintere Tamponade** erfolgen.
Hintere Tamponaden sind allerdings nur selten erforderlich. Generell
kann man sagen, daß sich die Häufigkeit der Anwendung hinterer Tamponaden umgekehrt proportional zur Qualität verhält, mit der die vordere
Tamponade gelegt wurde. Die preisgünstigste, zugleich jedoch auch die für
den Patienten am meisten belastende Methode ist die klassische Bellocq-
Tamponade (Abb. 3). Sie sollte nach Möglichkeit unter Analgosedierung
(cave Atemdepression!) mit zusätzlicher Atropingabe oder in Intubationsnarkose (ITN) gelegt werden. Das Risiko einer ITN bzw. einer Analgosedierung beim ausgebluteten Patienten mit niedrigem Hämoglobinspiegel
und Hypovolämie sollte im konkreten Falle jedoch bedacht und mit dem
Anästhesisten geklärt werden.

An einem Gummischlauch oder Absaugkatheter, der mit seinen beiden Enden
durch die Nase zum Mund wieder herausgeführt wird, wird ein mit Fäden gebun-
dener Tampon durch den Mund im Nasenrachenraum positioniert. Dabei ist
darauf zu achten, daß die Uvula nicht zum Nasenrachenraum hin eingeklemmt

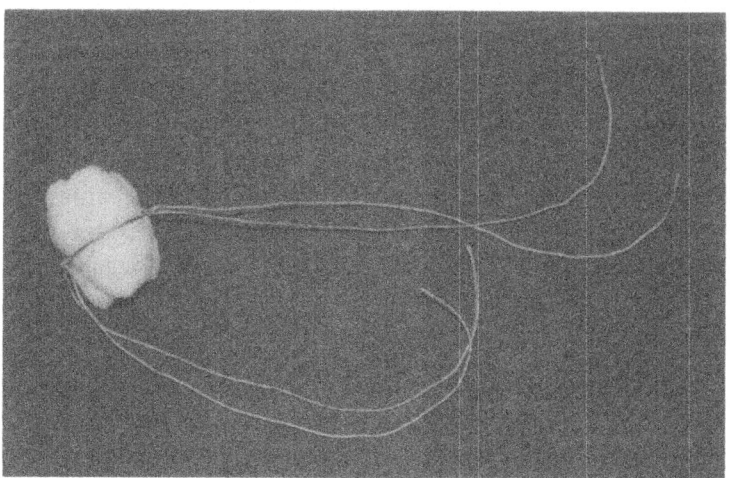

Abb. 3. Klassische Bellocq-Tamponade

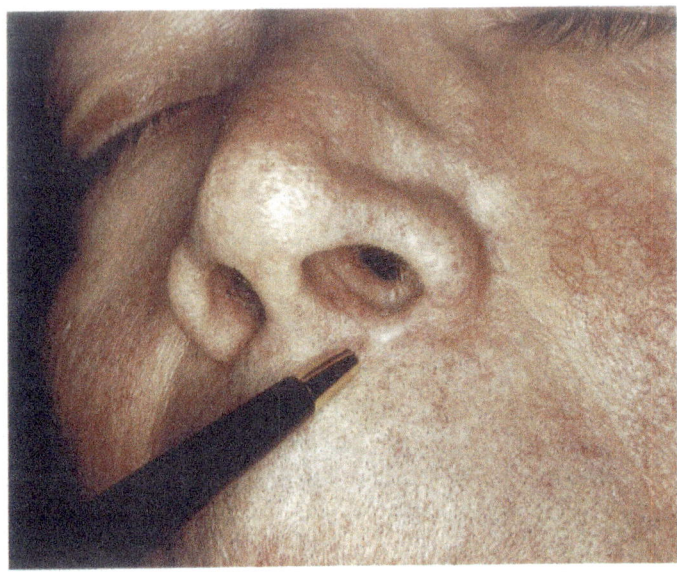

Abb. 4. Drucknekrose am linken Naseneingang nach zu starker Gewebekompression durch Fixierung einer Bellocq-Tamponade

wird. Nachdem zusätzlich eine vordere Nasentamponade gelegt wurde, werden die aus der Nase führenden Fäden am Naseneingang *über einem Tupfer* geknüpft. Da an dieser Stelle sehr leicht Drucknekrosen entstehen (Abb. 4), darf keinesfalls ein zu großer Druck ausgeübt werden. Auf keinen Fall darf der Nasensteg als Widerlager benutzt werden! Eine lokale Salbenapplikation im Bereich des Nasenflügels bzw. des Nasensteges ist empfehlenswert. Die Bellocq-Tamponade sollte nach 3–4 Tagen entfernt werden. Während dieser Zeit muß prophylaktisch eine orale Antibiotikaprophylaxe (Gefahr von Sinusitiden und Otitiden bis hin zur Sepsis) durchgeführt werden.

Weite Verbreitung haben mittlerweile **Ballon-Tamponaden** [Epistat-Nasenkatheter, Choanalballon (Abb. 5 und 6), Masing-Katheter, Foley-Katheter etc.] gefunden, die in der Anwendung einfacher als die klassische Bellocq-Tamponade und für den Patienten beim Legen weniger schmerzhaft sind. Sie können unter Lokalanästhesie auch in jeder Praxis gelegt werden. Da sich die aufblasbaren Silikon- oder Gummimanschetten jedoch nur unzureichend den anatomischen Gegebenheiten der inneren Nase anpassen können und die Gewebskompression (durch Instillation von Wasser oder Insufflation von Luft in das Ballonreservoir) nur schwer zu kontrollieren ist, ist die Gefahr von Drucknekrosen bis hin zu Septumperforationen besonders groß. Aus diesem Grund sollten diese Tamponaden in kurzen Abständen kontrolliert und möglichst bald der Druck reduziert werden.

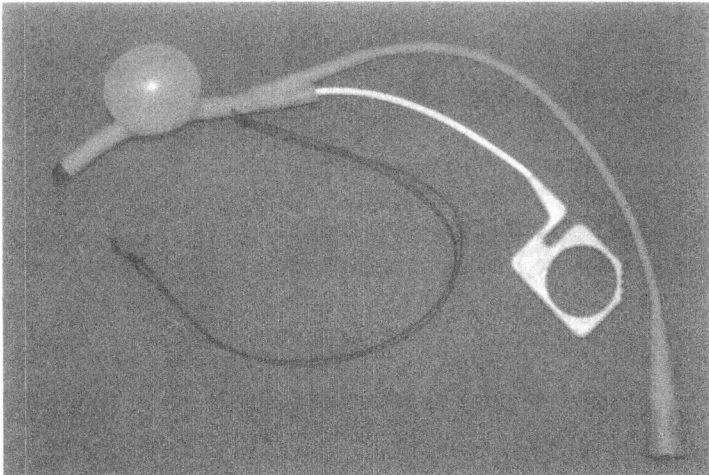

Abb. 5. Choanalballon (Fa. Rüsch)

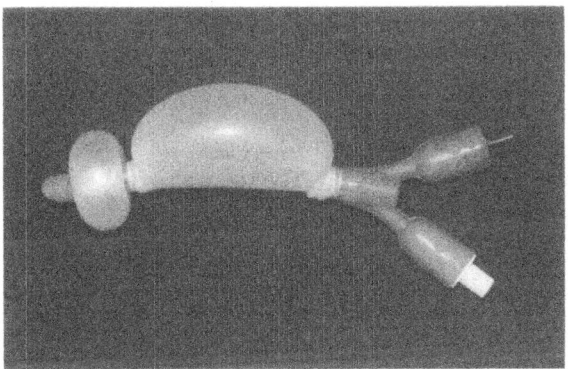

Abb. 6. Epistat-Nasenkatheter (Fa. Xomed-Treace)

5.3 Gefäßunterbindung und Gefäßembolisation

Wenn mit den bereits beschriebenen therapeutischen Maßnahmen immer noch keine Blutstillung erzielt werden kann, bieten sich als Ultima ratio die chirurgisch-interventionistischen Methoden an. Hierbei kommen die verschiedenen Gefäßunterbindungen und, vor allem in jüngster Zeit, die Gefäßembolisation in Betracht. Entscheidend für die Planung des weiteren Vorgehens ist die Lokalisation der Blutung. Eine Blutung, die aus den Ethmoidalarterien gespeist wird, wird durch eine Unterbindung oder Embolisation der A. maxillaris nicht zum Stehen gebracht werden können.

Darüber hinaus ist die Embolisation der Aa. ethmoidales bis heute technisch nicht durchführbar, weshalb dieses Verfahren ausschließlich bei Blutungen aus dem Versorgungsgebiet der A. maxillaris eingesetzt werden kann. Generell sind in Anbetracht der ausgeprägten ipsi- und kontralateralen Kollateralversorgung des Mittelgesichtes die Erfolgsaussichten eines Gefäßverschlusses unabhängig von der angewandten Technik um so größer, je peripherer und damit näher an der Blutungsquelle dieser erfolgt. So hat zum Beispiel die Unterbindung der A. carotis externa bei Nasenbluten nur wenig Erfolgschancen und kann nur als Verzweiflungsakt in sehr seltenen Fällen indiziert sein. Solche Indikationen können sein:

– Unterbindung weiter peripher, z. B. aufgrund eines Tumors in der Kieferhöhle oder Flügelgaumengrube, nicht möglich,
– persistierendes Nasenbluten trotz sicherer Unterbindung der Aa. sphenopalatina et ethmoidales,
– massive intraoperative Blutung als Komplikation beim Unterbindungsversuch der A. maxillaris.

Seifert beschrieb 1928 ein Verfahren zur permaxillären (transantralen) **Unterbindung der A. maxillaris,** wozu heute ein osteoplastischer Zugang zur Kieferhöhlenradikaloperation nach Caldwell-Luc gewählt und nach Eröffnen der Kieferhöhlenhinterwand die A. maxillaris freipräpariert und unterbunden wird.

Federspil (1971) empfiehlt die Unterbindung der A. maxillaris mit zwei Silber- oder Titanclips am Eintritt in das Foramen sphenopalatinum und vor dem Abgang der A. palatina descendens. Letzteres Gefäß wird daraufhin mit einem dritten Clip verschlossen. Es ist auf ein vorsichtiges Präparieren, am besten unter dem Operationsmikroskop, zu achten, um eine Verletzung der A. maxillaris mit konsekutiven, schweren Blutungen zu vermeiden. Chandler u. Serrins (1965) raten dazu, die A. maxillaris so nah als möglich an der A. sphenopalatina zu unterbinden, was aufgrund der anatomischen Verhältnisse in der Flügelgaumengrube nicht immer leicht ist.

Weniger aufwendig gestaltet sich die **Unterbindung der Ethmoidalarterien,** die über einen Zugang im Nasenaugenwinkel erreicht werden können. Heermann (1986) favorisiert ein endonasales Vorgehen mit monopolarer **Elektrokoagulation** der Aa. ethmoidales.

Zur Unterbindung der Ethmoidalarterien wird im medialen Augenwinkel wie zur Stirnhöhlenoperation eingegangen. Nach Abschieben des Periosts bzw. des Tränensackes nach lateral erfolgt das vorsichtige Lösen der Periorbita von der Lamina papyracea (cave: Schonung der Trochlea). Etwa 1,5 cm von der oberen Begrenzung des Tränensackes nach dorsal trifft man in gleicher Höhe auf die A. ethmoidalis anterior, die gewöhnlich das dickere Kaliber der beiden Ethmoidalarterien besitzt. Um ein Zurückrutschen des proximalen Stumpfes in die Orbita mit retrobulbärem Hämatom zu vermeiden, empfiehlt sich dessen sorgfältige Unterbindung

durch eine entsprechende Ligatur. Dabei kann der distale, mediale Stumpf durchaus durch einen Clip verschlossen und anschließend zwischen beiden koaguliert bzw. durchtrennt werden. Etwa gut 1 cm weiter dorsal trifft man auf die A. ethmoidalis posterior, die in der Regel von kleinerem Kaliber ist und durch einen Clip lediglich unterbunden wird. Nur etwa 4–5 mm weiter dorsal ist der N. opticus zu erwarten, der natürlich geschont werden muß! Gelingt es dem Operateur bei günstigen anatomischen Verhältnissen bei erhaltener A. ethmoidalis anterior (durch Präparieren ober- und unterhalb dieser), die A. ethmoidalis posterior sicher darzustellen und durch einen Clip zu verschließen, so ist zur sicheren Vermeidung eines orbitalen, retrobulbären Hämatomes die A. ethmoidalis anterior ebenfalls nur zu unterbinden und nicht zu durchtrennen. Obwohl in der Literatur zum Teil empfohlen wird, lediglich die A. ethmoidalis anterior zu unterbinden, empfehlen die Autoren aufgrund eigener Erfahrungen, nach Möglichkeit beide Gefäße zu verschließen.

Zur Stillung schwerer Nasenblutungen, z. B. infolge von hypertensiven Krisen, Gerinnungsstörungen, Traumen oder bei Vorliegen eines Morbus Rendu-Osler, etablierte sich in den letzten Jahren zunehmend die **Embolisation der A. maxillaris**. Gleichwohl besteht die Gefahr von teilweise schweren Komplikationen (Hemiparese, Amaurose u. ä.), weshalb die Indikation zur Embolisation eng zu stellen und nur als letzte Möglichkeit zu betrachten ist. Im Gegensatz zur Gefäßunterbindung hat dieses Verfahren jedoch den Vorteil, daß der Blutfluß weiter distal unterbunden und das Gefäß über eine längere Strecke durch Auffüllen mit Embolisationsmaterial verschlossen werden kann. Es kommt daher bei gelungener Embolisation seltener zu Nachblutungen über Kollateralkreisläufe.

Bei dieser erstmals vor knapp 20 Jahren angewandten Methode wird ein Katheter in Seldinger-Technik durch eine Femoralarterie in Richtung Aortenbogen geschoben. Über den Truncus brachiocephalicus bzw. die A. carotis communis wird die A. carotis externa erreicht, von wo aus man in die Endstrecke der A. maxillaris gelangt. Nach Kontrastmitteldarstellung der Gefäßverhältnisse kann dann durch verschiedene Stoffe (z. B. Polyvinylalkohol-Partikel, Platin-Minispiralen oder resorbierbare Gelatine-Partikel) das Gefäß embolisiert werden.

5.4 Komplikationen

In letzter Zeit mehren sich Berichte über z. T. schwere Komplikationen nach dem **Austamponieren** der Nase. So wurden neben Sinusitiden Septumperforationen, Ulzerationen, auch Ödeme des Nasenrachenraumes sowie der Nasenflügel bzw. des Nasensteges, Sepsis, Bakteriämien oder spontane Ösophagusrupturen beschrieben. Insbesondere bei der Kombination von vorderen und hinteren Tamponaden wurden auch Kohlendioxidnarkosen, ein signifikantes Absinken der pulmonalen Compliance und des arteriellen Sauerstoffpartialdruckes sowie das Ansteigen des Atem-

wegswiderstandes beobachtet (Kuhn u. Hallberg 1955; Buchalter u. Yanagisawa 1968; Cassisi et al. 1971; Becker 1973; Cook u. Komorn 1973; Slocum et al. 1976; Jacobs et al. 1981; Lin u. Orkin 1981). Es ist jedoch z. T. unklar, wodurch das Absinken des pO_2 ausgelöst wird. Als Ursachen werden ein nasopharyngealer Reflex, die Sedierung nach stärkeren Blutverlusten und das Aspirieren von Blut diskutiert. Immer wieder wurde sogar von plötzlichen Todesfällen berichtet. So kam es im Krankengut von Hara (1962) und Juselius (1974) bei liegender Tamponade zu drei Todesfällen durch Blutaspiration. Auch in der Homburger HNO-Klinik ist ein Todesfall zu beklagen. Hier war es bei einem mit vorderer und hinterer Tamponade versorgten, deliranten Alkoholiker zu einem plötzlichen Herz-Kreislaufstillstand gekommen.

In der vorliegenden Literatur wird bei **Ligaturen** der A. maxillaris die Komplikationsrate mit ca. 10–15% beziffert, wobei schwere Zwischenfälle sehr selten auftraten. Federspil (1971) stellte bei 41 Unterbindungen der A. maxillaris keine schweren Komplikationen fest, es sei lediglich zu einer Septumperforation und in zwei Fällen postoperativ zur Trockenheit der Nasenschleimhaut gekommen. Andere Autoren berichten ebenfalls über gute Erfahrungen mit dieser Therapieform, wobei in wenigen Fällen allenfalls leichte Nebenwirkungen aufgetreten seien (Middleton 1967; Allen 1965; Saupe 1970; Nair 1982). Demgegenüber beschrieben mehrere Autoren Fazialisparesen, Ophthalmoplegien und Amaurosen sowie schwere Blutungen durch versehentliche Verletzungen der A. maxillaris (Pearson et al. 1980; Rosnagle et al. 1973; Johnson u. Parkin 1976; Merland et al. 1980; de Vries et al. 1986). Über Zwischenfälle nach Unterbindungen der Ethmoidalarterien liegen nur wenige Berichte vor. So beschrieb Kulvin (1955) nach der Gefäßunterbindung ein Pulsieren des Augapfels, wobei der Stumpf eines durchtrennten Gefäßes unter dem Clip herausgerutscht sei und zur Einblutung in die hintere Orbita geführt habe.

Eine ähnliche Komplikationsrate wie die Ligaturen weisen **embolische Gefäßverschlüsse** auf. Die größte Gefahr bei diesen Embolisationen besteht in dem unbeabsichtigten Verschluß größerer Gefäße, wobei insbesondere das Ausschwemmen von Gelatine- oder Polyvinylalkohol(PVA)-Partikeln in das Versorgungsgebiet der A. carotis interna gefürchtet ist. Wiederholt wurde in der Literatur über Hemiplegien oder Aphasien berichtet (Merland et al. 1980). Bei drei in Homburg embolisierten Patienten kam es nach der Behandlung zu einer Hemiparese, einer linkshirnigen Ischämie sowie zu einer Amaurosis fugax mit periorbitalen Schmerzen. Diese Komplikationen waren jedoch ausnahmslos voll reversibel und beschränkten sich auf die ersten hier durchgeführten Embolisationen. Mit der Entwicklung neuerer Embolisationsmaterialien wurden entsprechende neurologische Ausfälle nach Embolisation im Homburger Krankengut

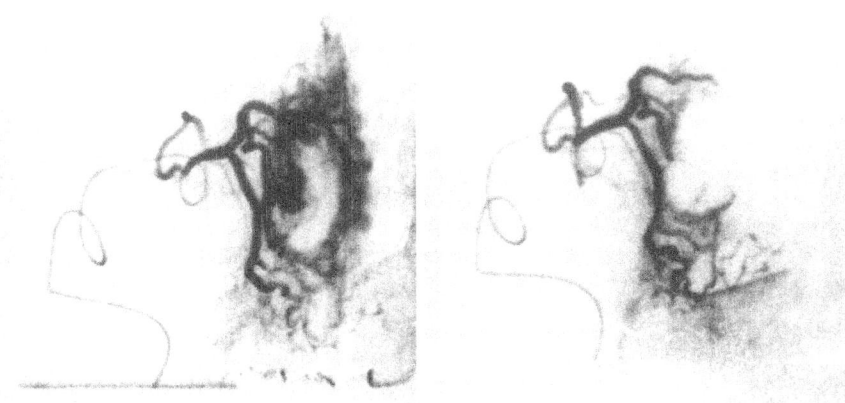

7 **8**

Abb. 7. Massive Teleangiektasien im Versorgungsgebiet der rechten A. maxillaris (DSA)

Abb. 8. Relativ distaler Verschluß der rechten Aa. nasales posteriores mit PVA, A. palatina descendens noch offen

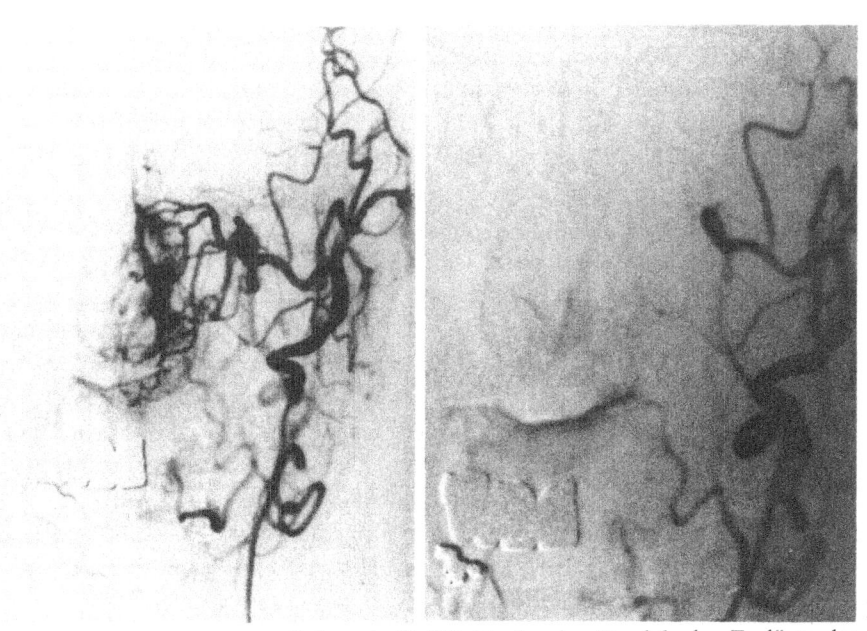

9 **10**

Abb. 9. A. carotis externa links mit Gefäßektasien im Bereich der Endäste der A. sphenopalatina (DSA)

Abb. 10. Nach Embolisation links kompletter Verschluß von A. sphenopalatina und A. palatina descendens

nicht mehr beobachtet. Mangelhafte Gefäßverschlüsse mit der Folge von Rezidiven, die Bildung zahlreicher Kollateralen, Gesichtsschmerzen im Versorgungsgebiet des N. infraorbitalis sowie Schmerzen und Trismus der Kaumuskulatur sind weitere unerwünschte Auswirkungen dieses Verfahrens (Roberson u. Reardon 1979; Strutz u. Schumacher 1990).

Von einem erfahrenen Radiologen durchgeführt, bieten sich aufgrund einer im Schnitt 80–90%igen Erfolgsquote die Embolisationen der A. maxillaris jedoch als sehr wirksames Verfahren bei Störungen der Hämostase, Tumoren oder vaskulären Mißbildungen (z. B. Morbus Rendu-Osler), postoperativen Blutungen (z. B. nach Le Fort-I-Osteotomien), juvenilem Nasenrachenfibrom oder traumatischen Blutungen an (Davis 1987; Schilstra u. Marsman 1987; Solomons u. Blumgart 1988; Lustbader et al. 1991). Besondere Indikationen zur Embolisation ergeben sich bei markumarisierten und ansonsten inoperablen Patienten. Kontraindikationen bestehen allerdings bei gefährlichen Anastomosen, Kontrastmittelallergien, Blutungen aus den Ethmoidalarterien und atheromatösen Gefäßveränderungen.

Fallbeschreibung:
Der 62jährige Patient E. H. litt an rezidivierender Epistaxis aufgrund eines Morbus Rendu-Osler. Einige Tage nach der letzten Blutung wurde am 03.02.1993 eine arterielle DSA durchgeführt. Auf Abbildung 7–10 ist vor der Embolisation der linken A. maxillaris eine massive teleangiektatische Veränderung der Nasenschleimhautgefäße zu erkennen (Abb. 9). Nach der Embolisation (Abb. 10) mit Polyvinylalkohol-Partikeln (Kontur 125–250 Micron) wurden die A. sphenopalatina und A. palatina descendens okkludiert. Bereits nach einer Woche kam es bei Herrn E. H. zu einer erneuten massiven Nachblutung aus den hinteren Septumanteilen rechts. Die Blutstillung wurde mittels Photokoagulation (Neodymium-YAG-Laser) erreicht. Am 05.04.93 wurde auch die rechte A. maxillaris embolisiert, wobei sich in der arteriellen DSA die typischen Teleangiektasien im Bereich der Nasenmuscheln und des Septums zeigen (Abb. 7). In der Kontrollaufnahme (Abb. 8) sind die Aa. nasales posteriores distal okkludiert, die noch durchgängige A. palatina descendens wurde wenig später ebenfalls verschlossen.

Die Angiographien ebenso wie die Embolisationen erfolgten durch OA Dr. L. Defreyne aus der Abt. f. Radiodiagnostik (Dir. Prof. Dr. Kramann) in Homburg/Saar. Wir danken für die Überlassung des Bildmaterials.

6 Schlußbetrachtung

Mit den oben aufgeführten Therapieverfahren sollte es gelingen, bei jeder
Epistaxis eine primäre Blutstillung zu erreichen. Grundsätzlich sollte zunächst immer mit dem einfachsten und schonendsten Verfahren (Chemo-
oder Elektrokaustik) versucht werden, die Blutung zu stillen. Als nächste
Maßnahmen bieten sich die vorderen Tamponaden an, bei schwersten
Blutungen auch Bellocq-Tamponaden. Im hospitalisierten Homburger Pa-
tientengut (n = 329) konnten mittels einmaliger Anwendung von Kaustiken oder Tamponaden 75% aller Blutungen nachhaltig gestillt werden.
Dabei traten keine schweren Komplikationen als direkte Therapiefolge
auf. Den Gefäßunterbindungen und Embolisationen werden in der Literatur ähnlich gute primäre Erfolgsquoten zugeschrieben (80–90%), wobei
diese Maßnahmen nur als letzter Schritt in Frage kommen.

Untersuchungen über den längerfristigen, über den Zeitpunkt der Entlassung der Patienten aus der ambulanten oder stationären Behandlung
hinausreichenden, Therapieerfolg sind in der vorliegenden Literatur kaum
zu finden. Bei den symptomatischen, schweren oder rezidivierenden Nasenblutungen sollte zur Optimierung der Therapie neben einer umfassenden Diagnostik und einer kausalen Behandlung der mittel- und langfristige Krankheitsverlauf beobachtet werden. Auf diese Weise kann ggf.
rechtzeitig eingegriffen werden, *bevor* es zu schweren Komplikationen
kommt.

So war bei stationär behandelten Patienten in Homburg die Dauer des
blutungsfreien Intervalles nach der Entlassung aus der Behandlung weitgehend unabhängig von der zuvor angewandten Therapieform (etwa $\frac{2}{3}$
der Patienten hatten für mindestens ein Jahr kein weiteres Nasenbluten).
Andererseits hing der längerfristige Therapieerfolg zu einem bedeutenden
Teil von jenen Faktoren ab, die zum Auftreten der Epistaxis beigetragen
hatten. So wurden bei Patienten mit kausal therapierbaren Blutungsursachen wie Bluthochdruck, Antikoagulation oder Traumen die besten Lang-
zeiterfolge erreicht (71%–75% dieser Patienten hatten keine Nachblutungen mehr). Damit zeigt sich aber auch, wie wichtig eine kausale
Behandlung der Epistaxis ist, um die langfristige Prognose dieser Erkrankung verbessern zu können.

Literatur

Allen GW (1965) Ligation of the internal maxillary artery for epistaxis. Laryngoscope 80:915–923

Bärmann MH (1993) Nasenbluten. Ätiologie und Therapie der Epistaxis nasi. Med Dissertation, Universität des Saarlandes

Becker GD (1973) Posterior nasal packing, spontaneous perforation of the oesophagus and gram negative septicemia. Laryngoscope 83:1828–1833

Beran M, Stigendal L, Petruson B (1987) Haemostatic disorders in habitual nosebleeders. J Laryngol Otol 101:1020–1028

Bluestone CC, Smith HC (1967) Intranasal freezing for severe epistaxis. Arch Otolaryngol Head Neck Surg 85:445–447

Buchalter DJ, Yanagisawa E (1968) Carbon dioxide narcosis. An unusual complication of postnasal packing. Arch Otolaryng 87:165–166

Cassisi NJ, Biller HF, Ogura JH (1971) Changes in arterial oxygen tension and pulmonary mechanics with the use of posterior packing in epistaxis: A preliminary report. Laryngoscope 81:1261–1266

Chandler JR, Serrins AJ (1965) Transantral ligation of the internal maxillary artery for epistaxis. Laryngoscope 75:1151–1159

Cook TA, Komorn RM (1973) Statistical analysis of the alterations of blood gases produced by nasal packing. Laryngoscope 83:1802–1809

Davis KR (1987) Embolization of epistaxis and juvenile nasopharyngeal angiofibromas. AJR 143:209–218

Denecke HJ (1966) Therapiewoche 16:1745. Zit. nach Ganz

Evans J (1962) The aetiology and treatment of epistaxis: based on a review of 200 cases. J Laryngol Otol 76:185–191

Federspil P (1971) Die Gefäßunterbindungen beim unstillbaren Nasenbluten. HNO 19:171–175

Fox JL (1983) Radiology. In: Fox JL (ed): Intracranial aneurysms Bd I. Springer, Berlin Heidelberg New York Tokyo, S 496–548

Ganz H (1976) Nasenbluten. In: Ganz H (Hrsg) HNO-Erkrankungen. Fachalmanach der Hals-Nasen-Ohren-Erkrankungen. München, Lehmann, S 109–129

Ghorayeb BY, Kopaniky DR, Yeakley JW (1988) Massive posterior epistaxis. A manifestation of internal carotid injury at the skull base. Arch Otolaryngol Head Neck Surg 114:1033–1037

Hallberg O (1952) Severe nosebleed and its treatment. JAMA 148:355

Hara HJ (1962) Severe epistaxis. Arch Otolaryng 75:258–269

Heermann J (1986) Intranasales mikrochirurgisches Vorgehen bei Epistaxis der Riechspalte und weitere Eingriffe in Hypotension. HNO 34:208–215

Hicks JN (1971) Cryotherapy for severe posterior nasal epistaxis. Laryngoscope 81:1881–1899

Hicks JN, Norris JW (1983) Office treatment by cryotherapy for severe posterior nasal epistaxis – update. Laryngoscope 93:876–879

Jackson KR, Jackson RT (1988) Factors with active, refractory epistaxis. Arch Otolaryngol Head Neck Surg 114:862–865

Jacobs JR, Levine LA, Davis, Lefrak SS, Druck NS, Ogura JH (1981) Posterior packs and the nasopulmonary reflex. Laryngoscope 91:279–284

Jacobson P (1967) Pathology of epistaxis. Laryngoscope 77:89–100

Johnson LP, Parkin JL (1976) Blindness and total ophthalmoplegia. A complication of transantral ligation of the internal maxillary artery for epistaxis. Arch Otolaryng 102: 501 – 504

Juselius H (1974) Epistaxis: a clinical study of 1724 patients. J Laryngol Otol 88: 317 – 327

Kellerhals B, Levy A (1971) HNO 19: 53. Zit. nach Ganz 1976

Kiesselbach W (1884) Berl Klin Wochenschr 31: 375. Zit. nach Petruson, 1984

Kindler W (1951) Leitsymptom: Nasenbluten. MMW 93: 12 – 17

Kindler W (1956) Zur Ätiologie und Therapie des Nasenblutens. Dtsch Med J 7: 339 – 343

Kuhn AJ, Hallberg OE (1955) Complications of postnasal packing for epistaxis. Arch Otolaryng 62: 62 – 65

Kulvin M (1955) Epistaxis: Control by ligation of anterior ethmoidal artery. Arch Otolaryng 62: 84 – 89

Lin YT, Orkin LR (1981) Arterial hypoxemia in patients with anterior and posterior nasal packings. Laryngoscope 91: 140 – 144

Loch L (1970) Die sozialen Aspekte der Epistaxis. Med Dissertation, Universität Düsseldorf

Lustbader DP, Schwartz MH, Zito J, Stern M (1991) The use of percutaneous transcatheter embolization to control postoperative bleeding following Le Fort I osteotomy: report of three cases. J Oral Maxillofac Surg 49: 426 – 431

Merland JJ, Melki JP, Chiras J, Richie MC, Hadjean E (1980) Place of embolization in the treatment of epistaxis. Laryngoscope 90: 1694 – 1704

Middleton P (1967) Surgery for epistaxis. Laryngoscope 77: 1011 – 1015

Moñux A, Tomas M, Kaiser C, Gavilan J (1990) Conservative management of epistaxis. J Laryngol Otol 104: 868 – 870

Nair KK (1982) Transantral ligation of the internal maxillary artery. Laryngoscope 92: 1060 – 1063

Ogura JH, Senturia BH (1949) Epistaxis. Laryngoscope 59: 763

Okafor BC (1984) Epistaxis: A clinical study of 540 cases. Ear Nose Throat J 63: 38 – 50

Pauli B (1965) Zur Pathogenese und Klinik des Nasenblutens. Med Dissertation, Universität Homburg/Saar

Pearson BW, MacKenzie RG, Goodman WS (1980) The anatomical basis of transantral ligation of the maxillary artery for epistaxis. Laryngoscope 90: 1694 – 1704

Petruson B (1974) Epistaxis: A clinical study with special reference to fibrinolysis. Acta Otolaryngol [Suppl] (Stockh) 317

Petruson B (1984) Nasenbluten: Ursachen und Therapie. Med Monatsschr Pharm 7: 70 – 75

Pierce DL, Chasin WD (1962) Treatment of epistaxis. N Engl J Med 267: 768 – 771

Premachandra DJ (1991) Management of posterior epistaxis with the use of the fibreoptic nasolaryngoscope. J Laryngol Otol 105: 17 – 19

Poulsen P (1984) Epistaxis: Examination of hospitalized patients. J Laryngol Otol 98: 277 – 279

Roberson GH, Reardon EJ (1979) Angiography an embolization of the internal maxillary artery for posterior epistaxis. Arch Otolaryngol Head Neck Surg 105: 333 – 337

Rosnagle RS, Yanagisawa E, Smith HW (1973) Specific vessel ligation for control of severe epistaxis: Surgery of 60 cases. Laryngoscope 83: 517 – 525

Saro R (1982) Die Ursachen und Therapie der symptomatischen Epistaxis. Eine statistische Auswertung von 4338 Krankengeschichten aus dem Zeitraum 1975–1980. Med Dissertation, Universität Berlin

Saunders W (1958) Arch Otolaryngol Head Neck Surg 17:100. Zit nach Ganz 1976

Saupe H (1970) Schweres Nasenbluten: Ätiologie, Pathologie, Therapie unter besonderer Berücksichtigung der chirurgischen Behandlungsmöglichkeiten. Med Dissertation, Universität Düsseldorf

Schilstra SHA, Marsman JWP (1987) Embolization for traumatic epistaxis. Adjuvant therapy in severe maxillofacial fracture. J Craniomaxillofac Surg 15:28–30

Seher G (1976) Über die Wetterabhängigkeit des Auftretens der Epistaxis. Med Dissertation, Universität Kiel

Seiffert A (1928) Unterbindung der Arteria maxillaris interna. Z Hals Nas Ohr 22:323

Simpson RK, Harper RL, Bryan RN (1988) Emergency balloon occlusion for massive epistaxis due to traumatic carotid-cavernous aneurysm. J Neurosurg 68:142–144

Slocum CW, Maisel RH, Cantrell RW (1976) Arterial blood gas determination in patients with anterior packing. Laryngoscope 86:869–873

Solomons NB, Blumgart R (1988) Severe late-onset epistaxis following Le Fort I osteotomy: angiographic localization and embolization. J Laryngol Otol 102:260–263

Strutz J, Schumacher M (1990) Uncontrollable epistaxis. Angiographic localization and embolization. Arch Otolaryngol Head Neck Surg 116:697–699

Tucker WN (1963) The investigation and treatment of epistaxis: A report of 164 cases. New Zealand Med J 62:283

de Vries N, Versluis RJJ, Valk J, Snow GB (1986) Facial nerve paralysis following embolization for severe epistaxis (case report and review of the literature). J Laryngol Otol 100:207–210

Dysphagiediagnostik des pharyngoösophagealen Überganges und therapeutische Ansätze

E. K. Walther [1]

1 Einführung

Das Gebiet zwischen Mundhöhle, Rachenraum und Speiseröhre ist eine **funktionelle Problemregion.** Hier kommen eine Vielzahl von anatomischen und physiologischen Besonderheiten, auch mit psychovegetativen Elementen bis hin zu zwischenmenschlichen Akzenten, zusammen. Mehr als 60% der über 50jährigen Patienten klagen heute über Schluckbeschwerden, die sie früher oder später zu einem Arztbesuch veranlassen [13]. Diese Häufigkeit führt beim Patienten und nicht selten auch beim Arzt zuweilen zu einer Verharmlosung des „Banalsymptoms" Dysphagie. Aus diesem Grunde sucht der Patient vor allem im ambulanten Bereich zunächst nicht den Facharzt auf. In der täglichen Routine wird dann – häufig ohne klinische Untersuchung – eine alleinige Röntgenkontrastdarstellung der oberen Speisewege („Breischluck") durchgeführt, um ein Passagehinder-

[1] Mit Unterstützung der DFG (Wa 906/1-1).

HNO Praxis Heute 14
H. Ganz, W. Schätzle (Hrsg.)
© Springer-Verlag Berlin Heidelberg 1994

nis, ein Divertikel oder einen Fremdkörper auszuschließen. Diese Untersuchung wird jedoch häufig nicht zum Dokument einer vermeintlichen funktionellen Störung.

Hinter einem banalen Symptom verbirgt sich aber nicht immer nur eine banale Erkrankung. Das **Spektrum der Störungsmöglichkeiten** eines geregelten Nahrungstransportes von der Mundhöhle in die Speiseröhre ist groß angesichts der Komplexität des Schluckaktes, an dem nicht weniger als 26 Muskelgruppen und 5 Hirnnerven beteiligt sind. Ergibt sich kein Anhalt für eine organische Ursache der geklagten Dysphagie mit entsprechendem morphologischem Substrat, müssen Funktions- und Koordinationsstörungen des Pharynx, Larynx und des pharyngoösophagealen Überganges ausgeschlossen werden.

Bei der Beurteilung funktioneller Schluckstörungen liegt das Schwergewicht der Untersuchung auf solchen Verfahren, die sich auf die pharyngeale Phase des Schluckaktes und speziell den pharyngoösophagealen Übergang beziehen (Tabelle 1).

2 Anamnese

Der **Schlüssel zur Diagnose** ist nach wie vor eine gründliche anamnestische Erhebung, die die weitere interdisziplinäre Diagnostik steuert. Sie ist entscheidend für die Ursache und Lokalisation von Schluckbeschwerden und führt in 80–85% der Fälle zur richtigen Diagnose [6]. Als geeignet hat sich

Tabelle 1. Diagnostische Möglichkeiten bei pharyngoösophagealer Dysphagie

Anamnese	
Klinische Untersuchung	
Starre und flexible Endoskopie	
Radiologische Verfahren	
Statische Techniken:	Ösophagogramm; Rö.-Halswirbelsäule, Halsweichteile, Nasennebenhöhlen; Computertomographie, Magnetresonanztomographie, Sonographie
Dynamische Techniken:	Videofluoroskopie, Hochfrequenzkinematographie, Sonographie
Nuklearmedizinische Verfahren:	Pharynx-, Schilddrüsen-, Ösophagus- und Speichelszintigraphie
Elektrophysiologische Verfahren:	Pharyngeale Computermanometrie, Elektromyographie
Gastroenterologische Verfahren:	Langzeitmanometrie, pH-Metrie

ein **standardisierter Fragebogen** erwiesen, der zwischen oropharyngealer, ösophagealer, vertebragener und neurogener Dysphagie differenziert (Abb. 1). Vor allem der Dauer und Häufigkeit sowie der exakten Beschreibung der Schluckstörung mit zeitlicher Zuordnung zur Nahrungsaufnahme ist eine wesentliche Bedeutung beizumessen. Schon die Differenzierung zwischen Störungen der Nahrungsaufnahme von festen oder flüssigen Speisen liefert wichtige Hinweise. Beschwerden bei Aufnahme überwiegend flüssiger Nahrung können auf eine neuromuskuläre Erkrankung hinweisen. Solche Beschwerden sind überwiegend Verschlucken und Husten, nasaler Reflux, konkomittante Stimmveränderungen, Erschöpfung beim Essen und allgemeine Veränderung der Körpermotorik. Eine Festkörperdysphagie dagegen deutet auf anatomisch-morphologische Veränderungen mit zunehmender Obstruktion. Patienten mit oropharyngealer Dysphagie schildern in der Regel Schwierigkeiten bei der Einleitung des Schluckaktes und häufiges Nachschlucken. Die ösophageale Schluckstörung geht mit einem schmerzhaften Gefühl des Steckenbleibens von Speisen hinter dem Sternum einher, verbunden mit Sodbrennen, Regurgitation und Erbrechen. **Beschwerden lediglich beim Leerschlucken**, die bei der Nahrungsaufnahme schwinden und in Belastungssituationen verstärkt sind sowie zusätzliche Stimmveränderungen sind typisch für einen **Globus pharyngis.** Hier muß gezielt nach funktionellen Störungen des pharyngoösophagealen Überganges wie der krikopharyngealen Achalasie gesucht werden [8]. Zu beachten ist auch eine überwiegend laryngeale oder bronchopulmonale Symptomatik im Zusammenhang mit Schluckstörungen [24, 31].

Die **Eigenanamnese** berücksichtigt vorausgegangene Operationen, Strahlenbehandlung und Unfälle im Kopf-Hals-Bereich sowie Systemerkrankungen. Die Patienten sollten präzise nach früheren oder gegenwärtigen Medikamenteneinnahmen befragt werden. Wegen der Bedeutung einer normalen Speichelproduktion für die orale Vorbereitungsphase des Schluckaktes gilt es, eine Hypersekretion (Morbus Parkinson, Cholinesterasehemmer), eine Sialopenie (Sjögren-Syndrom) oder eine medikamentöse Xerostomie (Antihistaminika, Anticholinergika, Diuretika, Antihypertonika, Antidepressiva, Sedativa) festzustellen.

3 Klinisch-endoskopische Untersuchung

Grundlage der klinischen Untersuchung ist die sorgfältige Inspektion von Nase, Mundhöhle und Oropharynx sowie die indirekte Laryngoskopie zur Beurteilung von Kehlkopf und Hypopharynx. Auszuschließen ist eine

		Ja	Nein
Allgemeine Fragen	1.Ist die Nahrungsaufnahme behindert?	___	___
	2.Schmerzt es beim Essen?	___	___
	3.Einschluckschwierigkeiten?	___	___
	4.Dauer der Schluckstörung?	___	___
	Tage?	___	___
	Monate?	___	___
	Jahre?	___	___
	5.Nimmt die Schluckstörung zu?	___	___
	6.Gewichtsverlust? Wieviel?	___	___
	7.Welche Nahrungsmittel verursachen Symptome?		
	Getränke:	___	___
	Breiige Kost:	___	___
	Feste Speisen:	___	___
Globus pharyngis	8.Schmerzt es nur beim Leer- oder Speichelschlucken?	___	___
	9.Kloß- oder Fremdkörpergefühl?	___	___
	10.Brennen hinter dem Kehlkopf?	___	___
	11.Begleitende Stimmveränderungen?	___	___
	12.Wechselhafte Intensität der Schluckbeschwerden?	___	___
	13.Angst zu Schlucken?	___	___
Divertikel	14.Aufstoßen unverdauter Speisen?	___	___
	15.Nasses Kopfkissen am Morgen?	___	___
	16.Plätschergeräusche im Hals?	___	___
	17.Schwellungsgefühl im Hals nach dem Essen?	___	___
Vertebragene Dysphagie	18.Beschwerden an der Halswirbelsäule oder im Nacken?	___	___
	19.Okzipitale Kopfschmerzen?	___	___
	20.Linderung im Liegen?	___	___
Neurogene Dysphagie	21.Verschlucken oder Husten bei oder nach dem Essen?	___	___
	22.Nasaler Austritt von Speisen oder Getränken?	___	___
	23.Erschöpfung beim Essen?	___	___
	24.Sprachschwierigkeiten?	___	___
	25.Veränderung der Körpermotorik?	___	___
Ösophageale Dyspagie	26.Steckenbleiben von Speise? Wo?	___	___
	27.Sodbrennen oder saures Aufstoßen?	___	___
	28.Schluckauf?	___	___
	29.Epigastrischer oder thorakaler Schmerz?	___	___
	30.Änderung des Herzrhythmus beim Schlucken?	___	___
Zusatzfragen	31.Systemerkrankung?	___	___
	32.Maligne Erkrankung?	___	___
	33.Schilddrüsenerkrankung?	___	___
	34.Unfälle im Kopf-Hals-Bereich?	___	___
	35.Halswirbelsäulen-Schleudertrauma?	___	___
	36.Operationen im Kopf-Hals-Bereich?	___	___
	37.Operationen am Verdauungstrakt?	___	___
	38.Frühere Bestrahlungen?	___	___
	39.Bisher erfolgte Arztbesuche?	___	___
	40.Medikamenteneinnahme?	___	___

Abb. 1. Standardisierter Fragebogen zur Dysphagiediagnostik

chronische Pharyngitis mit Halstrockenheit infolge Septumdeviation und chronischen Nebenhöhlenentzündungen. Tonsillenveränderungen, Seitenstrangangina, eine Zungengrundhyperplasie oder Retentionszysten fallen unmittelbar auf. Wichtig ist die Erkennung eines Sekretstaus im Sinus piriformis, evtl. mit Speiseresten, als indirekter Hinweis auf einen pharyngoösophagealen Tumor oder Fremdkörper. Bei einer Störung der Stimmlippenbeweglichkeit ist der protektive Glottisschluß aufgehoben (Aspirationsgefahr). Die Palpation von Mundhöhle und Zungengrund, Halslymphknoten und Schilddrüse kann weitere entscheidende Hinweise geben. Eine Prüfung schluckrelevanter Hirnnerven berücksichtigt die Nn. trigeminus, facialis, glossopharyngeus, vagus und hypoglossus.

Endoskopische Untersuchungsverfahren bedienen sich starrer und flexibler Optiken, die, bedarfsbezogen, Befundsituationen mit geeigneten Kameraaufsätzen auf Videoband speichern lassen. Die Lupenlaryngoskopie erweitert die Möglichkeiten der indirekten Spiegeluntersuchung. Die transnasale Pharyngo-Laryngo-Fiberendoskopie ist nützlich bei Patienten mit starkem Würgereiz. Die fiberendoskopische Untersuchung der „Schlucksicherheit" nach Schlucken von verdünntem Methylenblau dient dem Nachweis auch einer ganz geringen Aspiration [40]. Die Mikrolaryngoskopie sowie die starre Tracheoösophagoskopie sind als Narkoseuntersuchungen bei gezielter Fragestellung indiziert. Sie sind je nach Befund nicht nur Instrumente der Diagnostik, sondern auch der Therapie (Abb. 2).

4 Bildgebende Verfahren

Im diagnostischen Stufenprogramm nehmen bildgebende Verfahren (vgl. Tabelle 1) den breitesten Raum ein. Da der Schluckakt ein koordiniert ablaufender, dynamischer Vorgang ist, kann er am besten mit einer Technik dargestellt werden, die Bewegungsabläufe und funktionelle Aktivitäten dokumentiert. Statische Verfahren können im Einzelfall die Ätiologie einer organischen Dysphagie, nicht jedoch die funktionellen Ursachen erklären. Ihre Anwendung ersetzt demnach keinesfalls die Durchführung eines dynamischen Verfahrens.

4.1 Statische Röntgenverfahren

Die konventionelle **Kontrastmittelpassage** (Ösophagogramm) der oberen Speisewege wird bei dysphagischen Beschwerden meist zuerst durchgeführt. Mit ihr lassen sich organisch-morphologische Veränderungen wie

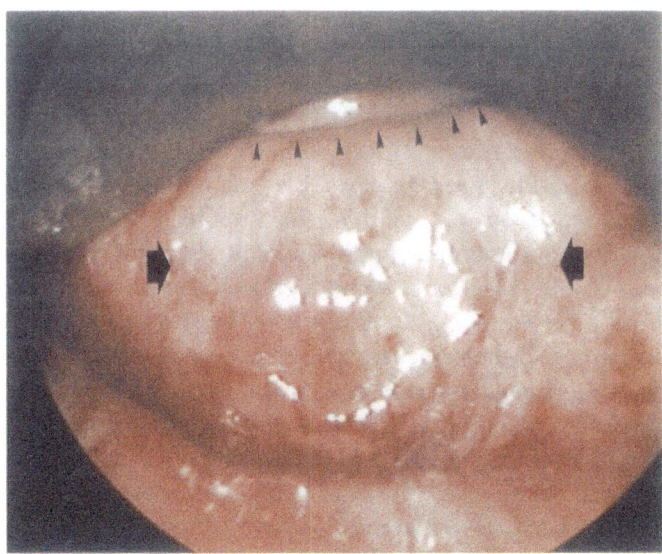

Abb. 2. Intraoperative Darstellung einer krikopharyngealen Achalasie mittels starrer Ösophagoskopie. Der hypertrophe M. cricopharyngeus (*dicke Pfeile*) ist wulstig vorgewölbt und engt den Ösophagusmund bis auf einen Restspalt ein (*Pfeilspitzen*)

tumoröse Stenosierungen, Hypopharynxdivertikel, pharyngeale Fremd-körper oder ösophageale Veränderungen direkt oder indirekt nachweisen. Andere statische Röntgenaufnahmen von Thorax, Nasennebenhöhlen, Halsweichteilen und Halswirbelsäule sind je nach Fragestellung bei kon-kretem Verdacht, der sich aus Anamnese und klinischer Untersuchung ergibt, indiziert. Knöcherne Anomalien (Eagle-Syndrom, stylokerato-hyoidales Syndrom) und Halswirbelsäulenveränderungen (Osteochon-drose, diffuse idiopathische Skeletthyperostose) als rein mechanische Hin-dernisse sind selten Ursache von Schluckstörungen, können aber ebenso wie chronische Lungenerkrankungen funktionelle Koordinationsstörun-gen des Schluckablaufes induzieren [30, 41]. Auch in diesen Fällen muß auf dynamische Verfahren zurückgegriffen werden.

Computer- und Magnetresonanztomographie (CT, MRT) sind bei be-stimmten Fragestellungen aussagefähige Zusatzuntersuchungen. Sie sind indiziert bei vermuteten oder nachgewiesenen tumorösen Veränderungen (Pharynxkarzinom, Foramen-jugulare-Syndrom). Die MRT eignet sich speziell zum Nachweis von Schädigungen des Schluckzentrums im Hirn-stamm (Abb. 3a und b) oder des Kortex, die bei Patienten mit speziellen neurologischen Ausfällen eine neurogene Dysphagie hervorrufen können [27, 42].

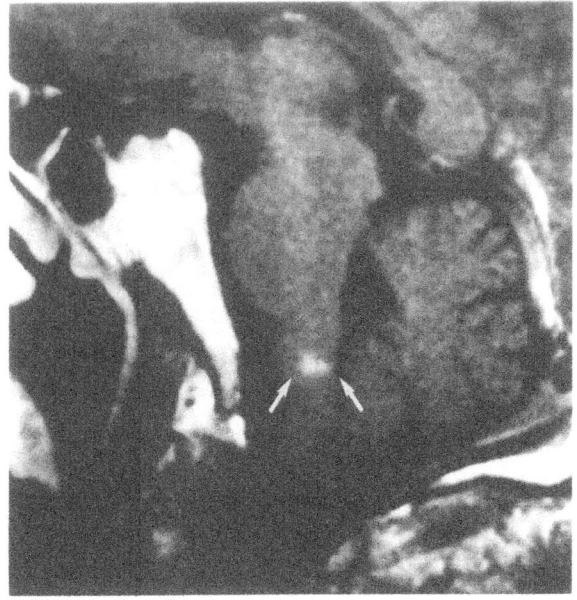

a

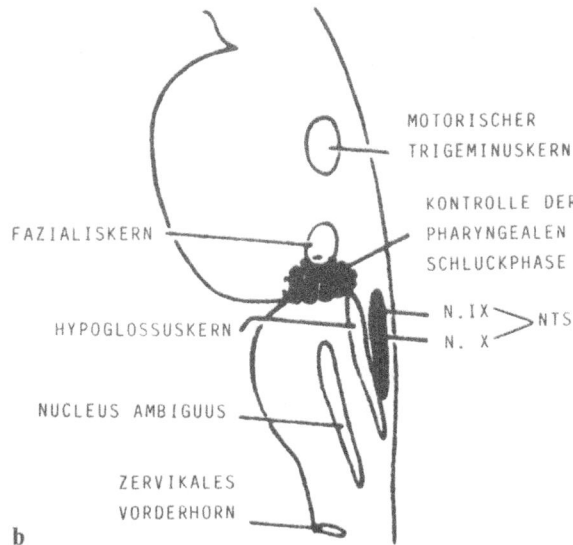

b

Abb. 3a, b. Topographie des Schluckzentrums im Hirnstamm; **a** die Magnetresonanztomographie zeigt eine ischämiebedingt umschriebene Signalanhebung im Bereich der rechtsseitigen Medulla oblongata im mittleren und dorsalen Abschnitt (*Pfeile*), **b** die korrespondierende schematische Zeichnung stellt die am Schluckakt beteiligten motorischen Kerngebiete sowie die sensible Hauptafferenz im Kern des Tractus solitarius (NTS) dar

4.2 Dynamische Röntgenverfahren

Videofluoroskopie (50 Bilder/s) und Hochfrequenzkinematographie (100–200 Bilder/s) stellen die zu untersuchende Region unter funktionellen Aspekten dynamisch dar und sind somit unverzichtbarer Bestandteil jeder Schluckuntersuchung. Die **Videofluoroskopie** ist aufgrund des geringeren apparativen Aufwandes und der niedrigeren Strahlenbelastung heute weit verbreitet. In „real-time" wird ein Überblick über die Strukturen und funktionellen Abläufe entlang der gesamten Schluckstraße vermittelt. Die anschließende Auswertung des Videomaterials erlaubt eine Zeitlupenbetrachtung in Einzelbildschaltung und dadurch exakte Beurteilung jeder einzelnen Phase der Boluspassage von der Mundhöhle bis in den Magen [5, 7, 20].

Neben der Darstellung knöcherner Strukturen werden die am Schluckakt beteiligten Weichteile in Verbindung mit der Kontrastmittelpassage indirekt dargestellt. Vorzeitiger Übertritt von Kontrastmittel über den Zungengrund (Leaking), Kontrastmittelstase nach dem Schlucken oder primäre Fehlleitung, valleruläre Asymmetrie, Bewegungsstörungen von Zunge, Hyoid, Epiglottis und Larynx, Epiglottisfehlstellung, laryngeale Schlußinsuffizienz, Aspiration (prä-, intra-, postdeglutitiv), Wandunregelmäßigkeiten sowie die pharyngovertebrale Distanz sind nur einige Kriterien der Beurteilung der Schluckharmonie in mindestens zwei Ebenen. Die besondere klinische Bedeutung liegt jedoch in der sicheren Erkennung und Beurteilung einer Dysfunktion des pharyngoösophagealen Überganges (Tabelle 2 und 3, Abbildung 4a und b), die auch bei normaler Sphinkterrelaxation und fehlender Symptomatik noch nachweisbar sein kann [15]. Bei anstehenden pharyngealen Operationen kann die Videofluoroskopie bereits präoperativ wichtige Hinweise zum postoperativ zu erwartenden funktionellen Handicap liefern [39, 43, 46].

Von besonderer Bedeutung vor allem bei **Aspirationsanamnese** ist der „**modifizierte Barium-Schluck**", bei dem definierte Mengen von Barium unterschiedlicher Konsistenz (flüssig, Pudding, Paste, Kekse) verabreicht werden [9, 34]. Diese Untersuchung dient auch der Ermittlung der optimalen Schluckposition durch kompensatorische Schluckmanöver, z. B. nach pharyngealen Operationen [26] oder bei neurologischen Defektheilungen [25].

Patienten mit Störungen des pharyngealen Transportmechanismus neigen dazu, beim Schlucken den Kopf stark nach ventral zu neigen. Durch Veränderungen der Kopfhaltung können Einschränkungen der Elevationsbewegung von Hyoid und Larynx deutlicher zur Darstellung gebracht werden. Bei Retroflexion des Halses müssen diese Elevationsbewegungen gegen einen größeren Widerstand erfolgen. Zusätzlich wird da-

Tabelle 2. Funktionsstörungen des pharyngoösophagealen Überganges

Verspätete Sphinkteröffnung
Vorzeitiger Sphinkterschluß
Krikopharyngeale Achalasie
Krikopharyngeospasmus
Hypopharynx-Pseudodivertikel
Kontrastmittelreflux
Plummer-Vinson-Syndrom
Kombinierte Dyskinesien, z. B. bei:
  Passagerer Pharyngozele
  Hypopharynx-Divertikel
  Membranstenosen („webs")
  Neuromuskulären Erkrankungen
  Globus pharyngis

Tabelle 3. Wertigkeit verschiedener diagnostischer Verfahren zur Beurteilung der pharyngealen Phase des Schluckaktes. [Mod. nach van Overbeek JJM (1991) Upper esophageal sphincterotomy in dysphagic patients with and without a diverticulum. Dysphagia 6: 228–234]

	Klinik	Flexible Endoskopie	Starre Endoskopie	Videofluoroskopie	Szintigraphie	Sequenzmanometrie	Elektromyographie
Pharynxanatomie und Schleimhautoberfläche	+	+ +	+ +	+ +	–	–	–
Pharynxfunktion	+	+	–	+ + +	+	+ +	+ +
Larynxfunktion	+	+ + +	–	+	–	–	+ + +
Schluckbewegungen	+ +	+ +	–	+ + +	+	+	–
Aspiration	+ +	+	–	+ + +	+ + +	–	–
Sphinkterlänge	–	–	+	+	–	+ + +	–
Sphinkteröffnung	–	–	–	+ + +	+	+ + +	+ + +
Sphinkterstärke	–	–	+ + +	–	–	+ + +	+
Hypopharynx-Sphinkter-Koordination	–	–	–	+ + +	+	+ + +	+ +

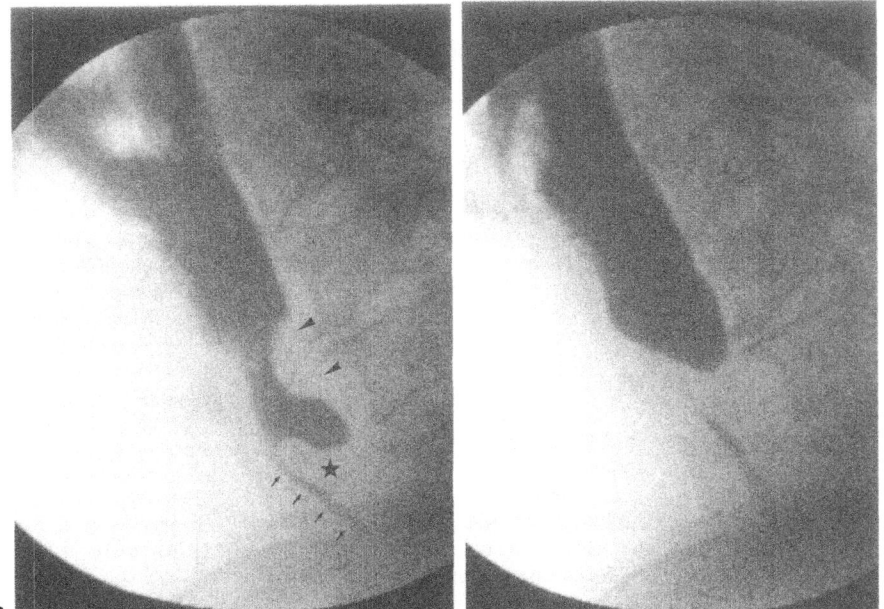

a   b

Abb. 4a, b. Videofluoroskopie bei einer krikopharyngealen Achalasie mit kombinierter Sphinkterdyskinesie; **a** durch initial verspätete Sphinkteröffnung (*Stern*) ist eine Boluspassage (*Pfeile*) nur durch erhöhten Kraftaufwand der Pharynxkonstriktoren (*Pfeilspitzen*) möglich, **b** vorzeitiger Sphinkterschluß führt zu einer „Abschnürung" des Bolus (gleicher Patient wie Abb. 2)

durch der Larynx der Halswirbelsäule angenähert und der Hypopharynx verschmälert [5, 46].

4.3 Pharynxszintigraphie

In szintigraphischen Untersuchungen läßt sich die Radionuklidstrahlung während der Schluckens eines radioaktiven Bolus (^{99m}-Tc-Schwefelkolloid, ^{99m}-Tc-DPTA) messen. Die Untersuchung erfolgt als Sequenzstudie über 6 s (16 Bilder/s) nach p.o.-Verabreichung des Aktivitätsschluckes. Der Schwerpunkt der Messung liegt auf der Erfassung der pharyngealen Boluspassage [18, 23]. Bolus-Leaking, die Passagezeit des Bolus vom Oropharynx in den Ösophagus, die Anzahl der dafür nötigen Schluckvorgänge und das Ausmaß an Bolusretention (Abb. 5) und -aspiration können auf diese Weise bestimmt werden [18].

Dieses Verfahren wird üblicherweise mehr bei gastroenterologischen Fragestellungen zur Bestimmung der **ösophagealen Passagezeit** und Er-

Normal

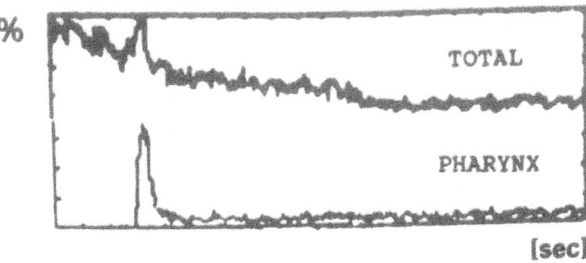

Neurogene Dysphagie

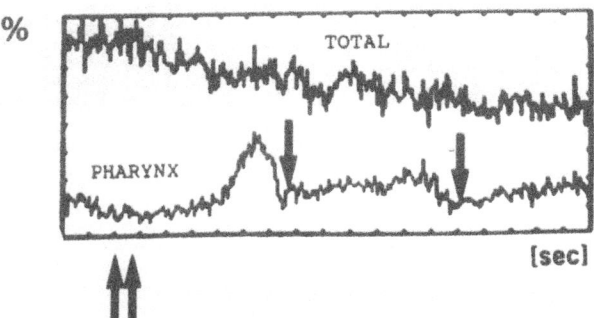

Abb. 5a, b. Pharynxszintigraphie mit Zeit-Aktivitäts-Verteilung; **a** im Normalzustand, **b** bei neurogener Dysphagie. Leaking-Phänomen mit pharyngealem Aktivitätsnachweis vor Schluckbeginn (*Doppelpfeil*). Postdeglutitiv nur allmähliche Pharynxentleerung durch Nachschlucken (*Pfeile*) bei resultierender Sphinkterdyskinesie

kennung bzw. Quantifizierung eines gastroösophagealen Refluxes angewendet [31]. In der pharyngealen Dysphagiediagnostik allein ist die Szintigraphie nur von begrenztem Wert, da eine Zuordnung zu anatomischen Strukturen nur unzureichend möglich ist. Bei bereits bekannten Störungen, und in Kombination mit einer Videofluoroskopie, sind jedoch ergänzende Aussagen zur Boluspassage möglich [18]. Darüber hinaus hat die Pharynxszintigraphie eine Bedeutung in der Quantifizierung latenter Aspirationen erlangt [29] (Abb. 6).

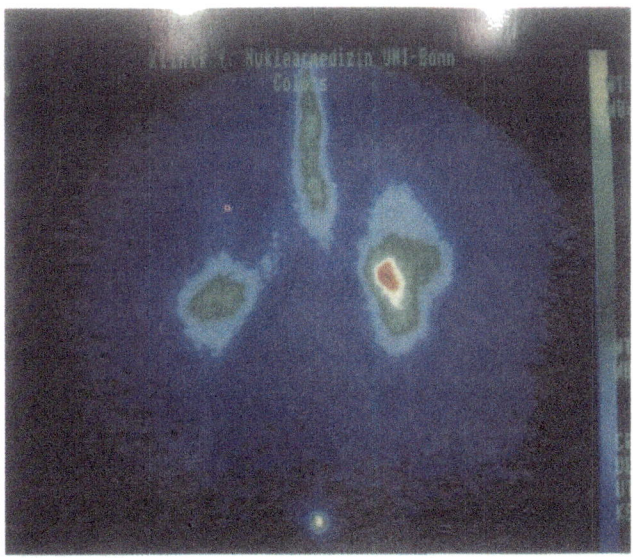

Abb. 6. Szintigraphischer Nachweis einer chronischen Aspiration in die linke Lunge

5 Elektrophysiologische Verfahren

5.1 Pharyngeale Sequenz-Computermanometrie

Bei der Pharynxmanometrie werden Druckveränderungen registriert, die durch Flüssigkeitsverschiebungen oder Luftsäulenkompression im Pharynxrohr erzeugt werden. Im eigenen Diagnostikkonzept werden nach ersten Erfahrungen mit selbstkonstruierten einkanaligen Drucksonden [46] nun vierkanalige, zirkuläre Halbleiterdrucksensoren mit digitaler Analogverarbeitung und computergesteuerter Auswertung verwendet [44]. Die Drucksonden werden transnasal in den Pharynx eingeführt und die Sensoren in Höhe des Zungengrundes, des Larynxeinganges bzw. Hypopharynx, des pharyngoösophagealen Überganges und des zervikalen Ösophagus plaziert. Die Lagekontrolle der Drucksensoren erfolgt qualitativ durch die manometrische Druckmessung selbst. Die schluckabhängige Frequenzantwort der Drucksensoren erfaßt die Amplitude der pharyngealen Boluspropulsion. So sind Aussagen zur Koordination des Druckprofils während des Schluckaktes in den verschiedenen Pharynxetagen (Abb. 7) sowie zu Passagezeiten möglich. Im Bereich des pharyngoösophagealen Überganges wird der Druckgradient zwischen Hypopharynx und Ösopha-

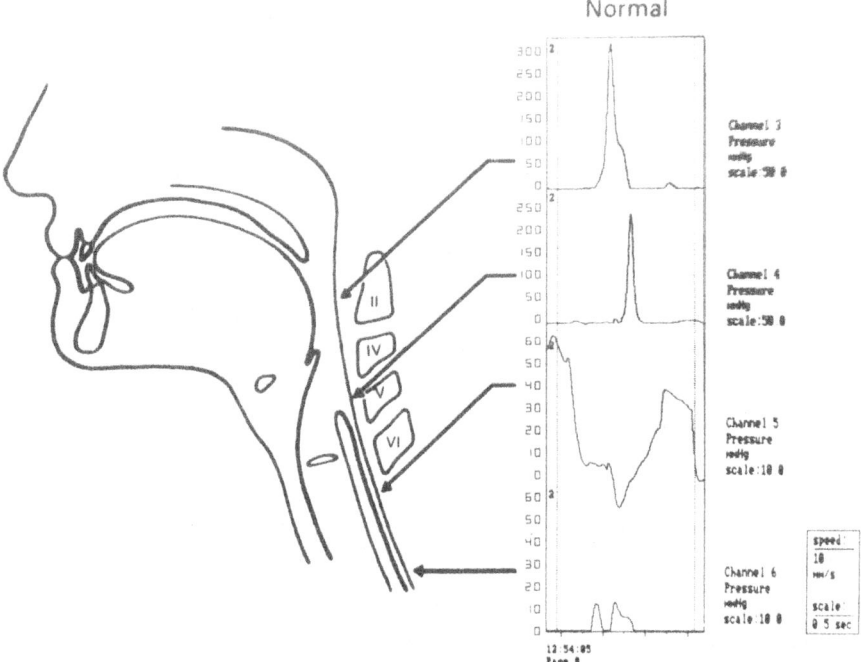

Abb. 7. Pharyngeale Computermanometrie mit Druckänderungen im Zungengrund, Hypopharynx, pharyngoösophagealen Übergang und zervikalen Ösophagus im Normalzustand

gus sowie der intradeglutitive Sphinkterdruck bei Erschlaffung des Sphinkters registriert. Bei fehlender Sphinkterrelaxation kann eine zu geringe, zu kurze, zu frühe oder zu späte Erschlaffung differenziert werden, wie sie typischerweise bei neurogener Dysphagie anzutreffen ist.

So findet sich im Bereich des Ösophagussphinkters ein Ruhepunkt von 30–100 mm Hg, der in anterior-posteriorer Richtung höher als in seitlicher Position ist [11]. Aufgrund dieser radialen Asymmetrie im krikopharyngealen Bereich sollten sich manometrische Messungen auf qualitative Aussagen zum intraindividuellen Druckmuster und zur zeitlichen Schluckkoordination beschränken. Interindividuelle quantitative Druckvergleiche sind erst dann möglich, wenn die Sensorenposition anatomisch nachvollzogen und die pharyngeale Druckerzeugung mit der Boluspassage in Beziehung gebracht werden kann. Dies gelingt nur mit großem apparativem Aufwand durch Kombination mit der Videofluoroskopie zu einer Manofluorographie.

Während sich der Speisebolus noch in der Mundhöhle befindet, beginnt die pharyngeale Schluckphase mit einer Aufwärtsbewegung von Zungen-

grund, Hyoid und Larynx. Hyoid und Zungengrund bewegen sich nach vorn und schieben den Speisebrei in den Oropharynx. Diese Vorwärtsbewegung öffnet auch den pharyngoösophagealen Übergang mit Entwicklung eines Unterdruckes, um den Bolus bei jetzt reflektorisch einsetzender Kontraktion der pharyngealen Konstriktoren im Sinne eines Saugeffektes aufzunehmen. Der manometrisch gemessene Druck entspricht so der übertragenen Schubkraft der Zunge, die, im Zusammenwirken mit den die pharyngeale Entleerung bestimmenden oropharyngealen Wänden, auf den Bolus ausgeübt wird. Dieser im Zungengrund generierte kräftige oropharyngeale Druckpumpenstoß wird also sowohl durch die Funktion der oro- als auch der hypopharyngealen Region determiniert. Die wesentliche treibende Kraft für die pharyngeale Boluspassage ist jedoch nicht die Konstriktorenkontraktion, sondern nur der **propulsive Zungengrunddruck.**

Dysphagie entsteht bei Reduzierung der propulsiven Kräfte hinter dem Bolus und Widerstandserhöhung vor dem Bolus.

Dementsprechend deutet ein abgeschwächter oropharyngealer Druckpumpenstoß auf einen geringeren Widerstand gegenüber der Boluspassage im pharyngoösophagealen Übergang hin und/oder auf eine geringere Entwicklung der übertragenen Zungenschubkraft im Oropharynx. Letztere Bedingung ist z. B. bei partiellen Lähmungen oder operativen Defekten im Oropharynx (Abb. 8) gegeben, wenn eine orale und nasopharyngeale Versiegelung während der Schluckeinleitung nicht möglich ist, so daß eine kraniale Druckentweichung resultiert [44, 46]. In gleicher Weise zeigt eine verstärkte Druckentwicklung im Zungengrundniveau einen erhöhten Widerstand für die Boluspassage distal an, z. B. bei postoperativen, narbigen Ösophaguseingangsstenosen [44] oder bei der krikopharyngealen Achalasie. Neuromuskuläre Störungen sind durch partielle oder unvollständige Lähmungsbilder („paralytische Dysphagie") gekennzeichnet (Abb. 9 und 10) und bieten eine komplexe Dyskoordination des pharyngealen Druckmusters mit Verlängerung der Boluspassage, gestörtem Schluckreflex, verminderter Larynxelevation und Sphinkterdyskinesien unterschiedlichen Ausmaßes [42, 45].

5.2 Elektromyographie (EMG)

An der motorischen Regulation der Nahrungsaufnahme sind 26 Muskeln beteiligt, die von 5 Hirnnerven (V, VII, IX, X, XII) gesteuert werden. Während radiologische und manometrische Verfahren Schluckereignisse topographisch und funktionell zusammengehörender Muskelgruppen analysieren, erlaubt die Ableitung von Muskelaktionspotentialen einen

Beidseitige Oropharynxteilresektion

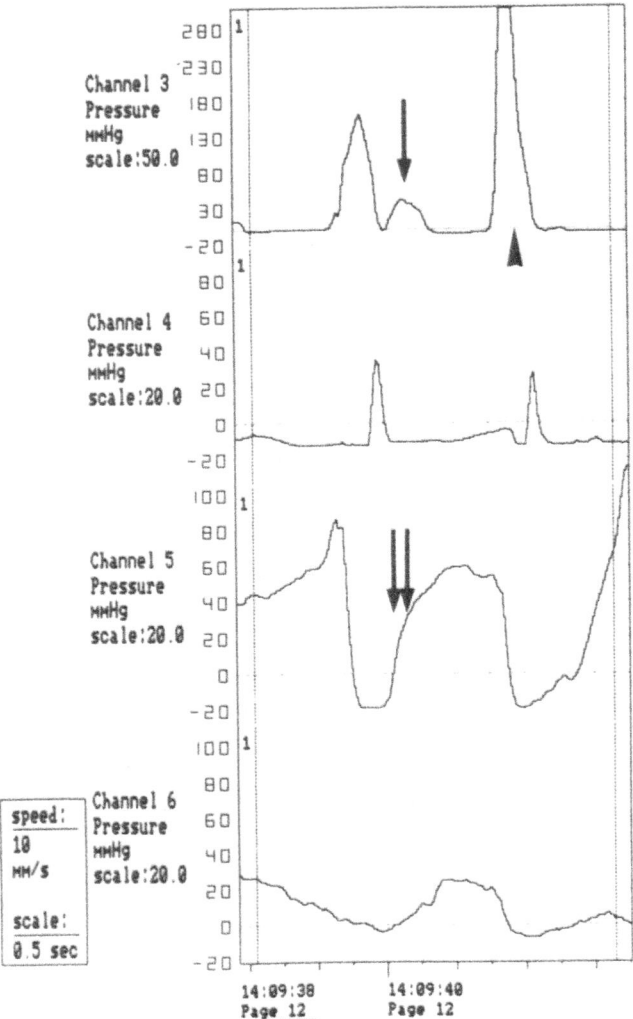

Abb. 8. Computermanometrie nach beidseitiger Resektion im Bereich der Vallecu-lae epiglotticae. Nach dem abgeschwächten initialen Schluckakt verbleiben Bolus-reste im Pharynx. Zum Zeitpunkt des Nachschluckens (*Pfeil*) ist aber der obere Ösophagussphinkter bereits geschlossen (*Doppelpfeil*). Durch die fehlende Koordi-nation resultiert laryngeale Penetration und Hustenreiz (*Pfeilspitze*)

Hirnstammischaemie

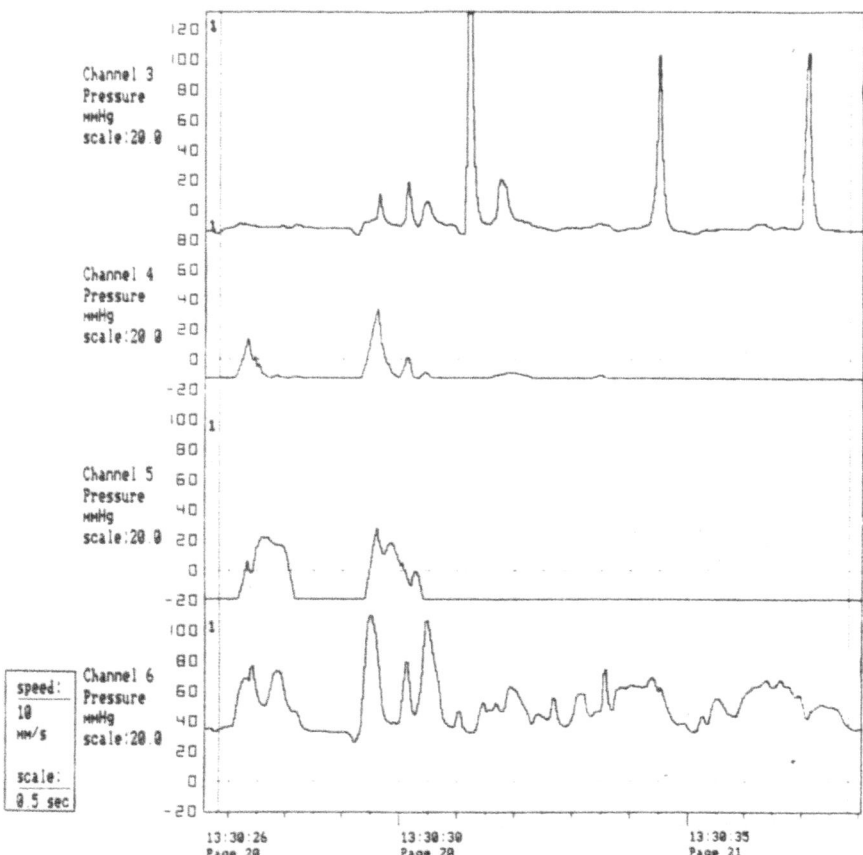

Abb. 9. Computermanometrie bei partieller Pharynxlähmung infolge Hirnstammischämie. Frustrane Schluckaktionen (*obere Spur*), Dyskoordination, fehlende
Sphinkterrelaxation (gleicher Patient wie Abb. 3)

Einblick in den Funktionszustand des einzelnen Muskels. Die Ableitung
erfolgt mittels Oberflächenelektroden, Minidraht- (Hooked-wire)-Elek-
troden oder bipolaren Nadel- bzw. Saugelektroden [33].

Die klinische **Bedeutung der EMG** liegt in der genauen **Differenzierung
muskulärer Bewegungsstörungen**. Paresen werden elektromyographisch
dokumentiert und als Neurapraxie, Axonotmesis, Neurotmesis, Regeneration oder Myopathie identifiziert. Aus diesem Grunde eignet sich das
Verfahren auch nicht für die Routinediagnostik, sondern kommt erst bei
bereits nachgewiesenen Funktionsstörungen (Abb. 11) als qualitative Er-
gänzungsuntersuchung zur Anwendung [16].

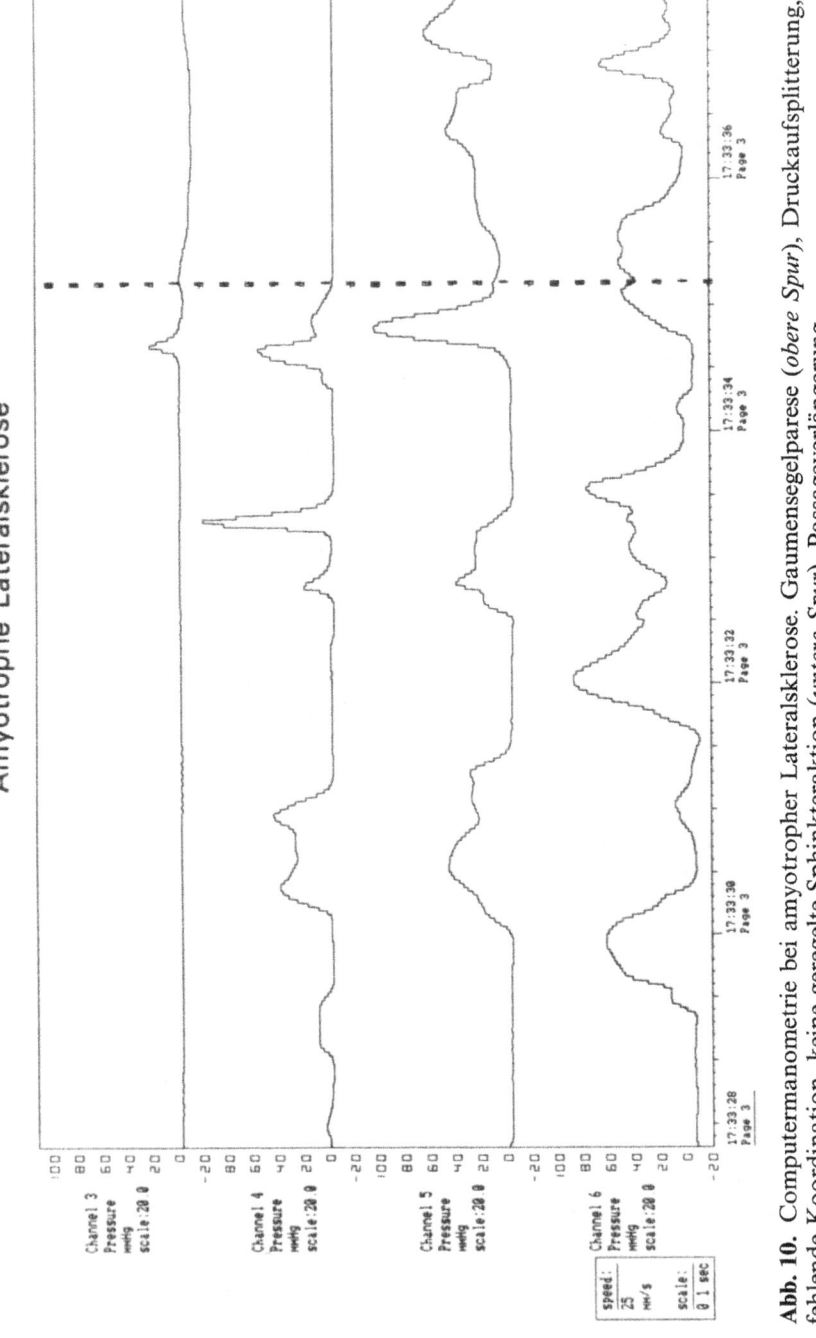

Abb. 10. Computermanometrie bei amyotropher Lateralsklerose. Gaumensegelparese (*obere Spur*), Druckaufsplitterung, fehlende Koordination, keine geregelte Sphinkteraktion (*untere Spur*), Passageverlängerung

E. K. Walther

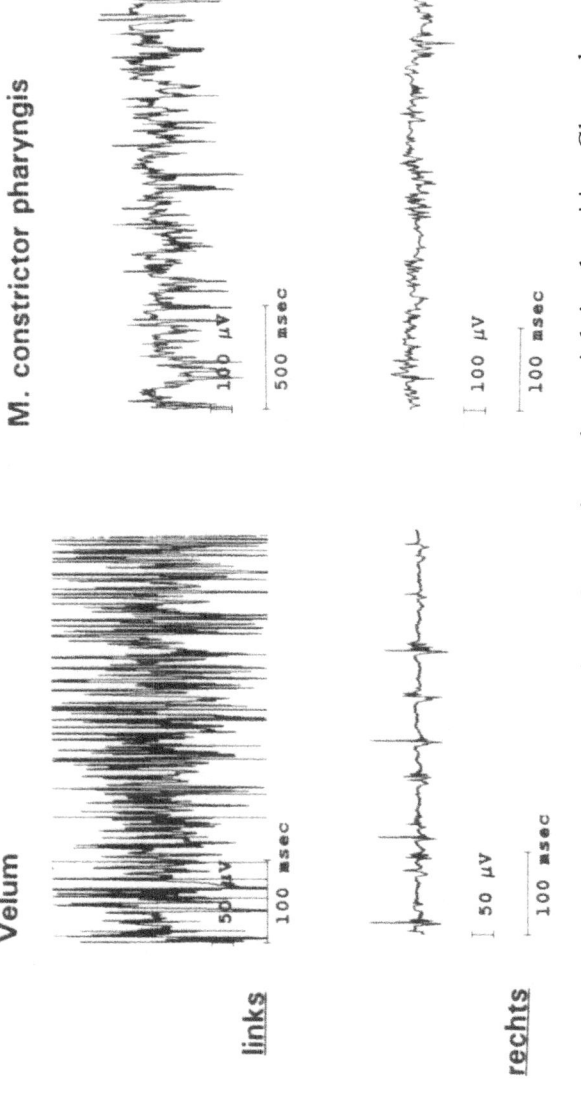

Abb. 11. EMG des Gaumensegels und des M. constrictor pharyngis bei rechtsseitiger Glossopharyngeus- und Vagusparese

Hauptrepräsentanten der myographischen Schluckanalyse des Pharynx sind die suprahyoidale Muskulatur, das Gaumensegel, die Mm. constrictor pharyngis und cricopharyngeus sowie die endolaryngealen Muskeln zur vollständigen Darstellung des Vagussschenkels [33]. Lediglich der M. cricopharyngeus zeigt einen Ruhetonus. Beim Einschluckvorgang kommt es zu einer Unterdrückung der Entladung für einen Zeitraum von 500 ms mit Nachlassen des Ruhetonus [32, 37]. Zeitlich abgestimmt werden in allen anderen am pharyngealen Schluckvorgang beteiligten Muskeln Einzelpotentiale sichtbar, die mit zunehmender Innervation in ein typisches Interferenzmuster der Spontanaktivität übergehen. Unmittelbar nachdem der Bolus den relaxierten M. cricopharyngeus passiert hat, tritt eine vorübergehende Erhöhung des Ruhetonus auf, um eine Regurgitation des Bolus in den Hypopharynx zu verhindern [37]. Eine genaue Korrelation der Muskelfunktion des M. cricopharyngeus mit dem Druckablauf während des Schluckvorganges läßt sich durch Kombination von Manometrie und Elektromyographie mit multilokulärer Ableitung erreichen (Abb. 12), so daß Teil- oder Komplettparesen mit zeitlichen Koordinationsstörungen erfaßt werden [16, 32]. Eine komplette Parese des M. cricopharyngeus ist wegen der bilateralen Innervation über multiple Vagusfasern nur selten zu beobachten [40].

Die klassische EMG kann heute zur Beantwortung spezieller Fragestellungen durch *gezielte Stimulationsverfahren* (Neuro-, Reflex-EMG) er-

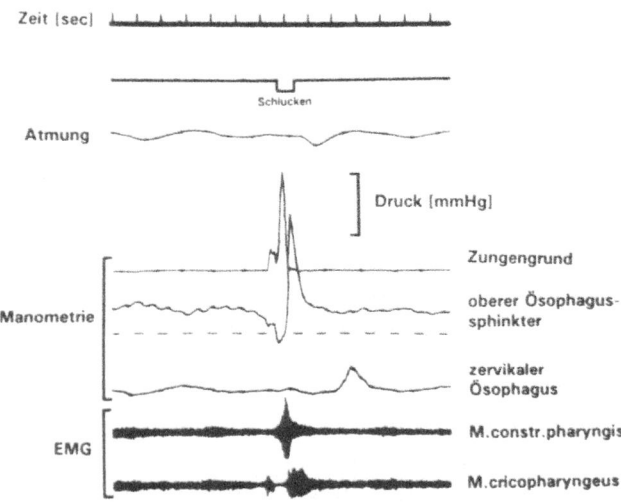

Abb. 12. Schematische Darstellung der simultanen Erfassung von Computermanometrie und Elektromyographie des Pharynx beim Schlucken und in Ruhe. Postdeglutitive Erhöhung des krikopharyngealen Ruhetonus (Mod. nach [32])

gänzt werden. Die Induktion elektrischer Antwortpotentiale in der Zielmuskulatur erfolgt dabei nach peripherer Reizung des innervierenden Nerven oder seiner Äste zur Überprüfung von Nervenleitfähigkeit und intaktem Reflexbogen anhand von Latenzzeiten. Der N. vagus kann auch zentral ab der motorischen Kortexebene durch Magnetstimulation gereizt werden [40].

6 Sonstige Untersuchungsverfahren

Neben den beschriebenen diagnostischen Verfahren stehen eine Reihe weiterer, erst in jüngerer Zeit entwickelter Methoden in der Dysphagiediagnostik zur Verfügung. Für differentialdiagnostische Erwägungen haben sie gegenwärtig (noch) keine Bedeutung, bieten sich aber in Zweifelsfällen und bei gezielten Fragestellungen als Ergänzungsuntersuchungen an.

Einfache akustische Analysen mittels eines auf den äußeren Hals aufgesetzten Stethoskops sind in der Lage, den bei jedem Schluckakt vorhandenen Luftanteil während der Passage von der Mundhöhle in den Ösophagus auch unter Praxiskonditionen zu verfolgen und den zeitlichen Ablauf zu beurteilen. Dieses Verfahren kann apparativ durch Ableitung des Schluckschalls von der Körperoberfläche mit einem Miniaturverstärker oder Mikrophon objektiviert werden. Vor allem bei neurologischen Fragestellungen wird die zusätzliche und gleichzeitige Registrierung auch der Respiration empfohlen. Normalerweise korreliert die Boluspassage durch den oberen Ösophagussphinkter mit einer abrupten Spektralveränderung im abgeleiteten Schallsignal [19].

Die *Sonographie* hat als nichtinvasives Verfahren nicht nur in der Hals-Nasen-Ohren-Heilkunde weite Verbreitung gefunden. Die Real-time-Sektortechnik der kontrastmittelfreien Darstellung der Mundhöhle beim Sprechen und Schlucken eignet sich vor allem zur Beurteilung der Bolusformation in der Mundhöhle und der oralen Schluckphase. Darüber hinaus lassen sich die Bewegungen des Hyoids genau verfolgen. Wenn sich das Zungenbein bewegt, verändert sich sein Schallschatten und markiert sowohl den Beginn als auch das Ende der oralen und pharyngealen Schluckphase [36]. Anatomische Formvarianten des Kehlkopfes im Bereich der Epiglottis und die Kehlkopfmotilität können sonographisch dargestellt werden [3, 4]. Die *enorale* und *flexible Endosonographie* wird vorwiegend im Rahmen des Stagings bei Mundhöhlen- und Oropharynxkarzinomen [22] sowie in der Diagnostik intramuraler Ösophagusveränderungen eingesetzt [28].

Bei klinischem Verdacht auf eine thyreogene Dysphagie (Zungengrundstruma) ist eine *Schilddrüsenszintigraphie* in Verbindung mit der Sonographie erforderlich.

Chronische Aspirationssyndrome sind wegen ihrer oft vital bedrohenden pulmonalen Komplikationen gefürchtet und erfordern zusätzlich allgemein-internistische und gastroenterologische Untersuchungen. *Langzeitmanometrie* und *-pH-Metrie* erstrecken sich auf die Beurteilung des mittleren und unteren Ösophagus und können ähnlich wie die Ösophagusszintigraphie zum Nachweis einer gastroösophagealen Refluxkrankheit und damit einer möglichen Aspirationsursache dienen [31]. Bei entsprechender Klinik, wie chronischer Laryngitis, Kontaktgranulomen oder Globus pharyngis, ist jedoch auch die *pH-Messung im pharyngoösophagealen Übergang* durchzuführen [24]. Ein neuerer Ansatz in der Aspirationsdiagnostik ist mit der erst kürzlich mitgeteilten *Speichelszintigraphie* gegeben [38].

7 Diagnostische Kombinationen

Um Dysphagien adäquat beurteilen zu können, muß der Arzt die Entscheidung für eine bestimmte Reihenfolge des Vorgehens treffen. Der Vielzahl der differentialdiagnostischen Aspekte und der resultierenden therapeutischen Konsequenzen wird nur eine systematisierte interdisziplinäre Zusammenarbeit gerecht [13]. Die Hauptursachen der Störung müssen sich aus der *Anamnese*, der *klinisch-endoskopischen Untersuchung* und der *Videofluoroskopie* erkennen lassen (vgl. Tabelle 3), die unverzichtbarer Bestandteil jeder Dysphagiediagnostik sind.

Mechanische Ursachen einer pharyngealen Dysphagie erfordern unmittelbare endoskopische Abklärung. Nachgewiesene Hypopharynxdivertikel können, müssen aber nicht unbedingt mit Koordinationsstörungen des Sphinkters einhergehen [11]. Dennoch sollte eine Pharynxmanometrie ebenso wie bei der krikopharyngealen Achalasie als verläßlichstes Sphinkterdiagnostikum (vgl. Tabelle 3) durchgeführt werden. Postoperative Funktionsanalysen nach plastischen Pharynxrekonstruktionen werden am geeignetsten videofluoroskopisch und manometrisch vorgenommen [44, 46].

Bei vermuteten *neuromuskulären Störungen* geben Pharynxmanometrie und -myographie in Verbindung mit einer Kehlkopfmyographie dem Neurologen Hinweise über das Ausmaß der funktionellen Einbuße an die Hand und sind gleichzeitig Basis für spätere therapeutische Überlegungen. CT und MRT des Hirns und der Schädelbasis, Muskelbiopsie oder peri-

phere EMG werden dann vom Neurologen gezielt angewendet. Bei bereits
manifesten neurologischen Krankheitsbildern mit Bulbär- oder Pseudo-
bulbärsymptomatik und paralytischer Dysphagie ist die klinisch-endosko-
pische Untersuchung nicht selten erschwert bis unmöglich. Videofluoroskopie und Manometrie sind dann Grundlage für eine starre Endoskopie
mit gleichzeitiger Myotomie des M. cricopharyngeus oder externe Operationen.

Handelt es sich vermutlich um eine *gastroenterologische Erkrankung*,
wird man die Endoskopie ggf. zurückstellen, um eine spätere Doppelun-
tersuchung bei einer anstehenden Ösophago-Gastro-Duodenoskopie zu
vermeiden. Da jedoch auch *Refluxkrankheiten* pharyngoösophageale Dys-
funktionen induzieren können [21, 31], muß die Pharynxmanometrie vor-
geschaltet werden.

Chronische Aspirationszustände werden am besten szintigraphisch erfaßt (vgl. Tabelle 3). Für eine abgestufte Planung operativer Maßnahmen
[1, 14, 45] sollten jedoch auch elektrophysiologische Untersuchungen des
Sphinkters und die Videofluoroskopie mit wasserlöslichem Kontrastmittel
durchgeführt werden [7].

Erst wenn die gesamte diagnostische Palette weder ein morphologisch
sichtbares, noch ein funktionell meßbares [8] Korrelat erkennen läßt, darf
bei typischer Anamnese ein *Globus pharyngis* angenommen werden. Der
Patient kann dann ggf. einer psychosomatischen Behandlung zugeführt
werden. Immer sollten jedoch Kontrolluntersuchungen vorgenommen
werden, da organische Veränderungen („webs", „pouches", Divertikel)
sich initial noch unbemerkt als Globusgefühl äußern können.

8 Therapeutische Ansätze

8.1 Medikamentös-konservative Therapie

Medikamentös-konservative Möglichkeiten bei der oropharyngealen Dysphagie stehen allenfalls bei entzündlichen Rachenerkrankungen (akute
Epiglottis, Tonsillitis) zur Verfügung. Bei einer therapieresistenten Laryngitis mit begleitenden Schluckstörungen und Säurenachweis im oberen
Ösophagus sollte eine probatorische Therapie mit H_2-Blockern oder einem Omeprazol-Präparat (z.B. Gastroloc, Antra) in die therapeutischen
Überlegungen miteinbezogen werden [24], wenn andere Dysphagieursa-
chen, insbesondere Tumoren, ausgeschlossen wurden. Bei neuromuskulären Erkrankungen und auch postoperativen Zuständen werden diätetische
Maßnahmen mit Variation der Speisenkonsistenz, aktive Übungsbehand-

lungen einzelner am Schluckakt beteiligter Muskeln und verschiedene Kompensationsmanöver beim Schluckakt (Anteflexion oder Rotation des Kopfes) unterstützend angewendet [35].

8.2 Operative Therapie

Der **Schwerpunkt** der therapeutischen Bemühungen bei Nachweis entsprechender mechanischer oder funktioneller Korrelate liegt **auf operativem Gebiet.** Hypopharynxdivertikel werden von außen über eine linksseitige Zervikotomie reseziert mit gleichzeitiger Sphinkterotomie durch Myotomie der Pars fundiformis des M. cricopharyngeus. Diese *krikopharyngeale Myotomie* führen wir bei Nachweis einer alleinigen Achalasie (vgl. Abb. 2) heute bevorzugt endoskopisch mit dem CO_2-Laser durch. Die Entlastung der muskulären Schichten des oberen Sphinkters reduziert den pharyngealen Druckanstieg hinter dem Bolus und erleichtert dessen Passage in den Ösophagus und damit die pharyngeale Entleerung. Ein gastroösophagealer Reflux sollte zuvor ausgeschlossen sein.

Postoperative Weichteildefekte mit konsekutiver Aspiration lassen sich durch Gewebetransplantationen plastisch rekonstruieren [39, 46].

Die chirurgische Rehabilitation der Patienten mit *paralytischer Dysphagie* bei neuromuskulären Erkrankungen orientiert sich am pathophysiologischen Substrat und berücksichtigt alle Folgen der Lähmung an Pharynx, Larynx und Gaumensegel und der damit untrennbar verknüpften Aspirationssymptomatik. Nicht der Schweregrad der Dysphagie, sondern das Ausmaß der Aspiration bestimmt Zeitpunkt und Umfang des operativen Handelns [1, 2, 10, 14, 17, 45]. Die Eingriffe zur Aspirationsbeseitigung gehen dabei über das Maß zur Aspirationsprophylaxe hinaus (Tabelle 4). Die Operationstechniken sind standardisiert und können bei Lähmungserscheinungen ein- oder doppelseitig ausgeführt werden. Die Verfahren zur

Tabelle 4. Operationsverfahren zur Prophylaxe und Beseitigung einer Aspiration bei neurogener (paralytischer) Dysphagie

Aspirationsprophylaxe (paralytische Dysphagie)	Aspirationsbeseitigung (chronische Aspiration)
Epithelisiertes Tracheostoma	Larynxverlagerung
Krikopharyngeale Myotomie	Epiglotto-Aryepiglottopexie
Pharynxwandresektion	Vollständiger Glottisverschluß
Glottisrekonstruktion	Tracheoösophageale Diversion
Gaumensegelplastik	Laryngotracheale Separation
Reneurotisation	

Beseitigung einer chronischen Aspiration basieren auf der **vorübergehenden Trennung von Luft- und Speiseweg** (tracheaoösophageale Diversion, laryngotracheale Separation) mit der Option einer späteren Rückverlagerung.

9 Ausblick

Die oropharyngeale Dysphagie mit Funktionsstörungen im pharyngoösophagealen Übergang stellt eine Herausforderung dar, die nur durch eine differenzierte und zielorientierte Diagnostik gemeistert werden kann. Voraussetzung hierfür ist das Verständnis für die komplizierten anatomischen und physiologischen Vorgänge des Schluckaktes und die Bereitschaft zu interdisziplinärer Handlung. Diagnostische Fortschritte bei der Klärung der pathophysiologischen Zusammenhänge können auf therapeutische Aktivitäten übertragen werden, die vermehrt die Kopf-Hals-Chirurgie zur Entwicklung neuer operativer Verfahren anregen.

Literatur

1. Berg HM, Jacobs JB, Persky MS, Cohen NL (1985) Cricopharyngeal myotomy: a review of surgical results in patients with cricopharyngeal achalasia of neurogenic origin. Laryngoscope 95: 1337–1340
2. Blitzer A (1990) Approaches to the patient with aspiration and swallowing disabilities. Dysphagia 5: 129–137
3. Böhme G (1988) Echolaryngographie: Ein Beitrag zur Methode der Ultraschalldiagnostik des Kehlkopfes. Laryngol Rhinol Otol (Stuttg) 67: 551–558
4. Böhme G (1990) Ultraschalldiagnostik der Epiglottis. HNO 38: 355–366
5. Brühlmann WF (1985) Die röntgen-kinematographische Untersuchung von Störungen des Schluckaktes. Huber, Bern Stuttgart Toronto
6. Castell DO, Donner MW (1987) Evaluation of dysphagia: A careful history is crucial. Dysphagia 2: 65–71
7. Chen MYM, Peele VN, Donati D, Ott DJ, Donofrio PD, Gelfand DW (1992) Clinical and videofluoroscopic evaluation of swallowing in 41 patients with neurologic disease. Gastrointest Radiol 17: 95–98
8. Cook IJ, Dent J, Collins SM (1989) Upper esophageal sphincter tone and reactivity to stress in patients with a history of globus sensation. Dig Dis Sci 34: 672–676
9. Dantas RO, Dodds WJ, Massey BT, Kern MK (1989) The effect of high- vs low-density barium preparations on the quantitative features of swallowing. AJR 153: 1191–1195
10. Denecke HJ (1961) Korrektur des Schluckaktes bei einseitiger Pharynx- und Larynxlähmung. HNO 9: 351–353
11. Dodds WJ, Kahrilas PJ, Dent J, Hogan WJ (1987) Considerations about pharyngeal manometry. Dysphagia 1: 209–214

12. Dodds WJ, Logemann JA, Stewart ET (1990) Radiologic assessment of abnormal oral and pharyngeal phases of swallowing. AJR 154:965–974
13. Donner MW (1990) Erfahrungen einer multidisziplinären Klinik für schluckgestörte Patienten. Hauptreferat auf der 61. Jahresversammlung der Deutschen Gesellschaft für Hals-Nasen-Ohren-Heilkunde, Kopf- und Halschirurgie, Würzburg, 27.–31.5.1990
14. Eisele DW (1991) Surgical approaches to aspiration. Dysphagia 6:71–78
15. Ekberg O (1987) Dysfunction of the pharyngo-oesophageal segment in patients with normal opening of the upper oesophageal sphincter: a cineradiographic study. Br J Radiol 60:637–644
16. Elidan J, Shochina M, Gonen B, Gay I (1990) Manometry and electromyography of the pharyngeal muscles in patients with dysphagia. Arch Otolaryngol Head Neck Surg 116:910–913
17. Ey W, Denecke-Singer U, Ey M, Guastella C, Önder N (1990) Chirurgische Behandlung der Dysphagien im Bereich des pharyngoösophagealen Überganges. Arch Otorhinolaryngol [Suppl] I:107–156
18. Hamlet SL, Muz J, Patterson R, Jones L (1989) Pharyngeal transit time: assessment with videofluoroscopic and scintigraphic techniques. Dysphagia 4:4–7
19. Hamlet SL, Nelson RJ, Patterson RL (1990) Interpreting the sounds of swallowing: fluid flow through the cricopharyngeus. Ann Otol Rhinol Laryngol 99:749–752
20. Hannig C, Wuttge-Hannig A (1987) Stellenwert der Hochfrequenzröntgenkinematographie in der Diagnostik des Pharynx und Ösophagus. Röntgenpraxis 40:358–377
21. Henderson RD, Hann WM, Henderson RF, Marryatt G (1989) Myotomy for reflux-induced cricopharyngeal dysphagia: five-year review. J Thorac Cardiovasc Surg 98:428–433
22. Heppt W (1992) Flexible Endosonographie. Ein neues bildgebendes Verfahren in der Hals-Nasen-Ohren-Heilkunde. Otorhinolaryngol Nova 2:39–42
23. Humphreys B, Mathog R, Rosen R, Miller PR, Muz J, Nelson R (1987) Videofluoroscopic and scintigraphic analysis of dysphagia in the head and neck cancer patient. Laryngoscope 97:25–32
24. Jacob P, Kahrilas PJ, Herzon G (1991) Proximal esophageal pH-metry in patients with „reflux-laryngitis". Gastroenterology 100:305–310
25. Kahrilas PJ, Logemann JA, Gibbons P (1992) Food intake by maneuver; an extreme compensation for impaired swallowing. Dysphagia 7:155–159
26. Keohane J, Lampe HB, Poluha P (1988) Use of the modified barium swallow in the rehabilitation of the swallowing mechanism. J Otolaryngol 17:368–371
27. Kim WS, Buchholz D, Kumar AJ, Donner MW, Rosenbaum AE (1987) Magnetic resonance imaging for evaluating neurogenic dysphagia. Dysphagia 2:40–45
28. Lorenz R, Rösch T (1991) Endosonographie in der Differentialdiagnose der Dysphagie. Ther Umsch 48:170–176
29. Muz J, Mathog R, Miller PR, Rosen R, Borrero G (1987) Detection and quantification of laryngotracheopulmonary aspiration with scintigraphy. Laryngoscope 97:1180–1185
30. Nilsson ME, Isacsson G, Isberg A, Schiratzki H (1989) Mobility of the upper esophageal sphincter in relation to the cervical spine: A morphologic study. Dysphagia 3:161–165

31. Olson NR (1991) Laryngopharyngeal Manifestations of gastroesophageal reflux disease. Otolaryngol Clin North Am 24:1201–1213
32. Overbeek JJM van, Wit HP, Paping RHL, Segenhout HM (1985) Simultaneous manometry and electromyography in the pharyngoesophageal segment. Laryngoscope 95:582–584
33. Palmer JB (1989) Electromyography of the muscles of oropharyngeal swallowing: basic concepts. Dysphagia 3:192–198
34. Robbins JA, Sufit R, Rosenbek J, Levine R, Hyland J (1987) A modification of the modified barium swallow. Dysphagia 2:83–86
35. Schalch F (1989) Schluckstörungen und Gesichtslähmung – therapeutische Hilfen. Fischer, Stuttgart New York
36. Shawker TH, Sonies B, Hall TE, Baum BF (1984) Ultrasound analysis of tongue, hyoid, and larynx activity during swallowing. Invest Radiol 19:82–86
37. Shipp T, Deatsch WW, Robertson K (1970) Pharyngoesophageal muscle activity during swallowing. Laryngoscope 80:1–16
38. Silver KH, Nostrand D van (1992) Scintigraphic detection of salivary aspiration: description of a new diagnostic technique and case reports. Dysphagia 7:45–49
39. Steudel A, Walther EK, Reiser M, Christ F, Deroover M (1991) Videofluorographic evaluation of postoperative oral and pharyngeal dysfunction. Eur Radiol [Suppl] 1/I:105
40. Thumfart WF (1990) Funktionelle und elektrophysiologische Diagnostik bei Dysphagie. Arch Otorhinolaryngol [Suppl] I:51–58
41. Walther EK (1991) Vertebragene Dysphagie bei diffuser idiopathischer Skeletthyperostose (Morbus Forestier). Laryngol Rhinol Otol (Stuttg) 604–608
42. Walther EK, Alevisopoulos G (1992) Palatolaryngeale Hemiplegie bei passagerer Hirnstammischämie – Ein Beitrag zur neurogenen Dysphagie. Laryngol Rhinol Otol (Stuttg) 71:588–591
43. Walther EK, Deroover M (1991) Die Videofluoroskopie im diagnostischen Stufenprogramm von Mundhöhlen- und Pharynxkarzinomen. Laryngol Rhinol Otol (Stuttg) 70:491–496
44. Walther EK, Herberhold C (1993) Computermanometrie und Schluckfunktion nach pharyngealen Tumorresektionen. Laryngol Rhinol Otol (Stuttg) 72:67–72
45. Walther EK, Herberhold C (1994) Operative Therapie der Dysphagie bei ALS. In: Dengler R, Zierz S, Jerusalem F (Hrsg) Amyotrophe Lateralsklerose. Thieme, Stuttgart New York
46. Walther EK, Rödel R, Deroover M (1990) Rehabilitation der Schluckfunktion bei Patienten mit Pharynxkarzinomen. Larnygol Rhinol Otol (Stuttg):360–368

Die dysontogenetischen Zysten und Fisteln des Halses: Diagnostik, Klinik und Therapie

R. Chilla

1 Halszysten und -fisteln als Fehlbildungen der Halsentwicklung

Laterale, mediane und Ohr-Hals-Fisteln sowie mediane Halszysten sind das Ergebnis von Fehlbildungen der Halsregion während ihrer embryonalen Entwicklung. Diese Entwicklung ist in der embryonalen Terminologie mit dem Begriffen der **Viszeralbögen** auf der Seite der Außenhaut (Ektoderm) bzw. der **Schlundtaschen** auf der Seite der Innenhaut (Entoderm) verbunden. Zwischen den Viszeralbögen liegen die **Zervikalfurchen** und weisen auf die Lage der Schlundtaschen hin, die medial von ihnen liegen. Die häufig verwendeten Begriffe Kiemenbögen (für Viszeralbögen) und Kiemenfurchen (für Zervikalfurchen) sind irreführend, da der menschliche Embryo zu keiner Zeit Organe entwickelt, die auch nur annähernd wie Kiemen funktionieren (Blechschmidt 1961).

Die **Ohr-Hals-Fisteln** (hyomandibuläre Fisteln) sind das Resultat einer Entwicklungsstörung der ersten Zervikalfurche bzw. der ersten Schlundtasche, zwischen dem Mandibular- und Hyoidbogen (1. und 2. Viszeralbogen) gelegen. Dies erklärt ihre engen Beziehungen zum Gehörgang, zur Glandula parotis und zum N. facialis.

HNO Praxis Heute 14
H. Ganz, W. Schätzle (Hrsg.)
© Springer-Verlag Berlin Heidelberg 1994

Die **lateralen Halsfisteln** entstehen durch eine gestörte Entwicklung der 2. Zervikalfurche bzw. der 2. Schlundtasche. Sie stehen daher in enger Beziehung zur Tonsillarloge. Die Fisteln der **2. Zervikalfurche** sind bei weitem die häufigste Form der lateralen Halsfisteln, so daß man gewöhnlich diese Form der Halsfisteln meint, wenn man von einer lateralen Halsfistel spricht.

Die äußerst seltenen Fisteln der **3. Zervikalfurche** sind mit einer Fistelöffnung im seitlichen Halsgebiet auch den lateralen Halsfisteln zuzuordnen. Sie münden aber in den Sinus piriformis.

Während die Ohr-Hals-Fisteln und die meisten lateralen Halsfisteln als Entwicklungsstörung der Schlundtaschen bzw. der Zervikalfurchen anzusehen sind, entstehen ähnliche Fehlbildungen am Hals im Zusammenhang mit der Entwicklung endokriner Organe aus dem Halsentoderm:

Die meisten **medianen Halsfisteln** und **-zysten** leiten sich von Resten des Ductus thyreoglossus ab, der als Leitstrang für die Abwärtswanderung der Schilddrüse dient, deren Anlage im Entoderm des späteren Zungengrundes zu finden ist. Von dort aus gelangt sie im Rahmen der Aufrichtung des Embryo, verbunden mit einem Deszensus der Eingeweide, in ihre endgültige paratracheale Position.

Die sehr seltenen **Thymuszysten** am seitlichen Hals entstehen aus Resten der Thymusanlage im Bereich des Entoderms der 3. Schlundtasche. Die Thymusanlage „wandert" entlang des Ductus thymopharyngicus in ihre endgültige Position hinter dem Sternum. Die Ansicht (Wenglowski 1913), daß sich aus Resten des Ductus thymopharyngicus die typische laterale Halsfistel entwickele, hat sich nicht durchsetzen können. Auf die Thymuszysten soll wegen ihrer Seltenheit nicht weiter eingegangen werden. Sie liegen weiter kaudal als die lateralen Halszysten (s.u.) und enthalten Thymusgewebe (Barat et al. 1985).

2 Ohr-Hals-Fisteln (hyomandibuläre Fisteln) und -Zysten

Die Ohr-Hals-Fistel und -Zyste ist eine seltene **Überschußmißbildung**, die überwiegend vor der Ohrmuschel in der unteren Parotisregion liegt. Sie besteht aus Haut und Hautanhangsgebilden. In der Wandung finden sich sehr häufig Knorpelanteile, so daß man auch von einem „doppelten Gehörgang" spricht, der fast immer am eigentlichen knorpeligen Gehörgang endet, wo dieser in den knöchernen übergeht.

Der **„doppelte Gehörgang"** ist von den Ohrfisteln, die sich auf den Bereich der Ohrmuschel beschränken, und von den präaurikulären Fisteln mit ihrer typischen Fistelöffnung vor dem oberen Ansatz der Koncha abzugrenzen.

Der doppelte Gehörgang kann ganz unterschiedliche Krankheitsbilder verursachen (Chilla u. Miehlke 1984):

1. *Laterale Halsfisteln*, deren Öffnung vor oder hinter dem oberen Vorderrand des **M. sternokleidomastoideus** gelegen ist. Liegt diese Öffnung sehr hoch, nämlich unterhalb des Ohrläppchens zwischen dem hinteren Parotispol und dem M. sternokleidomastoideus, findet eine Verwechslung mit lateralen Halsfisteln gewöhnlich nicht statt (Abb. 1). Sie ist aber möglich, wenn die Fistelöffnung weiter kaudal vor dem Kopfnickermuskel beginnt. Eine Fistelöffnung vor der unteren Hälfte des Kopfnickermuskels, wie sie für die echten lateralen Halsfisteln typisch ist, konnten wir noch nie beobachten.

2. *Doppelte Gehörgänge* mit Fistelöffnungen im knorpeligen **Gehörgang** und **retroaurikulär**. Diese Fisteln sind dann von den eigentlichen Ohrfisteln und natürlich von entzündlichen Mittelohrkomplikationen und Gehörgangsfurunkeln abzugrenzen.

3. *Doppelte Gehörgänge*, die wie ein **Parotistumor** ohne entzündliche Zeichen und ohne Fistelbildung imponieren. Sie unterscheiden sich klinisch gewöhnlich nicht von anderen Parotistumoren. Auch die Sialographie, Computertomographie und die Feinnadelbiopsie führen meist nicht zu einer exakten präoperativen Diagnose. Was den diagnostischen Wert der Sonographie anbetrifft, können wir wegen der Seltenheit des

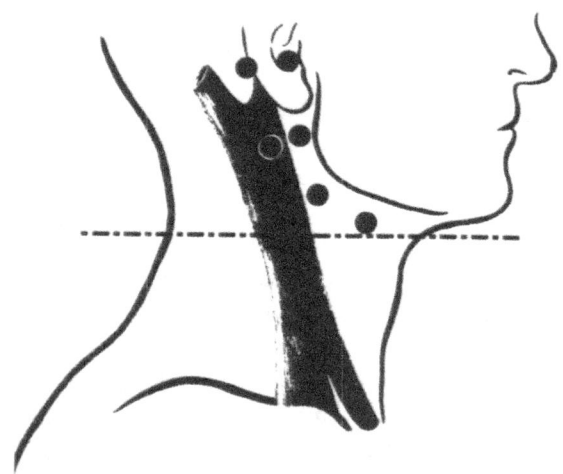

Abb. 1. Lage der Fistelöffnungen hyomandibulärer Fisteln. Die Fistelöffnungen liegen oberhalb der Mitte des M. sternokleidomastoideus. Auswertung von 12 Patienten mit doppelten Gehörgängen, von denen 6 Fisteln aufwiesen. (Nach Chilla u. Miehlke 1984)

Krankheitsbildes heute noch keine Aussagen tätigen. So ist der doppelte Gehörgang in diesem Falle ein **intraoperativer Überraschungsbefund**.

4. Der *doppelte Gehörgang* erscheint als **entzündlicher Parotistumor** mit und ohne **Fistelbildung**. Das klinische Bild entspricht dann einer chronisch rezidivierenden eitrigen Parotitis, die manchmal mit Abszeßbildung einhergeht. Antibiotikagaben führen zur Befundverbesserung, nicht aber zur Ausheilung der Entzündung. Auffällig ist, daß die entstehenden **Fisteln ohne Speichelfluß** bestehen. Es ist anzunehmen, daß das oben (zu 3.) beschriebene Krankheitsbild des nicht entzündlichen Parotis-Pseudotumors früher oder später in die entzündliche Verlaufsform übergeht.

Die **Therapie** der Ohr-Hals-Fisteln bzw. -Zysten besteht in ihrer Exstirpation. Auf Grund ihrer Lage in der Parotisregion ist dazu die *Beherrschung der Parotischirurgie* notwendig. Der N. facialis muß immer dargestellt werden, zumal es drei Typen der **Lagebeziehungen des doppelten Gehörganges zum Gesichtsnerven** gibt (Abb. 2 a–c):
Beim Typ I liegt der doppelte Gehörgang lateral vom Stamm des N. facialis. Beim Typ II liegt er medial von diesem und beim Typ III zieht der doppelte Gehörgang durch die Fazialisbifurkation, d. h. er liegt teils medial, teils lateral vom Fazialisfächer.

3 Laterale Halsfisteln

Die typische laterale Halsfistel entsteht durch eine Fehlentwicklung der 2. Zervikalfurche bzw. der 2. Schlundtasche (s. 1.). Das erklärt ihren **Verlauf**:
Die Fistelöffnung liegt am Vorderrand des M. sternokleidomastoideus unterhalb der Hyoidebene, meist vor dem unteren Drittel des Kopfnickermuskels. Sie zieht dann **durch die Karotisbifurkation in die Tonsillenloge**. Dadurch hat sie engen Kontakt zu den Gefäßen und Nerven des Hals-Gefäßnervenstranges. Rudimentäre Fisteln sind möglich, d. h. die Fistel ist im beschriebenen Verlauf nicht vollständig durchgängig. Die Fistelöffnung in der Tonsillenloge kann fehlen, was viel häufiger als umgekehrt der Fall ist, nämlich eine fehlende kaudale Fistelöffnung. Die Fistel kann kaudal schon nach wenigen Millimetern enden. Diese Fisteln sind dann oft symptomlos, d. h. es wird keine eitrige Sekretion beobachtet, die auf die Fistel aufmerksam macht. Solche Fisteln sind nach unseren Erfahrungen aber viel seltener als durchgehende Fisteln oder zumindest Fistelstränge über den gesamten geschilderten Verlauf.

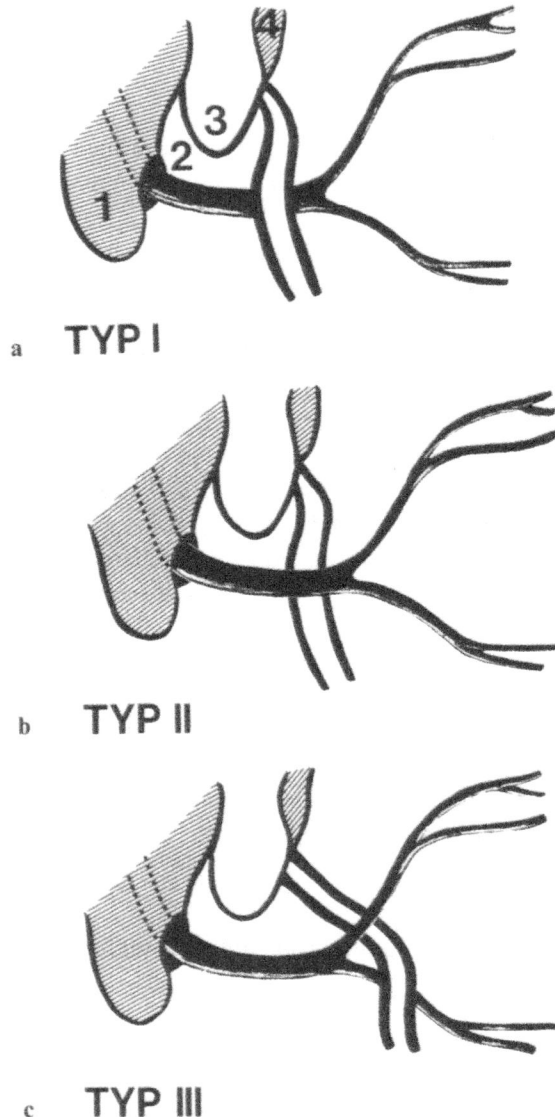

a **TYP I**

b **TYP II**

c **TYP III**

Abb. 2a–c. Lage des N. facialis zu hyomandibulären Fisteln;
a Typ I des „doppelten Gehörganges". Der „doppelte Gehörgang" liegt lateral vom Stamm des N. facialis. 1 = Mastoid, 2 = Foramen stylomastoideum, 3 = knorpeliger Gehörgang, 4 = knöcherner Gehörgang,
b Typ II des „doppelten Gehörganges". Der „doppelte Gehörgang" liegt medial vom Stamm des N. facialis,
c Typ III des „doppelten Gehörganges". Der „doppelte Gehörgang" liegt in der Fazialisbifurkation, (Nach Chilla u. Miehlke 1984)

Denkbar wäre das Ablaufen von Speichel über eine durchgehende laterale Halsfistel. Dies haben wir noch nie beobachten können. Wahrscheinlich kommt es immer zu Verklebungen des Fistelepithels, was eine solche
Speichel-„Sekretion" verhindert.

Gelegentlich berichten Patienten über ein Ablaufen von Fistelinhalt in
den Rachen hinein, was dann mit einer Geschmacksmißempfindung einhergeht.

Die *Fistelöffnung* besteht fast immer schon **bei der Geburt**, gar nicht so
selten **sogar doppelseitig**. Oft sind diese Fistelöffnungen wenig auffällig,
besonders dann, wenn keine eitrige Sekretion vorhanden ist. Eine solche
ist auf jeden Fall eine Indikation zu einem operativen Vorgehen, das nicht
unbedingt in den ersten Lebensmonaten erfolgen muß. Abhängig vom
Verlauf, d. h. vom Grad der entzündlichen Superinfektion, kann man den
Zeitpunkt der Operation planen und dabei Faktoren wie Alter, Koopera-
tionsfähigkeit des noch kleinen Patienten, schulische Abläufe etc. mit
berücksichtigen. Stärkere Infektionen sollte man antibiotisch behandeln,
wenn eine Operation nicht unmittelbar möglich ist oder um die Voraussetzungen für eine primäre Heilung nach Operation zu verbessern. Durch
innere Verklebungen der Fistel kann es zu **zystischen Auftreibungen** bei
bestehendem Infekt kommen. Nach unseren Erfahrungen ist dies eher
selten und betrifft vor allem unvollständig voroperierte Fisteln. Halszysten in der oberen Gefäßloge (s. 5.), ohne gleichzeitig oder ehemals vorhanden gewesene Fistelöffnung, stehen gewöhnlich in keinem Zusammenhang zu lateralen Halsfisteln. Es handelt sich hier um zwei voneinander
unabhängige Krankheitsbilder (Stoll 1980).

4 Mediane Halsfisteln und -zysten

Der Ductus thyreoglossus als Leitstrang für den Deszensus der Schilddrüse vom Zungengrund in die paratracheale Position erklärt zweierlei
Fehlbildungen am vorderen Hals:

1. Es können entlang der ehemaligen Verlaufsstrecke des Ductus thyreoglossus **Schilddrüsenanlagen** zurückbleiben, die sich zu heterotopem
   Schilddrüsengewebe entwickeln. Dazu gehören eine *Zungengrundstruma* und auch der *Lobus pyramidalis der Schilddrüse*, der, ausgehend
   vom Schilddrüsenisthmus, bis zum Zungenbeinkörper reichen kann.
   Beide Fehlbildungen weisen sozusagen auf den Anfangs- und den Endpunkt des Ductus thyreoglossus hin. Auch zwischen diesen beiden
   Punkten entwickelt sich manchmal Schilddrüsengewebe. Gelegentlich

kann ein solches heterotopes Schilddrüsengewebe bei unvollständigem oder ausgebliebenem Deszensus der Schilddrüse **das einzig hormonell aktive Schilddrüsengewebe** sein. Es kommt dann meist zu einer Aktivitätshypertrophie (Zungengrundstruma!). Deswegen sollte man vor der Entfernung dieses Gewebes, was auf Grund von Verdrängungserscheinungen und von Blutungen (Zungengrundstruma) notwendig werden kann, feststellen, ob eine normal gelegene Schilddrüse vorhanden ist. Dies gelingt gewöhnlich schon sonographisch. Man kann in Zweifelsfällen auch auf die Szintigraphie zurückgreifen.

Hormonell aktives, heterotopes Schilddrüsengewebe kann wie normal gelegenes Schilddrüsengewebe erkranken und z.B. Tumoren ausbilden. Dazu gehören auch Schilddrüsenzysten wie Kolloidzysten, die sich dann manchmal lagemäßig und sonographisch nicht von medianen Halszysten unterscheiden lassen.

2. Aus den Resten des Ductus thyreoglossus selbst entwickeln sich die *medianen Halszysten* und *medianen Halsfisteln*. Der zystische Tumor ist primär die häufigere klinische Manifestation dieser Fehlbildung. Die Fisteln entstehen meist erst sekundär durch Superinfektion der Zyste. Im Gegensatz zu den lateralen Halszysten (s. 5.) ist bei den medianen Halszysten, wenn es sich nicht um eine Schilddrüsenzyste (s.o.) handelt, **nahezu ausnahmslos mit einem Fistelgang zu rechnen.** Dieser reicht immer in den Zungenbeinkörper hinein. Fistelstränge, die sich von dort bis in den Zungengrund fortsetzten, konnten wir nur sehr selten beobachten.

Im Gegensatz zu den lateralen Halsfisteln sind die medianen Halsfisteln und -zysten **bei der Geburt häufig noch nicht sichtbar.** Überwiegend manifestieren sie sich in den ersten 5 Lebensjahren, gelegentlich auch erst im Erwachsenenalter. Im Durchschnitt treten sie allerdings viel früher auf als die lateralen Halszysten, die sich ganz überwiegend erst im Erwachsenenalter einstellen.

Diagnose: Bei der Inspektion und Palpation erscheinen mediane Halszysten als prallelastische Tumoren vor dem Zungenbeinkörper. Manchmal sind sie etwas seitlich davon oder etwas höher gelegen. In diesem Fall muß man die Zysten von submental gelegenen, vergrößerten Lymphknoten differentialdiagnostisch abgrenzen (s. 7), eine Differentialdiagnose, die in der täglichen Praxis häufig zu stellen ist. Schilddrüsenzysten können wie oben beschrieben mit medianen Halszysten lage-identisch sein. Gewöhnlich liegen sie aber etwas tiefer als diese und zwar vor dem Schildknorpel und haben dort, wenn sie von einem Lobus pyramidalis ausgehen, noch

eine Verbindung zu normalem Schilddrüsengewebe, die sich sonographisch nachweisen läßt.

Rezidivneigung: Wenn mediane Halszysten unvollständig operiert werden, kommt es zu unangenehmen Rezidiven, die dann fast immer in Form von Fisteln auftreten. Man findet dann auch verzweigte Fisteln mit mehreren Fistelöffnungen. Ursache eines Rezidives ist fast immer die Tatsache, daß bei der Erstoperation der Zungenbeinkörper nicht oder nur unvollständig entfernt wurde, in der Annahme, daß eine Zyste ohne Fistelgang existiere. Eine solche Annahme ist fast immer falsch. Um Rezidiven vorzubeugen, ist es bei der Operation einer medianen Halszyste zwingend notwendig, auch den **Zungenbeinkörper mit zu entfernen** (Abb. 3).

5 Laterale Halszysten

Die typische laterale Halszyste liegt im oberen Drittel der Halsgefäßloge (Abb. 4). Sie ist seitlich zum Teil vom M. sternokleidomastoideus bedeckt. Sie hat engen Kontakt zur V. jugularis interna und zur A. carotis sowie zu den dort verlaufenden Nerven. Im Zystenbalg findet man nicht selten den durch das Zystenwachstum verlagerten **N. accessorius.** Kranial reicht die Zyste oft über den Unterrand des hinteren Bauches des M. digastricus hinweg. Sie liegt dabei medial von diesem Muskel. Die Zyste besteht aus einem epithelisierten Hohlraum, der im nichtinfizierten Zustand ein gelbliches etwas eingedicktes Sekret enthält, das man nicht mit Eiter verwechseln sollte. Am unteren und oberen Pol der Zyste findet man häufig vergrößerte Lymphknoten. Einen nach kaudal oder nach kranial ziehen-

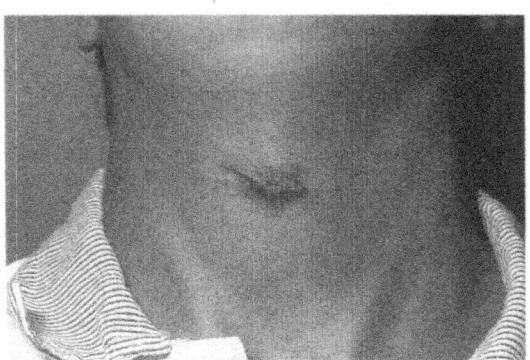

Abb. 3. Mediane Halsfistel. Rezidivfistel. Hier blieb das Zungenbein bei der Voroperation erhalten

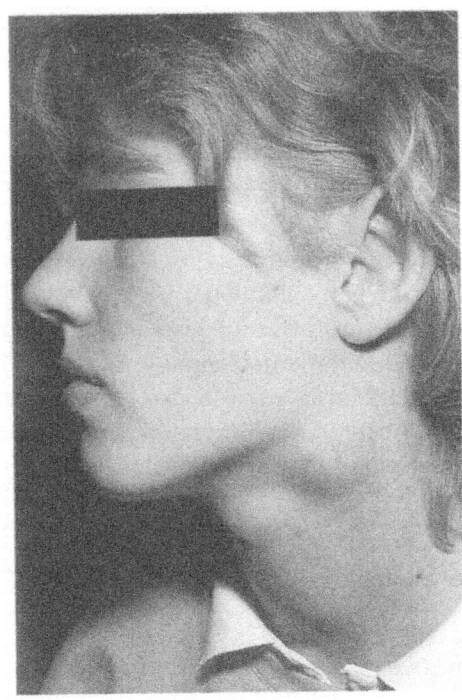

Abb. 4. Nichtinfizierte laterale Halszyste in typischer Lage

den **Fistelgang findet man nie**. Es trifft daher nicht zu, daß sich die laterale Halszyste durch Verklebung einer lateralen Halsfistel entwickelt hat.

Über den *Entstehungsmechanismus* gibt es hauptsächlich zwei Theorien: Ähnlichkeiten der Zyste und des sie begleitenden lymphatischen Gewebes mit Tonsillengewebe ließen die Vermutung aufkommen, daß durch Tonsilliden Tonsillengewebe in die regionären Lymphknoten am Hals ausgeschwemmt wurde, das dann durch weiteres Wachstum zur Zystenbildung führte (Stoll u. Hüttenbrink 1982). Für diese Theorie sprechen zum einen die oft erst im Erwachsenenalter stattfindende Manifestation der lateralen Halszysten, zum anderen eine enge Korrelation ihres Auftretens zu Entzündungen im Rachenbereich. Auch können Halszysten sich ebenso leicht wie Lymphknoten infizieren. Andererseits ließen sich die Ähnlichkeiten zwischen Tonsillengewebe und lateralen Halszysten auch dadurch erklären, daß sich beide von der 2. Schlundtasche ableiten und somit die Anlage einer lateralen Halszyste bei der Geburt schon vorhanden wäre (Hosemann u. Wigand 1988). Unbestritten ist aber die Tatsache, daß die „laterale Halszyste" und die „laterale Halsfistel" zwei grundverschiedene Krankheitsbilder sind. Der Operateur muß daher bei einer typischen lateralen Halszyste nicht, letztendlich immer erfolglos, nach einem Fistelgang suchen.

Diagnose: Bei der Inspektion und bei der Palpation imponiert die laterale Halszyste als prallelastischer Tumor der oberen Halsgefäßloge. Sie kann dabei erhebliche Ausmaße erreichen (vgl. Abb. 4). Über ihre engen Lagebeziehungen zu den Organen der Halsgefäßloge wurde bereits berichtet.

Komplikationen entstehen durch eine Superinfektion der Zyste, die nicht selten ist. Dabei kann es zu Abszedierungen und zu Durchbrüchen nach außen hin kommen. Dies erschwert dann das weitere operative Vorgehen, was die Darstellung der wichtigen Gefäße undNerven am Halse sowie die komplette Entfernung der Zyste anbetrifft.

Die **Differentialdiagnose** umfaßt in erster Linie zystische Tumoren des oberen Halses wie pseudozystisch nekrotisierende Lymphknotenmetastasen, abszedierende Lymphadenitiden unspezifischer und spezifischer Natur sowie Lymphgeschwülste.

6 Seltene Halsfisteln

Neben den typischen lateralen Halsfisteln, die sich aus der 2. Schlundtasche bzw. der 2. Zervikalfurche entwickeln (s. 1.) gibt es *Fisteln, die der 3. Zervikalfurche* zuzuordnen sind. Auch *Fisteln der 4. Zervikalfurche* und der entsprechenden Schlundtasche (Chatzimanolis et al. 1990) wurden beschrieben. Darüber hinaus gibt es sehr seltene Fisteln, die sich nicht entsprechend ontogenetisch einordnen lassen (Skevas et al. 1989). Die seltenen *Thymuszysten*, die sich vom Ductus thymopharyngicus ableiten lassen, wurden bereits erwähnt (s. 1.). Extrem selten sind *mediane Halsspalten* (Fritzmeier u. Kronsbein 1982), die mit medianen Halsfisteln verwechselt werden können. Eine mediane Halsspalte findet sich wie eine mediane Halsfistel an der Vorderseite des Halses. Die Fistel liegt aber bei der medianen Halsspalte in einer vertikalen flachen Rinne und zieht blind endend nach kaudal und nicht nach kranial zum Zungenbein.

7 Spezielle Diagnostik der dysontogenetischen Halsfisteln und -zysten

Neben der Vorgeschichte, den bekannten Lagebeziehungen sowie der Inspektion und der Palpation sind eigentlich nur 3 zusätzliche Untersuchungsmethoden für die Diagnose von Halsfisteln und Zysten von Bedeutung:

7.1 Sonographie

Sonographisch läßt sich die zystische Raumforderung gewöhnlich exakt in ihren Lagebeziehungen abgrenzen (Abb. 5 a – c). Meist ist es auch möglich, ihren zystischen Charakter festzustellen (Koch et al. 1989). Dies wird schwieriger, wenn eine entzündliche Superinfektion vorliegt. Hier bestehen dann Abgrenzungsschwierigkeiten zu entzündlich geschwollenen Lymphknoten und auch zu superinfizierten Metastasen, die, nekrotisierend, Pseudozysten ausgebildet haben. Differentialdiagnostisch weiter hilft dann die:

7.2 Feinnadelbiopsie

Als einfach durchzuführendes morphologisches Verfahren hat die Feinnadelbiopsie mit anschließender zytologischer Untersuchung des Aspirates in der Differentialdiagnose der Halstumoren heute eine große Bedeutung erlangt. Sie ist viel weniger aufwendig als eine Probeexzision und auch nicht mit deren Gefahren wie Tumorzellverschleppung, Weiterleitung einer Infektion oder Erschwerung des endgültigen operativen Eingriffes verbunden (Zajicek 1974). Findet sich bei der Punktion einer vermeintlichen Halszyste reichlich nicht infiziertes Sekret, kann man fast schon ohne zytologische Untersuchung davon ausgehen, daß es sich tatsächlich um eine Halszyste handelt. Es sollte dabei nicht zuviel Zysteninhalt entfernt werden, um den nachfolgenden operativen Eingriff zu erleichtern. Wird zuviel Zystensekret entfernt, sind die Grenzen der Zyste intraoperativ schlechter feststellbar. Bei infizierten Zysten steht aber auch die Zytologie gelegentlich vor differentialdiagnostischen Schwierigkeiten, da entzündlich veränderte, im Zysteninhalt vorhandene abgeschilferte Epithelien Ähnlichkeiten zu Karzinomzellen aufweisen können. Wird vom Zytologen der Verdacht auf eine pseudozystische Nekrose einer Lymphknotenmetastase erhoben, sollte die **Primärtumorsuche** beginnen. Falls diese negativ verläuft, muß man den zystischen Tumor unter Schnellschnittkontrolle komplett exstirpieren und den Patienten über eine möglicherweise in gleicher Sitzung notwendig werdende Neck dissection aufklären.

7.3 Röntgenkontrastdarstellung eines Fistelganges

Ein solches Verfahren ist bei sondierbaren Fisteln gelegentlich angezeigt, wenn man einen atypischen Verlauf vermutet. In den meisten Fällen verzichten wir aber auf eine solche Röntgenkontrastdarstellung und füllen den Fistelgang lediglich intraoperativ mit Methylenblau, so daß Sonogra-

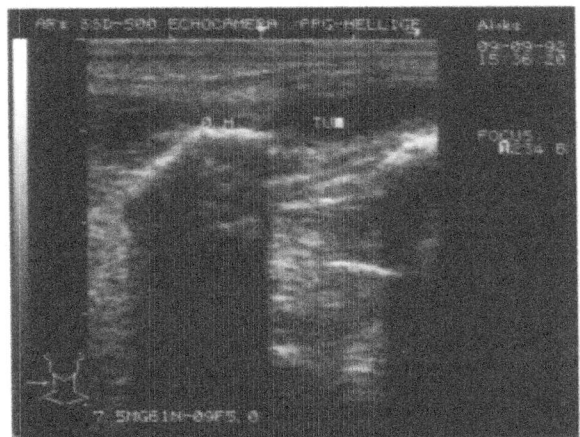

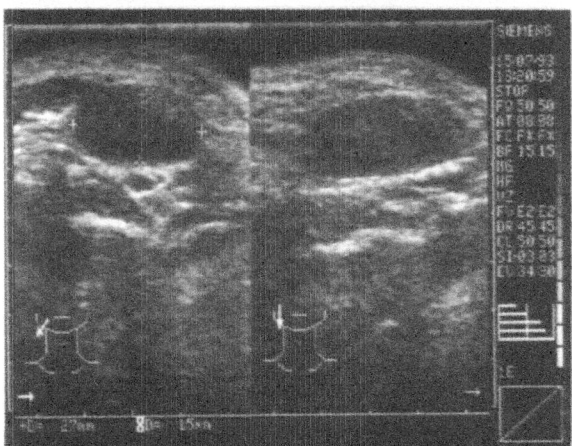

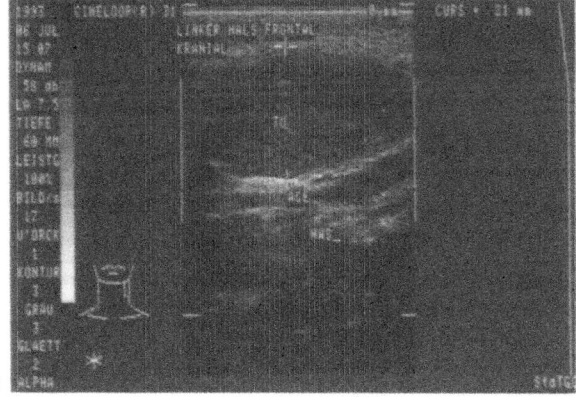

Abb. 5. a–c. Sonographische Bilder von Halszysten und einer Karzinommetastase;
a mediane Halszyste (*TU*). Zu beachten ist die enge Beziehung zum Zungenbein (*H*),
b laterale Halszyste,
c Karzinommetastase (*TU*) in der oberen Halsgefäßloge. Zu beachten sind die Ähnlichkeiten des sonographischen Bildes mit dem der lateralen Halszyste (Abb. 5b). *ACE* = A. carotis externa, *HWS* = Halswirbelsäule

phie und Feinnadelbiopsie als präoperative diagnostische Maßnahmen gewöhnlich ausreichen bzw. nicht einmal immer, z. B. bei typischen Fisteln, eingesetzt werden müssen. Die Computertomographie und vor allem die Kernspintomographie können sehr schöne Bilder von Zysten liefern. Im Kosten-Nutzen-Verhältnis sind sie aber der Sonographie deutlich unterlegen, so daß man fast immer auf den Einsatz dieser Verfahren mit gutem Gewissen verzichten kann.

8 Die Therapie der Halszysten und -fisteln

Die einzig erfolgversprechende Therapie der dysontogenetischen Fisteln und Zysten am Halse ist ihre chirurgische Entfernung. Verödungsversuche von Fisteln schlagen grundsätzlich fehl und induzieren entzündliche Komplikationen. Bei völlig symptomfreien Fisteln – laterale Halsfisteln imponieren manchmal über lange Zeit nur als kaum sichtbare punktförmige sekretionsfreie Fistelöffnung – besteht natürlich nicht unbedingt eine Indikation zur umgehenden chirurgischen Intervention. Aber auch bei diesen Fisteln ist mit späteren Infektionen zu rechnen, so daß man seinen Patienten zur Exstirpation raten sollte.

Der *Schnittführung* ist die Hautfältelung am Hals und der Verlauf der Hautspaltlinien zugrundezulegen. Vertikale Schnittführungen parallel zum erwarteten Fistelverlauf, wie sie noch in älteren Handbüchern angegeben sind (Wustrow 1963), müssen aus kosmetischen Gründen vermieden werden. Bei langen Halsfisteln muß daher die *Stufenschnittechnik* (Abb. 6) angewendet werden.

Die Exstirpation einer Fistel läßt sich durch ihre *Anfärbung*, z. B. mit Methylenblau, erleichtern. Das betrifft besonders Fistelrezidive, bei denen man vermehrt verzweigte Fisteln antrifft.

Durchgehende Fisteln am Hals erfordern manchmal zwei verschiedene Zugangswege, nämlich den von außen und den von innen. Eine durchgehende laterale Halsfistel wird, nach weitgehender Präparation von außen, über einer nach innen durchgeschobenen Sonde verknotet. Sie kann dann von innen herausgezogen und damit die Fistel ausgestülpt werden. Dies erleichtert die vollständige Entfernung. Je nach Lage des inneren Fistelmaules ist dazu gelegentlich die Tonsillektomie notwendig. Mediane Halsfisteln, die bis in den Zungengrund durchgängig sind, haben wir noch nicht beobachten können. Aber auch hier wäre ggf. ein gleichartiges Vorgehen möglich.

Auf die für die verschiedenen Fisteln und Zysten am Halse bestehenden anatomischen Lagebeziehungen wurde bereits in den jeweiligen Kapiteln

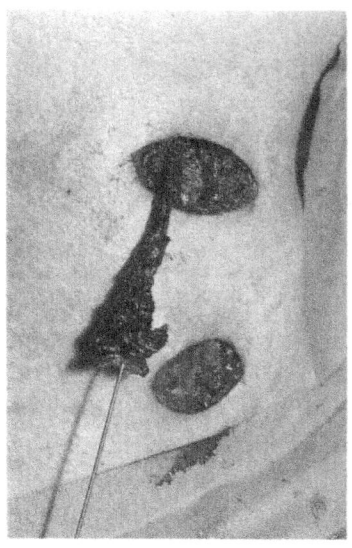

Abb. 6. Laterale Halsfistel, Operations-situs. Verwendung der Stufenschnitt-technik zur Entfernung einer lateralen Halsfistel. Diese ist mit Methylblau angefärbt

eingegangen. Große laterale Halszysten verlagern Gefäße und Nerven, die dann angespannt über den Zystenbalg verlaufen können (Akzessorius!). In solchen Fällen ist die Anwendung von Vergrößerungstechniken, wie die Verwendung der Lupenbrille, bei der Präparation hilfreich. Sie hat sich bei uns besonders dann bewährt, wenn die Präparation durch vorangegangene oder persistierende Infektionen erschwert war.

Platzen Zysten bei der Präparation, hat dies meist keinen Einfluß auf die Wundheilung, wenn man das austretende Sekret sorgfältig absaugt und die Wunde spült. Ein noch unter Spannung stehender Zystenbalg läßt sich aber leichter präparieren als eine zerstörte oder erschlaffte Zyste. Man kann sich helfen, indem man Einrißstellen übernäht. Postoperativ sollte auf jeden Fall eine Wunddrainage in Form von Lascheneinlagen oder Saugdrainagen erfolgen.

Literatur

Barat M, Sciubba ID, Abramson AL (1985) Cervical thymic cyst: a case report and review of the literature. Laryngoscope 95:89–91
Blechschmidt E (1961) Die vorgeburtlichen Entwicklungsstadien des Menschen. Karger, Basel
Chatzimanolis E, Dokianakis G, Gavalas G (1990) Kongentiale Fistel der 4. Kiemenfurche und Schlundtasche. HNO 38:217–219
Chilla R, Miehlke A (1984) Zur Klinik und Topographie des „doppelten Gehör-ganges". Laryngol Rhinol Otol (Stuttg) 63:229–232

Fritzmeier F, Kronsbein H (1982) Klinik und Pathogenese der medianen Hals-spalte: Ein Beitrag zur Differentialdiagnose der Halsfisteln. HNO 30:37–42

Hosemann W, Wigand ME (1988) Sind laterale Halszysten wirklich aus zervicalen Lymphknoten abzuleiten? HNO 36:140–146

Koch T, Reimer P, Milbradt H (1989) Sonographische Diagnostik und Differen-tialdiagnostik von Halszysten. HNO 37:323–328

Skevas A, Bliouras K, Papadopoulos N, Tsoulias T (1989) Eine ungewöhnliche laterale zerviko-fasziale Fistel. Laryngol Rhinol Otol (Stuttg) 68:475–477

Stoll W (1980) Laterale Halszysten und laterale Halsfisteln: Zwei verschiedene Krankheitsbilder. Laryngol Rhinol Otol (Stuttg) 59:585–595

Stoll W, Hüttenbrink KB (1982) Die laterale Halszyste: Eine Lymphknotenerkran-kung. Laryngol Rhinol Otol (Stuttg) 61:272–275

Wenglowski R (1913) Über Halsfisteln und Cysten. Arch Klin Chir 101:789–793

Wustrow F (1963) Branchiogene Halsfisteln und Halscysten, kongenitale Ohr-Hals-Fisteln und Laryngocelen. In: Berendes J, Link R, Zöllner F (Hrsg) Hals-Nasen-Ohrenheilkunde, Bd. II/2. Thieme, Stuttgart, S. 733–746

Zajicek I (1974) Aspiration biopsy cytology. I Cytology of supradiaphragmatic organs. Monogr Clin Cytol 4

Die Singstimme – Physiologische Grundlagen, Untersuchungsmöglichkeiten und häufige Erkrankungen

V. Barth

1 Die Singstimme als Instrument

Betrachtet man die Singstimme als ein Instrument, so muß dessen Beschreibung den Atemkörper, den Tongenerator und das Ansatzrohr beinhalten.

HNO Praxis Heute 14
H. Ganz, W. Schätzle (Hrsg.)
© Springer-Verlag Berlin Heidelberg 1994

1.1 Der Atemkörper

Die Betrachtung der Atmung bei der Beschreibung der Singstimme ist von ganz grundsätzlicher Bedeutung, da der Atemstrom die Energie liefert, die durch die Stimmlippentätigkeit in Klangenergie umgewandelt wird. Man kennt bei der Atmung die Hochatmung, die Zwerchfellbauchatmung und die Vollatmung, wobei für den Sänger die Form der Zwerchfellbauchatmung die entscheidende Atemform ist. Das für die Atmung wichtigste Organ ist der Brustkorb, der aus 12 gelenkig an der Wirbelsäule aufgehängten Rippen besteht, die wiederum durch Knorpelverbindungen vorne mit dem Brustbein und den Schlüsselbeinen verbunden sind. So bildet der Brustkorb eine Funktionseinheit. Bei Hebung der Rippen wird eine Erweiterung des Brustraumes erreicht, die sich direkt auf das Volumen der Lunge auswirkt, da die Lunge jede Bewegung des Brustkorbs durch ihr Aufhängesystem durch Brust- und Lungenfell mitmachen muß. Zum Bauchraum hin ist der Brustraum durch das Zwerchfell, eine Muskelsehnenplatte, abgetrennt, das quer im menschlichen Körper gelegen ist und dessen Kuppel sich bei Kontraktion der Muskeln nach unten bewegt. Hierbei wird der Brustraum auf Kosten des Bauchraumes erweitert. Auch diese Bewegung muß die Lunge passiv mitvollziehen.

Das **Zwerchfell** ist der potenteste Einatemmuskel im menschlichen Körper, der für die Phonationsatmung eine zentrale Bedeutung hat. Bei der Phonationsatmung ist es wichtig, daß bei der Tonproduktion der obere Atemkörper, der Brustkorb, in einer geweiteten gehobenen Stellung verharrt. Das Zwerchfell, das in der Einatemphase gesenkt ist, wird von der Kraft der Bauchmuskulatur über den Bauchinhalt in seine Ausatemlage nach oben gedrängt. So wird der Ausatemstrom gezielt in Gang gesetzt. Hierbei hat das Zwerchfell bei der Phonationsatmung eine Steuerfunktion. Der Sänger kann durch Einatemimpulse, die auf den Zwerchfellmuskel wirken, den unter den Stimmlippen produzierten Druck immer so regeln, daß der subglottische Druck mit der jeweiligen Spannung der Stimmlippen ausgeglichen wird.

Durch diesen Ausgleich ist es den Stimmlippen möglich, durch ihre Schwingbewegung die gesamte kinetische Energie, die im strömenden Atem gelegen ist, in die Klangenergie einer stehenden akustischen Welle umzuwandeln. Die Gehobenheit des oberen Atemkörpers hat außerdem zur Folge, daß der Kehlkopf in einer mittleren Tiefstellung verharrt und so eine für die Phonation optimale entspannte Ausgangslage der Stimmlippen erreicht. Durch die Gehobenheit des Brustkorbs während der Phonation wird auch eine gleichbleibende Form des Brustkorbs als Resonanzkörper erreicht. Der Brustkorb verstärkt die Resonanz der in der Glottis erzeugten Grundtonklänge, was man bei Auflegen der Hand auf das

Brustbein während der Phonation durch das Empfinden der Vibrationen leicht nachvollziehen kann.

1.2 Der Tongenerator

Der **Kehlkopf** mit seinem Zentralorgan der Stimmlippen stellt bei diesem Instrument den Tongenerator dar. Die Stimmlippen werden bei der Tonproduktion in einer Mittelstellung zusammengeführt, so daß sich die Stimmlippen in dem Bereich, wo das eigentliche Stimmband gelegen ist, berühren, d. h. zwischen Processus vocales der Aryknorpel und der vorderen Kommissur der Stimmlippen. Drängt der Atemstrom unter den Stimmlippen an, so baut sich dadurch, daß sie sich als Widerstand in den Ausatemweg gelegt haben, unter den Stimmlippen ein subglottischer Druck auf. Erreicht der subglottische Druck den kritischen Wert, der durch die Stimmlippenspannung und die Elastizität der Stimmlippen bestimmt wird, weichen die Stimmlippen in ihrem ligamentären Anteil auseinander und bilden die **Rima glottidis**, wobei sich der Öffnungsprozeß langsam von unten nach oben zwischen den aneinander liegenden Stimmlippen vollzieht. Ist die Rima glottidis vollständig geöffnet, kommt die unter Druck stehende subglottische Luft in eine sehr schnelle Strömung. Dabei bildet sich nach dem Bernouillischen Gesetz ein relativer Unterdruck im Bereich der Rima glottidis. Dieser Unterdruck und die Elastizität der Stimmlippen läßt diese wieder zusammenschwingen. So bildet sich der Phonationszyklus immer wieder von neuem aus. Dieses Auf- und Zuschwingen der Stimmlippen vollzieht sich zahlenmäßig so häufig, wie der bei diesem Vorgang abgestrahlte Grundton Schwingungen/sec aufweist. Das bedeutet, daß die Stimmlippen bei den tiefsten Tönen, die ein menschliches Stimmorgan produzieren kann, mit 60–65 Schwingungen/s hin- und herschwingen. Die mittlere Sprechstimmlage des Mannes liegt zwischen 100 und 130 Hz, die der Frau zwischen 200 und 260 Hz, also eine Oktave höher als die des Mannes. Den höchsten Ton, der von einem menschlichen Stimmorgan in dieser Form gebildet werden kann, bildet das c'''. Hier schwingen die Stimmlippen 1024 mal/s auf und zu.

Um die Strömungsenergie des Atems vollständig in Klangenergie umzuwandeln, müssen sie immer wieder einen ganz vollständigen Stimmlippenschluß erreichen. Diese hohen mechanischen Belastungen sind ausschlaggebend für den Aufbau des Stimmorgans.

An der Stelle, wo die Stimmlippen sich während des Phonationszyklusses berühren, sitzt die mechanisch widerstandsfähige Struktur des eigentlichen **Stimmbandes**. Der Überzug der Stimmlippen – das Stimmlippenepithel – zeigt einen besonders strömungsgünstigen Aufbau, der vergleichend

anatomisch der Haut des Delphines gleicht. Der Delphin ist der schnellste
Schwimmer in unseren Meeren, da die Wassermoleküle praktisch bis an
die Körperoberfläche laminar strömen. Die Auskleidung des Stimmorga-
nes mit diesem strömungsgünstigen Epithel hat die Aufgabe, die Luftmo-
leküle bei der starken Beschleunigung in der Rima glottidis ohne Turbu-
lenzen strömen zu lassen. Dies findet sichtbaren Ausdruck in der Ausbildung einer Schleimhautwelle, der Randkantenverschiebung.

1.3 Das Ansatzrohr

Bei der Stimmlippenschwingung wird nicht nur ein Grundton produziert,
sondern auch harmonische Obertöne, d. h. ganzzahlige Vielfache der Frequenz des Grundtones, die bis zum 36. harmonischen Teilton im Stimmklang gemessen werden können. Dieses Klanggemisch des primären Kehlkopftones durchmißt nun die luftgefüllten Räume oberhalb der Stimmlippen, die wir unter dem Begriff *Ansatzrohr* zusammenfassen. Im Ansatzrohr werden durch Formveränderungen Klangbestandteile des primären
Kehlkopftones ausgefiltert, andere Klanganteile können das gesamte Ansatzrohr durchmessen, wodurch es zur Ausbildung des menschlichen
Stimmklanges mit seinen Formanten kommt, die für die Erkennung der
Vokalklänge verantwortlich sind. Beim Sänger handelt es sich um eine
ganz spezielle Situation, da jeder Singstimmklang die Frequenzen des
Sängerformanten beinhalten muß. Dieser Singstimmklang ist für die
Raumwirksamkeit der Singstimme verantwortlich und liegt zwischen 2500
und 3500 Hz.

1.4 Singstimmentwicklung durch Koordinationstraining

Die optimale Koordination zwischen Atemführung, Tonproduktion und
Filterverhalten im Ansatzrohr ist das Bestreben der Gesangstimmerzie-
hung. Um einen musikalisch wertvollen tragfähigen Ton zu produzieren,
müssen über 700 Einzelmuskelaktivitäten koordiniert zusammenwirken.
Diese Komplexität macht verständlich, daß die stimmliche Ausbildung nie
über ein Training von Einzelmuskelaktionen durchgeführt werden kann,
sondern nur in Form einer komplexen Körperempfindung beim Singen
erreicht wird. Der Sänger lernt so während seiner Ausbildung, geführt von
dem diagnostischen Ohr des Lehrers, eine eigene Körpersprache, mit deren Hilfe es ihm möglich ist, in Bruchteilen von Sekunden eine optimale
Einstellung seines Instruments zu erreichen. Dadurch gelingt es ihm, mit
seiner Stimme Jubel oder Trauer in der Empfindung des Zuhörers auszulösen.

Die künstlerische Tonproduktion der menschlichen Stimme kann somit Gefühlsinhalte ausdrücken. Nicht umsonst heißt es, daß die Stimme ein Spiegel der Seele sei.

2 Untersuchungsmöglichkeiten

Um diese speziellen Aspekte des Instrumentes Stimme in objektivierbarer Form untersuchen zu können, ist es notwendig, spezielle Untersuchungsmöglichkeiten einzusetzen.

2.1 Pneumographie, Video-Pneumographie

Bei der **Untersuchung der Atmung** spielt die Pneumographie eine entscheidende Rolle. Die Atembewegung der verschiedenen Atemkörper, die wir durch Auflegen der Hände während der Atmung erspüren können, werden hierbei mit Dehnungsmeßstreifen abgetastet und optisch in Form von Kurven dargestellt. Solche Pneumogramme gibt es schon von Caruso, jedoch ist die Methode der Pneumographie in den letzten Jahren allgemein nicht weiterentwickelt worden. Der neueste Stand auf diesem Gebiet ist die von mir entwickelte **Video-Pneumographie**, bei der man die Formveränderungen der verschiedenen für die Phonationsatmung wichtigen Atemkörper, Brustkorb und Bauchbereich, mit elektrisch arbeitenden Dehnungsmeßstreifen abgreift und die Veränderungen als getrennte Kurven in das während der Aufnahme angefertigte Videobild des Probanden in Echtzeit einspiegelt. So können wir neben der mimischen Veränderung und der körperlichen Haltung die Atemkurven in das Bild miteingeblendet erkennen. Hierbei ist es möglich, genau die verschiedenen Bewegungen der bei der Phonation wichtigen Atemkörper zu beobachten. Diese Aufnahmen kann man durchführen bei der Ruheatmung, der Sprech- und der Singatmung und hieraus Rückschlüsse auf die von dem Sänger angewandte Atemtechnik ziehen.

2.2 Stroboskopie, Lupenstroboskopie, Video-Lupenstroboskopie und Lupenstrobometrie

Die schnellen Phonationsbewegungen der Stimmlippen lassen sich mit Dauerlichtbetrachtung, wie sie bei der normalen Spiegeluntersuchung der Stimmlippen angewandt wird, nicht beobachten. In der klinischen Routine hat sich die stroboskopische Untersuchungsmethode als optimales diagnostisches Instrument bewährt.

Als besonders effektiv hat sich beim Sänger die **Lupenstroboskopie** erwiesen, da man mit Hilfe dieser Methode die Struktur der Stimmlippen 6fach vergrößert und so auch feinste Stimmlippenveränderungen erkennen kann. Außerdem gelingt es mit dieser Methode, weit über 90% der Patienten im Bereich der mittleren Sprechstimmlage, wo die Sprechstimme angesiedelt ist, zu untersuchen.

Bei der stroboskopischen Untersuchung erfolgt die Beleuchtung der Stimmlippen mit Hilfe von kurz dauernden Xenonblitzen, die mit dem Stimmklang synchronisiert werden. Hierbei wird während der Untersuchung über ein Mikrophon der Stimmklang aufgenommen. Aus diesem Klang wird der Grundton herausgefiltert und mit diesem Grundton die Xenonblitzlampe so getriggert, daß pro Schwingung der Stimmlippen ein Blitz auf die Stimmlippen abgegeben wird. Trifft dieser Blitz immer zum gleichen Zeitpunkt der Schwingung auf die Stimmlippen, kann der Untersucher die Stimmlippen scharf abgebildet stillstehend beobachten. Wird der Blitzzeitpunkt von Schwingung zu Schwingung definiert verschoben, was elektronisch über eine Zeitlupensägezahnsteuerung möglich ist, können die Formveränderungen der Stimmlippen während der Phonationsschwingung langsam in einer Zeitlupenbewegung beobachtet werden. Ist die Geschwindigkeit der Zeitlupenbewegung fest am Stroboskop einstellbar, kann der Betrachter aus den zeitlichen Abläufen der Schwingung bereits Rückschlüsse auf die Länge der Öffnungsphase und des Stimmlippenschlusses ziehen, was für die Beurteilung von beginnenden Singstimmstörungen von großem Nutzen sein kann. Durch die Entwicklung der modernen Videotechnik werden heutzutage Kameras angeboten, die über eine einfache Kopplung an das Lupenlaryngoskop adaptiert werden können und so die Möglichkeit geben, das stroboskopische Bild elektromagnetisch aufzuzeichnen. Dadurch kann man dem Patienten sein eigenes Stimmorgan demonstrieren und ihm so den Zugang zu den notwendigen therapeutischen Maßnahmen erleichtern. Die gespeicherten Videobilder geben auch die Möglichkeit, typische Befunde mit Kollegen zu diskutieren und über Einzelbildanalysen funktionelle Störungen zu objektivieren. Muß eine Operation bei einem Sänger vorgenommen werden, können die Heilungsvorgänge und die Normalisierung der Stimmlippenschwingung nach der Operation festgehalten werden.

Mit einem **Meßlupenlaryngoskop**, in dessen Bild für den Beobachter ein Maßstab eingeblendet wird, ist es möglich, über die Stellung der Verschiebelinse Messungen der Stimmlippen während der Phonationsschwingung durchzuführen, was für die Erkennung der verschiedenen Stimmfächer von Wichtigkeit ist.

2.3 Ansatzrohrbetrachtung, Längenmessung des Ansatzrohres

Über eine metrische Einteilung auf dem Schaft des Meßlupenlaryngoskopes ist es möglich, die Länge des Ansatzrohres des Sängers zu bestimmen, da durch die anatomischen Voraussetzungen des Ansatzrohres bereits das Timbre des Stimmklanges festgelegt ist. J. Sundberg konnte in diesem Rahmen die Abhängigkeit der Frequenz des **1. Formanten** von der Länge des Ansatzrohres nachweisen, wobei ein Viertel der Wellenlänge des 1. Formanten der Länge des Ansatzrohres von den Stimmlippen bis zur Zahnreihe entspricht. Durch Stülpen der Lippen (Schnute) oder Öffnung des Mundes kann der Sänger sein Ansatzrohr verlängern oder kürzen und kann somit den individuellen Stimmklang verändern. Grundsätzlich wirkt bei einer Verlängerung des Ansatzrohres der Stimmklang dunkler, die Verkürzung des Ansatzrohres läßt die Stimme heller klingen. Nach meiner Erfahrung hat auch die Form des harten Gaumens mit der Klangformung der Stimme zu tun. Bei dunklen Stimmen beobachte ich häufig einen schmalen hohen Gaumen, den man mit der Form eines gotischen Fensters vergleichen kann, bei hohen Stimmen häufig einen flachen breiten Gaumen mit etwas hervorstehenden Wangenknochen.

3 Physiologische Bedingungen zur Beurteilung des Schwingungsverhaltens der Stimmlippen

3.1 Glottis phonatoria (Abb. 1)

Bei der stroboskopischen Untersuchung der Stimme können bei jedem Menschen ähnliche Beobachtungen gemacht werden. Untersucht man die Stimmlippen bei der Produktion eines tiefen Tones im unteren Drittel des Stimmumfangs, wirken die Stimmlippen kurz und relativ muskelbreit. Die Schwingungen, die hier beobachtet werden können, beinhalten die gesamte muskuläre Masse des Stimmorgans, so daß man weite Amplituden mit deutlich hervortretenden Randkantenverschiebungen sehen kann. Die Stimmlippen wirken kurz, so daß ein Maximum an Stimmlippenmasse an der Phonationsschwingung teilnimmt. Aufgrund des Schwingungsbildes nenne ich, vom stroboskopischen Befund abgeleitet, diese Stimmfunktion die **Vollstimmfunktion**.

Wird der Untersuchungston in mittlere Bereiche des Stimmumfangs erhöht, sehen wir, wie nur noch mittlere Anteile der Stimmlippenmuskeln an der Phonationsschwingung teilhaben; die Randkantenverschiebung wird etwas vermindert, seitliche Teile der Stimmlippenmuskeln werden

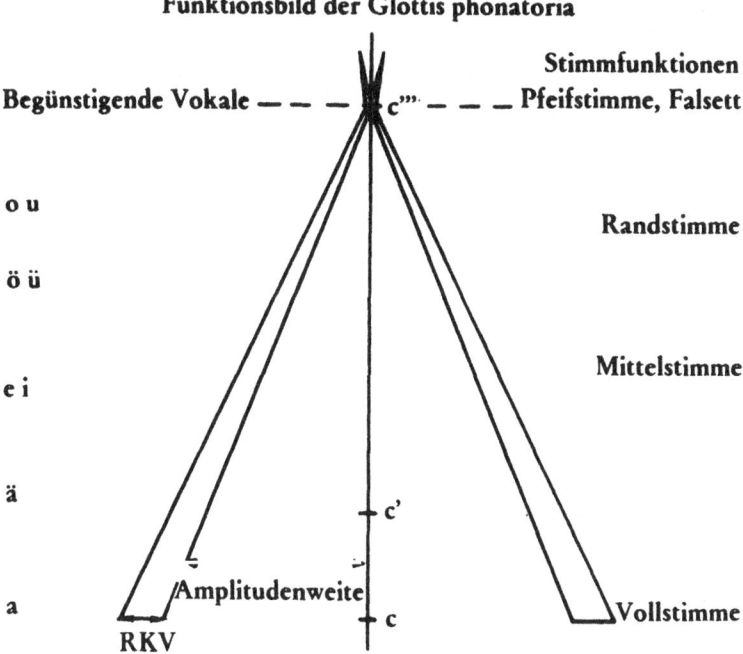

Abb. 1. Die Veränderungen der Phonationsbewegungen der Stimmlippen in verschiedenen Tonhöhenbereichen. RKV = Randkantenverschiebung

zum Aufbau der höheren Spannung festgestellt, so daß ich von dem spezifischen Schwingungsbild her diese Stimmfunktion als **Mittelstimmfunktion** benenne.

Im oberen Drittel des Stimmumfangs sehen wir, wie nur noch die Stimmlippenepithelien mit ihren Randkantenverschiebungen die Phonationsschwingung darstellen, so daß ich diese Stimmfunktion als **Randstimmfunktion** bezeichne. Im oberen Drittel des Stimmumfangs zeigen sich dabei die Stimmlippen maximal elongiert.

Bei computertomographischen Aufnahmen des Kehlkopfes während der Phonation ist es mir gelungen, Messungen der Stimmlippenlänge in den verschiedenen Stimmfunktionsbereichen durchzuführen, wobei sich das Stimmorgan eines Bassisten von einer Ausgangslänge von 1,7 cm auf eine Länge von 2,8 cm vergrößert hat, wenn dieser Sänger während der Untersuchung seinen Stimmumfang von den tiefsten bis zu den höchsten Tönen hin durchmessen hatte.

Die **stroboskopische Untersuchung einer Singstimme** muß grundsätzlich in allen Stimmfunktionsbereichen durchgeführt werden, wobei es empfehlenswert ist, bei der Beschreibung der Befunde die Vollstimmfunktion als

Ausgangspunkt zu wählen und die Randstimmfunktion als Letztes zu beschreiben. Die Untersuchung des Stimmorgans bei nur hohen Frequenzen auf dem Vokal I, wie es bei der Spiegeluntersuchung üblich ist, wird nie eine ausgiebige Einschätzung der Gesangstimme und ihrer spezifischen Störungen zulassen.

Bei den Sängern und Gesangspädagogen wird häufig von **Registern** gesprochen, wobei 2 oder 3 Register angesprochen werden. Die üblichsten Begriffe sind Brust- und Kopfregister, häufig wird auch noch als 3. das Falsett- oder Pfeifregister angesprochen. Der Begriff Register kommt von der Orgel, wo Töne ähnlicher Klangstruktur von den tiefsten bis zu den höchsten Tönen als ein Register zusammengefaßt werden, weil der Zuhörer diesen gesamten Tonumfang als klangähnlich einstufen kann. Durch Erfahrungen mit Naturstimmen benutzen einige Autoren bei der Beschreibung der nicht ausgebildeten Gesangstimme den Registerbegriff für ein und dieselbe Stimme und unterscheiden zwischen Brust- und Kopfregister, wobei in der Mitte des Stimmumfangs häufig ein Umschalten von einer dunklen Klangfärbung zu einer deutlich abgesetzten hellen Klangfärbung passiert. Das Anliegen der Gesangspädagogik und der Stimmausbildung muß es sein, diesen bei Naturstimmen vorhandenen Einbruch des Klanges so zu beeinflussen, daß die Sängerstimme von den tiefsten bis zu den höchsten Tönen klanglich ähnlich wirkt und kein „zweistimmiges Singen" gefördert wird. Aus diesem Grunde ist das Einregister für die Gesangstimme anzustreben, was man mit dem von mir entwickelten Begriff der Stimmfunktionen sehr gut durchführen kann. Die Stimmfunktionen stehen jedoch in einem hierarchischen Zusammenhang, wobei der Randstimmfunktion die übergeordnete Bedeutung zufällt, da diese alle Stimmfunktionen miteinander verbindet. Ist durch organische oder funktionelle Veränderung die Randstimmfunktion gestört, kann die Singstimme nicht mehr ihre gewohnten Höhen erreichen. Die Mittelstimme klingt dann forciert und kraftlos, die Vollstimme blökend nackt.

Abgesetzt von dieser Normalstimmfunktion, bei der die Tonproduktion durch intermittierendes Schließen und Öffnen der Stimmritze zustande kommt, kann eine völlig andere Tonproduktion als ein anderes Register der menschlichen Stimme betrachtet werden. Diese Tonproduktion tritt bei den Frauenstimmen in der **Pfeifstimme** auf, bei den Männerstimmen beim Einsatz des **Falsettes**, wobei die Stimmlippen einen persistierenden längsovalen Spalt zeigen. Nur die Ränder der Stimmlippen zeigen geringe Phonationsbewegungen und in dem offenstehenden Spalt wird die Atemluft verwirbelt und durch diese Verwirbelung der Gesangston erzeugt. Diese Tonproduktion beginnt physiologischerweise bei den Sopranen oberhalb des c''', dadurch kann der Sopran seine Normalstimme mit Hilfe der Pfeifstimme nach oben hin ausweiten, was von den Kompo-

nisten auch in der Gesangsliteratur der Soprane ausgenutzt wird. Die klanglichen Änderungen dieser ganz anderen Tonproduktion sind durch die Höhe des Grundtones bei der Pfeifstimmproduktion – er liegt bei 1024 Hz – relativ gering, da nur noch wenige harmonische Obertöne das Klangbild bestimmen können. Ganz anders sind die klanglichen Unterschiede bei der Männerstimme, wobei hier insbesondere die tiefen Stimmen leichter in die Falsettfunktion kommen. Das Falsett ist klanglich ganz deutlich von der Normalstimme abgesetzt. Diesen großen Unterschied kann man z. B. in der Partie der Baßstimme in der Carmina Burana sehr gut nachvollziehen. Durch diese klanglichen Unterschiede zwischen Normal- und Falsettstimme könnte man hierbei wirklich von einem 2. Register der menschlichen Stimme sprechen.

3.2 Konfigurationen der Stimmlippen bei den verschiedenen Stimmgattungen

Die verschiedenen Stimmgattungen zeigen im **anatomischen Aufbau des Stimmorgans** ganz typische Unterschiede. Ich möchte hierbei nur die grobe Einteilung zwischen Sopran, Alt, Tenor und Baß benutzen. Nach meiner Erfahrung lassen sich die anatomischen Unterschiede der verschiedenen Stimmgattungen am besten in dem Bereich erkennen, wo das Stimmorgan seine Indifferenzlage besitzt. Das bedeutet, daß hier das schwingende System im Kehlkopf seine Eigenfrequenz hat und somit mit einem Minimum an Energieaufwand ein Maximum an Klang produziert werden kann. Dieser Tonbereich ist dort angesiedelt, wo auch die physiologisch mittlere Sprechstimmlage des Menschen liegt, also im unteren Drittel des Stimmumfangs.

Untersucht man die Stimmorgane verschiedener Sänger in diesem Bereich, kann man die anatomischen Bauunterschiede deutlich erkennen (Abb. 2–5). Das **Sopranstimmorgan** zeigt sich in diesem Bereich kurz und muskelbreit, das **Altstimmorgan** in seiner Stimmlippenkonfiguration lang und schmal. Ganz ähnlich verhält es sich mit den Stimmorganen der Tenor- und der Baßstimme, wobei das **Tenorstimmorgan** sich wiederum gedrungen und muskelbreit darstellt, in der Länge jedoch deutlich länger als das Sopranstimmorgan ist, das **Baßstimmorgan** wiederum ein langes schmales Aussehen besitzt. Diese Bauunterschiede weisen schon auf die verschiedenen Fähigkeiten der Stimmorgane hin, können doch die hohen Stimmen durch ihren kurzen muskelkräftigen Bau gut hohe Stimmlippenspannungen erzeugen, die zum Erreichen der hohen Töne notwendig sind. Die tiefen Stimmen können im Vollstimmbereich optimal ihre Klangproduktion erreichen, wo die Stimmlippen in ihrer gesamten muskulären Länge und Breite in Schwingung versetzt werden.

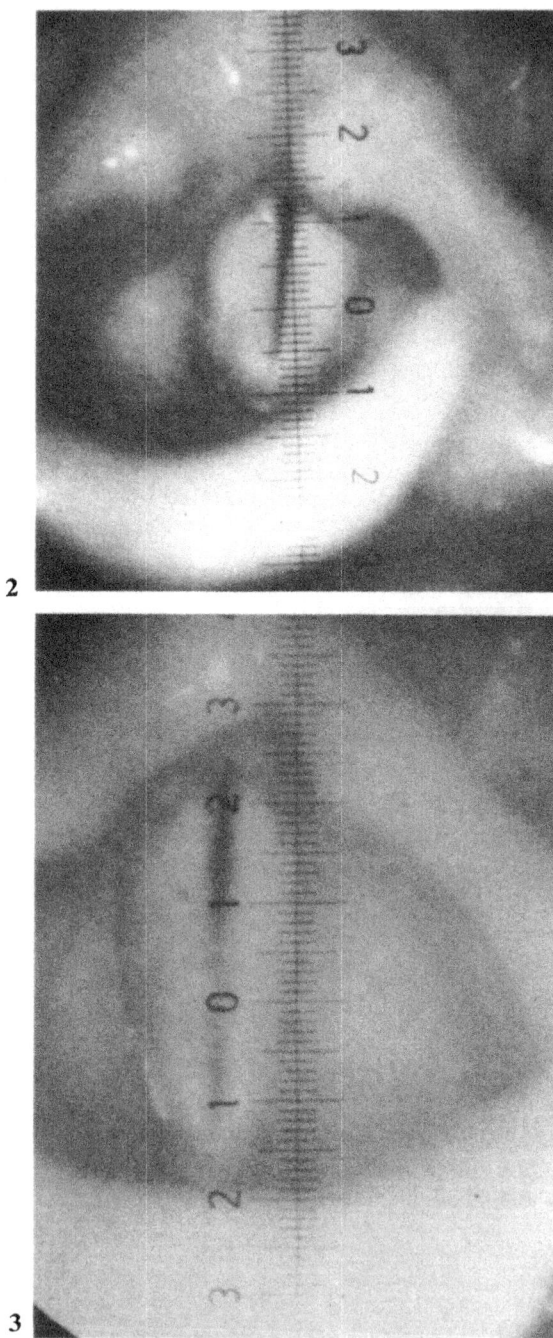

Abb. 2. Sopranstimmorgan in der Indifferenzlage mit eingespiegeltem Maßstab

Abb. 3. Stimmorgan einer Altistin

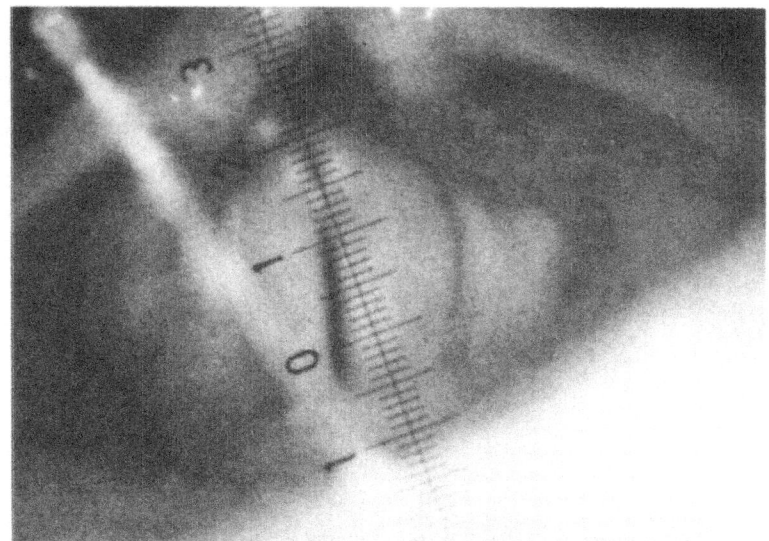

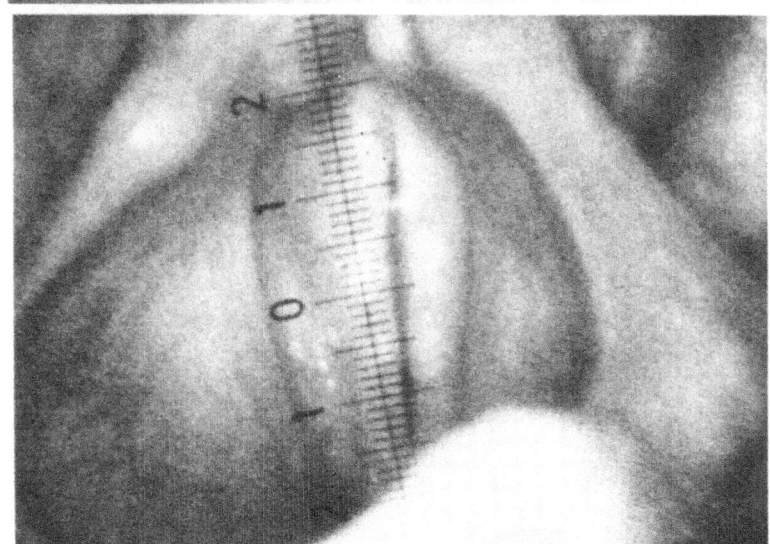

Abb. 4. Stimmorgan eines Tenors

Abb. 5. Baßstimmorgan

Abb. 6. Verschiedene Begriffe für hoch singende Männerstimmen in Europa

3.3 Die Stimme des Countertenors

In den letzten 40 Jahren hat sich ein besonderes Stimmphänomen auf dem
europäischen Festland wieder neu dargestellt; es handelt sich um hochsin-
gende Männerstimmen, die bis ins 18. Jahrhundert auch in der Musikpra-
xis der europäischen Staaten gang und gäbe waren (Abb. 6). Im deutschen
Sprachbereich bezeichnete man diese Stimmen als Altus oder Kontrate-
nor, im französischen Sprachbereich als Haute contre, in Spanien als
Falsetistas und in Italien als den Tenorino. Diese verschiedenen Begriffe
standen für den gleichen Stimmtypus, so wie wir ihn auch heute noch in
den englischen Kathedralchören finden. Hier wird diese Stimme als **Countertenor** oder male alto bezeichnet. Nachdem auf dem europäischen Festland die Frauen auch in den Kirchen ihre Stimmen erheben durften, hat
sich diese Tradition lückenlos nur in England fortgesetzt. Von England
kamen auch wieder die ersten Countertenöre und Aufnahmen von dieser

Stimmgattung in den 50er Jahren, vor allem durch Alfred Deller, neu zu
Gehör.

Nach meinen Erfahrungen kann man hier zwischen 2 prinzipiell verschiedenen Stimmgattungen unterscheiden: nämlich einmal dem **Tenor-
counter**, dessen Sprech- und Singstimme eine Tenorstimme ist und dem
Baritoncounter, dessen Normalstimme im baritonalen Bereich angesiedelt
ist. Untersucht man solche Sänger, kann man, wie bei der Beschreibung
der Glottis phonatoria, eine aus den 3 Stimmfunktionen zusammengesetzte Normalstimme erkennen mit Voll-, Mittel- und Randstimme
(Abb. 7).

Wird der Sänger bei der Untersuchung über den Randstimmbereich
nach oben hin dirigiert, kann man insbesondere bei Anfängern noch die
typische **Fistelkonfiguration** mit dem persistierenden Spalt in den vorderen
zwei Dritteln beobachten. Wird der Untersuchungston jedoch weiter nach
oben verlegt, kommt man also in die typische Counterstimme hinein, kann
man bei diesen Sängern wieder das Auftreten einer Stimmlippenschwingung mit einem vollständigem Stimmlippenschluß beobachten. Solche Beobachtungen konnte ich bei einigen Sängern in Deutschland und in der
Schweiz machen. Bei einem Studienaufenthalt in England konnte ich jedoch auch 3 Countertenöre eines englischen Kathedralchores untersuchen
und videographieren, wobei sich hier zeigte, daß diese schon lange in

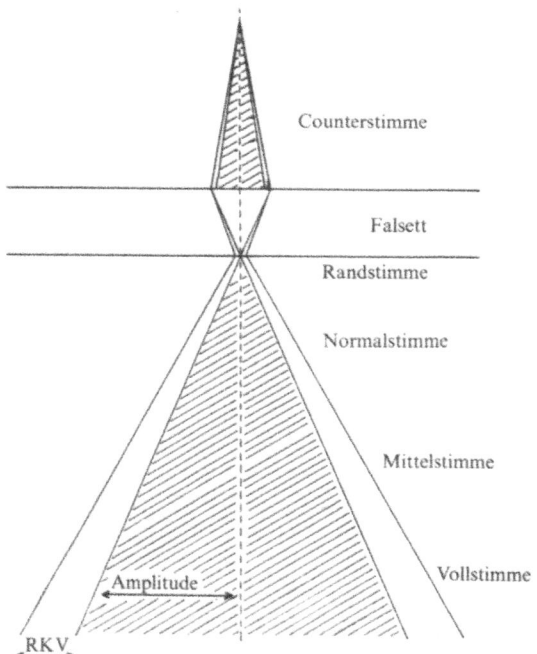

Abb. 7. Stimmfunktionen des
Countertenors

diesem Stimmfach singenden Sänger in ihrem gesamten Stimmumfang mit einem vollständigen Stimmlippenschluß sangen, wobei durch geschicktes Mischen der Bereiche, wo sonst das Falsett auftritt und die Stimme häufig schwach und brüchig wird, auch ein vollständiger Stimmlippenschluß beobachtet wurde. Der geübte und trainierte Countertenor kann von seiner Counterstimme fast unbemerkt in die Randstimme seiner Normalstimme übergehen.

Diese Beobachtungen gelten für den Baritoncounter. Bei den von mir untersuchten Tenorcountern konnte ich leider im Bereich der Counterstimme die Stimmlippen nie beobachten, weil diese Sänger ihren Kehldeckel in dieser Lage so stark senkten, daß die Stimmlippen nicht mehr beobachtet werden konnten.

4 Erkrankungen der Singstimme

Beachtet man den Zeitpunkt, zu dem ein Sänger den Arzt aufsucht, im Vergleich zu einem Normalsprecher, wird man immer wieder feststellen, daß der Sänger bereits bei kleinsten Zeichen einer Stimmstörung den Arzt konsultiert. Beim Sänger ist es also notwendig, auch kleinste Veränderungen der Stimme zu würdigen.

4.1 Entzündliche Veränderungen der Stimmlippen, Verschleimung der Stimme

Wie jeder andere Mensch auch wird der Sänger häufig in der kühleren Jahreszeit von Erkältungen ergriffen, was sich subjektiv für ihn zuerst nur in dem Symptom der **Verschleimung** äußert. Die Klagen über eine vermehrte Verschleimung scheinen in den letzten Jahren zuzunehmen, was evtl. damit zusammenhängt, daß die Umweltbelastung der Atemluft deutlich gestiegen ist. Ein fast natürliches Phänomen stellt die verstärkte Verschleimung der Stimme nach dem Schlaf dar, was die Sänger als den typischen „Morgenschleim" kennen. Mit subjektiv ganz ähnlichen Phänomenen gehen jedoch auch leicht entzündliche Veränderungen der Stimmlippen einher, wie wir sie als oberflächliche Laryngitis diagnostizieren können. Hierbei laufen die entzündlichen Veränderungen im Stimmlippenbereich des Stimmlippenepithels ab, das in der Schwingungsanalyse ein verdicktes Aussehen zeigt. Damit resultiert eine deutlich verbreiterte Randkantenverschiebung. Hiermit nicht zu verwechseln ist die **Belastungshyperämie** der Stimmlippen, wie man sie nach schweren Aufführungen

beobachten kann, wobei sich die medianen Ränder der Stimmlippen rö-
ten. Diese Rötung geht normalerweise bei einer Stimmschonung in den
nächsten 12 Stunden wieder vollständig zurück.

Wird bei einer leichten **oberflächlichen Laryngitis** die Stimme trotzdem
belastet, können typische Phänomene auftreten. Die Stimme wird nach
einer ca. halbstündigen Belastung deutlich schlechter. Dabei kommt es
zuerst zu einem Verlust der Spitzentöne um 3 oder mehr Halbtöne. Wird
die Singstimme trotz einer oberflächlichen entzündlichen Veränderung,
was mit dem landläufigen Begriff der „Indisposition" verbunden ist, stärker belastet, kann sich aus einer solchen leichten oberflächlichen entzündlichen Veränderung eine tiefgreifende entzündliche Veränderung der
Stimmlippen entwickeln. Durch die starken Phonationsbewegungen beim
Singen scheinen die in der entzündlichen Stimmlippenschleimhaut wohl
vermehrt auftretenden Bakterien in die Stimmlippenmuskulatur hinein-
massiert zu werden und können dort dann das Bild der **interstitiellen
Laryngitis** erzeugen.

Im stroboskopischen Bild erkennt man eine deutliche Verminderung
der Schwingungsweiten. Das Stimmlippenepithel zeigt dann keine Randkantenverschiebungen mehr. Eine solch schwere entzündliche Veränderung der Stimmlippen ist grundsätzlich nicht mit einer künstlerischen
Benutzung der Stimme vereinbar.

4.2 Chronische Überlastung der Singstimme, Phonationsverdickungen, Schreiknötchen, sekundäre Erschlaffung

Mit dem Größerwerden der Orchester und dem Heraufschrauben des
Kammertones a′ wurden die Anforderungen, die in bezug auf die Laut-
stärke an den Sänger gestellt werden, in den letzten Jahren deutlich größer.
Aus diesem Grund ist es für mich erklärlich, daß ich immer wieder bei
Sängern, die mitten in ihrer Sängerlaufbahn sind, Zeichen an den Stimmlippen feststellen kann, die auf eine länger anhaltende Überlastung der
Singstimme schließen lassen. Es sind die von mir sogenannten **Phonationsverdickungen**, Veränderungen also, die sich im Stimmlippenepithel abspielen, und zwar an der Stelle, wo die Stimmlippen physiologischerweise ihre
maximale Schwingungsweite zeigen. Diese Stelle liegt genau in der Mitte
der ligamentären Glottis zwischen Processus vocalis und vorderer Kommissur.

Bei der **stroboskopischen Beobachtung** im Bereich der Vollstimmlage
können diese Veränderungen häufig noch gar nicht gesehen werden. Man
sieht auch hierbei lediglich eine Verbreiterung der Randwelle des Stimmlippenepithels. Bei der Untersuchung im Bereich der Randstimme zeigt

sich jedoch, daß an dieser Stelle die Stimmlippen immer zuerst zu einem Schluß gelangen und häufig vor und hinter diesen zarten Verdickungen des Stimmlippenepithels ein persistierender Spalt offen bleibt. Bei der Untersuchung kann man oft im Bereich der Phonationsverdickungen Schleimansammlungen auf den Stimmlippen sehen, die manchmal das Erkennen der weichen Phonationsverdickungen erschweren.

Nimmt der Sänger auf die von solchen Überlastungszeichen ausgehenden Phänomene (wie Kratzen im Hals, erschwertes Ansprechen der Stimme in der Höhe) keine Rücksicht, können sich aus solchen noch weichen Phonationsveränderungen harte **Schreiknötchen** entwickeln. Haben sich harte Schreiknötchen entwickelt, muß mit einer längeren Zeit gerechnet werden, in welcher der Sänger seine Stimme nicht musikalisch einsetzen kann. Nach einer primär entspannenden Stimmtherapie kann sich eine operative Behandlung mit Abtragung der Reste der harten Knötchen mit anschließender konsolidierender Stimmtherapie als notwendig erweisen. Eine solche Phase nimmt den Sänger neben der Einkommenseinbuße häufig seelisch so mit, daß er von einem erfahrenen Gesangspädagogen wieder ganz neu aufgebaut werden muß.

Schont ein Sänger seine Stimme bei einer interstitiellen Laryngitis nicht, kann die Muskulatur des M. vocalis geschädigt werden und so eine sekundäre Erschlaffung der Stimmlippen resultieren.

4.3 Gutartige Veränderungen, Zysten, Polypen, Kontaktgranulome

Auf der Basis auch leichter entzündlicher Veränderungen können sich sekundär organische Bilder entwickeln. Verklebt z. B. der Ausführungsgang einer Schleimdrüse durch länger anhaltende entzündliche Veränderung der Stimmlippen, kann die Schleimdrüse durch ihre Weiterproduktion eine **Zyste** bilden, die dann zu einer deutlichen Schwingungsveränderung der Stimmlippen führt. Auch durch einmalige Stimmbelastung bei Indisposition ist es möglich, daß sich das entzündlich veränderte Stimmlippenepithel abhebt und sich die einfließende Gewebsflüssigkeit organisiert und so zur Ausbildung eines **Schleimhautpolypen** führt, der dann den Stimmlippenschluß mehr oder weniger stark behindern kann. Wird bei Sängern das Stimmfach in Richtung Dramatik oder Tonhöhe überschritten, können sich im Bereich des Processus vocalis der Aryknorpel Schleimhautveränderungen bilden. Sie zeigen sich zuerst als feine, noch plane, weißliche Veränderungen der Schleimhaut im Bereich der Aryknorpel. Es können sich jedoch auch durch einen anhaltenden Preßdruck zwischen den Aryknorpeln granulomatöse unregelmäßige Veränderungen der Schleimhäute über den Aryknorpeln bilden, die sich so stark ausweiten

können, daß der Sänger stimmlich seine musikalische Gestaltungskraft
verlieren kann.

4.4 Die funktionellen Dysodien, Hyperfunktion, Hypofunktion, Hochziehen der Vollstimme, zu früher Übergang in die Pfeifstimmkonfiguration

Die innige Verbindung zwischen Stimmlippenepithel und Stimmlippenmuskel macht es möglich, daß man aus dem Schwingungsverhalten der
Stimmlippen Rückschlüsse auf die Spannung des Stimmlippenmuskels
ziehen kann. Ist der Stimmlippenmuskel stark angespannt, kann sich die
Schleimhautwelle der Stimmlippen nicht in adäquater Form entwickeln.
Man sieht dann im Schwingungsbild der Stimmlippen verminderte Amplituden mit verminderten Randkantenverschiebungen. Oft geht eine solche
übermäßige Anspannung der Stimmlippenmuskeln mit dem Auftreten
eines persistierenden Spaltes im Bereich des hinteren Drittels der Stimmlippen einher. Dieser Spalt ist bei Phonationen im Bereich der Vollstimme
klein oder verschwindet ganz. Bei höherer Phonation im Bereich der Mit-
tel- und der Randstimme kann sich dieser Spalt jedoch bis in die vordere
Kommissur hinein verlängern. Durch diesen Spalt wird Atemluft hin-
durchgepreßt und verwirbelt, wobei man die Verwirbelungskontur seitlich
in dem auf den Stimmlippen anhaftenden Flüssigkeitsfilm beobachten
kann.

Eine Spaltbildung der Stimmlippen im Bereich der hinteren Kommissur
alleine ist nicht ausreichend, um die Diagnose der **hyperfunktionellen Dysodie** zu stellen, findet man doch diese Spaltbildung bei jungen Sängerinnen
vor allem zu Beginn ihrer Ausbildung sehr häufig. Zum Vollbild der
Hyperfunktion gehörten unbedingt auch die verminderte Schwingungsweite und die verminderten Randkantenverschiebungen.

Das Bild der **hypofunktionellen Dysodie** ist weitaus seltener. Man kann
es manchmal bei Baritonstimmen, die tiefe Baßpartien im Übermaß trai-
niert haben, beobachten. Das Bild der Erschlaffung der Stimmlippen der
Sänger ist nach meiner Erfahrung jedoch am häufigsten als Ausdruck
einer muskulären Schädigung der Stimmlippen bei übergangenen entzündlichen Veränderungen zu sehen.

Technische Gewohnheiten können auch zur Verschlechterung der
Singstimme führen, wenn z. B. mit zu großer schwingender Masse der
Stimmlippen mittlere und hohe Töne gesungen werden sollen. Man spricht
in der Fachterminologie von einem **Hochziehen der Vollstimme**. Der Vollstimmbereich sollte bei Sopranistinnen und Mezzosopranistinnen auf keinen Fall isoliert über das c'' hinweg nach oben gezogen werden, da es
durch eine solche Angewohnheit, die benutzt wird, um die Stimme volumi-

nöser klingen zu lassen, zu einer Schwächung der Stimmklangproduktion im mittleren Bereich des Stimmumfanges und zu einem Verlust an Höhe kommt. Die Sänger berichten dann von einem typischen Loch im mittleren Bereich. Stroboskopisch lassen sich solche Phänomene nur ungenügend nachweisen, so daß der Untersucher hierbei ganz auf die Angaben des Sängers angewiesen ist.

Bei einer gewohnheitsmäßig zu hohen Spannung der Stimmlippen kann man manchmal, insbesondere bei Frauenstimmen im mittleren Bereich des Stimmumfangs, das Auftreten eines ovalären Spaltes in den vorderen zwei Dritteln der Stimmlippen beobachten. Dieses Bild gleicht der Konfiguration, wie man sie physiologischerweise sehr viel höher im Bereich der Pfeifstimme beobachten kann. Hört man solche Sängerinnen während eines Gesangsvortrages, fällt auf, daß die Stimme in der Tiefe ganz anders klingt als in der Höhe. Es handelt sich um das **Phänomen des zweistimmigen Singens**, wobei die Höhe häufig knabenhaft, schlank und gerade klingt. Man kann mit einer solchen übermäßigen Spannung der Stimmlippen beim Singen manchmal ein höheres Stimmfach vortäuschen.

4.5 Veränderungen der Singstimme in verschiedenen Lebensaltern

Durch die Ausbildung der Singstimme stellt sich bei einer gut ausgebildeten Stimme häufig das Phänomen des **Vibratos** ein (Tabelle 1), eine periodische Veränderung des Stimmklanges sowohl im Tonhöhen- als auch im Lautstärkenmaß. Das Vibrato ist als Qualitätsmerkmal einer gut ausgebildeten Singstimme zu verstehen. Versucht man eine teleologische Erklärung des Vibratos zu geben, so dürfte es sich dabei um natürliche Phänomene der Muskelphysiologie handeln. Bei Dauerbelastung versucht der Muskel, sich vor Verspannungen zu schützen, indem er dauernd geringgradig wechselnde Spannungen aufbaut, was bei dem Stimmlippenmuskel dazu führt, daß periodische Tonhöhenschwankungen auftreten.

Verändern die Körpergewebe mit zunehmendem Lebensalter ihre Elastizität, kann sich aus dem musikalisch geschätzten Vibrato ein **Tremolo** entwickeln. Hierbei sind die Tonhöhenschwankungen deutlich größer und

Tabelle 1. Tonhöhen- und Lautstärkenschwankungen beim Singen

	Vibrato	Tremolo	Triller
Intensitätsschwankung	2–5 dB	>5 dB	2–5 dB
Tonhöhenschwankung	Halbton	>Halbton	Ganzton
Frequenz	5–7 Hz	8–12 Hz	5–7 Hz

die Periodendauern kürzer. Bei der stroboskopischen Untersuchung sind die feinen periodischen Schwankungen der Tonhöhe des Vibratos nicht nachweisbar. Beim Ausbilden des Tremolos kommt es jedoch zu Schwingungen im Bereich des Ansatzrohres, die bei der stroboskopischen Untersuchung sehr gut registriert werden können. Dabei kann man Schwingbewegungen der Weichteile des Ansatzrohres und des gesamten Kehlkopfes in der Frequenz des Tremolos beobachten. Manchmal versuchen junge Sänger künstlich ein Vibrato zu erzeugen und machen dabei auch von außen beobachtbare periodische Bewegungen im Bereich ihres Ansatzrohres. Man kann dann zum Beispiel ein Schwingen des Unterkiefers in der Frequenz des Tremolos erkennen.

5 Therapeutische Grundsätze bei Singstimmstörungen

5.1 Therapie der Laryngitiden

Die entzündlichen Stimmlippenveränderungen stellen wohl den häufigsten Grund für eine sängerische Indisposition dar. Mit Hilfe der stroboskopischen Untersuchung gelingt es, den Schweregrad einer entzündlichen Veränderung der Stimmlippen relativ genau einzuschätzen. Wie schon zuvor erwähnt, unterscheiden wir zwischen entzündlichen Veränderungen, die sich im Stimmlippenepithel abspielen, den oberflächlichen Laryngitiden und den tiefgreifenden entzündlichen Veränderungen, die bereits den Stimmlippenmuskel ergriffen haben.

Die **oberflächliche Laryngitis** läßt sich mit Stimmschonung und lokal wirksamen Medikamenten, wie z.B. dem Locabiosol-Spray, günstig beeinflussen. Treten bei einer solchen oberflächlichen Entzündung auch trockene Reizerscheinungen auf, empfiehlt es sich ein Schleimhautpräparat, wie Gelomyrtol forte, zusätzlich zu verordnen.

Eine **Laryngitis mit interstitieller Ausbreitung** verlangt grundsätzlich eine systemisch antibiotische Behandlung, wobei sich in der Praxis die Tetrazykline als noch immer gut wirksam darstellen. Neben der antibiotischen Behandlung kann bei diesen schweren Formen der Laryngitis eine Behandlung mit ätherischen Ölen, wie wir sie in Form des Gelomyrtol forte kennen, die therapeutische Wirksamkeit der antibiotischen Behandlung unterstützen, weil die Gewebespiegel des Antibiotikums sich im entzündeten Gewebe unter dieser Behandlung erhöhen. Ebenfalls wirken sich Gewebsfermente, wie z.B. Antiflacym günstig auf den Heilungsverlauf aus.

Bei der **Diagnostik von Singstimmstörungen** ist es ganz wichtig, daß man vor einer funktionellen Diagnostik unbedingt die entzündlichen Verände-

rungen der Stimmlippen zurückgedrängt haben sollte. Selten tritt bei Sängern eine Form der entzündlichen Veränderungen der Stimmlippen auf, die im äußeren Ansehen der Stimmlippen nicht zu diagnostizieren ist. Es handelt sich um die **atypische Laryngitis**, die mit fast unauffälliger Stimmlippenfärbung einhergeht. Manchmal ist eine leichte Graufärbung der Stimmlippe zu beobachten. Im stroboskopischen Bild sieht man deutlich verminderte Amplituden und aufgehobene Randkantenverschiebungen an dieser Stimmlippe. Hierbei kann eine Laryngitisbehandlung, wie oben beschrieben, als diffentialtherapeutische Maßnahme hilfreich sein. Typischerweise entwickelt sich nach ca. 1 Woche antibiotischer Behandlung eine deutliche Rötung der vormals unauffälligen Stimmlippe und in einem weiteren Prozeß von 2 Wochen kann eine solche manchmal schon lang anhaltende entzündliche Veränderung, die sich im Stimmlippenmuskel abgekapselt hat, zum Ausheilen gebracht werden. Bei hartnäckigen therapieresistenten Fällen kann bei solchen schweren Laryngitiden auch eine Behandlung mit Gammaglobulin i.m. zusätzlich hilfreich sein.

5.2 Therapie der gutartigen Veränderungen

Die häufigsten gutartigen Stimmlippenveränderungen bei Sängern stellen die **Phonationsverdickungen** dar. Diese Phonationsverdickungen, die immer symmetrisch an typischer Stelle am Übergang vom vorderen zum mittleren Drittel der Stimmlippen auftreten, sollten grundsätzlich mit einer entspannenden Stimmübungstherapie angegangen werden. Einseitige Veränderungen der Stimmlippen jedoch, die unter einer adäquaten antientzündlich abschwellenden Behandlung nicht vollständig zurückgehen, werfen immer wieder die Frage des operativen Angehens auf. Solche einseitigen Stimmlippenveränderungen, die mit Kontaktverdickungen an der Gegenstimmlippe einhergehen können, können bei Persistenz zu sekundär funktionellen Bildern führen. Die schonende Abtragung solcher Befunde führt zu einer deutlichen Verbesserung der Singstimme.

Ich pflege solche stützautoskopischen Eingriffe bei Sängern in einer Spezialnarkose durchzuführen, wobei die Intubation umgangen wird. Für solche kurzdauernden, zeitlich überschaubaren und gut planbaren Operationen empfiehlt sich das offene Narkoseverfahren der **Injektionsnarkose**. Bei diesem Verfahren wird nach Einstellen der Stimmlippenebene unter Sicht eine dünne Sonde durch die Stimmlippenebene hindurch gelegt, über die die Atmung während des Eingriffes gewährleistet wird; man arbeitet mit Drücken von 3–4 Atü und Frequenzen von 20–25 Injektionen/min. Dieses Verfahren hat den Vorteil, daß die Stimmlippen während des Eingriffs in ihrer gesamten Ausdehnung zu übersehen sind. Außerdem werden

die Zeiten der In- und Extubation gespart, da direkt nach Abschluß des
Eingriffs und Entfernung des Stützautoskops wieder mit Maske beatmet
wird. Bei solchen Eingriffen darf die Struktur des eigentlichen Stimmbandes bei der operativen Entfernung gutartiger Veränderungen nicht tangiert
werden, weil dadurch ein postoperativer **phonatorischer Stillstand** über
mehrere Wochen bis Monate resultieren kann. Nach einem solchen Eingriff muß der Sänger unbedingt 3 Tage Stimmruhe einhalten. Danach folgt
eine Phase der Stimmschonung, die je nach Heilungsfortschritt 1–2 Wochen beträgt. Nach abgeschlossenem Heilungsvorgang kann dann der
Sänger wieder langsam beginnen, seine Stimme auch künstlerisch zu nutzen. Erfahrungsgemäß ist die volle Belastbarkeit der Singstimme wieder
nach 6–8 Wochen nach einem solchen Eingriff erreicht.

Bei organischen Veränderungen der Singstimme, die mit derben Veränderungen einhergehen, was zu starken Schwingungseinbußen im stroboskopischen Bild führt, ist es manchmal notwendig, bei der Operation
solche entzündlichen – häufig derben – Veränderungen auch scharf von
der Struktur des eigentlichen Stimmbandes zu lösen. In der Nachbehandlung kommt es bei solchen Eingriffen dann häufig zu phonatori-
schen Stillständen, die sich über längere Zeit hinziehen können. Bei einer
guten gesangstherapeutischen Betreuung solcher Patienten habe ich in
meinem Klientel jedoch erstaunliche Karrieren nach so schweren Stimm-
lippeneingriffen beobachten können. Bei der medikamentösen Nachbehandlung nach solchen Abtragungen setze ich in der 1. Phase häufig
Antibiotika ein, damit es nicht zu einer Entzündung der Stimmlippe
kommt. Ansonsten folgt häufig eine längere Behandlung mit Gewerbsfer-
menten und Schleimhauttherapeutika, wie sie auch bei der Behandlung
der Laryngitis beschrieben sind.

5.3 Beeinflussung von Fehlhaltungen beim Singen

Bei der therapeutischen Beeinflussung von Singstimmstörungen sollten
einige grundsätzliche Erfahrungen beachtet werden. Bei der Besprechung
der Glottis phonatoria wurde bereits auf die hierarchische Struktur der
Stimmfunktionen hingewiesen.

Die Stimmfunktionen können durch Einsatz bestimmter Vokale günstig beeinflußt werden. Die **Randstimmfunktion**, die übergeordnet alle
Stimmfunktionen miteinander verbindet, kann bei Übungen durch Einsatz der Vokale O und U gefördert werden. Hierbei sollten diese Rand-
stimmübungen im Bereich des unteren Drittels des Stimmumfangs, wo die
Stimmlippen ihre geringsten Anspannungen aufweisen, durchgeführt wer-

den. Bei diesem therapeutischem Angehen von Singstimmstörungen hat
sich die Kombination von speziellen Konsonanten mit den entsprechenden
Vokalen als besonders günstig erwiesen. Bei solchen Vokal-Konsonant-
Kombinationen wirken sich der Einsatz des H und des M gut auf den
weichen sanften Stimmlippenschluß aus, wie man es z. B. in der Silbe
HUM oder HOM benutzen kann.

Grundsätzlich sollte man bei den Störungen auf dem Gebiet der **hyperfunktionellen Dysodien** die Stimme zuerst in dem Bereich nutzen, der normalerweise am wenigsten Spannungen aufbaut, das bedeutet, im unteren
Drittel des Stimmumfangs. Bei solchen Übungen am Anfang einer Ge-
sangstherapie sollte der Tonumfang auf eine Quint beschränkt bleiben.
Erst langsam kann der Umfang der Übungen erweitert werden. Mit der
entspannten Einstellung der Stimme in der Tiefe kann die für die Stimme
günstige Spannung in der Höhe aufgebaut werden.

Bei Störungsbildern aus dem Formenkreis der **Unterspannungen** können die spannenden Momente, die die Vokale I und E auf die Stimmlippen
als Mittelstimmvokale ausüben, günstig genutzt werden. Diese Übungen
nutzen die höheren Spannungen der Stimmlippen des mittleren und oberen Drittels des Stimmumfangs aus, um sie auf die Klänge im unteren
Drittel des Stimmumfangs zu übertragen. Die die Stimmfunktionen be-
günstigenden Vokale können mit Konsonanten verbunden werden, die
von ihrer Tendenz her zu einem besseren Schluß der Stimmlippen führen,
wie zum Beispiel das Z oder SCH und das T und das D. Der Vokal A als
Vollstimmvokal fördert die Vollschwingung der Stimmlippen. Durch Einsatz dieses Vokals, wie es z. B. durch die Silbe „Mam" in Übungen geschieht, kann die Klangfähigkeit einer Stimme, wenn die Randstimmfunktion im Rahmen einer stimmtherapeutischen Behandlung wieder erarbei-
tet worden ist, deutlich verstärkt werden.

Der Vokal A hat jedoch in der Stimmbildung bei Frauenstimmen noch
eine andere Funktion. Dadurch, daß die hohen Frauenstimmen, die Soprane vom e″ an in den Hauptformantbereich des Vokales A mit ihren
Grundtönen hineinlaufen, muß die Ansatzrohreinstellung der Soprane in
diesen Tonhöhen ähnlich der Einstellung sein, die bei der Produktion des
Vokales A eingenommen wird, damit die Grundtöne nicht durch Filterverhalten des Ansatzrohres beeinträchtigt oder geschwächt werden. Der
strahlende Sopranklang in der Höhe entwickelt sich im lachenden
A-Klang. Solche gesangstherapeutischen Behandlungen setzen eine gute
Zusammenarbeit zwischen dem Stimmarzt und dem behandelnden Gesangspädagogen voraus.

Der Einsatz der **Videostroboskopie**, mit der es gelingt, die Änderungen
im Schwingungsverhalten der Stimmlippen unter einer solchen Behandlung zu demonstieren, hat sich für diese Zusammenarbeit als besonders

günstig erwiesen. Eine solche Behandlung kann sich über mehrere Monate hinziehen, bis sie die angestrebten Verbesserungen der Gesangsstimme erzielt. Dieses setzt sowohl beim Sänger als auch beim Gesangstherapeuten und dem Stimmarzt ein hohes Maß an Geduld und Einfühlsamkeit voraus.

Knochenverankerte Epithesen und Hörgeräte – Eine Übersicht

P. Kurt und P. Federspil

1 Einleitung

Die Rehabilitation von kraniofazialen Defekten und die Hörgeräteversorgung, zwei ganz unterschiedliche Disziplinen, haben durch die Einführung der Knochenverankerung mit Hilfe von Titanimplantaten einen großen Fortschritt erlebt. Einerseits bietet die jetzt mögliche solide Fixierung von Gesichtsepithesen dem Patienten mehr als nur eine Alternative zur sehr aufwendigen und doch so häufig unbefriedigenden plastisch rekonstruktiven Chirurgie. Andererseits gelingt es auch Problempatienten, die Luftleitungs- oder herkömmliche Knochenleitungsgeräte nicht tragen können, mit knochenverankerten Hörgeräten so zu versorgen, daß ein soziales Gehör erreicht werden kann.

HNO Praxis Heute 14
H. Ganz, W. Schätzle (Hrsg.)
© Springer-Verlag Berlin Heidelberg 1994

2 Historie und Prinzip

Die Entdeckung und die Entwicklung der titangebundenen Knochenverankerung geht auf Per Ingvar Branemark zurück. Ursprünglich wollte er lediglich in vivo Beobachtungen des Heilungsprozesses am Knochen durchführen und benutzte hierzu eine in die Kaninchentibia implantierbare Titankammer. Der Verlauf der Experimente zeigte, sozusagen als Nebenprodukt, daß sich die Titanimplantate hervorragend in den Knochen integrierten und kaum Weichteilreaktionen hervorriefen. Die nächste Idee Branemarks war, diese Eigenschaften des Titans zur Verankerung von prothesentragenden Schrauben zu verwenden. Die Knochenverankerung von Zähnen und Brücken, ein Meilenstein in der Dentalimplantologie, war geboren. Anders Tjellström konnte die in der Zahnmedizin gewonnenen praktischen Erfahrungen und das mittlerweile erworbene theoretische Wissen für die Knochenverankerung extraoraler Implantate nutzen. Als erstes wurden 1977 Knochenleitungshörgeräte, später Gesichtsepithesen mit Titanimplantaten fixiert.

Aufgrund zahlreicher Untersuchungen formulierte Branemark das Prinzip der **Osseointegration** und meinte damit den direkten Kontakt zwischen Titan, dem Implantatmaterial und vitalem Knochen (Branemark et al. 1977). Dabei kann die ursprüngliche Vorstellung, daß dieser Kontakt überall bestehe, wohl nicht aufrecht erhalten werden. Die Definitionen, die in der Folge gegeben wurden, richten sich nach der Ebene, die untersucht wird (Albrektson u. Albrektsson 1987). Die Auflösung eines Röntgenbildes ist beispielsweise zu gering, um eine Bindegewebsschicht zwischen Knochen und Titan auszuschließen. Benutzt man aber die Lichtmikroskopie mit 10 µm dichten Schichten, so findet sich in 60–80% der Implantatoberfläche der angesprochene direkte Kontakt.

Geht man jedoch auf die Ebene der Transmissionselektronenmikroskopie (80 nm), so findet sich an Stellen, an denen eine direkte Knochentitanverbindung vermutet wurde, eine ultradünne, 100–400 nm dicke, amorphe Schicht (Sennerby 1991), die möglicherweise der bereits von Hanssen et al. (1983) vorher beschriebenen Proteoglykanschicht entspricht.

Weitere Betrachtungsweisen beurteilen beispielsweise die zellbiologisch-biochemische Osseointegration, bei der sowohl die Auswirkung von Van-der-Waals-Kräften als auch von ionischen Verbindungen zwischen Knochengewebe und Titanoxyd diskutiert wird. Auch der biomechanische Aspekt kann in den Vordergrund gestellt werden. Das Ausmaß der Osseointegration läßt sich dann durch Messung der Zug- und Schubfestigkeit überprüfen (Johansson 1991).

Aufgrund dieser je nach Standpunkt unterschiedlichen Betrachtungsweise empfahl Albrektsson folgende **Definition** für die Osseointegration: Ein Prozeß, bei dem eine klinisch asymptomatische rigide Verbindung eines alloplastischen Implantats in vitalem Knochen erreicht wird und unter funktioneller Belastung erhalten werden kann. Wichtig erscheint für das Konzept der Osseointegration, daß die Implantate von Knochen umwachsen werden und daß es nicht zu einem Schwund vitalen Knochengewebes um das Implantat herum kommt.

Die **Faktoren**, die für eine *Langzeitstabilität* der Implantate von Albrektsson und Albrektsson (1987) angegeben wurden, sind:

1. die Biokompatibilität des Materials,
2. das Design des Implantates,
3. die Oberflächenbedingungen des Implantates,
4. der Zustand des Empfängerareals,
5. die chirurgische Implantationstechnik
6. die Art und der Zeitraum der funktionellen Belastung.

Zu 1. – *Die Biokompatibilität des Materials.* Das ausgewählte Material für das Branemark-System ist 99,75%iges Titan, welches man auch als kommerziell reines Titan bezeichnet („commercially pure titanium" = „c.p. titanium"). Eine Erhöhung des Eisenanteiles beispielsweise könnte zwar zu einer Erhöhung der Festigkeit, aber auch der Korrosionseffekte führen. Eine Verringerung des Eisenanteils dagegen wird das Titan weicher und die Verarbeitung schwieriger machen. Eine für den Organismus bestehende **Toxizität**, die vom Titan ausgeht, ist bisher nicht bekannt. Titan wird wohl aus dem Implantat in den Körper aufgenommen, erreicht dort aber nach einem bestimmten Zeitraum ein Plateau. Ein anderes Implantatmaterial, welches auch als „Titanimplantat" bezeichnet wird, enthält Titan, Aluminium und Vanadium. Hierbei ist auf die neurotoxischen Effekte durch Aluminium hinzuweisen (Zusammenhänge mit dem Morbus Alzheimer werden diskutiert). Man beobachtete hier linear ansteigende Aluminiumkonzentrationen im Organismus ohne Erreichen einer Plateauphase (Woodman et al. 1984).

Zu 2. – *Das Design des Implantates.* Die Schraubenform der Implantate schützt sie in der Frühphase vor schädlichen Scher- und Zugkräften. Andere Formen, wie der poröse Konus, könnten eine Alternative darstellen. Unterlegen jedoch zeigten sich im Experiment T-förmige oder zylindrische Implantate.

Zu 3. – *Die Oberflächenbedingungen des Implantates.* Baier et al. (1984) konnten zeigen, daß eine hohe **Oberflächenenergie** der Implantate eine

Kolonisation von Zellen und dadurch höhere Belastungen zuläßt, während energiearme Oberflächen von amorphem Bindegewebe umgeben werden. Das kommerziell reine Titan wird von einer dünnen Titanoxydschicht überzogen. Diese besitzt wegen ihrer sehr hohen dielektrischen Konstante sehr gute Biokompatibilitätseigenschaften. So besitzt Titan eine hohe Oberflächenenergie, die abhängig ist von der Herstellungsart und der intraoperativen Handhabung.

Zu 4. – *Der Zustand des Empfängerareals.* Der Zustand des Implantatlagers kann sehr unterschiedlich sein. Eine präoperative Entzündung in diesem Bereich sollte als Kontraindikation zur Implantierung gelten. **Vorbestrahlter Knochen** ist naturgemäß ein ungünstigeres Implantatbett, wobei nach klinischen Erfahrungen zwischen 10 und 50% mehr Implantate verloren gehen als in nicht bestrahlten Fällen. Nach Jacobsson et al. (1987 a) sind die Osteozyten zwar relativ radioresistent, die von undifferenzierten, mesenchymalen Zellreihen abstammenden Präosteoblasten können durch eine Bestrahlung jedoch zerstört werden. Auch die Beeinträchtigung der vaskulären Situation im bestrahlten Gebiet könnte die Osseointegration bremsen (Jacobsson et al. 1987 b). Die Integrationsrate der Implantate ist beispielsweise im Unterkiefer besser als im Oberkiefer. Knochen mit geringerem Kompaktanteil, wie das Stirnbein, das Jochbein oder der Oberkiefer, sind gefährdeter, Implantate zu verlieren als kompaktareiche Knochen, wie das Schläfenbein oder der Unterkiefer.

Zu 5. – *Die chirurgische Implantationstechnik.* Die konsequente Einhaltung strenger Regeln bei der Durchführung des chirurgischen Eingriffes ist erforderlich, um die Osseointegration nicht zu gefährden. Das genaue operative Vorgehen wird später gesondert geschildert. Hier soll lediglich auf einige **essentielle Punkte** hingewiesen werden. Es gilt das chirurgische Trauma für den Knochen zu minimieren. Führt man konventionelle Knochenbohrungen durch, können Temperaturen bis zu 89 °C erreicht werden. Erikson u. Albrektsson (1983) haben gezeigt, daß die **kritische Temperatur** zur Erzeugung eines Hitzeschadens am Knochen bei 47 °C über 1 min liegt. Die Bedeutung der **Expositionszeit** soll hervorgehoben werden. Die Folgen bestehen akut in einer erhöhten Durchblutung, gefolgt von einer Vasodilatation, einer erhöhten Gefäßpermeabilität und einem möglichen zirkulatorischen Stillstand. Nach 3 Wochen beginnt die Knochenresorption und das Einwachsen von unreifem, demineralisiertem Weichteilgewebe und von Fettzellen (Eriksson et al. 1984). Ein sofortiger Untergang von Knochengewebe ist bei Temperaturen von 65 °C zu erwarten, eine Temperatur von 52–55 °C führt zu einer gestörten Regeneration. Die von der Branemark-Technik geforderte **niedrige Bohrgeschwindigkeit**, intermit-

tierend auszuübender Druck und eine ausgiebige Spülung, halten die Temperatur bei nur 34 °C. Die Beachtung dieser Fakten ist für die Osseointegration von entscheidender Bedeutung.

Die Titanimplantate dürfen nach Entfernung aus ihrer Verpackung nur mit Titaninstrumenten nach vorgeschriebenen Regeln angefaßt werden, um die Oberflächenenergie nicht zu verringern (s. zu 3.). Des weiteren darf das geschaffene Gewindelager nicht zu weit sein, da ein Spalt von mehr als 0,35 mm zwischen dem Titanimplantat und Knochen nicht von Kortikalisknochen überbrückt werden kann.

Zu Punkt 6 – *Art und Zeitpunkt der funktionellen Belastung.* Eine zu frühe Belastung bringt die Gefahr einer Bildung fibrösen Gewebes um die Implantate mit sich. Aus diesem Grund wurde im oralen und in der Regel auch im extraoralen Gebrauch das „zweizeitige" Vorgehen empfohlen. Während einer mindestens 3monatigen Einheilphase soll die Osseointegration ungestört vor sich gehen. Da die Belastungen im extraoralen Anwendungsbereich jedoch nicht so stark sind, kann hier in ausgewählten Fällen ein „einzeitiges" Verfahren durchgeführt werden.

3 Die chirurgische Technik

Im folgenden wird die chirurgische Technik nach Tjellström (1989 a,b) zur Implantation von Knochenankern im Detail beschrieben. Sie ist prinzipiell sowohl für die Anbringung von Hörgeräten als auch von Epithesen gleich. Die Operation ist in örtlicher oder allgemeiner Anästhesie durchführbar und richtet sich nach den lokalen und allgemeinen Anforderungen des Patienten.

Wie viele Implantate sollten gesetzt werden und wo ist der ideale Implantationsort? Im *Ohrbereich* genügen für die Anbringung einer **Epithese** zwei Implantate. Für ein **Hörgerät** reicht ein Implantat. Die Epithesenimplantate sollten mindestens 15 mm auseinanderstehen, denn dies erleichtert die Reinigung. Die Entfernung vom Zentrum des Gehörganges oder eines virtuellen Gehörganges sollte etwa 20 mm betragen. Die Positionierung sollte links bei 1 bzw. 3 Uhr erfolgen und rechts bei 9 bzw. 11 Uhr. Das Hörgeräteabutment sollte etwa 35 mm weiter dorsal gesetzt werden, um eine Berührung zwischen Ohrmuschel und Hörgerät zu verhindern.

Im Bereich der *Orbita* und der *Nase* ist die Implantation schwieriger und auch die Integrationsrate liegt nur bei 90%. Es sollte deswegen ein Implantat mehr eingesetzt werden (z. B. 3) als unbedingt für die Epithesenanbringung erforderlich, da ein Verlust einkalkuliert werden muß. Auch

sollten hier die Implantate nicht zu weit vorstehen und das kosmetische Ergebnis gefährden.

Zur Technik: Nach dem Hautschnitt wird das Implantatlager unter Belassung des Periostes freigelegt. An der für die Implantierung vorgesehenen Stelle wird das Periost gelöst. Unter ständiger Wasserkühlung wird ein zunächst 3, dann wenn möglich 4 mm tiefes Loch mit Hilfe eines Rundbohrers gefräst. Die Verwendung einer Lupenbrille, eines Mikroskops oder eines vorsichtig tastenden Instrumentes erlaubt rechtzeitig die möglicherweise darunterliegende Dura oder den Sinus zu erkennen. Das Loch wird mit einem Spiralbohrer erweitert, wobei die endgültige Richtung festgelegt wird. Während dieser Phase beträgt die Bohrgeschwindigkeit 1500–3000 Umdrehungen/min. Anschließend wird mit Hilfe eines Titangewindeschneiders ein Gewinde bei etwa 15–20 Umdrehungen/min geschnitten. Die Schraube kann mit einem dafür vorgesehenen Schraubenschlüssel angezogen werden.

Es konnte im Experiment gezeigt werden, daß eine große Insertionskraft eine kleine Extraktionskraft und eine kleine Insertionskraft eine große Extraktionskraft erfordert (Tjellström 1991). Wenn diese Beobachtung für den gesunden Mastoidknochen auch vernachlässigbar sein mag, so kann sie doch für den Umgang mit bestrahltem Knochen sinnvoll sein.

Es sollte also nicht versucht werden, die Implantate zu fest anzuziehen. Nun kann das Titanimplantat (Fixture) eingedreht werden. Es sei noch einmal auf die Notwendigkeit einer ausgiebigen **Wasserkühlung** bei den genannten Schritten hingewiesen, um die Entstehung von Hitzeschäden am Knochen sicher zu vermeiden. Das innere Gewinde des Implantates wird durch eine Deckschraube geschützt. Es erfolgt dann der Wundverschluß.

Nach 3 Monaten kann der 2. Schritt durchgeführt werden, der unter denselben Bedingungen der Asepsis und der Anästhesie wie der erste Schritt erfolgt. Die Schnittführung ist identisch, die Schrauben werden lokalisiert und auf ihre Osseointegration hin überprüft. Das Areal über und um das Implantat herum soll eine flache Kontur mit möglichst wenig Weichteilgewebe aufweisen. Aus diesem Grund wird entweder ein haarloses, freies Hauttransplantat nach Entfernung der vorhandenen Weichteile eingenäht, oder aber die Haut im Implantatbereich wird maximal ausgedünnt, so daß selbst die Haarwurzeln von unten her entfernt werden (Federspil et al. 1992a). Auf diese Weise kann ein Entnahmedefekt vermieden werden. Knorpelreste und Ohrmuschelreste sollten ebenfalls entfernt werden, denn nur ein flaches Areal gewährt ein möglichst reaktionsfreies Tragen von Epithesen und Hörgeräten. Die ausgedünnte Haut über dem Implantat wird ausgestanzt und der perkutane Pfeiler (Abutment)

wird eingesetzt. Das Innere des Implantates wird mittels einer Heilkappe geschützt. Ein Salbenstreifenverband tamponiert die Haut direkt an den Knochen und das Implantat an und wird für 7 Tage belassen. Nach Abschluß der Wundheilung kann die Epithese angefertigt und getragen und/oder das Hörgerät eingesetzt werden.

4 Spezielle Probleme der Versorgung mit Epithesen

Die Versorgung eines Patienten mit einer knochenverankerten Epithese erfordert eine *genaue Aufklärung* des Patienten. Der Allgemeinzustand sowie die Operationsfähigkeit müssen ebenso in Betracht gezogen werden, wie mögliche Alternativverfahren (z. B. plastische Rekonstruktion), die entstehenden Kosten und die im besten und im schlechtesten Fall zu erwartenden Ergebnisse. Der Patient, sein Alter und seine Stellung in seinem sozialen Umfeld beeinflussen die Wahl des Therapieverfahrens.

Die Anpassung einer knochenverankerten Epithese bedeutet für den Patienten, einen künstlichen Körperteil ein Leben lang tragen zu müssen und während dieser Zeit in einem engen Verhältnis zu Arzt und/oder Epithetiker stehen zu müssen. Die Fragen der Körperpflege sind zu erörtern, ebenso wie das Epithesenaussehen stark beeinflussende Faktoren (z. B. Zigarettenrauch). Patienten mit kraniofazialen Defekten können bereits solche gravierenden psychischen Schäden davongetragen haben, daß keine funktionelle oder ästhetische Therapie allein zu einer zufriedenstellenden Lösung führen wird. In solchen Fällen ist die Konsultation eines Psychologen zu erwägen. Das Zusammenbringen von noch nicht operierten Patienten mit bereits knochenverankert-epithetisch versorgten Patienten hat sich als besonders positiv herausgestellt.

Die Behandlung von *Kindern* mit knochenverankerten Epithesen ist auch möglich. Die Positionierung kann weiter dorsal im haartragenden Teil gewählt werden, womit sich das ästhetische Ergebnis etwas verschlechtert, die Kinder aber die Möglichkeit eines späteren plastischen Aufbauversuches behalten.

Bei der Behandlung kindlicher Mißbildungen sollte darauf geachtet werden, daß das Kind behandelt werden muß und nicht die Eltern, die nicht selten unter Schuldgefühlen leiden und deswegen ein möglichst frühzeitiges und möglichst aggressives Vorgehen an ihrem Kind fordern (Tjellström 1991). Falls die soziale und psychische Situation des Kindes keinen akuten Handlungsbedarf erfordert, kann die endgültige Versorgung zu einem Zeitpunkt geschehen, an dem das Kind mitentscheiden kann.

Zu Problemen kann für den epithesentragenden Jugendlichen auch der erst zu erlernende Kontakt mit dem anderen Geschlecht führen. Es kann aber nicht im voraus beurteilt werden, ob Schwierigkeiten eher durch ein „künstliches Ohr" oder durch eine ästhetisch nicht optimale plastische Rekonstruktion entstehen werden.

Der *wachsende Schädel* kann auch dazu führen, daß die Implantate auseinanderdriften und somit Zug auf den Anker entsteht, was sich in Kopfschmerzen oder Entzündungen äußern kann. Diese seltenen Probleme können vom Epithetiker mit Hilfe von Spezialbügeln, bei denen ein Teil der Suprakonstruktion gleiten kann, aufgefangen werden.

Sehr günstig für die Versorgung der Patienten wirkt sich die enge Zusammenarbeit zwischen HNO-Arzt und Epithetiker aus. Wenn möglich, sollte in einer gemeinsamen präoperativen Untersuchung von beiden festgelegt werden, wo die Implantate am günstigsten sitzen sollen. Auch sollte im Gespräch zwischen Patient, Arzt und Epithetiker geklärt werden, welche Weichteile, Knorpelreste oder behaarten Anteile (z. B. Augenbrauen) entfernt werden müssen und welche belassen werden können. Der Epithetiker muß das Tragen einer Brille berücksichtigen, wie auch die Kaubewegungen des Unterkiefers und der beteiligten Muskulatur. Letztgenannter Punkt ist vor allem bei kombinierten Kopf-Gesichts-Mißbildungen klinisch relevant und bedarf einer sorgfältigen Planung und Ausführung der epithetischen Versorgung.

Der Patient sollte darauf hingewiesen werden, daß die Epithesen bei sportlichen Aktivitäten getragen werden können, sieht man von einigen Kontakt- oder Kampfsportarten ab, bei denen die Gefahr besteht, die Epithese abzureißen bzw. die Suprakonstruktion durch Scherkräfte zu beschädigen. Nachts sollte die Epithese abgelegt werden, damit die unterliegende Haut über eine längere Zeit normal belüftet ist und eine Verformung oder Beschädigung der Epithese und ihrer Fixationsvorrichtung verhindert werden kann.

Die verschiedenen Möglichkeiten der epithetischen Versorgung (Sommer-/Winterepithese, Schmuckanbringung) sollten dem Patienten präoperativ an Hand von Modellen bzw. Fotomaterial vorgestellt werden. Der Patient sollte nie zu einer epithetischen Versorgung gedrängt werden, sondern über eine ausführliche Aufklärung über die Vor- und Nachteile der Methode selbst zu der für ihn richtigen Entscheidung kommen.

5 Spezielle Probleme der Versorgung mit knochenverankerten Knochenleitungshörgeräten

Die Entwicklung von Hörgeräten tendiert zu immer kleineren Geräten, wenn man den Weg vom Hörrohr über das Taschen- und HdO- bis zum im äußeren Gehörgang verschwindenden Gerät verfolgt. Vergleichsweise groß erscheint deswegen das heutige Modell HC 200, so daß manche Patienten hierdurch abgeschreckt werden könnten. Vergleicht man jedoch konventionelle Knochenleitungshörgeräte (z. B. die unschönen Bügelgeräte) mit knochenverankerten Hörgeräten, so bieten letztere sogar ästhetische Vorteile.

Ein zu diskutierender Punkt ist die Notwendigkeit einer *beidseitigen knochenverankerten Hörgeräteversorgung*. Fest steht, daß bei keinem unserer Patienten mit bilateraler Versorgung Interferenzen mit theoretisch denkbarem Auslöschen einer Schallempfindung gefunden werden konnten. Diese Erfahrungen konnten von Hamann et al. (1991) aus Paris bestätigt werden. Selbst wenn die Versorgung beider Innenohren über ein knochenverankertes Hörgerät wegen eines geringen Hörverlustes (10–15 dB) erfolgt, so profitieren bilateral versorgte Patienten von einer geringgradigen Steigerung des Hörvermögens und von einem deutlich überlegenen Richtungshören. In seltenen Fällen kann es bei körperlicher Betätigung zu einem Abspringen der Audioprothese kommen, welches bei bilateraler Versorgung möglicherweise nicht sofort bemerkt wird. Natürlich spielt der finanzielle Aspekt ebenfalls eine Rolle bei der Frage der beidseitigen Anpassung. Sie ist aus medizinischer Sicht bei bilateraler otologischer Indikation in jedem Fall gegeben.

5.1 Audiologische Aspekte der Knochenverankerung

Das Hörorgan ist über zwei Wege erregbar, die Luftleitung und die Knochenleitung. Die Knochenleitung wiederum erfolgt nach Tonndorf (1966) über drei mögliche Wege,

1. das Ausstrahlen des Schallereignisses vom Schädelknochen in den äußeren Gehörgang,
2. durch Relativbewegungen, verursacht durch die unterschiedliche Massenträgheit der Gehörknöchelchenkette und der Innenohrflüssigkeiten,
3. durch die Mikrokompression der Innenohrvolumina.

Zwischen der Schallquelle und dem Endorgan findet sich bei der klassischen Knochenleitung immer ein Weichteilfilter, der von der Haut und den

unterliegenden Strukturen, wie Unterhautfettgewebe und Muskulatur, gebildet wird. Die direkte Knochenleitung mit Hilfe der knochenverankerten titansplintgetragenen Hörgeräte stellt eine neuartige Möglichkeit der akustischen Stimulation dar, da der Schädel ohne Weichteilinterposition stimuliert werden kann. Verschiedene vergleichende Studien, die von Hakansson (1984) durchgeführt wurden, stellen diese **direkte Knochenleitung** der klassischen Knochenleitung gegenüber. Dabei konnten die folgenden Vorteile der direkten Knochenleitung nachgewiesen werden:

- Erhöhung der mechanischen Impedanz um 10–30 dB
- Senkung der Hörschwelle um 10–20 dB,
- Verringerung der Beschleunigungsschwelle zwischen 16 und 28 dB im Frequenzbereich von 250–6000 Hz.

1977 wurden an der Chalmers-Universität in Göteborg/Schweden die ersten Schritte des BAHA-Projektes („bone-anchored hearing-aid" = knochenverankertes Hörgerät) gewagt. Die ersten Geräte waren lediglich Knochenvibratoren, die über ein Kabel an die alten Hörgeräte der Patienten angeschlossen waren. Probleme machten dabei ein schlechtes Verbindungssystem, häufiges akustisches Feedback und die Unannehmlichkeiten eines Taschengerätes mit Kabelverbindung. Die Nachteile des alten Vibrators lagen in seinen geringen Bewegungsamplituden, die, verbunden mit einer hohen mechanischen Impedanz des Schädels, zu einer Resonanzfrequenz bei 800 Hz bei sonst gedämpftem Resonanzmuster führten.

Die neueren Geräte verwenden einen Vibrator mit größeren Bewegungsamplituden, womit das akustische Feedback vermieden werden kann. Die Praxis zeigte, daß auf die Verwendung einer Magnetspule verzichtet werden kann, die ebenfalls zu akustischen Problemen führte. Nach anfänglich kleinen Stückzahlen und somit hohen Preisen wurde ab 1986 die Serienproduktion der knochenverankerten Hörgeräte der 3. Generation begonnen. Nach seinen Entwicklern Hakansson und Carlsson wurde das Hörgerät HC 200 getauft. Für die Patienten mit ausgeprägter Schwerhörigkeit wurde der Superbass Transducer (HC 220) entwickelt, der über ein Kabel an einen Verstärker angeschlossen werden muß. Die Ausgangsleistung des HC 220 ist höher als die des HC 200 und die Resonanzfrequenzen sind in den Bereich der tieferen Frequenzen verschoben.

Weiterentwicklungen, die 1993 auf dem Markt erschienen sind bzw. erscheinen werden, sind das HC 300 Classic mit einem neuen Prozessor, das HC 360, welches etwa 40% kleiner ist als das HC 300 und ein Mega Bass Transducer, der eine 6–8 dB stärkere Ausgangsleistung bietet als der Superbass HC 220. Traumziel der knochenverankerten Hörgeräteentwicklung wird die Fortführung der Miniaturisierung sein, um ein Hörgerät zu schaffen, welches kaum größer sein wird als der Titananker.

6 Indikationen für knochenverankerte Gesichtsepithesen

Die Indikationen für knochenverankerte Gesichtsepithesen liegen in der Rehabilitation kraniofazialer Defekte oder Deformitäten. Die Genese der Malformation kann unterschiedlich sein:

Angeborene *Mißbildung*, vor allem des äußeren Ohres, wobei hier vorwiegend die schweren Formen der Mikrotie bzw. die Anotie in Frage kommen. Auch findet sich häufig eine Malformation des Schalleitungsapparates sowie selten eine zusätzliche Schallempfindungsstörung, die dann auch eine funktionelle Rehabilitation erfordert (s. unten). Die wesentlichen Indikationen betreffen die Typen 2 und 3 nach Marx (s. Federspil u. Delb 1992).

Traumatisch bedingte Defekte oder *Folgezustände nach verstümmelnden tumorchirurgischen Eingriffen* stellen weitere Indikationen dar. Hierbei ist nicht nur der Ohrbereich betroffen, sondern auch die Orbita und die Nase. Auch größere Defekte, die die angrenzenden Gesichtsweichteile mitbetreffen, können mit aufwendigeren Konstruktionen behandelt werden. Da vorwiegend bei älteren Menschen wegen Hauttumoren eine Ablatio auris oder nasi bzw. eine Exenteratio orbitae durchgeführt wird, bietet sich hier die epithetische Versorgung aufgrund der Einfachheit ihrer Durchführung an. Auch erlaubt dieses Verfahren eine optimale Tumornachsorge. Die Epithese hat die Funktion, wieder eine möglichst unauffällige Physiognomie herzustellen und den Patienten wieder „normal" erscheinen zu lassen.

Methode der Wahl sind knochenverankerte Epithesen in den Fällen, in denen

1. lokale oder allgemeine Kontraindikationen gegenüber Verfahren der rekonstruktiven Chirurgie bestehen,
2. hohe ästhetische Ansprüche bestehen,
3. eine rasche Rehabilitation erzielt werden muß,
4. rekonstruktive Maßnahmen fehlgeschlagen sind.

7 Indikationen für knochenverankerte Hörgeräte

Alle Patienten, die eine Hörhilfe benötigen, mit einem herkömmlichen Luftleitungshörgerät jedoch nicht zurecht kommen, können von knochenverankerten Hörgeräten profitieren. **Somit entsprechen die Indikationen denen herkömmlicher Knochenleitungshörgeräte:**

1. Mißbildung oder traumatisch bzw. chirurgisch bedingte Veränderung des äußeren Ohres, die das Tragen eines Luftleitungshörgerätes wegen eines fehlenden Widerlagers unmöglich machen,

2. chronisch rezidivierende Entzündungen des äußeren Gehörganges
(z. B. nässendes Gehörgangsekzem),
3. rezidivierend infizierte Radikalhöhlen,
4. chronisch rezidivierende purulente Mittelohrentzündungen,

falls konservative bzw. operative Behandlungsversuche nicht erfolgreich
waren. In manchen Fällen ist die einfache Implantation eines Knochenankers der zeitaufwendigeren und evtl. gefährlicheren mikrochirurgischen
Hörverbesserung vorzuziehen, soll beispielsweise das letzte hörende Ohr
operiert werden oder läßt der Allgemeinzustand des Patienten keinen
längeren Eingriff zu. Die Indikationen für knochenverankerte Hörgeräte
werden noch zwingender, wenn die herkömmlichen Knochenleitungshörgeräte wie Brillen oder Bügelgeräte nicht vertragen werden. Aufgrund des
notwendigen, hohen Anpreßdruckes entstehen häufig Kopfschmerzen, die
den Patienten zwingen, auf das Hörgerät zu verzichten. Auch können
Druckulzera und nachfolgend Weichteilentzündungen das Tragen eines
solchen Gerätes auf Dauer unmöglich machen. Diese Probleme können
mit dem knochenverankerten Hörgerät überwunden werden.

Präoperativ muß eine audiometrische Basisdiagnostik durchgeführt
werden, um zu überprüfen, ob die Einschlußkriterien erfüllt sind: Die
Knochenleitungsschwellen für die Frequenzen 0,5, 1 und 2 kHz müssen
bestimmt werden. Liegt der Durchschnitt besser als 45 dB HL, kann das
HC 300 Classic angepaßt werden; liegt die Schwelle zwischen 45 und 60 dB
HL, sollte der Superbass HC 220 verwendet werden. In beiden Fällen
sollte die Diskriminationsfähigkeit für Sprache 65% erreichen oder überschreiten.

8 Vorteile, Nachteile, Kontraindikationen und Alternativen der knochenverankerten Epithesen

Zu knochenverankerten Epithesen gibt es prinzipiell zwei Alternativen: die
plastisch rekonstruktive Chirurgie und die *Epithesenversorgung ohne Knochenverankerung.*

Die operative Rekonstruktion der **Ohrmuschel**, wie sie von Brent
(1980a, b) publiziert wurde, ist die wohl weltweit verbreitetste Methode.
Ähnliche Verfahren wurden im deutschsprachigen Raum veröffentlicht
(Walter 1972; Weerda 1982; Meyer 1988). Die Aufbauverfahren erfordern
mindestens drei chirurgische Eingriffe, eine Entnahmestelle im Thoraxbereich und sie sind sowohl zeit- als auch kostenintensiv. Das ästhetische

Endergebnis erreicht nur selten ein unauffälliges und noch seltener ein normal aussehendes Ohr. Noch schwieriger und unbefriedigender ist die Rekonstruktion einer **Nase** oder einer **Orbita**. Die Vorteile der knochenverankerten Epithese liegen in der Tatsache, daß die eben genannten Nachteile nicht bestehen. Die Implantation der Knochenanker ist einfach und sicher, sie läßt sich sowohl in allgemeiner als auch lokaler Betäubung durchführen, womit mögliche Intubationsprobleme (z. B. Vogelgesicht beim Franceschetti-Syndrom) umgangen werden können. Das Verfahren ist also auch bei älteren Patienten durchführbar und auch bei solchen, bei denen schlechte Weichteilverhältnisse (z. B. Voroperationen, Verbrennungen, Tumorchirurgie) eine Rekonstruktion unmöglich machen.

Die **Qualität des ästhetischen Ergebnisses** hängt von den Fähigkeiten des Epithetikers ab. Unsere Erfahrungen mit 3 Epithetikern haben gezeigt, daß das dem Original täuschend ähnlich aussehende Ohr (bzw. Orbita, Nase) eher die Regel als die Ausnahme ist. Nachteil gegenüber der Rekonstruktion mit autologem Rippenknorpel ist die Tatsache, daß es sich um ein künstliches Ohr handelt, welches unter bestimmten Bedingungen abgenommen werden sollte. So kann beispielsweise die Übernachtung in Gruppenunterkünften (z. B. Montagearbeiter) ein psychologisches Problem darstellen. Die von Berghaus (1992) bzw. Holtmann u. Kastenbauer (1992) vorgestellten subkutan implantierbaren Kunststoffinlays umgehen diese Schwierigkeiten. Diese Alternativverfahren müssen aber erst im Langzeitverlauf zeigen, mit welchem ästhetischen Ergebnis zu rechnen ist, und ob die zu erwartenden Abstoßungsreaktionen und Weichteilinfektionen ausbleiben.

Es stellt sich nun die Frage, warum die Epithese überhaupt an Implantaten getragen werden sollte. Es besteht die Möglichkeit, die Epithese an ein **Brillengestell** zu fixieren. Diese Methode sollte aber nur bei alten, nicht belastbaren Patienten wahrgenommen werden, da die Fixierung nur unbefriedigend ist. Besser funktioniert das **Ankleben** einer Epithese. Früher oder später jedoch treten Allergien gegen den Kleber oder andere Hautreaktionen auf, da die Haut über längere Zeit unbelüftet bleibt. Dieser Nachteil besteht bei der knochenverankerten Epithese nicht. Der größte Hautabschnitt hat Luftkontakt, da das System das Freilassen eines kleinen retroaurikulären Spaltes erlaubt, der ästhetisch nicht stört. Die Fixierung der knochenverankerten Epithese ist deutlich stabiler und auch das Schwitzen stört nicht, so daß der Patient problemlos Sport treiben kann.

Die seltenen Nachteile des Verfahrens sind:

1. unmögliche Implantation, wenn sich kein adäquater Knochen findet,
2. Implantatabstoßung,
3. Weichteilentzündung.

Kontraindikationen für knochenverankerte Epithesen sind:
1. fehlende Hygiene,
2. psychische Demenz,
3. Drogenabhängigkeit.

Die *Zuverlässigkeit der Methode* wurde in über 330 000 Fällen (bis 1989) vor allen in der Zahnheilkunde erwiesen (Adell et al. 1981; Hakansson et al. 1990). Die Integrationsrate lag bei 80% im Oberkiefer und 90% im Unterkiefer. In der extraoralen Anwendung sind die hygienischen Probleme eher geringer und somit auch die Erfolgsaussichten höher und die Komplikationsraten niedriger. Tjellstöm (1989 b) berichtet über mehr als 600 extraoral implantierte Titananker. In 90% der Fälle fanden sich keine signifikanten Weichteilreaktionen und in lediglich 0,3% mußte das Abutment wegen Weichteilentzündungen entfernt werden.

Ein Alternativverfahren zum Branemark-System ist das ebenfalls aus der Zahnheilkunde übernommene IMZ-System (Intra Mobile Zylinder) (Bleier et al. 1991). Die Titanimplantate haben hier eine Zylinderform ohne Gewinde und tragen eine spezielle Titanplasmabeschichtung, welche zu einer Oberflächenvergrößerung führt. Im Vergleich zum Branemark-System erscheint das operative Vorgehen etwas leichter. Ein dem System eigenes Hörgerät liegt nicht vor, so daß das BAHA verwendet werden muß. Da weder größere Zahlenangaben noch längere Nachbeobachtungszeiträume für den extraoralen Bereich vorliegen, bleibt abzuwarten, wie sich das IMZ-System in Zukunft bewähren wird.

9 Vorteile, Nachteile, Kontraindikationen und Alternativen zum knochenverankerten Hörgerät

Die *Vorteile* gegenüber konventionellen Knochenleitern konnten bereits im Kapitel „Audiologische Aspekte" z. T. geschildert werden. Sie ergeben sich sowohl aus dem Prinzip der direkten Knochenleitung als auch aus den technischen Neuerungen. Zusammenfassend kann man sagen, daß der Sitz solider ist und somit die Übertragung besser erfolgen kann. Dies wiederum senkt die Hörschwelle im Mittel um 15 dBHL. Da zudem die Verzerrung geringer ist, reduziert sich die benötigte Leistung für einen gewünschten Höreindruck. Bei gegebener Geräteleistung ist die Ausbeute somit günstiger, was sich u.a. in einem geringeren Stromverbrauch niederschlägt und damit in größerer Wirtschaftlichkeit. Die direkte Knochenleitung bedeutet auch, daß eine große Masse (der Schädel mit etwa 3 kg) von einer relativ geringen Kraft angeregt wird, wodurch das akustische Feedback wegfällt.

Das Design des Kopplungssystems zwischen Hörgerät und Implantat erlaubt eine distorsionsfreie Übertragung und ist leicht bedienbar über einen Bajonettverschluß. Bei Traumen wird das System entkoppelt und es wird so eine Beschädigung des Ankers verhindert.

Die relativen *Nachteile*, wie die Größe des Gerätes oder die eingeschränkte Verstärkerkapazität, wurden bereits diskutiert und sind sicherlich in der Zukunft lösbare Probleme. Probleme der Osseointegration und der Weichteile finden sich genauso selten wie bei knochenverankerten Epithesen. Die allgemeinen Kontraindikationen gelten auch hier (s. Kap. 8).

Ein *Alternativverfahren* soll an dieser Stelle angesprochen werden, das *Audiant-Hörgerät*. Es handelt sich um ein in den USA von Hough et al. (1987) entwickeltes, partiell implantierbares Knochenleitungshörgerät, das nach dem Prinzip der elektromagnetischen Induktion arbeitet. Es handelt sich nicht um eine direkte, perkutane Knochenleitung wie beim BAHA, sondern um ein transkutanes System. Hakansson et al. (1990) diskutieren die theoretischen Unterschiede beider Systeme. Die Dicke der Weichteile zwischen äußerem und innerem Anteil des Audiant-Systems bestimmt die Breite des zu überbrückenden Widerstandes, und diese ist entscheidend für den Energieverbrauch und die maximale Ausgangsleistung. Da sich zwischen den beiden Anteilen eine Weichteilschicht befindet, können die gleichen durch den Anpreßdruck verursachten Probleme entstehen wie bei konventionellen Knochenleitungshörgeräten. Die Stärke der Fixierung hängt von der Größe des Magneten ab. Dabei darf nicht vergessen werden, daß größere Magneten auch ein größeres Gewicht haben und leider auch schlechtere dynamische Eigenschaften, ganz zu schweigen von dem unschönen Anblick. Da die Weichteildicke von Patient zu Patient und sogar bei ein und demselben Patienten zu verschiedenen Zeitpunkten unterschiedlich sein kann, ist das System großen Schwankungen unterworfen.

Bei Wade et al. (1992) finden sich die audiometrischen Kriterien. Die mittlere Knochenleitungstonschwelle sollte nicht schlechter als 25 dBHL sein und für eine Einzelfrequenz 40 dBHL nicht überschreiten. Die mittlere Schalleitungsschwelle sollte nicht über 40 dB liegen. Die Sprachdiskrimination sollte 80% erreichen. Im Vergleich zu den bereits oben für das BAHA-System angegebenen Werten sind die Einschlußkriterien viel enger zu fassen. Wade et al. verglichen zwei eigene Patientengruppen, von denen die eine mit dem Audiant und die andere mit dem BAHA versorgt worden war. Patienten mit Schallempfindungsstörung oder kombinierter Hörminderung waren wegen der ungenügenden Verstärkung nicht mit dem Audiant zufriedenzustellen. Andere beklagten die mangelnde Fixation. 5 von 22 (Audiant) und 1 von 11 (BAHA) Patienten trugen ihr Hörgerät nicht.

Das Audiant-System sollte somit nur bei annähernd normaler Innenohrleistung und bei maximaler Schalleitungsstörung von 40 dB sowie bei
Patienten, die keinen Sport treiben, eingesetzt werden.

10 Eigene Erfahrungen

In der Zeit von 1989 bis 1993 haben wir 56 Patienten operiert, von denen
der jüngste 9 und der älteste 83 Jahre alt war. Das Durchschnittsalter lag
bei 39 Jahren. 36 Männer und 20 Frauen erhielten knochenverankerte
Epithesen oder Hörgeräte.

10 Patienten wurden in lokaler Betäubung, 46 Patienten in Vollnarkose
operiert. In jedem Fall wurde ein Vasokonstringens zur Verringerung der
Blutung im Operationsgebiet eingespritzt. Die Nachbeobachtungszeit liegt
zwischen 2 und 56 Monaten und beträgt im Mittel 27 Monate.

Tabelle 1 faßt die Zahlen der 46 Patienten zusammen, die wegen einer
Epithese mit knochenverankterten Implantaten versorgt worden sind.
Abb. 1–3 zeigen einen 10jährigen Patienten mit Goldenhar-Syndrom, der
an einer beidseitigen Mikrotie 3. Grades litt.

Unter den 46 Patienten waren 14 Frauen und 32 Männer. Die häufigste Indikation
lag in der Anfertigung einer Ohrepithese, wobei hier die angeborenen Mißbildungen dominierten (25 Patienten mit 32 Ohren, da sich 7 Fälle mit bilateralen
Mißbildungen fanden). Hierzu ist anzumerken, daß bis auf eine Ausnahme alle
Patienten mit angeborenen Ohrmißbildungen bereits plastische Rekonstruktions-
versuche in verschiedensten Zentren hinter sich hatten und ein bestenfalls mittel-
mäßiges ästhetisches Ergebnis aufwiesen. 4 dieser Patienten hatten mehr oder
weniger schwerwiegende anästhesiologische Probleme bei diesen Eingriffen aufgrund ihrer Unterkieferfehlbildungen erlebt. Bei diesen Patienten, darunter ein

Tabelle 1. Knochenverankerte Epithesen

Patienten:	46
Alter:	9–83 Jahre
Geschlecht männlich/weiblich:	32/14
Implantate:	126
Indikationen:	
Ohren:	44 bei 36 Patienten
Mikrotie:	32 bei 25 Patienten
Trauma:	5 bei 4 Patienten
Tumorchirurgie:	7 bei 7 Patienten
Nase	5
Orbita:	5

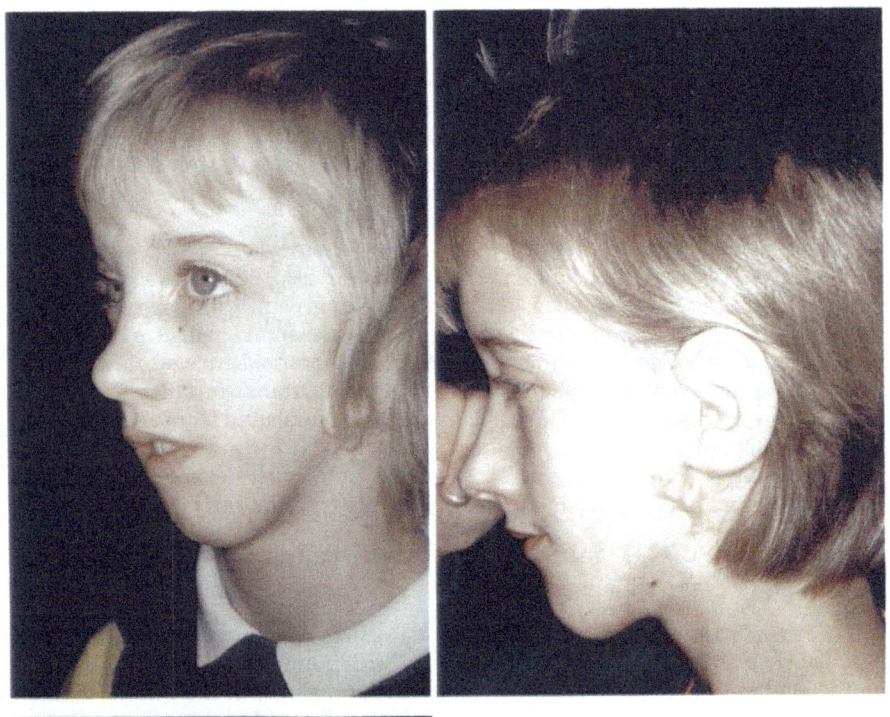

1

2

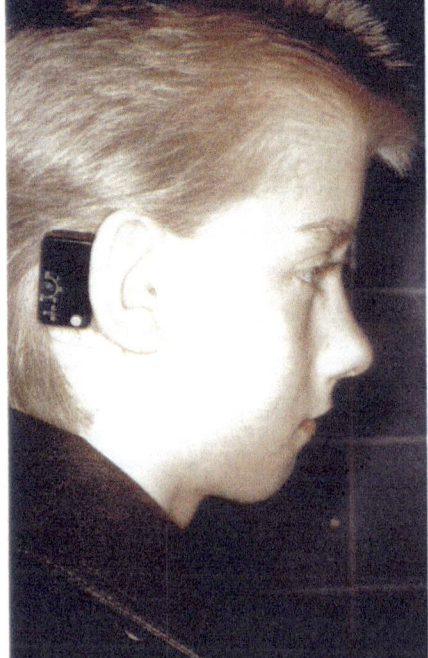

3

Abb. 1–3. Patient mit Goldenhar-Syndrom. Präoperativ (Abb. 1); mit knochenverankerter Ohrepithese links (Abb. 2) und knochenverankerter Epithese und BAHA rechts (Abb. 3)

14jähriger Junge, konnte die Implantation problemlos in Lokalanästhesie erfolgen. 4 Patienten (5 Ohren) hatten ihre Ohrmuschel als Folge eines *Traumas* verloren (Verkehrsunfall, Verbrennung oder Tritt eines Pferdehufs). Normalerweise stellen diese Patienten den Idealfall zur Implantation dar, da die Haut und der Knochen bei diesen relativ jungen Patienten in bestem Zustand sind. Leider hatte eine Patientin eine derart ausgeprägte Pneumatisation des Mastoids, daß die Implantate etwas atypisch gesetzt werden mußten, was jedoch durch eine geschickte Epithesenanfertigung ohne ästhetische Folgen blieb.

7 Patienten (7 Ohren) hatten wegen eines **Tumorleidens** eine Ablatio auris durchführen lassen müssen, 5 Patienten eine Ablatio nasi, 5 Patienten eine Exenteratio orbitae. Die histologischen Diagnosen reichten vom Hämangiom über das Basaliom und Plattenepithelkarzinom zum Osteosarkom und malignen Melanom. Bis auf einen ist keiner der Patienten an seinem Tumorleiden verstorben. Von 5 vorbestrahlten Patienten bot lediglich einer Osseointegrationsprobleme mit einem Implantat an der Nasenwurzel. Das nicht integrierte Implantat wurde entfernt und ein neues Implantat eingesetzt, das dann einheilte.

8 Patienten waren einzeitig operiert worden und boten keine Probleme. Alle Patienten tragen ihre Epithese und sind in der Regel sehr zufrieden.

Tabelle 2 faßt die 25 Patienten zusammen, die ein Titanimplantat zur Anbringung eines knochenverankerten Hörgerätes erhielten.

15 Patienten haben sowohl eine Epithese als auch ein Hörgerätimplantat erhalten. Sie stellen die Gruppe mit angeborenen Mißbildungen dar. Alle 7 Patienten mit beidseitiger Mikrotie und ein Patient mit einseitiger Mikrotie tragen ihr knochenverankertes Hörgerät. Bei 7 Patienten mit einseitiger Mißbildung wurde lediglich der erste Schritt der Titanimplantation durchgeführt, um diesen Patienten bei Bedarf (z. B. beruflich erforderliches Stereohören oder Hörminderung auf der nicht mißgebildeten Seite) schnell und problemlos ein knochenverankertes Hörgerät anbieten zu können. 10 Patienten wurden wegen einer chronischen Otitis mit einem knochenverankerten Hörgerät versorgt. Insgesamt sind 32 Ohren mit 32 Titanimplantaten behandelt worden. Alle Patienten, bis auf 3, von denen zu berichten ist, tragen ihr Hörgerät täglich über mindestens 12–14 h. Diese Tragezeit wurde mit dem vorher benutzten Bügelgerät nie erreicht.

10.1 Postoperative Probleme

Insgesamt wurden bei 56 Patienten 158 Titanimplantate eingesetzt (Tabelle 3).

Bei 41 Patienten kam es zu keinen relevanten Problemen. Es traten entweder keine Hautprobleme auf oder leichte oberflächliche Entzündungen, die mittels einer lokalen Säuberung und Salbenbehandlung problemlos beherrscht werden konnten. Bei einem Patienten konnte ein Implantat wegen fehlender Knochendicke nicht eingesetzt werden. Bei 2 Patienten kam es bei 2 bzw. 1 Implantat zu keiner Osseointegration: Eine 51jährige Patientin mit beidseitiger chronischer Otitis media und externa und kombinierter Schwerhörigkeit bot nicht die gewünschte Osseointegration, ohne daß eine definierte Ursache eruiert werden konnte. Bei

Tabelle 2. Knochenverankerte Hörgeräte

Patienten:	25
Alter:	9–70 Jahre
Geschlecht männlich/weiblich:	14/11
Implantate:	32
Nur „einzeitiges" Vorgehen:	7
Beidseitige Hörgeräteversorgung:	7
Indikationen:	
Chronische MOE:	10
Angeborene Mißbildung:	15

Tabelle 3. Komplikationen

Patienten:	56	
Implantate:	158	
Ergebnisse:	Patienten (%)	Implantate (%)
Keine Probleme:	41 (73,2)	136 (86,1)
Granulationen:	10 (17,8)	15 (9,4)
Keine Integration:	2 (3,6)	3 (1,9)
Implantatentfernung:	1 (1,8)	1 (0,6)
Implantatverlust:	1 (1,8)	1 (0,6)
Implantate nicht genutzt:	1 (1,8)	2 (1,2)

einem anderen Patienten (80 Jahre), der 5 Jahre präoperativ bestrahlt worden war, kam es bei 1 (an der Nasenwurzel) von 4 Implantaten zur Fixierung einer Nasenepithese nicht zur Einheilung. Bei einer Patientin ging nach 2 Jahren eines von 3 Orbitaimplantaten verloren, ohne daß sich die Fixierung der Epithese relevant verschlechtert hatte (Abb. 4 und 5). Bei einer anderen Patientin mußte das BAHA-Implantat wegen insuffizienter Integration mit nachfolgenden Weichteilinfektionen entfernt werden. Bei 10 Patienten kam es zu stärkeren Granulationen. Diese Erscheinungen ließen sich meist auf eine Lockerung des perkutanen Pfeilers zurückführen. Ein Anziehen der Schraube, lokale Maßnahmen und in 3 Fällen eine orale Antibiose, ermöglichten eine rasche Heilung. In 3 Fällen mußte die Epithese nachgeschliffen werden, um durch Druckstellen hervorgerufene Infektionen zu vermeiden.

Seit Anfang 1993 behandelten wir 6 Patienten mit Friatec-(IMZ)-Implantaten. Die damit gemachten Erfahrungen erscheinen ebenfalls positiv, wobei eine endgültige vergleichende Aussage jedoch erst nach einigen Jahren mit größeren Kollektiven getroffen werden kann.

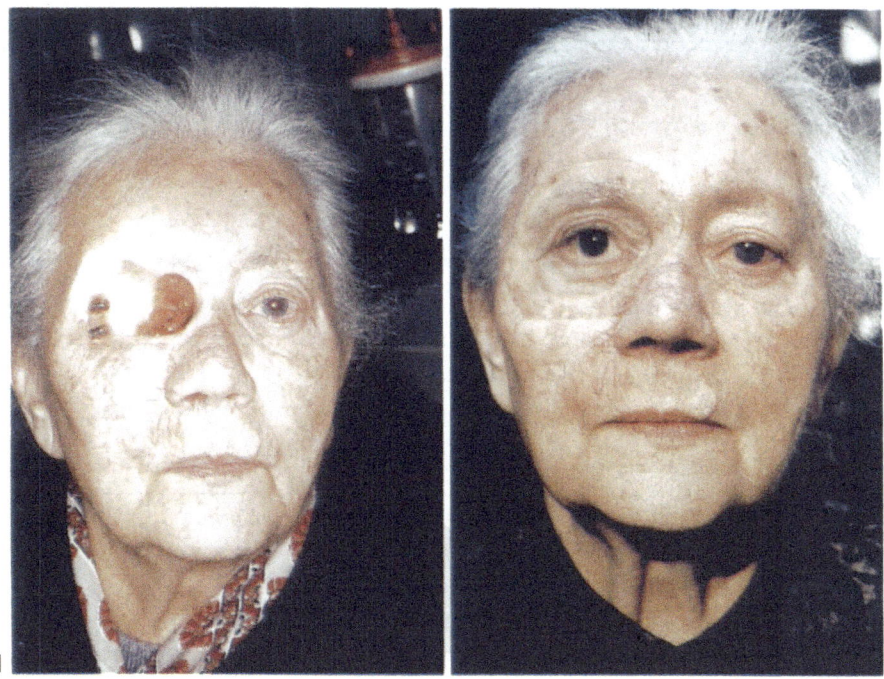

4   5

Abb. 4 u. 5. 80jährige Patientin mit Zustand nach Exenteratio orbitae wegen eines Basalioms. Titananker in situ (Abb. 4); knochenverankerte Orbitaepithese in situ (Abb. 5)

11 Schlußfolgerung

Die Einführung der Knochenverankerung in die Hörgeräte- und Epithe-senversorgung ist ein segensreicher Schritt. Sowohl die im Entdeckerland Schweden gemachten Erfahrungen als auch die Ergebnisse des eigenen Kollektivs zeigen, daß es sich um ein einfaches, wenn auch ausgeklügeltes System von großer Sicherheit und Effektivität handelt, das sich im Laufe der Jahre von einer Außenseitermethode zu einer Methode der ersten Wahl entwickelt hat.

Literatur

Adell R, Lekholm U, Rockler B, Branemark PI (1981) A 15 year study of osseointegrated implants in the treatment of the edentulous jaw. Int J Oral Surg 10: 387–416

Albrektsson T, Albrektsson B (1987) Osseointegration of bone implants. Acta Orthop Scand 58: 567–577

Baier RE, Meyer AE, Natiella JR, Natiella RR, Carter JM (1984) Surface properties determine bioadhesive outcomes: methods and results. J Biomed Mater Res 18: 327–355

Berghaus A (1992) Alloplastische Implantate in der Kopf- und Halschirurgie. [Suppl] I: 53–95

Bleier R, Kirsch A, Mann WJ (1991) Ein neues Implantatsystem in der Kopf-Hals-Chirurgie. Laryngol Rhinol Otol (Stuttg) 70: 625–629

Branemark PI, Hannson BO, Adell R et al. (1977) Osseointegrated implants in the treatment of the edentulous jaw. Scand J Plast Reconstr Surg [Suppl] 16: 1–132

Brent B (1980 a) The correction of microtia with autogenous cartilage grafts I. The classic deformity. Plast Reconstr Surg 66: 1

Brent B (1980 b) The correction of microtia with autogenous cartilage grafts II. Atypical and complex deformities. Plast Reconstr Surg 66: 13

Eriksson RA (1984) Heat induced bone tissue injury. PhD theses, Universität Göteborg

Eriksson RA, Albrektsson T (1983) Temperature threshold levels for heat-induced bone tissue injury. J Prosthet Dent 50: 101–107

Eriksson RA, Albrektsson T, Albrektsson B (1984) Heat caused by drilling cortical bone. Temperature measured in vivo in patients and in animals. Acta Orthop Scand 555: 629–631

Federspil P, Delb W (1992) Treatment of congenital malformations of the external and middle ear. In: Ars B (ed) Congenital external and middle ear malformations: management. Kugler, Amsterdam New York pp 47–70

Federpil P, Kurt P, Koch A (1992 a) Les épithèses et audioprothèses à ancrage osseux: 4 ans d'expérience avec le système Branemark en Allemagne. Rev Laryngol Otol Rhinol (Bord) 113: 431–437

Federspil P, Kurt P, Koch A (1992 b) The bone-anchored hearing aid: a new way for better hearing. Arch Otorhinolaryngol 249, 2: 102

Hakansson B (1984) The bone-anchored hearing aid: engineering aspects. Thesis Tech Rep 144, School of Electrical Engineering, Chalmers University of Technology, Göteborg Sweden

Hakansson B, Liden G, Tjellström A, Ringdahl A, Jacobsson M, Carlsson P, Erlandsson BE (1990) Ten years of experience with the swedish bone-anchored hearing system. Ann Otol Rhinol Laryngol [Suppl] 151: 99

Hamann C, Manach Y, Roulleau P (1991) La prothèse auditive á ancage osseux B.A.H.A.: résultats applications bilatérales. Rev Laryngol Otol Rhinol (Bord) 4: 112

Hansson HA, Albrektsson T, Branemark PJ (1983) Structural aspects on the interface between tissue and titanium implants. J Prosthet Dent 50: 108–113

Holtman ST, Kastenbauer E (1992) Ein neues chirurgisches Konzept in der Rekonstruktion der Ohrmuschel. HNO-Informationen 7: 112

Hough J, Vernon J, Himelick T (1987) A middle ear implantable hearing device for controlled amplification of sound in the human: A preliminary report. Larnygoscope 97:141–151

Jacobsson M, Kalebo P, Tjellström A, Turresson I (1987a) Bone-cell viability after irradiation. Acta Oncol 26:463

Jacobsson M, Tjellström A, Thomsen P, Albrektsson T, Turresson I (1987b) Integration of titanium implants in irradiated bone: Histologic and clinical study. Ann Otol Rhinol Laryngol 97:337–340

Johannson (1991) On tissue reactions to metal implants. In: Albrektsson T (ed) Biomaterials Club Books of Abstract. Gesan Grafisko, Gothenburg, p 9

Meyer R (1988) External ear reconstruction. Fac Plast Surg 5:389

Sennerby L (1991) The bone titanium interface. In: Albrektsson T (ed) Biomaterials Club Books of Abstracts. Gesan Grafisko, Gothenburg, p 10

Tjellström A (1989a) Osseointegrated systems and their application in the head and neck. Adv Otorhinolaryngol 3:39–70

Tjellström A (1989b) Titanimplantate in der Hals-Nasen-Ohren-Heilkunde. HNO 37:309–314

Tjellström A (1991) Developments in surgery. In: Albrektsson T (ed) Biomaterials Club Books of Abstract. Gesan Grafisko, Gothenburg, p 26

Tjellström A, Jansson K, Branemark PI, Craniofacial defects. In: Worthington P, Branemark PJ (eds) Advanced Osseointegration Surgery, Quintessence books. Chapt. 25

Tonndorf J (1966) Bone conduction. Acta otolaryngol [Suppl] (Stockh) p 213

Wade P, Halik J, Marshall C (1992) Bone conduction implants: Transcutaneous vs. percutaneous. Otolaryngol Head Neck Surg 106:68–74

Walter C (1972) Korrektur von Formfehlern der Ohrmuschel. Arch Otorhinolaryngol 202:203–229

Weerda H (1982) Unsere Erfahrungen mit der Chirurgie der Ohrmuschelmißbildungen IV. Die Mikrotie. Laryngol Rhinol Otol (Stuttg) 61:497

William E (1991) A Matter of Balance. Akademiförlaget Gothenburg

Woodman J, Jacobs JJ, Galante JG, Urban RM (1984) Metal-iron release from titanium based prosthetic segmental replacements of long bones in baboons: a long term study. J Orthop Res 1:421–430

Fragensammlung zur Selbstkontrolle

Zusammengestellt von H. Ganz

Zur Beachtung: Es können mehrere Lösungen – oder gar keine – richtig sein.

1. Die klinische Otosklerose tritt auf bei
   a) 10%,
   b) 5%,
   c) 1%,
   d) 0,1% der weißen Rasse.
2. Der Erkrankungsgipfel der Otosklerose liegt im
   a) zweiten,
   b) dritten,
   c) vierten,
   d) fünften Lebensjahrzehnt.
3. Welche der nachfolgenden Statements sind falsch? Die sogenannte Carhart-Senke
   a) ist eine Knochenleitungsabsenkung zwischen 1000 und 4000 Hz,
   b) ist eine Hörsenke bei 4000 Hz,
   c) ist schall-leitungsbedingt,
   d) verschwindet nach der Stapeplastik.
4. Worin besteht der umgekehrte Stapediusreflex?
5. Was zeigt ein negativer Rinne-Versuch zuverlässig an?
   a) jede Schall-Leitungsschwerhörigkeit,
   b) eine Schall-Leitungskomponente von mehr als 15 dB,
   c) eine Otosklerose,
   d) eine Stapesfixation.
6. Die Hörverbesserung nach Stapesplastik tritt ein
   a) immer sofort,
   b) häufig verzögert,
   c) in 15% der Fälle nicht sofort,
   d) in 30% der Fälle nicht sofort.
7. Bei otosklerotischer Stapesfixation ist die Hörgerätverordnung
   a) eine echte Alternative,
   b) grundsätzlich abzulehnen,
   c) nur bei über 80jährigen Methode der Wahl,
   d) nur in besonderen Situationen angezeigt.

8. Unter Elektrokochleographie versteht man die Ableitung
   a) sehr früher,
   b) verzögerter,
   c) später akustisch evozierter Potentiale.
9. Die Ableitung des Elektrokochleogramms erfolgt
   a) im Gehörgang,
   b) vom Promontorium,
   c) von der Stirn,
   d) vom Scheitel.
10. Welches der nachstehenden Postulate über cochlear microphonics ist falsch?
   a) sie entstehen durch Scherbewegungen der Zilien,
   b) sie bedeuten eine reizproportionale Änderung des Ruhepotentials,
   c) sie bestehen über das Reizende hinaus,
   d) sie sind durch nichtalternierende Tonebursts nicht ableitbar.
11. Der endolymphatische Hydrops ist am besten nachweisbar durch
   a) Recruitment Phänomen,
   b) Innenohr-Tieftonschwerhörigkeit,
   c) Glyzeroltest,
   d) Elektrokochleographie,
   e) Kombination von c) und d),
   f) Ableitung der frühen akustisch evozierten Potentiale.
12. Die Ableitung otoakustischer Emissionen beim Morbus Menière
   a) hat große Bedeutung (DD Akustikusneurinom),
   b) ist noch bei Hörschwellen um 40 dB möglich,
   c) ergibt keine zusätzlichen Informationen zum Tonaudiogramm.
13. Mittelohrsekretion bei liegendem Paukenröhrchen wird primär behandelt durch
   a) sofortige Entfernung des Röhrchens,
   b) Spülung mit Antiseptika,
   c) Säuberung und antibiotische Ohrentropfen (Panotile).
14. Eine umschriebene Restperforation des Trommelfells nach Tympanoplastik erfordert
   a) in jedem Falle eine Nachoperation,
   b) Ätzung und äußere Schienung,
   c) Abwarten unter antibiotischer Abschirmung,
   d) keine Therapie, solange das Gehör gut ist.
15. Im Erregerspektrum der chronischen Mittelohreiterung sind Staphylococcus aureus (a), Pseudomonaden (b) und Bacillus proteus (c) die häufigsten Keime in folgender Reihenfolge:

16. Pseudomonas wird in entzündeten Gehörgängen gefunden in
    a) 5%,
    b) 30–40%,
    c) 60–70%,
    d) 90% der Fälle.

17. Antibiotika der Wahl zur lokalen Behandlung von Pseudomonas-infektionen des Ohres sind
    a) Chloramphenicol,
    b) Azlozillin,
    c) Aminoglykoside,
    d) Gyrasehemmer.

18. Nennen Sie die 6 möglichen Ursachen für ein Feuchtbleiben der Ohrradikalhöhle.

19. Die mykotische Infektion des Gehörganges kann sich manifestieren als
    a) nichtinvasives unter dem Mikroskop erkennbares Myzel,
    b) Invasive Mykose (Otitis externa maligna mycotica),
    c) tiefer Sekretausguß am Trommelfell,
    d) fötid eiternde Otitis externa.

20. Ein Cholesteatomrezidiv bedeutet
    a) immer eine Nachoperation,
    b) bei geschlossener Technik eine Nachoperation,
    c) auch bei Radikalhöhle eine Nachoperation,
    d) unzureichende Ausräumung beim Ersteingriff.

21. Eine 2 Wochen nach Stapesplastik noch unbefriedigende Luftleitungskurve im Tonaudiogramm ist
    a) kein Grund zur Aufregung,
    b) Indikation zur sofortigen Revision,
    c) prognostisch ein schlechtes Zeichen,
    d) Anlaß für eine antibiotische Abschirmung.

22. Ein plötzlicher Innenohrabfall Jahre nach einer Stapesplastik bedeutet in der Regel
    a) Ruptur der runden Fenstermembran,
    b) Hörsturz,
    c) Amboßnekrose,
    d) Labyrinthitis.

23. Was bedeutet „Symptomatisches Nasenbluten"?
    a) Nasenbluten als Tumorsymptom (Epipharynx),
    b) Nasenbluten als Symptom einer Allgemeinerkrankung,
    c) Fehldiagnose bei Oesophagusvarizenblutung via Nase,
    d) Nasenbluten vom „blutenden Septumpolypen".

24. Wann muß man bei schwerem Nasenbluten an ein Aneurysma der
    A. carotis interna denken?
    a) bei zurückliegendem laterofrontalem Schädeltrauma,
    b) bei einseitiger Erblindung,
    c) bei manifester Gerinnungsstörung,
    d) bei pulsierendem einseitigem Exophthalmus.
25. Die Unterbindung der A. carotis externa bei schwerem Nasenbluten
    ist indiziert
    a) nie,
    b) als erste operative Maßnahme,
    c) wenn periphere Unterbindungen nicht möglich oder aber erfolg-
       los waren.
26. Die Embolisation der A. maxillaris interna ist bei schwerem Nasen-
    bluten
    a) Methode der Wahl,
    b) Ultima ratio,
    c) bei speziellen Indikationen (Hämostasestörung, Tumoren) eine
       wertvolle Alternative,
    d) komplikationsbelastet.
27. Die Länge des blutungsfreien Intervalls nach stationärer Behand-
    lung der Epistaxis ist abhängig von
    a) der Art der Therapie,
    b) der Grundkrankheit,
    c) von beidem.
28. Die stroboskopische Beurteilung von Formveränderungen der
    schwingenden Stimmlippen ist möglich
    a) im stehenden Bild,
    b) im bewegten Bild,
    c) mit beiden Techniken,
    d) überhaupt nicht (nur mittels Hochgeschwindigkeitsfilm).
29. Was versteht man unter Randstimmfunktion?
30. Beim Einsatz des Falsetts ist die Glottis
    a) fest geschlossen,
    b) ständig ovalär offen,
    c) im Bereich der Processus vocalis offen,
    d) sanduhrartig offen.
31. Die Stimmgebung des Baritoncounters hat folgende Charakteristika:
    a) sie ist identisch mit dem Falsett,
    b) sie liegt oberhalb des Falsetts (Pfeifregisters),
    c) die Normalstimme fehlt,
    d) die Normalstimme ist vorhanden,

e) es treten keine regulären Schwingungen mit exaktem Glottisschluß auf,

f) es treten doch solche Schwingungen auf.

32. Der Begriff Belastungshyperämie der Stimmlippen bedeutet
   a) eine interstitielle Laryngitis,
   b) eine Indisposition bei oberflächlicher Laryngitis,
   c) das Vorstadium von Sängerknötchen,
   d) ein Synonym für atypische Laryngitis.

33. Der phonatorische Stillstand einer Stimmlippe nach Abtragung gutartiger Veränderungen dauert
   a) nie länger als eine Woche,
   b) unter Umständen monatelang,
   c) ist irreversibel,
   d) ist nur ein scheinbarer (Schonhaltung).

34. Bei Dysphagie führt die gründliche Anamnese zur richtigen
   Diagnose in
   a) 10%,
   b) 30–40%,
   c) 80–85% der Fälle,
   d) fast immer.

35. Schluckbeschwerden bei Aufnahme flüssiger Nahrung weisen am
   ehesten hin auf
   a) Fremdkörper,
   b) Larynxkarzinom,
   c) neurogene Schluckstörung,
   d) Globus hystericus.

36. Für die Beurteilung einer Dysfunktion des pharyngo-ösophagealen
   Überganges sind besonders wertvoll
   a) Videofluoroskopie,
   b) modifizierter Bariumschluck,
   c) Pharynxszintigraphie,
   d) Elektromyographie.

37. Ohr-Halsfisteln sind
   a) Entwicklungsstörungen der 2. Schlundtasche,
   b) ein Synonym für die laterale Halsfistel,
   c) sie heißen auch hyomandibuläre Fisteln,
   d) sie werden auch doppelter Gehörgang genannt.

38. Die Ohr-Halsfistel liegt immer
   a) medial,
   b) lateral von Fazialishauptstamm,
   c) sie zieht teilweise durch die Bifurkation des N. facialis.

39. Die typische laterale Halsfistel endet
    a) in einer lateralen Halszyste,
    b) in der Tonsillenloge,
    c) im Sinus piriformis,
    d) im Zungengrund.
40. Die mediane Halszyste ist
    a) ein Rudiment des Schilddrüsendeszensus,
    b) immer mit einer Fistel verbunden,
    c) immer zusammen mit dem Zungenbeinkörper zu resezieren,
    d) bei der Geburt stets schon sichtbar.
41. Zur Diagnose von Halszysten reichen neben der klinischen Untersuchung in der Regel aus:
    a) Schilddrüsenszintigraphie,
    b) B-Bild-Sonographie,
    c) Kernspintomographie,
    d) Feinnadelbiopsie.
42. Die Schnittführung bei der Operation der lateralen Halsfistel
    a) folgt dem Fistelverlauf,
    b) wird abschließend in Z-Plastiken aufgelöst,
    c) erfolgt in Stufen in Richtung der Spannungslinien.
43. Was versteht man unter Osseointegration bei Knochenverankerung?
44. Die Implantat-Integrationsrate ist am besten im
    a) Oberkiefer,
    b) Unterkiefer,
    c) bestrahlten Knochen.
45. Indikationen knochenverankerter Hörgeräte sind
    a) die gleichen wie bei herkömmlichen Knochenleitungsgeräten,
    b) alle Radikalhöhlen,
    c) Rezidivierende Pseudomonasinfektionen des Gehörganges,
    d) Otosklerotische Stapesfixation.
46. Vorteile knochenverankerter Hörgeräte gegenüber dem einfachen Knochenleitungsgerät sind
    a) Gerät ist kleiner,
    b) bessere Übertragung,
    c) Absenkung der Hörschwelle,
    d) geringere Verzerrung.

Antworten zur Fragensammlung

1. c	17. d	33. b
2. b	18. s. Seite 53	34. c
3. b	19. a, c	35. c
4. s. Seite 6	20. b	36. a, d
5. b	21. a	37. c, d
6. c	22. b	38. c
7. d	23. b	39. b
8. a	24. a, b, d	40. a, b, c
9. a, b	25. c	41. b, d
10. c, d	26. c, d	42. c
11. e	27. b	43. s. Seite 158
12. b, c	28. b	44. b
13. c	29. s. Seite 140	45. a
14. b	30. b	46. b, c, d
15. b, a, c	31. b, d, f	
16. c	32. 0	

Sachverzeichnis

Springer-Verlag und Umwelt

Made in the USA
Las Vegas, NV
06 November 2024

Made in the USA
Las Vegas, NV
11 November 2024

11545086R00216